混凝土结构设计
新旧规范对照理解与应用实例

本书编委会　编

中国建材工业出版社

图书在版编目(CIP)数据

混凝土结构设计新旧规范对照理解与应用实例/《混凝土结构设计新旧规范对照理解与应用实例》编委会编.—北京:中国建材工业出版社,2005.4

ISBN 7-80159-888-1

Ⅰ.混... Ⅱ.混... Ⅲ.混凝土结构—结构设计—设计规范 Ⅳ.TU370.4-65

中国版本图书馆CIP数据核字(2005)第029288号

混凝土结构设计新旧规范对照理解与应用实例

本书编委会 编

出版发行:中国建材工业出版社

地 址:北京市西城区车公庄大街6号

邮 编:100044

经 销:全国各地新华书店

印 刷:北京鑫正大印刷有限公司

开 本:787mm×1092mm 1/16

印 张:31.25

字 数:720千字

版 次:2005年5月第1版

印 次:2005年11月第2次

定 价:55.00元

网上书店:www.ecoo1100.com

本书如出现印装质量问题,由我社发行部负责调换。联系电话:(010)88386904

内容提要

本书采用《混凝土结构设计规范》新旧规范对照的形式，全面介绍了新修订规范 GB 50010—2002 与旧规范 GBJ 10—89 的主要内容、新旧规范的区别；以及新规范与旧规范相比，新规范增加、删除、修改、补充的内容。全书主要根据新规范 GB 50010—2002 的内容，系统阐述新规范条文要求、条文内容理解及说明、条文中设计计算公式的实际应用等。同时，为适合广大读者阅读，本书完全按照《混凝土结构设计规范》GB 50010—2002 的结构体例编写。为使读者对新规范内容能快速掌握和应用，本书对于新旧规范内容相同或修订变化不大的条文，做简要介绍；对于新规范修订比较大或新增加的条文做详细介绍。另外，在各章内容的第一节均编排了"本章主要修订内容介绍"；各章节中编入了大量混凝土结构设计计算例题，使本书更具有指导性。

本书可供从事建筑结构设计、施工、科研人员使用，也可供相关技术人员及高校师生学习、参考。

混凝土结构设计新旧规范对照理解与应用实例

编 委 会

主　　编　郭爱云

副 主 编　刘勇兵　卢小文

编　　委　陈　泉　刘刚锋　刘　超

　　　　　孙占贤　向琴琴　钟　华

前言

混凝土结构是最为常见的一种建筑结构形式。不论是传统砖混结构房屋，还是目前应用最多的框架结构房屋，或是框架－剪力墙结构的高层建筑，都应用有混凝土结构。随着我国经济建设的快速发展，工程建设形式和内容必将有更深的发展，混凝土结构也将更加发挥其独特的作用。

为适应我国加入 WTO 后与国际接轨的需要，根据建设部建标[1997]108 号文件的要求，由中国建筑科学研究院会同有关的高等院校及科研、设计、企业单位历经四年半的时间，共同对原《混凝土结构设计规范》GBJ 10—89 进行了补充与完善，修订颁布了新《混凝土结构设计规范》GB 50010—2002（以下简称“新规范“）。新规范总结了近年来我国混凝土结构设计的实践经验，与相关的标准规范进行了协调，并和国际先进的标准规范进行了比较和借鉴。新规范以原 GBJ 10—89 规范为基础，适当提高了结构的安全储备，同时增加和改动了不少内容。新规范主要规定的内容有：混凝土结构基本设计规定、材料、结构分析、承载力极限状态计算及正常使用极限状态验算、构造及构件、结构构件抗震设计及有关的附录等。此外，新规范首次提出了强制性条文，并在规范中以黑体字形式体现（在本书中带※的条文为强制性条文），要求强制性条文必须严格予以执行。

为便于广大从事混凝土结构设计、施工、科研、管理的人员和各大专院校师生系统理解和应用新规范，我们组织编写了《混凝土结构设计新旧规范对照理解与应用实例》。通过本书，读者可以清楚地了解新规范的修订情况，更好地掌握新规范的特点，了解新规范主要修订内容，以便在应用新规范时避免错用或漏用新规范中的有关规定。本书采用条文逐一对照的形式，按照新规范结构体例，以新旧规范条文为主导，参考条文说明、背景材料及现行的其他结构设计规范编写完成。本书主要是面向广大设计人员，作为他们理解和应用新规范的普及读物。由于他们对原规范 GBJ 10—89 大多有所了解，因此，本书编写过程中，针对新旧规范内容相同或变化不大的条文，只做简要介绍；对于新旧规范变化较大和难于理解的条文，书中做了详细介绍，并增加了许多计算简图、计算公式和说明。本书编写体例包括“新规范条文、旧规范条文、新规范理解与说明、新规范应用计算实例”等。

本书在编写过程中，参考和引用了国内同行部分著作和文献资料，同时得到了部分专家的指导和帮助，在此深表谢意。限于编者水平，同时混凝土结构涉及面广，技术复杂，书中错误及疏漏之处在所难免，恳请广大读者批评指正。

编委会

2005 年 3 月

目　录

第一章 混凝土结构设计规范概论

第一节 我国混凝土结构设计规范的发展历程

新《混凝土结构设计规范》GB 50010—2002 是根据建设部 97 建标字 108 号文,由中国建筑科学研究院主持对旧《混凝土结构设计规范》GBJ 10—89 进行全面修订而得到的。《混凝土结构设计规范》与其他材料的结构规范一样,在建国以前我国没有自己的材料结构设计规范。由于新中国成立以后,全国范围内立即开展了大规模的经济建设活动,没有设计规范,就不能保证工程的功能和安全,鉴于当时的国际国内形势,唯一可行的办法就是照搬照抄原苏联相应的各种材料结构全套设计规范。比如原建筑工程部在 20 世纪 60 年代后期先后批准发布的《钢筋混凝土结构设计规范》BJG 21—66,就与原苏联规范 HNTY 123—55 一模一样,只是个别术语的译名重新定义和加以命名了。

在大规模的工业及民用建筑的建设中日益突显规范发展滞后所带来的问题,特别是原苏联撤走专家后,直接与规范有关的资料来源受阻。不能自主制(修)订本国规范,在政治上与我国的大国地位也极不相称。我国原建筑工程部批准颁布的 BJG 21—66,根本没有预应力混凝土结构设计内容。该规范与当时建设需要之间的差距愈来愈大。原国家建设委员会主管标准部门于 1971 年组织及开展了一轮全面制(修)订工程建设标准规范活动。经努力于 1974 年颁布了一批各材料结构设计规范。此时,混凝土结构设计规范,主要参照原苏联预应力混凝土结构设计规范 CH 10—57,增加了预应力混凝土结构设计内容,修改了过于陈旧的斜截面承载力设计理论与设计方法,那时已开始吸收了一些英美先进标准规范内容,但当发现两者差别较大时,仍以原苏联规范为准进行修改,此外,也依据我国自己试验与设计经验增加了个别新问题设计内容。编制修订组内部争论激烈,在达成一致后普遍感叹称这次修订为“脱胎未换骨”,其中一个重要原因就是缺乏本国自己试验研究成果,难以用事实说话。

改革开放以后,《混凝土结构设计规范》进入了跨越式发展阶段。国家组织了有关科研单位、高等院校以及少量设计单位参加,针对现行规范存在的问题和工程建设中存在的带有普遍意义的新技术、新材料、新结构问题连续进行了数批研究课题研究。这项举措极大地提高了我国混凝土结构基础研究水平,大大增强了消化吸收国际先进经验的能力,用较短的时间缩小了与国际先进水平的差距。例如《钢筋混凝土结构设计规范》BJG 21—66 是照搬照抄原苏联规范 HNTY 123—55,其斜截面承载力计算,是以数学上求极值理论求得斜截面破坏时斜裂缝的最大水平投影长度,在此长度范围内的箍筋可用于抵抗剪力。但这个理论用于钢筋混凝土结构,由于材料的不连续性和各向异性,使计算结果与试验结果差别甚大,且过高地估计了斜截面承载力。通过试验发现一个梁的斜截面承载力随剪跨比不同而不同,其破坏形态也显著不同,小剪跨时呈斜压破坏形态,在中等剪跨时呈剪压破坏形态,大剪跨时呈斜弯破坏形态,斜截面承载力试验结果一般也小于原规范计算结果,故在 20 世纪 80 年代那新一轮房屋建筑材料结构设计规范制(修)订时,把从现实 BJG

21—66 套改出发的 TJ 10—74 又大大向前推进一步，转以利用本国试验结果为主。另一个更为突出的例子是受扭构件设计方法。BJG 21—66 和 TJ 10—74 只有纯扭情况的设计，而实际上极少有纯扭状况，通常都是弯矩、剪力、扭矩同时作用的状况。通过规范科研课题的试验证明，扭矩与弯矩、剪力同时作用时不是简单叠加关系，而它们之间有自身的相关关系，剪—扭共同作用时，其相关关系服从一个圆曲线规律，其他国家也有相同结论，故在 20 世纪 80 年代那新一轮修订的混凝土结构设计规范补充了弯、剪、扭共同作用时扭曲截面承载力设计方法，而且给出了相关关系，还给出了纵向钢筋与箍筋共同抗扭的合理关系，此外，还提出了变角桁架计算模型可以解释破坏现象与试验结果。事实表明，GBJ 10—89 那批材料结构设计规范的制（修）订突破了照搬照抄原苏联规范模式对我们的束缚，达到或基本达到当时的国际水平。

此次《混凝土结构设计规范》GB 50010—2002 的出台，意味着我国的混凝土结构设计规范进入了全面与国际接轨阶段。混凝土结构设计规范在此次全面修订前曾经历 1992、1996 年两次局部修订。此次全面增加和更新了一系列重大问题，增加了其科学合理性和先进性。新增加和更新的重大问题约有 20 余项，均涉及与国际接轨问题，从而使全面修订后的新《混凝土结构设计规范》基本做到了与国际接轨要求。例如在材料方面，以新Ⅲ级钢筋（HRB400）为钢筋混凝土用的主导品种，以高强钢丝、钢绞线为预应力混凝土用的主导品种。在规范中取消了在我国贫穷经济年代广为流行的冷拔低碳钢丝和冷拉钢筋材料，这两类工地自行冷加工的材料，其强度低、延性差。混凝土强度等级增加了 C70、C80，取消了 C7.5、C10 两个等级。

以往混凝土构件斜截面承载力设计，因材料强度低，以混凝土抗压强度为设计计算基本系数，而国际发达国家普遍采用的混凝土抗拉强度为基本参数。为与国际接轨，也为适应高强混凝土构件抗剪特性，本次修订全部改为以混凝土抗拉强度为基本系数。

再如混凝土结构斜截面疲劳设计，我国的规范科研疲劳课题组试验发现斜截面疲劳试验中总是弯起钢筋首先疲劳破坏，而我国规范一直沿用将混凝土、竖向箍筋、弯起钢筋三者简单叠加方法构成斜截面承载力。本次修订放开眼界看到日本建筑学会的钢筋混凝土规范，提出箍筋和弯起钢筋有相关关系，服从应变圆规律，当弯起钢筋弯起角度 45°时其应力在疲劳时是箍筋的 2 倍，于是本着与国际接轨的精神，更由于有本国试验验证，经过分析我国沿用 30 年的叠加方法，明确提出不提倡普通钢筋混凝土斜截面等价的混合使用箍筋和弯起钢筋，这有利于保证疲劳结构的工程质量。

本轮建筑结构各材料结构设计规范修订普遍总结了上一轮规范实施以来的实践经验，利用了在两轮之间国内完成的有关科研新成果，借鉴了美国、欧洲以及 CEB—FIP 等国际组织编制的有关规范（包括模式规范）的先进经验，普遍考虑了适当调整建筑结构可靠度的要求，经专家讨论论证、校对、试设计等一系列程序把关。

纵观这一轮建筑结构各材料结构设计规范，恰如其分地评价：全面修订后的规范总体上实现和基本实现了与国际接轨（包括内容、术语、符号、计量单位）要求，融入了世界发展的主流中。当然，这一阶段的发展尚未结束。

第二节　新规范主要修订内容

与旧《混凝土结构设计规范》GBJ 10—89 相比，新《混凝土结构设计规范》GB 50010—2002 主要在以下四方面进行了修订：

1. 结构设计基本规定方面

(1)增加了有关耐久性的规定。耐久性规定包括对结构使用环境类别的划分，对材料性能的要求和对使用条件有特殊要求的结构的专门措施。这些内容对提高我国混凝土结构的耐久性，延长一般建筑的使用年限起到重要作用。

(2)对混凝土强度等级作了提高并对设计参数进行了调整。

(3)新规范增加了 C60～C80 的高强混凝土强度等级，删除了 C15 以下的低强混凝土。混凝土的材料分项系数 γ。由 1.35 提高到 1.40，混凝土强度设计值降低 4%。高强混凝土还要乘以小于 1 的系数进一步降低。其目的是提高结构的安全度。

(4)同时删去了原规范的弯曲抗压强度 f_{cm}，由混凝土轴心抗压强度 f_c 取代。

(5)对于受力钢筋的选择，我国冶金系统已直接采用国际标准开始生产高强、高延性的优质钢筋。因此，新规范中普通混凝土结构以热轧带肋 HRB400(Ⅲ)级钢筋为主导钢筋；预应力混凝土结构以高强低松弛钢丝、钢绞线为主导钢筋；各种冷加工钢筋(冷拉、冷拔、冷轧、冷扭)列入了专门标准(行业规程等)进行管理。

(6)增加混凝土结构分析的内容，包括对荷载效应最不利组合的要求；结构整体效应分析及特殊受力部位的局部分析的要求；计算简图的确定原则；结构分析基本条件(力学平衡，变形协调及材料本构关系)的要求等。提出了线弹性分析方法；考虑塑性内力重分布的分析方法；塑性极限分析方法；非线性分析方法及试验分析方法等混凝土结构的结构分析方法，并对各种方法的应用条件及计算原则做出了规定。同时，对结构分析的电算程序提出了要求。

(7)对于各种特殊结构或特别重要的结构，应考虑采用多轴应力状态验算混凝土强度或采用非线性有限元方法进行受力全过程分析。因此，新规范给出了混凝土在多轴(二轴、三轴)应力状态下的强度破坏准则及混凝土在受拉、受压状态下的本构关系。这部分基于我国近年科研进展及工程实践列入的内容，可以解决特种混凝土结构的设计问题，拓展了设计规范的应用范围，标志着我国混凝土结构设计规范水平的提升。

2. 混凝土结构设计计算方面

(1)对预应力构件的计算要求，考虑到我国已广泛采用优质的高强低松弛钢丝、钢绞线，适当提高了预应力的张拉控制应力；同时对超静定的后张法预应力构件考虑变形约束而产生次内力的影响；对于预应力损失的计算也做了改进；对高效预应力构件的端部构造措施做出了规定。此外，对预应力构件在抗震结构中的应用做出了规定和限制。

(2)对正截面承载能力的计算，新规范反映了混凝土强度提高的变化，并按普通混凝土构件和预应力混凝土构件分别给出了计算界限受压区高度的公式。取消了混凝土弯曲抗压强度 f_{cm}，将正截面受压区混凝土的应力图形简化为等效的矩形应力图形，应力值直接取为混凝土轴心抗压强度 f_c，并考虑高强混凝土力学性能的变化，对 C50 以上的高强混凝土乘以系数，加以降低。

(3)在受压构件设计方法上,新规范规定了各类混凝土结构中的偏心受压构件均应考虑结构侧移和构件挠曲引起的二阶内力。在设计计算时可采用两种方法:第一种为近似方法,与原规范相同,以初始偏心距 e_0 乘以偏心距增大系数 η 进行计算;另一种方法是通过修正构件的抗弯刚度,考虑二阶效应按弹性分析方法直接计算构件控制截面的内力设计值,并按相应的内力组合值直接进行截面设计。同时,给出了不同情况下结构构件的弹性抗弯刚度的修正系数。

(4)对于斜截面承载力计算。在混凝土抗力项中用混凝土轴心抗拉强度 f_t 作为计算参数替代原规范的混凝土轴心抗压强度 f,同时对该项的系数也作相应的调整。箍筋项的系数由原来的1.5降为1.25,相应的配箍量增加20%。同时,取消了箍筋设计强度的限值(310N/mm^2),提倡采用细直径的HRB400(Ⅲ)级或HRB335(Ⅱ)级钢筋作箍筋。并增加了箱形截面抗扭计算的有关内容。考虑实际结构中的复杂受力状态,新规范补充了双向受剪的钢筋混凝土框架矩形柱的受剪承载力计算。对在轴压、弯矩、剪力和扭矩作用下的构件受剪扭承载力计算做出了规定。

(5)对于其他承载力计算,适当降低了原规范对受冲切承载力的安全储备。在计算中,对于双向预应力的情况,考虑了预压应力对受冲切承载力的有利影响;对截面高度较大的情况,考虑了尺寸效应对受冲切承载力不利影响的折减。对板柱节点在竖向荷载和水平力作用下通过冲切破坏面传递部分不平衡弯矩时,给出了计算等效集中反力设计值的方法。

(6)对构件的局部受压承载力计算,局部调整了系数,同时明确了混凝土核心面积的计算方法。

(7)对疲劳验算是以混凝土的压应力及受拉钢筋的应力幅进行的,钢筋的疲劳应力幅限值取决于钢筋等级及疲劳应力比值,由钢筋材料设计参数给出。

3. 基本构造以及构件规定方面

(1)对伸缩缝和保护层厚度,考虑近年我国混凝土强度等级提高,流动性加大,水泥用量增加,混凝土凝固过程具有快硬、早强、发热量大的特点,混凝土收缩量增大的趋势明显,目前现浇结构裂缝比较普遍、新规范增加了有关内容,还提示了在超过伸缩缝间距时应考虑的问题,如后浇带、控制缝及考虑温度变化和混凝土收缩影响等。

(2)为考虑耐久性增加了对保护层厚度的要求。根据构件类型、混凝土强度等级及构件所处的环境类别,详细列出了混凝土的最小保护层厚度,以及减小或增大保护层厚度的条件。

(3)对受力钢筋的锚固和连接规定,考虑原规范的内容与国际惯例差距太大,且不能反映锚固条件的影响,有些规定(如受拉钢筋搭接面积百分率不应超过25%)则无法执行,新规范对这部分内容作了较大改动。钢筋的锚固长度以简单计算公式的形式确定,并反映锚固条件的影响。当钢筋的锚固长度因结构尺寸受限而难以布置时,可采用机械锚固措施以缩短锚固长度。规范对其连接的位置、数量、连接区段的定义及接头面积百分率等都做出了规定。

(4)对于钢筋的最小配筋率,为适度提高安全储备,新规范作了较大的调整。受拉钢筋最小配筋率应满足受拉区混凝土开裂后钢筋不致立即失效这一基本要求,以配筋特征值的形式进行控制。受压钢筋最小配筋率的确定是为使构件受压破坏时,不致具有突然压溃的脆性性质。规范对受压构件"一侧钢筋"的最小配筋率未作改动,而对"全部纵向钢筋"的最小配筋率适当提高,并与抗震设计规范衔接,也反映了配筋特征值的影响。对预应力构件的最小配筋率,仍取"截面开裂后不致立即失效"的原则确定,这是为了避免无预兆的脆性破坏。

(5)在对钢筋延伸长度的确定上,在钢筋混凝土梁支座截面以外的负弯矩钢筋往往要根据弯矩图的变化分批截断,原规范规定了钢筋向外延伸的长度。新规范对于剪力较大以及负弯矩区覆盖范围较大的情况,规定应加大钢筋截断时的延伸长度。此外,对悬臂梁中负弯矩钢筋的延伸及弯折也做出了规定。

(6)对板、梁、墙中的裂缝的控制措施,根据近年来混凝土墙裂缝比较普遍的情况,新规范增加了相应的条款,以加强构造配筋的形式控制裂缝。控制裂缝的配筋构造措施有三类:一是对板、墙及梁侧的原分布钢筋减小间距;增大直径:二是板边、板角容易出裂缝的部位增加配筋;三是对温度、收缩应力较大的区域(例如泵送混凝土现浇板等)采用沿上、下表面双层配置附加钢筋,并对间距、配筋率、与其余钢筋的连接等做出规定。

(7)对于框架节点设计方法,原规范只对框架中间层节点(中间节点及边节点)给出了配筋构造方法而未提及顶层节点。新规范给出了梁柱节点(包括框架顶层节点)的各种配筋构造方法,设计者可在不同情况、不同条件下选择应用。其中梁内钢筋伸入节点内的水平锚固长度适当缩短,以方便设计。与此配套,还给出了考虑结构抗震的节点配筋构造措施。

(8)对于深受弯构件的设计。原规范给出了跨高比大于等于 5 的一般梁(长梁)及跨高比小于等于 2 的深梁的设计方法。对介于两者之间的"短梁"未曾提及。新规范以"深受弯构件"一节补充了这部分内容,并给出了深受弯构件(包括深梁)的承载力计算公式及配筋构造措施。

4. 结构抗震设计方面

(1)提高了抗震结构设计的安全度。抗震结构设计的重要原则是保证结构的延性,亦即减少发生非延性破坏及剪切破坏的可能性。在框架结构设计时,其原则为梁端强剪弱弯和强柱弱梁。新规范在原有"强柱弱梁"和"强剪弱弯"的基础上作了改进。在原规范计算公式的基础上将系数稍有增大以提高安全储备。

(2)调整轴压比限值及抗震构造措施。根据试验研究表明,受压构件的延性随轴压比的增大而减小,为增加抗震结构的延性,提出了对框架柱轴压比限值的要求。原规范的对轴压比限值较严,往往因增加柱截面面积而形成延性很差的短柱。

(3)新规范根据近年对配置复合箍筋或复合螺旋箍筋柱的试验结果,对框架柱作出了在一定配箍条件下适当放松轴压比限制的规定,并与此相应,对加密区的箍筋体积配筋率提出了更为详细的要求。

第三节 总 则

新《混凝土结构设计规范》GB 50010—2002

1.0.1 为了在混凝土结构设计中贯彻执行国家的技术经济政策,做到技术先进、安全适用、经济合理、确保质量,制订本规范。

旧《混凝土结构设计规范》GBJ 10—89

第**1.0.1**条 为了在混凝土结构设计中贯彻执行国家的技术经济政策,做到技术先进、经济合理、安全适用、确保质量,特制订本规范。

【新规范理解与说明】

本条内容,新旧规范完全一致。新规范在四年多的修订过程中,始终贯彻"技术先进、安全适用、经济合理,确保质量"16 字方针,但具体实施中体现在处理以下五种关系上:

1. 处理安全与经济的关系

混凝土结构是土建工程应用最为普遍的主体结构,而混凝土结构规范是确保混凝土结构安全可靠的最低要求。制定混凝土结构各种计算、构造的出发点与前提是为确保工程安全适用,而实现确保工程的安全适用目的,首先是一项综合技术经济政策问题,从技术而言离不开结构选型的合理性、力学模型的合理性、概念设计的合理性等,不能简单地与多用材料等同起来;修订中的目标是追求安全与经济的最佳平衡。

2. 处理简化与精确复杂的关系

鉴于《混凝土结构设计规范》是一本通用规范层次的规范,覆盖面较宽,许多混凝土结构在不同受力状态下的设计计算问题,都会遇到简化和精确复杂关系问题。规范编制修订时坚定地树立为广大设计人员服务的思想,在保持必要计算精度前提下力求做到实用、简化,把简化择优作为一项编制原则对待。打开规范会发现有许多简化处理的事例,这些都是编制人员苦心思索的结果。例如剪扭共同作用时剪—扭的相关关系本来服从 1/4 圆曲线,要求写出圆曲线方程,规范编制时把 1/4 圆曲线、简化为三折线,把圆方程简化为线性插入关系。这次仍有专家依然主张采用 1/4 圆曲线,后经修订组讨论,按简化择优原则仍然采用三折线。规范编制时力求简化、实用,但随着对客观事物认识的深化,目前现行规范对某些问题考虑的因素较以往规范要深化得多,这不能用"复杂"来形容,而是深化的结果,只不过深化中力求用简化实用方法加以表达。高明的简化是一件很不简单的过程,应当说我们这方面做得尚不够令人满意。

3. 处理技术先进与落后的关系

本次规范全面修订过程中,总结了自 GBJ 10—89 实施以来的实践经验,发现这一阶段我国在房屋工程建设中涌现出一大批技术新成果,也发现有一批以往的技术应加以淘汰。我们的原则是积极促进技术进步,例如,在钢筋混凝土结构中将新Ⅲ钢筋(HRB400)作为主导品种钢筋代替以往一统天下的Ⅱ级钢筋(HRB335);在预应力混凝土结构中以1860MPa 低松弛钢丝线、钢丝为主导品种,代替以往低效的冷拉钢筋和冷拔低碳钢丝。应当指出,规范列入的内容应当是成熟的,不追求、不代表是全国最先进的。

4. 处理新规范与旧规范的关系

规范是广大设计人员设计中经常查用的设计依据。发达国家的混凝土结构设计规范每隔几年就进行局部修订或全面修订;把保持规范自身的连续性与适当发展有机结合起来,这是反映一个国家该种规范成熟性的重要标志。本轮《混凝土结构设计规范》全面修订的一个重要原则:原规范仍然适用的条文保持不变,甚至文字表达方法也不变,不要为改而改,要改的条文内容必需有的放矢,有实质性变化。

5. 处理与国际接轨的关系

由于世界经济全球化的发展趋势和中国正式加入了 WTO,要求我国的标准规范应与国际接轨,积极参加国际竞争。但必须清楚认识到房屋不同于一般工业产品,因为房屋是一种不能流动而且寿命期特长的商品,中国建筑的房屋,其基本用户对象是居住在本国土地上的居民,至今国际上尚无一本具体的各国可以通用的国际规范。这是因为各国的地理、气候、环境、土地、人口、习惯、经济均有所不同。我们通常说与国际接轨一般指与国际标准接轨,而国际标准则指由 ISO(国际标准化组织)发布的标准,这种标准通常是关于基本原则、基本规定、基本设计方法的规定,而不给具体的指标,便于各国可以采纳。我们对此种与国际接轨原则持积极态度。例如我国的建筑结构可靠度设计统一标准就是贯彻这一原则,与国际标准 ISO 2394《结构可靠性总原则》接轨。坚持与国际接轨不是生硬的照抄照搬。

新《混凝土结构设计规范》GB 50010—2002

1.0.2　本规范适用于房屋和一般构筑物的钢筋混凝土、预应力混凝土以及素混凝土承重结构的设计。本规范不适用于轻骨料混凝土及其他特种混凝土结构的设计。

旧《混凝土结构设计规范》GBJ 10—89

第 **1.0.2** 条　本规范适用于工业与民用房屋和一般构筑物的钢筋混凝土、预应力混凝土及素混凝土承重结构的设计,不适用于轻混凝土及其他特种混凝土结构的设计。

【新规范理解与说明】

本条内容,新旧规范完全一致,指出了本规范的运用对象。应当指出,对无粘结预应力混凝土结构,其材料及正截面受弯承载力及裂缝宽度计算等均与有粘结预应力混凝土结构有所不同。这些内容由专门规程作出规定。对采用陶粒、浮石、煤矸石等为骨料的混凝土结构,应按有关标准进行设计。

设计下列结构时,尚应符合专门标准的有关规定:

(1)修建在湿陷性黄土、膨胀土地区或地下采掘区等的结构;

(2)结构表面温度高于 100℃或有生产热源且结构表面温度经常高于 60℃的结构;

(3)需作振动计算的结构。

新《混凝土结构设计规范》GB 50010—2002

1.0.3　混凝土结构的设计,除应符合本规范外,尚应符合国家现行有关强制性标准的规定。

旧《混凝土结构设计规范》GBJ 10—89

第**1.0.4**条　按本规范设计时，荷载应按国家标准《建设结构荷载规范》GBJ 9—87的规定执行；材料和施工的质量应符合国家现行标准《混凝土结构工程施工及验收规范》及有关国家标准的要求；混凝土强度的检验评定应符合现行国家标准《混凝土强度检验评定标准》及有关国家标准的要求；结构抗震设计尚应符合现行国家标准《建设抗震设计规范》的规定。

在特殊地区或特殊环境下的结构设计，尚应符合专门规范的有关规定。

【新规范理解与说明】

本条内容，新规范比旧规范阐述得更加全面。强制性标准是加强我国建设工程的质量管理，保证工程质量的重要一环，其具备法律效应，对整顿建筑市场，规范建筑市场中的竞争行为，起了重要作用。

2001年1月30日国务院以第279号令的形式公布了《建设工程质量管理条例》。条例中规定了建设单位，勘察设计单位，施工单位，监理单位和建筑管理部门在工程质量中的权力和责任，对规范工程质量管理和整顿建筑市场秩序作了明确的规定。

《建筑工程质量管理条例》以法令的形式，肯定了强制性标准在保证建设质量中的作用，这是分析和总结了我国近年发生的许多工程质量事故以后得出的结论。任何工程质量事故发生的根本原因，尽管各自的具体情况不同，但总有一条最基本的理由，就是或多或少地违反了相关工程建设强制性标准。因此，为提高我国的工程建设质量，避免工程事故，必须强调强制性标准的作用。

作为《工程建设标准强制性条文》的结构类条文，最主要的考虑因素是安全。尽管单靠强制性条文并不能完全解决结构的安全问题，但是相对而言，入选的强制性条文都具备影响结构安全的重要性。许多工程质量事故，尤其是恶性工程事故，证实了上述条款的重要性。在设计过程中，所有条款对安全可靠的影响却并不是完全一致的。挑选出其中对安全有直接和决定性影响的少数关键条款，以强制性条文的形式强制执行，对确保结构安全确实可以起到有效控制作用。

第二章 术语与符号

第一节 术 语

新《混凝土结构设计规范》GB 50010—2002

2.1.1 混凝土结构 concrete structure

以混凝土为主制成的结构，包括素混凝土结构、钢筋混凝土结构和预应力混凝土结构等。

2.1.2 素混凝土结构 plain concrete structure

由无筋或不配置受力钢筋的混凝土制成的结构。

2.1.3 钢筋混凝土结构 reinforced concrete structure

由配置受力的普通钢筋、钢筋网或钢筋骨架的混凝土制成的结构。

2.1.4 预应力混凝土结构 prestressed concrete structure

由配置受力的预应力钢筋通过张拉或其他方法建立预加应力的混凝土制成的结构。

2.1.5 先张法预应力混凝土结构 pretensioned prestressed concrete structure

在台座上张拉预应力钢筋后浇筑混凝土，并通过粘结力传递而建立预加应力的混凝土结构。

2.1.6 后张法预应力混凝土结构 post－tensioned prestressed concrete structure

在混凝土达到规定强度后，通过张拉预应力钢筋并在结构上锚固而建立预加应力的混凝土结构。

2.1.7 现浇混凝土结构 cast－in－situ concrete structure

在现场支模并整体浇筑而成的混凝土结构。

2.1.8 装配式混凝土结构 prefabricated concrete structure

由预制混凝土构件或部件通过焊接、螺栓连接等方式装配而成的混凝土结构。

2.1.9 装配整体式混凝土结构 assembled monolithic concrete structure

由预制混凝土构件或部件通过钢筋、连接件或施加预应力加以连接并现场浇筑混凝土而形成整体的结构。

2.1.10 框架结构 frame structure

由梁和柱以刚接或铰接相连接而构成承重体系的结构。

2.1.11 剪力墙结构 shearwall structure

由剪力墙组成的承受竖向和水平作用的结构。

2.1.12 框架－剪力墙结构 frame－shearwall structure

由剪力墙和框架共同承受竖向和水平作用的结构。

2.1.13 深受弯构件 deep flexural member

跨高比小于5的受弯构件。

2.1.14 深梁 deep beam

跨高比不大于2的单跨梁和跨高比不大于2.5的多跨连续梁。

2.1.15 普通钢筋 ordinary steel bar

用于混凝土结构构件中的各种非预应力钢筋的总称。

2.1.16 预应力钢筋 prestressing tendon

用于混凝土结构构件中施加预应力的钢筋、钢丝和钢绞线的总称。

2.1.17 可靠度 degree of reliability

结构在规定的时间内，在规定的条件下，完成预定功能的概率。

2.1.18 安全等级 safety class

根据破坏后果的严重程度划分的结构或结构构件的等级。

2.1.19 设计使用年限 design working life

设计规定的结构或结构构件不需进行大修即可按其预定目的使用的时期。

2.1.20 荷载效应 load effect

由荷载引起的结构或结构构件的反应，例如内力、变形和裂缝等。

2.1.21 荷载效应组合 load effect combination

按极限状态设计时，为保证结构的可靠性而对同时出现的各种荷载效应设计值规定的组合。

2.1.22 基本组合 fundamental combination

承载能力极限状态计算时，永久荷载和可变荷载的组合。

2.1.23 标准组合 characteristic combination

正常使用极限状态验算时，对可变荷载采用标准值、组合值为荷载代表值的组合。

2.1.24 准永久组合 quasi－permanent combination

正常使用极限状态验算时，对可变荷载采用准永久值为荷载代表值的组合。

【新规范理解与说明】

"术语"是指科学技术学科中的专业用语或专门用语。工程建设的术语是在工程建设专业范围内技术人员之间进行专业或专业学科交流时，能达到互相理解并形成统一概念的词或词组。由于其在特定的专业范围内使用，因此，比一般词和词组更具有丰富的内容和更准确的涵义。

术语是本规范新增的内容，主要是根据现行国家标准《工程结构设计基本术语和通用符号》GBJ 132、《建筑结构设计术语和符号标准》GB/T 50083、《建筑结构可靠度设计统一标准》GB 50068、《建筑结构荷载规范》GB 50009 等给出的。

第二节 符 号

新《混凝土结构设计规范》GB 50010—2002

2.2.1 材料性能

E_c——混凝土弹性模量；

E_c^f——混凝土疲劳变形模量；

E_s——钢筋弹性模量；

C20——表示立方体强度标准值为 $20N/mm^2$ 的混凝土强度等级；

f'_{cu}——边长为 150mm 的施工阶段混凝土立方体抗压强度；

$f_{cu,k}$——边长为 150mm 的混凝土立方体抗压强度标准值；

f_{ck}、f_c——混凝土轴心抗压强度标准值、设计值；

f_{tk}、f_t——混凝土轴心抗拉强度标准值、设计值；

f'_{ck}、f'_{tk}——施工阶段的混凝土轴心抗压、轴心抗拉强度标准值；

f_{yk}、f_{ptk}——普通钢筋、预应力钢筋强度标准值；

f_y、f'_y——普通钢筋的抗拉、抗压强度设计值；

f_{py}、f'_{py}——预应力钢筋的抗拉、抗压强度设计值。

2.2.2 作用、作用效应及承载力

N——轴向力设计值；

N_k、N_q——按荷载效应的标准组合、准永久组合计算的轴向力值；

N_p——后张法构件预应力钢筋及非预应力钢筋的合力；

N_{p0}——混凝土法向预应力等于零时预应力钢筋及非预应力钢筋的合力；

N_{u0}——构件的截面轴心受压或轴心受拉承载力设计值；

N_{ux}、N_{uy}——轴向力作用于 x 轴、y 轴的偏心受压或偏心受拉承载力设计值；

M——弯矩设计值；

M_k、M_q——按荷载效应的标准组合、准永久组合计算的弯矩值；

M_u——构件的正截面受弯承载力设计值；

M_{cr}——受弯构件的正截面开裂弯矩值；

T——扭矩设计值；

V——剪力设计值；

V_{cs}——构件斜截面上混凝土和箍筋的受剪承载力设计值；

F_l——局部荷载设计值或集中反力设计值；

σ_{ck}、σ_{cq}——荷载效应的标准组合、准永久组合下抗裂验算边缘的混凝土法向应力；

σ_{pc}——由预加力产生的混凝土法向应力；

σ_{tp}、σ_{cp}——混凝土中的主拉应力、主压应力；

$\sigma^f_{c,max}$、$\sigma^f_{c,min}$——疲劳验算时受拉区或受压区边缘纤维混凝土的最大应力、最小应力；

σ_s、σ_p——正截面承载力计算中纵向普通钢筋、预应力钢筋的应力；

σ_{sk}——按荷载效应的标准组合计算的纵向受拉钢筋应力或等效应力；

σ_{con}——预应力钢筋张拉控制应力；

σ_{p0}——预应力钢筋合力点处混凝土法向应力等于零时的预应力钢筋应力；

σ_{pe}——预应力钢筋的有效预应力；

σ_l、σ'_l——受拉区、受压区预应力钢筋在相应阶段的预应力损失值；

τ——混凝土的剪应力；

ω_{max}——按荷载效应的标准组合并考虑长期作用影响计算的最大裂缝宽度。

2.2.3 几何参数

a、a'——纵向受拉钢筋合力点、纵向受压钢筋合力点至截面近边的距离；

a_s、a'_s——纵向非预应力受拉钢筋合力点、纵向非预应力受压钢筋合力点至截面近边的距离；

a_p、a'_p——受拉区纵向预应力钢筋合力点、受压区纵向预应力钢筋合力点至截面近边的距离；

b——矩形截面宽度，T形、I形截面的腹板宽度；

b_f、b'_f——T形或I形截面受拉区、受压区的翼缘宽度；

d——钢筋直径或圆形截面的直径；

c——混凝土保护层厚度；

e、e'——轴向力作用点至纵向受拉钢筋合力点、纵向受压钢筋合力点的距离；

e_0——轴向力对截面重心的偏心距；

e_a——附加偏心距；

e_i——初始偏心距；

h——截面高度；

h_0——截面有效高度；

h_f、h'_f——T形或I形截面受拉区、受压区的翼缘高度；

i——截面的回转半径；

r_c——曲率半径；

l_a——纵向受拉钢筋的锚固长度；

l_0——梁板的计算跨度或柱的计算长度；

s——沿构件轴线方向上横向钢筋的间距、螺旋筋的间距或箍筋的间距；

x——混凝土受压区高度；

y_0、y_n——换算截面重心、净截面重心至所计算纤维的距离；

z——纵向受拉钢筋合力至混凝土受压区合力点之间的距离；

A——构件截面面积；

A_0——构件换算截面面积；

A_n——构件净截面面积；

A_s、A'_s——受拉区、受压区纵向非预应力钢筋的截面面积；

A_p、A'_p——受拉区、受压区纵向预应力钢筋的截面面积；

A_{sv1}、A_{st1}——在受剪、受扭计算中单肢箍筋的截面面积；

A_{stl}——受扭计算中取用的全部受扭纵向非预应力钢筋的截面面积；

A_{sv}、A_{sh}——同一截面内各肢竖向、水平箍筋或分布钢筋的全部截面面积；

A_{sb}、A_{pb}——同一弯起平面内非预应力、预应力弯起钢筋的截面面积；

A_l——混凝土局部受压面积；

A_{cor}——钢筋网、螺旋筋或箍筋内表面范围内的混凝土核心面积；

B——受弯构件的截面刚度；

W——截面受拉边缘的弹性抵抗矩；

W_0——换算截面受拉边缘的弹性抵抗矩；

W_n——净截面受拉边缘的弹性抵抗矩；

W_t——截面受扭塑性抵抗矩；

I——截面惯性矩；

I_0——换算截面惯性矩；

I_n——净截面惯性矩。

2.2.4　计算系数及其他

α_1——受压区混凝土矩形应力图的应力值与混凝土轴心抗压强度设计值的比值；

α_E——钢筋弹性模量与混凝土弹性模量的比值；

β_c——混凝土强度影响系数；

β_1——矩形应力图受压区高度与中和轴高度(中和轴到受压区边缘的距离)的比值；

β_l——局部受压时的混凝土强度提高系数；

γ——混凝土构件的截面抵抗矩塑性影响系数；

η——偏心受压构件考虑二阶弯矩影响的轴向力偏心距增大系数；

λ——计算截面的剪跨比；

μ——摩擦系数；

ρ——纵向受力钢筋的配筋率；

ρ_{sv}、ρ_{sh}——竖向箍筋、水平箍筋或竖向分布钢筋、水平分布钢筋的配筋率；

ρ_v——间接钢筋或箍筋的体积配筋率；

φ——轴心受压构件的稳定系数；

θ——考虑荷载长期作用对挠度增大的影响系数；

ψ——裂缝间纵向受拉钢筋应变不均匀系数。

【新规范理解与说明】

“符号”是采用字母或特定标志简明地表达某一术语的方式。表达方式的高度简化不应该损害术语的确切定义。同学科或专业的技术人员通过一个简单的符号就能够理解其中所表达的丰富内容，达到快捷、简便、准确的目的，大大提高了互相交流的效率。

符号主要是根据《混凝土结构设计规范》GBJ 10—89(以下简称原规范)规定的。有些符号因术语的改动而作了相应的修改，例如，本规范将长期效应组合改称为准永久组合，所以原规范符号 N_l 相应改为本规范符号 N_q。

正确和熟练地掌握有关的术语、符号是每一个工程建设从业人员必备的基本能力，但是长期以来，这方面一直未能进行系统有效的教育和培训，因此工程建设界中不规范的表达仍然相当普遍。为统一工程建设领域的术语和符号，准确地表达和进行交流，我国在加入国际标准化组织以后，于 1990 年发布了《工程结构设计基本术语和通用符号》GBJ 132—90。

第三章 基本设计规定

第一节 本章主要修订内容介绍

本章共四节内容，与旧规范 GBJ 10—89 相比较，本章主要修订和增加内容见表 3-1 所列。

表 3-1 主要修订内容及说明

项次	新规范中位置	修订内容	说明
1	新规范第 3.1.6 条	旧规范没有这条内容，新规范增加这一条着重强调了结构整体稳定的重要性。结构整体稳定，意味着不会因为局部的破坏，如局部爆炸或撞击而导致结构整体倒塌破坏	
2	新规范第 3.1.7 条	旧规范没有此条内容，新规范增加这一条是针对近年来建筑质量问题不断增多而提出的，以规范形式强调在设计使用年限内结构或结构构件应能保持其使用功能，确保建筑质量	
3	新规范第 3.1.8 条	旧规范没有此条内容，新规范增加这一强制性条文严格禁止随意改变结构的用途和使用环境。改变结构的用途和使用环境，会影响结构性能和耐久性，严重时会引起结构倒塌	
4	新规范第 3.2.2 条关于屋架、托架、承受恒载为主的柱和施工中预制构件的安全等级	新规范取消了旧规范对于屋架、托架和承受恒载为主的柱的安全等级应该提高一级以及施工阶段预制构件安全等级可以降低一级的规定	1. 由于《建筑结构荷载规范》GB 50009 中新增的永久荷载效应控制的组合，使承受恒载为主的结构构件的安全度有所提高，另外，新规范取消了旧规范混凝土弯曲抗压强度而统一取抗压强度，提高了安全度，所以不必再提高安全度 2. 根据经验，预制构件在施工阶段经常发生质量问题，所以取消了降低一级的规定
5	新规范第 3.3.4 条	与旧规范相比，新规范由强调构件类型改为强调环境影响，简化了各控制等级的要求，取消了拉应力系数的限制系数，预应力混凝土结构的裂缝控制要求比旧规范适当放松	1. 旧规范对重级和中级工作制吊车分别规定为 0.2 和 0.3mm，现在重级和中级的名称已被取消，所以对需作疲劳验算的吊车梁，统一规定为 0.2mm 2. 旧规范对预应力钢丝、钢绞线及热处理钢筋的预应力混凝土构件的裂缝控制偏严，所以在有可靠工程经验的前提下，对抗裂要求可以做适当放宽 3. 根据工程实际设计和使用经验，并参考国内外有关规范的规定；同时，还考虑了部分预应力混凝土构件的发展趋势，本次修订对预应力混凝土结构的裂缝控制，着重于考虑环境条件对钢筋腐蚀的影响，并考虑结构的功能要求以及荷载作用时间等因素作出规定

续表

项次	新规范中位置	修订内容	说明
6	新规范第 3.4.1 条	旧规范没有此条内容，新规范增加这一条对耐久性规定，包括对结构使用环境类别的划分，对材料性能的要求和对使用条件有特殊要求结构的专门措施。这些内容对提高我国混凝土结构的耐久性，延长一般建筑的使用年限将起到重要作用	
7	新规范第 3.4.2 条	旧规范没有此条内容，新规范增加这一条从混凝土材料本身方面，严格限制了材料的水灰比、最小水泥用量、最低混凝土强度等级等性能要求。因为混凝土材料本身的组成对结构耐久性有很大的影响	
8	新规范第 3.4.3～3.4.4 条	旧规范没有此条内容，新规范增加这几条适用于使用年限为 100 年的混凝土结构，并在各类使用环境中加大了各方面的要求	
9	新规范第 3.4.5～3.4.6 条	旧规范没有此条内容，新规范增加这几条强调了混凝土抗冻和抗渗要求	
10	新规范第 3.4.7 条	旧规范没有此条内容，新规范增加这一条指出采用环氧树脂涂层钢筋的一些规定	
11	新规范第 3.4.8 条	旧规范没有此条内容，新规范增加这一条指出对处于四类和五类环境中的混凝土结构，应按相关特殊标准实施	

第二节　一　般　规　定

新《混凝土结构设计规范》GB 50010—2002

3.1.1　本规范采用以概率理论为基础的极限状态设计法，以可靠指标度量结构构件的可靠度，采用分项系数的设计表达式进行设计。

旧《混凝土结构设计规范》GBJ 10—89

第 **3.1.1** 条　本规范采用以概率理论为基础的极限状态设计法，以可靠指标度量结构构件的可靠度，采用以分项系数的多系数设计表达式进行设计。

【新规范理解与说明】

本条内容，新旧规范内容一致。混凝土结构构件设计计算方法根据其发展以及不同的特点，可以分为容许应力法，破坏阶段法，极限状态设计法和概率极限状态设计方法。新规范采用的是概率极限状态设计方法中的第Ⅱ水准——近似概率法。即将结构抗力和荷载效应作为随机变量，按给定的概率分布估算失效概率或可靠指标，在分析中采用平均值和标准差两个统计参数，且对设计表达式进行线性化处理，是一种实用的近似概率计算法。

容许应力法是要求结构构件在使用期间内截面上任何一点的应力值 σ 不得超过其容许应力值，即

$$\sigma \leqslant [\sigma] = \frac{f}{K} \tag{3-1}$$

式中　f——结构材料的极限应力，其值由实验确定；

K——安全系数，由经验确定。它一方面考虑了强度条件中某些量本身就存在着主观认识与客观实际间的差异，另一方面则考虑了给构件以必要的强度储备。

该方法完全沿用弹性理论假设，采用安全系数大于 1 的设计方法来反映结构受力，简单，明确，没有考虑材料塑性性能，计算结果偏于保守。安全系数的确定主要依靠经验，缺乏科学依据。

破坏阶段法可以利用下列公式表示：

$$K \cdot S \leqslant R \tag{3-2}$$

式中 R——考虑材料塑性性能截面的极限承载力，由试验得出的经验公式计算；

S——最大荷载产生的内力；

K——安全系数，由经验确定。

与容许应力法相比，该法考虑了材料的塑性性能，能反映结构构件实际的工作状况，计算结果比较准确，但仍然没有采用可靠度的概念。另外，该法只限于构件的承载力计算，没有考虑正常使用条件。

极限状态设计法是工程结构设计理论的重大发展。但极限状态设计法仍然没有给出结构可靠度的定义和计算可靠度的方法；此外，对于保证率的确定、系数取值等方面仍然带有不少主观经验的成分。

近年来，国际上在结构构件设计方面的趋向是采用以概率论为基础的极限状态设计法，简称概率极限状态设计法。通常分为三个水准：

水准Ⅰ——半经验半概率法。基本变量部分地进行了统计分析，并引入经验系数而得到的半经验半概率极限状态设计法。该法对结构的可靠概率还不能做出定量的计算。

水准Ⅱ——近似概率法，即前面所提到的本规范采用的设计方法。

水准Ⅲ——全概率法，是完全基于概率论的设计方法。目前还处于研究探索阶段。

另外，新规范是按现行国家标准《建筑结构可靠度设计统一标准》GB 50068 采用荷载分项系数、材料性能分项系数（为了简便，直接以材料强度设计值表达）、结构重要性系数进行设计。

新规范中的荷载分项系数应按现行国家标准《建筑结构荷载规范》GB 50009 的规定取用。

新《混凝土结构设计规范》GB 50010—2002

3.1.2 整个结构或结构的一部分超过某一特定状态就不能满足设计规定的某一功能要求，此特定状态称为该功能的极限状态。极限状态分为以下两类：

1 承载能力极限状态：结构或结构构件达到最大承载力、出现疲劳破坏或不适于继续承载的变形；

2 正常使用极限状态：结构或结构构件达到正常使用或耐久性能的某项规定限值。

旧《混凝土结构设计规范》GBJ 10—89

第 **3.1.2** 条 整个结构或结构的一部分超过某一特定状态就不能满足设计规定的某一功能要求，此特定状态称为该功能的极限状态。

极限状态可分为下列两类：

一、承载能力极限状态：这种极限状态对应于结构或结构构件达到最大承载力、疲劳破坏或不适于继续承载的变形；

二、正常使用极限状态：这种极限状态对应于结构或结构构件达到正常使用或耐久性能的某项规定限值。

【新规范理解与说明】

本条内容，新旧规范内容一致。承载能力极限状态一般有以下几种情况：①地基丧失承载能力而破坏；②结构转变为机动体系而丧失承载能力；③整个结构或结构的一部分作为刚体而失去平衡（如倾覆等）；④结构或结构构件丧失稳定（如压屈等）；⑤结构构件或连接因所受应力超过材料强度而破坏（包括疲劳破坏）或因过度变形而不适合继续承载。

当结构或结构构件出现上述状态之一时，应认为超过了承载能力极限状态：

而对于正常使用极限状态，则当结构或结构构件出现下列状态之一时，应认为超过了正常使用极限状态。

1）影响正常使用或外观的变形；

2）影响正常使用或耐久性能的局部损坏（包括裂缝）；

3）影响正常使用的振动；

4）影响正常使用的其他特定状态。

新《混凝土结构设计规范》GB 50010—2002

3.1.3　结构构件应根据承载能力极限状态及正常使用极限状态的要求，分别按下列规定进行计算和验算：

1　承载力及稳定：所有结构构件均应进行承载力（包括失稳）计算；在必要时尚应进行结构的倾覆、滑移及漂浮验算；

有抗震设防要求的结构尚应进行结构构件抗震的承载力验算；

2　疲劳：直接承受吊车的构件应进行疲劳验算；但直接承受安装或检修用吊车的构件，根据使用情况和设计经验可不作疲劳验算；

3　变形：对使用上需要控制变形值的结构构件，应进行变形验算；

4　抗裂及裂缝宽度：对使用上要求不出现裂缝的构件，应进行混凝土拉应力验算；对使用上允许出现裂缝的构件，应进行裂缝宽度验算；对叠合式受弯构件，尚应进行纵向钢筋拉应力验算。

旧《混凝土结构设计规范》GBJ 10—89

第**3.1.3**条　结构构件应根据承载能力极限状态及正常使用极限状态的要求，分别按下列规定进行计算和验算：

一、承载力及稳定：所有结构构件均应进行承载力（包括压屈失稳）计算；在必要时尚应进行结构的倾覆和滑移验算；

处于地震区的结构，尚应进行结构构件抗震的承载力计算；

二、疲劳：直接承受重级工作制吊车的构件，应进行疲劳强度验算；承受中级工作制吊车的构件，宜进行疲劳强度验算，但某些承受中级工作制吊车的构件，根据使用情况和设计经验可不作疲劳强度验算；承受轻级工作制吊车的构件，可不作疲劳强度验算；

三、变形：对使用上需控制变形值的结构构件，应进行变形验算：

四、抗裂及裂缝宽度：对使用上要求不出现裂缝的构件，应进行混凝土拉应力验算；对使用上允许出现裂缝的构件，应进行裂缝宽度验算；对叠合式受弯构件，尚应进行钢筋拉应力验算。

【新规范理解说明】

本条内容，新旧规范基本一致。只是旧规范只对处于地震区的结构要求进行结构构件抗震承载力计算，而新规范强调"有抗震设防要求的结构尚应进行结构构件抗震承载力验算"，表达更为完整、规范、排除了仅仅依靠是否位于地震区而没有考虑结构的安全重要性等级的缺陷。另外，新规范对吊车构件的抗疲劳验算，比旧规范规定的更严格，更符合实际生产需要。

新《混凝土结构设计规范》GB 50010—2002

3.1.4　结构及结构构件的承载力(包括失稳)计算和倾覆、滑移及漂浮验算，均应采用荷载设计值；疲劳、变形、抗裂及裂缝宽度验算，均应采用相应的荷载代表值；直接承受吊车的结构构件，在计算承载力及验算疲劳、抗裂时，应考虑吊车荷载的动力系数。

预制构件尚应按制作、运输及安装时相应的荷载值进行施工阶段的验算。预制构件吊装的验算，应将构件自重乘以动力系数，动力系数可取1.5，但可根据构件吊装时的受力情况适当增减。

对现浇结构，必要时应进行施工阶段的验算。

当结构构件进行抗震设计时，地震作用及其他荷载值均应按现行国家标准《建筑抗震设计规范》GB 50011的规定确定。

旧《混凝土结构设计规范》GBJ 10—89

第**3.1.4**条　结构构件的承载力(包括压屈失稳)计算和倾覆、滑移验算，均应采用荷载设计值；疲劳、变形抗裂及裂缝宽度验算，均应采用相应的荷载代表值；直接承受动力荷载的结构构件，在计算承载力、疲劳、抗裂时，应考虑动力荷载的动力系数。预制构件尚应按制作、运输及安装时的荷载设计值进行施工阶段的验算。预制构件本身吊装的验算，应将构件自重乘以动力系数，动力系数可取1.5，但根据构件吊装时受力情况，可适当增减。

对现浇结构，必要时应进行施工阶段的验算。

当结构构件进行抗震设计时，荷载设计值和地震作用设计值均应按现行国家标准《建筑抗震设计规范》的规定采用。

【新规范理解与说明】

本条内容新旧规范内容基本一致。结构设计中所涉及的荷载，可采用随机变量或随机过程的模式加以描述。荷载可以根据各种极限状态的设计要求，规定不同的量值即荷载代表值。一般荷载有标准值、设计值、组合值、频遇值和准永久值五种代表值。

新《混凝土结构设计规范》GB 50010—2002

3.1.5　钢筋混凝土及预应力混凝土结构构件受力钢筋的配筋率应符合本规范第9

章、第 10 章有关最小配筋率的规定。

素混凝土结构构件应按本规范附录 A 的规定进行计算。

旧《混凝土结构设计规范》GBJ 10—89

第 **3.1.6** 条　纵向受力钢筋的配筋百分率小于本规范第 6.1.5 条规定时，钢筋混凝土和预应力混凝土结构构件，应按素混凝土结构构件考虑，并按本规范附录二的规定进行计算。

【新规范理解与说明】

本条内容，新旧规范略有差别，新规范对钢筋混凝土和预应力混凝土结构各种受力钢筋详细规定了最小配筋率，内容更加全面、具体，而旧规范只强调纵向受力钢筋配筋率，考虑不够全面。满足构件最小配筋率是为了保证构件有必要的延性，不至于发生脆性断裂，确保结构的安全使用。

总的说来，新规范的 3.1.3～3.1.5 条对结构构件的计算和验算要求，与原规范基本相同。增加了漂浮验算，对疲劳验算修改较大。

《建筑结构荷载规范》GBJ 9—87 中的吊车，分为轻级、中级、重级和超重级工作制。现荷载规范修订组根据国家标准《起重机设计规范》GB 3811 中吊车的利用等级 U 和载荷状态 Q，将吊车分为 A1～A8 八个工作级别，将原荷载规范的四级工作制改为八级工作级别，本规范作了相应的修订。

原规范中有关疲劳问题，包括轻级、中级和重级工作制吊车，不包括超重级工作制吊车。本规范中所述吊车，仍未包括超重级工作制吊车。当设计直接承受超重级工作制吊车的吊车梁时，建议根据工程经验采用钢结构。

在具有荷载效应谱和混凝土及钢筋应力谱的情况下，可按专门标准的有关规定进行疲劳验算。

新《混凝土结构设计规范》GB 50010—2002

3.1.6　结构应具有整体稳定性，结构的局部破坏不应导致大范围倒塌。

旧《混凝土结构设计规范》GBJ 10—89

旧《混凝土结构设计规范》GBJ 10—89 无此相应条文。

【新规范理解与说明】

新规范着重强调了结构整体稳定性的重要性，结构整体稳定，意味着不会因为局部的破坏，如局部爆炸或撞击引起的结构局部破坏而导致结构整体倒塌破坏。

增强结构的整体稳定性，可采取以下几种措施：

(1)增强结构的延性；

(2)荷载传递路径的多重性；

(3)超静定结构；

(4)设置横向和纵向以及竖向通长钢筋将结构连系成一个整体；

(5)按特定的局部破坏状态的荷载组合状态进行设计。

新《混凝土结构设计规范》GB 50010—2002

3.1.7 在设计使用年限内，结构和结构构件在正常维护条件下应能保持其使用功能，而不需进行大修加固。设计使用年限应按现行国家标准《建筑结构可靠度设计统一标准》GB 50068 确定。若建设单位提出更高要求，也可按建设单位的要求确定。

旧《混凝土结构设计规范》GBJ 10—89

旧《混凝土结构设计规范》GBJ 10—89 无此相应条文。

【新规范理解与说明】

设计使用年限是指设计规定的结构或结构构件不需进行大修即可按其预定目的使用的时期，即结构在规定的条件下所应达到的使用年限。设计使用年限并不等同于建筑结构的实际寿命或耐久年限，当结构的实际使用年限超过设计使用年限后，其可靠度可能较设计时的预期值减小，但结构仍可继续使用或经大修后可继续使用。若使结构保持一定的可靠度，则设计使用年限取得越长，结构所需要的截面尺寸或所需要的材料用量就越大。

表 3-1　　设计使用年限分类

类别	设计使用年限(年)	示例
1	5	临时性结构
2	25	易于替换的结构构件
3	50	普通房屋和构筑物
4	100	纪念性建筑和特别重要的建筑物

新《混凝土结构设计规范》GB 50010—2002

※3.1.8 未经技术鉴定或设计许可，不得改变结构的用途和使用环境。

旧《混凝土结构设计规范》GBJ 10—89

旧《混凝土结构设计规范》GBJ 10—89 无此相应条文。

【新规范理解与说明】

改变结构的用途和使用环境，会影响结构性能和耐久性，严重情况下，能引起结构倒塌，此类事故，国内有很多，因此，新规范强调，必须经过技术鉴定部门或者设计单位的鉴定、认可，才能改变结构的用途和使用环境。

第三节　承载能力极限状态计算规定

新《混凝土结构设计规范》GB 50010—2002

※3.2.1 根据建筑结构破坏后果的严重程度，建筑结构划分为三个安全等级。设计时应根据具体情况，按照表 3.2.1 的规定选用相应的安全等级。

说明：书中带※条文为强制性条文，余同。

表 3.2.1 建筑结构的安全等级

安全等级	破坏后果	建筑物类型
一级	很严重	重要的建筑物
二级	严重	一般的建筑物
三级	不严重	次要的建筑物

注:对有特殊要求的建筑物,其安全等级可根据具体情况另行确定。

旧《混凝土结构设计规范》GBJ 10—89

第 3.2.1 条 根据建筑结构破坏后果的严重程度,建筑结构应按表 3.2.1 划分为三个安全等级。设计时应根据具体情况,选用适当的安全等级。

表 3.2.1 建筑结构的安全等级

安全等级	破坏后果	建筑物类型
一级	很严重	重要的建筑物
二级	严重	一般的建筑物
三级	不严重	次要的建筑物

注:对有特殊要求的建筑物,其安全等级应根据具体情况另行确定。

【新规范理解与说明】

本条内容,新旧规范完全一致。一般来说,设计部门可以根据工程实际情况和设计传统习惯选用结构的安全等级。大多数建筑物的安全等级均为二级。对一些有特殊要求的建筑物,如核电站,其安全等级应根据具体情况进行设定。安全等级与目标可靠指标有如下关系。

表 3-2 建筑结构的安全等级与结构构件承载力极限状态的目标可靠指标

安全等级	破坏后果	建筑物类型	目标可靠指标	
			延性破坏	脆性破坏
一级	很严重	重要	3.7	4.2
二级	严重	一般	3.2	3.7
三级	不严重	次要	2.7	3.2

新《混凝土结构设计规范》GB 50010—2002

3.2.2 建筑物中各类结构构件的安全等级,宜与整个结构的安全等级相同,对其中部分结构构件的安全等级,可根据其重要程度适当调整,但不得低于三级。

旧《混凝土结构设计规范》GBJ 10—89

第 3.2.2 条 建筑物中各类结构构件使用阶段的安全等级,宜与整个结构的安全等级相同,对其中部分结构构件的安全等级,可根据其重要程度适当调整,但一切构件的安全等级在各个阶段均不得低于三级。

注:①屋架、托架的安全等级应提高一级;

②承受恒载为主的轴心受压柱、小偏心受压柱,其安全等级应提高一级;

③预制构件在施工阶段的安全等级,可较其使用阶段的安全等级降低一级。

【新规范理解与说明】

本条内容,新旧规范内容基本一致。新规范只是取消了原规范对于屋架、托架、承受恒载为主的柱安全等级应提高一级的规定是由于《建筑结构荷载规范》GB 50009 中新增的由永久荷载效应控制的组合,使承受恒载为主的结构构件的安全度有所提高,并且本规范取消了原规范混凝土弯曲抗压强度 f_{cm},统一取用抗压强度 f_c,使以混凝土受压为主的结构构件的安全度有所提高,所以取消了原规范对屋架、托架、承受恒载为主的柱安全等级应提高一级的规定。

另外由于预制构件在施工阶段经常发生质量问题,根据实践经验总结,新规范取消了原规范对施工阶段预制构件安全等级可降低一级的规定。

新《混凝土结构设计规范》GB 50010—2002

3.2.3 对于承载能力极限状态,结构构件应按荷载效应的基本组合或偶然组合,采用下列极限状态设计表达式:

$$\gamma_0 S \leqslant R \tag{3.2.3-1}$$

$$R = R(f_c, f_s, a_k, \cdots\cdots) \tag{3.2.3-2}$$

式中 γ_0——重要性系数:对安全等级为一级或设计使用年限为 100 年及以上的结构构件,不应小于 1.1;对安全等级为二级或设计使用年限为 50 年的结构构件,不应小于 1.0;对安全等级为三级或设计使用年限为 5 年及以下的结构构件,不应小于 0.9;在抗震设计中,不考虑结构构件的重要性系数;

S——承载能力极限状态的荷载效应组合的设计值,按现行国家标准《建筑结构荷载规范》GB 50009 和现行国家标准《建筑抗震设计规范》GB 50011 的规定进行计算;

R——结构构件的承载力设计值;在抗震设计时,应除以承载力抗震调整系数 γ_{RE};

$R(\cdot)$——结构构件的承载力函数;

f_c、f_s——混凝土、钢筋的强度设计值;

a_k——几何参数的标准值;当几何参数的变异性对结构性能有明显的不利影响时,可另增减一个附加值。

公式(3.2.3-1)中的 $\gamma_0 S$,在本规范各章中用内力设计值(N、M、V、T、等)表示;对预应力混凝土结构,尚应按本规范第 6.1.1 条的规定考虑预应力效应。

旧《混凝土结构设计规范》GBJ 10—89

第 **3.2.3** 条 结构构件的承载力设计应采用下列极限状态设计表达式:

$$\gamma_0 S \leqslant R \tag{3.2.3-1}$$

$$R = R(f_c, f_s, \alpha_k, \cdots\cdots) \tag{3.2.3-2}$$

式中 γ_0——结构构件的重要性系数,对安全等级为一级、二级、三级的结构构件,应分别取 1.1,1.0,0.9;在抗震设计中,不考虑结构构件的重要性系数;

S——内力组合设计值,按国家标准《建筑结构荷载规范》GBJ 9—87 和现行国家标准《建筑抗震设计规范》的规定进行计算;

R——结构构件的承载力设计值；

$R(\cdot)$——结构构件的承载力函数；

f_c、f_s——混凝土、钢筋的强度设计值；

α_k——几何参数的标准值；当几何参数的变异性对结构性能有明显影响时，可另增减一个附加值 $\Delta\alpha$ 以考虑其不利影响。

注：本规范的内力设计值（N、M、V、T 等）为已乘重要性系数 γ_0 后的值。

【新规范理解与说明】

本条新旧规范基本一致，只是新规范在某些方面比旧规范考虑得更加全面。对于结构重要性系数 γ_0 的取值，旧规范只硬性规定根据安全等级取值，而新规范是根据安全等级或结构设计使用年限划定了结构重要性系数 γ_0 的最小取值，可以根据实际需要增加。另外，新规范此条考虑了抗震设计和预应力混凝土，而旧规范没有相应内容。

本条中符号 S 在《建筑结构荷载规范》GB 50009 中为荷载效应组合的设计值；在《建筑抗震设计规范》GB 50011 中为地震作用效应与其他荷载效应的基本组合，又称结构构件内力组合的设计值。

当几何参数的变异性对结构性能有明显影响时，需考虑其不利影响。例如，薄板的截面有效高度的变异性对薄板正截面承载力有明显影响，在计算截面有效高度时宜考虑施工允许偏差带来的不利影响。

【新规范应用计算实例】

【例 3-1】　条件：如图 3-1(a)所示，一钢筋混凝土预制柱，安全等级为一级。采用翻身吊装，吊点设在牛腿下部，起吊时，混凝土达到设计强度（C30）的 100%。上柱、牛腿和下柱的自重分别为 15.60kN、6.5kN 和 42.43kN；

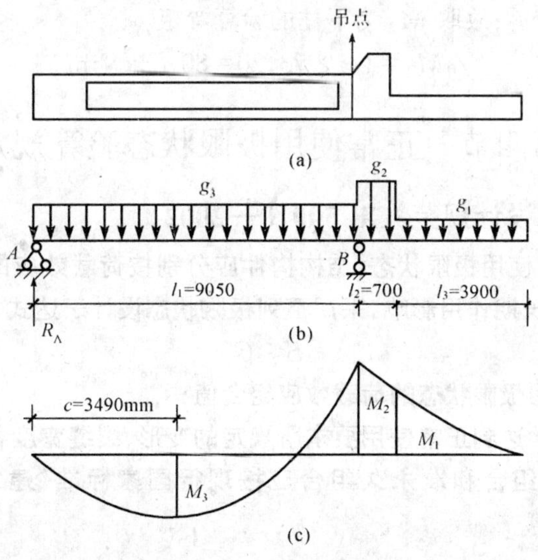

图 3-1　柱的吊装计算简图

要求:确定吊装时受弯承载力,验算所用的弯矩设计值。

答案:吊装验算的计算简图及弯矩图如图 3－1(b)、(c)所示。

(1)荷载计算:根据新《规范》3.1.4 条的规定考虑动力系数 $\mu=1.5$,各段柱自重线荷载设计值为:

上柱 $g_1=\mu\gamma_G g_{1k}=1.5\times1.2\times\dfrac{15.60}{3.9}=7.2\text{kN/m}$

牛腿 $g_2=\mu\gamma_G g_{2k}=1.5\times1.2\times\dfrac{6.5}{0.7}=16.7\text{kN/m}$

下柱 $g_3=\mu\gamma_G g_{3k}=1.5\times1.2\times\dfrac{42.43}{9.05}=8.44\text{kN/m}$

(2)内力计算

$$M_1=\frac{1}{2}g_1 l_1^2=\frac{1}{2}\times7.2\times3.9^2=54.76\text{kN·m}$$

同理可得 $M_2=73.20\text{kN·m}$

由 $\sum M_B=R_A l_3+M_2-\frac{1}{2}g_3 l_3^2=0$,可得

$$R_A=\frac{1}{2}g_3 l_3-\frac{M_2}{l_3}=0.5\times8.44\times9.05-\frac{73.20}{9.05}=30.10\text{kN}$$

AB 段: $M(x)=R_A x-\frac{1}{2}g_3 x^2$

令 $dM(x)/dx=0$,则下柱段的最大弯矩发生在 $x=R_A/g_3=30.10/8.44=3.57\text{m}$ 处,因此 $M_3=53.67\text{kN·m}$。

(3)弯矩设计值计算

根据新《规范》3.2.3 条的规定,取重要性系数 $\gamma_0=1.1$,

上柱:弯矩设计值 $\gamma_0 M_1=1.1\times54.76=60.24\text{kN·m}$

下柱:由于 $M_3<M_2$;故取 M_2 为下柱的验算弯矩。

$$\gamma_0 M_2=1.1\times73.20=80.52\text{kN·m}$$

第四节　正常使用极限状态验算规定

新《混凝土结构设计规范》GB 50010—2002

3.3.1　对于正常使用极限状态,结构构件应分别按荷载效应的标准组合、准永久组合或标准组合并考虑长期作用影响,采用下列极限状态设计表达式:

$$S\leqslant C \tag{3.3.1}$$

式中　S——正常使用极限状态的荷载效应组合值;

C——结构构件达到正常使用要求所规定的变形、裂缝宽度和应力等的限值。

荷载效应的标准组合和准永久组合应按现行国家标准《建筑结构荷载规范》GB 50009 的规定进行计算。

旧《混凝土结构设计规范》GBJ 10—89

第 **3.3.1** 条　对正常使用极限状态,结构构件应分别按荷载的短期效应组合、长期效

应组合或短期效应组合并考虑长期效应组合的影响进行验算，并应保证变形、裂缝、应力等计算值不超过相应的规定限值。

荷载的短期效应组合和长期效应组合应按国家标准《建筑结构荷载规范》GBJ 9—87的规定进行计算。

【新规范理解与应用】

本条内容，新旧规范基本一致，只是旧规范中的“荷载的短期效应组合，长期效应组合或短期效应组合并考虑长期效应组合的影响”被新规范“荷载效应的标准组合，准永久组合或标准组合并考虑长期作用影响”所替代，名称换了，但基本内容还是相通的。

荷载效应的标准组合即是原规范中的短期效应组合，其公式如下：

$$S = S_{Gk} + S_{Q1k} + \sum_{i=2}^{n} \psi_{ci} S_{Qik} \tag{3-3}$$

它是恒载标准值和活载标准值产生效应之和，不考虑荷载分项系数。标准组合中，含有起控制作用的一个可变荷载标准值效应。

荷载效应的准永久组合即是原规范中的长期效应组合，其公式如下：

$$S_q = S_{Gk} + \sum_{i=1}^{n} \psi_{qi} S_{Qik} \tag{3-4}$$

这种组合主要用在当荷载的长期效应是决定性因素时的一些情况。

另外，正常使用极限状态要求的设计可靠指标较小（$[\beta]$在0～1.5之间取值），因而设计时对荷载不用分项系数，对材料强度取标准值。由材料的物理力学性能已知，长期持续作用的荷载使混凝土产生徐变变形，并导致钢筋与混凝土之间的粘结滑移增大，从而使构件的变形和裂缝宽度增大。所以，进行正常使用极限状态设计时，应考虑荷载长期效应的影响，即应考虑荷载效应的准永久组合，对构件裂缝宽度、构件刚度的计算，新规范采用按荷载效应标准组合并考虑长期作用影响进行计算，与原规范的含义相同。主要是因为目前相应的分析计算方法尚不完善，所以仍然要以过去的经验为基础进行设计。

【新规范应用计算实例】

【例3-2】 已知某受弯构件在各种荷载下引起的弯矩标准值为：

永久荷载　　2 000N·m

使用活荷载　　1 600N·m

风荷载　　400N·m

雪荷载　　200N·m

若安全等级为二级，求按承载能力极限状态设计时的荷载效应 M。

又若各种可变荷载的组合值系数、频遇值系数、准永久值系数分别为：使用活荷载 $\psi_{c1}=0.7$，$\psi_{f1}=0.5$，$\psi_{q1}=0.4$，风荷载 $\psi_{c2}=0.6$，$\psi_{q2}=0$，雪荷载 $\psi_{c3}=0.7$，$\psi_{q3}=0.2$，求在正常使用极限状态下的荷载效应标准组合的弯矩设计值 M_k、荷载效应频遇组合的弯矩设计值 M_f 和荷载效应准永久组合的弯矩设计值 M_q。

解　按承载能力极限状态计算时：

由可变荷载效应控制的组合

$$M = \gamma_0(\gamma_G M_{Gk} + \gamma_{Q1} M_{1k} + \sum_{i=2}^{3} \gamma_{Qi}\psi_{ci} M_{ik})$$
$$= 1.0 \times (1.2 \times 2\,000 + 1.4 \times 1\,600 + 1.4 \times 0.6 \times 400 + 1.4 \times 0.7 \times 200)$$
$$= 5\,172 \text{N·m}$$

由永久荷载效应控制的组合

$$M = \gamma_0(\gamma_G M_{Gk} + \sum_{i=1}^{3} \gamma_{Qi}\psi_{ci} M_{ik})$$
$$= 1.0 \times [1.35 \times 2\,000 + 1.4 \times (0.7 \times 1\,600 + 0.6 \times 400 + 0.7 \times 200)]$$
$$= 4\,800 \text{N·m}$$

可见由可变荷载效应控制。

按正常使用极限状态计算时，荷载效应的标准组合为

$$M_k = M_{Gk} + M_{1k} + \sum_{i=2}^{3} \psi_{ci} M_{ik}$$
$$= (2\,000 + 1\,600 + 0.6 \times 400 + 0.7 \times 200)$$
$$= 3\,980 \text{N·m}$$

荷载效应的频遇组合为

$$M_f = M_{Gk} + \psi_{f1} M_{1k} + \sum_{i=2}^{3} \psi_{qi} M_{ik}$$
$$= 2\,000 + 0.5 \times 1\,600 + 0.2 \times 200$$
$$= 2\,840 \text{N·m}$$

荷载效应的准永久组合为

$$M_q = M_{Gk} + \sum_{i=1}^{3} \psi_{qi} M_{ik}$$
$$= 2\,000 \text{N·m} + (0.4 \times 1\,600 + 0.2 \times 200)$$
$$= 2\,680 \text{N·m}$$

新《混凝土结构设计规范》GB 50010—2002

3.3.2　受弯构件的最大挠度应按荷载效应的标准组合并考虑荷载长期作用影响进行计算，其计算值不应超过表 3.3.2 规定的挠度限值。

表 3.3.2　受弯构件的挠度限值

构件类型	挠度限值
吊车梁：手动吊车 电动吊车	$l_0/500$ $l_0/600$
屋盖、楼盖及楼梯构件： 当 $l_0<7$m 时 当 $7\text{m}\leqslant l_0\leqslant 9$m 时 当 $l_0>9$m 时	 $l_0/200(l_0/250)$ $l_0/250(l_0/300)$ $l_0/300(l_0/400)$

注：1　表中 l_0 为构件的计算跨度；
2　表中括号内的数值适用于使用上对挠度有较高要求的构件；
3　如果构件制作时预先起拱，且使用上也允许，则在验算挠度时，可将计算所得的挠度值减去起拱值；对预应力混凝土构件，尚可减去预加力所产生的反拱值；
4　计算悬臂构件的挠度限值时，其计算跨度 l_0 按实际悬臂长度的 2 倍取用。

旧《混凝土结构设计规范》GBJ 10—89

第 **3.3.2** 条 受弯构件的最大挠度应按荷载的短期效应组合，并考虑长期效应组合的影响进行计算，其计算值不应超过表 3.3.2 的允许值。

表 **3.3.2** 受弯构件的允许挠度

构件类型	允许挠度(以计算跨度 l_0 计算)
吊车梁：手动吊车	$l_0/500$
电动吊车	$l_0/600$
屋盖、楼盖及楼梯构件：	
当 $l_0<7m$ 时	$l_0/200(l_0/250)$
当 $7\leqslant l_0\leqslant 9m$ 时	$l_0/250(l_0/300)$
当 $l_0>9m$ 时	$l_0/300(l_0/400)$

注：①如果构件制作时预先起拱，且使用上也允许，则在验算挠度时，可将计算所得的挠度值减去起拱值，预应力混凝土构件尚可减去预加应力所产生的反拱值；

②表中括号中的数值适用于使用上对挠度有较高要求的构件；

③悬臂构件的允许挠度值按表中相应数值乘以系数 2.0 取用。

【新规范理解与说明】

本条内容，新旧规范基本一致。受弯构件的挠度限值是根据以往的经验确定的。其计算，应按荷载效应标准组合计算其短期刚度 B_s，再考虑荷载效应准永久组合的影响，折算成长期刚度 B_l，然后再计算构件挠度。悬臂构件是工程实践中容易发生事故的构件，设计时对其挠度需从严掌握。

新《混凝土结构设计规范》GB 50010—2002

3.3.3 结构构件正截面的裂缝控制等级分为三级。裂缝控制等级的划分应符合下列规定：

一级——严格要求不出现裂缝的构件，按荷载效应标准组合计算时，构件受拉边缘混凝土不应产生拉应力；

二级——一般要求不出现裂缝的构件，按荷载效应标准组合计算时，构件受拉边缘混凝土拉应力不应大于混凝土轴心抗拉强度标准值；按荷载效应准永久组合计算时，构件受拉边缘混凝土不宜产生拉应力，当有可靠经验时可适当放松；

三级——允许出现裂缝的构件，按荷载效应标准组合并考虑长期作用影响计算时，构件的最大裂缝宽度不应超过表 3.3.4 规定的最大裂缝宽度限值。

旧《混凝土结构设计规范》GBJ 10—89

第 **3.3.3** 条 结构构件设计时，应根据使用要求选用不同的裂缝控制等级，裂缝控制等级的划分应符合下列规定：

一级——严格要求不出现裂缝的构件，按荷载短期效应组合进行计算时，构件受拉边缘混凝土不应产生拉应力；

二级——一般要求不出现裂缝的构件，按荷载长期效应组合进行计算时，构件受拉边缘混凝土不应产生拉应力，而按荷载短期效应组合进行计算时，构件受拉边缘混凝土允许产生拉应力，但拉应力不应超过 $\alpha_{ct}\gamma f_{tk}$，此处，α_{ct} 为混凝土拉应力限制系数，γ 为受拉区混凝土塑性影响系数，f_{tk}为混凝土抗拉强度标准值；

三级——允许出现裂缝的构件，最大裂缝宽度按荷载的短期效应组合并考虑长期效应组合的影响进行计算，其计算值不应超过允许值。

【新规范理解与说明】

本条内容，新规范与旧规范有一些变化。其中一级与三级新旧规范基本一致，二级要求有了一些变化。

原旧规范裂缝控制为二级的构件，在荷载效应的准永久作用下不产生拉应力，新规范也是如此要求，但又提出当有可靠经验时可以适当放松；原旧规范在荷载效应标准组合下拉应力不超过 $\alpha_{ct}\gamma f_{tk}$的规定现已改为不超过 f_{tk}，作了简化。

多年以来，国内外对混凝土裂缝对钢筋锈蚀的影响进行了大量的研究试验，结果表明，横向裂缝处钢筋锈蚀的程度，并不像以往想像的那么严重。对于室内正常环境条件的钢筋混凝土构件剖形观察的结果表明，不论其裂缝宽度大小，地区湿度的差异，使用时间的长短，凡构件上不出现水膜或结露，其裂缝处钢筋基本上没有发现明显的锈蚀。因此，对于处于正常环境条件下的一般钢筋混凝土构件，从耐久性考虑，其裂缝宽度限值可以适当放宽。

新《混凝土结构设计规范》GB 50010—2002

3.3.4 结构构件应根据结构类别和本规范表 3.4.1 规定的环境类别，按表 3.3.4 的规定选用不同的裂缝控制等级及最大裂缝宽度限值 ω_{lim}

表 3.3.4　　结构构件的裂缝控制等级及最大裂缝宽度限值

环境类别	钢筋混凝土结构		预应力混凝土结构	
	裂缝控制等级	ω_{lim}(mm)	裂缝控制等级	ω_{lim}(mm)
一	三	0.3(0.4)	三	0.2
二	三	0.2	二	—
三	三	0.2	一	—

注：1　表中的规定适用于采用热轧钢筋的钢筋混凝土构件和采用预应力钢丝、钢绞线及热处理钢筋的预应力混凝土构件；当采用其他类别的钢丝或钢筋时，其裂缝控制要求可按专门标准确定；

2　对处于年平均相对湿度小于 60% 地区一类环境下的受弯构件，其最大裂缝宽度限值可采用括号内的数值；

3　在一类环境下，对钢筋混凝土屋架、托架及需作疲劳验算的吊车梁，其最大裂缝宽度限值应取为 0.2mm；对钢筋混凝土屋面梁和托梁，其最大裂缝宽度限值应取为 0.3mm；

4　在一类环境下，对预应力混凝土屋面梁、托梁、屋架、托架、屋面板和楼板，应按二级裂缝控制等级进行验算；在一类和二类环境下，对需作疲劳验算的预应力混凝土吊车梁，应按一级裂缝控制等级进行验算；

5　表中规定的预应力混凝土构件的裂缝控制等级和最大裂缝宽度限值仅适用于正截面的验算；预应力混凝土构件的斜截面裂缝控制验算应符合本规范第 8 章的要求；

6　对于烟囱、筒仓和处于液体压力下的结构构件，其裂缝控制要求应符合专门标准的有关规定；

7　对于处于四、五类环境下的结构构件，其裂缝控制要求应符合专门标准的有关规定；

8　表中的最大裂缝宽度限值用于验算荷载作用引起的最大裂缝宽度。

旧《混凝土结构设计规范》GBJ 10—89

第 **3.3.4** 条　钢筋混凝土和预应力混凝土结构构件的裂缝控制等级、混凝土拉应力限制系数 α_{ct}及最大裂缝宽度允许值，应根据结构构件的工作条件和钢筋种类按表3.3.4采用。对裂缝控制有特殊要求的构件，表3.3.4规定的数值应适当减小；当有可靠的工程经验时，对预应力混凝土构件的抗裂要求可适当放宽。

表 **3.3.4**　裂缝控制等级、混凝土拉应力限制系数及最大裂缝宽度允许值(mm)

钢筋种类 / 结构构件工作条件		钢筋混凝土结构	预应力混凝土结构	
		Ⅰ级钢筋 Ⅱ级钢筋 Ⅲ级钢筋	冷拉Ⅱ级钢筋 冷拉Ⅲ级钢筋 冷拉Ⅳ级钢筋	碳素钢丝 刻痕钢丝 钢绞线 热处理钢筋 冷拔低碳钢丝
室内正常环境	一般构件	三级 0.3 (0.4)	三级 0.2	二级 $\alpha_{ct}=0.5$
	屋面梁、托架	三级 0.3	二级 $\alpha_{ct}=1.0$	二级 $\alpha_{ct}=0.5$
	中级工作制吊车梁	三级 0.3	二级 $\alpha_{ct}=0.5$	二级 $\alpha_{ct}=0.3$
	屋架、托架	三级 0.2	二级 $\alpha_{ct}=0.3$	二级 $\alpha_{ct}=0.3$
	重级工作制吊车梁	三级 0.2	二级 $\alpha_{ct}=0.3$	一级
露天或室内高湿度环境		三级 0.2	二级 $\alpha_{ct}=0.5$	一级

注：①属于露天或室内高湿度环境一栏的结构构件系指：直接受雨淋的构件；无围护结构的房屋中经常受雨淋的构件；经常受蒸汽或凝结水作用的室内构件(如浴室等)；与土壤直接接触的构件；

②对处于年平均相对湿度小于60%地区，且可变荷载标准值与恒载标准值之比大于0.5的受弯构件，其最大裂缝宽度允许值可采用括弧内的数字；

③对承受二台及二台以上的相同吨位、且起重量不大于50t的中级工作制吊车的预应力混凝土等截面高度吊车梁，当采用冷拉Ⅱ、Ⅲ、Ⅳ级钢筋时，可根据使用要求，选用允许出现裂缝的预应力混凝土构件，其正截面的最大裂缝宽度允许值应采用0.1mm；

④采用冷拉Ⅱ、Ⅲ、Ⅳ级钢筋的承受重级工作制吊车的预应力混凝土吊车梁，当处于露天或室内高湿度环境，其裂缝控制等级不变，混凝土拉应力限制系数 α_{ct}应取0.3；

⑤烟囱、筒仓及处于液体压力下的结构构件，其裂缝控制要求应符合现行专门规范的有关规定；

⑥表中预应力结构构件的混凝土拉应力限制系数及最大裂缝宽度允许值仅适用于正截面的验算，斜截面的验算应符合本规范第五章的规定。

【新规范理解与说明】

本条内容，新规范对原规范的改动较大。主要是由强调构件类型改为强调环境；简化了各控制等级的要求；取消了拉应力系数的限制系数，预应力混凝土结构的裂缝控制要求比原规范适当放松。

对于采用热轧钢筋配筋的混凝土结构构件的裂缝宽度限值的确定，考虑了现行国内外规范的有关规定，并参考了耐久性专题研究组对裂缝的调查结果。

室内正常环境条件下钢筋混凝土构件最大裂缝剖形观察结果表明，不论其裂缝宽度大小、使用时间长短、地区湿度高低，凡钢筋上不出现结露或水膜，则其裂缝处钢筋基本上未发现明显的锈蚀现象；国外的一些工程调查结果也表明了同样的观点。

对钢筋混凝土屋架、托架、主要屋面承重结构构件，根据以往的工程经验，裂缝宽度限值宜从严控制。

对钢筋混凝土吊车梁的裂缝宽度限值，原规范对重级和中级工作制吊车分别规定为0.2和0.3mm，现在重级和中级的名称已被取消，所以对需作疲劳验算的吊车梁，统一规定为0.2mm。

对处于露天或室内潮湿环境条件下的钢筋混凝土构件，剖形观察结果表明，裂缝处钢筋都有不同程度的表皮锈蚀，而当裂缝宽度小于或等于0.2mm时，裂缝处钢筋上只有轻微的表皮锈蚀。根据上述情况，并参考国内外有关资料，规定最大裂缝宽度限值采用0.2mm。

对使用除冰盐的环境，考虑到锈蚀试验及工程实践表明，钢筋混凝土结构构件的受力垂直裂缝宽度，对耐久性的影响不是太大，故仍允许存在受力裂缝。参考国内外有关规范，规定最大裂缝宽度限值为0.2mm。

在原规范中，对采用预应力钢丝、钢绞线及热处理钢筋的预应力混凝土构件，考虑到钢丝直径较小和热处理钢筋对锈蚀比较敏感，一旦出现裂缝，会严重影响结构耐久性，故规定在室内正常环境下采用二级裂缝控制，在露天环境下采用一级裂缝控制。鉴于这方面的规定偏严，故在1993年原规范的局部修订中提出：各类预应力混凝土构件，在有可靠工程经验的前提下，对抗裂要求可作适当放宽。

根据工程实际设计和使用经验，主要是最近十多年来现浇后张法预应力框架和楼盖结构在我国的大量推广应用的经验，并参考国内外有关规范的规定；同时，还考虑了部分预应力混凝土构件的发展趋势，本次修订对预应力混凝土结构的裂缝控制，着重于考虑环境条件对钢筋腐蚀的影响，并考虑结构的功能要求以及荷载作用时间等因素作出规定。同时，取消了原规范的混凝土拉应力限制系数和受拉区混凝土塑性影响系数，以尽可能简化计算。对原规范室内正常环境下的一般构件，从二级裂缝控制等级放松为三级（楼板、屋面板仍为二级）；对原规范露天环境下的构件，从一级裂缝控制等级放松为二级（吊车梁仍为一级）；对原规范未涉及的三类环境下的构件，新增加规定为一级裂缝控制等级。

第五节 耐久性规定

新《混凝土结构设计规范》GB 50010—2002

3.4.1 混凝土结构的耐久性应根据表3.4.1的环境类别和设计使用年限进行设计。

表 3.4.1　　混凝土结构的环境类别

环境类别		条　件
一		室内正常环境
二	a	室内潮湿环境；非严寒和非寒冷地区的露天环境、与无侵蚀性的水或土壤直接接触的环境
	b	严寒和寒冷地区的露天环境、与无侵蚀性的水或土壤直接接触的环境
三		使用除冰盐的环境；严寒和寒冷地区冬季水位变动的环境；滨海室外环境
四		海水环境
五		受人为或自然的侵蚀性物质影响的环境

注：严寒和寒冷地区的划分应符合国家现行标准《民用建筑热工设计规程》JGJ 24 的规定。

旧《混凝土结构设计规范》GBJ 10—89

旧《混凝土结构设计规范》GBJ 10—89 无相应独立内容。

【新规范理解与说明】

此条为新规范新增内容，对耐久性规定包括了对结构使用环境类别的划分，对材料性能的要求和对使用条件有特殊要求结构的专门措施。这些内容对提高我国混凝土结构的耐久性，延长一般建筑的使用年限将起到重要作用。

表中一类环境与原规范中“室内正常环境”相同。

第二 a 类环境与原规范“露天或室内高湿度环境”相当。但增加了“与无侵蚀性的水或土壤直接接触的环境”这一情况，以作为地下室及浸水情况的耐久性考虑。

第二 b 类环境为新增内容，其考虑了严寒与寒冷地区冻融循环对于露天结构及与水或土壤接触的混凝土结构耐久性的影响。

第三类环境为较不利的侵蚀性环境。水位变动区域加上严寒和寒冷地区冬季的反复冻融，会对混凝上造成很大的损伤。使用除冰盐以及滨海室外遭受海风盐雾侵蚀的环境，由于氯离子的侵入易使钢筋锈蚀。

第四类环境为海水环境，第五类环境为化学腐蚀环境，可参见具体的专业规范。

另外，需进一步说明的是新规范规定了混凝土结构耐久性设计的基本原则，按环境类别和设计使用年限进行设计。表 3.4.1 列出的环境类别与 CEB 模式规范 MC—90 基本相同。表中二类环境 a 与 b 的主要差别在于有无冰冻。三类环境中的使用除冰盐环境是指北方城市依靠喷洒盐水除冰化雪的立交桥及类似环境，滨海室外环境是指在海水浪溅区之外，但其前面没有建筑物遮挡的混凝土结构。四类和五类环境的详细划分和耐久性设计方法由《港口工程技术规范》及《工业建筑防腐蚀设计规范》GB 50046 等标准解决。

关于严寒和寒冷地区的定义，《民用建筑热工设计规程》JGJ 24—86 规定如下：

严寒地区：累年最冷月平均温度低于或等于 -10℃ 的地区。

寒冷地区：累年最冷月平均温度高于 -10℃、低于或等于 0℃ 的地区。

累年系指近期 30 年,不足 30 年的取实际年数,但不得少于 10 年。各地可根据当地气象台站的气象参数确定所属气候区域,也可根据《建筑气象参数标准》提供的参数确定所属气候区域。

新《混凝土结构设计规范》GB 50010—2002

3.4.2 一类、二类和三类环境中,设计使用年限为 50 年的结构混凝土应符合表 3.4.2 的规定。

表 3.4.2　　结构混凝土耐久性的基本要求

环境类别		最大水灰比	最小水泥用量 (kg/m³)	最低混凝土强度等级	最大氯离子含量 (%)	最大碱含量 (kg/m³)
一		0.65	225	C20	1.0	不限制
二	a	0.60	250	C25	0.3	3.0
	b	0.55	275	C30	0.2	3.0
三		0.50	300	C30	0.1	3.0

注:1　氯离子含量系指其占水泥用量的百分率;
2　预应力构件混凝土中的最大氯离子含量为 0.06%,最小水泥用量为 300kg/m³;最低混凝土强度等级应按表中规定提高两个等级;
3　素混凝土构件的最小水泥用量不应少于表中数值减 25kg/m³;
4　当混凝土中加入活性掺合料或能提高耐久性的外加剂时,可适当降低最小水泥用量;
5　当有可靠工程经验时,处于一类和二类环境中的最低混凝土强度等级可降低一个等级;
6　当使用非碱活性骨料时,对混凝土中的碱含量可不作限制。

旧《混凝土结构设计规范》GBJ 10—89

旧《混凝土结构设计规范》GBJ 10—89 无相应独立内容。

【新规范理解与说明】

新规范本条从混凝土材料本身方面,严格限制了材料的水灰比、最小水泥用量、最低混凝土强度等级等性能要求。因为混凝土材料本身的组成对结构耐久性有很大影响。

控制水灰比是为了减小混凝土的渗透性,水灰比过大,混凝土容易发生离析现象,凝结后内部孔洞较多,影响结构耐久性。

水泥用量的限值是为了保证混凝土的密实性。但是,水泥用量太大引起收缩和水化热过大也不利于混凝土的耐久性。

与水泥用量的限值一样,对混凝土强度等级的要求也与混凝土的密实性有关系。当然,强度越高,混凝土的密实性越好,耐久性也越好。

氯离子有损结构的耐久性,因此必须限制其最大含量。

新《混凝土结构设计规范》GB 50010—2002

3.4.3 一类环境中,设计使用年限为 100 年的结构混凝土应符合下列规定:

1 钢筋混凝土结构的最低混凝土强度等级为 C30;预应力混凝土结构的最低混凝土

强度等级为 C40；

2 混凝土中的最大氯离子含量为 0.06%；

3 宜使用非碱活性骨料；当使用碱活性骨料时，混凝土中的最大碱含量为3.0kg/m³；

4 混凝土保护层厚度应按本规范表 9.2.1 的规定增加 40%；当采取有效的表面防护措施时，混凝土保护层厚度可适当减少；

5 在使用过程中，应定期维护。

旧《混凝土结构设计规范》GBJ 10—89

旧《混凝土结构设计规范》GBJ 10—89 无相应此内容。

【新规范理解与说明】

新规范本条适用于设计使用年限为 100 年的结构混凝土，且在一类使用环境中，与上一条相比，明显加大了各方面的要求，特别是增加保护层和定期对结构进行维护两条内容。

根据国内混凝土结构耐久性状态的调查，一类环境设计使用年限为 50 年基本可以得到保证。但国内一类环境实际使用年数超过 100 年的混凝土结构极少。耐久性调查发现，实际使用年数在 70～80 年一类环境中的混凝土构件基本完好，这些构件的混凝土立方体抗压强度在 15N/mm² 左右，保护层厚度 15～20mm。因此，对混凝土中氯离子含量加以限制；适当提高混凝土的强度等级和保护层厚度；特别是规定需定期进行维护，一类环境中的混凝土结构设计使用年限 100 年可得到保证。

我国原有的规范受前苏联影响而对耐久性重视不够，相关的规定比较小而且要求不是很严密。由于混凝土结构耐久性不足而引起使用功能和承载能力方面的问题，我国的许多混凝土结构经常需要大修或者加固。原规范只是将环境条件简单分为室内正常环境，高湿度环境以及露天环境，保护层厚度也偏小。但我国地处湿热气候条件下，比之原苏联的寒带气候更为严峻，因此耐久性问题更为严重。另外对耐久性的忽视还表现为对材料和施工缺乏控制，比如为施工方便而使用氯化钙促凝剂，这样往往会引起钢筋的锈蚀。

新《混凝土结构设计规范》GB 50010—2002

3.4.4 二类和三类环境中，设计使用年限为 100 年的混凝土结构，应采取专门有效措施。

旧《混凝土结构设计规范》GBJ 10—89

旧《混凝土结构设计规范》无相应此内容。

【新规范理解与说明】

二、三类环境的情况比较复杂，对于设计使用年限为 100 年的混凝土结构，要求在设计中：限制混凝土的水灰比；适当提高混凝土的强度等级；保证混凝土抗冻性能；提高混凝土抗渗透能力；使用环氧涂层钢筋；构造上注意避免积水；构件表面增加防护层使构件不直接承受环境作用等，都是可采取的措施，特别是规定维修的年限或局部更换，都可以延长主体结构的实际使用年数。

影响混凝土耐久性的因素，一般有如下几点：

(1)化学侵蚀　酸性物质对水泥水化物的侵蚀作用最大，此外，浓碱溶液渗入结晶使混凝土被胀裂和剥落。

(2)混凝土碳化　混凝土中水泥石含有氢氧化钙而呈碱性，其在钢筋表面形成碱性薄膜而保护了金属钢筋免遭酸性介质的侵蚀。但大气中存在的酸性介质及水通过各种孔道、裂隙而渗入混凝土，可以中和这种碱性，这个过程称为“碳化”。

(3)冻融破坏　渗入混凝土中的水在低温下结冰膨胀，将从内部损伤混凝土的微观结构。

(4)碱骨料反应　是指混凝土中的水泥在水化过程中释放出的碱金属，与含碱性骨料中的碱活性成分发生化学反应而生成的碱活性物质。其吸水后体积膨胀，破坏混凝土的内部结构。

(5)湿度和温度变化的影响　混凝土会在干燥失水时收缩而在泡水浸润后膨胀，同样也会热胀冷缩，这将会引起混凝土表层及内部体积变化不协调而产生裂缝。

(6)生物和机械作用　反复的机械作用如磨损、冲刷等等或者像冲撞，撞击都会影响混凝土结构。生物的腐蚀作用也不能忽视。

提高结构物的耐久性，也主要是从上述几方面入手。

新《混凝土结构设计规范》GB 50010—2002

3.4.5　严寒及寒冷地区的潮湿环境中，结构混凝土应满足抗冻要求，混凝土抗冻等级应符合有关标准的要求。

旧《混凝土结构设计规范》GBJ 10—89

旧《混凝土结构设计规范》GBJ 10—89 无此相应内容。

【新规范理解与说明】

本条内容，新规范考虑了冻融循环对结构耐久性的不利影响，要求混凝土抗冻等级符合标准要求，严寒和寒冷地区的划分应根据国家标准《民用建筑热工设计规范》GB 50176 的规定。

新《混凝土结构设计规范》GB 50010—2002

3.4.6　有抗渗要求的混凝土结构，混凝土的抗渗等级应符合有关标准的要求。

旧《混凝土结构设计规范》GBJ 10—89

旧《混凝土结构设计规范》GBJ 10—89 无此相应内容。

【新规范理解与说明】

混凝土的抗冻性能和抗渗性能试验方法、等级划分及配合比限制按有关的规范标准执行。混凝土抗渗和抗冻的设计可参考《水工混凝土结构设计规范》DL/T 5057 及《地下工程防水技术规范》GB 50108 的规定。

混凝土作为结构主体材料存在着缺陷。混凝土中作为骨料的砂、石体积是基本稳定的；而水泥胶体在凝固硬化的过程中体积缩小，在界面上形成许多裂隙。这些并不连续的裂隙在受力或收缩、温度作用下会互相贯通,形成裂纹并延伸到混凝土结构的表面。此外搅拌、浇筑和振捣时混凝土中还会夹入气体而形成气泡、孔穴。

混凝土在浇筑后会发生离析、涨水现象,多余水分逸出而形成毛细孔道并在钢筋或粗骨料下窝水而形成疏松层;伴随产生混凝土沉陷,受到钢筋阻拦后还会发生沿钢筋的纵向裂缝。所以,混凝土绝非天生铁板一块,其先天就存在着许多孔道、裂隙,这些缺陷都可以成为有害介质入侵的通道。

新《混凝土结构设计规范》GB 50010—2002

3.4.7 三类环境中的结构构件,其受力钢筋宜采用环氧树脂涂层带肋钢筋;对预应力钢筋、锚具及连接器,应采取专门防护措施。

旧《混凝土结构设计规范》GBJ 10—89

旧《混凝土结构设计规范》GBJ 10—89 无此相应内容。

【新规范理解与说明】

环氧树脂涂层钢筋是采用静电喷涂环氧树脂粉末工艺,在钢筋表面形成一定厚度的环氧树脂防腐涂层。这种涂层可将钢筋与其周围混凝土隔开,使侵蚀性介质(如氯离子等)不直接接触钢筋表面,从而避免钢筋受到腐蚀。

鉴于建设部已颁布行业标准《环氧树脂涂层钢筋》JG 3042,该产品在工程中应用也已取得了一定的使用经验,故本次修订增加了环氧树脂涂层钢筋应用的规定。

对于预应力结构,可以采取涂防锈漆,灌浆密封,混凝土封闭,外加抹面层保护等专门的防护措施来提高其耐久性。

新《混凝土结构设计规范》GB 50010—2002

3.4.8 四类和五类环境中的混凝土结构,其耐久性要求应符合有关标准的规定。对临时性混凝土结构,可不考虑混凝土的耐久性要求。

旧《混凝土结构设计规范》GBJ 10—89

旧《混凝土结构设计规范》GBJ 10—89 无此相应内容。

【新规范理解与说明】

本条内容,新规范对于处于四类和五类环境中混凝土结构,应按一些特殊的相关标准实施耐久性措施。

而对于临时性的混凝土结构,一般不考虑时间因素,故不再提出耐久性的要求。

第四章 材　　料

第一节　本章主要修订内容介绍

本章共二节内容，与旧规范 GBJ 10—89 相比较，本章主要修订和增加内容见表 4－1 所列。

表 4－1　　主要修订内容及说明

项次	新规范中位置	修订内容	说明
1	新规范第 4.1 节混凝土材料	1. 新规范取消了旧规范原有的低于 C15 混凝土强度等级，同时增加了 C60～C80 的高强度混凝土等级 2. 新规范取消了旧规范原有的混凝土弯曲抗压强度 f_{cm}	我国建筑工程实际应用的混凝土平均强度低于发达国家，所以结构总体安全度比国际水平低，为了扭转这种情况，新规范在混凝土方面增加了有关高强混凝土的内容 目前，世界各国以及国际组织的混凝土结构设计规范中都没有“混凝土弯曲抗压强度”这一概念和相应的设计参数，一般都是用混凝土抗压强度作为抗压强度设计参数进行设计
2	新规范第 4.2 节钢筋材料	1. 新规范修改了旧规范的钢筋名称及部分钢筋的强度设计值 2. 新规范要求钢筋混凝土结构以 HRB400 级热轧带肋钢筋为主导钢筋；预应力混凝土结构以高强低松弛钢丝、钢绞线为主导钢筋 3. 新规范不再推荐使用冷加工钢筋	新规范使用新的钢筋代替旧规范钢筋，是针对我国混凝土结构钢筋强度偏低的情况下作出的重要决定。我国目前混凝土结构的主导钢筋是强度为 335N/mm^2 的 Ⅱ 级钢筋，强度为 235N/mm^{2}的Ⅰ级钢筋大量用作辅助配筋，比国外低了一个强度等级 由于冷加工钢筋的流幅缩短、伸长率降低、材性变脆、延性变差，对抗震不利，新规范不再推荐使用

第二节　混　凝　土

新《混凝土结构设计规范》GB 50010—2002

4.1.1　混凝土强度等级应按立方体抗压强度标准值确定。立方体抗压强度标准值系指按照标准方法制作养护的边长为 150mm 的立方体试件，在 28d 龄期用标准试验方法测得的具有 95％保证率的抗压强度。

旧《混凝土结构设计规范》GBJ 10—89

第 **2.1.1** 条　混凝土强度等级应按立方体抗压强度标准确定。立方体抗压强度标准值系指按照标准方法制作养护的边长为 150mm 的立方体试件在 28d 龄期，用标准试验方法测得的具有 95％保证率的抗压强度。

【新规范理解与说明】

本条内容,新旧规范内容一致。混凝土是用水泥、水、细骨料(如砂子)、粗骨料(如卵石、碎石)等原料按一定的比例经搅拌后入模浇筑,并经养护硬化后做成的人工石材。水泥和水在凝结硬化过程中形成水泥胶块,把细骨料和粗骨料粘结在一起。细骨料和粗骨料以及水泥胶块中的结晶体组成弹性骨架承受外力。弹性骨架使混凝土具有弹性变形的特点,同时水泥胶块中的凝胶体又使混凝土具有塑性变形的性质。由于混凝土内部结构复杂,因此它的力学性能也极为复杂,主要包括强度和变形性能。

抗压强度是混凝土的重要力学指标,与水泥强度等级、水泥用量、水灰比、配合比、龄期、施工方法及养护条件等因素有关。试验方法及试件形状、尺寸也会影响所测得的强度数值。实验表明,相同承压面积(150mm×150mm),但外形尺寸不同的混凝土轴心受压试件,其抗压强度并不相同。

我国以150×150×150的立方体试件,在(20±3)℃的温度和相对湿度90%以上的潮湿空气中养护28d,按标准制作和试验方法(以每秒0.2~0.3N/mm²的加荷速度)测得的具有95%保证率的抗压强度[计量单位N/mm²(MPa)]作为混凝土的强度等级,也称为标准立方体强度,用 $f_{cu,k}$ 表示。

新《混凝土结构设计规范》GB 50010—2002

4.1.2　钢筋混凝土结构的混凝土强度等级不应低于C15;当采用HRB335级钢筋时,混凝土强度等级不宜低于C20;当采用HRB400和RRB400级钢筋以及承受重复荷载的构件,混凝土强度等级不得低于C20。

预应力混凝土结构的混凝土强度等级不应低于C30;当采用钢绞线、钢丝、热处理钢筋作预应力钢筋时,混凝土强度等级不宜低于C40。

注:当采用山砂混凝土及高炉矿渣混凝土时,尚应符合专门标准的规定。

旧《混凝土结构设计规范》GBJ 10—89

第**2.1.2**条　钢筋混凝土结构的混凝土强度等级不宜低于C15;当采用Ⅱ级钢筋时,混凝土强度等级不宜低于C20;当采用Ⅲ级钢筋以及对承受重复荷载的构件,混凝土强度等级不得低于C20。

预应力混凝土结构的混凝土强度等级不宜低于C30;当采用碳素钢丝、钢绞线、热处理钢筋作预应力钢筋时,混凝土强度等级不宜低于C40。

注:当采用山砂混凝土及高炉矿渣混凝土时,尚应符合有关专门规程的规定。

【新规范理解与说明】

本条内容,新旧规范基本一致。只是原规范规定的Ⅱ级钢筋新规范用HRB335代替,而原规范的Ⅲ级钢筋,新规范以HRB400和RRB400级钢筋代替。新规范对混凝土结构的最低混凝土强度等级作了规定。这只是对混凝土强度最低限度的要求,对受压构件的柱,一般设计应该采用较高的混凝土强度等级,这样不仅能够减小截面,增加承载能力,还对满足轴压比限值的要求大有好处。

基础混凝土强度等级可采用C30。

新《混凝土结构设计规范》GB 50010—2002

※4.1.3 混凝土轴心抗压、轴心抗拉强度标准值 f_{ck}、f_{tk}应按表 4.1.3 采用。

表 4.1.3 混凝土强度标准值(N/mm^2)

强度种类	混凝土强度等级													
	C15	C20	C25	C30	C35	C40	C45	C50	C55	C60	C65	C70	C75	C80
f_{ck}	10.0	13.4	16.7	20.1	23.4	26.8	29.6	32.4	35.5	38.5	41.5	44.5	47.4	50.2
f_{tk}	1.27	1.54	1.78	2.01	2.20	2.39	2.51	2.64	2.74	2.85	2.93	2.99	3.05	3.11

旧《混凝土结构设计规范》GBJ 10—89

第 2.1.3 条 混凝土强度标准值应按表 2.1.3 采用。

表 2.1.3 混凝土强度标准值(N/mm^2)

强度种类	符号	混凝土强度等级											
		C7.5	C10	C15	C20	C25	C30	C35	C40	C45	C50	C55	C60
轴心抗压	f_{ck}	5	6.7	10	13.5	17	20	23.5	27	29.5	32	34	36
弯曲抗压	f_{cmk}	5.5	7.5	11	15	18.5	22	26	29.5	32.5	35	37.5	39.5
抗拉	f_{tk}	0.75	0.9	1.2	1.5	1.75	2	2.25	2.45	2.6	2.75	2.85	2.95

【新规范理解与说明】

本条内容,新规范变动内容较大。首先新规范取消了对原规范中 C7.5,C10 的混凝土,而增加了 C60~C80 的高强混凝土等级。同时,删去了原规范的弯曲抗压强度,由混凝土轴心抗压强度取代。

我国建筑工程实际应用的混凝土平均强度等级和钢筋的平均强度等级,均低于发达国家。我国结构安全度总体上比国际水平低,但材料用量并不少,其原因在于国际上较高的安全度是靠较高强度的材料实现的。为扭转这种情况,本规范在混凝土方面新增加了有关高强混凝土的内容。

关于轴心抗压强度 f_c,若试件为棱柱体,则所测得的抗压强度称为棱柱体抗压强度 f_c。棱柱体试件的抗压强度比较接近实际构件中混凝土的受力情况。试验证实,轴心受压混凝土柱中的混凝土强度基本上和棱柱体抗压强度 f_c 相同。试验还表明,f_c 随试件高度与宽度之比 h/b 而异,当 $h/b>3$ 时趋于稳定。所以,一般规定用 $h/b=3\sim4$ 的棱柱体抗压强度来代表混凝土单向均匀受压时的抗压强度。但由于宽高比为 1:2 与 1:3 的试件测得的强度数值相差不多,为照顾我国目前试验机的实际尺寸,所以把尺寸为 150×150×300 的试件定为标准试件。当试件截面尺寸相同时,国内外试验都指出,f_{ck}与 $f_{cu,k}$大致成线性关系,棱柱体抗压强度标准值 f_{ck}和立方体抗压强度标准值 $f_{cu,k}$的关系为

$$f_{ck}=0.88\alpha_{c1}\alpha_{c2}f_{cu,k} \tag{4-1}$$

因设计需考虑实际结构构件与试件制作和养护条件的差异、尺寸效应及加荷速度等

因素的影响,故规范综合考虑上述因素,并参考其他国家的有关规定,对试件混凝土强度修正系数取为0.88。

式中 α_{c1}——棱柱体强度与立方体强度的比值,根据试验结果,并考虑到抗压强度标准值的最终结果,对C50及以下的混凝土取 $\alpha_{c1}=0.76$;对C80取 $\alpha_{c1}=0.82$。中间按线性插值取值。

α_{c2}——混凝土脆性折减系数,考虑到混凝土强度愈高,混凝土脆性愈明显,对C40及以下的混凝土取 $\alpha_{c2}=1.0$,对C80取 $\alpha_{c2}=0.87$,中间按线性插值取值。脆性折减系数的定量,主要是从结构安全度上综合考虑的结果。

新《混凝土结构设计规范》GB 50010—2002

※4.1.4 混凝土轴心抗压、轴心抗拉强度设计值 f_c、f_t 应按表4.1.4采用。

表4.1.4 混凝土强度设计值(N/mm²)

强度种类	混凝土强度等级													
	C15	C20	C25	C30	C35	C40	C45	C50	C55	C60	C65	C70	C75	C80
f_c	7.2	9.6	11.9	14.3	16.7	19.1	21.1	23.1	25.3	27.5	29.7	31.8	33.8	35.9
f_t	0.91	1.10	1.27	1.43	1.57	1.71	1.80	1.89	1.96	2.04	2.09	2.14	2.18	2.22

注:1 计算现浇钢筋混凝土轴心受压及偏心受压构件时,如截面的长边或直径小于300mm,则表中混凝土的强度设计值应乘以系数0.8;当构件质量(如混凝土成型、截面和轴线尺寸等)确有保证时,可不受此限制;

2 离心混凝土的强度设计值应按专门标准取用。

旧《混凝土结构设计规范》GBJ 10—89

第2.1.4条 混凝土强度设计值应按表2.1.4采用。

表2.1.4 混凝土强度设计值(N/mm²)

强度种类	符号	混凝土强度等级											
		C7.5	C10	C15	C20	C25	C30	C35	C40	C45	C50	C55	C60
轴心抗压	f_c	3.7	5	7.5	10	12.5	15	17.5	19.5	21.5	23.5	25	26.5
弯曲抗压	f_{cm}	4.1	5.5	8.5	11	13.5	16.5	19	21.5	23.5	26	27.5	29
抗 拉	f_t	0.55	0.65	0.9	1.1	1.3	1.5	1.65	1.8	1.9	2	2.1	2.2

注:①计算现浇钢筋混凝土轴心受压及偏心受压构件时,如截面的长边或直径小于300mm,则表中混凝土的强度设计值应乘以系数0.8;当构件质量(如混凝土成型,截面和轴线尺寸等)确有保证时,可不受此限。

②离心混凝土的强度设计值应按有关专门规定取用。

【新规范理解与说明】

本条内容,新规范内容变动较大,同前条相似,新规范取消了弯曲抗压 f_{cm} 和低于C15以下混凝土强度等级,同时增加了C60~C80的高强混凝土等级。

新规范取消弯曲抗压强度 f_{cm} 有如下三点理由:

(1)遵从国际惯例 目前,世界各国及国际组织的混凝土结构设计规范中都没有“混凝土弯曲抗压强度”这一概念和相应的设计参数,一般都是用混凝土抗压强度作为设计参数进行正截面承载力设计，而我国原规范中还单独列出了弯曲抗压强度 f_{cm}，与国际惯例不符。

(2)协调正截面承载力计算　混凝土的弯曲抗压强度是为了适应传统设计计算而设定的一个概念上的强度，并非直接测量而得到的强度。混凝土正截面承载力设计时，在弯矩 M 和轴力 N 作用下由纯弯曲、大偏心受压、临界界限状态、小偏心受压到轴心受压是一个连续渐变的过程。原规范对受弯状态为主的计算取弯曲抗压强度 f_{cm}，而对受压状态取轴心抗压强度 f_c 计算，概念上和计算上都不协调。

(3)简化计算　取消弯曲抗压强度 f_{cm}以后，有关混凝土抗压方面的设计参数只剩轴心抗压强度 f_c，而反映不同受压状态特征的抗压强度(如局部受压强度，弯曲抗压强度)都可以通过计算公式的调整来加以反映，完全能够以简单的形式确切地反映应有的规律。

关于抗拉强度与立方体抗压强度的换算关系

原规范混凝土抗拉强度与立方体抗压强度的平均值之间的换算关系为：

$$f_{t,m}=0.26\cdot(f_{cu,m})^{2/3} \tag{4-2}$$

但随着混凝土强度的提高，抗拉强度的提高趋势小于上式计算结果。

根据原规范统计用 72 组试验数据，加上 11 组高强混凝土的试验数据，回归统计得到的抗拉强度与立方体强度的平均值关系为：

$$f_{t,m}=0.375\cdot(f_{cu,m})^{0.562} \tag{4-3}$$

相关系数为 0.9143。

若取 $f_{cu,m}$的指数为 0.55，统计得到的关系为，

$$f_{t,m}=0.395\cdot(f_{cu,m})^{0.55} \tag{4-4}$$

相关系数为 0.9140

对于混凝土强度设计值混凝土材料分项系数 γ_c 取 1.4，比原规范 1.35 有所提高，这是考虑适当提高混凝土结构的安全度并逐步与国际混凝土结构安全度接近。因此，混凝土强度设计值为：

轴心抗压强度设计值　$$f_c=\frac{f_{ck}}{1.4} \tag{4-5}$$

轴心抗拉强度设计值　$$f_t=\frac{f_{tk}}{1.4} \tag{4-6}$$

另外，由于构件受压破坏往往呈现脆性破坏，原规范对承受以恒载为主的轴心受压和小偏心受压柱，要求安全等级提高一级，新规范取消了原规范这一要求，因为考虑新荷载规范已增加了以恒载为主的组合($1.35S_{Gk}+1.4S_{Qk}$)的验算，同时新规范已采用轴心抗压强度 f_c 而取消了以往的 f_{cm}，以及在相应的计算公式中已作了适当的调整。

新《混凝土结构设计规范》GB 50010—2002

4.1.5　混凝土受压或受拉的弹性模量 E_c 应按表 4.1.5 采用。

表 4.1.5　　混凝土弹性模量($\times10^4$N/mm²)

混凝土强度等级	C15	C20	C25	C30	C35	C40	C45	C50	C55	C60	C65	C70	C75	C80
E_c	2.20	2.55	2.80	3.00	3.15	3.25	3.35	3.45	3.55	3.60	3.65	3.70	3.75	3.80

旧《混凝土结构设计规范》GBJ 10—89

第 **2.1.5** 条　混凝土受压或受拉时的弹性模量 E_c 应按表 2.1.5 采用。

表 **2.1.5**　　混凝土弹性模量 E_c(N/mm²)

混凝土强度等级	弹性模量
C7.5	1.45×10^4
C10	1.75×10^4
C15	2.20×10^4
C20	2.55×10^4
C25	2.80×10^4
C30	3.00×10^4
C35	3.15×10^4
C40	3.25×10^4
C45	3.35×10^4
C50	3.45×10^4
C55	3.55×10^4
C60	3.60×10^4

【新规范理解与说明】

本条内容,新旧规范基本一致,与上述几条相似,新规范取消了 C15 以下的强度等级而增加了 C60—C80 的混凝土高强度等级。强度高的混凝土,弹性模量也较大。

计算超静定结构内力、温度应力以及构件在使用阶段的截面应力时,为了方便,近似地把混凝土看作弹性材料进行分析,这时,就需要用到混凝土弹性模量。对于线弹性材料,应力—应变为线性关系,弹性模量为一常量。但对混凝土来说,应力—应变关系为一曲线,因此,就产生了怎样恰当地规定混凝土的这项"弹性"指标问题。

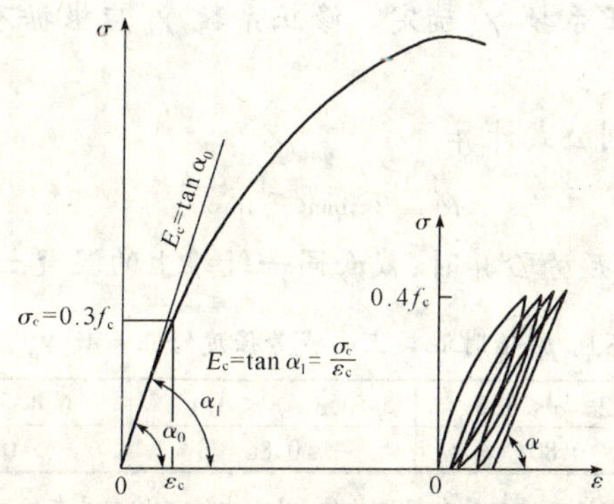

图 4-1　混凝土 σ—ε 曲线与弹性模量的确定方法

图 4-1 为混凝土短期一次加载受压应力—应变曲线。当应力很小时,应力—应变关

系为一直线。所以通过原点 0 处的切线的斜率可认为是混凝土的“真正的”弹性模量，常称之为初始弹性模量。但初始弹性模量不易从试验中测出其稳定值。

根据高强混凝土专题研究结果，高强混凝土弹性模量仍可采用原规范计算公式。本规范的混凝土弹性模量按下式计算：

$$E_c=\frac{10^5}{2.2+\dfrac{34.7}{f_{cu,k}}}\quad(\mathrm{N/mm^2})\tag{4-7}$$

式中 $f_{cu,k}$以混凝土强度等级值（按 $\mathrm{N/mm^2}$ 计）代入，可求得与立方体抗压强度标准值相对应的弹性模量。

新《混凝土结构设计规范》GB 50010—2002

4.1.6　混凝土轴心抗压、轴心抗拉疲劳强度设计值 f_c^f、f_t^f 应按表 4.1.4 中的混凝土强度设计值乘以相应的疲劳强度修正系数 γ_ρ 确定。修正系数 γ_ρ 应根据不同的疲劳应力比值 ρ_c^f 按表 4.1.6 采用。

混凝土疲劳应力比值 ρ_c^f 应按下列公式计算：

$$\rho_c^f=\frac{\sigma_{c,min}^f}{\sigma_{c,max}^f}\tag{4.1.6}$$

式中　$\sigma_{c,min}^f$、$\sigma_{c,max}^f$——构件疲劳验算时，截面同一纤维上的混凝土最小应力、最大应力。

当采用蒸气养护时，养护温度不宜超过 60℃；超过时，计算需要的混凝土强度设计值应提高 20%。

表 4.1.6　混凝土疲劳强度修正系数

ρ_c^f	$\rho_c^f<0.2$	$0.2\leqslant\rho_c^f<0.3$	$0.3\leqslant\rho_c^f<0.4$	$0.4\leqslant\rho_c^f<0.5$	$\rho_c^f\geqslant0.5$
γ_ρ	0.74	0.80	0.86	0.93	1.0

旧《混凝土结构设计规范》GBJ 10—89

第 **2.1.6** 条　混凝土疲劳强度设计值（f_c^f，f_{cm}^f，f_t^f）应按表 2.1.4 的混凝土强度设计值乘以相应的疲劳强度修正系数 γ_ρ 确定。修正系数 γ_ρ 应根据不同疲劳应力比值 ρ^f 按表 2.1.6 采用。

疲劳应力比值应按下列公式计算：

$$\rho^f=\sigma_{c,min}^f/\sigma_{c,max}^f$$

式中　$\sigma_{c,min}^f$、σ_{max}^f——构件疲劳验算时，截面同一纤维上的混凝土最小应力及最大应力。

表 **2.1.6**　不同 $\boldsymbol{\rho^f}$ 值时混凝土的疲劳强度修正系数 $\boldsymbol{\gamma_\rho}$

ρ^f	$\rho^f<0.2$	$0.2\leqslant\rho^f<0.3$	$0.3\leqslant\rho^f<0.4$	$0.4\leqslant\rho^f<0.5$	$\rho^f\geqslant0.5$
γ_ρ	0.74	0.80	0.86	0.93	1.0

注：①表中系数仅适用于承受重级工作制吊车梁的构件，对于中级工作制吊车的混凝土疲劳强度修正系数 γ_ρ，应按表中数值乘系数 1.1 采用，但相乘后的数值不得大于 1.0；

②如采用蒸气养护时，养护温度不宜超过 60℃，如超过时，应按计算需要的混凝土强度设计值提高 20%。

【新规范理解与说明】

本条内容,新旧规范基本一致。混凝土结构在反复的疲劳荷载作用下强度将降低。

一般地,当施加的重复应力超过某一个限值时(疲劳强度 f_c^f),随重复次数的增加,其加荷段的应力—应变曲线由凸向应力轴到直线再到凸向应变轴,当重复到某一次数时,混凝土因严重开裂或变形过大而破坏(图 4-2)。这种因荷载的重复作用而引起的破坏称为混凝土疲劳破坏。疲劳破坏是由于混凝土内部应力集中、微裂缝发展而造成的。混凝土的疲劳强度可定义为:某一强度等级的混凝土能够承受某一定重复作用次数(一般不低于 200 万次)的应力值。疲劳强度的大小与混凝土的强度等级、重复次数以及加荷应力有关,疲劳应力比值 $\rho^f=\sigma_{c,min}^f/\sigma_{c,max}^f$越小,疲劳强度越低。重复次数越多,疲劳强度越低。

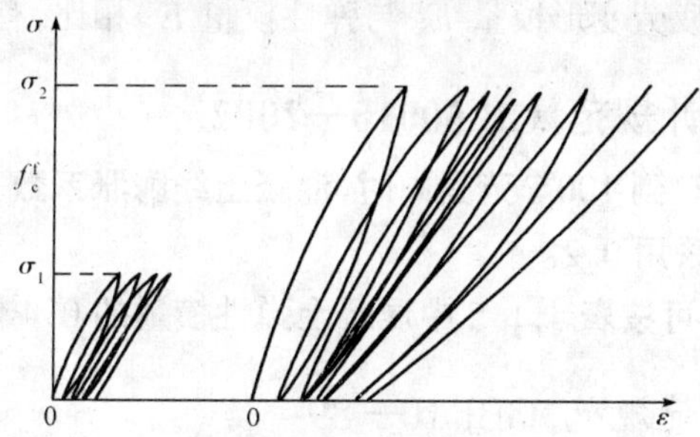

图 4-2　混凝土在重复荷载下的 σ—ε 全曲线

新规范取消了弯曲抗压强度 f_{cm},所以混凝土的疲劳抗压强度修正系数 γ_ρ 相应提高 10%。但考虑到原规范混凝土疲劳强度修正系数 γ_ρ 是由考虑将《钢筋混凝土结构设计规范》TJ 10—74 中的疲劳强度设计值 $\gamma_\rho R_f$ 改为 $\gamma_\rho f_t$,且 $R_f/f_t\approx1.5$,又考虑到《建筑结构荷载规范》GBJ 9—87 的吊车动力系数比荷载规范 TJ 9—74 约降低 7%这些因素。因此原规范中的 γ_ρ 比设计规范 TJ 10—74 提高 40%,即按 $R_f/(f_t\times1.07)=1.4$ 进行调整。这仅适用于混凝土抗拉疲劳强度,而抗压疲劳强度的修正系数也提高到 1.4 倍是不合适的。另外考虑到在正常配筋情况下,混凝土的抗压疲劳强度一般不起控制作用。所以综合考虑上述因素,为便于设计,没有分别给出混凝土抗压和抗拉强度的疲劳强度修正系数,而仍按原规范规定取用 γ_ρ 值。

国内疲劳专题研究及国外对高强度混凝土的疲劳强度的试验结果表明,高强混凝土的疲劳强度折减系数与普通混凝土的疲劳强度折减系数无明显差别,所以新规范将普通混凝土的疲劳强度修正系数扩大应用于高强混凝土,且与试验结果符合较好。根据疲劳专题研究的试验结果,新规范增列了高强混凝土的疲劳变形模量。

新《混凝土结构设计规范》GB 50010—2002

4.1.7　混凝土疲劳变形模量 E_c^f 应按表 4.1.7 采用。

表 4.1.7　混凝土疲劳变形模量($\times10^4$N/mm²)

混凝土强度等级	C20	C25	C30	C35	C40	C45	C50	C55	C60	C65	C70	C75	C80
E_c^f	1.1	1.2	1.3	1.4	1.5	1.55	1.6	1.65	1.7	1.75	1.8	1.85	1.9

旧《混凝土结构设计规范》GBJ 10—89

第 **2.1.7** 条　混凝土疲劳变形模量 E_c^f 应按表 2.1.7 采用。

表 **2.1.7**　　混凝土疲劳变形模量 E_c^f(N/mm²)

混凝土强度等级	C20	C25	C30	C35	C40	C45	C50	C55	C60
E_c^f	1.1×10^4	1.2×10^4	1.3×10^4	1.4×10^4	1.5×10^4	1.55×10^4	1.6×10^4	1.65×10^4	1.7×10^4

【新规范理解与说明】

本条内容,新旧规范基本一致。新规范增加了 C60 以上混凝土疲劳变形模量。在疲劳荷载作用下,混凝土的疲劳变形模量 E_c^f 与弹性模量 E_c 相比,有明显降低。

新《混凝土结构设计规范》GB 50010—2002

4.1.8　当温度在 0℃ 到 100℃ 范围内时,混凝土线膨胀系数 α_c 可采用 1×10^{-5}/℃。

混凝土泊松比 υ_c 可采用 0.2。

混凝土剪变模量 G_c 可按表 4.1.5 中混凝土弹性模量的 0.4 倍采用。

旧《混凝土结构设计规范》GBJ 10—89

第 **2.1.8** 条　当温度在 0℃ 到 100℃ 范围内时,混凝土线膨胀系数 α_c 可采用 1×10^{-5}(以每摄氏度计)。

混凝土泊松比 υ_c 可采用 0.2。

混凝土剪变模量 G_c 可按表 2.1.5 混凝土弹性模量的 0.4 倍采用。

【新规范理解与说明】

本条内容,新旧规范完全一致。

混凝土还会因温度和湿度的变化而引起体积变化,称为温度变形及干湿变形。它们与外荷载无关。

温度变形对大体积混凝土结构应引起十分注意。当变形受到约束时,温度变化所引起的应力常可能超过外部荷载引起的应力。有时,仅温度应力就可能形成贯穿性裂缝,进而导致渗漏、钢筋锈蚀、整体性下降,使结构承载力和混凝土的耐久性显著降低。

混凝土的线膨胀系数 α_c 约在 $7\times10^{-6}\sim11\times10^{-6}$℃$^{-1}$之间。它与骨料性质有关,骨料为石英岩时,$\alpha_c$ 最大,其次为砂岩、花岗岩、玄武岩以及石灰岩。新规范规定一般计算时,可取 $\alpha_c=10\times10^{-6}$℃$^{-1}$。

混凝土在纵向受压变形时,纵向产生压缩应变 ε_{cv},而横向产生膨胀应变 ε_{ch}。则横向变形系数可以表示为

$$\mu=\varepsilon_{ch}/\varepsilon_{cv} \tag{4-8}$$

压应力与横向变形系数关系曲线如图 4-3。当 $\sigma\leqslant0.5f_c$ 时,可以认为 μ 保持常数 1/6;当 $\sigma>0.5/f_c$ 时,横向变形系数突然增加,表明其内部出现了微裂缝。这点说明混凝土的横向变形系数 μ 和泊松比是有区别的。前者考虑了混凝土的弹塑性性质,后者仅考

虑了弹性变形。

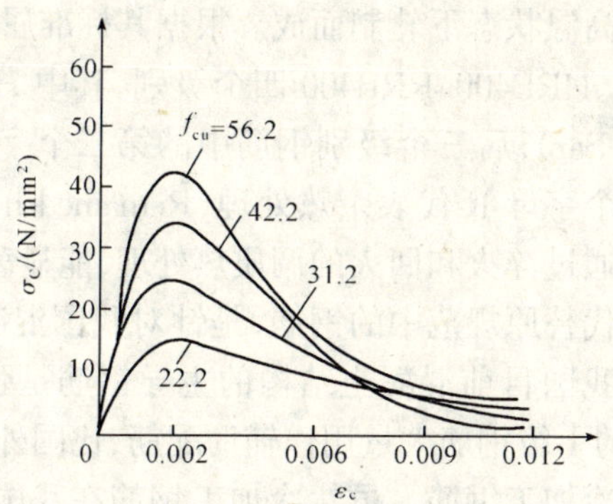

图4-3 混凝土应力与横向变形系数 μ 的关系

混凝土的剪切模量 G_c 目前还不易通过试验得出,可由理论关系求得

$$G_c=\frac{E_c}{2(1+\mu)} \tag{4-9}$$

第三节 钢 筋

新《混凝土结构设计规范》GB 50010—2002

4.2.1 钢筋混凝土结构及预应力混凝土结构的钢筋,应按下列规定选用:

1 普通钢筋宜采用 HRB400 级和 HRB335 级钢筋,也可采用 HPB235 级和 RRB400 级钢筋;

2 预应力钢筋宜采用预应力钢绞线、钢丝,也可采用热处理钢筋。

注:1 普通钢筋系指用于钢筋混凝土结构中的钢筋和预应力混凝土结构中的非预应力钢筋;

2 HRB400 级和 HRB335 级钢筋系指现行国家标准《钢筋混凝土用热轧带肋钢筋》GB 1499 中的 HRB400 和 HRB335 钢筋;HPB235 级钢筋系指现行国家标准《钢筋混凝土用热轧光圆钢筋》GB 13013 中的 Q235 钢筋;RRB400 级钢筋系指现行国家标准《钢筋混凝土用余热处理钢筋》GB 13014 中的 KL400 钢筋;

3 预应力钢丝系指现行国家标准《预应力混凝土用钢丝》GB/T 5223 中的光面、螺旋肋和三面刻痕的消除应力的钢丝;

4 当采用本条未列出但符合强度和伸长率要求的冷加工钢筋及其他钢筋时,应符合专门标准的规定。

旧《混凝土结构设计规范》GBJ 10—89

第 **2.2.1** 条 钢筋混凝土结构及预应力混凝土结构的钢筋,应按下列规定选用:

一、普通钢筋宜采用Ⅰ级、Ⅱ级、Ⅲ级钢筋和乙级冷拔低碳钢丝;

二、预应力钢筋宜采用碳素钢丝、刻痕钢丝、钢绞线和热处理钢筋,以及冷拉Ⅱ、Ⅲ、Ⅳ级钢筋。

对中、小型构件中的预应力钢筋,可采用甲级冷拔低碳钢丝。

注:普通钢筋系指用于钢筋混凝土结构中的钢筋和预应力混凝土结构中的非预应力钢筋。

【新规范理解与说明】

本节内容,新旧规范差别比较大。新规范要求钢筋混凝土结构以 HRB400 级热轧带肋钢筋为主导钢筋;预应力混凝土结构以高强低松弛钢丝,钢绞线为主导钢筋。

热轧钢筋是将钢材在高温状态下轧制而成。根据其标准屈服强度的高低和品种的不同,分为HPB235、HRB335、HRB400、RRB400四个级别,其中H、P、B分别代表热轧(Hot rolled)、光圆(Plain)、钢筋(Bar);后三个级别钢筋中的第二个字母R代表带肋(Ribbed),而第四级别钢筋中的第一个字母R代表余热处理(Remained heat treatment)。热处理钢筋是将热轧的螺纹钢筋再通过淬火和回火的调质热处理,能显著提高其强度。

新规范使用新的钢筋代替原规范中的钢筋,是针对我国混凝土结构钢筋强度偏低的情况下作出的重要决定。我国目前混凝土结构的主导钢筋是强度为335N/mm^{2}的Ⅱ级钢筋,强度为235N/mm^{2}的Ⅰ级钢筋大量用作辅助配筋,比国外低了一个强度等级。

新规范不再推荐使用冷加工钢筋。虽然冷加工钢筋在我国经济困难,物资短缺时代曾起到积极作用,但由于冷加工钢筋的流幅缩短,伸长率降低,材性变脆,延性较差,对结构的抗震不利,另外,我国近年来高性能钢筋(包括钢绞线、钢丝)已经可以充分供应,并可生产细直径的变形钢筋。

混凝土是一种脆性材料,抗压强度高而抗拉强度小,而钢筋则不同,抗拉、抗压强度均很高。混凝土结构中,钢筋在结构中主要承受拉力,混凝土主要承受压力,由此,整个结构的性能得到极大的提高。出于受力需要,混凝土结构对钢筋提出了一系列性能要求。

1. 延性

延性是钢筋变形、耗能的能力,与破坏形态有关,具有不亚于强度的同样的重要性。震害和工程事故调查表明,许多恶性事故并非强度不足而是由于延性太差,造成钢筋脆断而引起的。目前我国用断口伸长率(δ_5、δ_{10}、δ_{100})表示延性。其只反映断口区域的相对变形,并未真正反映钢筋的平均变形,故具有很大的局限性。先进的国际标准中钢筋不仅按强度,而且按延性分等定级。分级的依据是钢筋在最大拉应力下的总伸长率(均匀伸长率δ_{gt})以及强屈比。我国的热轧钢筋具有极好的延性,而钢筋冷加工后均匀伸长率成倍减少,值得我们注意。

2. 强度

钢筋强度是决定混凝土结构承载力的主要因素,采用高强钢筋是世界各国及我国今后混凝土结构用钢筋的发展方向。但实际结构中钢筋的强度并非越高越好。由于钢筋的弹性模量并不因其强度提高而增大,因此高强钢筋若充分发挥其强度,则与高应力相应的大变形会引起混凝土结构的过大伸长变形和宽大裂缝。因此,对普通混凝土结构而言,在我国安全度水平的条件下,设计强度限值为360N/mm^2,过高的强度没有意义。预应力结构解决了这个矛盾,但又带来钢筋与混凝土的锚固与协调受力的问题,过高的强度仍难以充分发挥,故一般限值为1860N/mm^2。

3. 质量稳定性

钢筋力学性能的稳定性十分重要。规模生产的钢筋产品强度及延性质量稳定(离差小),匀质性好,性能有保证。对钢筋进行二次加工,如冷加工(冷拉、冷拔、冷轧、冷扭、冷镦)以后,离散度加大,质量不稳定。尤其是小规模作坊式的生产,由于母材普遍超粗,加工工艺粗糙,缺乏有效的技术管理及产品检验,不合格率很高。如用于工程,往往影响结构安全,形成隐患。

4. 锚固性能

粘结锚固是结构中钢筋与混凝土共同受力的基础。锚固性能包括锚固刚度(控制滑移的能力)、锚固强度(锚固应力最大值)及锚固延性(大滑移时维持锚固的能力)。锚固性能与钢筋的外形有关,取决于相对肋高、肋间距、肋面积比及混凝土咬合齿的形态。光面钢筋及刻痕钢丝的锚固性能较差;等高肋钢筋锚固强度及刚度高,但锚固延性差;月牙肋钢筋锚固性能较好,但咬合力不均匀引起劈裂的方向性对锚固不利;旋扭状的钢筋及钢绞线锚固强度及刚度稍差,但锚固延性好;螺旋肋钢筋锚固强度、刚度、延性均很高,具有优良的锚固性能(图 4-4)。

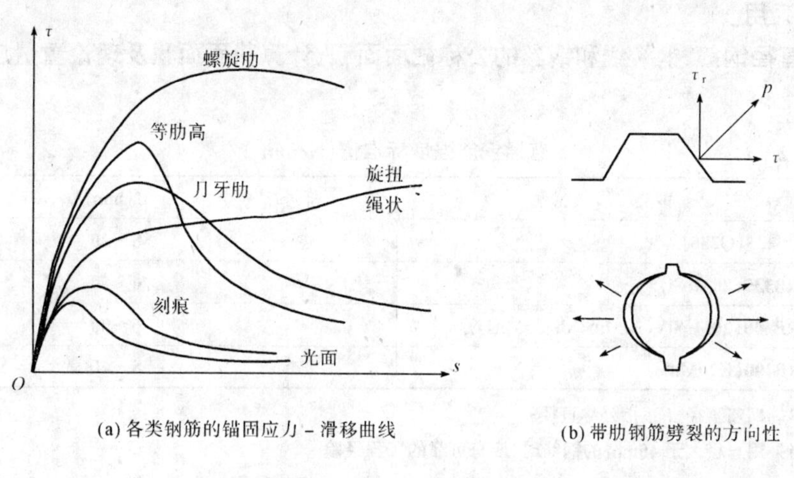

(a) 各类钢筋的锚固应力-滑移曲线 (b) 带肋钢筋劈裂的方向性

图 4-4 钢筋的锚固性能

5. 疲劳性能

承受反复荷载作用的构件内,钢筋的疲劳强度十分重要。一般来说,表面平滑的钢筋疲劳性能好,表面形状起伏较大的钢筋容易在形状突变处应力集中而诱发疲劳破坏。硬脆的钢筋疲劳性能也受影响。

6. 冷弯性能

钢筋弯钩、弯折加工时应避免裂缝和折断。热轧钢筋的冷弯性能很好,而性脆的冷加工钢筋较差。预应力钢丝、钢绞线不能弯折,只能以直条形式应用。

7. 可焊性和热稳定性

钢筋的可焊性取决于材料中碳及各种合金元素的含量。碳当量较高时可焊性较低,超过 0.55% 时难以焊接。我国的热轧钢筋可焊,而高强钢丝、钢绞线不可焊。通过热处理、冷加工强化的钢筋,在一定碳当量范围内可焊,但焊接引起热影响区强度降低,应采取必要的措施。点焊影响相对不大,故小直径钢筋常以点焊网片的形式应用于工程中。在火灾、焊接、高温条件下,冷加工强化的钢筋将失去增长的强度,热稳定性很差。

8. 交货状态及附加工序

直径 12mm 以上的热轧钢筋以直条交货,需定长切断而产生余料,在结构配筋中形成连接接头。小直径钢筋、钢丝及钢绞线卷成盘状交货,可根据设计定长切断而减少接头。光面钢筋末端需加弯钩,增加了施工工序及难度。预应力钢丝、钢绞线张拉时往往末端需镦头或加锚夹具。冷加工的细直径钢筋应用前往往要调直，增加了施工工序且损失部分强度。

新《混凝土结构设计规范》GB 50010—2002

※4.2.2　钢筋的强度标准值应具有不小于95%的保证率。

热轧钢筋的强度标准值系根据屈服强度确定，用 f_{yk} 表示。预应力钢绞线、钢丝和热处理钢筋的强度标准值系根据极限抗拉强度确定，用 f_{ptk} 表示。

普通钢筋的强度标准值应按表 4.2.2-1 采用；预应力钢筋的强度标准值应按表 4.2.2-2 采用。

各种直径钢筋、钢绞线和钢丝的公称截面面积、计算截面面积及理论重量应按附录 B 采用。

表 4.2.2-1　　普通钢筋强度标准值（N/mm^2）

<table>
<tr><th colspan="2">种类</th><th>符号</th><th>d(mm)</th><th>f_{yk}</th></tr>
<tr><td rowspan="4">热轧钢筋</td><td>HPB235(Q235)</td><td>Φ</td><td>8～20</td><td>235</td></tr>
<tr><td>HRB335(20MnSi)</td><td>Φ</td><td>6～50</td><td>335</td></tr>
<tr><td>HRB400(20MnSiV、20MnSiNb、20MnTi)</td><td>Φ</td><td>6～50</td><td>400</td></tr>
<tr><td>RRB400(K20MnSi)</td><td>Φ^{R}</td><td>8～40</td><td>400</td></tr>
</table>

注：1　热轧钢筋直径 d 系指公称直径；
　　2　当采用直径大于 40mm 的钢筋时，应有可靠的工程经验。

表 4.4.2-2　　预应力钢筋强度标准值（N/mm^2）

<table>
<tr><th colspan="2">种类</th><th>符号</th><th>d(mm)</th><th>f_{ptk}</th></tr>
<tr><td rowspan="4">钢绞线</td><td rowspan="2">1×3</td><td rowspan="4">Φ^{S}</td><td>8.6、10.8</td><td>1860、1720、1570</td></tr>
<tr><td>12.9</td><td>1720、1570</td></tr>
<tr><td rowspan="2">1×7</td><td>9.5、11.1、12.7</td><td>1860</td></tr>
<tr><td>15.2</td><td>1860、1720</td></tr>
<tr><td rowspan="4">消除应力钢丝</td><td rowspan="3">光面
螺旋肋</td><td rowspan="3">Φ^{P}
Φ^{H}</td><td>4、5</td><td>1770、1670、1570</td></tr>
<tr><td>6</td><td>1670、1570</td></tr>
<tr><td>7、8、9</td><td>1570</td></tr>
<tr><td>刻痕</td><td>Φ^{I}</td><td>5、7</td><td>1570</td></tr>
<tr><td rowspan="3">热处理钢筋</td><td>40Si2Mn</td><td rowspan="3">Φ^{HT}</td><td>6</td><td rowspan="3">1470</td></tr>
<tr><td>48Si2Mn</td><td>8.2</td></tr>
<tr><td>45Si2Cr</td><td>10</td></tr>
</table>

注：1　钢绞线直径 d 系指钢绞线外接圆直径，即现行国家标准《预应力混凝土用钢绞线》GB/T 5224 中的公称直径 D_g，钢丝和热处理钢筋的直径 d 均指公称直径；
　　2　消除应力光面钢丝直径 d 为 4～9mm，消除应力螺旋肋钢丝直径 d 为 4～8mm。

旧《混凝土结构设计规范》GBJ 10—89

第 **2.2.2** 条　钢筋的强度标准值应具有不小于 **95%** 的保证率。

热轧钢筋和冷拉钢筋的强度标准值系根据屈服强度确定,对普通钢筋用 f_{yk}表示,对预应力钢筋用 f_{pyk}表示。

钢丝、钢绞线和热处理钢筋的强度标准值系根据极限抗拉强度确定,对乙级冷拔低碳钢丝用 f_{stk}表示,对用作预应力钢筋的碳素钢丝、刻痕钢丝、钢绞线、甲级冷拔低碳钢丝和热处理钢筋用 f_{ptk}表示。

普通钢筋的强度标准值和预应力钢筋的强度标准值应按表 2.2.2-1 及表 2.2.2-2 采用。

表 2.2.3-1 钢筋强度标准值(N/mm^2)

种类		f_{yk}或 f_{pyk}或 f_{ptk}
热轧钢筋	Ⅰ级(A3、AY3)	235
	Ⅱ级(20MnSi、20MnN$_b$(b))	
	d≤25	335
	d=28~40	315
	Ⅲ级(25MnSi)	370
	Ⅳ级(40Si2MnV、45SiMnV、45Si2MnTi)	540
冷拉钢筋	Ⅰ级(d≤12)	280
	Ⅱ级 d≤25	450
	d=28~40	430
	Ⅲ级	500
	Ⅳ级	700
热处理钢筋	40Si2Mn(d=6) 48Si2Mn(d=8.2) 45Si2Cr(d=10)	1470

注:当采用直径为 28~40mm 的Ⅱ级钢筋且符合国家标准《钢筋混凝土用热轧带肋钢筋》GB 1499—91 时,可取钢筋强度标准 f_{yk}等于 $335N/mm^2$;

表 2.2.3-2 钢丝、钢绞线强度标准值(N/mm^2)

种 类			f_{stk}或 f_{ptk}	
碳素钢丝		ϕ4	1670	
		ϕ5	1570	
刻痕钢丝		ϕ5	1470	
冷拔低碳钢丝	甲级:		Ⅰ组	Ⅱ组
		ϕ4	700	650
		ϕ5	650	600
	乙级:	ϕ3~ϕ5	550	
钢绞线		d=9.0(7ϕ3)	1670	
		d=12.0(7ϕ4)	1570	
		d=15.0(7ϕ5)	1470	

注:碳素钢丝系指国家标准《预应力混凝土用钢丝》GB 5223—85 中的矫直回火钢丝。

【新规范理解与说明】

本条内容,新旧规范变动较大,原因与前面一条相似。普通钢筋的强度根据可靠度要求,新规范取具有 95%保证率的屈服强度作为钢筋的强度标准值 f_{yk}。

钢筋的强度标准值用于正常使用极限状态的验算,而承载能力极限状态计算应采用强度设计值 f_y(抗拉)及 f_y(抗压)。概率极限状态设计方法规定强度设计值应由标准值除以材料分项系数而得。由于钢材的均质性较好,质量波动较小,故材料分项 $\gamma_s = 1.10$。这里应该说明的是,原规范Ⅱ级钢的强度标准值为 335MPa,而设计值为 310MPa,材料分项系数 $\gamma_s = 1.08$,太低而偏于不安全。本次统一取 $\gamma_s = 1.1$,故强度设计值已降为 300MPa。

当构件中配有不同强度等级的钢筋时,每种钢筋根据受力情况采取各自的强度设计值计算;而对轴心受拉和小偏心受拉构件中的受拉钢筋强度设计值不应超过 300N/mm^2。

高强的预应力钢丝、钢绞线通常没有明显的屈服强度,而只有抗拉强度以及相当于屈服强度的非比例伸长应力(即 GB/T 5223、GB/T 5224 标准中的 σ_b 及 $\sigma_{p0.2}$)。预应力钢丝、钢绞线的强度等级以其抗拉强度标准值来标志,即 f_{ptk}取具有 95%保证率的抗拉强度值,其强度设计值取条件屈服点 $\sigma_{p0.2}$除以分项系数 γ_s 而定,原规范取钢丝、钢绞线抗拉强度的 80%作为条件屈服点($0.8\sigma_b$)。随着冶金系统采用国际标准及质量的提高,在相应的产品标准中明确规定屈服强度 $\sigma_{p0.2}$不小于公称抗拉强度的 85%即 $0.85\sigma_b$。因此,取预应力钢筋的材料分项系数 $\gamma_s = 1.20$,则相应的强度设计值 f_y 较原设计规范的数值提高了 4%。

新《混凝土结构设计规范》GB 50010—2002

※4.2.3 普通钢筋的抗拉强度设计值 f_y 及抗压强度设计值 f'_y 应按表 4.2.3-1 采用;预应力钢筋的抗拉强度设计值 f_{py}及抗压强度设计值 f'_{py}应按表 4.2.3-2 采用。

当构件中配有不同种类的钢筋时,每种钢筋应采用各自的强度设计值。

表 4.2.3-1 普通钢筋强度设计值(N/mm^2)

种类		符号	f_y	f'_y
热轧钢筋	HPB 235(Q235)	ϕ	210	210
	HRB 335(20MnSi)	Φ	300	300
	HRB 400(20MnSiV、20MnSiNb、20MnTi)	Φ	360	360
	RRB 400(K20MnSi)	Φ^R	360	360

注:在钢筋混凝土结构中,轴心受拉和小偏心受拉构件的钢筋抗拉强度设计值大于 300N/mm^2 时,仍应按 300N/mm^{2}取用。

表 4.2.3-2 预应力钢筋强度设计值(N/mm^2)

种类		符号	f_{ptk}	f_{py}	f'_{py}
钢绞线	1×3	ϕ^S	1860	1320	390
			1720	1220	
			1570	1110	
	1×7		1860	1320	390
			1720	1220	

续表

种类		符号	f_{ptk}	f_{py}	f'_{py}
消除应力钢丝	光面 螺旋肋	ϕ^P ϕ^H	1770	1250	410
			1670	1180	
			1570	1110	
	刻痕	ϕ^I	1570	1110	410
热处理钢筋	40Si2Mn	ϕ^{HT}	1470	1040	400
	48Si2Mn				
	45Si2Cr				

注：当预应力钢绞线、钢丝的强度标准值不符合表4.2.2-2的规定时，其强度设计值应进行换算。

旧《混凝土结构设计规范》GBJ 10—89

第2.2.3条 钢筋抗拉强度设计值 f_y 或 f_{py} 及钢筋抗压强度设计值 f'_y 或 f'_{py} 应分别按表2.2.3-1及表2.2.3-2采用。

表2.2.3-1 钢筋强度设计值(N/mm^2)

种 类		f_y 或 f_{py}	f'_y 或 f'_{py}
热轧钢筋	Ⅰ级(A3、AY3)	210	210
	Ⅱ级(20MnSi、$20MnNb_{(b)}$)		
	$d \leqslant 25$	310	310
	$d=28\sim40$	290	290
	Ⅲ级(25MnSi)	340	340
	Ⅳ级(40Si2MnV、45SiMnV、45Si2MnTi)	500	400
冷拉钢筋	Ⅰ级($d \leqslant 12$)	250	210
	Ⅱ级 $d \leqslant 25$	380	310
	$d=28\sim40$	360	290
	Ⅲ级	420	340
	Ⅳ级	580	400
热处理钢筋	40Si2Mn($d=6$) 48Si2Mn($d=8.2$) 45Si2Cr($d=10$)	1000	400

注：①在钢筋混凝土结构中，轴心受拉和小偏心受拉构件的钢筋抗拉强度设计值大于 $310N/mm^2$ 时，仍应按 $310N/mm^2$ 取用；其他构件的钢筋抗拉强度设计值大于 $340N/mm^2$ 时，仍应按 $340N/mm^2$ 取用；对于直径大于12mm的Ⅰ级钢筋，如经冷拉，不得利用冷拉后的强度；

②当钢筋混凝土结构的混凝土强度等级为C10时，光面钢筋的强度设计值应按 $190N/mm^2$ 取用，变形钢筋(包括月牙纹钢筋和螺纹钢筋)的强度设计值应按 $230N/mm^2$ 取用；

③构件中配有不同种类的钢筋时，每种钢筋根据其受力情况应采用各自的强度设计值；

④当采用直径为28～40mm的Ⅱ级钢筋且符合国家标准《钢筋混凝土用热轧带肋钢筋》GB 1499—91时，可取钢筋抗拉、抗压强度设计值 f_y 和 f'_y 等于 $310N/mm^2$。

表 **2.2.3-2** 钢丝、钢绞线强度设计值(**N/mm²**)

种类			f_y或f_{py}	f'_y或f'_{py}
碳素钢丝		$\phi4$	1130	400
		$\phi5$	1070	
刻痕钢丝		$\phi5$	1000	360
冷拔低碳钢丝	甲级:		Ⅰ组 Ⅱ组	
		$\phi4$	460 430	400
		$\phi5$	430 400	
	乙级:			
		$\phi3\sim\phi5$		
		用于焊接骨架和焊接网时	320	320
		用于绑扎骨架和绑扎网时	250	250
钢绞线		$d=9.0(7\phi3)$	1130	360
		$d=12.0(7\phi4)$	1070	
		$d=15.0(7\phi5)$	1000	

注:①冷拔低碳钢丝用作预应力钢筋时,应按表 2.2.2-2 规定的钢筋强度标准值逐盘进行检验,其强度设计值应按甲级采用;乙级冷拔低碳钢丝可按分批检验,并宜用作焊接骨架、焊接网、架立筋、箍筋和构造钢筋;

②当碳素钢丝、刻痕钢丝、钢绞线的强度标准值示符合表 2.2.2-2 的规定时,其强度设计值应进行换算。

【新规范理解与说明】

本条内容,新规范变动较大,原因与前面几条相似,新规范的 HPB235 级钢筋、HRB400 级钢筋的设计值按原规范取用。HRB335 级钢筋的强度设计值改为 300N/m²,使这三个级别钢筋的材料分项系数 γ_s 取值相一致,都取为 1.10。

对预应力用钢丝、钢绞线和热处理钢筋,原规范取用 $0.8\sigma_b$(σ_b 为钢筋国家标准的极限抗拉强度)作为条件屈服点,本规范改为 $0.85\sigma_b$,以与钢筋的国家标准相一致。钢筋材料分项系数 γ_s 取用 1.2。例如 $f_{ptk}=1770\text{N/mm}^2$ 的预应力钢丝,强度设计值 $f_{py}=1770\times0.85/1.2=1253\text{N/mm}^2$,取整为 1250N/mm²,较原规范(1996 局部修订)的1200N/mm² 提高约 4%。

此次新规范的修订,指出用于钢筋混凝土结构的普通钢筋宜采用 HRB400 级及 HRB335 级钢筋,也可采用 HRB235 级及 RRB400 级钢筋。

钢筋按其外形分为光面钢筋和变形钢筋两类。光面钢筋的表面是光圆的,如图 4-5a。常用的热轧变形钢筋是热轧带肋钢筋,其外表有两条纵向凸缘(纵肋),热处理钢筋也有无纵肋的。在纵向凸缘两侧有许多等距离和等高度的斜向凸缘(斜肋),凸缘斜向相同的表面形成螺旋纹如图 4-5b,凸缘斜向不同的表面形成人字纹如图 4-5c,螺旋纹和人字纹钢筋以往习惯统称为螺纹钢筋,现行钢筋标准(GB 1499—1998)中称为等高肋钢筋。斜向凸缘和纵向凸缘不相交,剖面几何形状呈月牙形的钢筋,过去称为月牙纹钢筋如图 4-5d,现行钢筋标准中称为月牙肋钢筋,该类钢筋印有厂名和钢筋级别的标记。

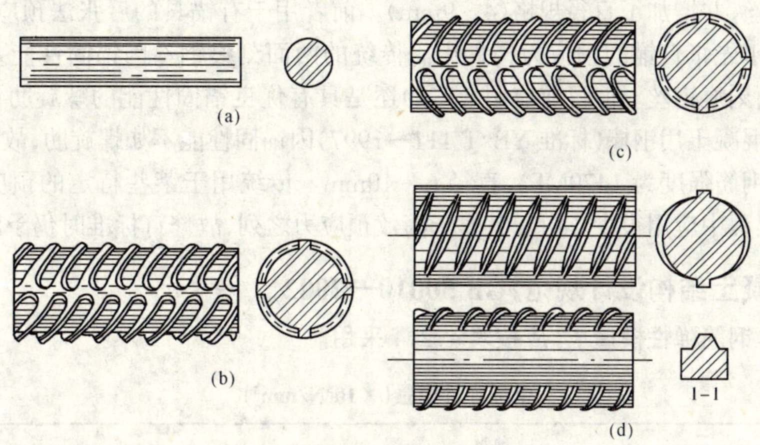

图 4-5 钢筋表面及截面形状

修订规范突出强调以 HRB400 级热轧钢筋(即新Ⅲ级钢筋)为主导钢筋,而以 HRB335 级热轧钢筋(即原Ⅱ级钢筋)为辅助钢筋。这是由于其高强度、高延性、较好的锚固性能以及较高的强度价格比,并且品种规格已经齐全,既有用作辅助钢筋的细直径规格(6、8、10mm),也有用于大型土木工程的粗钢筋(32~50mm)。按修订规范设计以 HRB400 级钢筋作主导配筋,将整个把我国混凝土结构用钢筋的水准提高一级,跟上国际潮流。这不仅可以提高混凝土结构的安全水平,降低结构造价,而且减少配筋率以后还可以缓解密集配筋带来的施工困难,减少钢筋运输、加工、现场操作等间接费用。

修订规范列入光面的 HRB235 级(原Ⅰ级)钢筋及余热处理的 RRB400 级(Ⅲ级)钢筋,但并不主张推广应用。原因是光面钢筋强度太低,强度价格比低,其延性虽好但与热轧带肋钢筋(HRB400 及 HRB335)基本处于同一水平而相差不大。加上锚固性能很差,作为受力钢筋末端还要加弯钩,应用不便,因此一般情况下不推荐使用。在国外这类钢筋实际已渐趋淘汰了。

余热处理的 RRB400 级(Ⅲ级)钢筋是在生产过程中,钢筋热轧后淬火,再利用芯部余热回火处理而提高强度并保留一定延性的钢筋。在一般情况下其可以作为 400MPa 级钢筋使用,但焊接受热回火可能降低其强度,并且其高强部分集中在钢筋表层,疲劳性能、冷弯性能可能受到影响,钢筋机械连接表面车削时也可能影响强度,因此应用受到一定限制。

对于预应力钢筋根据国际标准及我国冶金行业近年开发生产的新产品,修订标准列入了系列的预应力钢丝、钢绞线。其强度由 1470~1860MPa 不等;同时品种规格增加,以满足不同结构的需要。钢绞线除七股以外,增加了三股形式,其直径 8.6~15.2mm 共 7 种。应该说明的是,钢绞线的直径系指外接圆直径(轮廓直径),即钢绞线标准 GB/T 5224—1995 中的公称直径 D_g。因此不能以 $\frac{\pi}{4}d^2$ 计算其承载面积,而应按钢筋表查找相应的公称截面面积,以免引起错误。

预应力钢丝根据 GB/T 5223—1995 标准列入了消除应力的光面钢丝、螺旋肋钢丝、三面刻痕钢丝；并增加了直径规格(4～9mm)。前者用于有锚具的后张法预应力结构中，而后两者用于先张自锚的预应力构件中。传统的两面刻痕钢丝因锚固性能差而很少应用，改用三面刻痕钢丝。但目前应用最广的还是具有优良锚固性能的螺旋肋钢丝。螺旋槽的预应力混凝土用钢棒(标准 YB/T 111—1997)因锚固性能不如螺旋肋，故未列入。

热处理钢筋强度为 1470MPa，直径 6～10mm。传统用于某些特定的预应力预制构件，实际在工程中应用很少。由于其属于高效预应力之列，故修订标准时仍予以保留。

新《混凝土结构设计规范》GB 50010—2002

4.2.4　钢筋弹性模量 E_s 应按表 4.2.4 采用。

表 4.2.4　　钢筋弹性模量($\times 10^5 N/mm^2$)

种类	E_s
HPB 235 级钢筋	2.1
HRB 335 级钢筋、HRB 400 级钢筋、RRB 400 级钢筋、热处理钢筋	2.0
消除应力钢丝(光面钢丝、螺旋肋钢丝、刻痕钢丝)	2.05
钢绞线	1.95

注：必要时钢绞线可采用实测的弹性模量。

旧《混凝土结构设计规范》GBJ 10—89

第 **2.2.4** 条　钢筋弹性模量 E_s 应按表 2.2.4 采用。

表 **2.2.4**　　钢筋弹性模量(N/mm^2)

种　类	E_s
Ⅰ级钢筋、冷拉Ⅰ级钢筋	2.1×10^5
Ⅱ级钢筋、Ⅲ级钢筋、Ⅳ级钢筋、热处理钢筋、碳素钢丝、冷拔低碳钢丝	2.0×10^5
冷拉Ⅱ级钢筋、冷拉Ⅲ级钢筋、冷拉Ⅳ级钢筋、刻痕钢丝、钢绞线	1.8×10^5

【新规范理解与说明】

本条内容，新规范取消了冷加工钢筋的弹性模量，而增加了消除应力钢丝和钢绞线的弹性模量。

消除应力钢丝是由高碳镇静钢轧制成圆盘后，经多道冷拔，并进行应力消除、矫直，回灰处理而制成。

正常使用极限状态验算裂缝宽度和挠度时，要用到钢筋的变形参数——弹性模量 E_s。各类钢筋的强度相差尽管很大，但其弹性模量差别很小。

这里应该说明的是，钢绞线是由三股或七股光面钢丝捻绞而成的。其弹性模量不仅取决于构成钢绞线母材的弹性模量，还与捻绞的工艺条件有关，例如捻绞得较松的钢绞线受力时抵抗变形的能力差,弹性模量可能较小;而捻绞得较密甚至模拔以后的钢绞线变形性能就大有改观,弹性模量可能较大。因此,必要时可以采用试验实测的方法确定实际的弹性模量数值,并用于设计。

新《混凝土结构设计规范》GB 50010—2002

4.2.5　普通钢筋和预应力钢筋的疲劳应力幅限值 Δf_y^f 和 Δf_{py}^f 应由钢筋疲劳应力比值 ρ_s^f、ρ_p^f 分别按表 4.2.5-1 及表 4.2.5-2 采用。

普通钢筋疲劳应力比值 ρ_s^f 应按下列公式计算:

$$\rho_s^f = \frac{\sigma_{s,min}^f}{\sigma_{s,max}^f} \tag{4.2.5-1}$$

式中　$\sigma_{s,min}^f$、$\sigma_{s,max}^f$——构件疲劳验算时,同一层钢筋的最小应力、最大应力。

预应力钢筋疲劳应力比值 ρ_p^f 应按下列公式计算:

$$\rho_p^f = \frac{\sigma_{p,min}^f}{\sigma_{p,max}^f} \tag{4.2.5-2}$$

式中　$\sigma_{p,min}^f$、$\sigma_{p,max}^f$——构件疲劳验算时,同一层预应力钢筋的最小应力、最大应力。

表 4.2.5-1　　普通钢筋疲劳应力幅限值(N/mm²)

疲劳应力比值	Δf_y^f		
	HPB 235 级钢筋	HRB 335 级钢筋	HRB 400 级钢筋
$-1.0 \leqslant \rho_s^f < -0.6$	160		
$-0.6 \leqslant \rho_s^f < -0.4$	155		
$-0.4 \leqslant \rho_s^f < 0$	150		
$0 \leqslant \rho_s^f < 0.1$	145	165	165
$0.1 \leqslant \rho_s^f < 0.2$	140	155	155
$0.2 \leqslant \rho_s^f < 0.3$	130	150	150
$0.3 \leqslant \rho_s^f < 0.4$	120	135	145
$0.4 \leqslant \rho_s^f < 0.5$	105	125	130
$0.5 \leqslant \rho_s^f < 0.6$		105	115
$0.6 \leqslant \rho_s^f < 0.7$		85	95
$0.7 \leqslant \rho_s^f < 0.8$		65	70
$0.8 \leqslant \rho_s^f < 0.9$		40	45

注:1　当纵向受拉钢筋采用闪光接触对焊接头时,其接头处钢筋疲劳应力幅限值应按表中数值乘以系数 0.8 取用;
　　2　RRB400 级钢筋应经试验验证后,方可用于需作疲劳验算的构件。

表 4.2.5-2　　预应力钢筋疲劳应力幅限值(N/mm²)

种类			Δf_{py}^f	
			$0.7 \leqslant \rho_p^f < 0.8$	$0.8 \leqslant \rho_p^f < 0.9$
消除应力钢丝	光面	$f_{ptk} = 1770$、1670	210	140
		$f_{ptk} = 1570$	200	130
	刻痕	$f_{ptk} = 1570$	180	120
钢绞线			120	105

注:1　当 $\rho_p^f \geqslant 0.9$ 时,可不作钢筋疲劳验算;
　　2　当有充分依据时,可对表中规定的疲劳应力幅限值作适当调整。

旧《混凝土结构设计规范》GBJ 10—89

第**2.2.5**条　钢筋疲劳强度设计值 f_y^f 或 f_{py}^f 应分别按表2.2.5－1及表2.2.5－2采用。

表**2.2.5－1**　　钢筋混凝土结构中钢筋疲劳强度设计值(N/mm²)

疲劳应力比值	f_y^f		
	Ⅰ级钢筋	Ⅱ级钢筋	Ⅲ级钢筋
$-1.0\leqslant\rho^f<-0.8$	85		
$-0.8\leqslant\rho^f<-0.6$	95		
$-0.6\leqslant\rho^f<-0.4$	105		
$-0.4\leqslant\rho^f<-0.2$	115		
$-0.2\leqslant\rho^f<0$	135		
$0\leqslant\rho^f<0.1$	155	175	175
$0.1\leqslant\rho^f<0.2$	165	185	185
$0.2\leqslant\rho^f<0.3$	175	200	205
$0.3\leqslant\rho^f<0.4$	185	210	220
$0.4\leqslant\rho^f<0.5$	195	225	235
$0.5\leqslant\rho^f<0.6$		235	255
$0.6\leqslant\rho^f<0.7$		250	275
$0.7\leqslant\rho^f<0.8$		260	290
$0.8\leqslant\rho^f<0.9$		275	305

注:当纵向受拉钢筋采用闪光接触对焊接头时,其接头处钢筋疲劳强度设计值应按表中数值乘以系数0.8。

表**2.2.5－2**　　预应力钢筋的疲劳强度设计值(N/mm²)

种类		f_{py}^f	
		$0.7\leqslant\rho^f<0.8$	$0.8\leqslant\rho^f<0.9$
冷拉Ⅱ级钢筋	$d\leqslant25$	315	335
	$d=28\sim40$	300	320
冷拉Ⅲ级钢筋		355	385
冷拉Ⅳ级钢筋		450	485
碳素钢丝			
$\phi4$		850	935
$\phi5$		800	880
刻痕钢丝			
$\phi5$		675	750

注:①当采用闪光接触对焊接头的冷拉Ⅰ级、冷拉Ⅲ级钢筋作为预应力钢筋时,其接头处预应力钢筋的疲劳强度设计值,应按表中数值乘以系数0.8。

②当 $\rho^f\geqslant0.9$ 时,不必验算钢筋的疲劳强度。

【新规范理解与说明】

本条内容，新规范取消了旧规范原有的冷加工钢筋的疲劳强度设计值，增加了钢绞线的疲劳应力幅限值。主要参考了我国《铁路桥涵钢筋混凝土和预应力混凝土结构设计规范》TB10002.3—99。该规范中规定的疲劳应力幅限值为 140N/mm^2，其试验依据为 $f_{ptk}=1860N/mm^2$ 的高强钢绞线，考虑到本规范中钢绞线强度还有 $f_{ptk}=1570N/mm^2$ 的等级以及预应力钢筋在曲线管道中等因素的影响，故采用偏安全的表中的限值。

钢筋在多次重复加载时，会呈现疲劳的特性。这是由于钢材内部有杂质和气孔，外表有斑痕缺陷，以及表面形状突变引起的应力集中造成的。应力集中过大时，使钢材发生微裂纹，在重复应力作用下，裂纹会扩展而发生突然断裂。

工业厂房的吊车梁、铁路桥梁、海洋采油平台等结构均需进行疲劳应力幅限值的验算以保证在使用荷载作用下钢筋的应力幅值不超过钢筋的疲劳应力幅限值。

原设计规范给出了交变应力的比值 $\rho^f(\sigma^f_{max}/\sigma^f_{min})$ 与疲劳强度设计值 f^f_y 的对应关系，以供设计。但根据国内外的疲劳试验的资料表明：影响钢筋疲劳强度的主要因素为钢筋疲劳应力幅，即 $\sigma^f_{max}-\sigma^f_{mim}$，所以本规范根据原规范的钢筋疲劳强度设计值，给出考虑应力比的钢筋疲劳应力幅限值。

普通钢筋疲劳应力幅限值在表 4.2.5－1 中的空缺，是因为尚缺乏有关的试验数据。

第五章 结 构 分 析

第一节 本章主要修订内容介绍

本章共三节内容，与旧规范 GBJ 10—89 相比较，本章全部为新增内容，如表 5-1。

表 5-1　　主要修订内容及说明

项次	新规范中位置	修订内容以及说明
1	新规范第 5.1 节基本原则	为了弥补我国历来混凝土结构设计规范中结构分析内容方面的不足，新规范增加了这部分内容。混凝土结构分析比较复杂，因为两种组成成分：钢筋和混凝土的材料性能差别较大。在实际工程设计中，就存在着各种不同的混凝土结构分析方法。新规范在结构计算简图、计算条件分析方法等方面作了规定
2	新规范第 5.2 节线弹性分析方法	线弹性分析方法是最基本和最成熟的结构分析方法，也是其他分析方法的基础和特例。适用于分析一切形式的结构和验算结构的两种极限状态。至今，国内外的大部分混凝土结构设计仍然基于此。新规范给出了线弹性分析方法的适用范围、杆系结构的计算简图、截面刚度以及分析方法、双向板或非杆系结构的分析理论和适用方法
3	新规范第 5.3 节其他分析方法	新规范提出了考虑塑性内力重分布的分析方法、塑性极限分析方法、试验分析方法以及非线性分析方法的适用结构或构件。非线性分析方法以钢筋混凝土的实际力学性能为依据，引入相应的非线性本构关系后，可以解决一切体形和受力复杂的结构分析问题。这是一种先进的分析方法，已经在国内外一些重要结构的设计中采用，并不同程度地纳入国外的一些主要设计规范。但这种分析方法比较复杂，计算工作量大，各种非线性本构关系不够完善和统一，至今应用范围有限

第二节 基 本 原 则

新《混凝土结构设计规范》GB 50010—2002

5.1.1 结构按承载能力极限状态计算和按正常使用极限状态验算时，应按国家现行有关标准规定的作用（荷载）对结构的整体进行作用（荷载）效应分析；必要时，尚应对结构中受力状况特殊的部分进行更详细的结构分析。

旧《混凝土结构设计规范》GBJ 10—89

旧《混凝土结构设计规范》GBJ 10—89 无相应此条文。

【新规范理解与说明】

本条是新规范新增内容，为弥补我国历来混凝土结构设计规范中结构分析内容方面的不足。

在混凝土结构工程的设计过程中，结构在各种荷载作用下的力学效应分析和其构件的构造设计或性能验算，是不可或缺、且相互影响的两大部分。对于保证结构的安全使用而言，前者的重要性决不亚于后者。

我国《混凝土结构设计规范》GBJ 10—89 和解放后相继颁发的同类规范或规程中，绝大部分的篇幅和条款都是针对构件的截面承载力、变形和裂缝的计算方法的具体规定以及提供的相关材料性能指标和构造措施等，有关结构分析的内容极少。只在个别条款中提到一些原则性的指示，例如连续梁（板）考虑塑性内力重分布分析方法的应用和限制。俄国（包括前苏联）历来的混凝土结构设计规范也是如此。

为了弥补这一不足，本次修订规范专门列出"结构分析"一章，阐述有关荷载效应计算的问题，这样扩大了原规范的覆盖范围，使混凝土结构设计的全部过程都能得到规范的控制，才能保证结构的安全。

混凝土结构分析比较复杂，因为两种组成成分：钢筋和混凝土两种材料的性能差别较大。钢筋混凝土结构在荷载作用下的受力——变形过程是一个变化的非线性过程。因此在实际工程设计中，就存在着各种不同的混凝土结构分析方法。

在结构设计时合理地选择分析方法；确定力学模型和所需参数值；检验计算结果的可靠性和准确度等，成为提高设计质量、确保结构安全的重要环节。所以，结构分析部分应在设计规范中占有相应的位置。

反观欧美等国家的混凝土结构设计规范中，结构分析的内容都占有重要的地位和相当大的篇幅，且常独立成章。除了列出对结构分析的一般性原则指示外，还按不同类型的结构体系，如框架、双向板、深梁、墙、壳体等给出具体的计算方法，甚至给定确切的计算参数（如弯矩系数）值。显然，这类规范对于统一结构的分析方法、提高设计质量、保证结构安全，并对推行或鼓励采用先进的分析方法等起着有益的作用。

整个结构或结构的一部分超过某一特定状态就不能满足设计规定的某一功能要求，此特定状态为该功能的极限状态。根据结构的功能要求，通常把极限状态分为两类，即承载能力极限状态和正常使用极限状态。

对于基本组合，承载能力极根状态的荷载效应组合的设计值 S 应从下列组合值中取最不利值确定：

1）由可变荷载效应控制的组合

$$S = \gamma_G S_{Gk} + \gamma_{Q1} S_{Q1k} + \sum_{i=2}^{n} \gamma_{Qi} \psi_{ci} S_{Qik} \tag{5-1}$$

2）由永久荷载效应控制的组合

$$S = \gamma_G S_{Gk} + \sum_{i=1}^{n} \gamma_{Qi} \psi_{ci} S_{Qik} \tag{5-2}$$

式中　γ_G——永久荷载的分项系数；

γ_{Qi}——第 i 个可变荷载的分项系数，其中 γ_{Q1} 为可变荷载 Q_1 的分项系数；

S_{Gk}——按永久荷载标准值 G_k 计算的荷载效应值；

S_{Qik}——按可变荷载标准值 Q_{ik} 计算的荷载效应值，其中 S_{Q1k} 为诸可变荷载效应中起控制作用者；

ψ_{ci}——可变荷载 Q_i 的组合值系数；

n——参与组合的可变荷载数。

对于正常使用极限状态，结构构件应分别按荷载效应的标准组合、频遇组合、准永久组合或标准组合并考虑长期作用影响，采用下列极限状态设计表达式：

$$S \leqslant C \tag{5-3}$$

式中 S——正常使用极限状态的荷载效应组合值（如变形、裂缝宽度、应力等的组合值）；

C——结构构件达到正常使用要求所规定的变形、裂缝宽度和应力等的限值。

本条内容强调在所有的情况下均应对结构的整体进行分析。结构中的重要部位、形状突变部位以及内力和变形有异常变化的部分（例如较大孔洞周围、节点及其附近、支座和集中荷载附近等），必要时应另作更详细的局部分析。

新《混凝土结构设计规范》GB 50010—2002

5.1.2 当结构在施工和使用期的不同阶段有多种受力状况时，应分别进行结构分析，并确定其最不利的作用效应组合。

结构可能遭遇火灾、爆炸、撞击等偶然作用时，尚应按国家现行有关标准的要求进行相应的结构分析。

旧《混凝土结构设计规范》GBJ 10—89

旧《混凝土结构设计规范》GBJ 10—89 无相应条文。

【新规范理解与说明】

新规范本条内容强调全面考虑结构受荷情况，以确保结构的安全使用。

结构在不同的工作阶段，例如预制构件的制作、运输和安装阶段，结构的施工期、检修期和使用期等，以及出现偶然事故的情况下，都可能出现多种不利的受力状况，应分别进行结构分析，并确定其可能最不利的作用效应组合。

偶然作用。它是在结构使用期间不一定出现，一旦出现，其量值很大且持续时间很短的作用，如强烈地震、爆炸、撞击等引起的作用。这种作用多为间接作用，当为直接作用时，通常称为偶然荷载。

新《混凝土结构设计规范》GB 50010—2002

5.1.3 结构分析所需的各种几何尺寸，以及所采用的计算图形、边界条件、作用的取值与组合、材料性能的计算指标、初始应力和变形状况等，应符合结构的实际工作状况，并应具有相应的构造保证措施。

结构分析中所采用的各种简化和近似假定，应有理论或试验的依据，或经工程实践验证。计算结果的准确程度应符合工程设计的要求。

旧《混凝土结构设计规范》GBJ 10—89

旧《混凝土结构设计规范》GBJ 10—89 无相应此条内容。

【新规范理解与说明】

计算简图应该符合实际工程，抓住主要矛盾，忽略次要矛盾，将复杂的实际工程加以简化，经过计算，得到比较理想的结果。

确定混凝土结构计算简图需满足下列条件：

(1)边界条件和连接方式应能反映结构的实际受力状态，并应有相应的构造措施加以保证。

(2)材料性能和截面性能应能符合结构的实际情况。

(3)应能代表实际结构的体型和几何尺度。

(4)荷载作用的数值、方向、位置以及组合情况应符合实际受力情况。

(5)根据施工偏差，初始应力以及变形位移状况对计算简图加以适当修正。

(6)计算结果应能符合工程设计必要的精度要求。

因此，结构分析中所采用的各种简化或近似假设、数学运算方法等都应有理论的或试验的验证，或者有工程经验确认其可靠性；所确定的力学计算模型应符合结构的实际受力状况，并有相应的构造措施作保证；取用的各种参数值，如构件尺寸、荷载(作用)和材料的性能指标等应与结构的实际工作条件一致；还应概念清楚、易于应用、便于校核和纠错。

新《混凝土结构设计规范》GB 50010—2002

5.1.4 结构分析应符合下列要求：

1　应满足力学平衡条件；

2　应在不同程度上符合变形协调条件，包括节点和边界的约束条件；

3　应采用合理的材料或构件单元的本构关系。

旧《混凝土结构设计规范》GBJ 10—89

旧《混凝土结构设计规范》GBJ 10—89 无此相应内容。

【新规范理解与说明】

力学平衡条件，变形协调(几何)条件和本构(物理)关系是每一种结构分析方法都要用到的三类基本方程。其中，结构的整体，或其中任一部分的力学平衡条件都必须满足，这是对混凝土结构进行结构分析最基本条件。

结构是连续体，在荷载作用下虽然发生了位移、变形，但仍应为连续体。亦即各部分的变形应该是协调的。边界条件，支座和节点的约束条件，截面变形条件等，不一定要求从微观上严格满足变形协调，但在宏观上应该近似满足变形协调条件。因为有时对结构计算简图作某些简化，分析计算作了某些假定，造成难以完全满足各单元之间的变形协调，特别难于满足边界约束条件。

材料或各种计算单元的本构关系，则应选取合理的模型，尽可能地符合或接近钢筋混凝土的实际性能。本构关系即为材料对应的应力应受关系，混凝土结构一般由钢筋和混凝土两种不同材料组成，本构关系比较复杂。

新《混凝土结构设计规范》GB 50010—2002

5.1.5 结构分析时，宜根据结构类型、构件布置、材料性能和受力特点等选择下列方法：

——线弹性分析方法；

——考虑塑性内力重分布的分析方法；

——塑性极限分析方法；

——非线性分析方法；

——试验分析方法。

旧《混凝土结构设计规范》GBJ 10—89

旧《混凝土结构设计规范》GBJ 10—89 无此相应内容。

【新规范理解与说明】

结构分析方法可基于混凝土结构的不同受力阶段。有的方法可用于一切受力阶段，多数方法只是适用于个别阶段。

钢筋混凝土结构是由两种性质迥异的材料组合而成。其中，钢材（筋）的性质接近理想弹塑性，而混凝土的拉、压强度相差悬殊、应力—应变关系为非线性变化，超过强度峰值点后还有应力下降段。因此，任何一个设计合理的钢筋混凝土结构在荷载作用下，必经历一复杂的受力破坏过程：开始时出现短暂的弹性阶段；随后进入混凝土受拉开裂和出现少量塑性变形的使用阶段；至钢筋屈服后，结构局部形成塑性铰，发生塑性内力重分布阶段；最终达到结构的承载能力极限状态；其后，还有变形继续增大、但承载力逐渐下降的阶段。可见，混凝土结构的内力和变形是一个不断变化的非线性过程，其变化幅度主要取决于结构体系的类型和布置、各部分的配筋数量和构造，以及材料的力学性能等因素而有很大差别。

本条内容中的各类方法主要特点和应用范围如下：

(1)线弹性分析方法是最基本和最成熟的结构分析方法，也是其他分析方法的基础和特例。它适用于分析一切形式的结构和验算结构的两种极限状态。至今，国内外的大部分混凝土结构的设计仍基于此方法。

结构内力的线弹性分析和截面承载力的极限状态设计相结合，实用上简易可行。按此设计的结构，其承载力一般偏于安全。少数结构因混凝土开裂部分的刚度减小而发生内力重分布，可能影响其他部分的开裂和变形状况。

考虑到混凝土结构开裂后的刚度减小，对梁、柱构件分别取用不等的折减刚度值，但各构件（截面）刚度不随荷载效应的大小而变化，则结构的内力和变形仍可采用线弹性方法进行分析。

(2)考虑塑性内力重分布的分析方法设计超静定混凝土结构，具有充分发挥结构潜力、节约材料、简化设计和方便施工等优点。

(3)塑性极限分析方法又称塑性分析法或极限平衡法。此法在我国主要用于周边有梁或墙支承的双向板设计。工程设计和施工实践经验证明,按此法进行计算和构造设计简便易行,可保证安全。

(4)非线性分析方法以钢筋混凝土的实际力学性能为依据,引入相应的非线性本构关系后,可准确地分析结构受力全过程的各种荷载效应,而且可以解决一切体形和受力复杂的结构分析问题。这是一种先进的分析方法,已经在国内外一些重要结构的设计中采用,并不同程度地纳入国外的一些主要设计规范。但这种分析方法比较复杂,计算工作量大,各种非线性本构关系尚不够完善和统一,至今应用范围仍然有限,主要用于重大结构工程如水坝、核电站结构等的分析和地震下的结构分析。

(5)结构或其部分的体形不规则和受力状态复杂,又无恰当的简化分析方法时,可采用试验分析方法。例如剪力墙及其孔洞周围,框架和桁架的主要节点,构件的疲劳,平面应变状态的水坝等。

新《混凝土结构设计规范》GB 50010—2002

5.1.6　结构分析所采用的电算程序应经考核和验证,其技术条件应符合本规范和有关标准的要求。

对电算结果,应经判断和校核;在确认其合理有效后,方可用于工程设计。

旧《混凝土结构设计规范》GBJ 10—89

旧《混凝土结构设计规范》GBJ 10—89 无相应此条文。

【新规范理解与说明】

电算代替手算节省了大量的时间和精力,而且能够解决一些复杂结构问题,但也应看到,设计人员对计算机的依赖也带来了许多负面影响。许多设计人员对结构分析的电算结果缺乏起码的判断能力,很难保证结构设计的质量,结构分析时应用电子计算机进行运算的情况日益普及是确保计算的准确性、节约工时、加速设计进程、解决复杂结构的疑难分析问题的十分有效的手段,是结构分析技术发展的必然趋势,今后必将更多、更广泛地取代工程师的手算。设计人员进行结构的电算分析时,只需按照程序规定的要求,输入原始数据和操作运行,随即可获得结构分析的全部结果。但是,他们对于繁复的大量运算过程和中间数值并不清楚,如果电算程序本身存在问题、甚至错误,或者输入的任一数据因格式、符号、单位或数值有误,都将失之毫厘、差之千里,引起谬误的计算结果,且很难及时发现。

为了保证结构分析的正确,设计中采用的商用电算程序或自编的程序都必须经过严格的考核和验证,所依据的分析方法和确定的技术条件都应符合设计规范的要求。设计人员在选定电算程序、进行运算之前,应认真阅读程序说明书,全面、准确地理解程序中采用的分析方法、基本假设、近似性和适用条件等,检查是否适合设计对象;在运算时,应严格按照程序的要求输入数据和获取计算结果;完成运算后,应采取有效方法对每一份电算结果进行必要的判断和校核,确认其合理、可靠后方可用于工程设计。

第三节 线弹性分析法

新《混凝土结构设计规范》GB 50010—2002

5.2.1 线弹性分析方法可用于混凝土结构的承载能力极限状态及正常使用极限状态的作用效应分析。

旧《混凝土结构设计规范》GBJ 10—89

旧《混凝土结构设计规范》GBJ 10—89 无此相应条文。

【新规范理解与说明】

本条内容,新规范指出了线弹性分析方法的适用范围。线弹性分析方法假定结构材料为理想的弹性体,变形模量和刚度均为常值,不考虑材料的塑性和非线性。

详细地说,线弹性分析法假设混凝土结构的材料和构件均为匀质的线弹性体,故二、三维结构分析中所需的刚度矩阵或柔度矩阵、弹性模量 E 和泊松比 υ、或杆系结构分析中所需的杆件截面刚度(EI)均取为常值,不随荷载或材料应力值而变化。因而,在确定的荷载(作用)状况下,结构分析有唯一解,其内(应)力和变形均随荷载值按比例增减。

线弹性分析法是最基本和最成熟的结构分析方法,也是其他类分析方法的基础和特例。线弹性分析法可应用于一切形式的二、三维结构和杆系结构体系。一些体形和受力复杂的特殊结构,当没有简捷可靠的专门分析方法时也常采用。至今,国内外已建成的混凝土结构中,大部分都按此类方法进行分析并设计。

线弹性分析法可以用来验算混凝土结构的正常使用极限状态,因为超静定结构的试验表明:在受拉钢筋屈服、所在截面及其附近区段形成塑性铰之前,由于混凝土受拉开裂和受压塑性变形等原因使构件(截面)刚度减小,各部分相对刚度发生变化而引起的结构内力重分布的幅度不大,实际内力分布与线弹性法计算值的差别约在工程的允许范围以内。

按承载能力极限状态设计超静定结构时,采用线弹性分析所得的构件(截面)内力,以及按此内力用规范的截面极限状态法计算配筋,逻辑上似有矛盾。但是,从理论上分析、试验也有验证,虽然混凝土结构在使用阶段和塑性内力重分布阶段的内力都与线弹性法的计算值有出入,而在实现内力充分重分布、形成破坏机构时,其最终的内力分布取决于各截面的极限弯矩值,仍与线弹性分析一致。故线弹性分析法也适用于结构承载能力极限状态的验算,同样可保证结构的安全,且实用上简易可行。结构工程的无数实例,足以证实其可靠性。当然,其条件是构件(截面)有足够的塑性转动能力,能保证结构的内力充分重分布,还需符合正常使用极限状态的要求。混凝土结构在使用阶段因为混凝土开裂、刚度减小而变形增大,内力重分布又影响其他部分的混凝土开裂,必要时应作验算。

新《混凝土结构设计规范》GB 50010—2002

5.2.2 杆系结构宜按空间体系进行结构整体分析,并宜考虑杆件的弯曲、轴向、剪切和扭转变形对结构内力的影响。

当符合下列条件时,可作相应简化:

1　体形规则的空间杆系结构，可沿柱列或墙轴线分解为不同方向的平面结构分别进行分析，但宜考虑平面结构的空间协同工作；

2　杆件的轴向、剪切和扭转变形对结构内力的影响不大时，可不计及；

3　结构或杆件的变形对其内力的二阶效应影响不大时，可不计及。

旧《混凝土结构设计规范》GBJ 10—89

旧《混凝土结构设计规范》GBJ 10—89 无相应此条内容。

【新规范理解与说明】

杆系结构是多个一维构件所组成。当构件的长度大于 3 倍截面尺寸(高度)时就可作为一维构件。混凝土杆系结构常为超静定的空间体系，宜按杆系结构分析所得的各杆截面内力进行设计。更短粗的构件应按二维或三维结构进行分析。

典型的杆系结构，如建筑物和各种工程构筑物中常用的连续梁(板)和不同形状的多层多跨梁—柱框架。其他结构，如有许多门窗大开孔的墙板体系，板柱(无梁)体系、地下结构的封闭框架等，甚至有些不很规则的水工结构也常近似取为相应的杆系结构进行分析。

这里所列的简化假设是多年工程经验证实可行的。有些情况下需另作考虑，例如有些空间结构体系不能或不宜于分解为平面结构分析，高层建筑结构不能忽略轴力、剪力产生的杆件变形对结构内力的影响，细长和柔性的结构或杆件要考虑二阶效应等。

新《混凝土结构设计规范》GB 50010—2002

5.2.3　杆系结构的计算图形宜按下列方法确定：

1　杆件的轴线宜取截面几何中心的连线；

2　现浇结构和装配整体式结构的梁柱节点、柱与基础连接处等可作为刚接；梁、板与其支承构件非整体浇筑时，可作为铰接；

3　杆件的计算跨度或计算高度宜按其两端支承长度的中心距或净距确定，并根据支承节点的连接刚度或支承反力的位置加以修正；

4　杆件间连接部分的刚度远大于杆件中间截面的刚度时，可作为刚域插入计算图形。

旧《混凝土结构设计规范》GBJ 10—89

旧《混凝土结构设计规范》GBJ 10—89 无相应此条文内容。

【新规范理解与说明】

本条内容，指出了杆系结构计算图形的一些确定原则，计算简图对设计的重要性在于它带有根本的性质。

计算图形宜根据结构的实际形状、构件的受力和变形状况、构件间的连接和支承条件以及各种构造措施等，作合理的简化。例如，支座或柱底的固定端应有相应的构造和配筋作保证；有地下室的建筑底层柱，其固定端的位置还取决于底板(梁)的刚度；节点连接构造的整体性决定其按刚接或铰接考虑等。

杆件之间的连接部分比较特殊，结点构造比较复杂，主要考虑一些抗震要求。有时，结点部分刚度会远大于杆件中间截面刚度，此时若仍按照杆系结构，忽略结点影响来计算，有可能产生误差，而将连接部分作为刚域插入计算图形，可能能获得较实际的结果。

新《混凝土结构设计规范》GB 50010—2002

5.2.4 杆系结构中杆件的截面刚度应按下列方法确定：

1 混凝土的弹性模量应按本规范表4.1.5采用；

2 截面惯性矩可按匀质的混凝土全截面计算；

3 T形截面杆件的截面惯性矩宜考虑翼缘的有效宽度进行计算，也可由截面矩形部分面积的惯性矩作修正后确定；

4 端部加腋的杆件，应考虑其刚度变化对结构分析的影响；

5 不同受力状态杆件的截面刚度，宜考虑混凝土开裂、徐变等因素的影响予以折减。

旧《混凝土结构设计规范》GBJ 10—89

旧《混凝土结构设计规范》GBJ 10—89无相关此条文内容。

【新规范理解与说明】

截面惯形矩可按匀质的全截面积计算，既不计钢筋的换算面积、也不扣除预留的预应力筋孔道或其他较细管道（如电线管、水管）的面积。

T形截面梁的惯性矩有两种计算方法。欧美国家的规范中，都对不同构造的T形梁给出公式计算翼缘的有限宽度，再按匀质截面计算惯性矩，但各国规范规定的翼缘有效宽度值并不统一。另一种方法是取截面矩形部分的面积计算惯性矩（I_r）后加以修正，更为简捷方便。这一近似算法已在我国应用多年，修正值如表5-2所示。通过理论推算和工程设计的实践经验，均证实这一算法可满足结构分析的准确度。事实上，它早已列入有关设计规程和一些设计院的正式技术文件，国内流行的结构分析电算程序中也多有采用。

表5-2　T形截面梁的计算惯性矩

结构类型	边框架	中间框架
现浇整体式框架	$1.5I_r$	$2.0I_r$
装配整体式框架	$1.2I_r$	$1.5I_r$

注：①I_r为梁截面矩形部分面积的惯性矩。
②装配式框架梁按实际截面计算。

考虑到混凝土开裂和塑性变形的影响，可对结构的不同受力状态杆件，如梁和柱的截面刚度值分别予以折减，但各构件的刚度值并不随荷载或内力而变化，仍可采用线弹性方法进行分析，计算效果更好。

计算框架在使用阶段的侧移时，构件刚度折减系数的取值参见《钢筋混凝土连续梁和框架考虑内力重分布设计规程》CECS51:93。

新《混凝土结构设计规范》GB 50010—2002

5.2.5 杆系结构宜采用解析法、有限元法或差分法等分析方法。对体形规则的结

构,可根据其受力特点和作用的种类采用有效的简化分析方法。

旧《混凝土结构设计规范》GBJ 10—89

旧《混凝土结构设计规范》GBJ 10—89 无相应此内容。

【新规范理解与说明】

混凝土杆系结构一般是超静定体系,线弹性分析可分为准确解和近似方法两类。解析法,有限元法,差分法等分析手段都可用来求解。电算程序多按此类方法编制,对于杆件很多和布置不规则的结构体系都可适用。杆件布置规则,体系简单的结构,则可采用各种简化的分析计算方法:

(1)连续梁(板)的力矩分配法;

(2)竖向荷载作用下、框架分析的分层法、迭代法、力矩分配法;

(3)水平荷载作用下、框架分析的反弯点法、改进反弯点法(即 D 值法)。

根据结构的布置体系、荷载状况和受力性能的特点,在结构分析中可采用一些简化假设。例如体形规则的空间结构分解为若干平面结构分别进行分析;有些结构可不考虑杆件的轴力、剪力和扭矩所产生的变形对其内力的影响;有些结构或杆件的变形对其内力的二阶效应影响不大时,也可不予考虑等等。

新《混凝土结构设计规范》GB 50010—2002

5.2.6　对与支承构件整体浇筑的梁端,可取支座或节点边缘截面的内力值进行设计。

旧《混凝土结构设计规范》GBJ 10—89

旧《混凝土结构设计规范》GBJ 10—89 无相应此条文内容。

【新规范理解与说明】

因为该处正位于弯矩图陡降的区域,而剪力则变化不大,支座边的负弯矩值比支座中心线处的小得多。由此边缘截面的弯矩进行配筋计算,可以减小配筋,同时仍能确保安全。

新《混凝土结构设计规范》GB 50010—2002

5.2.7　各种双向板按承载能力极限状态计算和按正常使用极限状态验算时,均可采用线弹性方法进行作用效应分析。

旧《混凝土结构设计规范》GBJ 10—89

旧《混凝土结构设计规范》GBJ 10—89 无相应此条文内容。

【新规范理解与说明】

杆系结构按线弹性方法进行分析时,假设杆件的材料(混凝土)弹性模量和截面刚度(惯性矩)均为常值。对应于每一种荷载(作用)状况,都可由平衡方程和变形协调条件求解,获得结构效应的唯一解。在验算结构的承载能力极限状态或正常使用极限状态时,分别所需的各杆件内力的设计值或标准值都与荷载(作用)的设计值或标准值成正比。

各种结构体系和不同支承条件、荷载状况的双向板都可采用线弹性方法分析。但一般情况下，宜采用考虑塑性内力重分布的分析方法，其内力值可由弯矩调幅法确定。

新《混凝土结构设计规范》GB 50010—2002

5.2.8 非杆系的二维或三维结构可采用弹性理论分析、有限元分析或试验方法确定其弹性应力分布，根据主拉应力图形的面积确定所需的配筋量和布置，并按多轴应力状态验算混凝土的强度。混凝土的多轴强度和破坏准则可按附录C的规定计算。

结构按承载能力极限状态计算时，其荷载和材料性能指标可取为设计值；按正常使用极限状态验算时，其荷载和材料性能指标可取为标准值。

旧《混凝土结构设计规范》GBJ 10—89

旧《混凝土结构设计规范》GBJ 10—89 无相应此条文内容。

【新规范理解与说明】

对于非杆系的二维或三维结构，其应力分布可由弹性理论分析，有限元分析或试验方法确定。形状简单的可以用解析方法求解，复杂的可以用弹性有限元分析方法求解，如ANASYS，SAP2000 等大型结构分析有限元通用程程，或者是试验分析方法。

各种结构、特别是体形和受力复杂的结构，可用钢筋混凝土、弹性材料、或其他材料制作成结构的整体或其一部分的模型，进行荷载或其他作用的试验，测定其内（应）力分布、变形和裂缝的发展，确定其破坏形态和极限承载能力等。以此为依据，可判断结构的安全性和使用阶段的性能、验证或修正计算方法、测定计算所需的参数值、修改初步设计、改进构造措施等，完成结构分析所需解决的问题。试验方法对验算结构的正常使用极限状态和承载能力极限状态均可适用。

求得截面的应力分布图以后，可按截面主拉应力的图形配置钢筋。其主要原理是将应力超过混凝土轴心抗拉强度设计值 f_t 区域截面上的总拉力，由配置的钢筋按钢筋的抗拉强度设计值 f_y 计算配筋面积 A_s。其余区域仍应配置一定数量的构造钢筋。

在由结构分析得到设计荷载作用下的应力分布以后，可以选择若干最不利的计算点，求得其主应力的数值，按多轴强度进行混凝土强度验算。

实际的结构物很少处于单向受压或单向受拉状态。工程上经常遇到的都是一些双向或三向受力的复合应力状态，例如前面所说的局部承压荷载下的混凝土以及双向板、壳、承受内压的油罐、原子能反应堆的压力容器等均属这些状态。所以研究复合应力状态下的混凝土强度条件，对进行合理设计是极为重要的。

按照原规范 GBJ 10—89 对这些结构或其局部进行设计或验算时，仍只能采用混凝土的单轴受力性能指标。已有的试验研究证实，混凝土在二轴或三轴受压应力状态下，其强度值远大于单轴抗压强度；在多轴压—拉应力状态下，其强度必定既低于单轴抗压强度，又低于单轴抗拉强度。因此，按混凝土的单轴性能指标来验算多轴应力状态时，其结果必然是过于保守或偏不安全，非此即彼。

原规范 GBJ 10—89 中只对个别特定的多轴应力状态（如螺旋箍筋柱和局部承压等问题）引入了经验公式或系数对单轴抗压强度值加以修正，以间接地考虑混凝土多轴抗压强度的提高,但无法解决其他任何多轴应力状态的问题。

根据现有的试验结果,可以得出双轴应力状态下混凝土强度的特点是:

(1)双向受压时,即两个方向的主应力为压应力,第三个方向的主应力为零时,混凝土的强度比单向受压的强度高。也就是说,一向抗压强度随另一向压应力的增加而增加,在双向等压应力的情况下,其强度比单向受压强度提高约16%。

(2)双向受拉时,混凝土一向抗拉强度随另一向拉应力的增加而减小,但由于目前试验数据较少,所以近似认为混凝土一向抗拉强度基本上与另一向拉应力大小无关。也就是说,双向受拉时的混凝土强度与单向受拉强度基本一样。

(3)一向受拉一向受压时,混凝土抗压强度随另一向的拉应力的增加而降低。或者说,混凝土的抗拉强度随另一向的压应力的增加而降低,且混凝土的抗拉、抗压强度均低于单向受拉或单向受压的强度。设计时应引起注意。

三向应力状态下,混凝土的强度特性与双轴应力状态类似,但三向受压状态混凝土强度的提高值比双向受压状态大得多,特别随侧向压应力的增加而很快增加,另外,补充一下,结构的线弹性应力分析与配筋的极限状态计算相结合,其承载力设计结果偏于安全。

第四节 其他分析方法

新《混凝土结构设计规范》GB 50010—2002

5.3.1 房屋建筑中的钢筋混凝土连续梁和连续单向板,宜采用考虑塑性内力重分布的分析方法,其内力值可由弯矩调幅法确定。

框架、框架—剪力墙结构以及双向板等,经过弹性分析求得内力后,也可对支座或节点弯矩进行调幅,并确定相应的跨中弯矩。

按考虑塑性内力重分布的分析方法设计的结构和构件,尚应满足正常使用极限状态的要求或采取有效的构造措施。

对于直接承受动力荷载的构件,以及要求不出现裂缝或处于侵蚀环境等情况下的结构,不应采用考虑塑性内力重分布的分析方法。

旧《混凝土结构设计规范》GBJ 10—89

旧《混凝土结构设计规范》GBJ 10—89无相应此条文内容。

【新规范理解与说明】

混凝土矩形板的长向,短向跨度的比值大于3时,按单向板设计,并且取短跨方向为受力方向,按一维问题分析内力并配筋。比值大于2时也可以按照单向板进行设计,但沿长向跨度方向应配一定的构造钢筋。长向,短向跨度比值不大于2的混凝土板应按双向板分析内力。双向板的边缘支承可为简支,嵌固或自由,甚至可以没有边缘支承而为角支承,如板柱体系等。

超静定结构在达到承载能力极限状态之前,总要发生程度不等的塑性内力重分布,最终的内力分布主要取决于各构件(截面)的配筋和极限弯矩值。主动地利用混凝土结构的这一特点、确定其设计内力值,具有简化计算、节约钢材、调整布筋、方便施工等优点。

考虑塑性内力重分布的结构分析方法有多种,比较简便、且应用最多的是弯矩调幅法:首先用线弹性法分析各种荷载状况下的结构内力,获得各控制截面的最不利弯矩后,对构件的支座截面弯矩进行调幅处理、并确定相应的跨中弯矩。这一分析方法已在我国应用多年,取得较好的技术经济效益,且有专门的设计规程可敷设计时采用。弯矩调幅法最适宜应用于连续梁、连续单向板和框架等结构。其他类结构,例如框架—剪力墙、双向板等也可用同样的原理进行内力调幅处理。

一些不允许出现裂缝,或直接承受动荷载作用,或处于严重的侵蚀环境等情况下的结构,为了保证其安全,不宜采用此方法。

此类方法是针对结构的承载能力极限状态所建立。为保证结构在极限状态时实现设计内力值,各构件(截面)必须具有足够的塑性转动能力,构件的选材和配筋率等应满足一定要求。

此外,结构在使用阶段的内力分布显然不同于设计值,一些控制截面附近将提早出现裂缝。一般情况下,对弯矩调幅值加以限制,就可满足结构的正常使用性能,必要时才进行专门的验算,所需结构内力可按线弹性法分析。

弯矩调幅法是钢筋混凝土结构考虑塑性内力重分布分析方法中的一种。该方法计算简便,已在我国广为应用多年。弯矩调幅法的原则、方法和设计参数等参见《钢筋混凝土连续梁和框架考虑内力重分布设计规程》CECS51:93,但应注意应用这种方法的限制条件。

新《混凝土结构设计规范》GB 50010—2002

5.3.2 承受均布荷载的周边支承的双向矩形板,可采用塑性铰线法或条带法等塑性极限分析方法进行承载能力极限状态设计,同时应满足正常使用极限状态的要求。

旧《混凝土结构设计规范》GBJ 10—89

旧《混凝土结构设计规范》GBJ 10—89 无相应此条文内容。

【新规范理解与说明】

塑性极限分析方法假设结构的材料或构件为刚塑性或弹塑性体,应用塑性理论中的上限解、下限解和解答唯一性等基本定理,验算结构的极限承载力,或求解结构承载能力极限状态时的内力,但不能用于结构使用阶段的分析。此类方法在欧美称为塑性分析法、在俄国则称为极限平衡法。

塑性极限分析法最常应用于双向板的设计。我国多使用塑性铰线法(上限解),欧美还使用条带法(下限解)。此法还可应用于连续梁和框架等结构的分析和设计。我国按塑性极限分析设计双向板已有数十年的工程经验,证明结构安全可靠,且计算和构造均简便易行,但也需注意满足结构在使用阶段的性能要求。

钢筋混凝土双向板在荷载作用下的受力破坏过程相继为:混凝土开裂前的弹性阶段;拉区混凝土开裂、裂缝逐渐加宽和延伸(使用阶段);个别钢筋受拉屈服、局部出现塑性转动;相邻钢筋相继屈服、连接成塑性铰线,并往两端延伸、与支座边缘或其他塑性铰线相交;最终,全板被塑性铰线分割为若干板块、形成一次自由度的可变机构而达到承载能力极限状态。

塑性铰线都是直线形的，但有正、负之分。前者发生在板跨内，因板底钢筋受拉屈服、塑性转动使板下凹。而后者一般发生在支座边缘，因板顶钢筋受拉屈服，塑性转动使板上凸。

基于双向板极限状态的塑性铰线法的基本原则为：分析板在极限状态时可能形成的破坏机构、确定塑性铰线的位置和方向、决定板块的形状和尺寸；假设通过塑性铰线的所有受拉钢筋都达屈服、即沿铰线的截面均达极限弯矩；采用依据虚功原理建立的机动法，或考虑塑性铰线分割的各板块平衡条件的极限平衡法计算板的极限荷载值。计算方法和步骤详见有关文献。

塑性铰线法是塑性极限分析的上限解。同一个双向板可选择多种可能的破坏机构或塑性铰线图形，每一种机构都有一对应的极限荷载值，其中与最小极限荷载值对应的机构即为实际发生的破坏机构。其余机构对应的极限荷载值均为偏大的近似值。因此，选定合理的破坏机构成为塑性铰线法的计算正确性和提高精度的关键。钢筋混凝土双向板的已有试验研究表明，塑性铰线法设定的破坏机构和铰线图形，以及计算的极限荷载值都与试验结果相符甚好。即使设定的铰线图形有些偏差，对极限荷载计算值的影响也并不大。

塑性铰线法既可根据配筋情况计算板的极限荷载值；也可由荷载值计算截面弯矩，确定配筋数量。而且，此方法计算简便，即使是非矩形（如菱形、圆形、不规则的多边形）板，有复杂的（如有梁或无梁、梁和柱混合，不对称）支承条件，和承受多种形式（如集中、局部分布、不对称）的荷载作用，只要依据一定的规则选定可能的破坏机构，就可计算其极限承载力，甚至可轻易地用手算完成。

双向板塑性极限分析的另一类方法是下限解法，其中应用较多的是条带法。它将双向板分解为沿两个方向独立工作的板条带，板面上每一区格的荷载也分成两部分，分别作用在两方向的条带上，由平衡条件计算各方向的控制内力并进行配筋。按照一定的规则和条件，双向板可选择不同的条带划分和两方向的荷载分配比例，将得到各异的内力值。这些解都满足了极限平衡条件、都是安全的。显然，按内力设计配筋最少的一种解是准确解，其余的都是偏安全的近似解。

条带法分析双向板的优点是简便、实用，且永远偏于安全，有些国家的规范中建议采用。但是，条带法只能在已知荷载的情况下进行板的分析和设计，却不能在已知板的配筋或截面极限弯矩的情况下，验算极限荷载。

新《混凝土结构设计规范》GB 50010—2002

5.3.3 承受均布荷载的板柱体系，根据结构布置和荷载的特点，可采用弯矩系数法或等代框架法计算承载能力极限状态的内力设计值。

旧《混凝土结构设计规范》GBJ 10—89

旧《混凝土结构设计规范》GBJ 10—89 无相应此条文内容。

【新规范理解与说明】

结构布置规则的板柱体系，即板连续多跨、且相邻跨长接近，承受竖向均布荷载、活恒荷载的比值不大的情况下，板的内力变化范围较小，可采用给定的弯矩系数直接计算各控制截面的弯矩设计值。板柱体系沿两个方向都划分为柱上板带和跨中板带，弯矩系数按各板带的支座和跨中截面给出，具体的计算方法和弯矩系数值参见有关文献。这些弯矩系数主要依据板的弹性内力分布，并考虑内力重分布的作用，参考已有试验结果和工程经验而确定，也注意满足板的正常使用要求。有些文献中对此有简单的演算说明。此弯矩系数法已在我国应用多年，证实安全可行。

结构布置不甚规则的板柱体系，在竖向荷载作用下可用等代框架法进行近似分析。将板柱体系沿柱列线划分为两个方向的等代框架，分别确定“等代”梁和柱的截面尺寸和刚度，按线弹性法分析框架内力。再将所得等代框架的支座和跨中截面总弯矩，按照划分的柱上板带和跨中板带进行分配，计算得弯矩值后分别配筋。弯矩分配系数也是参照板柱体系的弹性分析结果和工程经验确定的。

所有的极限分析方法都必须满足考虑塑性内力重分布的应用条件，并且只适用于承载力极限状态的计算而另外须进行正常使用极限状态验算。

新《混凝土结构设计规范》GB 50010—2002

5.3.4　特别重要的或受力状况特殊的大型杆系结构和二维、三维结构，必要时尚应对结构的整体或其部分进行受力全过程的非线性分析。

结构的非线性分析宜遵循下列原则：

1　结构形状、尺寸和边界条件，以及所用材料的强度等级和主要配筋量等应预先设定；

2　材料的性能指标宜取平均值；

3　材料的、截面的、构件的或各种计算单元的非线性本构关系宜通过试验测定；也可采用经过验证的数学模型，其参数值应经过标定或有可靠的依据。混凝土的单轴应力－应变关系、多轴强度和破坏准则也可按附录C采用；

4　宜计入结构的几何非线性对作用效应的不利影响；

5　承载能力极限状态计算时应取作用效应的基本组合，并应根据结构构件的受力特点和破坏形态作相应的修正；正常使用极限状态验算时可取作用效应的标准组合和准永久组合。

旧《混凝土结构设计规范》GBJ 10—89

旧《混凝土结构设计规范》GBJ 10—89 无相应此条文内容。

【新规范理解与说明】

非线性分析方法是以钢筋混凝土的材料，构件（截面）或各种计算单元的实际力学性能为依据，导出相应的非线性本构关系，并建立变形协调和力学平衡方程后，可以准确地分析结构从开始受力，直至承载力极限状态，甚至其后的承载力下降段的各种作用效应的变化全过程。必要时还可以考虑结构的几何非线性的作用效应和随时间，环境条件变化的各种作用效应。

显然，非线性分析能应用于一切类型和形式的结构体系，又适用于结构受力全过程的各个阶段。有些体形复杂和受力特殊的结构体系，其他类分析方法难以准确求解，只有非线性分析可给出满意的结果。混凝土结构的非线性分析采用了日趋成熟而多样的有限元方法,充分地利用高速发展的计算机技术,成为一种强力的计算手段,可快速、准确地给出结构的全方位的作用效应,在实际的工程设计中起了重要作用,已经成为先进分析方法的发展方向,且不同程度地纳入国外的一些主要设计规范。

但是,非线性分析法比较复杂,计算工作量很大,所需的钢筋混凝土各种非线性本构关系尚不够完善,至今使用范围仍有限,目前主要应用于重要的大型结构工程,如水坝、核电站结构等以及在特殊作用如地震、核爆炸、温度等情况下的结构分析。

混凝土构件从开始受力直至极限状态,经历了一个复杂的非线性过程,可用其截面的弯矩—曲率($M-\phi$)变化曲线完整地表述。以受弯或大偏压构件为例(图 5-1):开始加载,受拉区混凝土尚未出现裂缝时,弯矩与曲率成比例增长;当弯矩增大($M>M_{cr}$)后,受拉区部分混凝土开裂而退出工作,钢筋拉(应)力骤增,曲率有一突变;弯矩继续增大,受拉区裂缝逐渐延伸,中和轴上移,压区面积减小,混凝土压应力增加,出现塑性变形,曲率不断增加;当钢筋屈服($M\geqslant M_y$)后,应力虽不增加而应变加速发展,中和轴上升压区面积减小,混凝土压应力迅速增大,由于内力臂渐增承载力稍有增加,而曲率很快发展,$M-\phi$ 曲线平缓;达极限弯矩($M=M_u$)后,压区混凝土碎裂崩脱,$M-\phi$ 曲线形成下降段。

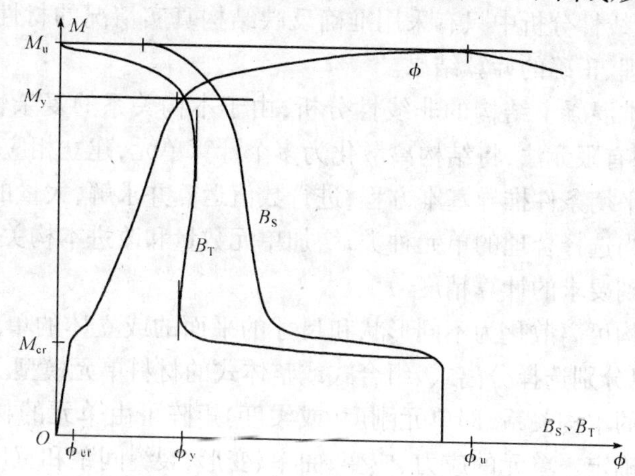

图 5-1 截面的弯矩-曲率曲线和刚度值

超静定结构中,各构件的截面刚度值因截面位置(内力)而不同,且随荷载的增长而改变,必导致结构内力的变化更复杂,随之影响其变形和裂缝的状况。只有对超静定结构的受力全过程进行非线性分析、才能准确和完整地描述其实际受力性能,为设计和验算提供可靠的依据。

在上述分析中,引入的钢筋和混凝土的应力—应变关系,对于顺利地进行运算和获得准确的计算结果起着重要作用,其计算模型分述如下。

有明显屈服台阶的钢筋,其应力-应变关系常取为理想弹塑性模型(图 5-2),即

$$\left.\begin{aligned}&\varepsilon<\varepsilon_y \quad \sigma_s=E_s\varepsilon_s\\&\varepsilon_y\leqslant\varepsilon<\varepsilon_u \quad \sigma_s=f_y\end{aligned}\right\} \tag{5-4}$$

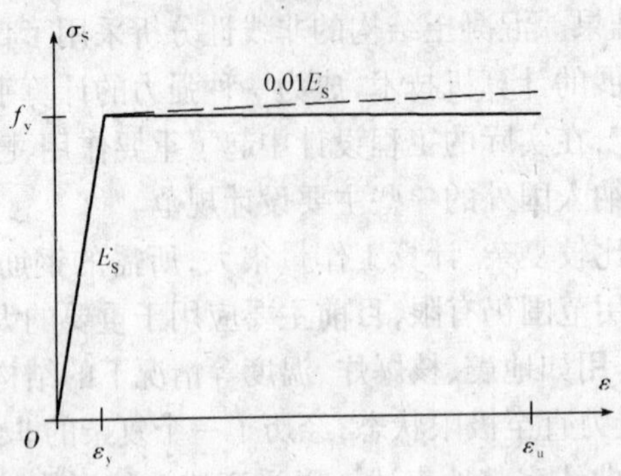

图 5-2 钢筋的应力-应变模型

也可把屈服段近似为一非常平缓的斜线(图 5-2 中虚线所示),以建立应力-应变的唯一关系,而不致损失计算准确度。没有明显屈服台阶的钢筋,其应力-应变关系应取为曲线模型,参见有关文献。所有的钢筋,在受压和受拉时都采用相同的应力-应变关系。

结构非线性分析的结果也必然随着材料的应力-应变关系和强度、变形指标的取值而变化。因此,在非线性分析中只有采用准确反映结构真实情况的材性指标和应力-应变关系才能获得合理、正确的计算结果。

对于二维或三维混凝土结构的非线性分析,由于本构关系的复杂性,难以获得解析解。目前,最常采用有限元法,将结构离散化为多个计算单元,建立相应的本构关系后,根据变形协调条件和平衡条件推导基本方程,进行数值运算并求解,大量的繁琐计算工作由高速计算机完成。当选择合理的单元种类,增加单元数量和改进本构关系后,就可使有限元法的分析结果达到要求的计算精度。

二维或三维结构可离散化为不同形状和尺寸的平面的或立体的单元;单元中既有混凝土又有钢筋,可以分别选择分离式、组合式或整体式的材料单元模型。

各种计算单元的本构关系,即单元刚度(或柔度)矩阵可由单元的材料本构关系和几何形状等加以推导确定。单元的应力、应变、曲率、变形、裂缝间距和宽度等都可在一定长度或面积范围内取为平均值,以简化计算。混凝土受拉开裂后,宜考虑混凝土的受拉刚化效应对刚度的有利作用和裂缝间骨料咬合作用对抗力的提高。

结构分析中采用的各种计算单元的非线性本构关系,最基本的是混凝土材料的单轴和多轴应力-应变关系,直接影响分析结果的可靠性和准确度,也关系到能否顺利地、高效地完成运算过程。过于简化的近似本构模型,固然可迅速地获得分析结果,但失之误差大;而过于复杂的“精确”模型,虽可能提高计算精度,但计算工作量大增,或计算过程出现病态,也得不偿失。故应慎重地选用合理的具体本构模型,进行非线性结构分析。

二维和三维结构因为体形和受力特点、计算单元类型、本构关系等的差别而有多种分析方法,难求统一,但都需妥善地解决一些共同的技术问题。例如选择有限单元的模型种类、钢筋的处理方法、混凝土开裂前后的单元划分、钢筋和混凝土之间的粘结应力—滑移本构模型、混凝土开裂的判别、开裂后的裂缝和应力释放的处理方法、裂缝面的骨料咬合作用和钢筋销栓作用、单元刚(柔)度矩阵的建立和总刚(柔)度矩阵的形成、非线性方程组的数值解法和收敛标准、极限状态的识别等。

结构非线性分析的计算工作量大，都离不开电算。目前，商业的通用计算程序中难有合乎所需的非线性本构模型，使用时应慎重。自行编制的计算程序，必须通过全面考核和严格审查，重要结构的非线性分析结果，宜有专门的试验加以验证或修正。

新《混凝土结构设计规范》GB 50010—2002

5.3.5　对体形复杂或受力状况特殊的结构或其部分，可采用试验方法对结构的正常使用极限状态和承载能力极限状态进行分析或复核。

旧《混凝土结构设计规范》GBJ 10—89

旧《混凝土结构设计规范》GBJ 10—89 无相应此条文内容。

【新规范理解与说明】

对于体形和受力复杂的结构，可用钢筋混凝土、弹性材料或其他材料制作成结构的整体或其一部分的模型，进行荷载或其他作用的试验。同时对试件的形状、尺寸和数量，材料的品种和性能指标，支承和边界条件，加载的方式、数值和过程，量测项目和测点布置等作出周密考虑，以确保试验结果的有效和准确。

在结构的试验过程中，对量测并记录的各种数据和现象应及时整理和判断。试验结束后应进行分析和计算以确定试件的各项性能指标值和所需的设计参数值，并对试验的准确度作出估计，引出合理的结论。

新《混凝土结构设计规范》GB 50010—2002

5.3.6　当结构所处环境的温度和湿度发生变化，以及混凝土的收缩和徐变等因素在结构中产生的作用效应可能危及结构的安全或正常使用时，应进行专门的结构分析。

旧《混凝土结构设计规范》GBJ 10—89

旧《混凝土结构设计规范》GBJ 10—89 无相应此条文内容。

【新规范理解与说明】

混凝土的温度—湿度变形和收缩、徐变等因素主要影响结构的正常使用极限状态和耐久性，对结构承载能力极限状态的影响较小，必要时需加分析和验算。温度应力分析参见《水工混凝土结构设计规范》DL/T 5057。

混凝土在荷载长期持续作用下，应力不变，变形也会随着时间而增长，这种现象称为混凝土的徐变。

徐变与塑性变形不同。塑性变形主要是混凝土中结合面裂缝的扩展延伸引起的，只有当应力超过了材料的弹性极限后才发生，而且是不可恢复的。徐变不仅部分可恢复，而且在较小的应力时就能发生。

产生徐变的原因是因为混凝土受力后，水泥石中的凝胶体产生的粘性流动(颗粒间的相对滑动)要延续一个很长的时间，因此沿混凝土的受力方向会继续发生随时间而增长的变形。当然，徐变与结合面裂缝的发展也是有关的。

混凝土的徐变会显著影响结构物的应力状态。可以从另一个角度来说明徐变特性：如果结构受外界约束而无法变形，则结构的应力将会随时间的增长而降低，这种应力降低的现象称为应力松弛。松弛与徐变是一个事物的两种表现方式。

因混凝土徐变引起的应力变化，对混凝土结构来说在不少情况下是有利的，例如，局部的应力集中可以因徐变而得到缓和；支座沉陷引起的应力及温度湿度应力也可由于徐变而得到松弛。

混凝土的徐变还能使钢筋混凝土结构中的混凝土应力与钢筋应力引起重分布。以钢筋混凝土柱为例，在任何时刻，柱所承受的总荷载等于混凝土承担的力与钢筋承担的力之和。在开始受载时，混凝土与钢筋的应力大体与它们的弹性模量成正比。当荷载持久作用后，混凝土发生徐变，好像变"软"了一样，就导致混凝土应力的降低与钢筋应力的增大。

混凝土徐变的一个不利作用是它会使结构的变形增大。另外，在预应力混凝土结构中，它还会造成较大的预应力损失。

混凝土在空气中失水结硬时体积随时间增长而减小的现象称为收缩。已经干燥的混凝土再置于水中，混凝土又会重新膨胀(湿胀)，这说明外界湿度变化时混凝土会产生干缩与湿胀。

湿胀系数比干缩系数小得多，而且湿胀常产生有利的影响，所以在设计中一般不考虑湿胀的现象。当干缩变形受到约束时，结构会产生干缩裂缝，所以必须加以注意。如果构件是能够自由伸缩的，则混凝土的干缩只是引起构件的缩短而不会导致干缩裂缝。但不少结构构件都程度不同地受到边界的约束作用，例如板受到四边梁的约束，梁受到支座的约束，大体积混凝土的表面受到内部混凝土的约束等。对于这些受到约束不能自由伸缩的构件，混凝土的干缩就会使构件产生有害的干缩拉应力，导致裂缝的产生。收缩还会引起预应力混凝土构件的预应力损失；收缩还可使某些对跨度变化比较敏感的超静定结构(如拱)产生不利的内力。

湿度，温度，徐变，收缩等间接作用的结构分析十分复杂，无法用一般的线弹性方法解决。应通过试验量测及分析，建立特殊的本构关系，利用这些复杂的本构关系，进行非线性分析，才能获得比较接近实际的结果。

若对有关规律尚没有清楚的认识之前盲目推广现浇结构，将会导致混凝土结构普遍开裂，并伴随着渗漏等现象而影响结构使用功能。

第六章　预应力混凝土结构构件计算要求

第一节　本章主要修订内容介绍

本章共二节内容，与旧规范 GBJ 10—89 相比较，本章主要修订和增加内容见表 6－1 所列。

表 6－1　　主要修订内容及说明

项次	新规范中位置	修订内容	说明
1	新规范第 6.1.3 条张拉控制应力限值	新规范取消了旧规范有关冷加工部分的钢筋张拉控制应力限值。后张法预应力钢筋的张拉控制应力的限值对消除应力钢丝、钢绞线比旧规范提高了 $0.05f_{ptk}$	新规范已经不再推荐使用冷加工钢筋作为预应力钢筋。对于后张法用的消除应力钢丝、钢绞线在张拉过程中的高应力在预应力锚固后降低很快，以及这类钢筋的材质比较稳定，为了提高预应力钢筋的经济效益，控制应力值可以适当提高
2	新规范第 6.1.5 条关于超静定结构预应力次弯矩的影响	新规范在后张法构件的 σ_{pc} 计算公式中添加了 $\pm M_2 y_n / I_0$ 一项	旧规范主要基于简支的预应力预制构件作出规定的，故未涉及次弯矩、次剪力的问题。新规范对预应力混凝土超静定结构，规定在正截面受弯承载力计算以及抗裂验算时，在弯矩设计值中次弯矩参与组合；在进行斜截面受剪承载力计算及抗裂验算时，在剪力设计值中次剪力应参与组合
3	新规范第 6.2.3 条关于后张法预应力构件的预应力损失值 σ_{l1}	旧规范仅仅对常用圆弧形曲线预应力钢筋给出了计算公式，该公式在推导时没有考虑在预应力钢筋张拉端有一直线段的情况。新规范增加了预应力钢筋在端部为直线，直线长度为 l_0 而后由两条弧形曲线组成的曲线筋及折线筋的预应力损失 σ_{l1} 的计算公式	
4	新规范第 6.2.5 条	新规范删除了旧规范中构件从预加应力时起至承受外荷载时间对混凝土收缩和徐变损失影响的系数 β 的计算公式。近几年来，泵送混凝土的大量采用，新规范提出了要相应增大其预应力损失值，原因是泵送混凝土的收缩徐变值相对较大。目前，现浇后张混凝土结构在我国已经得到很多应用，考虑到其施加预应力的时间比 28d 龄期有所提高等因素，新规范对收缩徐变损失简化计算公式在数值上比旧规范提高了	

第二节　一　般　规　定

新《混凝土结构设计规范》GB 50010—2002

※6.1.1　预应力混凝土结构构件，除应根据使用条件进行承载力计算及变形、抗裂、裂缝宽度和应力验算外，尚应按具体情况对制作、运输及安装等施工阶段进行验算。

当预应力作为荷载效应考虑时，其设计值在本规范有关章节计算公式中给出。对承载能力极限状态，当预应力效应对结构有利时，预应力分项系数应取 1.0；不利时应取 1.2。对正常使用极限状态，预应力分项系数应取 1.0。

旧《混凝土结构设计规范》GBJ 10—89

第 **3.4.1** 条　预应力混凝土构件除应根据使用条件进行承载力计算及变形、抗裂、裂缝宽度和应力验算外，尚应按具体情况对制作、运输、吊装等施工阶段进行验算。

【新规范理解与说明】

新规范增加了对预应力作为荷载考虑的部分，而旧规范则没有。

预应力混凝土与钢筋混凝土一样，也是一种组合材料，但预应力钢筋采用高强度钢筋或高强度钢丝束，混凝土采用高强度混凝土。外荷载作用前，在构件一端或两端先张拉钢丝束，使混凝土预先受压，在构件内也可放置一些不张拉的非预应力钢筋作为辅助的纵向钢筋。预应力混凝土的主要优点是改善了使用荷载作用下构件的受力性能，可以推迟裂缝的出现，即在使用荷载作用下可以不开裂或减少裂缝宽度，同时还可形成起拱现象，减少构件在荷载作用后的挠度。

因此，对自重较大的结构，例如主梁、大跨度楼板体系，中等及大跨度桥梁等能减小强度并减轻结构自重。

应该指出，预应力混凝土梁的抗弯强度并无提高，如对各种条件相同的钢筋混凝土梁和预应力混凝土梁进行比较，两者抗弯强度几乎是相同的。

非预应力混凝土构件中无法采用高强度钢筋，因为在使用阶段会引起较大的挠度和裂缝宽度。但预应力混凝土采用高强度钢筋就不会引起这样严重的后果。

预应力混凝土还能增进疲劳强度和保护钢筋以抵抗大气中的腐蚀作用等。

预应力混凝土也有不足之处，如需要成套张拉锚固装备、制作要求较严格、周期较长等。

20 世纪 80 年代后期以来，我国各地从国外引进了 20 多条低松弛预应力钢丝、钢绞线生产线，到 90 年代中期，已建立起能生产各种品种、规格的预应力钢丝、钢绞线生产体系。随着我国高强钢材在产量和质量上的长足进步，预应力筋材料已改变以冷拉Ⅱ、Ⅲ级钢和冷拔低碳钢丝为主的落后状态，发展为广泛采用 1860MPa 级高强度低松弛预应力钢绞线、钢丝新局面。随着我国预应力钢材的更新换代，满足现代建筑和使用功能要求的先进的预应力混凝土结构正在我国获得迅速发展。此外，国内还引进了长跨预制板的生产设备及其工艺，这对提高我国生产预应力混凝土预制板的技术水平和建筑质量亦具有重要意义。建造超静定预应力混凝土结构的设计理论和适用于各类现浇后张结构的设计计算方法，不仅在科学研究方面取得了丰硕的成果，而且积累了较多的工程应用经验，这些均为规范修订工作提供了科学依据。

新规范明确预应力作用加入荷载效应组合。预应力混凝土结构构件在承载能力极限状态下的基本组合，及对于正常使用极限状态下荷载效应的标准组合（原规范 GBJ 10—89 的短期效应组合）和准永久组合（长期效应组合），主要按照《建筑结构荷载规范》GB 50009 的有关规定确定，并明确应加入预应力效应项。预应力效应包括预加力产生的次弯矩、次剪力。在承载能力极限状态下，应按预应力的有利或不利作用，分别取预应力作用分项系数 γ_p 为 1.0 或 1.2，当不利时如后张法预应力混凝土构件中的锚头局压区，应取 1.2 倍张拉控制力；在正常使用极限状态下，其预应力作用分项系数取 1.0。预应力作用分项系数取值保留了原规范 GBJ 10—89 规定,并注意了与国外有关规范的协调。

在承载能力极限状态下,当预应力效应列为公式左端项参与荷载效应组合时,根据工程经验,《混凝土结构设计规范》GB 50010 对参与组合的预应力效应项,通常取结构重要性系数 γ_0 为 1.0。鉴于在《混凝土结构设计规范》GB 50010 中预应力有时又可作抗力项,故尚不适于在新规范正文中将 γ_0 用表达式方式作简单表述。

新《混凝土结构设计规范》GB 50010—2002

6.1.2 当通过对一部分纵向钢筋施加预应力已能使构件符合裂缝控制要求时,承载力计算所需的其余纵向钢筋可采用非预应力钢筋。非预应力钢筋宜采用 HRB400 级、HRB335 级钢筋,也可采用 RRB400 级钢筋。

旧《混凝土结构设计规范》GBJ 10—89

旧《混凝土结构设计规范》GBJ 10—89 无相应此条文内容。

【新规范理解与说明】

本条采用了配置预应力钢筋及非预应力钢筋的混合配筋的方法,以及部分预应力混凝土的设计原理。

在混凝土中建立的预压力,如果能使截面在全部使用荷载作用下不出现拉应力或裂缝,称全预应力。这种预应力结构的强度贮备过大,因而提出了允许在混凝土中出现裂缝的概念,即在使用荷载作用下,允许混凝土受拉区产生宽度不大的裂缝,称部分预应力,当然部分预应力比全预应力节省材料。

部分预应力混凝土结构在延性方面优于全预应力结构,抗震性能较好,配置的钢筋也有一定的要求,如新规范所示。

新《混凝土结构设计规范》GB 50010—2002

6.1.3 预应力钢筋的张拉控制应力值 σ_{con} 不宜超过表 6.1.3 规定的张拉控制应力限值,且不应小于 $0.4f_{ptk}$。

当符合下列情况之一时,表 6.1.3 中的张拉控制应力限值可提高 $0.05f_{pyk}$:

1 要求提高构件在施工阶段的抗裂性能而在使用阶段受压区内设置的预应力钢筋;

2 要求部分抵消由于应力松弛、摩擦、钢筋分批张拉以及预应力钢筋与张拉台座之间的温差等因素产生的预应力损失。

表 6.1.3 张拉控制应力限值

钢筋种类	张拉方法	
	先张法	后张法
消除应力钢丝、钢绞线	$0.75f_{ptk}$	$0.75f_{ptk}$
热处理钢筋	$0.70f_{ptk}$	$0.65f_{ptk}$

旧《混凝土结构设计规范》GBJ 10—89

第 **3.4.2** 条 预应力钢筋的张拉控制应力值 σ_{con},不宜超过表 3.4.2 的数值。

在下列情况下,表3.4.2中的张拉控制应力允许值可提高$0.05f_{ptk}$或$0.05f_{ptk}$;

一、为了提高构件在施工阶段的抗裂性能而在使用阶段受压区内设置的预应力钢筋;

二、为了部分抵消由于应力松弛、摩擦、钢筋分批张拉以及预应力钢筋与张拉台座之间的温差因素产生的预应力损失。

表3.4.2 张拉控制应力允许值

钢筋	张拉方法	
	先张法	后张法
碳素钢丝、刻痕钢丝、钢绞线	$0.75f_{ptk}$	$0.70f_{ptk}$
热处理钢筋、冷拔低碳钢丝	$0.70f_{ptk}$	$0.65f_{ptk}$
冷拉钢筋	$0.90f_{pyk}$	$0.85f_{pyk}$

注:①预应力钢筋的强度标准值,应按本规范2.2.2条采用;

②碳素钢丝、刻痕钢丝、钢绞线、热处理钢筋、冷拔低碳钢丝的张拉控制应力值不应小于$0.4f_{pyk}$;冷拉钢筋的张拉控制应力值不应小于$0.5f_{pyk}$。

【新规范理解与说明】

新规范取消了原规范有关冷加工部分的钢筋张拉控制应力限值,原因是新规范已经不再推荐冷加工钢筋作为预应力钢筋。另外,后张法预应力钢筋的张拉控制应力值σ_{con}的限值对消除应力钢丝、钢绞线比原规范提高了$0.05f_{ptk}$。原因是张拉过程中的高应力在预应力锚固后降低很快,以及这类钢筋的材质较稳定,因而一般不会引起预应力钢筋在张拉过程中拉断的事故。目前国内已有不少单位采用比原规范限值高的σ_{con}。国外一些规范,如美国ACI 318规范的σ_{con}限值也较高。所以为了提高预应力钢筋的经济效益,σ_{con}的限值可适当提高。但是σ_{con}增大后会增加预应力损失值,因此合适的张拉控制应力值应根据构件的具体情况确定。

施加预应力的方法有两种:先张法和后张法。

1. 先张法

浇混凝土之前,在台座之间张拉钢筋至预定位置并作临时固定,安置模板,浇混凝土并待混凝土达一定强度后(约为设计强度的70%以上),放松并切断预应力筋,利用钢筋弹性回缩,借助于粘结力在混凝土中建立预压应力,如图6-1(a)所示。先张法多用于工厂化生产,台座可以很长(长度可达100m以上)。在台座间可生产多个同类型构件,预应力筋越快放松就越能缩短生产周期,提高生产率,但应采取相应措施,保证混凝土达一定强度。先张法适用于定型成批生产的小型预制构件。

2. 后张法

后张法在混凝土结硬并达到一定强度后,再张拉预应力筋,并将它锚固在构件上形成预压力。后张法是先浇灌混凝土,并在混凝土中预留孔道,待混凝土达一定强度后(约为设计强度的70%以上),在孔道中穿筋并在构件端部张拉预应力筋,张拉到预定数值,用锚具将钢筋锚在端部,再通过特殊导管灌浆,使预应力筋与混凝土产生粘结力。在构件端部用锚具把预应力筋锚住,卸去张拉装置,从而使所建立的预压力保存下来。后张法施工的全过程见图6-1(b)。张拉预应力筋时,可以一端先锚固,在另一端张拉钢筋完毕后再锚固;也可以两端分别张拉或同时张拉,然后锚固于端部。后张法多在工地现场进行,大型构件分段施工时用此法更为有效。

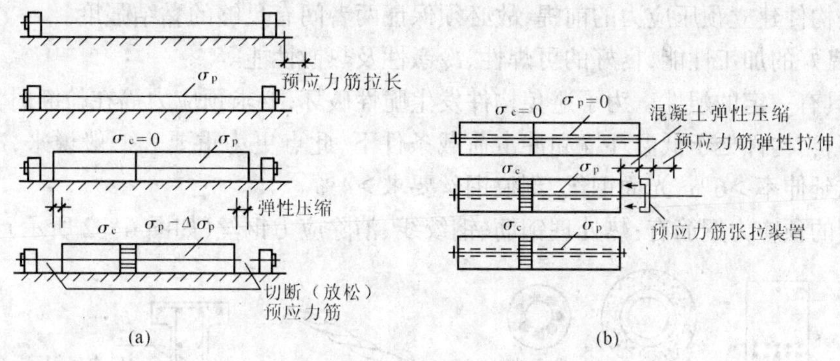

图 6-1 施加预应力的方法
(a)先张法;(b)后张法

后张法与先张法的特点比较如下:

(1)后张法施工,构件可在现场制作和拼装,预应力筋可布置成曲线,能改善结构受力性能,多用于大型构件;先张法需专门台座,在预制厂进行中小型装配式构件的批量生产。

(2)后张法有预留孔道、灌浆等工序,施工比较复杂;而先张法则不需要,施工简便。

(3)后张法锚固预应力筋的锚具要附在构件内(称为工作锚);而先张法为工具锚(夹具)可重复使用。

(4)后张法靠工作锚传递和保持预加应力;而先张法靠粘结力传递和保持预加应力。

同时,新旧规范均规定在两种情况下,张拉控制应力限值可提高 $0.05f_{ptk}$。适当增大预应力钢筋的张拉控制应力 σ_{con},可以提高预应力构件的经济效益。但 σ_{con} 增大后,会增加预应力损失值,因此合适的 σ_{con} 取值应根据构件的具体情况确定。

新《混凝土结构设计规范》GB 50010—2002

6.1.4 施加预应力时,所需的混凝土立方体抗压强度应经计算确定,但不宜低于设计混凝土强度等级值的 75%。

旧《混凝土结构设计规范》GBJ 10—89

第 **3.4.4** 条 施加预应力时,混凝土立方体抗压强度应经计算确定,但不宜低于设计的混凝土强度等级的 75%。

【新规范理解与说明】

本条内容,新旧规范完全一致。只有当混凝土达到一定强度,才能施加预应力,否则,构件将被损坏或者局部破坏,达不到设计要求。

与普通混凝土构件不同,钢筋在预应力构件中,从构件制作开始,到构件破坏为止,始终处于高应力状态,故对钢筋有较高的质量要求,归纳起来,有下述几方面。

(1)高强度,为了使混凝土构件在发生弹性回缩、收缩及徐变后,其内部仍能建立较高的预压应力，就需采用较高的初始张拉应力，故要求预应力钢筋具有较高的抗拉强度。

(2)与混凝土间有足够的黏结强度，由于在受力传递长度内钢筋与混凝土间的黏结力是先张法构件建立预压应力的前提，故必须保证两者间有足够的黏结强度。

(3)良好的加工性能，良好的可焊性、冷镦性及热镦性能等。

(4)具有一定的塑性。为了避免构件发生脆性破坏，要求预应力筋在拉断时具有一定的延伸率，当构件处于低温环境和冲击荷载条件下，此点更为重要。一般说来，冷拉热轧钢筋要求延伸率＞6％，光面钢丝、刻痕钢丝要求＞4％。

常用的预应力钢筋有：热处理钢筋、钢绞线、消除应力钢丝(如图 6-2 所示)。

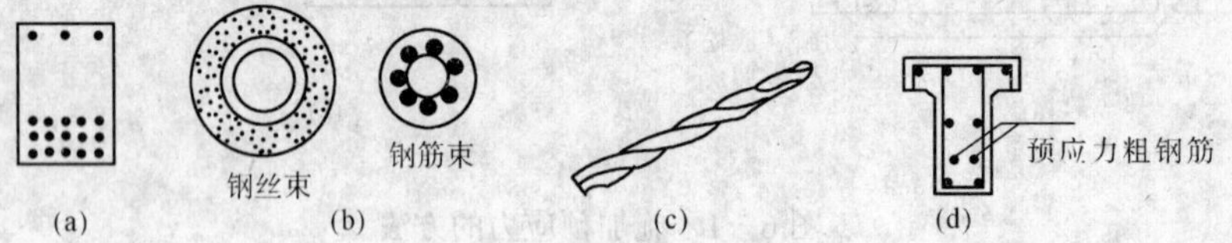

图 6-2　预应力配筋形式

预应力混凝土构件对混凝土的基本要求如下：

(1)高强度。预应力混凝土必须具有较高的抗压强度，这样才能承受大吨位的预应力，有效地减少构件的截面尺寸，减轻构件自重，节约材料。对于先张法构件，高强度的混凝土具有较高的黏结强度，可减少端部应力传递长度，故在预应力混凝土构件中，混凝土强度等级不应低于 C30 级；当采用高强钢丝、钢绞线和热处理钢筋作预应力筋时，混凝土强度等级不应低于 C40 级。

(2)收缩、徐变小。这样可以减少由于收缩、徐变引起的预应力损失。

(3)快硬、早强。这样可尽早地施加预应力，以提高台座、模具、夹具的周转率，加快施工进度，降低管理费用。

新《混凝土结构设计规范》GB 50010—2002

6.1.5　由预加力产生的混凝土法向应力及相应阶段预应力钢筋的应力，可分别按下列公式计算：

1　先张法构件

由预加力产生的混凝土法向应力

$$\sigma_{pc} = \frac{N_{p0}}{A_0} \pm \frac{N_{p0} e_{p0}}{I_0} y_0 \tag{6.1.5-1}$$

相应阶段预应力钢筋的有效预应力

$$\sigma_{pe} = \sigma_{con} - \sigma_l - \alpha_E \sigma_{pc} \tag{6.1.5-2}$$

预应力钢筋合力点处混凝土法向应力等于零时的预应力钢筋应力

$$\sigma_{p0} = \sigma_{con} - \sigma_l \tag{6.1.5-3}$$

2　后张法构件

由预加力产生的混凝土法向应力

$$\sigma_{pc}=\frac{N_p}{A_n}\pm\frac{N_p e_{pn}}{I_n}y_n\pm\frac{M_2}{I_n}y_n \tag{6.1.5-4}$$

相应阶段预应力钢筋的有效预应力

$$\sigma_{pe}=\sigma_{con}-\sigma_l \tag{6.1.5-5}$$

预应力钢筋合力点处混凝土法向应力等于零时的预应力钢筋应力

$$\sigma_{p0}=\sigma_{con}-\sigma_l+\alpha_E\sigma_{pc} \tag{6.1.5-6}$$

式中　A_n——净截面面积，即扣除孔道、凹槽等削弱部分以外的混凝土全部截面面积及纵向非预应力钢筋截面面积换算成混凝土的截面面积之和；对由不同混凝土强度等级组成的截面，应根据混凝土弹性模量比值换算成同一混凝土强度等级的截面面积；

A_0——换算截面面积：包括净截面面积以及全部纵向预应力钢筋截面面积换算成混凝土的截面面积；

I_0、I_n——换算截面惯性矩、净截面惯性矩；

e_{p0}、e_{pn}——换算截面重心、净截面重心至预应力钢筋及非预应力钢筋合力点的距离，按本规范第 6.1.6 条的规定计算；

y_0、y_n——换算截面重心、净截面重心至所计算纤维处的距离；

σ_l——相应阶段的预应力损失值，按本规范第 6.2.1 条至 6.2.7 条的规定计算；

α_E——钢筋弹性模量与混凝土弹性模量的比值：$\alpha_E=E_s/E_c$，此处，E_s 按本规范表 4.2.4 采用，E_c 按本规范表 4.1.5 采用；

N_{p0}、N_p——先张法构件、后张法构件的预应力钢筋及非预应力钢筋的合力，按本规范第 6.1.6 条计算；

M_2——由预加力 N_p 在后张法预应力混凝土超静定结构中产生的次弯矩，按本规范第 6.1.7 条的规定计算。

注：1　在公式(6.1.5-1)、(6.1.5-4)中，右边第二、第三项与第一项的应力方向相同时取加号，相反时取减号；公式(6.1.5-2)、(6.1.5-6)适用于 σ_{pc}为压应力的情况，当 σ_{pc}为拉应力时，应以负值代入；

2　在设计中宜采取措施避免或减少柱和墙等约束构件对梁、板预应力效果的不利影响。

旧《混凝土结构设计规范》GBJ 10—89

第 **3.4.5** 条　由预应力产生的混凝土法向应力及相应阶段预应力钢筋的应力，可分别按下列公式计算：

一、先张法构件(包括电热法)

由预加应力产生的混凝土法向应力

$$\sigma_{pc}=\frac{N_{p0}}{A_0}\pm\frac{N_{p0}e_{p0}}{I_0}y_0 \tag{3.4.5-1}$$

相应阶段预应力钢筋的有效预应力

$$\sigma_{pe}=\sigma_{con}-\sigma_l-\alpha_E\sigma_{pc} \tag{3.4.5-2}$$

预应力钢筋合力点处混凝土法向应力等于零时的预应力钢筋预应力

$$\sigma_{p0}=\sigma_{con}-\sigma_l \tag{3.4.5-3}$$

二、后张法构件

由预加应力产生的混凝土法向应力

$$\sigma_{pc}=\frac{N_p}{A_n}\pm\frac{N_p e_{pn}}{I_n}y_n \tag{3.4.5-4}$$

相应阶段预应力钢筋的有效预应力

$$\sigma_{pe}=\sigma_{con}-\sigma_l \tag{3.4.5-5}$$

预应力钢筋合力点处混凝土法向应力等于零时的预应力钢筋应力

$$\sigma_{p0}=\sigma_{con}-\sigma_l+\alpha_E\sigma_{pc} \tag{3.4.5-6}$$

式中 A_0、A_n——换算截面面积(包括扣除孔道、凹槽等削弱部分以外的混凝土全部截面面积以及全部纵向预应力钢筋和非预应力钢筋截面面积换算成混凝土的截面面积;对由不同混凝土强度等级组成的截面,应根据混凝土弹性模量比值换算成同一混凝土强度等级的截面面积)、净截面面积(换算截面面积减去全部纵向预应力钢筋截面面积换算成混凝土的截面面积);

I_0、I_n——换算截面惯性矩,净截面惯性矩;

e_{p0}、e_{pn}——换算截面重心、净截面重心至预应力钢筋及非预应力钢筋合力点的距离,按本规范第 3.4.6 条计算;

y_0、y_n——换算截面重心、净截面重心至所计算纤维处的距离;

σ_l——相应阶段的预应力损失值,按本规范第 3.4.7 条至 3.4.13 条的规定计算;

α_E——钢筋弹性模量与混凝土弹性模量的比值:$\alpha_E=E_s/E_c$,此处,E_s 按表 2.2.4 取用,E_c 按表 2.1.5 取用;

N_{p0}、N_p——先张法构件、后张法构件的预应力及非预应力钢筋的合力,按本规范第 3.4.6 条计算。

注:①电热后张法构件的计算,应采用换算截面的几何特征;

②在公式(3.4.5-1)、(3.4.5-4)中,右边第二项与第一项的应力方向。相同时取正号,相反时取负号。公式(3.4.5-2)、(3.4.5-6)适用于 σ_{pc} 为正压应力的情况,当 σ_{pc} 为拉应力时,应以负值代入。

【新规范理解与说明】

新规范与旧规范相比,唯一不同的是在后张法构件的 σ_{pc} 计算公式中添加了 $(\pm M_2 y_n/I_0)$ 一项。因为:在后张法预应力混凝土超静定结构中存在支座等多余约束。当预加力对超静定梁引起的结构变形受到支座约束时,将产生支座反力,并由该反力产生次弯矩 M_2,使预应力钢筋的轴线与压力线不一致。因此,在计算由预加力在截面中产生的混凝土法向应力时,应考虑该次弯矩 M_2 的影响。

约束构件如柱子或墙对梁、板预应力效果的不利影响,宜在设计中采取适当措施予以解决。

在 20 世纪 80 年代中期以前,我国在房屋建筑中采用预应力混凝土结构,在工业建筑中主要是屋架、屋面梁、屋面板、吊车梁等,在民用建筑中主要采用空心板及少量的双向楼盖。这类先张法或后张法预应力混凝土构件多数是简支受弯构件。从 20 世纪 80 年代中期至今，我国的房屋建筑结构向高层建筑发展，柱距、墙距不断扩大，在楼盖系统中较多采用后张无粘结或有粘结预应力混凝土。现浇后张预应力混凝土框架结构也得到了大面积采用，平面的或空间的预应力混凝土结构体系在我国也得到了很大的发展。

当预加力对超静定梁引起的结构变形受到支座约束时，会产生支座反力，并由该反力对梁产生弯矩。通常对预应力钢筋由于布置上几何偏心引起的内弯矩 N_pe_{pn} 以 M_1 表示，由该弯矩对连续梁引起的支座反力称为次反力，由次反力对梁引起的弯矩称为次弯矩 M_2，从而使得预应力钢筋的压力线偏离其在构件中的布置线。在预应力超静定梁中，由预加力对任一截面引起的总弯矩 M_r 为内弯矩 M_1 与次弯矩 M_2 之和，即 $M_r = M_1 + M_2$。根据各截面次弯矩的分布按结构力学方法可计算得到次剪力。

对于预应力混凝土的设计条款，原规范主要基于简支的预应力预制构件作出规定的，故未涉及次弯矩、次剪力等问题。新规范对预应力混凝土超静定结构，规定在进行正截面受弯承载力计算及抗裂验算时，在弯矩设计值中次弯矩应参与组合；在进行斜截面受剪承载力计算及抗裂验算时，在剪力设计值中次剪力应参与组合。其预应力作用分项系数也应按预应力作用的有利或不利分别取值。试验研究表明，在加载过程中次弯矩在超静定结构中是一直存在的，但并不是定值，在极限荷载阶段次弯矩在数值上将有所减少。所以，在承载力计算中，考虑次内力参与组合有一定的误差。

在进行正截面抗裂验算时，$N_pe_{pn} \pm M_2$ 项可近似取预加力（扣除相应阶段预应力损失后并考虑非预应力钢筋影响）的等效荷载在结构截面上产生的弯矩值，即总弯矩值进行计算。

新《混凝土结构设计规范》GB 50010—2002

6.1.6　预应力钢筋及非预应力钢筋的合力以及合力点的偏心距（图 6.1.6）宜按下列公式计算：

1　先张法构件

$$N_{p0} = \sigma_{p0}A_p + \sigma'_{p0}A'_p - \sigma_{l5}A_s - \sigma'_{l5}A'_s \tag{6.1.6-1}$$

$$e_{p0} = \frac{\sigma_{p0}A_py_p - \sigma'_{p0}A'_py'_p - \sigma_{l5}A_sy_s + \sigma'_{l5}A'_sy'_s}{\sigma_{p0}A_p + \sigma'_{p0}A'_p - \sigma_{l5}A_s - \sigma'_{l5}A'_s} \tag{6.1.6-2}$$

2　后张法构件

$$N_p = \sigma_{pe}A_p + \sigma'_{pe}A'_p - \sigma_{l5}A_s - \sigma'_{l5}A'_s \tag{6.1.6-3}$$

$$e_{pn} = \frac{\sigma_{pe}A_py_{pn} - \sigma'_{pe}A'_py'_{pn} - \sigma_{l5}A_sy_{sn} + \sigma'_{l5}A'_sy'_{sn}}{\sigma_{pe}A_p + \sigma'_{pe}A'_p - \sigma_{l5}A_s - \sigma'_{l5}A'_s} \tag{6.1.6-4}$$

式中　σ_{p0}、σ'_{p0}——**受拉区、受压区预应力钢筋合力点处混凝土法向应力等于零时的预应力钢筋应力；**

σ_{pe}、σ'_{pe}——**受拉区、受压区预应力钢筋的有效预应力；**

A_p、A'_p——**受拉区、受压区纵向预应力钢筋的截面面积；**

A_s、A'_s——**受拉区、受压区纵向非预应力钢筋的截面面积；**

y_p、y'_p——**受拉区、受压区预应力合力点至换算截面重心的距离；**

y_s、y'_s——**受拉区、受压区非预应力钢筋重心至换算截面重心的距离；**

σ_{l5}、σ'_{l5}——受拉区、受压区预应力钢筋在各自合力点处混凝土收缩和徐变引起的预应力损失值，按本规范第 6.2.5 条的规定计算；

y_{pn}、y'_{pn}——受拉区、受压区预应力合力点至净截面重心的距离；

y_{sn}、y'_{sn}——受拉区、受压区非预应力钢筋重心至净截面重心的距离。

注：当公式(6.1.6－1)至公式(6.1.6－4)中的 $A'_p=0$ 时，可取式中 $\sigma'_{l5}=0$。

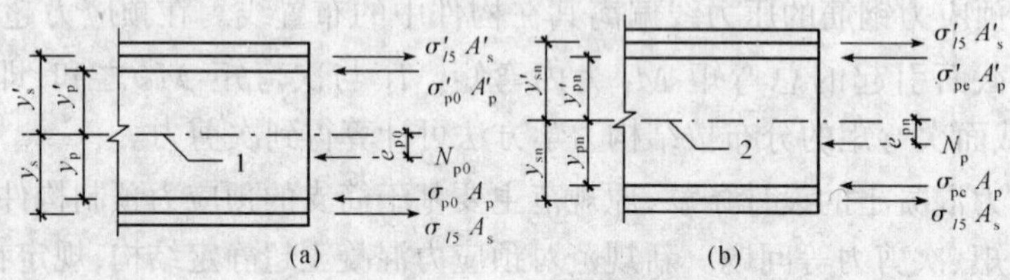

图 6.1.6　预应力钢筋及非预应力钢筋合力位置

(a)先张法构件；(b)后张法构件

1—换算截面重心轴；2—净截面重心轴

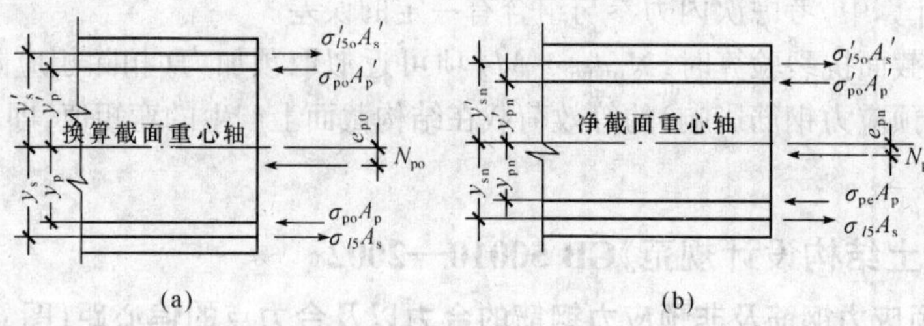

图 3.4.6　预应力钢筋及非预应力钢筋合力位置

(a)先张法构件；(b)后张法构件

旧《混凝土结构设计规范》GBJ 10—89

第 **3.4.6** 条　预应力钢筋及非预应力钢筋的合力及合力点的偏心距(图 3.4.6)可按下列公式计算：

一、先张法构件：

$$N_{p0}=\sigma_{p0}A_p+\sigma'_{p0}A'_p-\sigma_{l5}A_s-\sigma'_{l5}A'_s \tag{3.4.6-1}$$

$$e_{p0}=\frac{\sigma_{p0}A_py_p-\sigma'_{p0}A'_py'_p-\sigma_{l5}A_sy_s+\sigma'_{l5}A'_sy'_s}{\sigma_{p0}A_p+\sigma_{p0}A'_p-\sigma_{l5}A_s-\sigma'_{l5}A'_s} \tag{3.4.6-2}$$

二、后张法构件：

$$N_p=\sigma_{pe}A_p+\sigma'_{pe}A_p-\sigma_{l5}A_s-\sigma'_{lt}A'_s \tag{3.4.6-3}$$

$$e_{pn}=\frac{\sigma_{pe}A_py_{pn}-\sigma'_{pe}A'_py_{pn}-\sigma_{l5}A_sy_{sn}+\sigma'_{l5}A'_sy'_{sn}}{\sigma_{pe}A_p+\sigma'_{pe}A'_p-\sigma_{l5}A_s-\sigma'_{l5}A'_s} \tag{3.4.6-4}$$

式中　σ_{p0}、σ'_{p0}——受拉区、受压区的预应力钢筋合力点处混凝土法向应力零时的预应力钢筋应力；

σ_{pe}、σ'_{pe}——受拉区、受压区预应力钢筋的有效预应力；

A_p、A'_p——受拉区、受压区的预应力钢筋的截面面积；

A_s、A'_s——受拉区、受压区的非预应力钢筋的截面面积；

y_p、y'_p——受拉区、受压区的预应力合力点至换算截面重心的距离；

y_s、y'_s——受拉区、受压区的非预应力钢筋重心至换算截面重心的距离；

σ_{l5}、σ'_{l5}——受拉区、受压区的预应力钢筋在各自合力点处混凝土收缩和徐变引起的预应力损失值，按本规范第3.4.11条规定计算；

y_{pn}、y'_{pn}——受拉区、受压区的非预应力钢筋重心至净截面重心的距离。

注：当公式(3.4.6－1)至(3.4.6－4)中的 $A'_p=0$ 时，可取式中 $\sigma'_{l5}=0$。

【新规范理解与说明】

本条内容新旧规范完全一致。而且，新旧规范均考虑了非预应力钢筋对混凝土法向预压应力的影响。当预应力混凝土构件配置非预应力钢筋时，由于混凝土收缩和徐变的影响，会在这些非预应力钢筋中产生内力。这些内力减少了受拉区混凝土的法向预压应力，使构件的抗裂性能降低，因而计算时应考虑这种影响。一般情况下，配置的非预应力钢筋面面积若超过预应力截面面积的40%时，如果不考虑非预应力钢筋的影响，其抗裂性的计算误差将在到10%。为简化计算，假定非预应力钢筋的应力取等于混凝土收缩和徐变引起的预应力损失值。但严格地说，这种简化计算当预应力钢筋和非预应力钢筋重心位置不重合时是有误差的。

新《混凝土结构设计规范》GB 50010—2002

6.1.7　后张法预应力混凝土超静定结构，在进行正截面受弯承载力计算及抗裂验算时，在弯矩设计值中次弯矩应参与组合；在进行斜截面受剪承载力计算及抗裂验算时，在剪力设计值中次剪力应参与组合。

次弯矩、次剪力及其参与组合的计算应符合下列规定：

1　按弹性分析计算时，次弯矩 M_2 宜按下列公式计算：

$$M_2 = M_r - M_1 \tag{6.1.7-1}$$

$$M_1 = N_p e_{pn} \tag{6.1.7-2}$$

式中　N_p——预应力钢筋及非预应力钢筋的合力，按本规范公式(6.1.6－3)计算；

e_{pn}——净截面重心至预应力钢筋及非预应力钢筋合力点的距离，按本规范公式(6.1.6－4)计算；

M_1——预加力 N_p 对净截面重心偏心引起的弯矩值；

M_r——由预加力 N_p 的等效荷载在结构构件截面上产生的弯矩值。

次剪力宜根据构件各截面次弯矩的分布按结构力学方法计算。

2　在对截面进行受弯及受剪承载力计算时，当参与组合的次弯矩、次剪力对结构不利时，预应力分项系数应取1.2；有利时应取1.0。

3　在对截面进行受弯及受剪的抗裂验算时，参与组合的次弯矩和次剪力的预应力分项系数应取1.0。

旧《混凝土结构设计规范》GBJ 10—89

旧《混凝土结构设计规范》GBJ 10—89 无相应的此条文内容。

【新规范理解与说明】

在后张法预应力混凝土超静定结构中存在支座等多余约束。当预加力对超静定梁引起的结构变形受到支座约束时，将产生支座反力，并由该反力产生次弯矩和次剪力。在超静定预应力结构的承载力设计中，弯矩设计值 M 及剪力设计值 v 中均应考虑次弯矩和次剪力。

通常对预应力钢筋由于布置上几何偏心引起的内弯矩 $N_p e_{pn}$ 以 M_1 表示，由该弯矩对连续梁引起的支座反力称为次反力，由次反力对梁引起的弯矩称为次弯矩 M_2。在预应力混凝土超静定梁中，由预加力对任一截面引起的总弯矩 M_r 为内弯矩 M_1 与次弯矩 M_2 之和，即 $M_r = M_1 + M_2$。

国内外学者对预应力混凝土连续梁的试验研究表明，对预应力混凝土超静定结构，在进行正截面和斜截面抗裂验算时，应计入预应力次弯矩、次剪力对截面内力的影响，次弯矩和次剪力的预应力分项系数取 1.0。在正截面抗裂验算中，为计及次弯矩的作用，可近似取预加力(扣除相应阶段预应力损失后并考虑非预应力钢筋影响)的等效荷载在结构截面引起的总弯矩进行计算。在进行正截面受弯承载力计算时，在弯矩设计值中次弯矩应参与组合；在进行斜截面受剪承载力计算时，在剪力设计值中次剪力应参与组合。当参与组合的次弯矩、次剪力对结构不利时，预应力分项系数取 1.2；对结构有利时取 1.0。

新《混凝土结构设计规范》GB 50010—2002

6.1.8 对后张法预应力混凝土框架梁及连续梁，在满足本规范第 9.5 节纵向受力钢筋最小配筋率的条件下，当截面相对受压区高度 $\zeta \leqslant 0.3$ 时，可考虑内力重分布，支座截面弯矩可按 10% 调幅，并应满足正常使用极限状态验算要求；当 $\zeta > 0.3$ 时，不应考虑内力重分布。此处，ζ 应按本规范第 7 章的规定计算。

旧《混凝土结构设计规范》GBJ 10—89

旧《混凝土结构设计规范》GBJ 10—89 无相应此条文内容。

【新规范理解与说明】

近些年来，国内开展了后张法预应力混凝土连续梁内力重分布的试验研究，并探讨次弯矩存在对内力重分布的影响。这些试验规律为制定本条款提供了依据。

据上述试验研究及有关文献的分析和建议，对存在次弯矩的后张法预应力混凝土超静定结构，其弯矩重分布规律可描述为：$(1-\beta)M_d + \alpha M_2 \leqslant M_u$，其中，$\alpha$ 为次弯矩消失参数。

直接弯矩的调幅系数定义为：$\beta = 1 - M_a / M_d$，此处，M_a 为调整后的弯矩值，M_d 为按弹性分析算得的荷载弯矩设计值；它的变化幅度是：$0 \leqslant \beta \leqslant \beta_{max}$，此处，$\beta_{max}$ 为最大调幅系数。次弯矩随结构构件刚度改变和塑性铰转动而逐步消失，它的变化幅度是：$0 \leqslant \alpha \leqslant 1.0$，且当 $\beta = 0$ 时，取 $\alpha = 1.0$；当 $\beta = \beta_{max}$ 时，可取 α 接近为 0。且 β 可取其正值或负值，当取 β 为正值时，表示支座处的直接弯矩向跨中调幅；当取 β 为负值时，表示跨中的直接弯矩向支座处调幅。在上述试验结果与分析研究的基础上,规定对预应力混凝土框架梁及连续梁在重力荷载作用下,当受压区高度 $x \leqslant 0.30h_0$ 时,可允许有限量的弯矩重分配,其调幅值最大不得超过10%;同时可考虑次弯矩对截面内力的影响,但总调幅值不宜超过20%。

新《混凝土结构设计规范》GB 50010—2002

6.1.9 先张法构件预应力钢筋的预应力传递长度 l_{tr} 应按下列公式计算:

$$l_{tr} = \alpha \frac{\sigma_{pc}}{f'_{tk}} d \tag{6.1.9}$$

式中 σ_{pe}——放张时预应力钢筋的有效预应力;

d——预应力钢筋的公称直径,按本规范附录B采用;

α——预应力钢筋的外形系数,按本规范表9.3.1采用;

f'_{tk}——与放张时混凝土立方体抗压强度 f'_{cu} 相应的轴心抗拉强度标准值,按本规范表4.1.3以线性内插法确定。

当采用骤然放松预应力钢筋的施工工艺时,l_{tr} 的起点应从距构件末端 $0.25l_{tr}$ 处开始计算。

旧《混凝土结构设计规范》GBJ 10—89

旧《混凝土结构设计规范》GBJ 10—89 无相应此条文内容。

【新规范理解与说明】

先张法预应力构件放张或切断预应力钢筋时,需要经过一段必要的长度才能通过钢筋与混凝土之间的粘结力将预压应力全部传递给混凝土,这段长度称为预应力钢筋的传递长度 l_{tr}。

新规范对刻痕钢丝、螺旋肋钢丝、三股和七股钢绞线的预应力传递长度,均在原规范规定的预应力传递长度的基础上,根据试验研究结果,采用计算的方法由其有效预应力值、公称直径 d 及放张时混凝土立方体抗压强度 f'_{cu} 相应的轴心抗拉强度标准值等计算确定。上述预应力钢筋的锚固长度,则根据试验研究结果,由锚固钢筋的抗拉强度设计值、公称直径及锚固区混凝土的轴心抗拉强度设计值等由计算确定。

新《混凝土结构设计规范》GB 50010—2002

6.1.10 计算先张法预应力混凝土构件端部锚固区的正截面和斜截面受弯承载力时,锚固长度范围内的预应力钢筋抗拉强度设计值在锚固起点处应取为零,在锚固终点处应取为 f_{py},两点之间可按线性内插法确定。预应力钢筋的锚固长度 l_a 应按本规范第9.3.1条确定。

旧《混凝土结构设计规范》GBJ 10—89

第**3.4.14**条 计算先张法预应力混凝土构件端部锚固区的正截面和斜截面受弯承载力时,锚固区内的预应力钢筋抗拉强度设计值在锚固起点处应取零,在锚固终点处应取 f_{py},在两点之间可按直线内插法取值,对采用冷拉Ⅱ级、Ⅲ级钢筋的先张法构件,其锚固区预应力钢筋的抗拉强度设计值可不折减。

预应力钢筋的锚固长度 l_a 应按表 3.4.14 取用。

表 3.4.14　预应力钢筋锚固长度(mm)

种　类	混凝土强度等级		
	C30	C40	≥C50
刻痕钢丝直径 $d=5$mm	160d	100d	80d
钢绞线直径 $d=9\sim15$mm	—	100d	100d
冷拔低碳钢丝直径 $d=1\sim5$mm	110d	100d	100d

【新规范理解与说明】

由于新规范不再推荐使用冷加工钢筋作为预应力钢筋，所以取消了冷加工钢筋的锚固长度部分内容。

锚固长度 l_a 可按下式计算：

$$l_a=\alpha\frac{f_{py}}{f_t}d \tag{6-1}$$

其中　f_{py}——锚固的预应力抗拉强度设计值；

f_t——混凝土轴心抗拉强度设计值；

α——预应力钢筋的外形系数，按表 6-1 采用；

d——预应力钢筋的直径。

表 6-1　预应力钢筋的外形系数 α

钢筋类型	刻痕钢丝	螺旋肋钢丝	三股钢绞线	七股钢绞线
外形系数 α	0.19	0.13	0.16	0.17

同样，当采用骤然放松预应力钢筋的施工工艺时，先张法预应力锚固长度 l_a 的起点应从距构件顶端 $0.25l_{tr}$ 处开始计算，l_{tr} 为预应力传递长度。

新《混凝土结构设计规范》GB 50010—2002

6.1.11　预应力混凝土结构构件的施工阶段，除应进行承载能力极限状态验算外，对预拉区不允许出现裂缝的构件或预压时全截面受压的构件，在预加力、自重及施工荷载(必要时应考虑动力系数)作用下，其截面边缘的混凝土法向应力尚应符合下列规定(图 6.1.11)：

$$\sigma_{ct}\leqslant f'_{tk} \tag{6.1.11-1}$$

$$\sigma_{cc}\leqslant 0.8f'_{ck} \tag{6.1.11-2}$$

截面边缘的混凝土法向应力可按下列公式计算：

$$\sigma_{cc}\text{或}\ \sigma_{ct}=\sigma_{pc}+\frac{N_k}{A_0}\pm\frac{M_k}{W_0} \tag{6.1.11-3}$$

式中　σ_{cc}、σ_{ct}——相应施工阶段计算截面边缘纤维的混凝土压应力、拉应力；

f'_{tk}、f'_{ck}——与各施工阶段混凝土立方体抗压强度 f'_{cu} 相应的抗拉强度标准值、抗压强度标准值，按本规范表 4.1.3 以线性内插法确定；

N_k、M_k——构件自重及施工荷载的标准组合在计算截面产生的轴向力值、弯矩值；

W_0——验算边缘的换算截面弹性抵抗矩。

注：1 预拉区系指施加预应力时形成的截面拉应力区；

2 公式(6.1.11-3)中，当 σ_{pc} 为压应力时，取正值；当 σ_{pc} 为拉应力时，取负值；当 N_k 为轴向压力时，取正值，当 N_k 为轴向拉力时，取负值；当 M_k 产生的边缘纤维应力为压应力时式中符号取加号，拉应力时式中符号取减号。

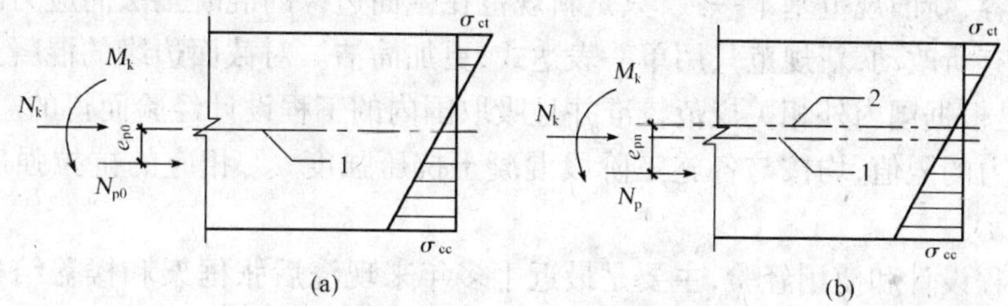

图 6.1.11 预应力混凝土构件施工阶段验算

(a)先张法构件；(b)后张法构件

1—换算截面重心轴；2—净截面重心轴

旧《混凝土结构设计规范》GBJ 10—89

第 **3.4.15** 条 对制作、运输及安装等施工阶段不允许出现裂缝的构件，或预压时全截面受压的构件，在预加应力、自重及施工荷载作用下(必要时应考虑动力系数)截面边缘的混凝土法向应力应符合下列规定(图 3.4.15)：

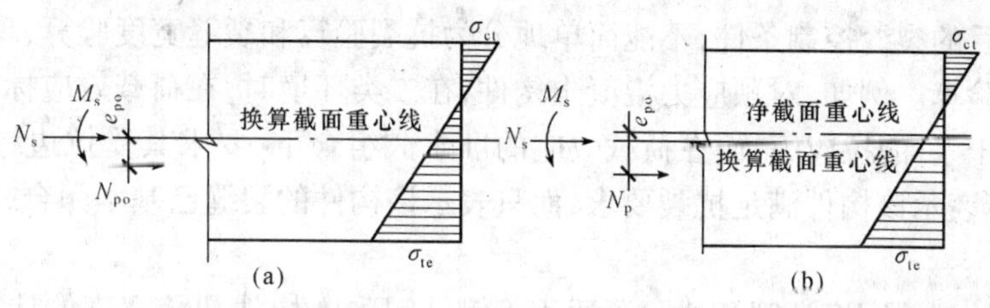

图 3.4.15 预应力混凝土构件施工阶段计算

(a)先张法构件；(b)后张法构件

$$\sigma_{ct} \leqslant 0.7\gamma f'_{tk} \quad (3.4.15-1)$$

$$\sigma_{cc} \leqslant 1.2 f'_{c} \quad (3.4.15-2)$$

截面边缘的混凝土法向应力可按下列公式计算：

$$\sigma_{cc} \text{或} \ \sigma_{ct} = \sigma_{pc} + \frac{N_s}{A_0} \pm \frac{M_s}{W_0} \quad (3.4.15-3)$$

式中 σ_{cc}、σ_{ct}——相应施工阶段计算截面边缘纤维的混凝土压应力、拉应力；

f'_{tk}、f'_{c}——与各施工阶段混凝土立方体抗压强度 f_{cu} 相应的抗拉强度标准值、抗压强度设计值，可按表 2.1.3 和表 2.1.4 用直线内插法取用；

γ——受拉区混凝土塑性影响系数，可按本规范第 5.1.1 条确定；

N_s、M_s——构件自重及施工荷载的短期效应组合在计算截面产生的轴向力值、弯矩值；

W_0——验算边缘的换算截面弹性抵抗矩。

注：当 σ_{pc}为压应力时，取正值；当 σ_{pc}为拉应力时，取负值。当 N_s 为轴向压力时，取正值，当 N_s 为轴向拉力时，取负值。由 M_s 产生的边缘纤维应力、压应力取正号，拉应力取负号。

【新规范理解与说明】

本条内容，新旧规范基本一致，只是新规范在截面边缘的混凝土法向应力的规定上与原规范相比有所改动，新规范只用单一表达式，更加简洁。对截面边缘的混凝土法向应力限值条件，是根据国内外相关规范校准并且吸取国内的工程设计经验而得的。其中，对混凝土法向应力的限值，均按与各施工阶段混凝土抗压强度 f'_{cc}相应的抗拉强度及抗压强度标准值表示。

根据工程设计和使用经验，主要是最近十多年来现浇后张框架和楼盖结构在我国大量推广应用的经验，并参考国内外有关规范的规定；同时，还考虑了部分预应力混凝土构件的发展趋势，新规范对预应力混凝土结构的裂缝控制，根据结构的功能要求、环境条件对钢筋腐蚀的影响、荷载作用的时间等因素做了比较具体的规定。按荷载效应的标准组合并考虑长期作用影响计算时，一类环境条件的最大裂缝宽度允许值为 0.2mm，二类环境条件按允许出现拉应力的预应力混凝土构件设计，控制拉应力小于或等于 f_{tk}，可不验算裂缝宽度，三类环境条件则按不允许出现拉应力的预应力混凝土构件设计；在荷载效应的准永久组合下，对二类环境条件构件受拉边缘混凝土不宜产生拉应力，当有可靠的工程经验时可适当放松，对三类环境条件则不得消压。

按修改后的裂缝控制条件，不能简单地分为抗裂验算和裂缝宽度验算，现将二者综合为裂缝控制验算。例如，对预应力混凝土构件，在二类环境时，在荷载效应标准组合下，允许出现不大于 f_{tk}的拉应力，而在荷载效应的准永久组合下，要求其受拉边缘不宜出现拉应力，这并不表示该构件满足抗裂要求，而只表示该构件的裂缝已基本闭合或仅有微小裂缝宽度。

修订后的裂缝宽度计算公式除了适用于钢筋混凝土构件裂缝宽度的计算，也适用于配置钢绞线束、钢丝束有粘结预应力混凝土轴心受拉和受弯构件中最大裂缝宽度的计算。

预应力混凝土受弯构件在制作、运输、堆放和安装等施工阶段的受力状态往往和荷载作用阶段不同。在制作时，构件受到预压力而处于偏心受压状态（图 6－3a）。在运输、堆放和安装时，通常搁置点或吊点距梁端有一段距离，两端成为悬臂，在自重作用下将产生负弯矩，其方向与偏心预压力产生的负弯矩相同（图 6－3b）。因此，在截面上边缘（预拉区）的混凝土可能开裂，并随时间的增长，裂缝宽度还会不断增大。在截面的下边缘（预压区），混凝土的压应力可能太大，以致出现纵向裂缝。

预应力混凝土受弯构件在施工阶段的受力状态与荷载作用阶段是不同的。因此，在设计时除必须进行荷载作用阶段的承载力计算以及裂缝和变形验算外，还应进行施工阶段的验算。

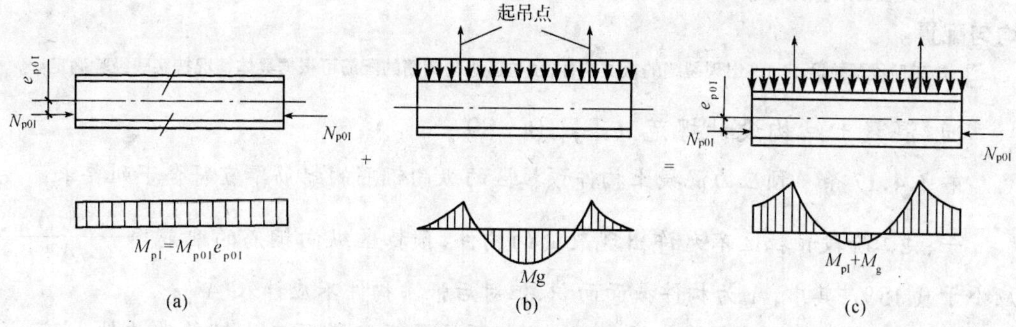

图 6-3　预应力混凝土受弯构件在吊装阶段的受力状态

新《混凝土结构设计规范》GB 50010—2002

6.1.12　预应力混凝土结构构件的施工阶段，除应进行承载能力极限状态验算外，对预拉区允许出现裂缝而在预拉区不配置纵向预应力钢筋的构件，其截面边缘的混凝土法向应力应符合下列规定：

$$\sigma_{ct} \leqslant 2f'_{tk} \tag{6.1.12-1}$$

$$\sigma_{cc} \leqslant 0.8f'_{ck} \tag{6.1.12-2}$$

此处 σ_{ct}、σ_{cc} 仍按本规范第 6.1.11 条的规定计算。

旧《混凝土结构设计规范》GBJ 10—89

第 **3.4.16** 条　对制作、运输及安装等施工阶段预拉区允许出现裂缝的构件，当预拉区不配置预应力钢筋时，截面边缘的混凝土法向应力应符合下列规定：

$$\sigma_{ct} \leqslant 1.4\gamma f'_{tk} \tag{3.4.16-1}$$

$$\sigma_{cc} \leqslant 1.2f'_{c} \tag{3.4.16-2}$$

此处，σ_{ct}、σ_{cc} 仍按本规范第 3.4.15 条的规定计算。

注：预拉区系指施加预应力时形成的拉应力区。

【新规范理解与说明】

本条内容，新规范取消了原规范的系数表达方式，而是直接采用常数，截面边缘的混凝土法向应力限值有所提高。

新《混凝土结构设计规范》GB 50010—2002

6.1.13　预应力混凝土结构构件预拉区纵向钢筋的配筋应符合下列要求：

1　施工阶段预拉区不允许出现裂缝的构件，预拉区纵向钢筋的配筋率 $(A'_s + A'_p)/A$ 不应小于 0.2%，对后张法构件不应计入 A'_p，其中，A 为构件截面面积；

2　施工阶段预拉区允许出现裂缝而在预拉区不配置纵向预应力钢筋的构件，当 $\sigma_{ct}=2f'_{tk}$ 时，预拉区纵向钢筋的配筋率 A'_s/A 不应小于 0.4%；当 $f'_{tk}<\sigma_{ct}<2f'_{tk}$ 时，则在 0.2% 和 0.4% 之间按线性内插法确定；

3 预拉区的纵向非预应力钢筋的直径不宜大于 14mm，并应沿构件预拉区的外边缘均匀配置。

注：施工阶段预拉区不允许出现裂缝的板类构件，预拉区纵向钢筋的配筋可根据具体情况按实践经验确定。

旧《混凝土结构设计规范》GBJ 10—89

第 **3.4.17** 条 预应力混凝土构件预拉区的纵向钢筋的配筋率宜符合下列要求：

一、施工阶段预拉区不允许出现裂缝的构件，预拉区纵向钢筋的配筋率$\frac{A'_s + A'_p}{A}$不应小于 0.15%，其中，A 为构件截面面积，但对后张法构件不应计入 A'_p；

二、施工阶段预拉区允许出现裂缝，而在预拉区不配置预应力钢筋的构件，当 $\sigma_{ct} = 1.4\gamma f'_{tk}$时，预拉区纵向钢筋的配筋率$\frac{A'_s}{A}$不应小于 0.4%；当 $0.7\gamma f'_{tk} < \sigma_{ct} < 1.4\gamma f'_{tk}$时，则在 0.15% 和 0.4% 之间按直线内插法取用。

预拉区的非预应力纵向钢筋的直径，对光面钢筋不宜大于 12mm，对变形钢筋不宜大于 14mm，并应沿构件预拉区的外边缘均匀配置。

注：施工阶段预拉区不允许出现裂缝的板类构件，预拉区纵向配筋度可根据构件的具体情况，按实践经验确定。

【新规范理解与说明】

对预拉区纵向钢筋配筋率取值，原则上与新规范第 9.5.1 条的最小配筋率相一致。本条内容，新旧规范基本一致，与前面两条一样，旧规范在一些表达式中采用的是系数，而新规范则没有。

为保证预应力构件有一定的延性，应该对构件的配筋率进行限制，一方面，若因为混凝土截面尺寸过小而单纯依靠增大配筋来提高抗力时，超量配筋会降低梁的延性，在钢筋未屈服时即发生混凝土压区破碎的非延性破坏，另一方面，若配筋率不足，则发生构件一开裂即破坏的脆性破坏。

为了使预应力混凝土构件具有足够的延性，同时在反向作用下仍具有一定的承载力，非预应力的钢筋应有一定配置数量和比例的要求。

新《混凝土结构设计规范》GB 50010—2002

6.1.14 对先张法和后张法预应力混凝土结构构件，在承载力和裂缝宽度计算中，所用的混凝土法向预应力等于零时的预应力钢筋及非预应力钢筋合力 N_{p0} 及相应的合力点的偏心距 e_{p0}，均应按本规范公式(6.1.6-1)及(6.1.6-2)计算，此时，先张法和后张法构件预应力钢筋的应力 σ_{p0}、σ'_{p0} 均应按本规范第 6.1.5 条的规定计算。

旧《混凝土结构设计规范》GBJ 10—89

第 **3.4.18** 条 对先张法和后张法预应力混凝土构件，在承载力和裂缝宽度计算中，所用的混凝土法向预应力等于零时的预应力钢筋及非预应力钢筋合力 N_{p0} 及相应的合力点的偏心距 e_{p0}，均应按公式(3.4.6-1)及(3.4.6-2)计算，此时，先张法和后张法构件的预应力钢筋的应力 σ_{p0}、σ'_{p0} 应按本规范第 3.4.5 条的规定计算。

【新规范理解与说明】

本条内容，新旧规范基本一致。对先张法及后张法预应力混凝土构件的受剪承载力、受扭承载力及裂缝宽度计算，均需用到混凝土法向预应力为零时的预应力钢筋合力 N_{p0}，故此作了规定。

第三节　预应力损失值计算

新《混凝土结构设计规范》GB 50010—2002

6.2.1　预应力钢筋中的预应力损失值可按表 6.2.1 的规定计算。

当计算求得的预应力总损失值小于下列数值时，应按下列数值取用：

先张法构件　100N/mm²；

后张法构件　80N/mm²。

表 6.2.1　　预应力损失值（N/mm²）

引起损失的因素		符号	先张法构件	后张法构件
张拉端锚具变形和钢筋内缩		σ_{l1}	按本规范第 6.2.2 条的规定计算	按本规范第 6.2.2 条和第 6.2.3 条的规定计算
预应力钢筋的摩擦	与孔道壁之间的摩擦	σ_{l2}	—	按本规范第 6.2.4 条的规定计算
	在转向装置处的摩擦		按实际情况确定	
混凝土加热养护时，受张拉的钢筋与承受拉力的设备之间的温差		σ_{l3}	$2\Delta t$	—
预应力钢筋的应力松弛		σ_{l4}	预应力钢丝、钢绞线 普通松弛： $0.4\psi\left(\frac{\sigma_{con}}{f_{ptk}}-0.5\right)\sigma_{con}$ 此处，一次张拉 $\psi=1$， 超张拉 $\psi=0.9$ 低松弛： 当 $\sigma_{con}\leqslant 0.7f_{ptk}$ 时 $0.125\left(\frac{\sigma_{con}}{f_{ptk}}-0.5\right)\sigma_{con}$ 当 $0.7f_{ptk}<\sigma_{con}\leqslant 0.8f_{ptk}$ 时 $0.2\left(\frac{\sigma_{con}}{f_{ptk}}-0.575\right)\sigma_{con}$	
			热处理钢筋 一次张拉　$0.05\sigma_{con}$ 超张拉　$0.035\sigma_{con}$	
混凝土的收缩和徐变		σ_{l5}	按本规范第 6.2.5 条的规定计算	
用螺旋式预应力钢筋作配筋的环形构件，当直径 $d\leqslant 3$m 时，由于混凝土的局部挤压		σ_{l6}	—	30

注：1　表中 Δt 为混凝土加热养护时，受张拉的预应力钢筋与承受拉力的设备之间的温差（℃）；

2　表中超张拉的张拉程序为从应力为零开始张拉至 $1.03\sigma_{con}$；或从应力为零开始张拉至 $1.05\sigma_{con}$，持荷 2min 后，卸载至 σ_{con}；

3　当 $\sigma_{con}/f_{ptk}\leqslant 0.5$ 时，预应力钢筋的应力松弛损失值可取为零。

旧《混凝土结构设计规范》GBJ 10—89

第 **3.4.7** 条　预应力钢筋中的预应力损失值可按表 **3.4.7** 的规定计算，当计算求得的预应力总损失值小于下列数值时，则按下列数值取用：

先张法构件　100　N/mm^2；

后张法构件　80　N/mm^2。

表 **3.4.7**　　　　　　　　　预应力损失值(**N/mm^2**)

<table>
<tr><th colspan="2">引起损失的因素</th><th>符号</th><th>先张法构件</th><th>后张法构件</th></tr>
<tr><td colspan="2">张拉端锚具变形和钢筋内缩</td><td>σ_{l1}</td><td>按本规范第 3.4.8 条规定计算</td><td>按本规范第 3.4.9 条规定计算</td></tr>
<tr><td rowspan="2">预应力钢筋的摩擦</td><td>与孔道壁之间的摩擦</td><td rowspan="2">σ_{l2}</td><td>——</td><td>按本规范第 3.4.10 条规定计算</td></tr>
<tr><td>在转向装置处的摩擦</td><td>按实际情况确定</td><td>——</td></tr>
<tr><td colspan="2">混凝土加热养护时，受张拉的钢筋与承受拉力的设备之间的温差</td><td>σ_{l3}</td><td>$2\Delta t$</td><td>——</td></tr>
<tr><td colspan="2">预应力钢筋的应力松弛</td><td>σ_{l4}</td><td colspan="2">冷拉钢筋、热处理钢筋：
一次张拉　$0.05\sigma_{con}$
超张拉　$0.035\sigma_{con}$
碳素钢丝、钢绞线：
$\psi\left(0.36\frac{\sigma_{con}}{f_{ptk}}-0.18\right)\sigma_{con}$
一次张拉　$\psi=1$
超张拉　$\psi=0.9$
冷拔低碳钢丝：
一次张拉　$0.085\sigma_{con}$
超张拉　$0.065\sigma_{con}$</td></tr>
<tr><td colspan="2">混凝土的收缩和徐变</td><td>σ_{l5}</td><td colspan="2">按本规范第 3.4.11 条规定计算</td></tr>
<tr><td colspan="2">用螺旋式预应力钢筋作配筋的环形构件，当直径 $d\leqslant 3$m 时，由于混凝土的局部挤压</td><td>σ_{l6}</td><td>——</td><td>30</td></tr>
</table>

注：①表中 Δt 为混凝土加热养护时，受张拉的钢筋与承受拉力的设备之间的温差(C)；

②当取表中超张拉的应力松弛损失值时，张拉程序应符合国家现行标准《混凝土结构工程施工及验收规范》的要求；

③碳素钢丝、钢绞线当 $\sigma_{con}/f_{ptk}\leqslant 0.5$ 时，预应力钢筋的应力松弛损失值应取等于零。

【新规范理解与说明】

本条内容，新规范取消了原规范中冷加工钢筋部分内容。自钢筋张拉、锚固到后来的运输、安装以及使用的整个过程中，由于张拉工艺和材料特性等种种原因，钢筋中的张拉应力将逐渐降低，称为预应力损失。预应力损失会影响预应力作用，从而降低混凝土构件的抗裂性能和刚度。因此，正确分析和计算各种预应力损失，并试图采用各种方法减少预应力损失,是预应力混凝土结构设计、施工及科研工作的重要课题。预应力损失从张拉钢筋开始在整个使用期间都存在,主要分两类,以预应力传递到混凝土时为界,在此之前称前期损失或第一批损失,在此之后称后期损失或第二批损失。

新规范给出了预应力钢丝、钢绞线的普通松弛和低松弛两种情况。预应力混凝土用钢丝、钢绞线的应力松弛试验表明,应力松弛损失值与钢丝的初始应力值和极限强度有关。表中给出的普通松弛和低松弛预应力钢丝、钢绞线的松弛损失值计算公式,是按钢筋标准 GB/T 5223 及 GB/T 5224 中规定的数值综合成统一的公式,以便于应用。当 $\sigma_{con}/f_{ptk} \leqslant 0.5$ 时,实际的松弛损失值已很小,为简化计算取松弛损失值为零。热处理钢筋的应力松弛损失值,根据现有的少量试验资料看,取规范规定的松弛损失值是偏于安全的,待今后进行系统试验后可再作更为精确的规定。

新《混凝土结构设计规范》GB 50010—2002

6.2.2　预应力直线钢筋由于锚具变形和预应力钢筋内缩引起的预应力损失值 σ_{l1} 可按下列公式计算:

$$\sigma_{l1}=\frac{a}{l}E_s \tag{6.2.2}$$

式中　a——张拉端锚具变形和钢筋内缩值(mm),可按表 6.2.2 采用;

l——张拉端至锚固端之间的距离(mm)。

块体拼成的结构,其预应力损失尚应计及块体间填缝的预压变形。当采用混凝土或砂浆为填缝材料时,每条填缝的预压变形值可取为 1mm。

表 6.2.2　锚具变形和钢筋内缩值 a(mm)

锚具类别		a
支承式锚具(钢丝束镦头锚具等)	螺帽缝隙	1
	每块后加垫板的缝隙	1
锥塞式锚具(钢丝束的钢质锥形锚具等)		5
夹片式锚具	有顶压时	5
	无顶压时	6~8

注:1　表中的锚具变形和钢筋内缩值也可根据实测数据确定;

2　其他类型的锚具变形和钢筋内缩值应根据实测数据确定。

旧《混凝土结构设计规范》GBJ 10—89

第 **3.4.8** 条　预应力直线钢筋由于锚具变形和钢筋内缩引起的预应力损失 σ_{l1} (N/mm^2)可按下列公式计算:

$$\sigma_{l1}=\frac{a}{l}E_s \tag{3.4.8}$$

式中　a——张拉端锚具变形和钢筋内缩值,按表 3.4.8 取用;

l——张拉端至锚固端之间的距离(mm)。

表 3.4.8 锚具变形和钢筋内缩值 α(mm)

锚具类别	α
带螺旋的锚具(包括钢丝束的锥形螺杆锚具、筒式锚具等):	
螺帽缝隙	1
每块后加垫板的缝隙	1
钢丝束的镦头锚具	1
钢丝束的钢制锥形锚具	5
JM12 锚具:当预应力筋为钢筋时	3
当预应力筋为钢绞线时	5
单根冷拔低碳钢丝的锥形锚夹具	5

注:①表中的锚具变形和钢筋内缩值也可根据实测数据确定;

②其他类型的锚具变形和钢筋内缩值应根据实测数据确定。

块体拼成的结构,其预应力损失尚应考虑块体间填缝的预压变形。当采用混凝土或砂浆为填缝材料时,每条填缝的预压变形值应取 1mm。

【新规范理解与说明】

锚固阶段张拉端预应力筋的内缩量允许值,原规范对带螺帽的锚具、钢丝束的镦头锚具、钢丝束的钢质锥形锚具、JM12 锚具及单根冷拔低碳钢丝的锥形锚夹具作了规定,但不能包括所有的锚具。现根据锚固原理的不同,将锚具分为支承式、锥塞式和夹片式三类,对每类作出规定。

在原规范中,未给出 QM、XM、OVM 等群锚的锚具变形和钢筋内缩值。而这些锚具及 JM 锚具均属于夹片式锚具,故本次修订按有顶压或无顶压分别给出了该类锚具的规定值。

预应力混凝土的关键是在混凝土中建立有效预应力:在先张法预应力构件中,有效预应力是靠混凝土与预应力钢筋间的黏结力来建立的。在后张法预应力构件中,则是靠锚具来保持,锚具是保证预应力混凝土施工安全、结构可靠的关键性设备。后张法构件中,锚具按照所锚固的预应力钢筋不同可分为:支承式锚具(钢丝束镦头锚具等)、锥塞式锚具(钢丝束的钢质锥形锚具等)、夹片式锚具三类。预应力锚具应根据《预应力筋用锚具、夹具和连接器》(GB 414370)标准的有关规定选用,并满足相应的质量要求。

1. 锥形锚具

锥形锚具是由一个环形锚圈和一个锥形锚塞组成的锚具,如图 6-4 所示。这种锥形锚具每套能锚固 18~24 根 $\phi^{p}5.0$ 高强钢丝,目前又改为可锚 5 根 $\phi^{S}7$ 或 7 根 $\phi^{S}7$ 的钢绞线,这种锚具滑丝的几率相对较大。

2. 镦头锚具

镦头锚具(图 6-5)主要用于高强钢丝的锚固,它是用特制的镦头机将钢丝端部镦粗、形成铆钉头形的端头。

3. 螺丝端杆锚具

螺纹是在高强粗钢筋上冷轧出来的,钢筋张拉后拧紧螺帽,靠螺帽和锚固板的承压作用锚固钢筋(图 6-6)。

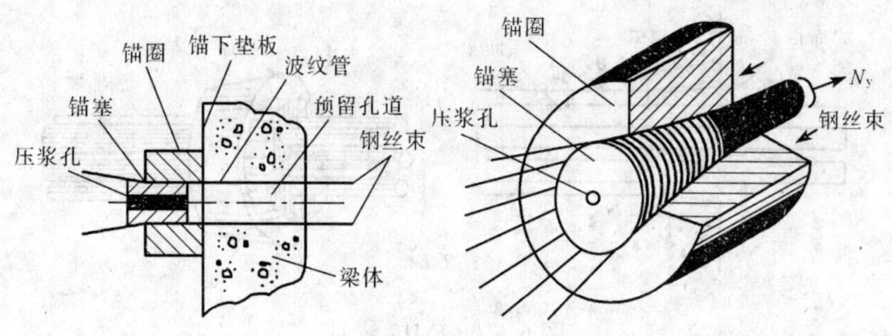

图 6－4　锥形锚具

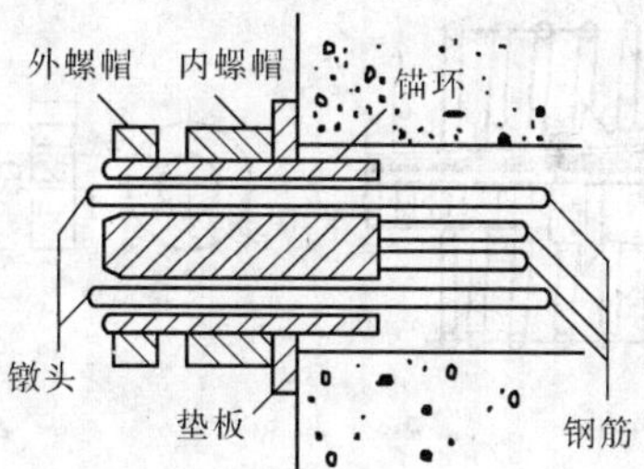

图 6－5　镦头锚具

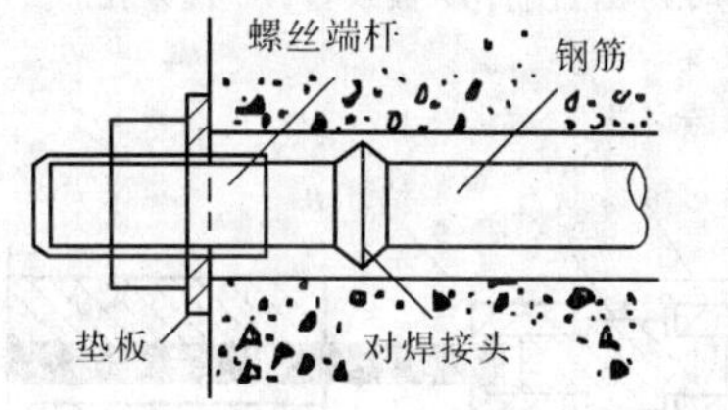

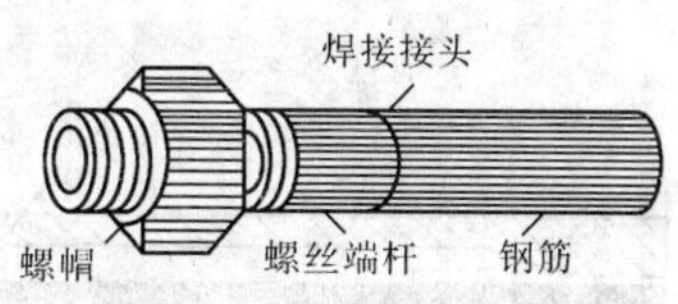

图 6－6　螺丝端杆锚具

4. JM 锚具

JM12(JM15)型锚具是由带有锥形内孔的锚环和一组可以合成的锥形夹片组成，每组锚具可锚固 3～6 根 $7\phi^S4$、$7\phi^S5$ 钢绞线，如图 6－7 所示。

5. 群锚

群锚的基本构造原理是，把若干个锚固单元组合在一块锚具上，每个锚固单元由一组夹片构成，锚固一根钢绞线，如图 6－8 所示。我国生产的型号主要有 XM－5 型及 QM－5 型，主要用于大吨位张拉的钢绞线的锚固。

6. 预应力筋连接器

在长跨的连续结构中，有时由于单根预应力钢筋长度有限，或者在分段施工的连续梁中，预应力钢筋需要用连接器来实现远端接长，如图 6－9 所示。

为了减少锚具变形和钢筋内缩引起的预应力损失，可采取下列措施：

(1)选择锚具变形和钢筋内缩值 α 较小的锚具；

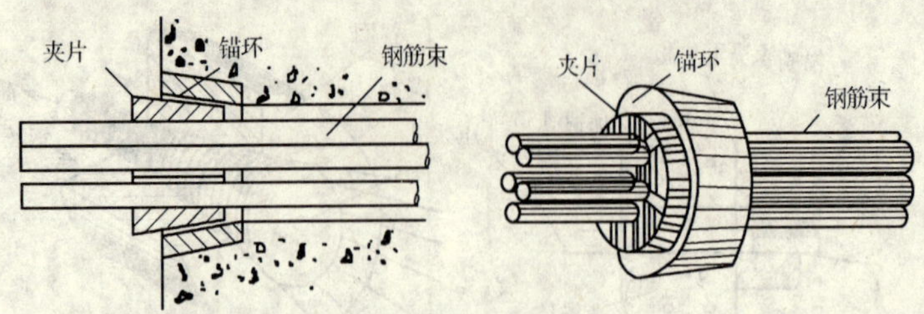

图 6-7　JM12 锚具

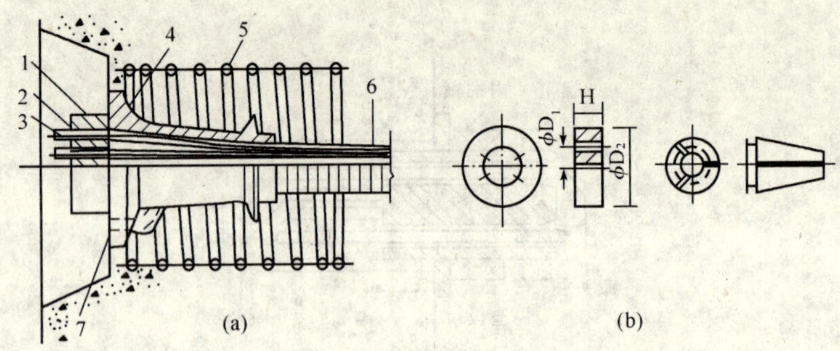

图 6-8　群锚

(a)QM 型锚具结构；(b)QM 型锚具的锚杯、夹片

1—锚杯；2—夹片；3—钢绞线；4—锚座；5—螺旋筋；6—波纹管；7—灌浆孔

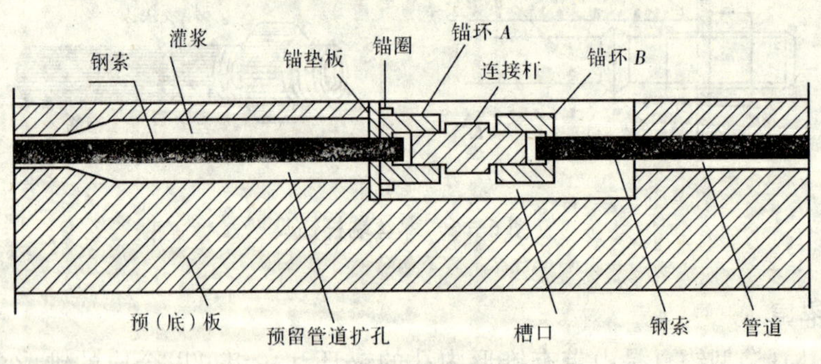

图 6-9　预应力筋连接器

(2)减小垫板块数或螺帽个数；

(3)当采用直线预应力钢筋时，可采用一端张拉的方法，因为固定端的锚具变形和钢筋内缩已在张拉过程中完成，不再引起损失；

(4)对于先张法，应选择长的台座，当台座长度超过 100m 时，可不考虑 σ_{l1}项损失。

新《混凝土结构设计规范》GB 50010—2002

6.2.3　后张法构件预应力曲线钢筋或折线钢筋由于锚具变形和预应力钢筋内缩引起的预应力损失值 σ_{l1}，应根据预应力曲线钢筋或折线钢筋与孔道壁之间反向摩擦影响长

度 l_f 范围内的预应力钢筋变形值等于锚具变形和钢筋内缩值的条件确定，反向摩擦系数可按本规范表 6.2.4 中的数值采用。常用束形的后张预应力钢筋在反向摩擦影响长度 l_f 范围内的预应力损失值 σ_{l1} 可按本规范附录 D 计算。

旧《混凝土结构设计规范》GBJ 10—89

第 **3.4.9** 条　后张法构件预应力曲线钢筋由于锚具变形和钢筋内缩引起的预应力损失值 σ_{l1} 应根据预应力曲线钢筋与孔道壁之间反向摩擦影响长度 l_f 范围内的钢筋变形值等于锚具变形和钢筋内缩值的条件确定，反向摩擦系数可按表 3.4.10 中数值取用。当预应力钢筋为圆弧形曲线，且其对应的圆心角 θ 不大于 30°时（图 3.4.9），其预应力损失值可按下列公式计算：

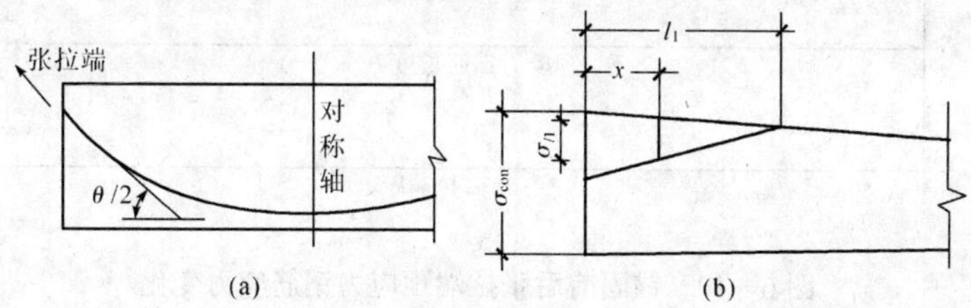

图 3.4.9　圆弧形曲线预应力钢筋因锚具变形和钢筋内缩引起的损失值

（a）圆弧形曲线预应力钢筋；（b）预应力损失值 σ_{l1}

$$\sigma_{l1}=2\sigma_{con}l_f\left(\frac{\mu}{\gamma_c}+\kappa\right)\left(1-\frac{x}{l_f}\right) \tag{3.4.9-1}$$

反向摩擦影响长度（m）按下列公式计算：

$$l_f=\sqrt{\frac{aE_s}{1000\sigma_{con}(\mu/\gamma_c+\kappa)}} \tag{3.4.9-2}$$

式中　γ_c——圆弧形曲线预应力钢筋的曲率半径（m）；

μ——预应力钢筋与孔道壁之间的摩擦系数，按表 3.4.10 取用；

κ——考虑孔道每米长度局部偏差的摩擦系数，按表 3.4.10 取用；

x——张拉端至计算截面的距离（m）且应符合 $x\leqslant l_f$ 的规定；

a——锚具变形和钢筋内缩值（mm），按表 3.4.8 取用；

E_s——预应力钢筋弹性模量（N/mm²）。

【新规范理解与说明】

本条内容，新旧规范略有差别，旧规范仅对常用圆弧形曲线预应力钢筋给出了计算公式，该公式在推导时，未考虑在预应力钢筋张拉端有一直线段的情况，新规范增补了预应力钢筋在端部为直线，直线长度等于 l。而后由两条弧形曲线组成的曲线筋及折线筋的预应力损失 σ_{l1} 的计算公式。

后张法构件的曲线预应力钢筋放张时，由于锚具变形和钢筋内缩将引起预应力锚固损失 σ_{l1}。在推导公式时，应考虑曲线预应力钢筋受到曲线孔道上反摩擦力的阻止，按变

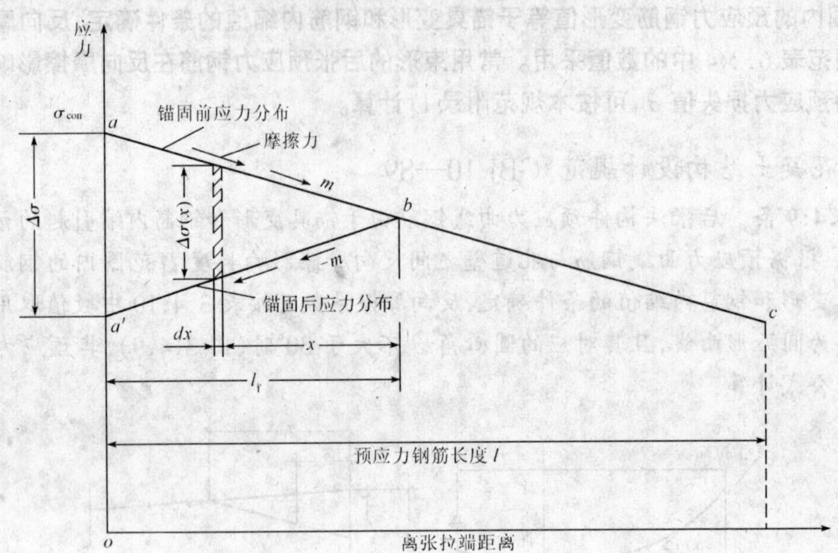

图 6-10　锚固前后张拉端预应力钢筋应力变化

形协调原理，取张拉端锚具的变形和内缩值等于反摩擦力引起的钢筋变形值，可求出预应力损失值 σ_{l1} 的影响范围和数值。在不同条件下，同一根曲线预应力钢筋的不同位置处 σ_{l1} 均各不相同。由图 6-10 推导过程说明如下，为简化计算，提出两条假定：(a)孔道摩擦损失按近似直线公式计算；(b)回缩发生的反向摩擦力和张拉摩擦力的摩擦系数相等。因此，代表锚固前和锚固后瞬间预应力钢筋应力变化的两根直线 ab 和 $a'b$ 的斜率是相等的，但方向则相反。这样，锚固后整根预应力钢筋的应力变化线可用折线 $a'bc$ 来代表。为确定该折线，需要求出两个未知量，其为张拉端的预应力锚固损失 $\Delta\sigma$ 及预应力钢筋回缩的反向摩擦影响长度 l_f。

由于 ab 和 $a'b$ 两条线是对称的，张拉端的预应力锚固损失将为

$$\Delta\sigma = 2ml_f \tag{6-2}$$

式中　m——每米长的摩擦损失值(MPa/m)；

　　l_f——预应力钢筋反向摩擦影响长度(m)。

反向摩擦影响长度 l_f 可根据锚具变形和钢筋内缩值 a 用积分法求得：

$$a = \int_0^{l_f} \Delta\varepsilon(x)\mathrm{d}x = \int_0^{l_f} \frac{\Delta\sigma(x)}{E_p}\mathrm{d}x = \int_0^{l_f} \frac{2mx}{E_p}\mathrm{d}x = \frac{m}{E_p}l_f^2$$

化简得

$$l_f = \sqrt{\frac{aE_p}{m}} \tag{6-3}$$

新《混凝土结构设计规范》GB 50010—2002

6.2.4　预应力钢筋与孔道壁之间的摩擦引起的预应力损失值 σ_{l2}(图 6.2.4)，宜按下列公式计算：

$$\sigma_{l2}=\sigma_{\rm con}\left(1-\frac{1}{e^{\kappa x+\mu\theta}}\right) \tag{6.2.4-1}$$

当$(\kappa x+\mu\theta)\leqslant 0.2$时，$\sigma_{l2}$可按下列近似公式计算：

$$\sigma_{l2}=(\kappa x+\mu\theta)\sigma_{\rm con} \tag{6.2.4-2}$$

式中　x——张拉端至计算截面的孔道长度(m)，可近似取该段孔道在纵轴上的投影长度；

θ——张拉端至计算截面曲线孔道部分切线的夹角(rad)；

κ——考虑孔道每米长度局部偏差的摩擦系数，按表 6.2.4 采用；

μ——预应力钢筋与孔道壁之间的摩擦系数，按表 6.2.4 采用。

表 6.2.4　摩擦系数

孔道成型方式	κ	μ
预埋金属波纹管	0.0015	0.25
预埋钢管	0.0010	0.30
橡胶管或钢管抽芯成型	0.0014	0.55

注：1　表中系数也可根据实测数据确定；

2　当采用钢丝束的钢质锥形锚具及类似形式锚具时，尚应考虑锚环口处的附加摩擦损失，其值可根据实测数据确定。

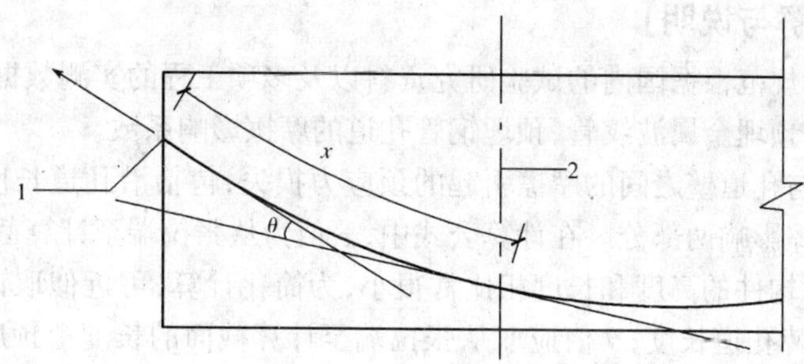

图 6.2.4　预应力摩擦损失计算

1—张拉端；2—计算截面

旧《混凝土结构设计规范》GBJ 10—89

第 **3.4.10** 条　预应力钢筋与孔道壁之间的摩擦引起的预应力损失 σ_{l2}(N/mm^2)(图 3.4.10)，可按下列公式计算：

$$\sigma_{l2}=\sigma_{\rm con}\left(1-\frac{1}{e^{\kappa x+\mu_0}}\right) \tag{3.4.10-1}$$

当 $\kappa x+\mu\theta$ 不大于 0.2 时，σ_{l2}可按下列近似公式计算：

$$\sigma_{l2}=(\kappa x+\mu\theta)\sigma_{\rm con} \tag{3.4.10-2}$$

式中　x——从张拉端至计算截面的孔道长度(m)，亦可近似取该段孔道在纵轴上的投影长度；

θ——从张拉端至计算截面曲线孔道部分切线的夹角(rad)。

表 3.4.10　　摩擦系数

孔道成型方式	κ	μ	
		钢丝束、钢绞线、光面钢筋	变形钢筋
预埋铁皮管	0.003	0.35	0.40
预埋波纹管	0.0015	0.25	
轴芯成型	0.0015	0.55	0.60

注：当采用钢丝束的钢制锥形锚具及类似形式锚具时，尚应考虑锚环口处的附加摩擦损失，其值可根据实测数据确定。

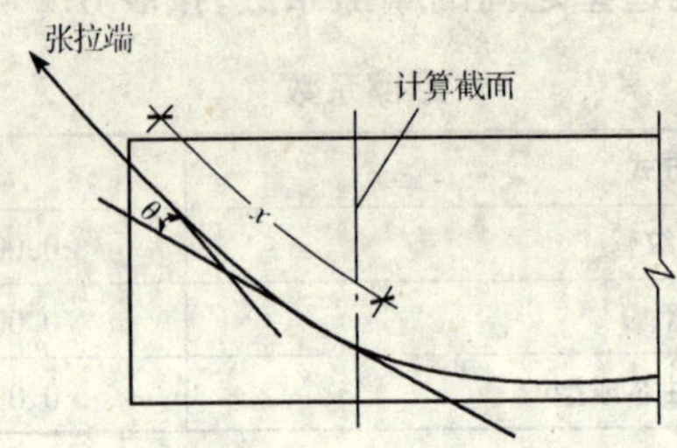

图 3.4.10　预应力摩擦损失计算

【新规范理解与说明】

本条内容，新规范根据国内的试验研究资料以及多项工程的实测数据，并参考国外规范的规定，补充了预埋金属波纹管，预埋钢管孔道的摩擦影响系数。

预应力钢筋与孔道壁之间的摩擦引起的预应力损失，包括沿孔道长度上局部位置偏移和曲线弯道摩擦影响两部分。在计算公式中，x 值为从张拉端至计算截面的孔道长度，但在实际工程中，构件的高度和长度相比常很小，为简化计算，可近似取该段孔道在纵轴上的投影长度代替孔道长度；θ 值应取从张拉端至计算截面的长度上预应力钢筋弯起角(以弧度计)之和。

研究表明，孔道局部偏差的摩擦系数 κ 值与下列因素有关：预应力钢筋的表面形状；孔道成型的质量状况；预应力钢筋接头的外形；预应力钢筋与孔壁的接触程度(孔道的尺寸，预应力钢筋与孔壁之间的间隙数值和预应力钢筋在孔道中的偏心距数值情况)等。在曲线预应力钢筋摩擦损失中，预应力钢筋与曲线弯道之间摩擦引起的损失是控制因素。

新《混凝土结构设计规范》GB 50010—2002

6.2.5　混凝土收缩、徐变引起受拉区和受压区纵向预应力钢筋的预应力损失值 σ_{l5}、σ'_{l5} 可按下列方法确定：

1　对一般情况

先张法构件

$$\sigma_{l5}=\frac{45+280\dfrac{\sigma_{pc}}{f'_{cu}}}{1+15\rho} \qquad (6.2.5-1)$$

$$\sigma'_{l5}=\frac{45+280\frac{\sigma'_{pc}}{f'_{cu}}}{1+15\rho'} \tag{6.2.5-2}$$

后张法构件

$$\sigma_{l5}=\frac{35+280\frac{\sigma_{pc}}{f'_{cu}}}{1+15\rho} \tag{6.2.5-3}$$

$$\sigma'_{l5}=\frac{35+280\frac{\sigma'_{pc}}{f'_{cu}}}{1+15\rho'} \tag{6.2.5-4}$$

式中 σ_{pc}、σ'_{pc}——在受拉区、受压区预应力钢筋合力点处的混凝土法向压应力；

f'_{cu}——施加预应力时的混凝土立方体抗压强度；

ρ、ρ'——受拉区、受压区预应力钢筋和非预应力钢筋的配筋率：对先张法构件，$\rho=(A_p+A_s)/A_0$，$\rho'=(A'_p+A'_s)/A_0$；对后张法构件，$\rho=(A_p+A_s)/A_n$，$\rho'=(A'_p+A'_s)/A_n$；对于对称配置预应力钢筋和非预应力钢筋的构件，配筋率 ρ、ρ' 应按钢筋总截面面积的一半计算。

在受拉区、受压区预应力钢筋合力点处的混凝土法向压应力 σ_{pc}、σ'_{pc} 应按本规范第 6.1.5 条及第 6.1.6 条的规定计算。此时，预应力损失值仅考虑混凝土预压前（第一批）的损失，其非预应力钢筋中的应力 σ_{l5}、σ'_{l5} 值应取为零；σ_{pc}、σ'_{pc} 值不得大于 $0.5f'_{cu}$；当 σ'_{pc} 为拉应力时，公式(6.2.5-2)、(6.2.5-4)中的 σ'_{pc} 应取为零。计算混凝土法向应力 σ_{pc}、σ'_{pc} 时，可根据构件制作情况考虑自重的影响。

当结构处于年平均相对湿度低于 40% 的环境下，σ_{l5} 及 σ'_{l5} 值应增加 30%。

2 对重要的结构构件，当需要考虑与时间相关的混凝土收缩、徐变及钢筋应力松弛预应力损失值时，可按本规范附录 E 进行计算。

注：当采用泵送混凝土时，宜根据实际情况考虑混凝土收缩、徐变引起预应力损失值的增大。

旧《混凝土结构设计规范》GBJ 10—89

第 **3.4.11** 条 混凝土收缩、徐变引起受拉区预应力钢筋的预应力损失 σ_{l5}、σ'_{l5} (N/mm²)可按下列公式计算：

一、先张法构件

$$\sigma_{l5}=\frac{45+220\frac{\sigma_{pc}}{f'_{cu}}}{1+15\rho} \tag{3.4.11-1}$$

$$\sigma'_{l5}=\frac{45+220\frac{\sigma'_{pc}}{f'_{cu}}}{1+15\rho'} \tag{3.4.11-2}$$

二、后张法构件

$$\sigma_{l5}=\frac{25+220\frac{\sigma_{pc}}{f'_{cu}}}{1+15\rho} \tag{3.4.11-3}$$

$$\sigma'_{l5}=\frac{25+220\dfrac{\sigma'_{pc}}{f'_{cu}}}{1+15\rho} \tag{3.4.11-4}$$

式中 σ_{pc}、σ'_{pc}——受拉区、受压区预应力钢筋在各自合力点处混凝土法向压应力；

f'_{cu}——施加预应力时的混凝土立方体抗压强度；

ρ、ρ'——受拉区、受压区预应力钢筋和非预应力钢筋的配筋率：对先张法构件，$\rho=\dfrac{A_p+A_s}{A_0}$，$\rho'=\dfrac{A'_p+A'_s}{A_0}$；对后张法构件，$\rho=\dfrac{A_p+A_s}{A_n}$，$\rho'=\dfrac{A'_p+A'_s}{A_n}$；对于对称配置预应力钢筋和非预应力钢筋的构件，取 $\rho=\rho'$，此时配筋率应按其钢筋截面面积的一半进行计算。

受拉区、受压区预应力钢筋在各自合力点处混凝土法向压应力 σ_{pc}、σ'_{pc}应按本规范第3.4.5条及第3.4.6条的规定计算，此时，预应力损失值仅考虑混凝土预压前(第一批)的损失，其非预应力钢筋中的应力 σ_{l5}、σ'_{l5}值应取等于零；σ_{pc}、σ'_{pc}值不得大于 $0.5f'_{cu}$；当 σ'_{pu}为拉应力时，则公式(3.4.11-2)、(3.4.11-4)中的 σ'_{pc}应取等于零。计算混凝土法向应力 σ_{pc}、σ'_{pc}时可根据构件制作情况考虑自重的影响。

对处于高湿度环境的结构(如贮水池等)，按本条公式计算的 σ_{l5}及 σ'_{l5}值可降低50%；对处于干燥环境的结构，σ_{l5}及 σ'_{l5}值应增加20～30%。

当能预先确定构件承受外荷载的时间时，可考虑时间对混凝土收缩和徐变损失值的影响，此时可将 σ_{l5}及 σ'_{l5}乘以不得大于1的系数 β。系数 β 可按下列公式计算：

$$\beta=\frac{4j}{120+3j} \tag{3.4.11-5}$$

式中 j——结构构件从预加应力时起至承受外荷载的天数。

【新规范理解与说明】

本条内容，新旧规范变动较大。新规范删除了原规范中构件从预加应力时起至承受外荷载时间对混凝土收缩和徐变损失值影响的系数 ρ 的计算公式。同时，由于泵送混凝土的大量采用，新规范提出了应增大其预应力损失值。

近年随着后张预应力混凝土在高层大跨建筑及特种结构中的推广应用，构件的跨度和截面面积增大，且需要考虑加载龄期，理论厚度等多因素影响的收缩徐变损失计算方法，以适应各类工程的需要。本次修订采用了“部分预应力混凝土结构设计建议”的计算方法，并经过与新规范公式(6.2.5-1)至(6.2.5-4)计算结果分析比较后给出的。所采用的方法考虑了非预应力钢筋对混凝土收缩、徐变所引起预应力损失的影响，考虑预应力钢筋松弛对徐变损失计算值的影响，将其按0.9倍折减。考虑预加力时的龄期、理论厚度影响的混凝土收缩应变和徐变系数终极值以及松弛损失和收缩、徐变损失中间值系数，一般适用于水泥用量为400～500kg/m^3，水灰比为0.34～0.42，周围空气相对湿度为60%～80%的情况。在年平均相对湿度低于40%的条件下使用的结构，收缩应变、徐变系数终极值应增加30%。当无可靠资料时，混凝土收缩应变和徐变系数终极值可按新规范表 E.0.1 采用。对坍落度大的泵送混凝土,或周围空气相对湿度为 40%～60%的情况,宜根据实际情况考虑混凝土收缩和徐变引起预应力损失值增大的影响,或采用其他可靠数据。新规范附录 E 中列有混凝土收缩和徐变引起的预应力损失计算公式,供给需要考虑施加预应力时混凝土龄期及理论厚度影响,以及需要计算松弛及收缩、徐变损失随时间变化中间值的重要工程设计使用。

目前,现浇后张预应力混凝土结构在我国已得到很多应用,考虑到其施加预应力的时间比 28d 龄期有所提前等因素,本次修订对收缩、徐变损失简化计算公式(6.2.5－1)至(6.2.5－4)在数值上予以增大,作了调整。计算表明,预加力时混凝土的龄期,对先张法取 7d,后张法取 14d,理论厚度均取 200mm,预加力后至使用荷载作用前延续时间为 1 年时,上述两种方法计算结果是一致的。

新《混凝土结构设计规范》GB 50010—2002

6.2.6　后张法构件的预应力钢筋采用分批张拉时,应考虑后批张拉钢筋所产生的混凝土弹性压缩(或伸长)对先批张拉钢筋的影响,将先批张拉钢筋的张拉控制应力值 σ_{con} 增加(或减小)$\alpha_E\sigma_{pci}$。此处,σ_{pci} 为后批张拉钢筋在先批张拉钢筋重心处产生的混凝土法向应力。

旧《混凝土结构设计规范》GBJ 10—89

第 **3.4.12** 条　后张法构件的预应力钢筋采用分批张拉时,应考虑后批张拉钢筋所产生的混凝土弹性压缩(或伸长)对先批张拉钢筋的影响,将先批张拉钢筋的张拉应力值 σ_{con} 增加(或减少)$\alpha_E\sigma_{pci}$,此处,σ_{pci} 为后批张拉钢筋在先批张拉钢筋重心处产生的混凝土法向应力。

【新规范理解与说明】

本条内容,新旧规范完全一致。

新《混凝土结构设计规范》GB 50010—2002

6.2.7　预应力构件在各阶段的预应力损失值宜按表 6.2.7 的规定进行组合。

表 6.2.7　各阶段预应力损失值的组合

预应力损失值的组合	先张法构件	后张法构件
混凝土预压前(第一批)的损失	$\sigma_{l1}+\sigma_{l2}+\sigma_{l3}+\sigma_{l4}$	$\sigma_{l1}+\sigma_{l2}$
混凝土预压后(第二批)的损失	σ_{l5}	$\sigma_{l4}+\sigma_{l5}+\sigma_{l6}$

注:先张法构件由于钢筋应力松驰引起的损失值 σ_{l4} 在第一批和第二批损失中所占的比例,如需区分,可根据实际情况确定。

旧《混凝土结构设计规范》GBJ 10—89

第 **3.4.13** 条　预应力构件在各阶段预应力损失值宜按表 3.4.13 的规定进行组合。

表 **3.4.13** 各阶段预应力损失值的组合

预应力损失值的组合	先张法构件	后张法构件
混凝土预压前(第一批)的损失	$\sigma_{l1}+\sigma_{l2}+\sigma_{l3}+\sigma_{l4}$	$\sigma_{l1}+\sigma_{l2}$
混凝土预压后(第二批)的损失	σ_{l5}	$\sigma_{l4}+\sigma_{l5}+\sigma_{l6}$

注:①电热后张法构件可不考虑摩擦损失 σ_{l2};

②先张法构件由于钢筋应力松驰引起的损失值 σ_{l1}在第一批和第二批损失中所占的比例,如需区分,可根据实际情况确定。

【新规范理解与说明】

本条内容新旧规范基本一致。由于新规范不再推荐使用电热法施加预应力,所以取消了"电热后张法构件可不考虑摩擦损失 σ_{l2}"这一句。第一批损失是指混凝土预压完成前出现的损失 σ_{l2}。第二批损失是指混凝土预压完成后出现的损失 $\sigma_{l\text{II}}$。

【新规范应用计算实例】

【例 6-1】 已知后张法一端张拉的轴心受拉构件(屋架下弦)的截面如图 6-11 所示。混凝土强度等级为 C40($f_c=19.1\text{N/mm}^2$, $f_{tk}=2.40\text{N/mm}^2$, $E_c=3.25\times10^4\text{N/mm}^2$)。当混凝土达到设计规定的强度后张拉预应力钢筋(采用超张拉),预应力钢筋采用钢绞线($f_{ptk}=1\ 720\ \text{N/mm}^2$, $f_{py}=1\ 220\ \text{N/mm}^2$, $E_p=1.95\times10^5\text{N/mm}^2$)。非预应力钢筋采用 HRB400 级钢筋($f_y=360\text{N/mm}^2$, $E_s=2.0\times10^5\text{N/mm}^2$),构件长度为 24m,采用 JM12 锚具,孔道为预埋金属波纹管。构件承受的荷载为:轴心拉力设计值 $N_k=830\text{kN}$,按荷载效应的标准组合计算的轴心拉力值 $N_k=650\text{kN}$,按荷载效应的准永久组合计算的轴心拉力值 $N_q=52.5\text{kN}$。裂缝控制等级为二级。试计算荷载作用阶段的承载力和抗裂度,并验算张拉预应力钢筋时构件的承载力和局部受压承载力。

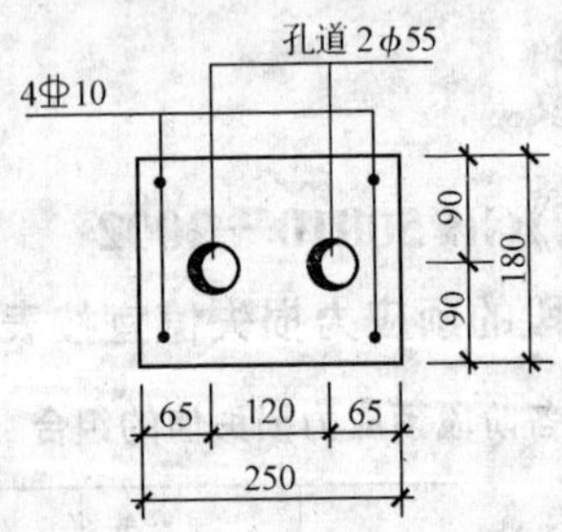

图 6-11 例题 6-1 中屋架下弦截面尺寸

解

(1)荷载作用阶段的承载力计算

按构造要求配置 4⌀10, $A_s=314\ \text{mm}^2$。

由公式 $N\leqslant N_u=f_{py}A_p+f_yA_s$ 可得

$$A_p=\frac{N-f_yA_s}{f_{py}}=\frac{830\times10^3-360\times314}{1\ 220}=588\ \text{mm}^2$$

选用 2 束,每束 5ϕ^{s}10.8, $A_p=593\ \text{mm}^2$。

(2)荷载作用阶段抗裂度验算

①截面几何特征

$A_c = 250 \times 180 - 2 \times \frac{3.14}{4} \times 55^2 = 40\ 250\text{mm}^2$

预应力钢筋弹性模量与混凝土弹性模量比

$\alpha_{Ep} = \frac{E_p}{E_c} = \frac{1.95 \times 10^5}{3.25 \times 10^4} = 6.00$

非预应力钢筋弹性模量与混凝土弹性模量比

$\alpha_{E_s} = \frac{2.0 \times 10^5}{3.25 \times 10^4} = 6.15$

净截面面积

$A_n = A_c + \alpha_{Es} A_s = 40\ 250 + 6.15 \times 314 = 42\ 180\text{mm}^2$

换算截面面积

$A_0 = A_c + \alpha_{Es} A_s + \alpha_{Ep} A_p = 40\ 250 + 6.15 \times 314 + 6.00 \times 593 = 45\ 740\text{mm}^2$

②张拉控制应力

$\sigma_{con} = 0.7 f_{ptk} = 0.7 \times 1\ 720 = 1\ 204\text{N/mm}^2$

③预应力损失值

锚具变形损失

$\sigma_{l1} = \frac{\lambda}{l} E_p = \frac{3}{24\ 000} \times 1.95 \times 10^5 = 24.4\text{N/mm}^2$

孔道摩擦损失

$\sigma_{l2} = \sigma_{con}(\kappa x + \mu\theta) = 1\ 204 \times (0.001\ 5 \times 24) = 43.3\text{N/mm}^2$

第一批预应力损失

$\sigma_{lI} = \sigma_{l1} + \sigma_{l2} = 24.4 + 43.3 = 67.7\text{N/mm}^2$

钢筋松驰损失(采用超张拉)

$\sigma_{l4} = 0.4\psi(\frac{\sigma_{con}}{f_{ptk}} - 0.5)\sigma_{con} = 0.4 \times 0.9 \times (0.7 - 0.5) \times 1\ 204 = 86.7\text{N/mm}^2$

混凝土收缩、徐变损失

$\sigma_{pc\,I} = \frac{(\sigma_{con} - \sigma_{lI}) A_p}{A_n} = \frac{(1\ 204 - 67.7) \times 593}{42\ 180} = 16.0\text{N/mm}^2$

$\frac{\sigma_{pc\,I}}{f'_{cu}} = \frac{16.0}{40} = 0.40$

$\rho = \frac{0.5(A_p + A_s)}{A_n} = \frac{0.5(593 + 314)}{42\ 180} = 0.010\ 8$

由公式 $\sigma_{l5} = \frac{35 + 280 \frac{\sigma_{pc}}{f'_{cu}}}{1 + 15\rho}$ 可得

$\sigma_{l5} = \frac{35 + 280 \frac{\sigma_{pc\,I}}{f'_{cu}}}{1 + 15\rho} = \frac{35 + 280 \times 0.40}{1 + 15 \times 0.010\ 8} = 127.9\text{N/mm}^2$

第二批预应力损失

$\sigma_{l\text{II}}=\sigma_{l5}+\sigma_{l5}=86.7+127.9=214.6\text{N/mm}^2$

总预应力损失

$\sigma_l=\sigma_{l\text{I}}+\sigma_{l\text{II}}=67.7+214.6=282.3\text{N/mm}^2$

④抗裂度验算

混凝土有效预压应力为

$$\sigma_{pc}=\frac{(\sigma_{con}-\sigma_l)A_p}{A_n}=\frac{(1\,204-282.3)\times593}{42\,180}=12.96\text{N/mm}^2$$

A. 在荷载效应的标准组合下

$$\sigma_{ck}=\frac{N_k}{A_0}=\frac{650\times10^5}{45\,740}=14.21\text{N/mm}^2$$

$\sigma_{ck}-\sigma_{pc}=14.21-12.96=1.25\text{N/mm}^2<f_{tk}=2.4\text{N/mm}^2$(满足要求)

B. 在荷载效应的准永久组合下

$$\sigma_{cq}=\frac{N_q}{A_0}=\frac{52.5\times10^3}{45\,740}=11.48\text{N/mm}^2$$

$\sigma_{cq}-\sigma_{pc}=11.48-12.96=-1.48\text{N/mm}^2<0$(满足要求)

(3)施工阶段承载力验算

$$\sigma_{cc}=\frac{\sigma_{con}A_p}{A_n}=\frac{1\,204\times593}{42\,180}=16.9\text{N/mm}^2$$

$<0.8f'_{ck}=0.8\times26.8=21.44\text{N/mm}^2$ (满足要求)

(4)局部受压承载力验算

①局部受压面积验算

$F_l=1.2A_p\sigma_{con}=1.2\times593\times1\,204=856\,800\text{N}$

因为采用JM12锚具,其直径为106mm,垫板厚度16mm,按45°扩散后,受压面积的直径增加到106+2×16=138mm,受压面积中有一部分相重合,如图6-12a中的阴影部分所示。另有一部分突出构件外侧,其面积较上述阴影面积略小些,为简化起见,按相等考虑。因此,计算每一锚具的受压面积应扣除2块月牙形面积,经计算,每块月牙形面积为414mm²,所以2个锚具通过垫板传递后,实际局部受压面积为

$$A_l=2\times\left(\frac{\pi}{4}\times138^2-2\times414\right)=28\,260\text{mm}^2$$

将此面积换算成宽250mm的矩形时,其长度应为28 260/250=113mm(图6-12b)。在屋架端部,由预留孔中心至下边缘的距离为90+50=140mm(图6-12),于是可得

$A_b=2\times140\times250=70\,000\text{mm}^2$

$$\beta_l=\sqrt{\frac{A_b}{A_l}}=\sqrt{\frac{70\,000}{28\,260}}=1.57$$

$A_{ln}=2(113\times125-\pi\times27.5^2)=23\,500\text{mm}^2$

$1.35\beta_c\beta_l f'_c A_{ln}=1.35\times1.0\times1.57\times19.1\times23\,500$

$=951\,300\text{N}>F_l=856\,800\text{N}$ (满足要求)

②局部受压承载力验算

屋架端部配置 HPB235 级钢筋焊接网(图 6-13),钢筋直径为 $\phi 8$,网片间距 $s=50\text{mm}$,共 5 片,$l_1=220\text{mm}$,$l_2=230\text{mm}$,$A_{s1}=A_{s2}=50.3\text{mm}^2$,$n_1=n_2=4$。

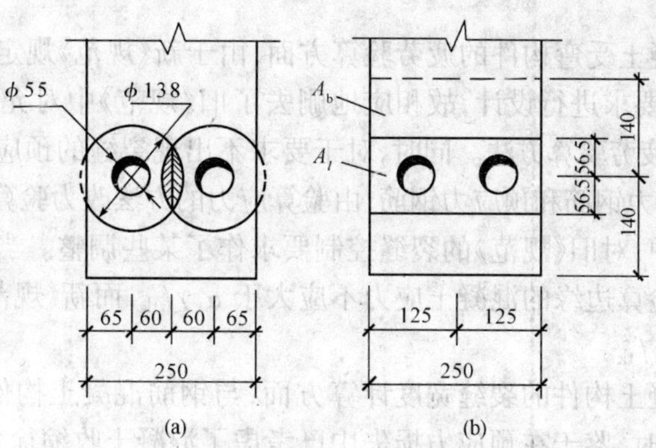

图 6-12　例题 6-1 中局部受压面积

$$A_{cor}=230\times220=50\ 600\text{mm}^2$$

$$\rho_v=\frac{n_1A_{s1}l_1+n_2A_{s2}l_2}{A_{cor}s}$$

$$=\frac{4\times50.3\times220+4\times50.3\times230}{50\ 600\times50}=0.036$$

$$\beta_{cor}=\sqrt{\frac{A_{cor}}{A_l}}=\sqrt{\frac{230\times220}{27\ 000}}=1.37$$

$$F_{lu}=0.9(\beta_c\beta_l f'_c+2\alpha\rho_v\beta_{cor}f_y)A_{ln}$$

$$=0.9\times(1.0\times1.57\times19.1+2\times1.0\times0.036\times1.37\times300)\times23\ 500$$

$$=1\ 260\ 100\text{N}>F_l=856\ 800\text{N}(\text{满足要求})$$

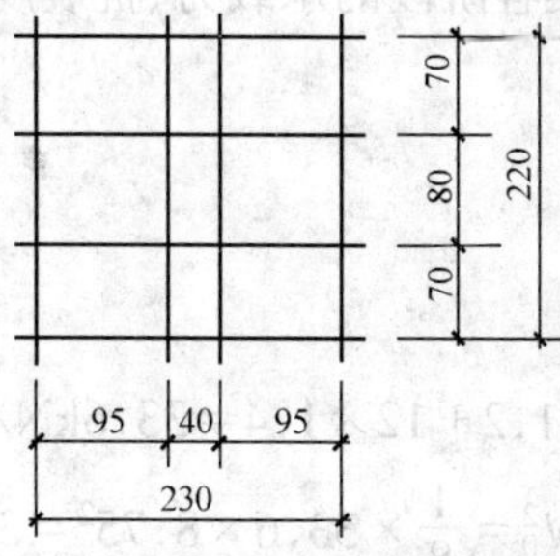

图 6-13　例题 6-1 中的钢筋网片

综上可见,在预应力混凝土构件的设计计算方面,新《规范》与旧《规范》有如下不同之处。

(1)在受弯和偏心受压构件承载力计算方面,与钢筋混凝土构件有关的部分,新《规范》均相应地作了修改。例如,对于受压区混凝土抗压强度,取消了弯曲抗压强度 f_{cm},而采用 $\alpha_1 f_c$;对于斜截面受剪承载力计算,由以 f_c 为主要计算强度指标改为以 f_t 为主要强度指标,等等。此外,新《规范》还补充了预应力混凝土矩形截面受扭构件的承载力计算公式。

(2)在预应力混凝土受弯构件的疲劳验算方面,由于新《规范》规定预应力混凝土吊车梁应按不出现裂缝的要求进行设计,故相应地删去了旧《规范》中对允许出现裂缝的预应力混凝土受弯构件的疲劳验算方法。同时,对于要求不出现裂缝的预应力混凝土受弯构件的疲劳验算,对非预应力钢筋和预应力钢筋,由验算应力的方法改为验算应力幅的方法。

(3)在新《规范》中,对旧《规范》的裂缝控制要求作了某些调整。当裂缝控制等级为二级时,旧《规范》要求验算边缘的混凝土应力不应大于 $\alpha_t \gamma f_{tk}$,而新《规范》要求验算边缘的混凝土应力不应大于 f_{tk}。

(4)在预应力混凝土构件的裂缝宽度计算方面,与钢筋混凝土构件相同,新《规范》也相应地作了修改。同时,鉴于在预应力损失中已考虑了混凝土收缩徐变的影响,对于裂缝宽度在长期作用下的增大系数 τ_l 由 1.5 改为 1.2,因此,α_{cr} 也相应作了修改。

(5)对于预应力混凝土受弯构件的刚度,新《规范》基本采用了旧《规范》的计算方法,但对于允许出现裂缝的构件的刚度计算公式,在表达形式上略作了修改。

【例 6-2】 先张法预应力混凝土梁的跨度为 9m(计算跨度为 8.75m),截面尺寸和配筋如图 6-14 所示。承受的均布恒荷载标准值 $g_k = 14.0\text{kN/m}$(荷载分项系数 $\gamma_g = 1.2$),均布活荷载标准值 $q_k = 12.0\text{kN/m}$(荷载分项系数 $\gamma_q = 1.4$,准永久系数 $\psi_q = 0.4$)。混凝土强度等级为 C40($f_c = 19.1\text{N/mm}^2$,$f_{tk} = 2.40\text{N/mm}^2$,$f_{ck} = 26.8\text{N/mm}^2$,$E_c = 3.25 \times 10^4\text{N/mm}^2$)。预应力钢筋采用热处理钢筋($f_{py} = 1\,040\text{N/mm}^2$,$f'_{py} = 400\text{N/mm}^2$,$f_{ptk} = 1\,470\text{N/mm}^2$,$E_s = 2.0 \times 10^5\text{N/mm}^2$),$A_p = 624.8\text{mm}^2$,$A'_p = 156.3\text{mm}^2$。箍筋采用 HPB235 级钢筋($f_y = 210\text{N/mm}^2$)。在 50m 长线台座上生产,施工时采用超张拉,养护温差 $\Delta t = 20℃$,当混凝土强度达到设计规定的强度等级时放松钢筋。裂缝控制等级为一级,允许挠度为$\frac{l_0}{300}$。试验算该梁各阶段的承载力、抗裂度和变形。

解

(1)内力计算

$l_0 = 8.75\text{m} \quad l_n = 8.5\text{m}$

①内力设计值

均布荷载设计值 $p = 14 \times 1.2 + 12 \times 1.4 = 33.6\text{kN/m}$

跨中弯矩设计值 $M = \frac{1}{8} p l_0^2 = \frac{1}{8} \times 33.6 \times 8.75^2 = 321.6\text{kN·m}$

支座剪力设计值 $V = \frac{1}{2} p l_n = \frac{1}{2} \times 33.6 \times 8.5 = 142.8\text{kN}$

②内力标准值和准永久值

A. 在荷载的标准组合下

均布荷载标准值 $p_k = 14.0 + 12.0 = 26.0\text{kN/m}$

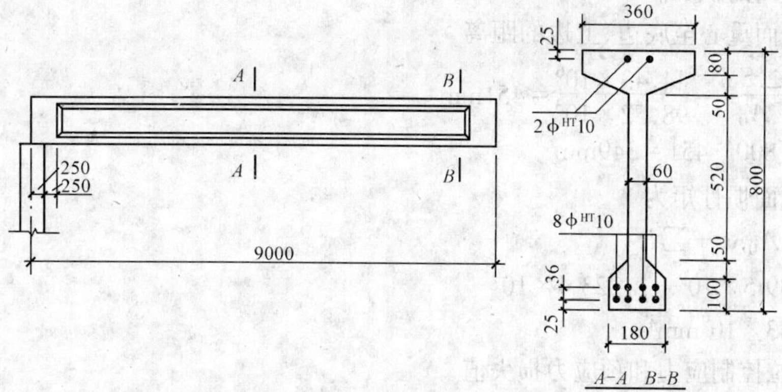

图 6-14　例题 6-2 中先张法预应力混凝土简支梁梁的尺寸和配筋示意图

跨中弯矩标准值　$M_k = \frac{1}{8} p_k l_0^2 = \frac{1}{8} \times 26 \times 8.75^2 = 248.8\text{kN·m}$

支座剪力标准值　$V_k = \frac{1}{2} p_k l_n = \frac{1}{2} \times 26 \times 8.5 = 110.5\text{kN}$

B. 在荷载的准永久组合下

均布荷载准永久值　$p_q = 14.0 + 12.0 \times 0.4 = 18.8\text{kN/m}$

跨中弯距准永久值　$M = \frac{1}{8} p_q l_0^2 = \frac{1}{8} \times 18.8 \times 8.75^2 = 179.9\text{kN·m}$

(2)截面几何特征

下部预应力钢筋截面重心至构件截面下边缘的距离为

$$a - 25 + 0.5 \times 36 = 43\text{mm} \quad h_0 = 800 - 43 = 757\text{mm} \quad \alpha_E = \frac{2.0 \times 10^5}{3.25 \times 10^4} = 6.15$$

为了计算简便，将有关参数值列于表 6-2，表中各分块的编号如图 6-15 所示。于是可得

表 6-2　　例题 6-2 中的截面特征计算

编号	A_{0i} /mm²	a_i /mm	$S_{0i} = A_{0i}a_i$ /mm³	y_i /mm	$A_{0i}y_i^2$ /mm⁴	I_i /mm⁴
①	$360 \times 80 = 28.8 \times 10^3$	760	21.888×10^6	309	2.7499×10^9	$\frac{1}{12} \times 360 \times 80^3 = 0.01536 \times 10^9$
②	$\frac{1}{2} \times 300 \times 50 = 7.5 \times 10^3$	703	5.273×10^6	252	0.4768×10^9	$\frac{2}{36} \times 150 \times 50^3 = 0.0010 \times 10^9$
③	$60 \times 620 = 37.2 \times 10^3$	410	15.252×10^6	41	0.0625×10^9	$\frac{1}{12} \times 60 \times 620^3 = 1.1916 \times 10^9$
④	$\frac{1}{2} \times 120 \times 50 = 3.0 \times 10^3$	117	0.351×10^6	334	0.3347×10^9	$\frac{2}{36} \times 60 \times 50^3 = 0.0004 \times 10^9$
⑤	$100 \times 180 = 18.0 \times 10^3$	50	0.900×10^6	401	2.8944×10^9	$\frac{1}{12} \times 180 \times 100^3 = 0.0150 \times 10^9$
⑥	$(6.15 - 1) \times 156.2 = 0.804 \times 10^3$	775	0.623×10^6	324	0.0844×10^9	
⑥	$(6.15 - 1) \times 624.8 = 3.218 \times 10^3$		0.138×10^6	408	0.5368×10^9	
Σ	$A_0 = 98.52 \times 10^3$		44.43×10^6		7.1395×10^9	1.2234×10^9

换算截面面积 $A_0 = 98.52 \times 10^3 \text{mm}^2$

换算截面重心至底边、上边的距离

$$y_{\max} = \frac{\sum S_{0i}}{A_0} = \frac{44.43 \times 10^6}{98.52 \times 10^3} = 451\text{mm}$$

$$y'_{\max} = 800 - 451 = 349\text{mm}$$

换算截面惯性矩为

$$I_0 = \sum A_{0i} y_i^2 + \sum I_i$$
$$= 7.139\,5 \times 10^9 + 1.223\,4 \times 10^9$$
$$= 8.363 \times 10^9 \text{mm}^4$$

(3)张拉控制应力和预应力损失值

①张拉控制应力

受拉区

$$\sigma_{\text{con}} = 0.7 f_{\text{ptk}} = 0.7 \times 1\,470 = 1\,029\text{N/mm}^2$$

受压区

$$\sigma'_{\text{con}} = 0.5 f_{\text{ptk}} = 0.5 \times 1\,470 = 735\text{N/mm}^2$$

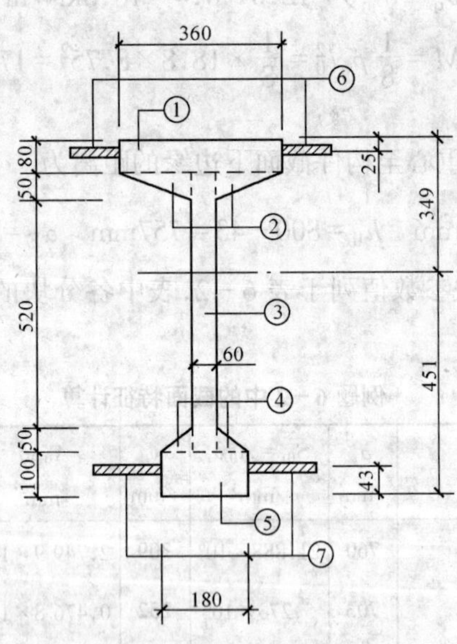

图 6-15　例题 6-2 中预应力混凝土简支梁的截面几何特征计算示意图

②预应力损失

A. 第一批预应力损失

$$\sigma_{l1} = \sigma'_{l1} = \frac{a}{l} E_{\text{p}} = \frac{5}{50\,000} \times 2.0 \times 10^5 = 20\text{N/mm}^2$$

$$\sigma_{l3} = \sigma'_{l3} = 2\Delta t = 2 \times 20 = 40\text{N/mm}^2$$

$\sigma_{l4}=0.035\sigma_{con}=0.036\times1\ 029=36\text{N/mm}^2$

$\sigma'_{l4}=0.035\sigma'_{con}=0.035\times735=26\text{N/mm}^2$

第一批预应力损失值为

$\sigma_{l\text{I}}=\sigma_{l1}+\sigma_{l3}+\sigma_{l4}=20+40+36=96\text{N/mm}^2$

$\sigma'_{l\text{I}}=\sigma'_{l1}+\sigma'_{l3}+\sigma'_{l4}=20+40+26=86\text{N/mm}^2$

第一批预应力损失后的 $N_{p0\text{I}}$ 和 $e_{p0\text{I}}$ 为

$N_{p0\text{I}}=(\sigma_{con}-\sigma_{l\text{I}})A_p+(\sigma'_{con}-\sigma'_{l\text{I}})A'_p$

$=(1\ 029-96)\times624.8+(735-86)\times156.2=684\ 310\text{N}=684.31\text{kN}$

$y_p=451-43=408\text{mm}$

$y'_p=349-25=324\text{mm}$

$$e_{p0\text{I}}=\frac{(\sigma_{con}-\sigma_{l\text{I}})A_py_p-(\sigma'_{con}-\sigma'_{l\text{I}})A'_py_p}{N_{p0\text{I}}}$$

$$=\frac{(1\ 029-96)\times624.8\times408-(735-86)\times156.2\times324}{684\ 310}=299.6\text{mm}$$

第一批预应力损失后，在预应力钢筋 A_p 合力点和 A'_p 合力点水平处的混凝土预压力 $\sigma_{pc\text{I}}$ 和 $\sigma'_{pc\text{I}}$ 为

$$\sigma_{pc\text{I}}=\frac{N_{p0\text{I}}}{A_0}+\frac{N_{p0\text{I}}e_{p0\text{I}}y_p}{I_0}$$

$$=\frac{68.431\times10^3}{98.52\times10^3}+\frac{684.31\times10^3\times299.6\times408}{8.363\times10^9}=16.95\text{N/mm}^2$$

$$\sigma'_{pc\text{I}}=\frac{N_{p0\text{I}}}{A_0}-\frac{N_{p0\text{I}}e_{p0\text{I}}y'_p}{I_0}$$

$$=\frac{684.31\times10^3}{98.52\times10^3}-\frac{684.31\times10^3\times299.6\times324}{8.363\times10^6}=-1.00\text{N/mm}^2$$

B. 第二批预应力损失

$f'_{cu}=40\text{N/mm}^2$

$$\rho=\frac{A_p}{A_0}=\frac{624.8}{98\ 520}=0.006\ 3$$

则 $$\sigma_{l5}=\frac{45+280\dfrac{\sigma_{pc\text{I}}}{f'_{cu}}}{1+15\rho}=\frac{45+280\times\dfrac{16.95}{40}}{1+15\times0.006\ 3}=150\text{N/mm}^2$$

$$\rho'=\frac{A'_p}{A_0}=\frac{156.2}{98\ 520}=0.001\ 6$$

因 $\sigma'_{pc\text{I}}$ 为拉应力，计算 σ'_{l5} 时应取 $\sigma'_{pc\text{I}}=0$

则 $$\sigma'_{l5}=\frac{45+280\dfrac{\sigma'_{pc\text{I}}}{f'_{cu}}}{1+15\rho'}=\frac{45+280\times\dfrac{0}{40}}{1+15\times0.001\ 6}=44\text{N/mm}^2$$

第二批预应力损失值为

$\sigma_{l\text{II}}=\sigma_{l5}=150\text{N/mm}^2$

$\sigma'_{l\text{II}}=\sigma'_{l5}=44\text{N/mm}^2$

C. 总预应力损失

总预应力损失值为

$\sigma_l=\sigma_{l\,\mathrm{I}}+\sigma_{l\,\mathrm{II}}=96+150=246\mathrm{N/mm^2}$

$\sigma'_l=\sigma'_{l\,\mathrm{I}}+\sigma'_{l\,\mathrm{II}}=86+44=130\mathrm{N/mm^2}$

第二批预应力损失后的 σ_{p0}、σ'_{p0}、N_{p0}和 e_{p0}为

$\sigma_{p0}=\sigma_{con}-\sigma_l=1\,029-246=783\mathrm{N/mm^2}$

$\sigma'_{p0}=\sigma'_{con}-\sigma'_l=735-130=605\mathrm{N/mm^2}$

$N_{p0}=\sigma_{p0}A_p+\sigma'_{p0}A'_p=783\times624.8+605\times156.2=583\,720\mathrm{N}=583.72\mathrm{kN}$

$$e_{p0}=\frac{\sigma_{p0}A_py_p-\sigma'_{p0}A'_py'_p}{N_{p0}}=\frac{783\times624.8\times408-605\times156.2\times324}{583.72\times10^3}=289.5\mathrm{mm}$$

(4)荷载作用阶段的正截面受弯承载力计算

假定中和轴通过翼缘,属于第一种 T 形截面。

$h'_f\approx80+\frac{50}{2}=105\mathrm{mm}$

$\sigma'_p=\sigma'_{p0}-f'_{py}=605-400=205\mathrm{N/mm^2}$

$$x=\frac{f_{py}A_p+\sigma'_pA'_p}{\alpha_1f_cb'_f}=\frac{1\,040\times624.8+205\times156.2}{1.0\times19.1\times360}=99.2\mathrm{mm}<h'_f$$

按第一种 T 形截面计算。$x>2a'_p=2\times25=50\mathrm{mm}$;$x$ 很小,$x<\xi_bh_0$ 的条件可不必验算。

$$M_u=\alpha_1f_cb'_fx\left(h_0-\frac{x}{2}\right)-\sigma'_pA'_p(h_0-a'_p)$$
$$=1.0\times19.1\times360\times99.2\times\left(757-\frac{99.2}{2}\right)-205\times156.2\times(757-25)$$
$$=459.08\times10^6\mathrm{N\cdot mm}=459.08\mathrm{kN\cdot m}>M\quad(满足要求)$$

(5)荷载作用阶段的斜截面受剪承载力计算

①验算截面尺寸

$0.25\beta_cf_cbh_0=0.25\times1.0\times19.1\times60\times757=216\times10^3\mathrm{N}=216\mathrm{kN}>V$ (满足要求)

②计算箍筋

$\sigma_{pe\,\mathrm{I}}=\sigma_{p0\,\mathrm{I}}-\alpha_E\sigma_{pc\,\mathrm{I}}=(\sigma_{con}-\sigma_{l\,\mathrm{I}})-\alpha_E\sigma_{pc\,\mathrm{I}}$

$=(1\,029-96)-6.15\times16.95=828.8\mathrm{N/mm^2}$

梁端至支座边缘的距离为 $l_{as}=50\mathrm{mm}$

$$l_{tr}=\alpha\frac{\sigma_{pe\,\mathrm{I}}}{f'_{tk}}d=0.14\times\frac{828.8}{2.4}\times10=48.3\mathrm{mm}<50\mathrm{mm}$$

则计算斜截面受剪承载力时可不考虑预应力传递长度的影响。

$0.7f_tbh_0=0.7\times1.71\times60\times757=54\,370\mathrm{N}=54.37\mathrm{kN}<V$

则需按计算配置箍筋。采用ϕ 8@250 双肢箍筋,$A_{sv}=2\times50.3=100.6\mathrm{mm^2}$。

$$V_{cs}=0.7f_tbh_0+1.25f_{yv}\frac{A_{sv}}{s}h_0$$

$=0.7\times1.71\times60\times757+1.25\times210\times\frac{100.6}{250}\times757=134\ 330\text{N}=134.33\text{kN}$

$0.3f_cA_0=0.3\times19.1\times98.52\times10^3=564.5\times10^3\text{N}<N_{p0}=583.72\times10^3\text{N}$

故计算 V_p 时应取 $N_{p0}=564.5\times10^3\text{N}$,则

$V_p=0.05N_{p0}=0.05\times564.5\times10^3=28.23\times10^3\text{N}$

$V_u=V_{cs}+V_p=134.33\times10^3+28.23\times10^3$

$=162.56\times10^3\text{N}=162.56\text{kN}>V$(满足要求)

(6)荷载作用阶段的正截面抗裂验算

截面下边缘混凝土的预压应力为

$$\sigma_{pc}=\frac{N_{p0}}{A_0}+\frac{N_{p0}e_{p0}y_{max}}{I_0}$$

$$=\frac{583.72\times10^3}{98.52\times10^3}+\frac{583.72\times10^3\times289.5\times451}{8.363\times10^9}=5.925+9.113=15.04\text{N/mm}^2$$

在荷载效应的标准组合下截面下边缘混凝土的拉应力为

$$\sigma_{ck}=\frac{M_ky_{max}}{I_0}=\frac{248.8\times10^6\times451}{8.363\times10^9}=13.42\text{N/mm}^2$$

$\sigma_{ck}-\sigma_{pc}=13.42-15.04=-1.6\text{N/mm}^2<0$　(满足要求)

(7)荷载作用阶段的斜截面抗裂验算

取 $B-B$ 截面(即腹板厚度改变处)中的三个点,即上、下翼缘与腹板的交界处及截面重心处进行验算(图 6-16)。

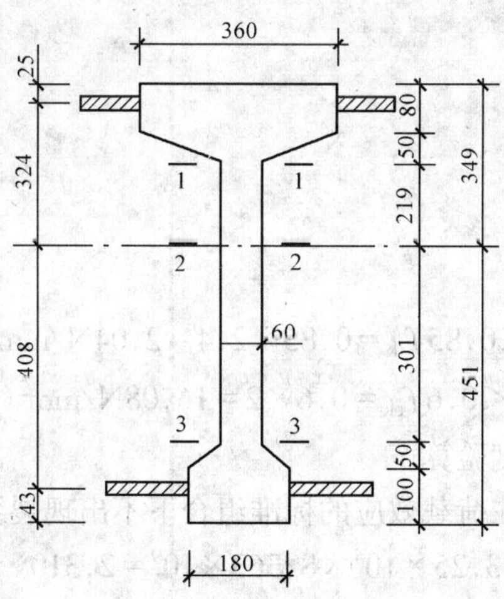

图 6-16　例题 6-2 中的预应力混凝土简支梁斜截面抗裂验算位置

在 $B-B$ 截面处,按荷载效应的标准组合计算的弯矩值和剪力值可近似取

$M_k=0$　$V_k=110.5\text{kN}$

①1-1 截面

由荷载引起的应力按下述计算:

$S_{01}=28.8\times10^3\times309+7.5\times10^3\times252+0.804\times10^3\times324+60\times50\times244$

$=11.782\times10^6\text{mm}^3$

$\tau=\dfrac{V_k S_{01}}{bI_0}$

$=\dfrac{110.5\times10^3\times11.782\times10^6}{60\times8.363\times10^9}=2.595\text{N/mm}^2$

$\sigma_{ck}=0$

第二批预应力损失后的混凝土预应力为

$$\sigma_{pc}=\frac{N_{p0}}{A_0}-\frac{N_{p0}e_{p0}}{I_0}y_0=\frac{583.72\times10^3}{98.52\times10^3}-\frac{583.72\times10^3\times289.5\times219}{8.363\times10^9}$$

$=5.925-4.427=1.498\text{N/mm}^2$(压应力)

即 $\sigma_x=\sigma_{pc}+\sigma_{ck}=1.498\text{N/mm}^2$(压应力)

$$\sigma_{tp}=\frac{\sigma_x}{2}+\sqrt{\left(\frac{\sigma_x}{2}\right)^2+\tau^2}=\frac{-1.498}{2}+\sqrt{\left(\frac{-1.498}{2}\right)^2+2.595^2}$$

$=-0.7490+2.7009=1.952\text{N/mm}^2$

$$\sigma_{cp}=\frac{\sigma_x}{2}-\sqrt{\left(\frac{\sigma_x}{2}\right)^2+\tau^2}=\frac{-1.498}{2}-\sqrt{\left(\frac{-1.498}{2}\right)^2+2.595^2}=-3.450\text{N/mm}^2$$

同理可求得 2－2 截面和 3－3 截面的 σ_{tp}和 σ_{cp}。

②2－2 截面

$\sigma_{tp}=1.191\text{N/mm}^2$

$\sigma_{cp}=-7.116\text{N/mm}^2$

③3－3 截面

$\sigma_{tp}=0.431\text{N/mm}^2$

$\sigma_{cp}=-12.438\text{N/mm}^2$

由此可得

$\sigma_{tp,max}=1.952\text{N/mm}^2<0.85f_{tk}=0.85\times2.4=2.04\text{N/mm}^2$(满足要求)

$\sigma_{cp,max}=12.438\text{N/mm}^2<0.6f_{ck}=0.6\times2=16.08\text{N/mm}^2$(满足要求)

(8)荷载作用阶段的挠度验算

由抗裂度验算可知,梁在荷载效应的标准组合下不出现裂缝。则

$B_s=0.85E_cI_0=0.85\times3.25\times10^4\times8.363\times10^9=2.310\times10^{14}\text{N·mm}^2$

$\theta=2.0$

$$B=\frac{M_k}{M_q(\theta-1)+M_k}B_s=\frac{248.8}{179.9\times(2.0-1)+248.8}\times2.310\times10^{14}$$

$=1.341\times10^{14}\text{N·mm}^2$

按荷载的标准组合,并考虑荷载长期作用影响的挠度为

$$\Delta_0=\frac{5}{384}\cdot\frac{p_k l_0^4}{B}=\frac{5}{384}\cdot\frac{26\times8750^4}{1.341\times10^{14}}=14.8\text{mm}$$

由预应力引起的长期反拱为

$$\Delta_p=\frac{N_{p0}e_{p0}l_0^2}{4E_cI_0}=\frac{583.72\times10^3\times289.5\times8\ 750^4}{4\times3.25\times10^3\times8.363\times10^9}=9.11\text{mm}$$

梁的长期挠度 Δ 为

$$\Delta=\Delta_0-\Delta_p=14.8-9.11=5.69\text{mm}$$

$$\frac{\Delta}{l_0}=\frac{5.69}{8\ 750}=\frac{1}{1\ 538}<\frac{1}{300}\text{(满足要求)}$$

(9)放松钢筋时的承载力和抗裂验算

计算时,仅考虑第一批预应力损失。

截面上边缘混凝土的预应力为

$$\sigma'_{pc\text{Ⅰ}}=\frac{N_{p0\text{Ⅰ}}}{A_0}-\frac{N_{p0\text{Ⅰ}}e_{p0\text{Ⅰ}}y'_{max}}{I_0}=\frac{684.31\times10^3}{98.52\times10^3}-\frac{684.31\times10^3\times299.6\times349}{8.363\times10^9}$$

$$=6.95-8.56=-1.610\text{N/mm}^2\text{(拉应力)}$$

$$\sigma_{ct}=|\sigma'_{pc\text{Ⅰ}}|=1.610\text{N/mm}^2<f'_{tk}=2.40\text{N/mm}^2\text{(满足要求)}$$

截面下边缘混凝土的预压应力为

$$\sigma_{pc\text{Ⅰ}}=\frac{N_{p0\text{Ⅰ}}}{A_0}+\frac{N_{p0\text{Ⅰ}}e_{p0\text{Ⅰ}}y_{max}}{I_0}=\frac{684.31\times10^3}{98.52\times10^3}+\frac{684.31\times10^3\times299.6\times451}{8.363\times10^9}$$

$$=6.95+11.06=18.01\text{N/mm}^2$$

$$\sigma_{cc}=\sigma_{pc\text{Ⅰ}}<0.8f'_{ck}=0.8\times26.4=21.44\text{N/mm}^2\text{(满足要求)}$$

(10)吊装时的正截面承载力和抗裂验算

大梁自重为

$$g_b=(28.8+7.5+37.2+3+18)\times10^{-3}\times25\ 000=2\ 360\text{N/m}=2.36\text{kN/m}$$

设吊点距构件端部 700mm,动力系数为 1.5,则由梁自重在吊点处产生的弯矩为

$$M_b=\frac{1}{2}\times2.36\times0.7^2\times1.5=0.867\ 3\text{kN·m}$$

吊装时由梁自重在吊点处截面的上、下边缘产生的应力 σ'_b 和 σ_b 为

$$\sigma_b=-\frac{M_by'_{max}}{I_0}=-\frac{867\ 300\times349}{8.363\times10^9}=-0.036\text{N/mm}^2\text{(拉应力)}$$

$$\sigma_b=\frac{M_by_{max}}{I_0}=\frac{867\ 300\times451}{8.363\times10^9}=0.05\text{N/mm}^2\text{(压应力)}$$

由预应力和梁自重在吊点处截面的上边缘混凝土产生的拉应力为

$$\sigma_{ct}=|\sigma'_{pc\text{Ⅰ}}|+|\sigma'_b|=1.610+0.036=1.646\text{N/mm}^2$$

$$<f'_{tk}=2.40\text{N/mm}^2\text{(满足要求)}$$

由预应力和梁自重在吊点处截面的下边缘混凝土产生的压应力为

$$\sigma_{cc}=\sigma_{pc\text{Ⅰ}}+\sigma_b=18.01+0.05=18\text{N/mm}^2$$

$$<0.8f'_{ck}=21.44\text{N/mm}^2\text{(满足要求)}$$

第七章　承载力极限状态计算

第一节　本章主要修订内容介绍

本章共四节内容，与旧规范 GBJ 10—89 相比较，本章主要修订和增加内容见表 7－1 所列。

表 7－1　　主要修订内容及说明

项次	新规范中位置	修订内容	说明
1	新规范第 7.1.2 条关于受压混凝土的应力－应变曲线	在旧规范中，应力－应变关系是抛物线，而在旧规范中，则是由一条二次抛物线和水平线组成	试验表明，随着混凝土强度的提高，混凝土受压时的应力－应变曲线将逐渐变化，其上升段的近似线形保持到较高的应力水平，且对应于峰值应力的应变稍有提高，而下降段变陡，极限应变稍有减少
2	新规范第 7.1.2 条关于混凝土抗压强度的规定	在旧规范中，受压区混凝土抗压强度的取值为 $1.1f_c$ 而在新规范中为 αf_c	
3	新规范第 7.3.1 条关于轴心受压构件的正截面受压承载力的规定	为了保持与偏心受压构件正截面承载力计算具有相近的可靠度，在承载力计算公式中，乘以降低系数 0.9	
4	新规范第 7.3.3 条关于偏心受压构件的正截面的附加偏心距规定	旧规范规定当 $e_a>0.3$ 时，取为 0，而在新规范中，则是取偏心方向截面尺寸的 1/30和 20mm 的较大值	
5	新规范第 7.3.9 条关于二阶效应问题	新规范在对待二阶效应与旧规范不同之处主要在于：旧规范只是推荐近似的 $\eta-l_0$ 法，而新规范过渡到同时推出 $\eta-l_0$ 和较为准确的考虑二阶效应的弹性分析方法，以备设计者根据具体情况自行选用。考虑二阶效应的弹性分析方法采用弹性杆件体系有限元分析方法来计算结构内里，假定材料性质是弹性的，各构件的刚度则采用折减后的弹性刚度，考虑了结构变形的非线性，是准确度比较高、计算效率比较好的一种方法	
6	新规范第 7.4.4 条关于正截面受拉承载力规定	新规范在旧规范基础上给出了计算 $\frac{e_0}{M_u}$ 的另一种计算方法，简化了计算	

续表

项次	新规范中位置	修订内容	说明
7	新规范第 7.5.15 条关于圆形截面的混凝土受弯和偏心受压构件	旧规范没有此条内容，新规范增加此条是在分析了国内外一定数量圆形截面受弯构件试验数据的基础上，借鉴国外规范的相关规定，提出了采用等效惯性矩原则确定等效截面宽度和等效截面高度的取值方法，从而对圆形截面受弯和偏心受压构件，可直接采用配置垂直箍筋的矩形截面受弯和偏心受压构件的受剪承载力计算公式进行计算	
8	新规范第 7.6.6 条关于箱形截面钢筋混凝土纯扭构件的受扭承载力的计算规定	旧规范没有此条内容，新规范增加此条是因为试验及理论表明，具有一定厚度的箱形截面，其受扭承载力与实心截面相同。但壁厚较薄时，其受扭承载力小于实心截面的受扭承载力，因此，对于箱形截面，仅在矩形截面混凝土抗扭项考虑了与相对壁厚有关的影响系数	
9	新规范第 7.6.6 条关于钢筋混凝土矩形截面框架柱的正截面受压和斜截面受剪承载力	在轴向压力、弯矩、剪力和扭矩共同作用下的混凝土矩形截面框架柱，与在弯矩、轴向压力、剪力和扭矩共同作用下的钢筋混凝土构件类似，但是考虑到轴向压力的有利影响，可以仅按正截面受压承载力和框架柱斜截面受剪承载力分别计算	

第二节 一 般 规 定

新《混凝土结构设计规范》GB 50010—2002

7.1.1 本章第 7.1 节至 7.4 节规定的正截面承载能力极限状态计算，适用于钢筋混凝土和预应力混凝土受弯构件、受压构件和受拉构件。

对跨高比小于 5 的钢筋混凝土深受弯构件，其承载力应按本规范第 10 章第 10.7 节的规定进行计算。

旧《混凝土结构设计规范》GBJ 10—89

旧《混凝土结构设计规范》GBJ 10—89 无此相关内容。

【新规范理解与说明】

本条内容为新增条文，新规定明确指出了新规范第 7.1 节至 7.4 节的适用条件，同时，指出了深受弯构件应遵守新规范第 10.7 节的规定计算。

新《混凝土结构设计规范》GB 50010—2002

7.1.2 正截面承载力应按下列基本假定进行计算：

1 截面应变保持平面；

2 不考虑混凝土的抗拉强度；

3 混凝土受压的应力与应变关系曲线按下列规定取用：

当 $\varepsilon_c \leqslant \varepsilon_0$ 时

$$\sigma_c = f_c\left[1-\left(1-\frac{\varepsilon_c}{\varepsilon_0}\right)^n\right] \tag{7.1.2-1}$$

当 $\varepsilon_0 < \varepsilon_c \leqslant \varepsilon_{cu}$ 时

$$\sigma_c = f_c \tag{7.1.2-2}$$

$$n = 2-\frac{1}{60}(f_{cu,k}-50) \tag{7.1.2-3}$$

$$\varepsilon_0 = 0.002+0.5(f_{cu,k}-50)\times 10^{-5} \tag{7.1.2-4}$$

$$\varepsilon_{cu} = 0.0033-(f_{cu,k}-50)\times 10^{-5} \tag{7.1.2-5}$$

式中　σ_c——混凝土压应变为 ε_c 时的混凝土压应力；

f_c——混凝土轴心抗压强度设计值，按本规范表 4.1.4 采用；

ε_0——混凝土压应力刚达到 f_c 时的混凝土压应变，当计算的 ε_0 值小于 0.002 时，取为 0.002；

ε_{cu}——正截面的混凝土极限压应变，当处于非均匀受压时，按公式(7.1.2-5)计算，如计算的 ε_{cu} 值大于 0.0033，取为 0.0033；当处于轴心受压时取为 ε_0；

$f_{cu,k}$——混凝土立方体抗压强度标准值，按本规范第 4.1.1 条确定；

n——系数，当计算的 n 值大于 2.0 时，取为 2.0。

4　纵向钢筋的应力取等于钢筋应变与其弹性模量的乘积，但其绝对值不应大于其相应的强度设计值。纵向受拉钢筋的极限拉应变取为 0.01。

旧《混凝土结构设计规范》GBJ 10—89

第 **4.1.1** 条　正截面承载力应按下列基本假定进行计算：

一、截面应保持平面；

二、不考虑混凝土的抗拉强度；

三、混凝土轴心受压的应力与应变关系曲线为抛物线，其极限压应变取 0.002；相应的最大的压应力取混凝土轴心抗压强度设计值 f_c；

对非均匀受压构件，当压应变 $\varepsilon_c \leqslant 0.002$ 时，应力与应变关系曲线为抛物线；当压应变 $\varepsilon_c > 0.002$ 时，应力与应变关系曲线呈水平线，其极限压应变取 ε_{cu} 取 0.0033，相应的最大的压应力取混凝土弯曲抗压强度设计值 f_{cm}；

四、钢筋应力取等于钢筋应变与其弹性模量的乘积，但不大于其强度设计值。受拉钢筋的极限拉应变取 0.01。

【新规范理解与说明】

本条内容，新规范规定了正截面承载力计算方法的计算假定：

(1)截面的平均应变保持平面。

国内外大量试验证明，配置各种钢筋的矩形、T 形、I 形及环形截面的受弯构件，在受拉区混凝土开裂前的第Ⅰ受力阶段中，其截面的平均应变都能较好地符合平截面假定。在开裂后的第Ⅱ、Ⅲ受力阶段直至Ⅲa 极限状态，大应变量测标距量测的混凝土和钢筋平均应变仍能符合平截面假定。

当然，这一假定仍是近似的，和实际情况有差距。但是，试验表明，这样引起的误差不大，能满足工程计算要求。

应当指出，对于以剪切变形为主的构件，例如跨度与梁高的比值小于 2 的深梁，其截面应变分布是非线性，平截面假定对此类构件将不再适用。

(2)截面受拉区的拉力全部由钢筋混凝土负担，不考虑受拉区混凝土的抗拉作用。

在裂缝截面处，受拉区混凝土已大部分退出工作，但在靠近中和轴附近，仍有一部分混凝土承担着拉应力。由于其拉应力较小，且内力臂不大，因此，其所承担的力矩很小，可以不考虑。

(3)混凝土的压应力－应变关系曲线(图 7－1)。

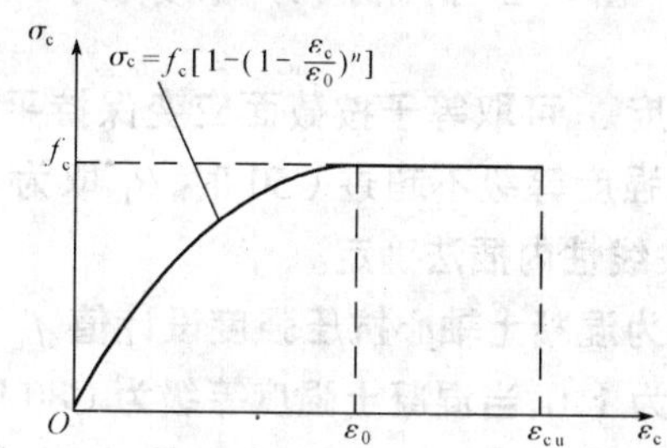

图 7－1　设计采用的混凝土受压应力－应变曲线

混凝土的应力－应变曲线，有多种不同的形式，较常采用的是由一条二次抛物线及水平线所组成的曲线，新《规范》采用的就是这种形式的曲线。试验表明，随着混凝土强度的提高，混凝土受压时的应力－应变曲线将逐渐变化，其上升段的近似线性段保持到较高的应力水平，且对应于峰值应力的应变稍有提高，而下降段变陡，极限应变稍有减小。

必须注意的是，在受弯构件正截面的受压区，其应变是不均匀的，应变速度也是不同的，这些都将使其实际的应力－应变曲线与按轴心受压确定的应力－应变曲线不同。所以，按上述方法确定的受压区混凝土应力图形也必然存在一定的误差。然而，从工程设计所要求的精度出发，合理地选择一条混凝土受压应力－应变曲线，以描述混凝土受压区应力分布图形还是可行的。

(4)钢筋应力取等于钢筋应变与弹性模量的乘积，但其绝对值不大于其相应的强度设计值，受拉钢筋的极限拉应变取 0.01。

这一假定意味着钢筋的应力－应变关系可采用弹性－全塑性曲线(图 7－2)。在钢筋屈服以前，钢筋应力和应变成正比；在钢筋屈服以后，钢筋应力保持不变。同时，对纵向受拉钢筋的极限值应变规定为 0.01，这是构件达到承载能力极限状态的标志之一。对有明确屈服点的钢筋，它相当于钢筋应变进入了屈服台阶；对无明确屈服点的钢筋，设计所用的强度是以条件屈服点为依据的，极限拉应变的规定是限制强化强度，同时，它也表示设计控制的钢筋均匀伸长率不得小于 0.01，以保证结构构件具有必要的延性。

新《混凝土结构设计规范》GB 50010—2002

7.1.3　受弯构件、偏心受力构件正截面受压区混凝土的应力图形可简化为等效的矩形应力图。

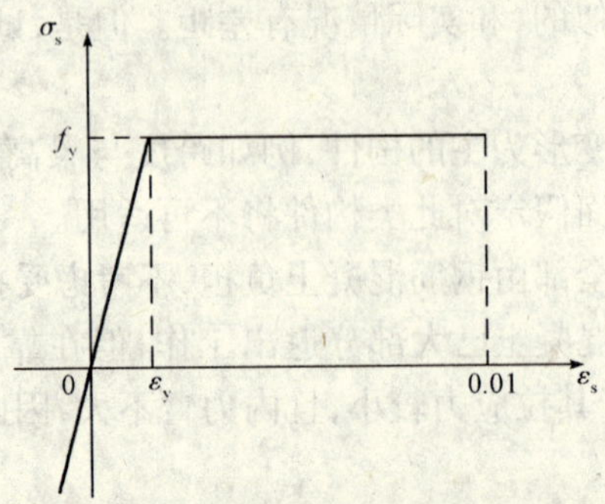

图 7－2 钢筋的应力－应变曲线

矩形应力图的受压区高度 x 可取等于按截面应变保持平面的假定所确定的中和轴高度乘以系数 β_1。当混凝土强度等级不超过 C50 时，β_1 取为 0.8，当混凝土强度等级为 C80 时，β_1 取为 0.74，其间按线性内插法确定。

矩形应力图的应力值取为混凝土轴心抗压强度设计值 f_c 乘以系数 α_1。当混凝土强度等级不超过 C50 时，α_1 取为 1.0，当混凝土强度等级为 C80 时，α_1 取为 0.94，其间按线性内插法确定。

旧《混凝土结构设计规范》GBJ 10—89

第 **4.1.2** 条 受压区混凝土的应力图形可简化为等效的矩形应力图，其高度可取等于按平截面假定所确定的中和轴高度乘以系数 0.8，矩形应力图的应力可取为混凝土弯曲抗压强度设计值。

【新规范理解与说明】

本条内容，新规范规定了受弯构件、偏心受力构件正截面受压区混凝土的应力图形的简化及要求。

应力－应变图形表明，受压区混凝土的曲线应力图形可以用一个等效的矩形应力图形来代替，以便简化计算。由于在计算正截面受弯承载力时，只需知道受压区混凝土压应力合力的大小及其作用点位置，因此，等效矩形应力图形可按下列原则确定：保证压应力合力的大小和作用点位置不变。这时，换算的混凝土抗压强度可称为等效混凝土抗压强度，用 $\alpha_1 f_c$ 表示。

受压区混凝土应力图形的特征可以用三个参数 k_1、k_2 和 k_3 来表示(图 7－3)。其中，k_1 表示受压区混凝土最大应力与混凝土轴心抗压强度 f_c 的比值，称为最大应力系数；k_2 表示受压区混凝土应力合力作用点到受压区外边缘的距离与实际受压区高度 x_a 的比值，称为合力作用点距离系数；k_3 表示受压区混凝土平均应力与最大应力($k_1 f_c$)的比值，称为平均应力系数。

对于宽度为 b、有效高度为 h_0 的矩形截面(图 7－3)，当其实际受压区高度为 x_a 时，受压区混凝土的总压力 $C = k_1 k_3 f_c b x_a$，压应力合力作用点至受压区外边缘的距离为 $k_2 x_a$。当用等效矩形应力图形代替时，其相应的换算受压区高度 x(可简称为受压区高

度)和混凝土等效抗压强度 f_{ce} 可按下述确定,即

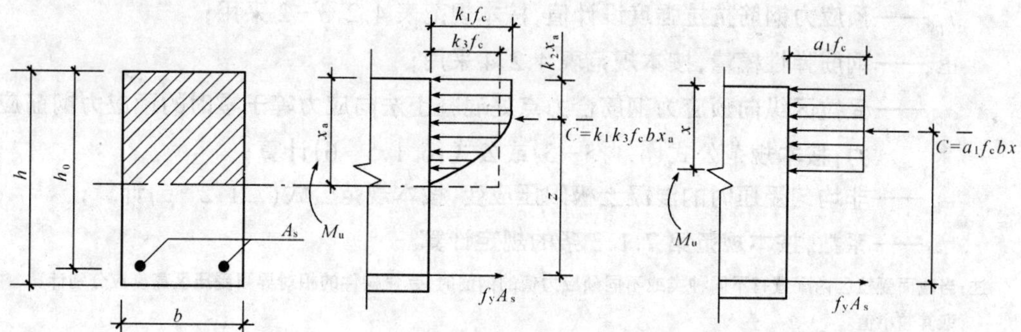

图 7-3 等效矩形应力图形的换算

$$x = 2k_2 x_a = \beta_1 x_a \tag{7-1}$$

$$f_{ce} bx = k_1 k_3 f_c b x_a \tag{7-2}$$

则

$$f_{ce} = \frac{k_1 k_3}{2k_2} f_c = \alpha_1 f_c \tag{7-3}$$

式中

$$\alpha_1 = \frac{k_1 k_3}{2k_2} \tag{7-3a}$$

试验表明,k_1 一般取 1.0~1.2。k_2 与受压区混凝土的应力图形有关,一般为 0.4,亦即 β_1 为 0.8。

新《混凝土结构设计规范》GB 50010—2002

7.1.4 纵向受拉钢筋屈服与受压区混凝土破坏同时发生时的相对界限受压区高度 ξ_b 应按下列公式计算:

1 钢筋混凝土构件

有屈服点钢筋

$$\xi_b = \frac{\beta_1}{1 + \dfrac{f_y}{E_s \varepsilon_{cu}}} \tag{7.1.4-1}$$

无屈服点钢筋

$$\xi_b = \frac{\beta_1}{1 + \dfrac{0.002}{\varepsilon_{cu}} + \dfrac{f_y}{E_s \varepsilon_{cu}}} \tag{7.1.4-2}$$

2 预应力混凝土构件

$$\xi_b = \frac{\beta_1}{1 + \dfrac{0.002}{\varepsilon_{cu}} + \dfrac{f_{py} - \sigma_{p0}}{E_s \varepsilon_{cu}}} \tag{7.1.4-3}$$

式中 ξ_b——相对界限受压区高度:$\xi_b = x_b / h_0$;

x_b——界限受压区高度;

h_0——截面有效高度:纵向受拉钢筋合力点至截面受压边缘的距离;

f_y——普通钢筋抗拉强度设计值，按本规范表 4.2.3－1 采用；

f_{py}——预应力钢筋抗拉强度设计值，按本规范表 4.2.3－2 采用；

E_s——钢筋弹性模量，按本规范表 4.2.4 采用；

σ_{p0}——受拉区纵向预应力钢筋合力点处混凝土法向应力等于零时的预应力钢筋应力，按本规范公式(6.1.5－3)或公式(6.1.5－6)计算；

ε_{cu}——非均匀受压时的混凝土极限压应变，按本规范公式(7.1.2－5)计算；

β_1——系数，按本规范第 7.1.3 条的规定计算。

注：当截面受拉区内配置有不同种类或不同预应力值的钢筋时，受弯构件的相对界限受压区高度应分别计算，并取其较小值。

旧《混凝土结构设计规范》GBJ 10—89

第 **4.1.3** 条　受拉钢筋和受压区混凝土同时达到其强度设计值时的相对界限受压区高度 ε_b 应按下列公式计算：

一、对有屈服点钢筋（热轧钢筋、冷拉钢筋）

$$\xi_b = \frac{0.8}{1 + \frac{f_s - \sigma_{p0}}{0.0033E_s}} \tag{4.1.3-1}$$

二、对无屈服点钢筋（热处理钢筋、钢丝和钢绞线）

$$\xi_b = \frac{0.8}{1.6 + \frac{f_s - \sigma_{p0}}{0.0033E_s}} \tag{4.1.3-2}$$

式中 ξ_b——相对界限受压区高度，$\xi_b = \frac{x_b}{h_0}$；

h_0——截面的有效高度；

x_b——界限受压区高度；

f_s——纵向钢筋的抗拉强度设计值，对普通钢筋，取 $f_s = f_y$，对预应力钢筋，取 $f_s = f_{py}$；f_y、f_{py}值应按表 2.2.3－1、表 2.2.3－2 确定；

E_s——钢筋弹性模量；

σ_{p0}——受拉区纵向预应力钢筋合力点处混凝土法向应力等于零时的预应力钢筋中的应力。

注：在截面受拉区内配置有不同种类或不同预应力值的钢筋的受弯构件，其相对界限受压区高度应分别计算，并取其较小值。

【新规范理解与说明】

本条内容，新规范增加了预应力混凝土构件的受压区高度的规定，另外还修改了钢筋混凝土构件的受压区高度的规定。

一般说来，适筋梁和超筋的界限为“平衡配筋梁”，“平衡配筋梁”的破坏特征则是梁中纵向受拉钢筋应力达到屈服强度的同时，受压区边缘混凝土纤维应变恰好达到极限压应变 ε_{cu}，梁也达到其极限承载能力而破坏。根据平截面假定，界限破坏时应力状态和受压区高度,见图 7－4。

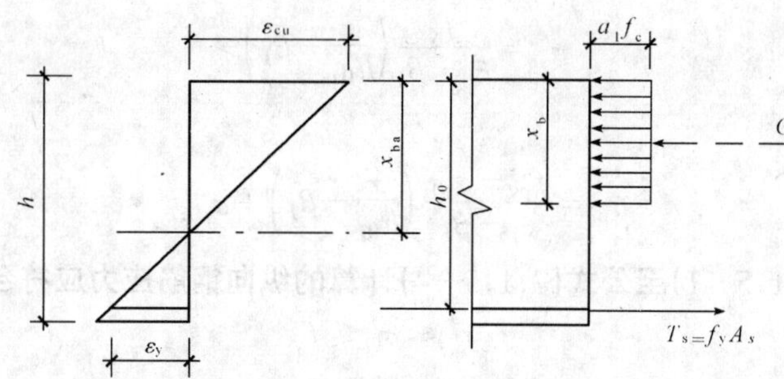

图 7－4　界限破坏时的应力状态和受压区高度

界限破坏时的实际受压区高度可按下列公式确定:

$$\frac{x_{ba}}{h_0}=\frac{\varepsilon_{cu}}{\varepsilon_{cu}+\varepsilon_y} \tag{7-4}$$

式中　x_{ba}——界限破坏时的实际受压区高度;

ε_{cu}——混凝土受压区边缘纤维的极限压应变;

ε_y——受拉钢筋的屈服应变,即 $\varepsilon_y = f_y/E_s$;

f_y——钢筋抗拉强度设计值;

E_s——钢筋弹性模量。

对配置有屈服点钢筋的钢筋混凝土构件,纵向受拉钢筋的应变取 f_y/E_s。界限受压区高度 x_b 与界限中和轴高度 x_{nb}的比值为 β_1,根据平截面假定,可得截面相对界限受压区高度 ξ_b 的公式(7.1.4－1)。

对配置无屈服点钢筋的钢筋混凝土构件或预应力混凝土构件,根据条件屈服点的定义,应考虑 0.2%的残余应变,普通钢筋应变取($f_y/E_s+0.002$)、预应力钢筋应变取[($f_{py}-\sigma_{p0})/E_s+0.002$]。根据平截面假定,可得公式(7.1.4－2)和公式(7.1.4－3)。

无屈服点的普通钢筋通常是指细规格的带肋钢筋,无屈服点的特性主要取决于钢筋的轧制和调直等工艺。

新《混凝土结构设计规范》GB 50010—2002

7.1.5　纵向钢筋应力应按下列规定确定:

1　纵向钢筋应力宜按下列公式计算:

普通钢筋

$$\sigma_{si}=E_s\varepsilon_{cu}\left(\frac{\beta_1 h_{0i}}{x}-1\right) \tag{7.1.5-1}$$

预应力钢筋

$$\sigma_{pi}=E_s\varepsilon_{cu}\left(\frac{\beta_1 h_{0i}}{x}-1\right)+\sigma_{p0i} \tag{7.1.5-2}$$

2 纵向钢筋应力也可按下列近似公式计算：

普通钢筋

$$\sigma_{si}=\frac{f_y}{\xi_b-\beta_1}\left(\frac{x}{h_{0i}}-\beta_1\right) \tag{7.1.5-3}$$

预应力钢筋

$$\sigma_{pi}=\frac{f_{py}-\sigma_{p0i}}{\xi_b-\beta_1}\left(\frac{x}{h_{0i}}-\beta_1\right)+\sigma_{p0i} \tag{7.1.5-4}$$

3. 按公式(7.1.5-1)至公式(7.1.5-4)计算的纵向钢筋应力应符合下列条件：

$$-f'_y\leqslant\sigma_{si}\leqslant f_y \tag{7.1.5-5}$$

$$\sigma_{p0i}-f'_{py}\leqslant\sigma_{pi}\leqslant f_{py} \tag{7.1.5-6}$$

当计算的 σ_{si} 为拉应力且其值大于 f_y 时，取 $\sigma_{si}=f_y$；当 σ_{si} 为压应力且其绝对值大于 f'_y 时，取 $\sigma_{si}=-f'_y$。当计算的 σ_{pi} 为拉应力且其值大于 f_{py}时，取 $\sigma_{pi}=f_{py}$；当 σ_{pi} 为压应力且其绝对值大于($\sigma_{p0i}-f'_{py}$)的绝对值时，取 $\sigma_{pi}=\sigma_{p0i}-f'_{py}$。

式中 h_{0i}——第 i 层纵向钢筋截面重心至截面受压边缘的距离；

x——等效矩形应力图形的混凝土受压区高度；

σ_{si}、σ_{pi}——第 i 层纵向普通钢筋、预应力钢筋的应力，正值代表拉应力，负值代表压应力；

f'_y、f'_{py}——纵向普通钢筋、预应力钢筋的抗压强度设计值，按本规范表 4.2.3-1、表 4.2.3-2 确定；

σ_{p0i}——第 i 层纵向预应力钢筋截面重心处混凝土法向应力等于零时的预应力钢筋应力，按本规范公式(6.1.5-3)或公式(6.1.5-6)计算。

旧《混凝土结构设计规范》GBJ 10—89

第 **4.1.4** 条 钢筋应力可根据截面应变保持平面的假定计算，也可按下列近似公式计算：

对普通钢筋

$$\sigma_{si}=\frac{f_y}{\xi_b-0.8}\left(\frac{x}{h_{0i}}-0.8\right) \tag{4.1.4-1}$$

对预应力钢筋

$$\sigma_{pi}=\frac{f_{py}-\sigma_{p0i}}{\xi_b-0.8}\left(\frac{x}{h_{0i}}-0.8\right)+\sigma_{p0i} \tag{4.1.4-2}$$

此时，钢筋应力应符合下列条件：

$$-f'_y\leqslant\sigma_{si}\leqslant f_y \tag{4.1.4-3}$$

当 σ_{si} 为拉应力且其值大于 f_y 时，取 $\sigma_{si}=f_y$；当 σ_{si} 为压应力且其绝对值大于 f_y 时，取 $\sigma_{si}=-f_y$。

$$\sigma_{p0i}-f'_{py}\leqslant\sigma_{pi}\leqslant f_{py} \tag{4.1.4-4}$$

当 σ_{pi} 为拉应力且其值大于 f_{py} 时，取 $\sigma_{pi}=f_{py}$；当 σ_{pi} 为压应力且其绝对值大于($\sigma_{p0i}-f'_{py}$)的绝对值时，取 $\sigma_{pi}=\sigma_{p0i}-f'_{py}$。

式中　h_{0i}——第 i 层纵向钢筋截面重心至混凝土受压区边缘的距离；

x——混凝土受压区高度；

σ_{si}、σ_{pi}——第 i 层纵向的普通钢筋、预应力钢筋的应力，正值代表拉应力，负值代表压应力；

f'_y、f'_{py}——纵向的普通钢筋、预应力钢筋的抗压强度设计值，按表 2.2.3－1、表 2.2.3－2确定；

σ_{p0i}——第 i 层纵向预应力钢筋截面重心处混凝土法向应力等于零时预应力钢筋的应力。

【新规范理解与说明】

本条内容，新规范规定了纵向钢筋应力 σ_s 的计算公式。是以混凝土达到极限压应变 ε_{cu}作为构件达到承载能力极限状态标志而给出的。

按平截面假定可写出截面任意位置处的普通钢筋应力 σ_{si} 的计算公式(7.1.5－1)和预应力钢筋应力 σ_{pi} 的计算公式(7.1.5－2)。

为了简化计算，根据我国大量的试验资料及计算分析表明，小偏心受压情况下实测受拉边或受压较小边的钢筋应力 σ_s 与 ξ 接近直线关系。考虑到 $\xi=\xi_b$ 及 $\xi=\beta_1$ 作为界限条件，取 σ_s 与 ξ 之间为线性关系，就可得到公式(7.1.5－3)、(7.1.5－4)。

按上述线性关系式，在求解正截面承载力时，一般情况下为二次方程。

分析表明，当用 β_1 代替原规范公式中的系数 0.8 后，计算钢筋应力的近似公式，对高强混凝土引起的误差与普通混凝土大致相当。

新《混凝土结构设计规范》GB 50010—2002

7.1.6　对任意截面构件的正截面承载力，可按本规范附录 F 的方法计算。

旧《混凝土结构设计规范》GBJ 10—89

旧《混凝土结构设计规范》GBJ 10—89 无此相关内容。

【新规范理解与说明】

本条内容为新增条文，新规范规定了任意截面构件的正截面承载力计算方法。

第三节　正截面受弯承载力计算

新《混凝土结构设计规范》GB 50010—2002

7.2.1　矩形截面或翼缘位于受拉边的倒 T 形截面受弯构件，其正截面受弯承载力应符合下列规定(图 7.2.1)：

$$M \leqslant \alpha_1 f_c bx\left(h_0-\frac{x}{2}\right)+f'_y A'_s(h_0-a'_s)$$
$$-(\sigma'_{p0}-f'_{py})A'_p(h_0-a'_p) \tag{7.2.1-1}$$

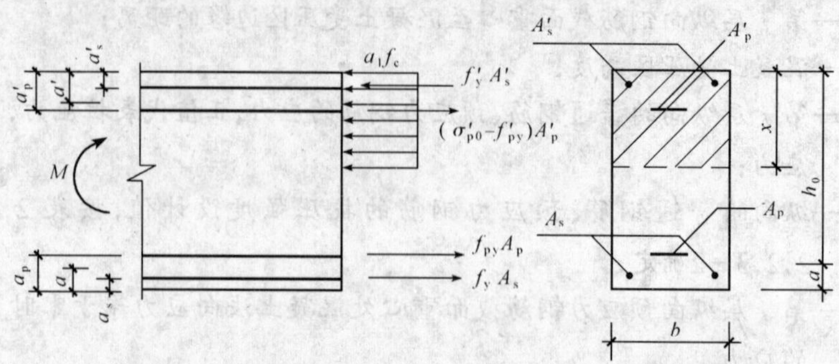

图 7.2.1 矩形截面受弯构件正截面受弯承载力计算

混凝土受压区高度应按下列公式确定：

$$\alpha_1 f_c bx = f_y A_s - f'_y A'_s + f_{py} A_p + (\sigma'_{p0} - f'_{py}) A'_p \quad (7.2.1-2)$$

混凝土受压区高度尚应符合下列条件：

$$x \leqslant \xi_b h_0 \quad (7.2.1-3)$$

$$x \geqslant 2a' \quad (7.2.1-4)$$

式中 M——**弯矩设计值；**

α_1——**系数，按本规范第 7.1.3 条的规定计算；**

f_c——**混凝土轴心抗压强度设计值，按本规范表 4.1.4 采用；**

A_s、A'_s——**受拉区、受压区纵向普通钢筋的截面面积；**

A_p、A'_p——**受拉区、受压区纵向预应力钢筋的截面面积；**

σ'_{p0}——**受压区纵向预应力钢筋合力点处混凝土法向应力等于零时的预应力钢筋应力；**

b——**矩形截面的宽度或倒 T 形截面的腹板宽度；**

h_0——**截面有效高度；**

a'_s、a'_p——**受压区纵向普通钢筋合力点、预应力钢筋合力点至截面受压边缘的距离；**

a'——**受压区全部纵向钢筋合力点至截面受压边缘的距离，当受压区未配置纵向预应力钢筋或受压区纵向预应力钢筋应力($\sigma'_{p0} - f'_{py}$)为拉应力时，公式(7.2.1-4)中的 a' 用 a'_s 代替。**

旧《混凝土结构设计规范》GBJ 10—89

第 **4.1.5** 条　矩形截面或翼缘位于受拉边的 T 形截面受弯构件，其正截面受弯承载力应按下列公式计算(图 4.1.5)：

$$M \leqslant f_{cm} bx \left(h_0 - \frac{x}{2}\right) + f'_y A'_s (h_0 - \alpha'_s) - (\sigma'_{p0} - f'_{py}) A'_p (h_0 - \alpha'_p) \quad (4.1.5-1)$$

混凝土受压区高度按下列公式确定：

$$f_{cm} bx = f_y A_s - f'_y A'_s + f_{py} A_p + (\sigma'_{p0} - f'_{py}) A'_p \quad (4.1.5-2)$$

混凝土受压区的高度尚应符合下列要求:

$$x \leqslant \xi_b h_0 \tag{4.1.5-3}$$

$$x \geqslant 2\alpha' \tag{4.1.5-4}$$

式中 M——弯矩设计值;

f_{cm}——混凝土弯曲抗压强度设计值,按表 2.1.4 确定;

A_s、A'_s——受拉区、受压区纵向普通钢筋的截面面积;

A_p、A'_p——受拉区、受压区纵向预应力钢筋的截面面积;

h_0——截面的有效高度;

b——矩形截面的宽度或 T 形截面的腹板宽度。

α'_s、α'_p——受压区纵向普通钢筋合力点、受压区纵向预应力钢筋合力点至受压区边缘的距离;

α'——纵向受压钢筋合力点至受压区边缘的距离,当受压区未配置纵向预应力钢筋或受压区纵向预应力钢筋的应力($\sigma'_{p0}-f'_{py}$)为拉应力时,公式(4.1.5-4)中的 α'应用 α'_s代替。

注:钢筋混凝土矩形截面受弯构件,当仅配有纵向受拉钢筋时,其钢筋的截面面积可按本规范附录三的规定计算。

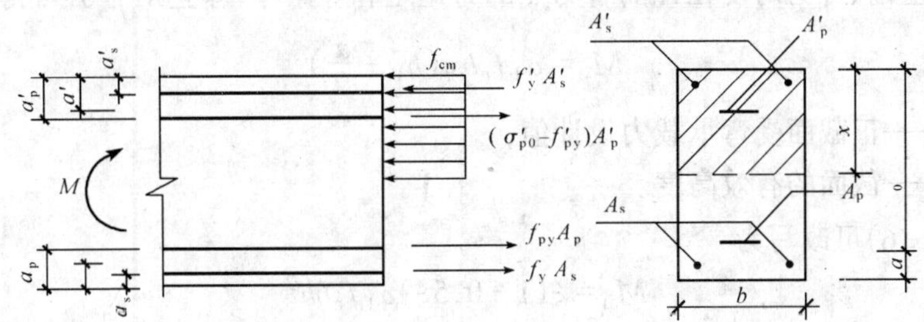

图 4.1.5 矩形截面受弯构件正截面受弯承受载力计算

【新规范理解与说明】

本条内容,新旧规范基本相同,只是将原 f_{cm}改为 f_c 乘以系数 a_1。

1. 矩形截面受弯构件

1)单筋矩形截面受弯构件

(1)应力分析

根据适筋截面在破坏瞬间的应力状态,并考虑相关的计算原则,用材料的强度设计值代替材料的强度实际值,则单筋矩形截面受弯承载力的计算应力图形如图 7-5 所示。这时,受拉区混凝土不承担拉力,全部拉力由钢筋承担,钢筋的拉应力达到其抗拉强度设计值 f_y,受压区混凝土应力图形简化为矩形,其应力值取等效混凝土抗压强度设计值 $\alpha_1 f_c$,受压区高度 x 取为 $\beta_1 x_a$。

(2)平衡分析

按图 7-5 所示计算应力图形,单筋矩形截面构件正截面承载力计算公式可根据力的平衡条件推导如下。

由截面上水平方向的内力之和为零,即$\sum X=0$,可得

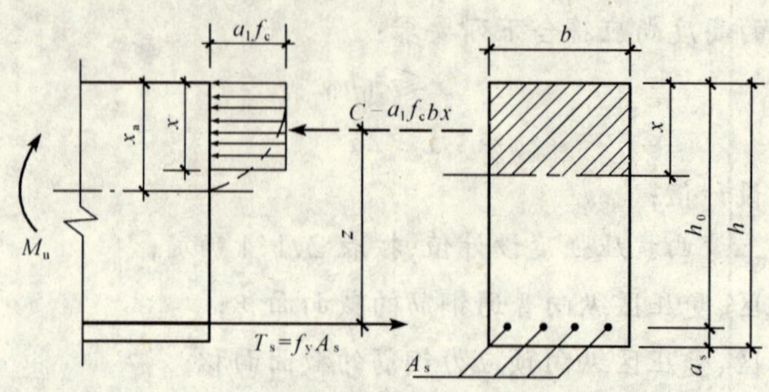

图 7-5 单筋矩形截面受弯承载力计算应力图形

$$\alpha_1 f_c bx = f_y A_s \tag{7-5}$$

式中 f_c——混凝土轴心抗压强度设计值；

b——截面宽度；

x——混凝土受压区高度；

f_y——钢筋抗拉强度设计值；

A_s——纵向受拉钢筋截面面积。

由截面上内、外力对受拉钢筋合力点的力矩之和等于零，即$\sum M=0$，可得

$$M_u = \alpha_1 f_c bx\left(h_0 - \frac{x}{2}\right) \tag{7-6}$$

式中 M_u——正截面受弯承载力设计值；

h_0——截面的有效高度。

公式(7-6)可改写为

$$M_u = \xi(1-0.5\xi)\alpha_1 f_c bh_0^2 \tag{7-6a}$$

如果截面上内、外力的力矩平衡条件不是对受拉钢筋合力点取矩，而是对受压区混凝土合力点取矩，则得

$$M_u = f_y A_s\left(h_0 - \frac{x}{2}\right) \tag{7-7}$$

或

$$M_u = f_y A_s h_0(1-0.5\xi) \tag{7-7a}$$

(3)适用条件

上述公式仅适用于适筋截面，不适用于超筋截面，因为超筋截面破坏时钢筋的实际σ_s没有达到屈服强度，上述平衡条件不能成立。因此计算须将适用条件改写为：

$$M \leqslant M_{max} = \xi_b(1-0.5\xi_b)\alpha_1 f_c bh_0^2 \tag{7-8}$$

其中 ξ_b 在混凝土强度等级不大于 C50 时，对于采用 HPB235 级、HRB335 级和 HRB400(或 RRB400)级钢筋的截面，分别为 0.614、0.550 和 0.518，相应地 $\xi_b(1-\xi_b)$为 0.426、0.400 和 0.384。

2)双筋矩形截面受弯构件

当截面所需承受的弯矩较大，而截面尺寸由于某些条件限制不能加大，以及混凝土强度不宜提高时，常会出现这样的情况，如果按单筋截面设计，则受压区高度 x 将大于界限受压区高度 x_b 而成为超筋截面，亦即受压区混凝土在受拉钢筋应力达到屈服强度之前发

生破坏。因此,无论怎样增加钢筋,截面的受弯承载力基本上不再提高。也就是说,按单筋截面进行设计无法满足截面受弯承载力的要求。在这种情况下,可采用双筋截面,即在受压区配置钢筋以协助混凝土承担压力,而将受压区高度 x 减小到界限受压区高度 x_b 的范围内,使截面破坏时受拉钢筋应力可达到屈服强度,而受压区混凝土不致过早被压碎。

此外,当截面上承受的弯矩可能改变符号时,也必须采用双筋截面。有时,由于构造上的原因而采用双筋截面(如某些连续梁的支座截面,由于跨中受拉钢筋伸入支座,且具有足够的锚固长度,而成为受压钢筋)。

双筋截面虽然可以提高截面的受弯承载力和延性,并可减小构件在荷载作用下的变形,但其耗钢量较大,在一般情况下是不经济的,应尽量少用。

(1)应力分析

试验表明,双筋截面破坏时的受力特点与单筋截面相似。在受拉钢筋配置不过多的情况下,双筋矩形截面的破坏也是受拉钢筋的应力先达到其抗拉强度(屈服强度),然后,受压区混凝土的应力达到其抗压强度。这时,受压区混凝土的应力图形为曲线分布,边缘纤维的压应变已达极限压应变 ε_{cu}。由于受压区混凝土塑性变形的发展,受压钢筋的应力一般也将达到其抗压强度。

因此,在受弯承载力计算时,受拉钢筋的应力可取抗拉强度设计值 f_y,受压钢筋的应力一般可取抗压强度设计值 f'_y,受压区混凝土的应力图形可简化为矩形,其应力值取等效抗压强度设计值 $\alpha_1 f_c$。于是,受弯承载力计算的应力图形如图 7-6a 所示。

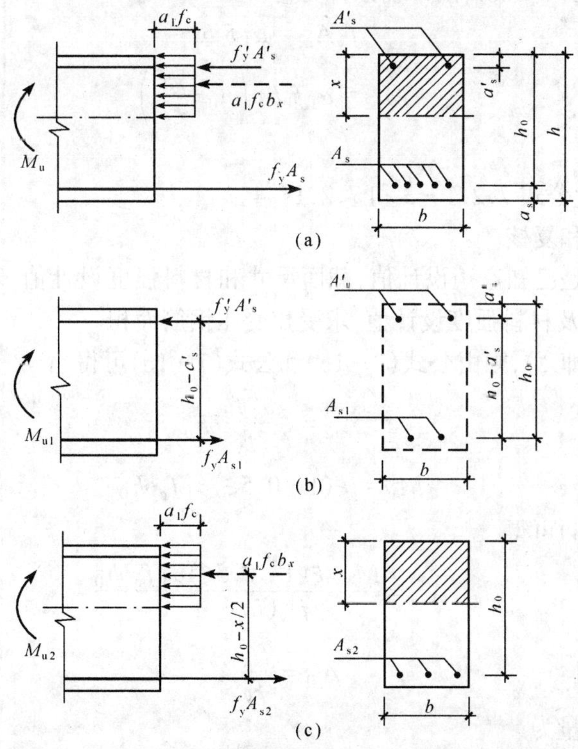

图 7-6　双筋矩形截面受弯承载力计算应力图形

(2)平衡分析

根据平衡条件,可写出下列计算公式:

$$\alpha_1 f_c bx + f'_y A'_s - f_y A_s = 0 \tag{7-9}$$

$$M_u = \alpha_1 f_c bx\left(h_0 - \frac{x}{2}\right) + f'_y A'_s(h_0 - a'_s) \tag{7-10}$$

式中 f'_y——钢筋抗压强度设计值;

A'_s——受压钢筋截面面积;

a'_s——受压钢筋合力点至受压区边缘的距离。

分析公式(7-9)和公式(7-10)可以看出,双筋矩形截面受弯承载力设计值 M_u 可以分为两部分。一部分是由受压钢筋 A'_s 和相应的一部分受拉钢筋 A_{s1} 所承担的弯矩 M_{u1}(图 7-6b);另一部分是由受压区混凝土和相应的另一部分受拉钢筋 A_{s2} 所承担的弯矩 M_{u2}(图 7-6c),即

$$M_u = M_{u1} + M_{u2} \tag{7-11}$$

$$A_s = A_{s1} + A_{s2} \tag{7-12}$$

对第一部分(图 7-6b),由平衡条件可得

$$f_y A_{s1} = f'_y A'_s \tag{7-13}$$

$$M_{u1} = f'_y A'_s(h_0 - a'_s) \tag{7-14}$$

对第二部分(图 7-6c),由平衡条件可得

$$f_y A_{s2} = \alpha_1 f_c bx \tag{7-15}$$

$$M_{u2} = \alpha_1 f_c bx\left(h_0 - \frac{x}{2}\right) \tag{7-16}$$

(3)适用条件

应满足规范中公式 7.2.1-3 和 7.2.1-4。

(4)截面设计和复核

设计时,一般是已知弯矩设计值,截面尺寸和材料强度设计值,若已知知道弯矩设计值 M,截面 $b\times h$ 及材料强度设计值,求受拉受压钢筋面积。

先指定 x(亦即 ξ),则由公式(7-15)和公式(7-16)可得

$$A_{s2} = \xi\frac{\alpha_1 f_c}{f_y}bh_0 \tag{7-17}$$

$$M_{u2} = \xi(1-0.5\xi)\alpha_1 f_c bh_0^2 \tag{7-18}$$

由公式(7-14)可得

$$A'_s = \frac{M - \xi(1-0.5\xi)\alpha_1 f_c bh_0^2}{f'_y(h_0 - a'_s)} \tag{7-19}$$

则

$$A_{s1} = \frac{f'_y}{f_y}A'_s \tag{7-20}$$

于是,总用钢量为

$$A_{sum} = \frac{M - \xi(1-0.5\xi)\alpha_1 f_c bh_0^2}{f'_y(h_0 - a'_s)}\left(1 + \frac{f'_y}{f_y}\right) + \xi\frac{\alpha_1 f_c}{f_y}bh_0 \tag{7-21}$$

显然，当指定不同的 ξ 时，所求得的 A'_s 和 A_s 也将不同，则总用钢量 A_{sum} 也不同。为了获得经济的设计，应使总用钢量为最少。由 $\frac{dA_{sum}}{d\xi}=0$ 的条件，可求得总用钢量为最少时相对的受压区高度 ξ_e 为

$$\xi_e=\frac{1+\frac{f'_y}{f_y}\frac{a'_s}{h_0}}{1+\frac{f'_y}{f_y}} \tag{7-22}$$

当 $f_y=f'_y$，且 $a_s=a'_s$，按上式可得 $x_e=\xi_e h_0=h/2$；当 $\frac{a'_s}{h_0}=0.05\sim0.15$ 时，$\xi_e=0.525\sim0.575$。因此，为了便于记忆，可统一取 $\xi_e=\xi_b$，其误差很小，总用钢量的差别不会大于0.5%。于是，λ 设计时可令 $x=\xi_b h_0$ 或 $M_{u2}=M_{max}=\alpha_{s,max}\alpha_1 f_c bh_0^2=\xi_b(1-0.5\xi_b)\alpha_1 f_c bh_0^2$，然后计算 A'_s 和 A_{s1}，进而再计算 A_{s2}，则 $A_s=A_{s1}+A_{s2}$。

在公式(7-19)中令 $\xi=\xi_b$，则可得

$$A'_s=\frac{M-\xi_b(1-0.5\xi_b)\alpha_1 f_c bh_0^2}{f'_y(h_0-a'_s)} \tag{7-23}$$

或

$$A'_s=\frac{M-M_{max}}{f'_y(h_0-a'_s)} \tag{7-24}$$

式中

$$M_{max}=\alpha_{s,max}\alpha_1 f_c bh_0^2$$

在公式(7-9)中令 $x=\xi_b h_0$，可得

$$A_s=\xi_b\frac{\alpha_1 f_c}{f_y}bh_0+\frac{f'_y}{f_y}A'_s \tag{7-25}$$

若已知弯矩设计值 M，截面尺寸 $b\times h$，材料强度设计值及受压钢筋面积 A'_s，求受拉钢筋截面面积 A_s。

当受压钢筋截面面积 A'_s 为已知时，由公式(7-13)和公式(7-14)可得

$$A_{s1}=\frac{f'_y}{f_y}A'_s \tag{7-26}$$

$$M_{u1}=f'_y A'_s(h_0-a'_s)$$

则

$$M_{u2}=M-M_{u1}=M-f'_y A'_s(h_0-a'_s) \tag{7-27}$$

这时，M_{u2} 为已知，与 M_{u2} 相应的 x 不一定等于 $\xi_b h_0$，因此，就不能简单地用公式7-25计算 A_s，而必须按与单筋截面相同的方法计算相应于 M_{u2} 所需的钢筋截面面积 A_{s2}，最后可得

$$A_s=A_{s1}+A_{s2}$$

在这类问题中，还可能遇到如下几种情况：

①当求得的 $x>\xi_b h_0$(即 $\alpha_s>\alpha_{s,max}$)，说明已知的 A'_s 太少，不符合 $\xi<\xi_b$ 的要求。这时应增加 A'_s，计算方法与第一类问题相同。

②当求得的 $x<2a'_s$，即表明受压钢筋 A'_s 不能达到其抗压强度设计值。这时，A_s 可按下列公式计算：

$$A_s = \frac{M}{f_y(h_0 - a'_s)} \tag{7-28}$$

公式(7－28)系按下述方法导出：假想只考虑部分受压钢筋为有效，这时其应力可达到抗压强度设计值，而相应的混凝土受压区高度 x 等于 $2a'_s$，亦即受压区混凝土合力点与受压钢筋 A'_s 合力点相重合。于是，对受压钢筋 A'_s 合力点取矩，即可导出公式(7－28)。

③若$\frac{a'_s}{h_0}$较大，以致按公式(7－28)求得的受拉钢筋截面面积比按单筋矩形截面(即不考虑受压钢筋)计算的受拉钢筋截面面积还大时，则计算时可不考虑受压钢筋的作用。这时即可不遵守受压区高度 $x \geqslant 2a'_s$ 的规定。当 $M < 2\alpha_1 f_c b a'_s(h_0 - a'_s)$时，就属于这种情况。

另外，复核截面时，截面尺寸，材料设计值及受拉钢筋 A_s 和受压钢筋 A_s'均为已知，要求计算受弯承载力 M_u。

计算时，首先由公式(7－9)求得 x，然后，按下列情况计算 M_u；

①若 $\xi_b h_0 \geqslant x \geqslant 2a'_s$，按公式(7－10)计算截面的受弯承载力设计值 M_u。

②若 $x < 2a'_s$，由公式(7－28)可得；

$$M_u = f_y A_s(h_0 - a'_s) \tag{7-29}$$

③若 $x > \xi_b h_0$，由公式(7－23)可得

$$M_u = f'_y A'_s(h_0 - a'_s) + \xi_b(1 - 0.5\xi_b)\alpha_1 f_c b h_0^2 \tag{7-30}$$

这表明截面可能发生脆性破坏。

2.T 形截面受弯构件

1)单筋 T 形截面受弯构件

T 形截面的受弯承载力计算，根据其受力后中和轴位置的不同，可以分为两种类型：第一种 T 形截面，其中和轴位于翼缘内；第二种 T 形截面，其中和轴通过腹板。

(1)第一种 T 形截面的计算

①受力分析

当 $x \leqslant h'_f$ 时，为第一种 T 形截面，受弯承载力的计算应力图形如图 7－7 所示。受拉钢筋应力达抗拉强度设计值 f_y，中和轴以下受拉区的混凝土早已开裂，在承载力计算中不予考虑；中和轴以上混凝土受压区的形状为矩形，应力图形可简化为均匀分布(矩形)，其应力值为混凝土等效抗压强度设计值 $\alpha_1 f_c$。

②平衡分析

就正截面受弯承载力看，整个截面的作用实际上与尺寸为 $b'_f \times h$ 的矩形截面相同。因此，可按宽度为 b'_f 的单筋矩形截面进行计算。根据平衡条件可得

$$\alpha_1 f_c b'_f x = f_y A_s \tag{7-31}$$

$$M_u = \alpha_1 f_c b'_f x\left(h_0 - \frac{x}{2}\right) \tag{7-32}$$

③适用条件

对于这种 T 形截面应该满足的适用条件有 $\xi \leqslant \xi_b$ 和 $\rho_1 > \rho_{1\min}$。

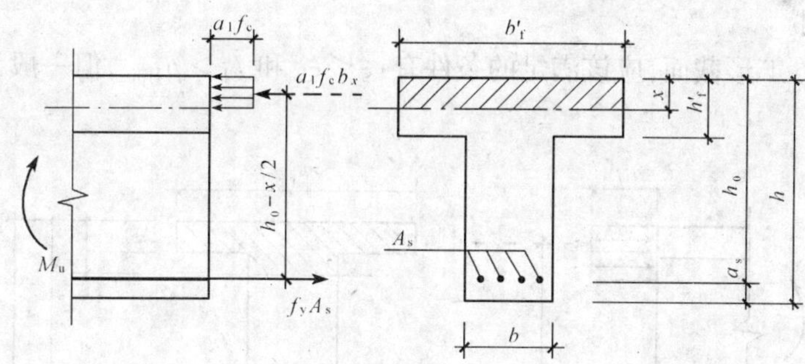

图 7-7 第一种 T 形截面受弯承载力计算应力图形

(2)第二种 T 截面计算

①受力分析

当 $x > h'_f$ 时,为第二种 T 形截面,受弯承载力的计算应力图形如图 7-8 所示。受拉钢筋应力达到抗拉强度设计值 f_y,中和轴通过腹板,混凝土受压区的形状已不同于第一种 T 形截面,即由矩形变为 T 形。这时翼缘挑出部分全部受压,应力分布近似于轴心受压的情况,而另一部分为腹板的矩形部分,其受力情况与单筋矩形截面的受压区相似。分析表明,由于翼缘高度一般不大,可将翼缘挑出部分和腹板的混凝土的抗压强度取为等效混凝土抗压强度设计值 $\alpha_1 f_c$。

②平衡分析

这对受弯承载力的计算值影响很小。根据平衡条件可得

$$\alpha_1 f_c (b'_f - b) h'_f + \alpha_1 f_c b x = f_y A_s \tag{7-33}$$

$$M_u = \alpha_1 f_c (b'_f - b) h'_f \left(h_0 - \frac{h'_f}{2} \right) + \alpha_1 f_c b x \left(h_0 - \frac{x}{2} \right) \tag{7-34}$$

$$A_s = A_{s1} + A_{s2} \tag{7-35}$$

对第一部分(图 7-8b),由平衡条件可得

$$f_y A_{s1} = \alpha_1 f_c (b'_f - b) h'_f \tag{7-36}$$

$$M_{u1} = \alpha_1 f_c (b'_f - b) h'_f \left(h_0 - \frac{h'_f}{2} \right) \tag{7-37}$$

对第二部分(图 7-8c),由平衡条件可得

$$f_y A_{s2} = \alpha_1 f_c b x \tag{7-38}$$

$$M_{u2} = \alpha_1 f_c b x \left(h_0 - \frac{x}{2} \right) \tag{7-39}$$

如同双筋矩形截面,可把第二种 T 形截面所承担的弯矩 M_u 分为以下两部分:一部分是由翼缘挑出部分的混凝土和相应的一部分受拉钢筋 A_{s1} 所承担的弯矩 M_{u1}(图 7-8b),另一部分是由腹板的混凝土和另一部分受拉钢筋 A_{s2} 所承担的弯矩 M_{u2}(图 7-8c)。不难看出,这实际和双筋截面相似,翼缘的挑出部分相当于双筋截面的受压钢筋。于是可得

$$M_u = M_{u1} + M_{u2} \tag{7-40}$$

③适用条件

对于第二类 T 形截面，应该满足的条件有：$\xi < \xi_b$ 和 $l_1 > p_{1\min}$，但一般说来均能满足要求。

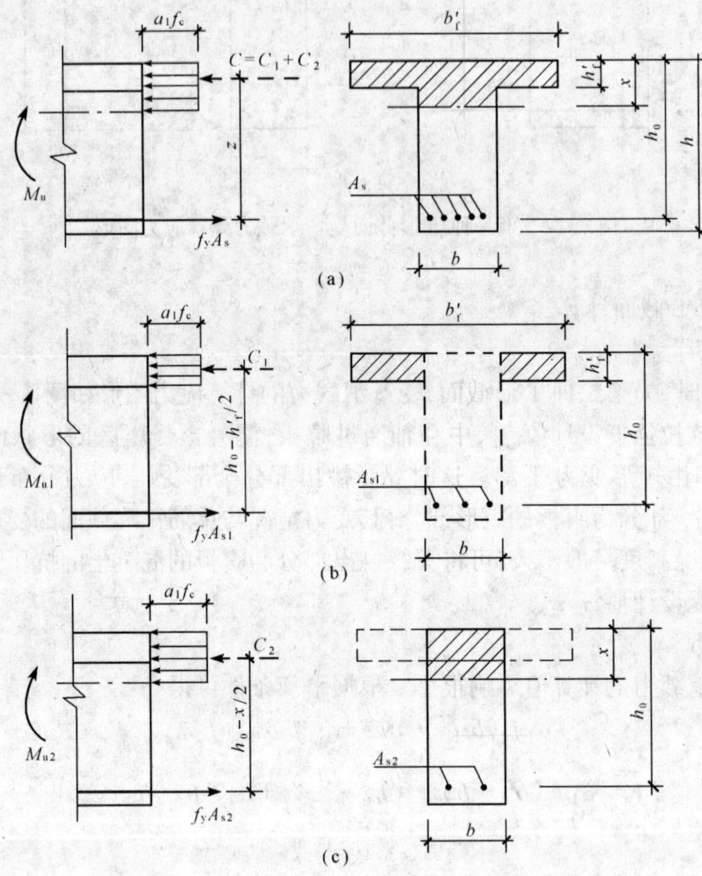

图 7-8　第二种 T 形截面受弯承载力计算应力图形

(3)两种 T 形截面鉴别

为了正确地应用上述公式进行计算，首先必须鉴别出截面属于哪一种 T 形截面。为此，可先令中和轴恰好在翼缘下边缘处(图 7-9)的这一界限情况进行分析。

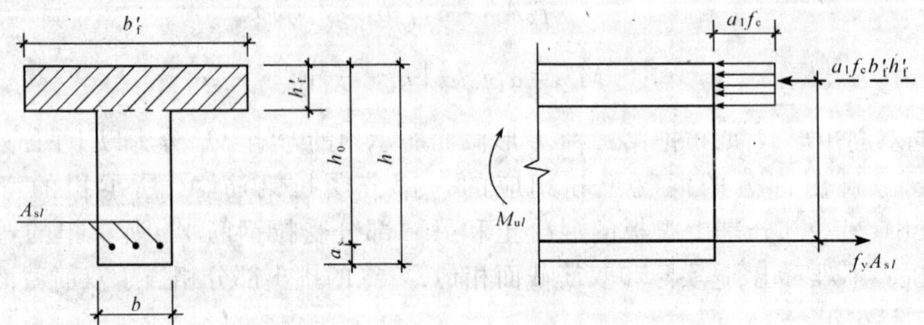

图 7-9　两种 T 形截面的界限

按照图(7－9),由平衡条件可得

$$\alpha_1 f_c b'_f h'_f = f_y A_{sl} \tag{7-40}$$

$$M_{ul} = \alpha_1 f_c b'_f h'_f \left(h_0 - \frac{h'_f}{2} \right) \tag{7-41}$$

式中　A_{sl}——第一种T形截面界限时所需的受拉钢筋截面面积；

M_{ul}——第一种T形截面界限时的受弯承载力设计值。

根据公式(7－40)和(7－41),两种T形截面的鉴别可按下述方法进行。

①设计截面

这时弯矩设计值 M 为已知,若满足下列条件:

$$M \leqslant \alpha_1 f_c b'_f h'_f \left(h_0 - \frac{h'_f}{2} \right) \tag{7-42}$$

则说明 $x \leqslant h'_f$,即中和轴在翼缘内,属于第一种T形截面。反之,若满足下列条件:

$$M > \alpha_1 f_c b'_f h'_f \left(h_0 - \frac{h'_f}{2} \right) \tag{7-41}$$

则说明 $x > h'_f$,即中和轴与腹板相交,属于第二种T形截面。

(2)复核截面

当钢筋截面面积为已知,若满足下列条件:

$$A_s \leqslant \frac{\alpha_1 f_c}{f_y} b'_f h'_f \tag{7-42}$$

则说明 $x \leqslant h'_f$,属于第一种T形截面。反之,若满足下列条件:

$$A_s > \frac{\alpha_1 f_c}{f_y} b'_f h'_f \tag{7-43}$$

则说明 $x > h'_f$,属于第二种T形截面。

3. 双向受弯构件正截面承载力构件

在工程实践中,双向受弯构件也是较常采用的一种构件,如斜向搁置的檩条、承受水平刹车力的吊车梁、地震区的基础梁、栈桥或管道支架的横梁等,其截面形式有矩形、T形和倒L形等。一般地说,凡不对称于弯矩作用平面的任意截面的构件,都属于双向受弯构件(或称斜向受弯构件)。

对于双向受弯截面,其中和轴的位置是倾斜的,既不垂直于弯矩作用平面,也不垂直于截面的对称轴(如果截面有对称轴的话),具体计算方法可参考相关资料。

新《混凝土结构设计规范》GB 50010—2002

7.2.2　翼缘位于受压区的T形、I形截面受弯构件(图7.2.2),其正截面受弯承载力应分别符合下列规定:

1　当满足下列条件时

$$f_y A_s + f_{py} A_p \leqslant \alpha_1 f_c b'_f h'_f + f'_y A'_s - (\sigma'_{p0} - f'_{py}) A'_p \tag{7.2.2-1}$$

应按宽度为 b'_f 的矩形截面计算;

2 当不满足公式(7.2.2-1)的条件时

$$M \leqslant \alpha_1 f_c bx\left(h_0-\frac{x}{2}\right)+\alpha_1 f_c(b'_f-b)h'_f\left(h_0-\frac{h'_f}{2}\right)+f'_yA'_s(h_0-a'_s)-(\sigma'_{p0}-f'_{py})A'_p(h_0-a'_p) \quad (7.2.2-2)$$

混凝土受压区高度应按下列公式确定：

$$\alpha_1 f_c[bx+(b'_f-b)h'_f]=f_yA_s-f'_yA'_s+f_{py}A_p+(\sigma'_{p0}-f'_{py})A'_p \quad (7.2.2-3)$$

式中 h'_f——T形、I形截面受压区的翼缘高度；

b'_f——T形、I形截面受压区的翼缘计算宽度，按本规范第7.2.3条的规定确定。

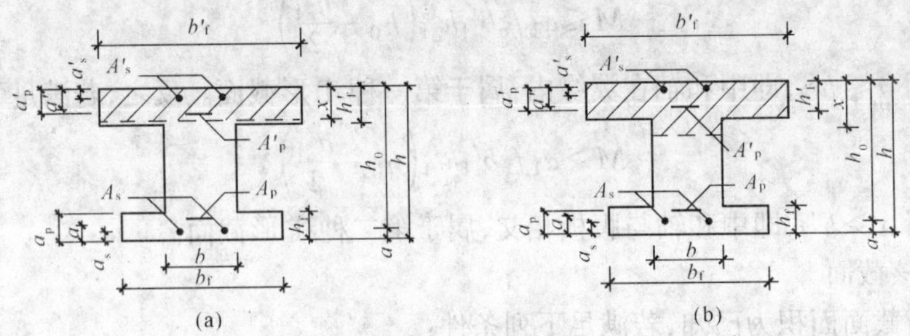

图7.2.2 I形截面受弯构件受压区高度位置

(a)$x \leqslant h'_f$;(b)$x > h'_f$

按上述公式计算T形、I形截面受弯构件时，混凝土受压区高度仍应符合本规范公式(7.2.1-3)和公式(7.2.1-4)的要求。

旧《混凝土结构设计规范》GBJ 10—89

第**4.1.6**条 翼缘位于受压区的T形截面受弯构件(图4.1.6)，其正截面受弯承载力应按下列情况计算：

一、当符合下列条件时

$$f_yA_s+f_{py}A_p \leqslant f_{cm}b'_fh'_f+f'_yA'_s-(\sigma'_{p0}-f'_{py})A'_p \quad (4.1.6-1)$$

则按宽度为b'_f的矩形截面计算；

二、当不符合公式(4.1.6-1)的条件时，计算中应考虑截面中腹板受压的作用，其正截面受弯承载力按下列公式计算：

$$M \leqslant f_{cm}bx\left(h_0-\frac{x}{2}\right)+f_{cm}(b'_f-b)h'_f\left(h_0-\frac{h'_f}{2}\right)+f'_yA'_s(h_0-\alpha'_s)-(\sigma'_{p0}-f'_{py})A'_p(h_0-\alpha'_p) \quad (4.1.6-2)$$

混凝土受压区高度按下列公式确定：

$$f_{cm}[bx+(b'_f-b)h'_f]=f_yA_s-f'_yA'_s+f_{py}A_p+(\sigma'_{p0}-f'_{py})A'_p \quad (4.1.6-3)$$

式中 h'_f——T形截面受压区的翼缘高度；

b'_f——T形截面受压区的翼缘计算宽度，按本规范第4.1.7条确定。

按上述公式计算 T 形截面受弯构件时，混凝土受压区的高度仍应符合公式(4.1.5-3)、(4.1.5-4)的要求。

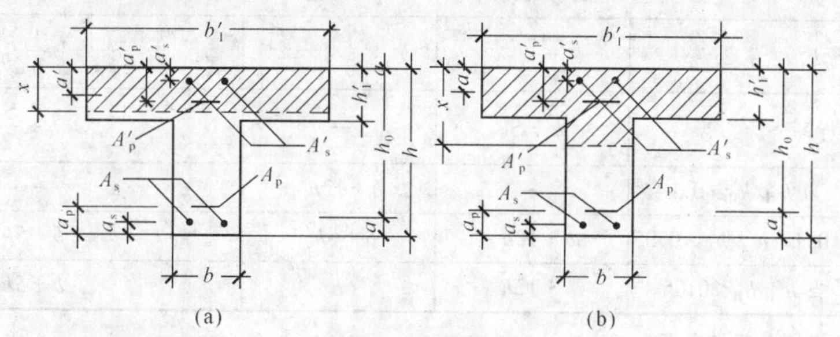

图 4.1.6　T 形截面受弯构件受压区高度位置

a) $x \leqslant h'_f$; b) $x > h'_f$

【新规范理解与说明】

本条内容，新旧规范基本相同。只是增加了 I 形截面受弯构件的正截面受弯承载力应该满足的要求。

具体可参见上条内容相关说明。

新《混凝土结构设计规范》GB 50010—2002

7.2.3　T 形、I 形及倒 L 形截面受弯构件位于受压区的翼缘计算宽度 b'_f 应按表 7.2.3 所列情况中的最小值取用。

表 7.2.3　　T 形、I 形及倒 L 形截面受弯构件翼缘计算宽度 b'_f

情况			T 形、I 形截面		倒 L 形截面
			肋形梁、肋形板	独立梁	肋形梁、肋形板
1	按计算跨度 l_0 考虑		$l_0/3$	$l_0/3$	$l_0/6$
2	按梁(纵肋)净距 s_n 考虑		$b+s_n$	—	$b+s_n/2$
3	按翼缘高度 h'_f 考虑	$h'_f/h_0 \geqslant 0.1$	—	$b+12h'_f$	—
		$0.1 > h'_f/h_0 \geqslant 0.05$	$b+12h'_f$	$b+6h'_f$	$b+5h'_f$
		$h'_f/h_0 < 0.05$	$b+12h'_f$	b	$b+5h'_f$

注：1　表中 b 为腹板宽度；

2　如肋形梁在梁跨内设有间距小于纵肋间距的横肋时，则可不遵守表列情况 3 的规定；

3　对加腋的 T 形、I 形和倒 L 形截面，当受压区加腋的高度 $h_h \geqslant h'_f$ 且加腋的宽度 $b_h \leqslant 3h_h$ 时，其翼缘计算宽度可按表列情况 3 的规定分别增加 $2b_h$(T 形、I 形截面)和 b_h(倒 L 形截面)；

4　独立梁受压区的翼缘板在荷载作用下经验算沿纵肋方向可能产生裂缝时，其计算宽度应取腹板宽度 b。

旧《混凝土结构设计规范》GBJ 10—89

第 **4.1.7** 条　T 形及倒 L 形截面受弯构件位于受压区的翼缘计算宽度 b'_f，应按表 4.1.7 所列各项中的最小值取用。

表 **4.1.7** **T** 形及倒 **L** 形截面受弯构件翼缘计算宽度 b'_f

考虑情况		T 形截面		倒 L 形截面
		肋形梁(板)	独立梁	肋形梁(板)
按计算跨度 l_0 考虑		$\frac{1}{3}l_0$	$\frac{1}{3}l_0$	$\frac{1}{6}l_0$
按梁(肋)净距 S_n 考虑		$b+S_n$	—	$b+\frac{S_n}{2}$
按翼缘高度 h'_f 考虑	当 $h'_f/h_0 \geqslant 0.1$	—	$b+12h'_f$	—
	当 $0.1 > h'_f/h_0 \geqslant 0.05$	$b+12h'_f$	$b+6h'_f$	$b+5h'_f$
	当 $h'_f/h_0 < 0.05$	$b+12h'_f$	b	$b+5h'_f$

注:①表中 b 为梁的腹板宽度;

②如肋形梁在梁跨内设有间距小于纵肋间距的横肋时,则可不遵守表列第三种情况的规定;

③对有加腋的 T 形和倒 L 形截面,当受压区加腋的高度 $h \geqslant h'_f$ 且加腋的宽度 $b_h \leqslant 3h_h$ 时,则其翼缘计算宽度可按表列第三种情况规定分别增加 $2b_h$(T 形截面)和 b_h(倒 L 形截面);

④独立梁受压区的翼缘板在荷载作用下经验算沿纵肋方向可能产生裂缝时,其计算宽度应取用腹板宽度 b。

【新规范理解与说明】

本条内容,新规范规定了 T 形、I 形及倒 L 形截面受弯构件位于受压区的翼缘计算宽度 b'_f 的取值。

T 形、I 形及 L 形截面梁翼缘的压应力分布是不均匀的,且分布宽度与多种因素有关。在实际计算中,为了简化计算,采用与实际分布情况等效的翼缘宽度。在这段区域内,压应力的分布是均匀的,在此以外则不予考虑。

新《混凝土结构设计规范》GB 50010—2002

7.2.4 受弯构件正截面受弯承载力的计算,应符合本规范公式(7.2.1-3)的要求。当由构造要求或按正常使用极限状态验算要求配置的纵向受拉钢筋截面面积大于受弯承载力要求的配筋面积时,按本规范公式(7.2.1-2)或公式(7.2.2-3)计算的混凝土受压区高度 x,可仅计入受弯承载力条件所需的纵向受拉钢筋截面面积。

旧《混凝土结构设计规范》GBJ 10—89

第 **4.1.8** 条 受弯构件正截面受弯承载力的计算,应符合 $x \leqslant \xi_b h_0$ 的要求。当由构造要求或按正常使用极限状态计算要求配置的纵向受拉钢筋截面面积大于受弯承载力要求时,则在验算 $x \leqslant \xi_b h_0$ 时,可仅取受弯承载力条件所需的纵向受拉钢筋截面面积。

【新规范理解与说明】

本条内容,新规范和旧规范仅是在文字表达方式作了一些修改。相关说明可见前述内容。

新《混凝土结构设计规范》GB 50010—2002

7.2.5 当计算中计入纵向普通受压钢筋时,应满足本规范公式(7.2.1-4)的条件;当不满足此条件时,正截面受弯承载力应符合下列规定:

$$M \leqslant f_{py}A_p(h-a_p-a'_s)+f_yA_s(h-a_s-a'_s)+(\sigma'_{p0}-f'_{py})A'_p(a'_p-a'_s) \quad (7.2.5)$$

式中　a_s、a_p——受拉区纵向普通钢筋、预应力钢筋至受拉边缘的距离。

旧《混凝土结构设计规范》GBJ 10—89

第 **4.1.9** 条　在计算中考虑普通受压钢筋时，必须符合公式 $x \geqslant 2a'$ 的条件，当不符合此条件时，正截面受弯承载力可按下列公式计算：

$$M \leqslant f_{py}A_p(h-a_p-a'_s)+f_yA_s(h-a_s-a'_s)+(\sigma'_{p0}-f'_{py})A'_p(a'_p-a'_s) \quad (4.1.9)$$

式中　a_s、a_p——受拉区纵向普通钢筋、受拉区纵向预应力钢筋至受拉边缘的距离。

【新规范理解与说明】

本条内容，新规范规定了当不符合 $x \geqslant 2a'$ 时，正截面受弯承载力的计算公式。

新《混凝土结构设计规范》GB 50010—2002

7.2.6　环形和圆形截面受弯构件的正截面受弯承载力，应按本规范第 7.3.7 条和第 7.3.8 条的规定计算。

但在计算时，应在公式(7.3.7－1)、公式(7.3.7－3)和公式(7.3.8－1)中取等号，并取轴向力设计值 $N=0$；同时，应将公式(7.3.7－2)、公式(7.3.7－4)和公式(7.3.8－2)中 $N\eta e_i$ 以弯矩设计值 M 代替。

旧《混凝土结构设计规范》GBJ 10—89

第 **4.1.11** 条　环形和圆形截面受弯构件的正截面受弯承载力，应按本规范第 4.1.18 条和第 4.1.19 条的规定进行计算，但应在公式(4.1.18－1)、(4.1.18－3)和(4.1.19－1)中取等号，并取轴向力设计值 $N=0$；应将公式(4.1.18－2)、(4.1.18－4)和(4.1.19－2)中 $N\eta e_i$ 以弯矩设计值 M 代替。

【新规范理解与说明】

本条内容，新规范规定了环形和圆形截面受弯构件的正截面受弯承载力应该注意的问题。

【新规范应用计算实例】

【例 7－1】　单筋正截面受弯计算

式(4－15)或公式(4－15a)、公式(4－15b)计算。

已知矩形截面承受弯矩设计值 $M=165\text{kN}\cdot\text{m}$，环境类别为一类，试设计该截面。

解

本题属设计截面，要求选用材料、确定截面尺寸及配置钢筋。

(1)选用材料

混凝土用 C25，查表得 $f_c=11.9\text{N/mm}^2$。

采用 HRB400 级钢筋，查得 $f_y=360\text{N/mm}^2$。

(2)确定截面尺寸

选取 $\rho=1\%$，假定 $b=250\text{mm}$，则

$$h_0=1.05\sqrt{\frac{M}{\rho f_y b}}=1.05\sqrt{\frac{165\times10^6}{0.01\times360\times250}}=450\text{mm}$$

因 ρ 不高，假定布置一层钢筋，混凝土保护层厚度 $c=25$mm，$a_s=35$mm，则 $h=459+35=494$mm，实际取 $h=500$mm，此时 $\frac{b}{h}=\frac{250}{500}=\frac{1}{2}$，合适。于是，截面实际有效高度 $h_0=500-35=465$mm。

(3)计算钢筋截面面积和选择钢筋

由规范公式(7.2.1－1)可得

$172\times10^6=1.0\times11.9\times250x(465-0.5x)$

$x^2-930x+115630=0$

$x=\frac{930}{2}\pm\sqrt{\left(\frac{930}{2}\right)^2-115630}=465\pm317.1$

$x=147.9$mm　或　$x=782.1$mm

因为 x 不可能大于 h，所以不应取 $x=782.1$mm，而应取 $x=147.9\text{mm}<0.518h_0=241$mm。

将 $x=147.9$mm 代入规范公式(7.2.1－2)得

$1.0\times11.9\times250\times147.9=360A_s$

$A_s=1\,222\text{mm}^2$

选用4⌀20，$A_s=1\,256\text{mm}^2$。

$\rho_{1\min}=0.45\frac{f_t}{f_y}=0.45\times\frac{1.27}{360}=0.16\%<0.2\%$，取 $\rho_{1\min}=0.2\%$

$\rho_1=\frac{1\,256}{250\times500}=1.0\%>\rho_{1\min}=0.2\%$

(符合要求)

钢筋布置如图7－10所示。

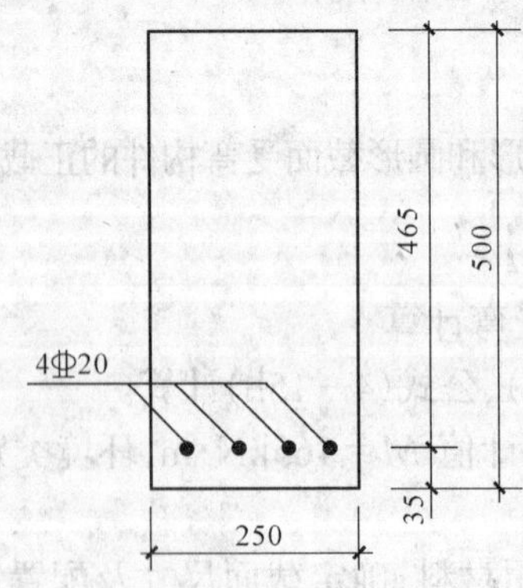

图7－10　例题7－1中钢筋布置图

【例7－2】　单筋正截面受弯计算

已知：一截面尺寸为 $b\times h=200\times450$mm 的钢筋混凝土梁，环境类别为二(a)类。采用 C25 混凝土和 HRB335($f_y=300\text{N/mm}$)级钢筋截面构造如图 7－11 所示，该梁承受弯矩设计值 $M=62\text{kN·m}$，试复核该截面是否安全。

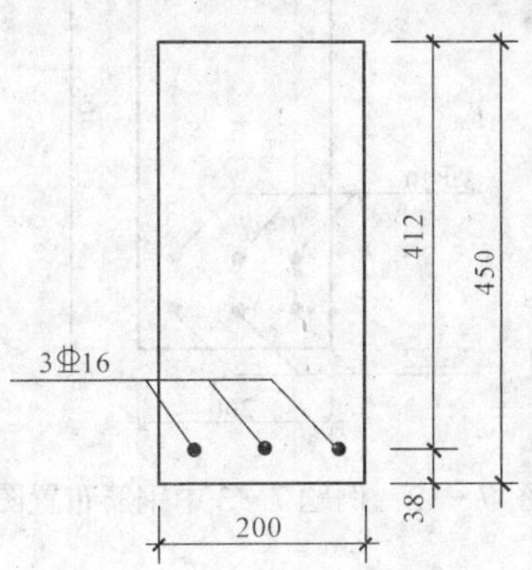

图 7－11　例题 7－2 中钢筋布置图

解

查表得 $f_c=11.9\text{N/mm}^2$、$f_y=300\text{N/mm}^2$ 和 $A_s=603\text{mm}^2$。

钢筋净间距 $s_n=\dfrac{200-2\times30-3\times16}{2}=46\text{mm}>d=16\text{mm}$ 或 25mm(符合要求)

混凝土保护层厚度为 30mm，$h_0=450-30-\dfrac{16}{2}=412\text{mm}$。

由规范公式(7.2.1－2)可得

$$x=\frac{300\times603}{1.0\times11.9\times200}=76\text{mm}<0.518h_0=0.518\times412=213\text{mm}(符合要求)$$

将 x 值代入规范公式(7.2.1－1)得

$$\begin{aligned}M_u&=1.0\times11.9\times200\times76\times(412-0.5\times76)\\&=67.6\times10^6\text{N·mm}\\&=67.6\text{kN·m}>M=62\text{kN·m}\end{aligned}$$

M_u 略大于 M，表明该梁正截面设计是安全和经济的。

【例 7－3】　双筋正截面受弯计算

有一矩形截面 $b\times h=200\text{mm}\times400\text{mm}$，承受弯矩设计值 $M=180\text{kN·m}$，混凝土强度等级为 C25($f_c=11.9\text{N/mm}^2$)，用 HRB400 级钢筋配筋($f_y=f'_y=360\text{N/mm}^2$)，环境类别为二(a)类，求所需钢筋截面面积。

解

(1)检查是否需采用双筋截面

假定受拉钢筋为二层，$h_0=400-65=335\text{mm}$

若为单筋截面，其所能承担的最大弯矩设计值为

$$\begin{aligned}M_{max}&=0.384\alpha_1f_cbh_0^2=0.384\times1.0\times11.9\times200\times335^2=102.6\times10^6\text{N·mm}\\&=102.6\text{kN·m}<M=180\text{kN·m}\end{aligned}$$

计算结果表明，必须设计成双筋截面。

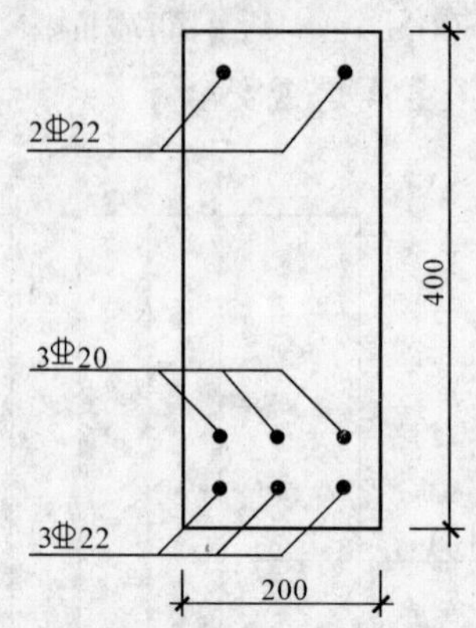

图 7－12 例题 7－3 中钢筋布置图

(2)求 A'_s

假定受压钢筋为一层,则 $a'_s=40$mm。

由公式(7－24)可得

$$A'_s=\frac{M-0.384\alpha_1 f_c bh_0^2}{f'_y(h_0-a'_s)}=\frac{180\times10^6-102.6\times10^6}{360(335-40)}=729\text{mm}^2$$

(3)求 A_s

由公式(7－25)可得

$$A_s=0.518\ \frac{\alpha_1 f_c}{f_y}bh_0+\frac{f'_y}{f_y}A'_s=0.518\times\frac{1.0\times11.9}{360}\times200\times335+\frac{360}{360}\times729=1876\text{mm}^2$$

(4)选择钢筋

受拉钢筋选用 3 ⊈ 22 + 3 ⊈ 20, A_s = 2 081mm²;受压钢筋选用 2 ⊈ 22, A'_s = 760mm²。钢筋布置如图 7－12 所示。

【例 7－4】 双筋正截面受弯计算

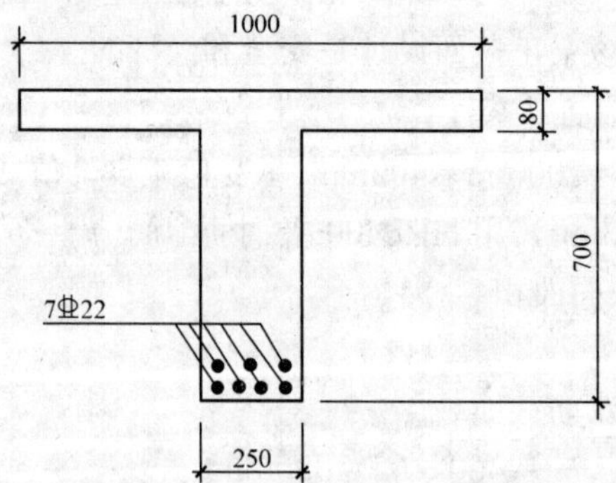

图 7－13 例题 7－5 中钢筋布置图

已知梁截面尺寸 $b\times h=200\text{mm}\times500\text{mm}$,混凝土强度等级 C25($f_c=11.9\text{N/mm}^2$),采用 HPB235 级钢筋($f_y=f'_y=210\text{N/mm}^2$),受拉钢筋为 5$\phi$20($A_s=1571\text{mm}^2$),受压钢筋

为 2ϕ16($A_s{}'=402\text{mm}^2$),要求承受弯矩设计值 $M=120\text{kN·m}$。试验算该截面是否安全。

解　$h_0=500-40=460\text{mm}$

$$\xi=\frac{A_s-A_s{}'}{bh_0}\cdot\frac{f_y}{\alpha_1 f_c}=\frac{1571-402}{200\times460}\times\frac{210}{1.0\times11.9}=0.224$$

查表得 $\alpha_s=0.199$

$$M_u=a_s\alpha_1 f_c bh_0^2+f'_yA'_s(h_0-a_s^2)$$

$$=0.199\times1.0\times11.9\times200\times460^2+210\times402\times(460-40)$$

$$=135.7\times10^6\text{N·mm}=135.7\text{kN·m}>M=120\text{kN·m}$$

设计符合要求。

【例 7-5】　T 型截面受弯计算

有一 T 形截面图 7-13,其截面尺寸为:$b=250\text{mm}$,$h=700\text{mm}$,$b'_f=1000\text{mm}$,$h'_f=80\text{mm}$,承受弯矩设计值 $M=450\text{kN·m}$,混凝土强度等级为 C25($f_c=11.9\text{N/mm}^2$),采用 HRB335 级钢筋配筋($f_y=300\text{N/mm}^2$),环境类别为一类,试求所需钢筋截面面积。

解

(1)类型鉴别

$h_0=700-60=640\text{mm}$

$$\alpha_1 f_c b'_f h'_f\left(h_0-\frac{h'_f}{2}\right)=1.0\times11.9\times1000\times80\times\left(640-\frac{80}{2}\right)$$

$$=571.2\times10^6\text{N·mm}=571.2\text{kN·m}>M$$

这表明属于第一种 T 形截面,按截面尺寸 $b'_f\times h=1000\times700\text{mm}$ 的矩形截面计算。

(2)计算 A_s

$$\alpha_s=\frac{M}{\alpha_1 f_c b'_f h_0^2}=\frac{450\times10^6}{1.0\times11.9\times1000\times640^2}=0.0923$$

查表得 $\gamma_s=0.954$,则

$$A_s=\frac{M}{f_y\gamma_s h_0}=\frac{450\times10^6}{300\times0.954\times640}=2457\text{mm}^2$$

选用 7⌀ 22,$A_s=2661\text{mm}^2$。钢筋配置如图 7-13 所示。

(3)验算适用条件

$$0.45\frac{f_t}{f_y}=0.45\times\frac{1.27}{300}=0.19\%<0.2\%,取\ \rho_{1\min}=0.2\%$$

$$\rho_1=\frac{A_s}{bh}=\frac{2661}{250\times750}=1.52\%>0.2\%(符合要求)$$

【例 7-6】　T 型截面受弯计算

有一 T 形截面,其截面尺寸为:$b=300\text{mm}$,$h=800\text{mm}$,$b'_f=600\text{mm}$,$h'_f=100\text{mm}$,承受弯矩设计值 $M=650\text{kN·m}$,混凝土强度等级为 C25,用 HRB400 级钢筋配筋,环境类别为一类。求受拉钢筋截面面积。

解

(1)类型鉴别

$h_0=800-60=740\text{mm}$

$$\alpha_1 f_c b'_f h'_f\left(h_0-\frac{h'_f}{2}\right)=1.0\times11.9\times600\times100\times\left(740-\frac{100}{2}\right)$$
$$=492.7\times10^6\text{N}\cdot\text{m}=492.7\text{kN}\cdot\text{m}<M$$

这表明属于第二种 T 形截面。

(2)计算 A_{s1} 和 A_{s2}

①求 A_{s1}:

$$A_{s1}=\frac{\alpha_1 f_c(b'_f-b)h'_f}{f_y}=\frac{1.0\times11.9\times(600-300)\times100}{360}=992\text{mm}^2$$

②求 A_{s2}:

$$M_{u1}=\alpha_1 f_c(b'_f-b)h'_f\left(h_0-\frac{h'_f}{2}\right)=1.0\times11.9\times(600-300)\times100\times\left(740-\frac{100}{2}\right)$$
$$=246.3\times10^6\text{N}\cdot\text{mm}=246.3\text{kN}\cdot\text{m}$$

则
$$M_{u2}=M-M_{u1}=650-246.3=403.7\text{kN}\cdot\text{mm}$$
$$\alpha_s=\frac{M_{u2}}{\alpha_1 f_c bh_0^2}=\frac{403.7\times10^6}{1.0\times11.9\times300\times740^2}=0.207$$

查表得 $\gamma_s=0.882$,则

$$A_{s2}=\frac{403.7\times10^6}{360\times0.882\times740}=1\ 718\text{mm}^2$$

(3)计算 A_s

$$A_s=A_{s1}+A_{s2}=992+1\ 718=2\ 710\text{mm}^2$$

选用 4 ⌀ 25 + 2 ⌀ 22,A_s = 2 724mm²。钢筋布置如图 7－14 所示。

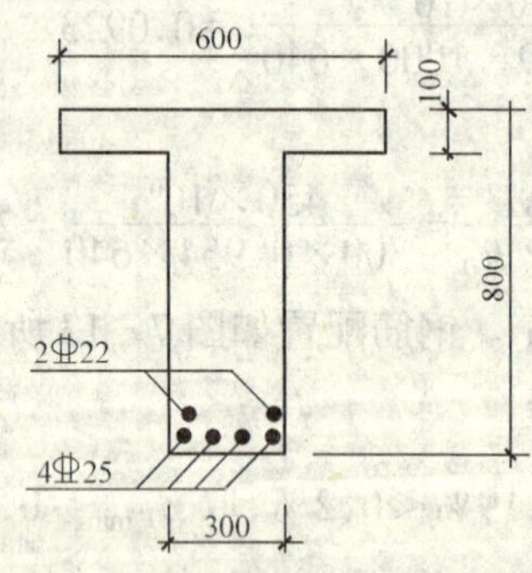

图 7－14 例题 7－6 中钢筋布置图

第四节 正截面受压承载力计算

新《混凝土结构设计规范》GB 50010—2002

7.3.1 钢筋混凝土轴心受压构件,当配置的箍筋符合本规范第 10.3 节的规定时,其正截面受压承载力应符合下列规定(图 7.3.1):

$$N\leqslant0.9\varphi(f_cA+f'_yA'_s) \tag{7.3.1}$$

式中 N——轴向压力设计值；

φ——钢筋混凝土构件的稳定系数，按表 7.3.1 采用；

f_c——混凝土轴心抗压强度设计值，按本规范表 4.1.4 采用；

A——构件截面面积；

A'_s——全部纵向钢筋的截面面积。

当纵向钢筋配筋率大于 3%时，公式(7.3.1)中的 A 应改用$(A-A'_s)$代替。

表 7.3.1 钢筋混凝土轴心受压构件的稳定系数

l_0/b	≤8	10	12	14	16	18	20	22	24	26	28
l_0/d	≤7	8.5	10.5	12	14	15.5	17	19	21	22.5	24
l_0/i	≤28	35	42	48	55	62	69	76	83	90	97
φ	1.00	0.98	0.95	0.92	0.87	0.81	0.75	0.70	0.65	0.60	0.56
l_0/b	30	32	34	36	38	40	42	44	46	48	50
l_0/d	26	28	29.5	31	33	34.5	36.5	38	40	41.5	43
l_0/i	104	111	118	125	132	139	146	153	160	167	174
φ	0.52	0.48	0.44	0.40	0.36	0.32	0.29	0.26	0.23	0.21	0.19

注：表中 l_0 为构件的计算长度，对钢筋混凝土柱可按本规范第 7.3.11 条的规定取用；b 为矩形截面的短边尺寸；d 为圆形截面的直径；i 为截面的最小回转半径。

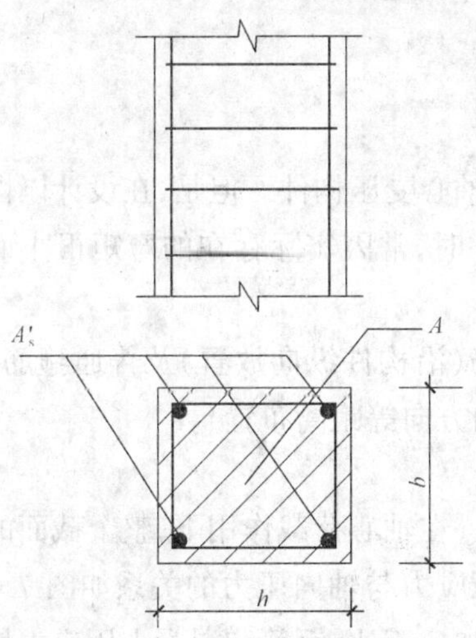

图 7.3.1 配置箍筋的钢筋混凝土轴心受压构件

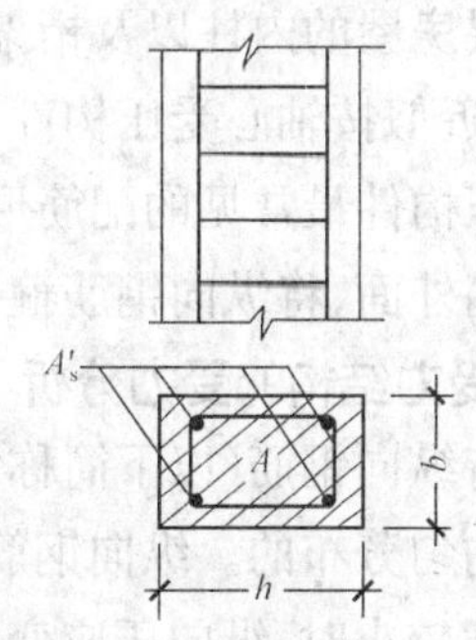

图 4.1.13 配置箍筋的钢筋混凝土轴心受压构件截面

旧《混凝土结构设计规范》GBJ 10—89

第 **4.1.13** 条 钢筋混凝土轴心受压构件，当配有箍筋或在纵向钢筋上焊有横向钢筋

时(图 4.1.13),其正截面受压承载力应按下列公式计算:

$$N \leqslant \varphi(f_c A + f_y A'_s) \tag{4.1.13}$$

式中 N——轴向力设计值;

φ——钢筋混凝土构件的稳定系数,按表 4.1.13 采用;

f_c——混凝土的轴心抗压强度设计值,按表 2.1.4 确定;

A——构件截面面积;

A'_s——全部纵向钢筋的截面面积。

当纵向钢筋配筋率大于 3% 时,式中 A 应改用 A_n,$A_n = A - A'_s$。

表 4.1.13 钢筋混凝土轴心受压构件的稳定系数 $\boldsymbol{\varphi}$

l_0/b	≤8	10	12	14	16	18	20	22	24	26	28
l_0/d	≤7	8.5	10.5	12	14	15.5	17	19	21	22.5	24
l_0/i	≤28	35	42	48	55	62	69	76	83	90	97
φ	1.0	0.98	0.95	0.92	0.87	0.81	0.75	0.70	0.65	0.60	0.56
l_0/b	30	32	34	36	38	40	42	44	46	48	50
l_0/d	26	28	29.5	31	33	34.5	36.5	38	40	41.5	43
l_0/i	104	111	118	125	132	139	146	153	160	167	174
φ	0.52	0.48	0.44	0.40	0.36	0.32	0.29	0.26	0.23	0.21	0.19

注:表中 l_0 为构件计算长度,b 为矩形截面的短边尺寸;d 为圆形截面的直径;i 为截面最小回转半径。

【新规范理解与说明】

本条内容,新规范和旧规范基本相同。

实际工程中,在钢筋混凝土结构中不存在理想的轴心受压构件。但是,在设计以恒荷载为主的多层房屋的内柱以及桁架的受压腹杆等构件时,常因实际存在的弯矩很小而略去不计,可以近似按轴心受压构件计算。

轴心受压构件最常见的配筋形式是配有纵向钢筋(沿构件纵向放置)及普通箍筋(配置在纵向钢筋外面,将纵向钢筋箍住,一般沿构件纵向方向等距离布置)。

1. 轴向受力结构的受力分析

对于配有纵向钢筋(以下简称纵筋)和箍筋的短柱,在轴心荷载作用下,整个截面的应变基本上是均匀分布的。纵向钢筋压应力和混凝土压应力与轴向压力的关系如图 7-15 所示。当荷载较小时,纵向压应变的增加与荷载的增加成正比,钢筋和混凝土压应力增加也与荷载的增加成正比。当荷载较大时,由于混凝土的塑性变形,纵向压应变的增加速度加快,纵筋配筋率愈小,这个现象愈明显。同时,在相同荷载增量下,纵筋应力的增长加快,而混凝土应力的增长减缓。临近破坏时,纵筋屈服(当钢筋强度较高时,可能不会屈服),应力保持不变,混凝土压应力增长加快,最后,柱子出现与荷载平行的纵向裂缝,然后,箍筋间的纵筋压屈,向外鼓出,混凝土被压碎,构件即告破坏(图 7-16)。

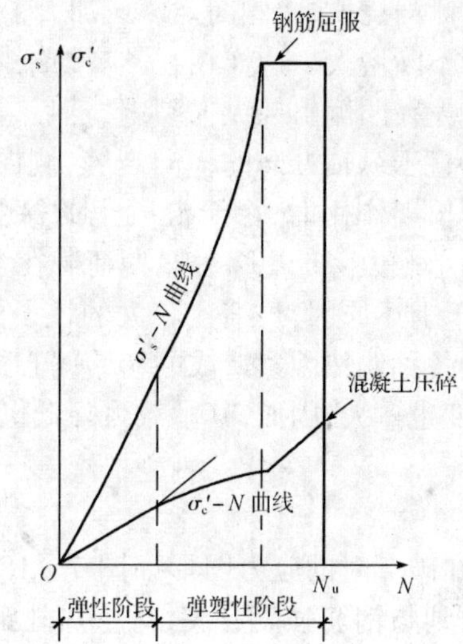

图 7－15 轴心受压柱的应力－荷载曲线

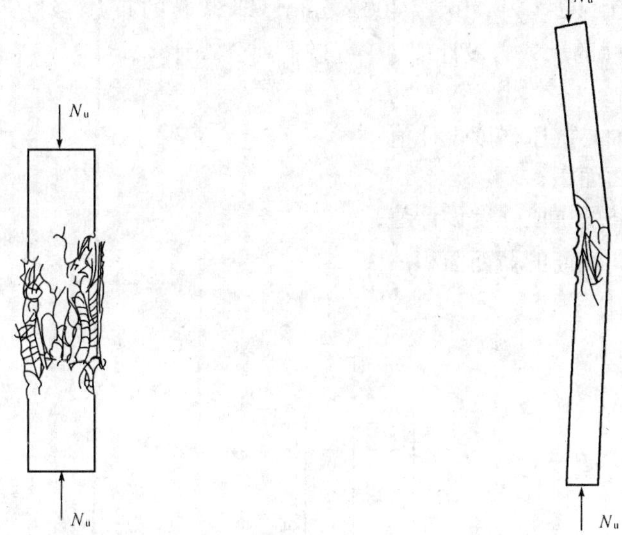

图 7－16 轴心受压短柱的破坏形态　　图 7－17 轴心受压长柱的破坏形态

素混凝土棱柱体试件的极限压应变约为 0.0015～0.002，钢筋混凝土短柱达到最大承载力时的压应变一般为 0.0025～0.0035。因此，若纵筋强度不太高，纵筋将首先达到屈服强度。此后，随着荷载增加，钢筋应力保持不变，而混凝土应力增长加快（在相同荷载增量时，其应力增加值比弹性阶段还要大些）。当混凝土被压碎，柱即告破坏。若纵筋强度很高，则在混凝土达到其极限压应变而被压碎时，纵筋应力将尚未达到其屈服强度（或条件屈服强度）。在实际结构中，柱子承受的荷载大部分是长期荷载，因此，混凝土将产生徐变，使混凝土应力降低，而纵筋应力增大，柱中纵向钢筋的应力将有可能达到其屈服强度。

对于长细比较大的柱子，由于各种偶然因素造成的初始偏心距的影响，在荷载作用下,将产生附加弯曲和相应的侧向挠度,而侧向挠度又加大了荷载的偏心距。随着荷载的增加,附加弯矩和侧向挠度将不断增大。这样相互影响的结果,使长柱在轴力和弯矩的共同作用下而破坏。破坏时,首先在凹侧出现纵向裂缝,然后,混凝土被压碎,纵筋被压屈,向外鼓出,凸侧混凝土出现垂直于纵轴方向的横向裂缝,侧向挠度急速增大,柱子即告破坏(图 7-17)。此外,当荷载长期作用时,由于混凝土的徐变,侧向挠度将增大更多,因此,长柱的承载力将比短柱的承载力降低更多。长期荷载在全部荷载中所占的比例愈大,长柱的承载力降低愈多。由于上述原因,长细比较大的柱子的承载力将低于其他条件相同的短柱。长细比越大,由于各种偶然因素造成的初始偏心距将愈大,在荷载作用下产生的附加弯曲和相应的侧向挠度也愈大,因而,其承载力降低也越多。对于长细比很大的细长柱,还可能发生失稳破坏。

2. **基本计算公式**

配有纵筋和箍筋的短柱在破坏时的应力图形如图 7-18 所示,混凝土应力达到其轴心抗压强度设计值,纵筋应力则与钢筋强度有关,对于热轧钢筋(如 HPB235、HRB335 和 HRB400 等),其应力均已达到屈服强度,而对于高强度钢筋,其应力则达不到屈服强度。设计时偏于安全地取混凝土极限压应变为 0.002,这时相应的纵筋应变也为 0.002,因此,其应力 $\sigma'_s = \varepsilon'_s E_s = 0.002 \times 2 \times 10^5 = 400\text{N/mm}^2$,即纵筋的抗压强度最多只能发挥 400N/mm^2。于是,短柱的承载力设计值 N_{us}可按下列公式计算:

$$N_{us} = f_c A + f'_y A'_s \tag{7-44}$$

式中 f_c——混凝土轴心抗压强度设计值;

A——构件截面面积;

f'_y——纵向钢筋的抗压强度设计值;

A'_s——全部纵向钢筋的截面面积。

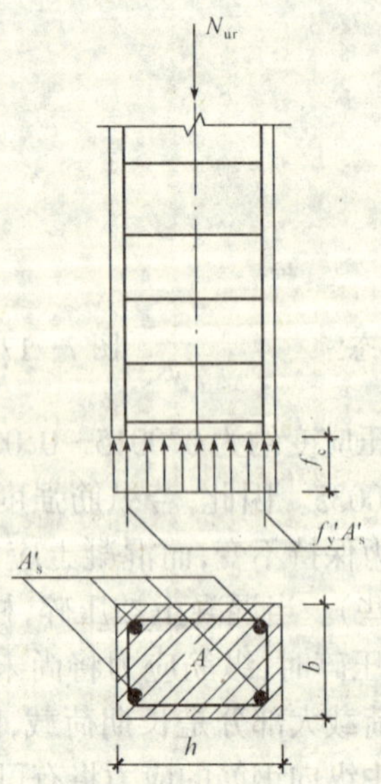

图 7-18 箍筋柱的轴心受压承载力计算应力图形

对于长柱，其承载力设计值可由短柱承载力设计值乘以降低系数 φ 而得。换句话说，φ 代表长柱承载力 N_u 与短柱承载力 N_{us} 之比，称为稳定系数。长柱的承载力设计值可按下列公式计算：

$$N_u = 0.9\varphi(f_c A + f'_y A'_s) \tag{7-45}$$

公式(7－45)中的系数 0.9 是为使轴心受压构件承载力设计值与偏心受压构件承载力设计值能相互协调而引入的修正系数。

当纵向钢筋配筋率大于 3%时，公式(7－44)和公式(7－45)中的 A 应改用$(A-A'_s)$代替。

3. 稳定系数 φ

稳定系数 φ 又称纵向弯曲系数，主要与柱子的长细比$\frac{l_0}{i}$(此处，l_0 为柱的计算长度，i 为截面的回转半径)有关。此外，混凝土强度和配筋率对稳定系数也有一定影响，但影响较小。对于矩形截面，长细比可改用$\frac{l_0}{b}$表示。

当需用公式计算 φ 值时，对矩形截面也可近似用 $\varphi=\left[1+0.002\left(\frac{l_0}{b}-8\right)^2\right]^{-1}$ 代替查表取值。当 l_0/b 不超过 40 时，公式计算值与表列数值误差不致超过 3.5%。对任意截面可取 $b=\sqrt{12}i$，对圆形截面可取 $b=\sqrt{3}d/2$。

新《混凝土结构设计规范》GB 50010—2002

7.3.2　钢筋混凝土轴心受压构件，当配置的螺旋式或焊接环式间接钢筋符合本规范第 10.3 节的规定时，其正截面受压承载力应符合下列规定(图 7.3.2)：

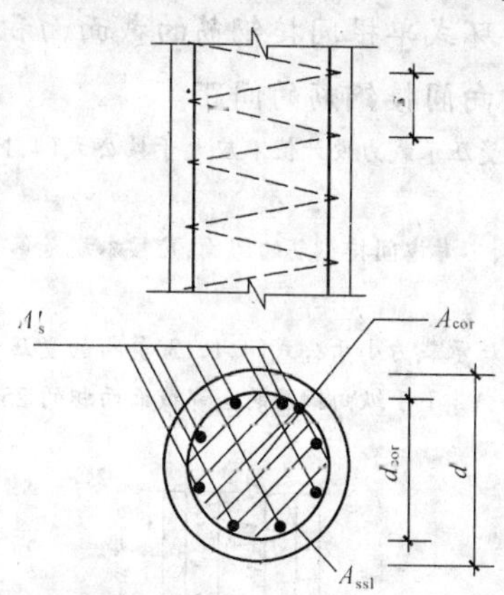

图 7.3.2　配置螺旋式间接钢筋的钢筋混凝土轴心受压构件

$$N \leqslant 0.9(f_c A_{cor} + f'_y A'_s + 2\alpha f_y A'_{ss0}) \tag{7.3.2-1}$$

$$A_{ss0} = \frac{\pi d_{cor} A_{ss1}}{s} \tag{7.3.2-2}$$

式中　f_y——间接钢筋的抗拉强度设计值；

A_{cor}——构件的核心截面面积：间接钢筋内表面范围内的混凝土面积；

A_{ss0}——螺旋式或焊接环式间接钢筋的换算截面面积；

d_{cor}——构件的核心截面直径:间接钢筋内表面之间的距离;

A_{ss1}——螺旋式或焊接环式单根间接钢筋的截面面积;

s——间接钢筋沿构件轴线方向的间距;

α——间接钢筋对混凝土约束的折减系数:当混凝土强度等级不超过C50时,取1.0,当混凝土强度等级为C80时,取0.85,其间按线性内插法确定。

注:1 按公式(7.3.2-1)算得的构件受压承载力设计值不应大于按本规范公式(7.3.1)算得的构件受压承载力设计值的1.5倍;

2 当遇到下列任意一种情况时,不应计入间接钢筋的影响,而应按本规范第7.3.1条的规定进行计算:

1)当 $l_0/d>12$ 时;

2)当按公式(7.3.2-1)算得的受压承载力小于按本规范公式(7.3.1)算得的受压承载力时;

3)当间接钢筋的换算截面面积 A_{ss0} 小于纵向钢筋的全部截面面积的25%时。

旧《混凝土结构设计规范》GBJ 10—89

第**4.1.14**条 钢筋混凝土轴心受压构件,当采用螺旋式或焊接环式间接钢筋时(图4.1.14),其正截面受压承载力应按下列公式计算:

$$N\leqslant f_c A_{cor}+f'_y A'_s+2f_y A_{ss0} \tag{4.1.14}$$

式中 A_{cor}——构件的核芯截面面积;

f_y——间接钢筋的抗拉强度设计值;

A_{ss0}——螺旋式或焊接环式间接钢筋的换算截面面积:$A_{ss0}=\dfrac{\pi d_{cor}A_{ss1}}{s}$;

d_{cor}——构件的核芯直径;

A_{ss1}——螺旋式或焊接环式单根间接钢筋的截面面积;

s——沿构件轴线方向间接钢筋的间距。

注:①按公式(4.1.14)算得的构件受压承载力设计值不应大于按公式(4.1.13)算得的构件受压承载力设计值的1.5倍;

②当遇有下列任意一种情况时,不考虑间接钢筋的影响,应按本规范第4.1.13条的规定进行计算:

1)当 $l_0/d>12$ 时;

2)当按公式(4.1.14)算得的受压承载力小于公式(4.1.13)算得的受压承载力时;

3)当间接钢筋的换算截面面积 A_{ss0} 小于纵向钢筋的全部截面面积的25%时。

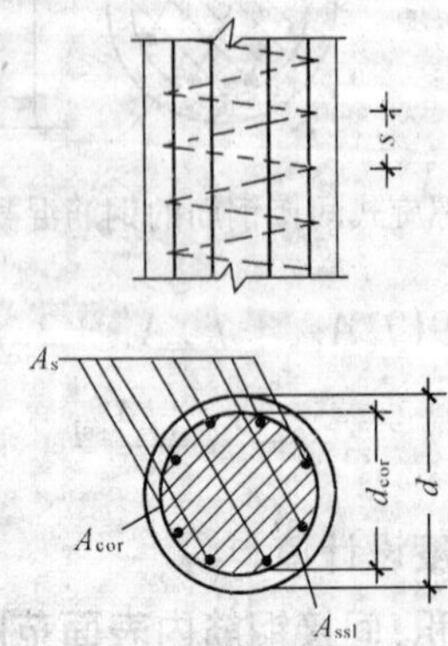

图4.1.14 配置螺旋式间接钢筋的混凝土轴心受压构件截面

【新规范理解与说明】

本条内容，新旧规范基本相同。

在实际结构中，当柱承受很大的轴向压力，而截面尺寸又受到限制时（由于建筑上或使用上的要求），若仍采用有纵筋和普通箍筋的柱，即使提高混凝土强度和增加纵筋配筋量，也不足以承受该荷载时，可考虑采用螺旋箍筋柱或焊接环筋柱，以提高构件的承载力。螺旋箍筋柱或焊接环筋柱的用钢量较多，施工复杂，造价较高，故一般很少采用。螺旋箍筋柱或焊接环筋柱的截面形状一般为圆形或多边形。螺旋箍筋柱和焊接环筋柱的受力性能相同。

1. 受力分析

图 7－19 中分别表示普通箍筋柱和螺旋箍筋柱的荷载－应变曲线。在临界荷载（大致相当于 $\sigma'_c = 0.8f_c$）以前，螺旋箍筋应力很小，螺旋箍筋柱的荷载－应变曲线与普通箍筋柱基本相同。当荷载继续增加，直至混凝土和纵筋的纵向压应变 $\varepsilon = 0.003 \sim 0.0035$ 时，纵筋已屈服，箍筋外面的混凝土保护层开始崩裂剥落，混凝土的截面减小，荷载略有下降。这时，核心部分混凝土由于受到螺旋箍筋的约束，仍能继续承受压力，其抗压强度超过了轴心抗压强度 f_c，补偿了剥落的外围混凝土所承担的压力，曲线逐渐回升。随着荷载不断增大，螺旋箍筋中环向拉应力也不断增大，直至螺旋箍筋达到屈服，不能再约束核心混凝土的横向变形，核心部分混凝土的抗压强度不再提高，混凝土被压碎，构件即告破坏。这时，荷载达到第二次峰值，柱子的纵向压应变可达 0.01 以上。第二次荷载峰值及相应的压应变值与螺旋箍筋的配筋率（箍筋直径和间距）有关。螺旋箍筋的配筋率越大，其值越大。此外，螺旋箍筋柱具有很好的延性，在承载力不降低的情况下，其变形能力比普通钢筋混凝土柱提高很多。

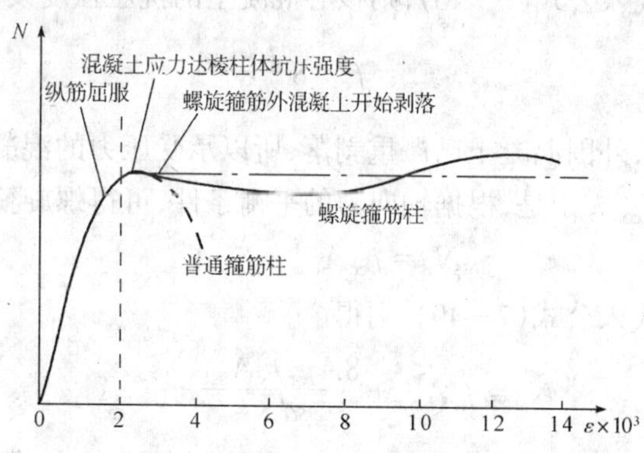

图 7－19　轴心受压柱的荷载－应变曲线

由此可见，在螺旋箍筋柱中，沿柱高连续缠绕的、间距很密的螺旋箍筋犹如一个套筒，将核心部分的混凝土包住，有力地限制了核心混凝土的横向变形，使核心混凝土处于三向受压状态，从而提高了柱的承载力。因此，这种钢筋又称为“间接钢筋”。

2. 基本计算公式

在螺旋箍筋柱中，螺旋箍筋或焊接环筋（又称间接钢筋）所包围的核心混凝土处于三向受压状态,其实际抗压强度高于混凝土的轴心抗压强度。根据圆柱体三向受压试验的结果,约束混凝土的轴心抗压强度 f_{cc}可近似按下列公式计算:

$$f_{cc}=f_c+4\sigma_c \tag{7-46}$$

式中 f_c——混凝土轴心抗压强度设计值;

σ_c——作用于圆柱体的侧表面单位面积上的侧压力。

假设螺旋箍筋达到屈服时,它对混凝土施加的侧压力(径向压应力)为 σ_c(图 7-20)。沿径向把箍筋切开,则在间距 s 范围内,σ_c 的合力应与箍筋的拉力平衡,即

$$\sigma_c s d_{cor}=2f_yA_{ss1} \tag{7-47}$$

式中 A_{ss1}——螺旋式或焊接环式单根间接钢筋的截面面积;

f_y——间接钢筋的抗拉强度设计值;

s——沿构件轴线方向间接钢筋的间距;

d_{cor}——构件的核心直径,按间接钢筋的内表面计算。

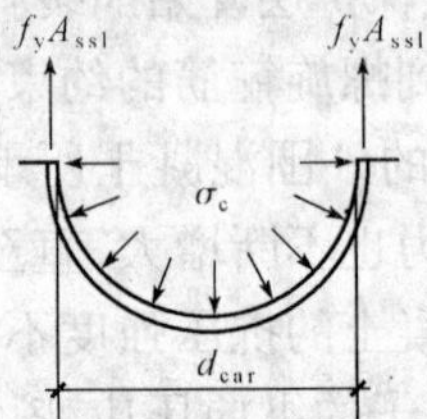

图 7-20 螺旋箍筋的受力状态

将公式(7-47)代入公式(7-46),则核心混凝土的抗压强度设计值为

$$f_{cc}=f_c+8\frac{f_yA_{ss1}}{sd_{cor}} \tag{7-48}$$

由于箍筋屈服时,外围混凝土已严重剥落,所以承受压力的混凝土截面面积应取核心混凝土的截面面积 A_{cor}。于是,根据轴向力的平衡条件,可得螺旋箍筋柱的承载力为

$$N_u=f_{cc}A_{cor}+f'_yA'_s \tag{7-49}$$

将公式(7-48)代入公式(7-49),则得

$$N_u=f_cA_{cor}+\frac{8A_{cor}f_yA_{ss1}}{sd_{cor}}+f'_yA'_s \tag{7-49a}$$

公式(7-49a)右端第一项为核芯混凝土无约束时的承载力,第二项为配置螺旋箍筋后混凝土承载力的增量。为了使公式(7-49a)表达成更为简单的形式,可按体积相等的原则将间距为 s 的间接钢筋换算成纵向钢筋截面面积 A_{ss0},即

$$\pi d_{cor}A_{ss1}=sA_{ss0}$$

即

$$A_{ss0}=\frac{\pi d_{cor}A_{ss1}}{s} \tag{7-50}$$

或

$$\frac{A_{ss1}}{s}=\frac{A_{ss0}}{\pi d_{cor}}$$

于是
$$\frac{8A_{\rm cor}f_{\rm y}A_{\rm ss1}}{sd_{\rm cor}}=\frac{8A_{\rm cor}f_{\rm y}A_{\rm ss0}}{\pi d_{\rm cor}^{2}}=2f_{\rm y}A_{\rm ss0} \tag{7-50a}$$

将公式(7－50a)代入公式(7－49a),则得

$$N_{\rm u}=f_{\rm c}A_{\rm cor}+f'_{\rm y}A'_{\rm s}+2f_{\rm y}A_{\rm ss0} \tag{7-51}$$

试验结果表明,当混凝土等级大于C50,还须在第三项乘以折减系数 a,另外,由于协调作用,$N_{\rm u}$ 还要乘以系数 0.9,便得到规范的公式。

新《混凝土结构设计规范》GB 50010—2002

7.3.3　在偏心受压构件的正截面承载力计算中,应计入轴向压力在偏心方向存在的附加偏心距 $e_{\rm a}$,其值应取 20mm 和偏心方向截面最大尺寸的 1/30 两者中的较大值。

旧《混凝土结构设计规范》GBJ 10—89

参见旧规范第 4.1.15 条关于 $e_{\rm a}$ 的规定。

【新规范理解与说明】

本条内容,新旧规范有些改动。

由于工程中实际存在着荷载作用位置的不定性、混凝土质量的不均匀性及施工的偏差等因素,都可能产生附加偏心距。很多国家的规范中都有关于附加偏心距的具体规定,因此参照国外规范的经验,规定了附加偏心距 $e_{\rm a}$ 的绝对值与相对值的要求,并取其较大值用于计算。

新《混凝土结构设计规范》GB 50010—2002

7.3.4　矩形截面偏心受压构件正截面受压承载力应符合下列规定(图 7.3.4):

$$N\leqslant\alpha_1 f_{\rm c}bx+f'_{\rm y}A'_{\rm s}-\sigma_{\rm s}A_{\rm s}-(\sigma'_{\rm p0}-f'_{\rm py})A'_{\rm p}-\sigma_{\rm p}A_{\rm p} \tag{7.3.4-1}$$

$$Ne\leqslant\alpha_1 f_{\rm c}bx\left(h_0-\frac{x}{2}\right)+f'_{\rm y}A'_{\rm s}(h_0-a'_{\rm s})-(\sigma'_{\rm p0}-f'_{\rm py})A'_{\rm p}(h_0-a'_{\rm p}) \tag{7.3.4-2}$$

$$e=\eta e_{\rm i}+\frac{h}{2}-a \tag{7.3.4-3}$$

$$e_{\rm i}=e_0+e_{\rm a} \tag{7.3.4-4}$$

式中　e——轴向压力作用点至纵向普通受拉钢筋和预应力受控钢筋的合力点的距离;

η——偏心受压构件考虑二阶弯矩影响的轴向压力偏心距增大系数,按本规范第 7.3.10 条的规定计算;

$\sigma_{\rm s}$、$\sigma_{\rm p}$——受拉边或受压较小边的纵向普通钢筋、预应力钢筋的应力;

$e_{\rm i}$——初始偏心距;

a——纵向普通受拉钢筋和预应力受拉钢筋的合力点至截面近边缘的距离;

e_0——轴向压力对截面重心的偏心距:$e_0=M/N$;

$e_{\rm s}$——附加偏心距,按本规范第 7.3.3 条确定。

在按上述规定计算时，尚应符合下列要求：

1 钢筋的应力 σ_s、σ_p 可按下列情况计算：

1）当 $\xi \leqslant \xi_b$ 时为大偏心受压构件，取 $\sigma_s = f_y$ 及 $\sigma_p = f_{py}$，此处，ξ 为相对受压区高度，$\xi = x/h_0$；

2）当 $\xi > \xi_b$ 时为小偏心受压构件，σ_s、σ_p 按本规范第 7.1.5 条的规定进行计算。

2 当计算中计入纵向普通受压钢筋时，受压区高度应满足本规范公式（7.2.1－4）的条件；当不满足此条件时，其正截面受压承载力可按本规范第 7.2.5 条的规定进行计算，此时，应将本规范公式（7.2.5）中的 M 以 Ne'_s 代替，此处，e'_s 为轴向压力作用点至受压区纵向普通钢筋合力点的距离；在计算中应计入偏心距增大系数，初始偏心距应按公式（7.3.4－4）确定。

3 矩形截面非对称配筋的小偏心受压构件，当 $N > f_c bh$ 时，尚应按下列公式进行验算：

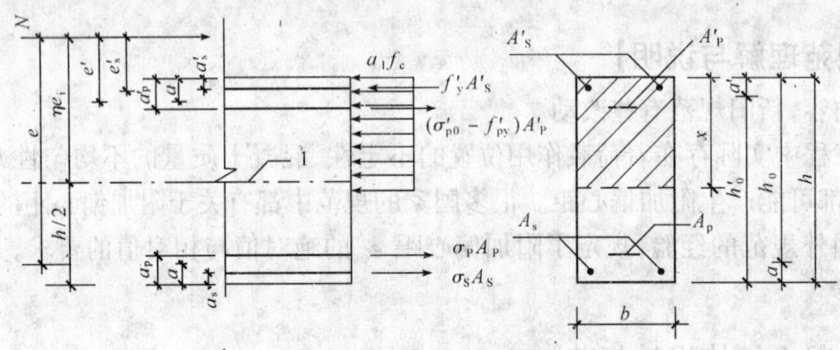

图 7.3.4 矩形截面偏心受压构件正截面受压承载力计算

1—截面重心轴

$$Ne' \leqslant f_c bh\left(h'_0 - \frac{h}{2}\right) + f'_y A_s(h'_0 - a_s) - (\sigma_{p0} - f'_{py})A_p(h'_0 - a_p) \qquad (7.3.4-5)$$

$$e' = \frac{h}{2} - a' - (e_0 - e_a) \qquad (7.3.4-6)$$

式中 e'——轴向压力作用点至受压区纵向普通钢筋和预应力钢筋的合力点的距离；

h'_0——纵向受压钢筋合力点至截面远边的距离。

4 矩形截面对称配筋（$A'_s = A_s$）的钢筋混凝土小偏心受压构件，也可按下列近似公式计算纵向钢筋截面面积：

$$A'_s = \frac{Ne - \xi(1 - 0.5\xi)\alpha_1 f_c bh_0^2}{f'_y(h_0 - a'_s)} \qquad (7.3.4-7)$$

此处，相对受压区高度 ξ 可按下列公式计算：

$$\xi = \frac{N - \xi_b \alpha_1 f_c bh_0}{\dfrac{Ne - 0.43\alpha_1 f_c bh_0^2}{(\beta_1 - \xi_b)(h_0 - a'_s)} + \alpha_1 f_c bh_0} + \xi_b \qquad (7.3.4-8)$$

旧《混凝土结构设计规范》GBJ 10—89

第**4.1.15**条　矩形截面偏心受压构件正截面受压承载力应按下列公式计算(图4.1.15)：

$$N \leqslant f_{cm}bx + f'_yA'_s - \sigma_sA_s - (\sigma'_{po} - f'_{py})A'_p - \sigma_pA_p \qquad (4.1.15-1)$$

$$Ne \leqslant f_{cm}bx\left(h_0 - \frac{x}{2}\right) + f'_yA'_s(h_0 - a'_s) - (\sigma'_{po} - f'_{py})A'_p(h_0 - a'_p) \qquad (4.1.15-2)$$

$$e = \eta e_i + \frac{h}{2} - a \qquad (4.1.15-3)$$

$$e_i = e_0 + e_a \qquad (4.1.15-4)$$

$$e_a = 0.12(0.3h_0 - e_0) \qquad (4.1.15-5)$$

受拉边或受压较小边的普通钢筋及预应力钢筋的应力 σ_s、σ_p，可按下列情况计算：

一、当 $\xi \leqslant \xi_b$ 时为大偏心受压构件，取 $\sigma_s = f_y$ 及 $\sigma_p = f_{py}$，此处，相对受压区高度 $\xi = \frac{x}{h_0}$；

二、当 $\xi > \xi_b$ 时为小偏心受压构件，σ_s 及 σ_p 分别按公式(4.1.4-1)及(4.1.4-2)进行计算。

式中　e——轴向力作用点至普通受拉钢筋和预应力受拉钢筋的合力点之间的距离；

η——偏心受压构件考虑挠曲影响的轴向力偏心距增大系数，按本规范第4.1.20条规定计算；

e_i——初始偏心距；

a——普通受拉钢筋和预应力受拉钢筋的合力点至截面近边缘的距离；

e_0——轴向力对截面重心的偏心距，$e_0 = M/N$；

e_a——附加偏心距；当 $e_0 \geqslant 0.3h_0$ 时，取 $e_a = 0$。

如在计算中考虑普通受压钢筋时，则受压区高度应符合 $x \geqslant 2a'$ 的条件。

当不符合上述的条件时，其正截面受压承载力可按本规范第4.1.9条的规定进行计算。此时，应将公式(4.1.9)中 M 以 Ne'_s 代替。此处，e'_s 为轴向力作用点至受压区普通钢筋合力点的距离，在计算中应考虑偏心距增大系数，初始偏心距按公式(4.1.15-4)确定。

对小偏心距受压构件，尚应按下列公式进行验算：

$$Ne' \leqslant f_{cm}bh\left(h'_0 - \frac{h}{2}\right) + f'_yA_s(h'_0 - a_s) - (\sigma'_{po} - f'_{py})A_p(h'_0 - a_p) \qquad (4.1.15-6)$$

式中　e'——轴向力作用点至受压区普通钢筋和预应力钢筋的合力点之间的距离，此时，轴向力作用点靠近截面重心；在计算中不考虑偏心距增大系数，初始偏心距 $e'_i = e_0 - e_a$。

矩形截面对称配筋的钢筋混凝土小偏心受压构件，也可按下列近似公式计算钢筋截面面积：

$$A'_s = A_s = \frac{Ne - \xi(1-0.5\xi) f_{cm} b h_0^2}{f'_y (h_0 - a'_s)} \tag{4.1.15-7}$$

此处，相对受压区高度可按下列公式计算：

$$\xi = \frac{N - \xi_b f_{cm} b h_0}{\dfrac{Ne - 0.45 f_{cm} b h_0^2}{(0.8-\xi_b)(h_0 - a'_s)} + f_{cm} b h_0} + \xi_b \tag{4.1.15-8}$$

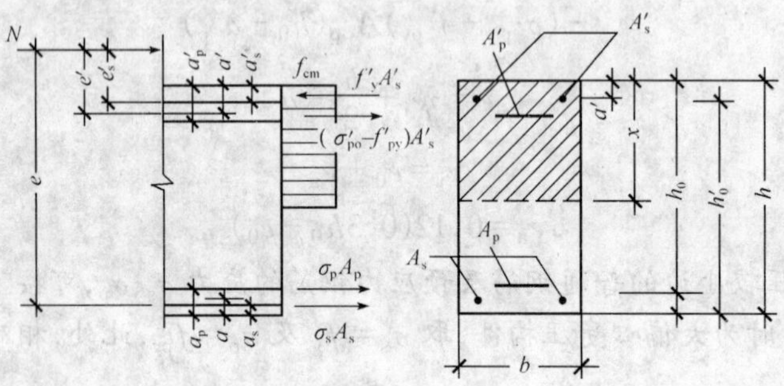

图 4.1.15 矩形截面偏心受压构件的正截面受压承载力计算

【新规范理解与说明】

本条内容，新旧规范的规定基本相同，只是在符号和表达方式有些不同。

1. 偏心受压构件的受力分析

1)大偏心受压构件

钢筋混凝土偏心受压构件正截面的受力特点和破坏特征与轴向压力的偏心率(偏心距与截面有效高度的比值，又称相对偏心距)、纵向钢筋的数量、钢筋强度和混凝土强度等因素有关。一般可分为大偏心受压破坏(又称为受拉破坏)和小偏心受压破坏(又称为受压破坏)两类。

1)大偏心受压构件

当轴向压力的偏心率较大，且受拉钢筋配置不太多时，在荷载作用下，靠近轴向压力的一侧受压，另一侧受拉，随荷载的增加，首先在受拉区产生横向裂缝。轴向压力的偏心率愈大，横向裂缝出现愈早，裂缝的开展和延伸愈快，受拉变形的增长较受压变形快，受拉钢筋应力较大。随着荷载继续增大，主裂缝逐渐明显，主裂缝可能有 1～2 条。临近破坏荷载时，受拉钢筋的应力首先达到屈服强度，受拉区横向裂缝迅速开展，并向受压区延伸，从而导致混凝土受压区面积迅速减小，混凝土压应力迅速增大，在压应力较大的混凝土受压边缘附近出现纵向裂缝。当受压区边缘混凝土的应变达到其极限值，受压区混凝土被压碎，构件即告破坏。破坏时，如混凝土受压区不过小，受压区的纵筋应力也可达到其受压屈服强度。

大偏心受压构件破坏的过程和特征与适筋的双筋受弯截面相似，有明显的预兆，为延性破坏。由于这种破坏特征一般是发生于轴向压力的偏心率较大的情况，故习惯上称为大偏心受压破坏。又由于其破坏是始于受拉钢筋先屈服，故又称为受拉破坏。

2)小偏心受压构件

当轴向压力的偏心率较小,或者偏心率虽不太小,但配置的受拉钢筋很多时,在荷载作用下,截面大部分受压或全部受压。当截面大部分受压时,其受拉区虽然也可能出现横向裂缝,但出现较迟,开展也不大。轴向压力的偏心率愈小,横向裂缝出现愈迟,开展也愈小,一般没有明显的主裂缝。临近破坏荷载时,在压应力较大的混凝土受压边缘附近出现纵向裂缝。当受压区边缘混凝土的应变达到其极限值,受压区混凝土被压碎,构件即告破坏。破坏时,靠近轴向压力一侧的受压钢筋达到其抗压屈服强度,而另一侧的钢筋受拉,但应力未达到其抗拉屈服强度。当轴向压力的偏心率更小时,截面将全部受压,构件不出现横向裂缝。一般是靠近轴向压力一侧的混凝土的压应力较大,由于靠近轴向压力一侧边缘混凝土的应变达到极限值,混凝土被压碎而破坏。破坏时,靠近轴向压力一侧的钢筋应力达到其抗压屈服强度,而离轴向压力较远一侧的钢筋可能达到其抗压屈服强度,也可能未达到其抗压屈服强度。此外,当轴向压力的偏心率很小,而离轴向压力较远一侧的钢筋相对较少时,离轴向压力较远一侧的混凝土的压应力有时反而大些,也可能由于离轴向压力较远的一侧边缘混凝土的应变达到极限值,混凝土被压碎而破坏。

这种破坏过程和特征与超筋的双筋受弯截面或轴心受压截面的破坏相似,无明显的预兆,为脆性破坏。由于这种破坏特征是发生于轴向压力的偏心率较小的情况,故习惯上称为小偏心受压破坏。又由于其破坏是由混凝土先被压碎而引起的,故又称为受压破坏。

2. 偏心受压构件计算的基本原则

1)两种破坏形态的界限

偏心受压构件正截面界限破坏与受弯构件正截面界限破坏是相似的。因此,与受弯构件正截面承载力计算一样,也可用界限受压区高度 x_b 或界限相对受压区高度 ξ_b 来判别两种不同的破坏形态。于是,当符合下列条件时,截面为大偏心受压破坏,即

$$\xi \leqslant \xi_b$$

或

$$x \leqslant \xi_b h_0$$

$$\xi_b = \frac{\beta_1}{1 + \frac{f_y}{\varepsilon_{cu} E_s}}$$

当混凝土强度等级不大于 C50 时,上式可简化为

$$\xi_b = \frac{0.8}{1 + \frac{f_y}{0.003\,3 E_s}}$$

反之,截面为小偏心受压破坏。

2)初始偏心距

在设计计算时,按照一般力学方法求得作用于截面上的弯矩 M 和轴向力 N 后,即可求轴向力的偏心距 $e_0(=M/N)$。但是,由于荷载作用位置和大小的不定性,混凝土质量的不均匀性以及施工造成的截面尺寸偏差等因素,将使轴向力产生附加偏心距 e_a。因此,轴向力的计算初始偏心距 e_i(以下简称初始偏心距)可按下列公式计算:

$$e_i = e_0 + e_a$$

对于附加偏心距 e_a，其值应取 20mm 和偏心方向截面尺寸的 1/30 两者中的较大值。

3. 偏心受压构件截面设计和复核

1)设计截面

当作用于构件正截面上的轴向压力设计值 N(设计时取 $N_u=N$)和弯矩设计值 M(或轴向力偏心距 e_0)为已知，欲设计该截面时，一般可先选择混凝土强度等级和钢筋种类，确定截面尺寸，然后再计算钢筋截面面积和选用钢筋。由于混凝土强度对偏心受压构件承载力的影响比对受弯构件大，所以宜选用较高强度等级的混凝土，以便节省钢材，一般可采用 C20～C40。当构件承受的荷载较小，而按刚度要求截面尺寸不宜过小时，则可适当选用较低强度等级的混凝土。纵向受力钢筋一般宜采用 HRB400 和 HRB335 级钢筋，也可采用 RRB400 和 HPB235 级钢筋。构造钢筋常采用 HPB235 级或 HRB335 级钢筋。箍筋采用 HPB235 或 HRB335 级钢筋。偏心受压构件除应具有一定的承载力外，还必须具有足够的刚度。因此，其截面尺寸往往是由经验(如参考类似的设计资料)或其他构造条件确定。计算钢筋截面面积时，应首先由求得轴向力初始偏心距 e_i 和轴向力偏心距增大系数 η；然后判别截面的破坏形态；最后，应用相应的公式计算钢筋截面面积和选用钢筋。

由于截面的破坏形态不仅与轴向力的偏心距有关，还与轴向力的大小、混凝土强度和钢筋强度以及配筋形式和数量有关。设计截面时，由于 A_s 和 A'_s 尚未确定，所以，x 也未能确定。这时，判定截面的破坏形态是困难的。但是，当 $\eta e_i<0.3h_0$ 时，截面总是属于小偏心受压破坏；当 $\eta e_i\geqslant0.3h_0$ 时，截面则可能属于大偏心受压破坏，也可能属于小偏心受压破坏。因此，在一般情况下，当 $\eta e_i<0.3h_0$ 时，可按小偏心受压破坏进行计算；当 $\eta e_i\geqslant0.3h_0$ 时，可先按大偏心受压破坏进行计算，然后再判断其适用条件是否满足。

(1)大偏心受压破坏

这种破坏，设计时可分考虑两种情况，当 A_s 和 A'_s 为已知和未知时，分别进行设计。

(2)小偏心受压破坏

对于这样的构件，由于公式中有三个未知数，而独立的方程只有两个，故先应确定其中一个未知数。为节省钢材，应充分利用混凝土受压，设计时按最小配筋率确定 A_s 或按构造配筋，确定 A_s，同时为防止离轴向力较远一侧的混凝土发生破坏，设计时，可适量配筋钢筋，并考虑初始偏心距的问题，为 $e_i=e_0-e_a$。

确定 A_s 后，A'_s 便可由另外两个公式求得，具体可参见相关资料。

2)复核截面

复核截面时，一般已知截面尺寸 $b\times h$、混凝土强度等级、钢筋级别、钢筋截面面积 A_s 和 A'_s 以及构件计算长度 l_o、轴向力设计值 N 及其偏心距 e_0，需验算截面是否能承担该轴向力。

此外，还有对称配筋方法，可参阅其他资料。

新《混凝土结构设计规范》GB 50010—2002

7.3.5 I 形截面偏心受压构件的受压翼缘计算宽度 b'_f 应按本规范第 7.2.3 条确定，其正截面受压承载力应符合下列规定：

1 当受压区高度 $x \leqslant h'_f$ 时，应按宽度为受压翼缘计算宽度 b'_f 的矩形截面计算。

2 当受压区高度 $x > h'_f$ 时(图 7.3.5)，应符合下列规定：

$$N \leqslant \alpha_1 f_c [bx + (b'_f - b)h'_f] + f'_y A'_s - \sigma_s A_s - (\sigma'_{p0} - f'_{py})A'_p - \sigma_p A_p \quad (7.3.5-1)$$

$$Ne \leqslant \alpha_1 f_c \left[bx\left(h_0 - \frac{x}{2}\right) + (b'_f - b)h'_f\left(h_0 - \frac{h'_f}{2}\right)\right] + f'_y A'_s(h_0 - a'_s) - (\sigma'_{p0} - f'_{py})A'_p(h_0 - a'_p) \quad (7.3.5-2)$$

公式中的钢筋应力 σ_s、σ_p 以及是否考虑纵向普通受压钢筋的作用，均应按本规范第 7.3.4 条的有关规定确定。

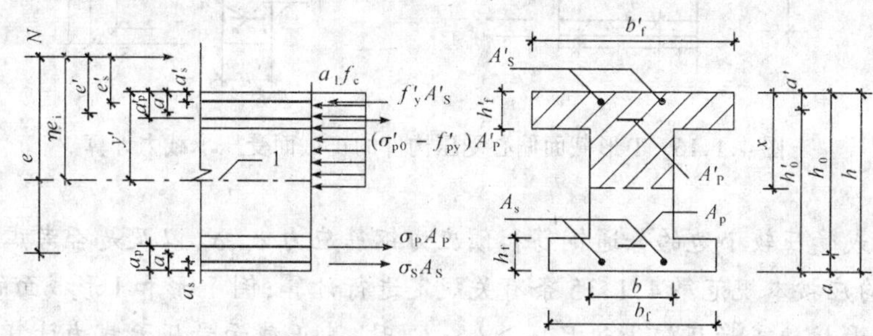

图 7.3.5 I形截面偏心受压构件正截面受压承载力计算

1—截面重心轴

3 当 $x > (h - h_f)$ 时，其正截面受压承载力计算应计入受压较小边翼缘受压部分的作用，此时，受压较小边翼缘计算宽度 b_f 应按本规范第 7.2.3 条确定。

4 对采用非对称配筋的小偏心受压构件，当 $N > f_c A$ 时，尚应按下列公式进行验算：

$$Ne' \leqslant f_c\left[bh\left(h'_0 - \frac{h}{2}\right) + (b_f - b)h_f\left(h'_0 - \frac{h_f}{2}\right) + (b'_f - b)h'_f\left(\frac{h'_f}{2} - a'\right)\right] + f'_y A_s (h'_0 - a_s) - (\sigma_{p0} - f'_{py})A_p(h'_0 - a_p) \quad (7.3.5-3)$$

$$e' = y' - a' - (e_0 - e_a) \quad (7.3.5-4)$$

式中 y'——截面重心至离轴向压力较近一侧受压边的距离，当截面对称时，取 $y' = h/2$。

注：对仅在离轴向压力较近一侧有翼缘的 T 形截面，可取 $b_f = b$；对仅在离轴向压力较远一侧有翼缘的倒 T 形截面，可取 $b'_f = b$。

旧《混凝土结构设计规范》GBJ 10—89

第 **4.1.16** 条 T 形截面偏心受压构件，当翼缘位于截面的较大受压边缘时，翼缘计算宽度 b'_f 应按本规范第 4.1.7 条的规定确定，其正截面受压承载力应按下列规定计算：

一、当受压区高度 $x \leqslant h'_f$ 时，应按照宽度为 b'_f 的矩形截面计算；

二、当受压区高度 $x > h'_f$ 时(图 4.1.16)，则应考虑腹板的受压作用，按下列公式计算：

$$N \leqslant f_{cm}[bx+(b'_f-b)h'_f]+f'_yA'_s-\sigma_sA_s$$
$$-(\sigma'_{p0}-f'_{py})A'_p-\sigma_pA_p \quad (4.1.16-1)$$

$$Ne \leqslant f_{cm}\left[bx\left(h_0-\frac{x}{2}\right)+(b'_f-b)h'_f\left(h_0-\frac{h'_f}{2}\right)\right]+f'_yA'_s$$
$$(h_0-a'_s)-(\sigma'_{p0}-f'_{py})A'_p(h_0-a'_p) \quad (4.1.16-2)$$

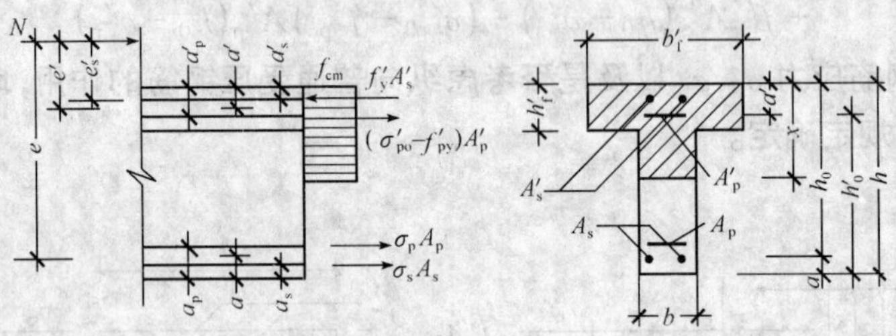

图 4.1.16 T形截面偏心受压构件的正截面受压承载力计算

受拉边或受压较小边的普通钢筋和预应力钢筋应力 σ_s、σ_p 以及是否考虑普通受压钢筋的作用，均应按本规范第 4.1.15 条有关规定进行计算；倒 T 形和 I 形截面的构件，当翼缘位于截面受拉边或受压较小边且 $x>h-h_f$ 时，其正截面受压承载力计算应考虑翼缘受压部分的作用。

对翼缘位于截面受拉边或受压较小边的小偏心受压构件，尚应按下列公式进行验算：

$$Ne' \leqslant f_{cm}\left[bh\left(h'_0-\frac{h}{2}\right)+(b_f-b)h_f\left(h'_0-\frac{h_f}{2}\right)\right]+f'_yA_s$$
$$(h'_0-a_s)-(\sigma_{p0}-f'_{py})A_p(h'_0-a_p) \quad (4.1.16-3)$$

【新规范理解与说明】

本条内容，新规范规定了 I 形截面偏心受压构件的正截面承载力的计算公式。

为了节省混凝土和减轻柱子自重，对于较大尺寸的结构往往采用 I 形截面，I 形截面的破坏特征与矩形截面是相似的。因而，其计算方法也类似。

1. 大偏心受压构件

对于大偏心受压构件，依其受压区高度 x 不同，分两种情况：中和轴通过受压翼缘和中和轴不通过腹板。

2. 小偏心受压构件

同样，小偏心受压构件也有两种情况。

新《混凝土结构设计规范》GB 50010—2002

7.3.6 沿截面腹部均匀配置纵向钢筋的矩形、T 形或 I 形截面钢筋混凝土偏心受压构件(图 7.3.6)，其正截面受压承载力宜符合下列规定：

$$N \leqslant \alpha_1 f_c[\xi bh_0+(b'_f-b)h'_f]$$
$$+f'_yA'_s-\sigma_sA_s+N_{sw} \quad (7.3.6-1)$$

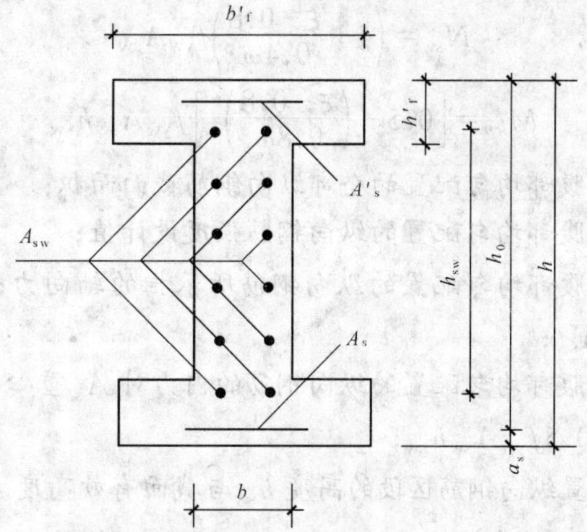

图 7.3.6 沿截面腹部均匀配筋的 I 形截面

$$Ne \leqslant \alpha_1 f_c\left[\xi(1-0.5\xi)bh_0^2+(b'_f-b)h'_f\left(h_0-\frac{h'_f}{2}\right)\right]+f'_yA'_s(h_0-a'_s)+M_{sw} \quad (7.3.6-2)$$

$$N_{sw}=\left(1+\frac{\xi-\beta_1}{0.5\beta_1\omega}\right)f_{yw}A_{sw} \quad (7.3.6-3)$$

$$M_{sw}=\left[0.5-\left(\frac{\xi-\beta_1}{\beta_1\omega}\right)^2\right]f_{yw}A_{sw}h_{sw} \quad (7.3.6-4)$$

式中 A_{sw}——沿截面腹部均匀配置的全部纵向钢筋截面面积；

f_{yw}——沿截面腹部均匀配置的纵向钢筋强度设计值，按本规范表 4.2.3-1 采用；

N_{sw}——沿截面腹部均匀配置的纵向钢筋所承担的轴向压力，当 $\xi>\beta_1$ 时，取 $\xi=\beta_1$ 计算；

M_{sw}——沿截面腹部均匀配置的纵向钢筋的内力对 A_s 重心的力矩，当 $\xi>\beta_1$ 时，取 $\xi=\beta_1$ 计算；

ω——均匀配置纵向钢筋区段的高度 h_{sw} 与截面有效高度 h_0 的比值，$\omega=h_{sw}/h_0$，宜选取 $h_{sw}=h_0-a'_s$。

受拉边或受压较小边钢筋 A_s 中的应力 σ_s 以及在计算中是否考虑受压钢筋和受压较小边翼缘受压部分的作用，应按本规范第 7.3.4 条和第 7.3.5 条的有关规定确定。

注：本条适用于截面腹部均匀配置纵向钢筋的数量每侧不少于 4 根的情况。

旧《混凝土结构设计规范》GBJ 10—89

第 **4.1.17** 条 沿截面腹部均匀配置纵向钢筋的矩形、T 形或 I 形截面钢筋混凝土偏心受压构件（图 4.1.17），其正截面受压承载力可按下列近似公式计算：

$$N \leqslant f_{cm}[\xi bh_0+(b'_f-b)h'_f]+f'_yA'_s-\sigma_sA_s+N_{sw} \quad (4.1.17-1)$$

$$Ne \leqslant f_{cm}\left[\xi(1-0.5\xi)bh_0^2+(b'_f-b)h'_f\left(h_0-\frac{h'_f}{2}\right)\right]+f'_yA'_s(h_0-a'_s)+M_{sw} \quad (4.1.17-2)$$

$$N_{sw}=\left(1+\frac{\xi-0.8}{0.4\omega}\right)f_{yw}A_{sw} \qquad (4.1.17-3)$$

$$M_{sw}=\left[0.5-\left(\frac{\xi-0.8}{0.8\omega}\right)^2\right]f_{yw}A_{sw}h_{sw} \qquad (4.1.17-4)$$

式中 A_{sw}——沿截面腹部均匀配置的全部纵向钢筋截面面积；

f_{yw}——沿截面腹部均匀配置的纵向钢筋强度设计值；

N_{sw}——沿截面腹部均匀配置的纵向钢筋所承担的轴向力；当 $\xi>0.8$ 时，取 $N_{sw}=f_{yw}A_{sw}$；

M_{sw}——沿截面腹部均匀配置的纵向钢筋的内力对 A_s 重心的力矩；当 $\xi>0.8$ 时，$M_{sw}=0.5f_{yw}A_{sw}h_{sw}$；

ω——均匀配置纵向钢筋区段的高度 h_{sw} 与截面有效高度 h_0 的比值，$\omega=h_{sw}/h_0$，宜选取 $h_{sw}=h_0-a'_s$。

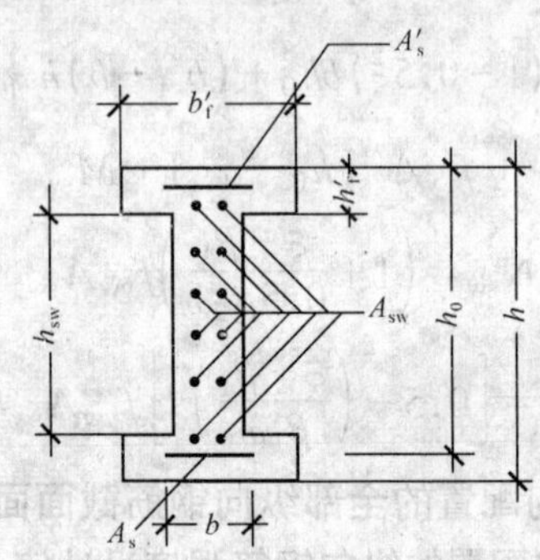

图 4.1.17 沿截面腹部均匀配筋的 I 形截面

受拉边或受压较小边钢筋 A_s 中的应力 σ_s 以及在计算中是否考虑受压钢筋和受压较小边翼缘受压部分的作用，应按本规范第 4.1.15 条和第 4.1.16 条的有关规定确定。

注：本条适用于沿截面腹部均匀配置纵向钢筋的数量每排不少于 4 根的矩形、T 形或 I 形截面。

【新规范理解与说明】

本条内容，新旧规范基本相同。

沿截面腹部均匀配置纵向钢筋(沿截面腹部配置等直径、等间距的纵向受力钢筋)的矩形、T 形或 I 形截面偏心受压构件，其正截面承载力可根据第 7.1.2 条中一般计算方法的基本假定列出平衡方程进行计算。但由于计算公式较繁，不便于设计应用。为此，作了必要的简化，给出了公式(7.3.6-1)至公式(7.3.6-4)。

根据第 7.1.2 条的基本假定，均匀配筋的钢筋应变到达屈服的纤维距中和轴的距离为 $\beta\xi h_0/\beta_1$，此处，$\beta=f_{yw}/(E_s\varepsilon_{cu})$。分析表明，对常用的钢筋 β 值变化幅度不大，而且对均匀配筋的内力影响很小。因此，将按平截面假定写出的均匀配筋内力 N_{sw}、M_{sw}的表达式分别用直线及二次曲线近似拟合，即给出公式(7.3.6-3)、公式(7.3.6-4)两个简化公式。

计算分析表明，在两对边集中配筋与腹部均匀配筋呈一定比例的条件下，本条的简化计算与精确计算的结果相比误差不大，并可使计算工作量得到很大简化。

新《混凝土结构设计规范》GB 50010—2002

7.3.7　沿周边均匀配置纵向钢筋的环形截面偏心受压构件（图7.3.7），其正截面受压承载力宜符合下列规定：

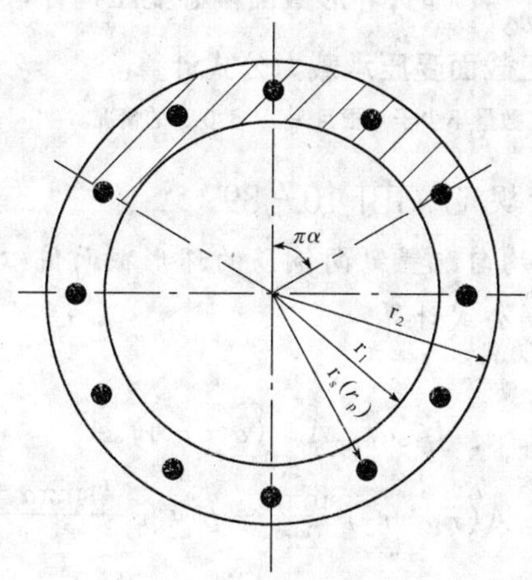

图7.3.7　沿周边均匀配筋的环形截面

1　**钢筋混凝土构件**

$$N \leqslant \alpha\alpha_1 f_c A + (\alpha - \alpha_t) f_y A_s \quad (7.3.7-1)$$

$$N\eta e_i \leqslant \alpha_1 f_c A (r_1 + r_2) \frac{\sin\pi\alpha}{2\pi} + f_y A_s r_s \frac{(\sin\pi\alpha + \sin\pi\alpha_t)}{\pi} \quad (7.3.7-2)$$

2　**预应力混凝土构件**

$$N \leqslant \alpha\alpha_1 f_c A - \sigma_{p0} A_p + \alpha f'_{py} A_p - \alpha_t (f_{py} - \sigma_{p0}) A_p \quad (7.3.7-3)$$

$$N\eta e_i \leqslant \alpha_1 f_c A (r_1 + r_2) \frac{\sin\pi\alpha}{2\pi} + f'_{py} A_p r_p \frac{\sin\pi\alpha}{\pi} + (f_{py} - \sigma_{p0}) A_p r_p \frac{\sin\pi\alpha_t}{\pi} \quad (7.3.7-4)$$

在上述各公式中的系数和偏心距，应按下列公式计算：

$$\alpha_t = 1 - 1.5\alpha \quad (7.3.7-5)$$

$$e_i = e_0 + e_a \quad (7.3.7-6)$$

式中　A——**环形截面面积；**

A_s——**全部纵向普通钢筋的截面面积；**

A_p——**全部纵向预应力钢筋的截面面积；**

r_1、r_2——**环形截面的内、外半径；**

r_s——**纵向普通钢筋重心所在圆周的半径；**

r_p——**纵向预应力钢筋重心所在圆周的半径；**

e_0——轴向压力对截面重心的偏心距；

e_a——附加偏心距，按本规范第 7.3.3 条确定；

α——受压区混凝土截面面积与全截面面积的比值；

α_t——纵向受拉钢筋截面面积与全部纵向钢筋截面面积的比值，当 $\alpha>2/3$ 时，取 $\alpha_t=0$。

3 当 $\alpha<\arccos\left(\dfrac{2r_2}{r_1+r_2}\right)/\pi$ 时，环形截面偏心受压构件可按本规范第 7.3.8 条规定的圆形截面偏心受压构件正截面受压承载力公式计算。

注：本条适用于截面内纵向钢筋数量不少于 6 根且 $r_1/r_2\geqslant0.5$ 的情况。

旧《混凝土结构设计规范》GBJ 10—89

第 **4.1.18** 条 沿周边均匀配置纵向钢筋的环形截面偏心受压构件（图 4.1.18），其正截面受压承载力可按下列公式计算：

一、钢筋混凝土构件

$$N\leqslant\alpha f_{cm}A+(\alpha-\alpha_t)f_yA_s \tag{4.1.18-1}$$

$$N\eta e_i\leqslant f_{cm}A(r_1+r_2)\frac{\sin\pi\alpha}{2\pi}+f_yA_sr_s\frac{(\sin\pi\alpha+\sin\pi\alpha_t)}{\pi} \tag{4.1.18-2}$$

二、预应力混凝土构件

$$N\leqslant\alpha f_{cm}A-\sigma_{p0}A_p+\alpha f'_{py}A_p-\alpha_t(f_{py}-\sigma_{p0})A_p \tag{4.1.18-3}$$

$$N\eta e_i\leqslant f_{cm}A(r_1+r_2)\frac{\sin\pi\alpha}{2\pi}+f'_{py}A_pr_p\frac{\sin\pi\alpha}{\pi}+(f'_{py}-\sigma_{p0})A_pr_p\frac{\sin\pi\alpha_t}{\pi} \tag{4.1.18-4}$$

在上述各公式中的系数和偏心矩，应按下列公式计算：

$$\alpha_t=1-1.5\alpha \tag{4.1.18-5}$$

$$e_i=e_0+e_a \tag{4.1.18-6}$$

对钢筋混凝土构件

$$e_a=0.12[0.3(r_2+r_s)-e_0] \tag{4.1.18-7}$$

对预应力混凝土构件

$$e_a=0.12[0.3(r_2+r_p)-e_0] \tag{4.1.18-8}$$

式中 A——构件截面面积；

A_s——全部纵向普通钢筋的截面面积；

A_p——全部纵向预应力钢筋的截面面积；

r_1、r_2——环形截面的内、外半径；

r_s——纵向普通钢筋所在圆周的半径；

r_p——纵向预应力钢筋所在圆周的半径；

e_0——轴向力对截面重心的偏心距；

e_a——附加偏心距：当 $e_0 \geqslant 0.3(r_2 + r_s)$ 或 $e_0 \geqslant 0.3(r_2 + r_p)$ 时，取 $e_a = 0$；

α——受压区混凝土截面面积与全截面面积的比值；

α_t——受拉纵向钢筋截面面积与全部纵向钢筋截面面积的比值；当 $\alpha > 2/3$ 时，取 $\alpha_t = 0$。

注：本条适用于截面内纵向钢筋数量不少于6根且 $\frac{r_1}{r_2} \geqslant 0.5$ 的情况。

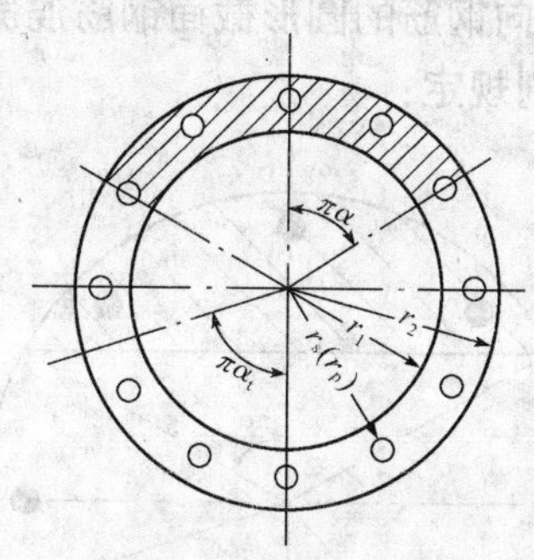

图 4.1.18　沿周边均匀配筋的环形截面

【新规范理解与说明】

本条内容，新规范规定了环形截面偏心受压构件的正截面承载力计算方法。

对于环形截面，和矩形截面偏心受压构件正截面承载力计算相同，其基本假定有：

(1)截面应变保持平面。

(2)不考虑混凝土的抗拉强度。

(3)混凝土受压应力－应变曲线采用图 7－21 所示曲线。混凝土极限压应变 $\varepsilon_{cu} = 0.0033$，受压区混凝土的应力图形采用等效矩形应力图形，等效混凝土抗压强度设计值为 $\alpha_1 f_c$，等效受压区高度 x 与实际受压区高度 x_a 的比值为 0.8。

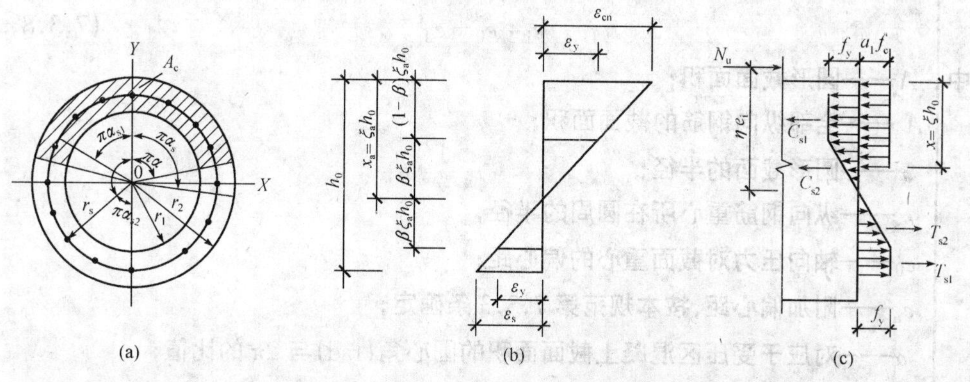

图 7－21　均匀配筋环形截面偏心受压构件正截面承载力计算应力图形

(4)钢筋应力取等于钢筋应变与弹性模量的乘积，但其绝对值不大于相应的强度设计值，受拉钢筋的极限拉应变取 0.01。

(5)沿周边均匀配置的钢筋，当纵向钢筋根数不少于 6 根时，可用钢环代替。

根据基本假定，沿周边均匀配筋的环形截面偏心受压构件正截面承载力计算应力图形如图 7-21 所示。

通过对图 7-21 应力图形进行分析，便可得到规范中的正截面承载力计算公式。

新《混凝土结构设计规范》GB 50010—2002

7.3.8 沿周边均匀配置纵向钢筋的圆形截面钢筋混凝土偏心受压构件(图 7.3.8)，其正截面受压承载力宜符合下列规定：

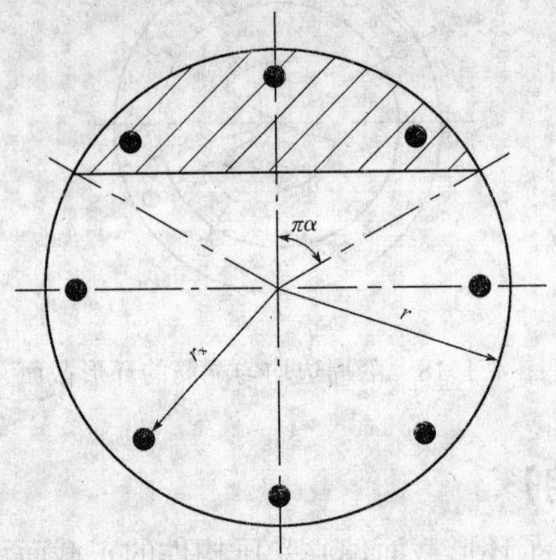

图 7.3.8 沿周边均匀配筋的圆形截面

$$N \leqslant \alpha \alpha_1 f_c A \left(1 - \frac{\sin 2\pi\alpha}{2\pi\alpha}\right) + (\alpha - \alpha_t) f_y A_s \tag{7.3.8-1}$$

$$N\eta\, e_i \leqslant \frac{2}{3} \alpha_1 f_c A r \frac{\sin^3 \pi\alpha}{\pi} + f_y A_s r_s \frac{\sin \pi\alpha + \sin \pi\alpha_t}{\pi} \tag{7.3.8-2}$$

$$\alpha_t = 1.25 - 2\alpha \tag{7.3.8-3}$$

$$e_i = e_0 + e_a \tag{7.3.8-4}$$

式中 A——圆形截面面积；

A_s——全部纵向钢筋的截面面积；

r——圆形截面的半径；

r_s——纵向钢筋重心所在圆周的半径；

e_0——轴向压力对截面重心的偏心距；

e_a——附加偏心距，按本规范第 7.3.3 条确定；

α——对应于受压区混凝土截面面积的圆心角(rad)与 2π 的比值；

α_t——纵向受拉钢筋截面面积与全部纵向钢筋截面面积的比值，当 $\alpha > 0.625$ 时，取 $\alpha_t = 0$。

注：本条适用于截面内纵向钢筋数量不少于 6 根的情况。

旧《混凝土结构设计规范》GBJ 10—89

第 **4.1.19** 条　沿周边均匀配置纵向钢筋的圆形截面钢筋混凝土偏心受压构件(图4.1.19),其正截面受压承载力可按下列公式计算:

$$N \leqslant \alpha f_{cm} A\left(1-\frac{\sin 2\pi\alpha}{2\pi\alpha}\right)+(\alpha-\alpha_t) f_y A_s \tag{4.1.19-1}$$

$$N\eta e_i \leqslant \frac{2}{3} f_{cm} A r \frac{\sin^3 \pi\alpha}{\pi}+f_y A_s r_s \frac{\sin\pi\alpha+\sin\pi\alpha_t}{\pi} \tag{4.1.19-2}$$

$$\alpha_t = 1.25-2\alpha \tag{4.1.19-3}$$

$$e_i = e_0 + e_a \tag{4.1.19-4}$$

$$e_a = 0.12[0.3(r+r_s)-e_0] \tag{4.1.19-5}$$

式中　A——构件截面面积;

A_s——全部纵向钢筋的截面面积;

r——圆形截面的半径;

r_s——纵向钢筋所在圆周的半径;

e_0——轴向力对截面重心的偏心距;

e_a——附加偏心距:当 $e_0 \geqslant 0.3(r+r_s)$ 时,取 $e_a=0$;

α——对应于受压区混凝土截面面积的圆心角(rad)与 2π 的比值;

α_t——纵向受拉钢筋截面面积与全部纵向钢筋截面面积的比值:当 $\alpha>0.625$ 时,取 $\alpha_t=0$。

注:本条适用于截面内纵向钢筋数量不少于6根的圆形截面的情况。

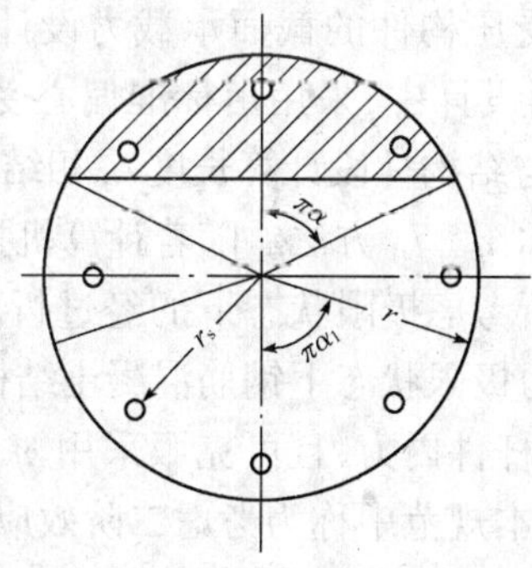

图 4.1.19　沿周边均匀配筋的圆形截面

【新规范理解与说明】

同环形截面一样,圆形截面依据同样的假定,其计算应力图形见图 7-21。

通过上述图形进行受力分析,便可得到新规范的计算公式。

新《混凝土结构设计规范》GB 50010—2002

7.3.9　各类混凝土结构中的偏心受压构件,均应在其正截面受压承载力计算中考虑

结构侧移和构件挠曲引起的附加内力。

在确定偏心受压构件的内力设计值时，可近似考虑二阶弯矩对轴向压力偏心距的影响，将轴向压力对截面重心的初始偏心距 e_i 乘以本规范第 7.3.10 条规定的偏心距增大系数 η；也可根据本规范第 7.3.12 条规定的构件修正抗弯刚度，用考虑二阶效应的弹性分析方法，直接计算出结构构件各控制截面包括弯矩设计值在内的内力设计值，并按相应的内力设计值进行各构件的截面设计。

旧《混凝土结构设计规范》GBJ 10—89

旧《混凝土结构设计规范》GBJ 10—89 无此条相应内容。

【新规范理解与说明】

本条内容为新增条文，新规定对各类混凝土结构中的偏心受压构件，均应在其正截面受压承载力计算中是否考虑结构侧移和构件挠度引起的附加内力作了详细的说明。

二阶效应泛指在产生了层间位移和挠曲变形的结构构件中由轴向压力引起的附加内力。以框架结构为例，在有侧移框架中，二阶效应主要是指竖向荷载在产生了侧移的框架中引起的附加内力，通常称为 $P-\Delta$ 效应。在这类框架的各个柱段中，$P-\Delta$ 效应将增大柱端控制截面中的弯矩；在无侧移框架中，二阶效应是指轴向压力在产生了挠曲变形的柱段中引起的附加内力，通常称为 $P-\delta$ 效应，它有可能增大柱段中部的弯矩，但除底层柱底外，一般不增大柱端控制截面的弯矩。由于我国工程中的各类结构通常按有侧移假定设计，故本规范第 7.3.9 条至第 7.3.12 条主要涉及有侧移假定下的二阶效应问题。对于工程中个别情况下出现的无侧移情况，仍可按第 7.3.10 条的规定对其二阶效应进行计算。

二阶效应计算本属结构分析的内容。但因在考虑二阶效应的结构分析中需描述各杆件的挠曲变形状态，在未能形成适用于工程设计的考虑二阶效应的结构内力分析方法之前，只能采用近似方法在偏心受压构件的截面承载力设计中考虑二阶弯矩的不利影响。原规范在偏心受压构件的截面设计中，采用由标准偏心受压柱（两端铰支等偏心距的压杆）求得的偏心距增大系数 η 与结构柱段计算长度 l_0 相结合来估算二阶弯矩的方法就属于这类近似方法，这一方法也称 $\eta-l_0$ 方法。随着计算机技术的发展，利用结构分析的弹性杆系有限元法，再以构件在所考虑极限状态下的经过折减的弹性刚度近似代替其初始弹性刚度，使之能反映承载能力极限状态下钢筋混凝土结构变形的特点，可以较精确计算出包含二阶内力在内的结构各杆件内力，且可克服采用 $\eta-l_0$ 法时在相当一部分情况下存在的不准确性。这种方法在本规范中称为考虑二阶效应的弹性分析方法。用这种方法求得在各类荷载组合下的最不利内力值后，可直接用于各构件的截面设计，而不需在截面设计中另行考虑二阶效应问题。

新《混凝土结构设计规范》GB 50010—2002

7.3.10 **对矩形、T 形、I 形、环形和圆形截面偏心受压构件，其偏心距增大系数可按下列公式计算：**

$$\eta=1+\frac{1}{1400e_i/h_0}\left(\frac{l_0}{h}\right)^2\xi_1\xi_2 \tag{7.3.10-1}$$

$$\zeta_1=\frac{0.5f_cA}{N} \tag{7.3.10-2}$$

$$\zeta_2=1.15-0.01\frac{l_0}{h} \tag{7.3.10-3}$$

式中 l_0——构件的计算长度，按本规范第7.3.11条确定；

h——截面高度；其中，对环形截面，取外直径；对圆形截面，取直径；

h_0——截面有效高度；其中，对环形截面，取 $h_0=r_2+r_s$；对圆形截面，取 $h_0=r+r_s$；此处，r、r_2 和 r_s 按本规范第7.3.7条和第7.3.8条的规定取用；

ζ_1——偏心受压构件的截面曲率修正系数，当 $\zeta_1>1.0$ 时，取 $\zeta_1=1.0$；

A——构件的截面面积；对T形、I形截面，均取 $A=bh+2(b'_f-b)h'_f$；

ζ_2——构件长细比对截面曲率的影响系数，当 $l_0/h<15$ 时，取 $\zeta_2=1.0$。

注：当偏心受压构件的长细比 $l_0/i\leqslant17.5$ 时，可取 $\eta=1.0$。

旧《混凝土结构设计规范》GBJ 10—89

第**4.1.20**条 计算偏心受压构件时，应考虑构件在弯矩作用平面内挠曲对轴向力偏心距的影响。此时，应将轴向力对截面重心的初始偏心距 e_i 乘以偏心距增大系数 η。

对矩形、T形、I形、环形和圆形截面偏心受压构件，偏心距增大系数可按下列公式计算：

$$\eta=1+\frac{1}{1400e_i/h_0}\left(\frac{l_0}{h}\right)^2\zeta_1\zeta_2 \tag{4.1.20-1}$$

$$\zeta_1=\frac{0.5f_cA}{N} \tag{4.1.20-2}$$

$$\zeta_2=1.15-0.01\frac{l_0}{h} \tag{4.1.20-3}$$

式中 e_i——初始偏心距；

l_0——构件的计算长度；

h——截面高度：其中，对环形截面，取外直径 d；对圆形截面，取直径 d；

h_0——截面的有效高度；其中，对环形截面，取 $h_0=r_2+r_s$；对圆形截面，取 $h_0=r+r_a$；

ζ_1——偏心受压构件的截面曲率修正系数：当 $\zeta_1>1$ 时，取 $\zeta_1=1$；

A——构件的截面面积：对T形、I形截面，均取 $A=bh+2(b'_f-b)h'_f$；

ζ_2——考虑构件长细比对截面曲率的影响系数：当 $l_0/h<15$ 时，取 $\zeta_2=1.0$。

当构件长细比 l_0/h（或 l_0/d）$\leqslant8$ 时，可不考虑挠度对偏心距的影响。

【新规范理解与说明】

本条内容，新旧规范基本相同。

新规范对偏心受压构件承载力设计中采用 $\eta-l_0$ 近似法考虑二阶效应影响时的有关计算内容作出了规定。

在 $\eta - l_0$ 近似法中，η 定义为标准偏心受压柱高度中点截面的偏心距增大系数，其含义为：

$$\eta = \frac{M + \Delta M}{M} = \frac{M/N + \Delta M/N}{M/N} = \frac{e_0 + a_f}{e_0} = 1 + \frac{a_f}{e_0}$$

其中 M 为不考虑二阶弯矩的柱高中点弯矩，即标准偏心受压柱的轴压力 N 与柱端偏心距 e_0 的乘积；ΔM 是轴向压力在挠曲变形柱的高度中点产生的附加弯矩，即轴压力 N 与柱高度中点侧向挠度 a_f 的乘积。

结构各柱段的计算长度 l_0 则是与所计算的结构柱段实际受力状态相对应的等效标准柱长度。或者说，用一根长度为 l_0 且轴向压力、杆端偏心距和截面特征与所考虑的结构柱段控制截面完全相同的标准柱计算出的 η，应能反映所考虑柱段控制截面中 $(M + \Delta M)$ 与 M 的实际比值。因此，计算长度 l_0 相当于一个等效长度。

新规范的偏心距增大系数继续沿用旧规范的计算公式。该公式反映了与偏心受压构件达到其最大轴向压力时的"极限曲率"所对应的偏心距增大系数，其基本表达式为：

$$\eta = 1 + \frac{1}{e_i}\left(\frac{l_0^2}{\beta r_c}\right)\zeta_1\zeta_2$$

式中，e_i 为初始偏心距，它已由新规范第 7.3.4 条作出了规定；$\left(\frac{l_0^2}{\beta r_c}\right)\zeta_1\zeta_2$ 为与构件极限曲率对应的侧向挠度；其中，β 为与柱挠曲线形状有关的系数，对两端铰支柱，试验挠曲线基本上符合正弦曲线，故可取 $\beta = \pi^2 \approx 10$。

分析结果表明，对于偏心距不同的大偏心受压构件，"极限曲率"$\frac{1}{r_c}$均可近似取为：

$$\frac{1}{r_c} = \frac{\phi\varepsilon_{cu} + \varepsilon_y}{h_0}$$

其中，ε_{cu}和 ε_y 分别为截面受压边缘混凝土的极限压应变和受拉钢筋的屈服应变。为了与原规范保持一致，取 $\varepsilon_{cu} = 0.0033$，$\varepsilon_y$ 则取与 HRB335 级钢筋抗拉强度标准值对应的应变，此应变值介于 HPB235 级和 HRB400 级钢筋的应变值之间，为简化计算，对钢种不再作出区别规定。上式中的 ϕ 为徐变系数。需要指出的是，在实际工程中，一般有侧移框架的侧向位移是由短期作用的风荷载或地震作用引起的，故在二阶弯矩中不需要考虑水平荷载长期作用使侧移增大的不利影响，即取 $\phi = 1.0$；只有当框架侧移是由静水压力或土压力等长期作用的水平荷载引起时，方应考虑大于 1.0 的徐变系数 ϕ。为了简化计算，修订后的条文不分水平荷载作用时间长短，仍按原规范规定，偏安全地统一取 $\phi = 1.25$。将以上数值代入上述 $1/r_c$ 表达式，并取 $\beta = 10$ 和 $h/h_0 = 1.1$ 后，即可由前面给出的 η 基本表达式得到规范公式(7.3.10－1)的实用表达式。

对小偏心受压构件，其纵向受拉钢筋的应力达不到屈服强度，且受压区边缘混凝土的应变值可达到或小于 ε_{cu}，为此，引进了截面曲率修正系数 ζ_1，参考国外规范和试验分析结果，原则上可采用下列表达式：

$$\zeta_1 = \frac{N_b}{N}$$

此处，N_b 为受压区高度 $x = x_b$ 时的构件界限受压承载力设计值；为了实用起见，新

规范近似取 $N_b=0.5f_cA$，就可得出公式(7.3.10－2)。

此外，为考虑构件长细比对截面曲率的影响，引入修正系数 ζ_2，根据试验结果的分析，给出了公式(7.3.10－3)。

值得指出，公式(7.3.10－1)对 $l_0/h\leqslant30$ 时，与试验结果符合较好；当 $l_0/h>30$ 时，因控制截面的应变值减小，钢筋和混凝土达不到各自的强度设计值，属于细长柱，破坏时接近弹性失稳，采用公式(7.3.10－1)计算，其误差较大；建议采用模型柱法或其他可靠方法计算。

本条的公式曾用国内大量的矩形截面偏心受压构件的试验验证是合适的；对I形、T形截面构件，该公式的计算结果略偏安全；对圆形截面构件，国外已通过模型柱法计算，论证了它也是适用的；对预应力混凝土偏心受压构件，在一般情况下是偏于安全的。

旧规范曾规定，当构件长细比 l_0/h(或 l_0/d)$\leqslant8$ 时，可不考虑二阶效应的影响，即取 $\eta=1.0$。本次修订，根据与有关规范的协调，参考国外有关规范的做法，并结合我国规范对 l_0 取值的特点，将不考虑二阶效应的界限条件修改为 l_0/h(或 l_0/d)$\leqslant5.0$，广义的界限条件取 $l_0/i\leqslant17.5$，以适应不同的截面形状。经验算表明，当满足这个条件时，构件截面中由二阶效应引起的附加弯矩平均不会超过截面一阶弯矩的5%。

新《混凝土结构设计规范》GB 50010—2002

7.3.11　轴心受压和偏心受压柱的计算长度 l_0 可按下列规定确定：

1　刚性屋盖单层房屋排架柱、露天吊车柱和栈桥柱，其计算长度 l_0 可按表7.3.11－1取用。

表7.3.11－1　刚性屋盖单层房屋排架柱、露天吊车柱和栈桥柱的计算长度

柱的类别		l_0		
		排架方向	垂直排架方向	
			有柱间支撑	无柱间支撑
无吊车房屋柱	单跨	$1.5H$	$1.0H$	$1.2H$
	两跨及多跨	$1.25H$	$1.0H$	$1.2H$
有吊车房屋柱	上柱	$2.0H_u$	$1.25H_u$	$1.5H_u$
	下柱	$1.0H_l$	$0.8H_l$	$1.0H_l$
露天吊车柱和栈桥柱		$2.0H_l$	$1.0H_l$	—

注：1　表中 H 为从基础顶面算起的柱子全高；H_l 为从基础顶面至装配式吊车梁底面或现浇式吊车梁顶面的柱子下部高度；H_u 为从装配式吊车梁底面或从现浇式吊车梁顶面算起的柱子上部高度；

2　表中有吊车房屋排架柱的计算长度，当计算中不考虑吊车荷载时，可按无吊车房屋柱的计算长度采用，但上柱的计算长度仍可按有吊车房屋采用；

3　表中有吊车房屋排架柱的上柱在排架方向的计算长度，仅适用于 $H_u/H_l\geqslant0.3$ 的情况；当 $H_u/H_l<0.3$ 时，计算长度宜采用 $2.5H_u$。

2　一般多层房屋中梁柱为刚接的框架结构，各层柱的计算长度 l_0 可按表7.3.11－2取用：

表 7.3.11－2 框架结构各层柱的计算长度

楼盖类型	柱的类别	l_0
现浇楼盖	底层柱	1.0H
	其余各层柱	1.25H
装配式楼盖	底层柱	1.25H
	其余各层柱	1.5H

注:表中 H 对底层柱为从基础顶面到一层楼盖顶面的高度;对其余各层柱为上、下两层楼盖顶面之间的高度。

3 当水平荷载产生的弯矩设计值占总弯矩设计值的 75% 以上时,框架柱的计算长度 l_0 可按下列两个公式计算,并取其中的较小值:

$$l_0=[1+0.15(\psi_u+\psi_l)]H \quad (7.3.11-1)$$

$$l_0=(2+0.2\psi_{min})H \quad (7.3.11-2)$$

式中 ψ_u、ψ_l——柱的上端、下端节点处交汇的各柱线刚度之和与交汇的各梁线刚度之和的比值;

ψ_{min}——比值 ψ_u、ψ_l 中的较小值;

H——柱的高度,按表 7.3.11－2 的注采用。

旧《混凝土结构设计规范》GBJ 10—89

第 **7.3.1** 条 轴心受压和偏心受压柱的计算长度 l_0 可按下列规定采用:

一、对刚性屋盖的单层工业厂房排架柱、露天吊车柱和栈桥柱,其计算长度 l_0 按表 7.3.1－1取用:

表 **7.3.1－1** 采用刚性屋盖的单层工业厂房排架柱、露天吊车柱和栈桥柱的计算长度 l_0

柱的类型		排架方向	垂直排架方向	
			有柱间支撑	无柱间支撑
无吊车厂房柱	单跨	1.5H	1.0H	1.2H
	两跨及多跨	1.25H	1.0H	1.2H
有吊车厂房柱	上柱	2.0H_u	1.25H_u	1.5H_u
	下柱	1.0H_l	0.8H_l	1.0H_l
露天吊车柱和栈桥柱		2.0H_l	1.0H_l	—

注:①表中 H 为从基础顶面算起的柱子全高;H_l 为从基础顶面至装配式吊车梁底面或现浇式吊车梁顶面的柱子下部高度;H_u 为从装配式吊车梁底面或从现浇式吊车梁顶面算起的柱子上部高度;

②表中有吊车厂房排架柱的计算长度,当计算中不考虑吊车荷载时,可按无吊车厂房采用,但上柱的计算长度仍按有吊车厂房采用;

③表中有吊车厂房排架的上柱在排架方向的计算长度,仅适用于 $H_u/H_l \geqslant 0.3$ 的情况;当 $H_u/H_l<0.3$ 时,宜采用 2.5H_u。

二、对梁与柱为刚接的钢筋混凝土框架柱,其计算长度按下列规定取用:

1. 一般多层房屋的钢筋混凝土框架柱

现浇楼盖

底层柱　　　$l_0=1.0H$；

其余各层柱　$l_0=1.25H$；

装配式楼盖

底层柱　　　$l_0=1.25H$；

其余各层柱　$l_0=1.5H$。

2. 可按无侧移考虑的钢筋混凝土框架结构，如具有非轻质隔墙的多层房屋，当为三跨及三跨以上或为两跨且房屋的总宽度不小于房屋总高度的三分之一时，其各层框架柱的计算长度：

现浇楼盖　　$l_0=0.7H$；

装配式楼盖　$l_0=1.0H$。

3. 不设楼板或楼板上开孔较大的多层钢筋混凝土框架柱以及无抗侧向力刚性墙体的单跨钢筋混凝土框架柱的计算长度，应根据可靠设计经验或按计算确定。

注：对底层柱，H 取为基础顶面到一层楼盖顶面之间的跨高；对其余各层柱，H 取为上、下两层楼盖顶面之间的距离。

【新规范理解与说明】

本条内容，新规范和旧规范基本相同。

国内外近年来对框架结构中二阶效应规律的分析研究表明，由竖向荷载在发生侧移的框架中引起的 $P-\Delta$ 效应只增大由水平荷载在柱端控制截面中引起的一阶弯矩 M_h，原则上不增大由竖向荷载在该截面中引起的一阶弯矩 M_v。因此，框架柱端控制截面中考虑了二阶效应后的总弯矩应表示为：

$$M=M_v+\eta_s M_h$$

式中的 η_s 为反映二阶效应增大 M_h 幅度的弯矩增大系数，它所采用的计算长度原则上可以取用由无侧向支点且竖向荷载作用在梁柱节点上的框架在其失稳临界状态下挠曲线反弯点之间的距离，其近似表达式即为本条公式(7.3.11－1)和公式(7.3.11－2)，并取两式中的较小值。但原规范所用的传统 $\eta-l_0$ 法则是用 η 同时增大水平荷载弯矩和竖向荷载弯矩，即

$$M=\eta(M_v+M_h)$$

这表明，要使所求的总弯矩相同，η 就必然要取为小于 η_s，与 η 对应的 l_0 也就必然小于与 η_s 对应的由公式(7.3.11－1)和公式(7.3.11－2)表达的 l_0。

验算结果表明，当 M_v 与 M_h 的比值为工程中常用多层框架结构中的比例，且框架各节点处的柱梁线刚度比(在节点处交汇的各柱段线刚度之和与交汇的各梁段线刚度之和的比值)为工程中常用的多层框架中常见比值时，用原规范第 7.3.1 条第一款第 1 项给出的一般有侧移框架柱计算长度简化取值方案计算出的 η 和 $M=\eta(M_v+M_h)$ 所求得的总弯矩，与只用 η_s 增大 M_h 时所求得的总弯矩差异不大。因此，为了简化设计，仍继续取用原规范的有侧移框架的计算长度，也就是本条表 7.3.11－2 的计算长度 l_0 来计算 η，而且仍然采用以 η 统乘(M_v+M_h)的方法确定总弯矩。这一做法虽然概念不很准确，但计算简便，而且省去了由于 η_s 只对应于 $\eta_s M_h$ 所引起的截面曲率增量必须按 M_v 与 M_h 的

比例来调整偏心距增大系数的烦琐步骤。但是当 M_v 与 M_h 的比值明显小于或明显大于在确定表 7.3.11－2 中的计算长度时所考虑的工程常用的 M_v 与 M_h 的比值时，这种计算总弯矩的方法必然带来过大误差；当 M_v 与 M_h 之比偏小时，误差是偏不安全的。因此，在本条计算长度取值规定中给出第 3 项规定，要求在这种情况下取用公式(7.3.11－1)和公式(7.3.11－2)中的较小值作为计算长度的取值依据，以消除 M_v 与 M_h 比值过小时使用表 7.3.11－2 的计算长度所带来的不安全性。

由于我国钢筋混凝土多层、高层房屋结构在设计中通常均按有侧移假定进行结构分析，故取消了原规范第 7.3.1 条第 2 款第 2 项中对侧向刚度相对较大结构取用更小计算长度的规定，这也是因为这项规定从理论上说是不严密的。

由于规范仍采用 η 统乘(M_v+M_h)的做法是不尽合理的，而且在确定 l_0 取值时未考虑柱梁线刚度比的影响，因此采用 $\eta-l_0$ 法在有些情况下会导致较大的误差。除去前述的在 M_v 相对较小时可以通过改用公式(7.3.11－1)和公式(7.3.11－2)确定计算长度 l_0 来减小 $\eta-l_0$ 法在这种情况下导致的不安全性之外，本条的 $\eta-l_0$ 近似法还将在下列情况下产生较明显的误差：

(1)因本条表 7.3.11－2 中的计算长度 l_0 取值仅大致适用于一般多层框架常用截面尺寸的情况，当柱梁线刚度比过大或过小时，都会使 l_0 取值不符合实际情况。其中，当柱梁线刚度比过大时，使用 $\eta-l_0$ 法是偏于不安全的。

(2)由于 $\eta-l_0$ 法中的 η 是按各柱控制截面分别计算的，未考虑满足同层各柱侧移相等的基本条件，因此在框架各跨跨度不等、荷载不等而导致各柱列竖向荷载之间的比例与常规情况有较大差异时，采用 $\eta-l_0$ 法亦将导致较大误差。

(3)在复式框架等复杂框架结构中采用 $\eta-l_0$ 法亦将在部分构件截面中导致较大误差。

(4)在框架－剪力墙结构或框架－核心筒结构中，由于框架部分的层间位移沿高度的分布规律已不同于一般规则框架结构，故采用 $\eta-l_0$ 法亦可能导致较大误差。验算表明，与较精确分析结构相比，用 $\eta-l_0$ 法求得的柱端控制截面总弯矩在部分截面中误差可能会达到 25% 以上。

在以上这些误差较大的情况下，采用本规范第 7.3.12 条规定的考虑二阶效应的弹性分析法将是显著减小误差的有效办法。

新《混凝土结构设计规范》GB 50010—2002

7.3.12 当采用考虑二阶效应的弹性分析方法时，宜在结构分析中对构件的弹性抗弯刚度 E_cI 乘以下列折减系数：对梁，取 0.4；对柱，取 0.6；对剪力墙及核心筒壁，取 0.45。此时，在按本规范第 7.3 节进行正截面受压承载力计算的有关公式中，ηe_i 均应以($M/N+e_a$)代替，此处，M、N 为按考虑二阶效应的弹性分析方法直接计算求得的弯矩设计值和相应的轴向力设计值。

注：当验算表明剪力墙或核心筒底部正截面不开裂时，其刚度折减系数可取 0.7。

旧《混凝土结构设计规范》GBJ 10—89

旧《混凝土结构设计规范》GBJ 10—89 无此相应内容。

【新规范理解与说明】

本条内容为新增条文，新规范对采用二阶效应的弹性方法分析中应注意的其他问题作了规定。

考虑二阶效应的弹性分析法是近年来美国、加拿大等国规范推荐的一种精度和效率较高的考虑二阶效应的方法。这种考虑了几何非线性的杆系有限元法是一种理论上严密的分析方法，由它算得的各杆件控制截面最不利内力可直接用于截面设计，而不再需要通过偏心距增大系数 η 来增大相应截面的初始偏心距 e_i，但是在截面设计中仍要另外考虑本规范第 7.3.3 条规定的附加偏心距 e_a。

由于第 7.3.9 条规定的两种考虑二阶效应的方法均从属于承载能力极限状态，故在考虑二阶效应的弹性分析法中对结构构件应取用与该极限状态相对应的刚度。考虑到钢筋混凝土结构各类构件不同截面中刚度变化规律的复杂性，本方法对所有的框架梁（包括剪力墙洞口连梁）、所有的框架柱、所有的剪力墙肢均分别取用统一的刚度折减系数对其弹性刚度进行折减（弹性刚度中的截面惯性矩仍按不考虑钢筋的混凝土毛截面计算）。对不同类型构件取用不同的刚度折减系数，是为了反映不同类型构件在承载能力极限状态下的不同刚度折减水平。刚度折减系数的确定原则是，使结构在不同的荷载组合方式下用折减刚度的弹性分析求得的各层层间位移值及其沿高度的分布规律与按非线性有限元分析法所得结果相当；同时，用这两种方法求得的各构件内力也应相近。这就保证了这种方法既能反映结构在承载力极限状态下的实际内力分布规律，又能反映结构在该极限状态下的变形规律和二阶效应规律。

由于剪力墙肢在底部截面开裂前和开裂后刚度变化较大，而实际工程中的剪力墙肢在承载能力极限状态下有可能开裂，也有可能不开裂，为了避免每次设计必须验算剪力墙是否开裂，在条文中统一按已开裂剪力墙给出刚度折减系数（取接近开裂后刚度的综合估计值），这样处理从总体上偏于安全。同时在本条注中说明，如验算表明剪力墙肢不开裂，则可改取条注中较大的折减后刚度。

新《混凝土结构设计规范》GB 50010—2002

7.3.13　偏心受压构件除应计算弯矩作用平面的受压承载力外，尚应按轴心受压构件验算垂直于弯矩作用平面的受压承载力，此时，可不计入弯矩的作用，但应考虑稳定系数 φ 的影响。

旧《混凝土结构设计规范》GBJ 10—89

第 **4.1.21** 条　偏心受压构件除应计算弯矩作用平面的受压承载力以外，尚应按轴心受压构件验算垂直于弯矩作用平面的受压承载力，此时，可不考虑弯矩的作用，但应考虑稳定系数 φ 的影响。

【新规范理解与说明】

本条内容，新规范规定了对于偏心受压构件计算时还须考虑的因素。

新《混凝土结构设计规范》GB 50010—2002

7.3.14 对截面具有两个互相垂直的对称轴的钢筋混凝土双向偏心受压构件(图7.3.14),其正截面受压承载力可选用下列两种方法之一进行计算:

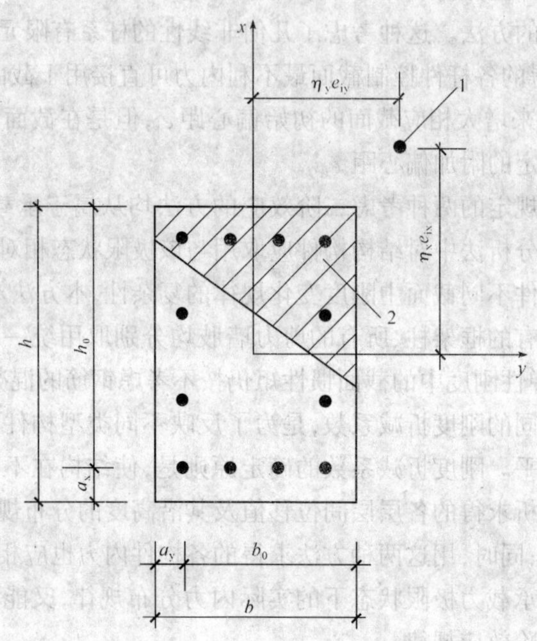

图 7.3.14 双向偏心受压构件截面

1—轴向压力作用点;2—受压区

1 按本规范附录F的方法计算,此时,附录F公式(F.0.1-7)和公式(F.0.1-8)中的 M_x、M_y 应分别用 $N\eta_x e_{ix}$、$N\eta_y e_{iy}$ 代替,其中,初始偏心距应按下列公式计算:

$$e_{ix}=e_{0x}+e_{ax} \tag{7.3.14-1}$$

$$e_{iy}=e_{0y}+e_{ay} \tag{7.3.14-2}$$

式中 e_{0x}、e_{0y}——轴向压力对通过截面重心的 y 轴、x 轴的偏心距:$e_{0x}=M_{0x}/N$、$e_{0y}=M_{0y}/N$;

M_{0x}、M_{0y}——未考虑附加弯矩时轴向压力在 x 轴、y 轴方向的弯矩设计值;

e_{ax}、e_{ay}——x 轴、y 轴方向上的附加偏心距,按本规范第7.3.3条的规定确定;

η_x、η_y——x 轴、y 轴方向上的偏心距增大系数,按本规范第7.3.10条的规定确定。

2 按下列近似公式计算:

$$N\leqslant\frac{1}{\frac{1}{N_{ux}}+\frac{1}{N_{uy}}-\frac{1}{N_{u0}}} \tag{7.3.14-3}$$

式中　N_{u0}——构件的截面轴心受压承载力设计值；

N_{ux}——轴向压力作用于 x 轴并考虑相应的计算偏心距 $\eta_x e_{ix}$ 后，按全部纵向钢筋计算的构件偏心受压承载力设计值，此处，η_x 应按本规范第 7.3.10 条的规定计算；

N_{uy}——轴向压力作用于 y 轴并考虑相应的计算偏心距 $\eta_y e_{iy}$ 后，按全部纵向钢筋计算的构件偏心受压承载力设计值，此处，η_y 应按本规范第 7.3.10 条的规定计算。

构件的截面轴心受压承载力设计值 N_{u0}，可按本规范公式(7.3.1)计算，但应取等号，将 N 以 N_{u0} 代替，且不考虑稳定系数 φ 及系数 0.9。

构件的偏心受压承载力设计值 N_{ux}，可按下列情况计算：

1)当纵向钢筋沿截面两对边配置时，N_{ux} 可按本规范第 7.3.4 条或第 7.3.5 条的规定进行计算，但应取等号，将 N 以 N_{ux} 代替。

2)当纵向钢筋沿截面腹部均匀配置时，N_{ux} 可按本规范第 7.3.6 条的规定进行计算，但应取等号，将 N 以 N_{ux} 代替。

构件的偏心受压承载力设计值 N_{uy} 可采用与 N_{ux} 相同的方法计算。

旧《混凝土结构设计规范》GBJ 10—89

第 **4.1.22** 条　对截面具有两个互相垂直的对称轴的钢筋混凝土双向偏心受压构件(图 4.1.22)，其正截面受压承载力可按下列公式计算：

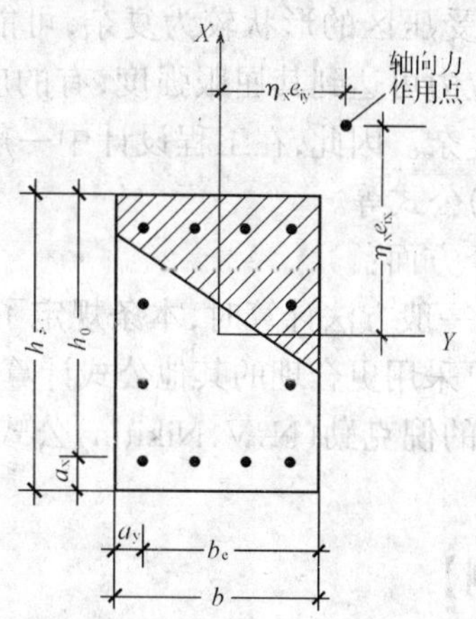

图 4.1.22　双向偏心受压构件截面

$$N \leqslant \frac{1}{\dfrac{1}{N_{ux}} + \dfrac{1}{N_{uy}} - \dfrac{1}{N_{u0}}} \tag{4.1.22}$$

式中　N_{u0}——构件的截面轴心受压承载力设计值；

N_{ux}——轴心力作用于 X 轴、并考虑相应的计算偏心距 $\eta_x e_{ix}$ 后，按全部纵向钢筋计算的构件偏心受压承载力设计值；此处，e_{ix}、η_x 应分别按本规范第 4.1.15 条及第 4.1.20 条的规定计算；

N_{uy}——轴向力作用于 Y 轴，并考虑相应的计算偏心距 $\eta_x e_{iy}$ 后，按全部纵向钢筋计算的构件偏心受压承载力设计值；此处，e_{iy}、η_y 应分别按本规范第 4.1.15 条及第 4.1.20 条的规定计算。

构件的截面轴心受压承载力设计值 N_{u0}，可按公式(4.1.13)计算，但应取等号，将 N 以 N_{u0} 代替，且不考虑稳定系数 φ。

构件的偏心受压承载力设计值 N_{ux}，可按下列情况计算：

1. 当纵向钢筋为上下两边配置时，N_{ux} 可按本规范第 4.1.15 条或第 4.1.6 条的规定进行计算，但应取等号，将 N 以 N_{ux} 代替；

2. 当纵向钢筋沿截面腹部均匀配置时，N_{ux} 可按本规范第 4.1.17 条的规定进行计算，但应取等号，将 N 以 N_{ux} 代替；

构件的偏心受压承载力设计值 N_{uy} 可采用与 N_{ux} 的相同方法计算。

注：对称配筋矩形截面钢筋混凝土双向偏心受压构件的正截面受压承载力，也可按本规范附录五的近似方法进行计算。

【新规范理解与说明】

当构件所承受的轴向压力 N 在截面两个主轴方向都有偏心时，或者构件同时承受轴向压力 N 及位于两个主轴平面内的弯矩(M_x 和 M_y)的作用时，这种构件称为双向偏心受压构件(图 7－22)。

双向偏心受压构件的破坏形态与单向偏心受压构件相似，也可分为大偏心受压破坏和小偏心受压破坏。因此，对于双向偏心受压构件正截面承载力计算，也可采用与单向偏心受压构件正截面承载力计算相同的基本假定。由于双向偏心受压截面破坏时，其中和轴一般不与截面主轴相垂直，受压区的形状较为复杂，可能是三角形、梯形或五边形；同时，钢筋应力也不均匀，有的应力可达到其屈服强度，有的应力则较小。按正截面承载力的一般理论进行计算将十分复杂。因此，在工程设计中一般都采用较为简单的近似计算方法，如倪克勤(N.V.Nikitin)公式等。

新规范的规定有以下两个方面：

(1)当按本规范附录 F 的一般方法计算时，本条规定了分别按 x、y 轴计算 e_i 和 η 的公式；有可靠试验依据时，也可采用更合理的其他公式计算。

(2)给出了双向偏心受压的倪克勤(N.V.Nikitin)公式，并指明了两种配筋形式的计算原则。

【新规范应用计算实例】

【例 7－7】 受压构件截面设计

某无侧移多层现浇框架结构的第二层中柱，承受轴心压力设计值 $N=1780\text{kN}$，楼层高 $H=5.4\text{m}$，混凝土强度等级为 C30($f_c=14.3\text{N/mm}^2$)，用 HRB400 钢筋($f_y'=360\text{N/mm}^2$)，试设计该截面。

解

(1)假定 $\rho'=\dfrac{A_s'}{A}=0.8\%$，$\varphi=1.0$，则由新规范(7.3.1)可得

$$A=\frac{N}{0.9\varphi(f_c+\rho' f'_y)}=\frac{1780\times10^3}{0.9\times1.0\times(14.3+0.008\times360)}=103.7\times10^3\text{mm}^2$$

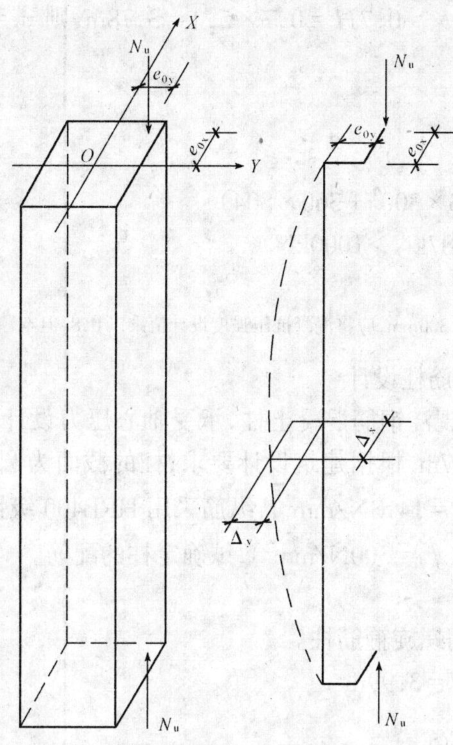

图 7-22 矩形截面双向偏心受压柱

采用正方形截面,则

$$b=h=\sqrt{1037000}=322\text{mm}$$

取 $b=h=350\text{mm}$。

(2)计算 l_0 及 φ。

由表 7.3.11-2 查得 $l_0=0.7H=0.7\times5.4\text{m}=3.78\text{m}$ 则

$\dfrac{l_0}{b}=\dfrac{3780}{350}=10.8$,由表 7.3.1 查得 $\varphi=0.968$

(3)求 $A_s{}'$

$$A_s{}'=\frac{\dfrac{N}{0.9\varphi}-f_c A}{f_y{}'}=\frac{\dfrac{1\,780\times10^3}{0.9\times0.968}-14.3\times350^2}{360}=809\text{mm}^2$$

选用 4⌀ 18,$A_s{}'=1017\text{mm}^2$

【例 7-8】 受压构件校核

有一无侧移现浇结构底层柱高 $H=5.4\text{m}$,截面尺寸 $b\times h=300\text{mm}\times300\text{mm}$,柱内配筋 4⌀ 16 纵筋($A_s{}'=804\text{mm}^2$)混凝土强度等级为 C30,柱轴心压力为 $N=1000\text{kN}$,试验算该柱是否安全。

解

(1)求 l_0 及 φ

由 7.3.11－2 查得 $l_0=0.7H=0.7\times5.4=3.78\text{m}$，则 $\frac{l_0}{b}=\frac{3780}{300}=12.6$，由表 7.3.1 查得 $\varphi=0.941$

(2)求 N_u

$N_u=0.9\varphi(f_cA+f_y'A_s')$

$=0.9\times0.941(14.3\times300^2+360\times804)$

$1335087\text{N}=1335.087\text{kN}>1000\text{kN}$

满足要求。

注:对于截面长度尺寸小于 300mm,应将混凝抗压强度设计值乘以 0.8,但本题刚好为 300mm。

【例 7－9】 螺旋箍筋柱设计

某大楼底层门厅内现浇钢筋混凝土柱，承受轴心压力设计值 $N=1500\text{kN}$，从基础顶面至二层楼面高度为 5.7m，根据建筑设计要求，柱的截面为圆形，直径 $d_c=350\text{mm}$。混凝土强度等级为 C30($f_c=14.3\text{N/mm}^2$)，纵筋采用 HRB400 级钢筋($f'_y=360\text{N/mm}^2$)，箍筋采用 HRB335 级钢筋($f_y=300\text{N/mm}^2$)，试确定柱的配筋。

解

(1)判别是否可采用螺旋箍筋柱。

$l_0=0.7=0.7\times5.7=3.99\text{m}$

$\frac{l_0}{d_c}=\frac{3990}{350}=11.4<12$

(可设计成螺旋箍筋柱)

(2)求 A_s'

$A=\frac{\pi d_c^2}{4}=\frac{3.142\times350^2}{4}=96223\text{mm}^2$

假定 $\rho'=0.025$，则 $A_s'=0.025\times96223=2405.6\text{mm}^2$

选用 9 ⌽ 20，$A_s'=2827\text{mm}^2$

(3)求 A_{ss0}

混凝土保护层厚度为 30mm，则

$d_{cor}=350-60=290\text{mm}$

$A_{cor}=\frac{3.142\times290^2}{4}=66060.5\text{mm}^2$

由公式(7.3.2－2)可得

$$A_{ss0}=\frac{\frac{N}{0.9}-(f_cA_{cor}+f_y'A_s')}{2af_y}$$

$$=\frac{\frac{1500\times10^3}{0.9}-(14.3\times6606.5+360\times2827)}{2\times1.0\times360}=770\text{mm}^2$$

$A_{ss0}>0.25A_s'=0.25\times2827=706\text{mm}^2$。

(满足要求)

(4)确定螺旋筋直径和间距

假定采用 $d=8\text{mm}$,则单根面积为 $A_{ss1}=50.3\text{mm}^2$。

由公式 $s=\dfrac{\pi d_{cor}A_{ss1}}{A_{ss0}}=\dfrac{3.142\times290\times50.3}{770}=59.5\text{mm}$

取 $s=60\text{mm}$,$40\text{mm}<s<80\text{mm}$,$s<0.2d_{cor}=0.2\times350=70\text{mm}$,满足构造要求。

(5)复核混凝土保护层

按 $\dfrac{l_0}{d}=11.4$ 查表 7.3.1 得,$\varphi=0.959$

$15\times0.9\times\varphi(f_cA+f_y{}'A_s{}')=1.5\times0.9\times0.959\times(14.3\times96223+360\times2827)=1785.6\text{kN}>N$

(满足要求)。

【例 7-10】 大偏心受压构件截面设计

矩形截面偏心受压柱的截面尺寸 $b\times h=300\text{mm}\times400\text{mm}$,柱的计算长度 $l_0=2.8\text{m}$,$a_s=a'_s=40\text{mm}$,混凝土强度等级为 C30($f_c=14.3\text{N/mm}^2$,$\alpha_1=1.0$),用 HRB400 级钢筋配筋($f_y=f'_y=360\text{N/mm}^2$),承受轴向压力设计值 $N=300\text{kN}$,弯矩设计值 $M=174\text{kN}\cdot\text{m}$,试计算所需的钢筋截面面积 A_s 和 A'_s。

解

(1)计算 η 和 e_i

$$\frac{l_0}{h}=\frac{2\,800}{400}=7.0$$

$$h_0=h-a_s=400-40=360\text{mm}$$

$$e_0=\frac{M}{N}=\frac{174\times10^6}{300\times10^3}=588\text{mm}$$

$$\frac{h}{30}=\frac{400}{30}=1.33\text{mm}<20\text{mm}$$

取　$e_a=20\text{mm}$

则　$e_i=e_0+e_a=588+20=608\text{mm}$

$$\zeta_1=\frac{0.5f_cbh}{N}=\frac{0.5\times14.3\times300\times400}{340\times10^3}=2.52>1.0\quad\text{取 }\zeta_1=1.0$$

$$\zeta_2=1.15-0.01\times\frac{l_0}{h}=1.15-0.01\times7=1.08>1.0\quad\text{取 }\zeta_2=1.0$$

$$\eta=1+\frac{1}{1\,400\dfrac{e_i}{h_0}}\left(\frac{l_0}{h}\right)^2\zeta_1\zeta_2=1+\frac{1}{1400\times\dfrac{608}{360}}\times7.0^2\times1.0\times1.0=1.021$$

$\eta e_i=1.021\times608=621\text{mm}>0.3h_0=0.3\times360=108\text{mm}$

故可先按大偏心受压破坏计算。

(2)计算 A'_s

$$e=\frac{h}{2}+\eta e_i-a_s=\frac{400}{2}+621-40=781\text{mm}$$

$$A'_s=\frac{Ne-\xi_b(1-0.5\xi_b)\alpha_1f_cbh_0^2}{f'_y(h_0-a'_s)}$$

$$=\frac{300\times10^3\times781-0.518\times(1-0.5\times0.518)\times1.0\times14.3\times300\times360^2}{360\times(360-40)}$$

$=181.4\text{mm}^2<\rho'_{1\min}bh=0.002\times300\times400=240\text{mm}^2$ 按构造配筋。

(3)计算 A_s

$$A_s=\frac{\xi_b\alpha_1f_cbh_0+f'_yA'_s-N}{f_y}$$

$$=\frac{0.518\times1.0\times14.3\times300\times360+360\times453-300\times10^3}{360}=1841\text{mm}^2$$

(4)选择钢筋

受拉钢筋选用 4 ⌀ 25, $A_s=1964\text{mm}^2$, 受压钢筋选用 2 ⌀ 16, $A'_s=402\text{mm}^2$

【例 7-11】 大偏心受压构件截面设计

由于构造要求,在例题 7-10 中的截面上已配置受压钢筋 $A'_s=763\text{mm}^2$(3 ⌀ 18),试计算所需的受拉钢筋截面面积 A_s。

解 η、e_i 等的计算与例题 7-10 相同。A_s 按下述计算。

(1)计算 A_{s2}

$$M_{u1}=f'_yA'_s(h_0-a'_s)=360\times763\times(360-40)=87.9\times10^6\text{N·mm}$$

$$M_{u2}=Ne-M_{u1}=300\times10^3\times781-87.9\times10^6=146.4\times10^6\text{N·mm}$$

$$\alpha_{s2}=\frac{M_{u2}}{\alpha_1f_cbh_0^2}=\frac{146.4\times10^6}{1.0\times14.3\times300\times360^2}=0.2633$$

由表查得 $\gamma_s=0.846<1-\frac{a'_s}{h_0}=1-\frac{40}{360}=0.889$

则 $$A_{s2}=\frac{M_{u2}}{f_y\gamma_sh_0}=\frac{146.4\times10^6}{360\times0.830\times360}=1360\text{mm}^2$$

(2)计算 A_s

$$A_s=A_{s1}+A_{s2}-\frac{N}{f_y}=763+1\,360-\frac{300\times10^3}{360}=1289\text{mm}^2$$

选用 4 ⌀ 20, $A_s=1256\text{mm}^2$。

由计算结果可见,在例题 7-10 中,总用钢量为 $402+1964=2366\text{mm}^2$,在本例题中,总用钢量为 $763+1256=2017\text{mm}^2$,后者较前者用钢量少用 17.3%。

【例 7-12】 小偏心受压构件截面设计

矩形截面偏心受压柱的截面尺寸 $b\times h=300\text{mm}\times500\text{mm}$,柱的计算长度 $l_0=6\text{m}$, $a_s=a'_s=40\text{mm}$,混凝土强度等级为 C30($f_c=14.3\text{N/mm}^2$, $\alpha_1=1.0$),用 HRB400 级钢筋配筋,承受轴向压力设计值 $N=1390\text{kN}$,弯矩设计值 $M=111.62\text{kN·m}$。试计算所需的钢筋截面面积 A_s 和 A'_s。

解

(1)计算 η 和 e_i

$h_0=500-40=460\text{mm}$

$$e_0=\frac{M}{N}=\frac{111.62\times10^6}{1390\times10^3}=80.3\text{mm}$$

$\frac{h}{30}=\frac{500}{30}=16.7\text{mm}<20\text{mm}$

取　$e_a=20\text{mm}$

$e_i=e_0+e_a=80.3+20=100.3\text{mm}$

$\frac{l_0}{h}=\frac{6\,000}{500}=12$

η 按下述计算：

$$\zeta_1=\frac{0.5f_c bh}{N}=\frac{0.5\times14.3\times300\times500}{1390\times10^3}=0.772$$

$$\zeta_2=1.15-0.01\frac{l_0}{h}=1.15-0.01\times12=1.03>1.0\quad 取\ \zeta_2=1.0$$

$$\eta=1+\frac{1}{1\,400\frac{e_i}{h_0}}\left(\frac{l_0}{h}\right)^2\zeta_1\zeta_2=1+\frac{12^2}{1\,400\times\frac{100.3}{460}}\times0.772\times1.0=1.342$$

$\eta e_i=1.342\times100.3=134.6\text{mm}<0.3h_0=0.3\times460=138\text{mm}$

属于小偏心受压破坏。

(2)确定 A_s

取 $A_s=\rho_{1\min}bh=0.002\times300\times500=300\text{mm}^2$，选用 2 ⌀ 14，$A_s=308\text{mm}^2$。

(3)计算 A'_s

$$e'=\frac{h}{2}-\eta e_i-\alpha'_s=\frac{500}{2}-137.6-40=72.4\text{mm}$$

$$u=\frac{a'_s}{h_0}+\frac{A_s f_y}{(\xi_b-0.8)\alpha_1 f_c bh_0}\left(1-\frac{a'_s}{h_0}\right)$$

$$=\frac{40}{460}+\frac{308\times360}{(0.518-0.8)\times1.0\times14.3\times300\times460}\times\left(1-\frac{40}{460}\right)=-0.095\,0$$

$$v=\frac{2Ne'}{\alpha_1 f_c bh_0^2}-\frac{1.6A_s f_y}{(\xi_b-0.8)\alpha_1 f_c bh_0}\left(1-\frac{a'_s}{h_0}\right)$$

$$=\frac{2\times1\,390\times10^3\times72.4}{1.0\times14.3\times300\times460^2}-\frac{1.6\times308\times360}{(0.518-0.8)\times1.0\times14.3\times300\times460}\times\left(1-\frac{40}{460}\right)$$

$$=0.512\,8$$

$$\xi=u+\sqrt{u^2+v}=-0.095\,0+\sqrt{(-0.095\,0)^2+0.512\,8}=0.621\,4$$

$$\sigma_s=\frac{\xi-0.8}{\xi_b-0.8}f_y=\frac{0.6274-0.8}{0.518-0.8}\times360=220.3\text{N/mm}^2$$

$$A'_s=\frac{N-\alpha_1 f_c bh_0\xi+\sigma_s A_s}{f'_y}$$

$$=\frac{1\,390\times10^3-1.0\times14.3\times300\times460\times0.627\,4+220.3\times308}{360}=610\text{mm}^2$$

选用 2 ⌀ 20，$A'_s=628\text{mm}^2$。

【例 7-13】　偏心受压构件复核。

矩形截面偏心受压柱的截面尺寸 $b\times h=400\text{mm}\times600\text{mm}$，$a_s=a'_s=40\text{mm}$，混凝土强度等级为 C30（$f_c=14.3\text{N/mm}^2$，$\alpha_1=1.0$），用 HRB400 级钢筋配筋，$A_s=1\,256\text{mm}^2$

(4 ⌀ 20),$A'_s = 1\ 520\text{mm}^2$(4 ⌀ 22),柱的计算长度 $l_0 = 7.2\text{m}$。承受轴向压力设计值 $N = 1000\text{kN}$,弯矩设计值 $M = 330\text{kN·m}$。试复核该截面。

解

(1)计算 e_i 和 η

$h_0 = 600 - 40 = 560\text{mm}$

$$e_0 = \frac{M}{N} = \frac{330\times10^6}{1000\times10^3} = 330\text{mm}$$

$$\frac{h}{30} = \frac{600}{30} = 20\text{mm},取\ e_a = 20\text{mm}$$

$e_i = e_0 + e_a = 330 + 20 = 350\text{mm}$

$$\frac{l_0}{h} = \frac{7\ 200}{600} = 12$$

$$\zeta_1 = \frac{0.5 f_c bh}{N} = \frac{0.5\times16.7\times400\times600}{1\ 000\times10^3} = 2.004 > 1.0\quad 取\ \zeta = 1.0$$

$$\zeta_2 = 1.15 - 0.01\frac{l_0}{h} = 1.15 - 0.01\times12 = 1.03 > 1.0\quad 取\ \zeta_2 = 1.0$$

$$\eta = 1 + \frac{1}{1\ 400\dfrac{e_i}{h_0}}\left(\frac{l_0}{h}\right)^2\zeta_1\zeta_2 = 1 + \frac{12^2}{1\ 400\times\dfrac{350}{560}}\times1.0\times1.0 = 1.165$$

$\eta e_i = 1.165\times350 = 407.8\text{mm} > 0.3h_0 = 0.3\times560 = 168\text{mm}$

按大偏心受压破坏计算。

(2)计算 ξ

$$e = \eta e_i + \frac{h}{2} - a_s = 407.8 + \frac{600}{2} - 40 = 667.8\text{mm}$$

$$e' = \eta e_i - \frac{h}{2} + a'_s = 407.8 - \frac{600}{2} + 40 = 147.8\text{mm}$$

$$\xi = -\left(\frac{e}{h_0} - 1\right) + \sqrt{\left(\frac{e}{h_0} - 1\right)^2 + \frac{2(f_y A_s e - f'_y A'_s e')}{\alpha_1 f_c b h_0^2}}$$

$$= -\left(\frac{667.8}{560} - 1\right) + \sqrt{\left(\frac{667.8}{560} - 1\right)^2 + \frac{2\times(360\times1256\times667.8 - 360\times1\ 520\times147.8)}{1.0\times16.7\times400\times560^2}}$$

$= 0.305\ 6$

(3)计算 N_u

$$\xi < \xi_b = 0.518,且\ \xi > 2\frac{a'_s}{h_0} = 2\times\frac{40}{560} = 0.143$$

则 $$N_u = \alpha_1 f_c b h_0 \xi + f'_y A'_s - f_y A_s$$

$= 1.0\times16.7\times400\times560\times0.305\ 6 + 360\times1\ 520 - 360\times1\ 256$

$= 1\ 238\times10^3\text{N} = 1\ 238\text{kN} > 1000\text{kN}$

可见设计是安全和经济的。

【例 7-14】 偏心受压构件对称配筋。

已知条件同例题 7-10,按要求设计成对称配筋

解

(1)计算 e_i 和 η

同例题 7－10，$e_i = 608\text{mm}, \eta = 1.021, e = 781\text{mm}$

(2)计算 $A_s = A'_s$

$$x = \frac{N}{\alpha_1 f_c b} = \frac{300 \times 10^3}{1.0 \times 14.3 \times 300} = 69.9\text{mm}$$

$x < \xi_b h_0 = 0.518 \times 360 = 186\text{mm}$，且 $x < 2a'_s = 2 \times 40 = 80\text{mm}$

$$e' = \eta e_i - \frac{h}{2} + a'_s = 1.021 \times 608 - \frac{400}{2} + 40 = 460.8\text{mm}$$

则 $A_s = A'_s = \dfrac{Ne'}{f_y(h_0 - a'_s)}$

$$= \frac{300 \times 10^3 \times 460.8}{360 \times (360 - 40)} = 1\ 200\text{mm}^2$$

A_s 和 A'_s 各选用 4 ⌀ 20，$A_s = A'_s = 1\ 256\text{mm}^2$。

【例 7－15】 I 形截面柱设计。

对称配筋 I 形截面柱，$b_f = b'_f = 400\text{mm}$，$b = 100\text{mm}$，$h_f = h'_f = 100\text{mm}$，$h = 600\text{mm}$，$a_s = a'_s = 40\text{mm}$，柱的计算长度 $l_0 = 4.5\text{m}$。混凝土强度等级为 C35($f_c = 16.7\text{N/mm}^2$，$\alpha_1 = 1.0$)，采用 HRB400 级钢筋配筋，承受轴向压力设计值 $N = 713\text{kN}$，弯矩设计值 $M = 358.9\text{kN·m}$。试计算所需的钢筋截面面积 $A_s = A'_s$。

解

(1)计算 e_i 和 η

$h_0 = 600 - 40 = 560\text{mm}$

$$e_0 = \frac{M}{N} = \frac{358.9 \times 10^6}{713 \times 10^3} = 503.4\text{mm}$$

$\dfrac{h}{30} = \dfrac{600}{30} = 20\text{mm}$，取 $e_a = 20\text{mm}$

$$e_i = e_0 + e_a = 503.4 + 20 = 523.4\text{mm}$$

$$\frac{l_0}{h} = \frac{4\ 500}{600} = 7.5$$

$$A = bh + 2(b'_f - b)h'_f = 100 \times 600 + 2 \times (400 - 100) \times 100 = 120 \times 10^3\text{mm}^2$$

$$\zeta_1 = \frac{0.5 f_c A}{N} = \frac{0.5 \times 16.7 \times 120 \times 10^3}{713 \times 10^3} = 1.405 > 1.0 \quad 取\ \zeta_1 = 1.0$$

$$\zeta_2 = 1.15 - 0.01\frac{l_0}{h} = 1.15 - 0.01 \times 7.5 = 1.075 > 1.0 \quad 取\ \zeta_2 = 1.0$$

$$\eta = 1 + \frac{1}{1\ 400\dfrac{e_i}{h_0}}\left(\frac{l_0}{h}\right)^2 \zeta_1 \zeta_2 = 1 + \frac{1}{1\ 400 \times \dfrac{523.4}{560}} \times 7.5^2 \times 1.0 \times 1.0 = 1.043$$

$\eta e_i = 1.043 \times 523.4 = 545.9\text{mm} > 0.3h_0 = 0.3 \times 560 = 168\text{mm}$，可先按大偏心受压破坏计算。

(2)计算 $A_s = A'_s$

$$\frac{N}{\alpha_1 f_c b}=\frac{713\times10^3}{1.0\times16.7\times400}=106.8\text{mm}>h'_f=100\text{mm}$$，中和轴通过腹板。

$$x=\frac{N-\alpha_1 f_c(b'_f-b)h'_f}{\alpha_1 f_c b}=\frac{713\times10^3-1.0\times16.7\times(400-100)\times100}{1.0\times16.7\times100}$$

$=126.9\text{mm}<\xi_b h_0=0.518\times560=290.1\text{mm}$，属于大偏心受压破坏。

$$e=\eta e_i+\frac{h}{2}-a_s=1.043\times523.4+\frac{600}{2}-40=805.9\text{mm}$$

$$A_s=A'_s=\frac{Ne-\alpha_1 f_c(b'_f-b)h'_f\left(h_0-\frac{h'_f}{2}\right)-\alpha_1 f_c bx\left(h_0-\frac{x}{2}\right)}{f'_y(h_0-a'_s)}$$

$$=\frac{713\times10^3\times805.9-1.0\times16.7\times(400-100)\times100\times\left(560-\frac{100}{2}\right)-1.0\times16.7\times100\times134.7\times\left(560-\frac{126.9}{2}\right)}{360\times(560-40)}$$

$=1129.6\text{mm}^2$

A_s 和 A'_s 各选用 4 ⌀ 20，$A_s=A'_s=1\ 256\text{mm}^2$。

【例 7-16】 矩形双向偏心受压柱设计。

矩形截面双向偏心受压柱，$b=400\text{mm}$，$h=600\text{mm}$，$a_x=a_y=40\text{mm}$，$l_0=6\text{m}$，$N=380\text{kN}$，$e_{0x}=610\text{mm}$，$e_{0y}=300\text{mm}$，已求得 $\eta_x=1.063$，$\eta_y=1.181$；混凝土强度等级为 C30（$f_c=14.3\text{N/mm}^2$），纵向钢筋采用 HRB400 级钢筋（$f_y=f'_y=360\text{N/mm}^2$）。

求：纵向钢筋截面面积（对称配筋）。

解

(1)计算 ε_x 和 ε_y

$h_0=h-a_x=600-40=560\text{mm}$

$b_0=b-a_y=400-40=360\text{mm}$

$e_{ax}=e_{ay}=20\text{mm}$

$e_{ix}=610+20=630\text{mm}\quad e_{iy}=300+20=320\text{mm}$

$$\varepsilon_x=\frac{\eta_x e_{ix}}{h_0}=\frac{1.063\times630}{560}=1.196\quad \varepsilon_y=\frac{\eta_y e_{iy}}{b_0}=\frac{1.181\times320}{360}=1.050$$

(2)确定 ψ_x、ψ_y

$$\psi_x=0.25\left[1+\frac{\frac{2\eta_x e_{ix}}{h_0}}{\frac{\eta_x e_{ix}}{h_0}+\frac{\eta_y e_{iy}}{b_0}}\right]=0.25\times\left(1+\frac{2\times1.196}{1.196+1.050}\right)=0.516$$

$\psi_y=1-\psi_x=0.484$

(3)求 ω_{ex}、λ_{ey}和 ω_{ey}、λ_{ey}

$$\omega_{ex}=\frac{N}{\psi_x\alpha_1 f_c bh_0}=\frac{380\times10^3}{0.516\times1.0\times14.3\times400\times560}=0.230$$

$\lambda_{ex}=\omega_{ex}\varepsilon_x=0.230\times1.196=0.275$

$$\omega_{ey}=\frac{380\times10^3}{0.484\times1.0\times14.3\times600\times360}=0.254$$

$\lambda_{ey}=0.254\times1.05=0.267$

(4)计算 A_{sex}、A_{sey}

由 ω_{ex}、λ_{ex}查得 $\alpha_{ex}=0.189$，$\zeta_x=0.251$，由 ω_{ey}、λ_{ey}查得 $\alpha_{ey}=0.159$，$\zeta_y=0.236$。

则
$$A_{sex}=\alpha_{ex}bh_0\frac{\alpha_1 f_c}{f_y}=0.189\times400\times560\times\frac{1.0\times14.3}{360}=1\ 681\text{mm}^2$$
$$A_{sey}=\alpha_{ey}hb_0\frac{\alpha_1 f_c}{f_y}=0.159\times600\times360\times\frac{1.0\times14.3}{360}=1\ 364\text{mm}^2$$

(5)选定 A_{sc}，计算 A_{swx}、A_{swy}

选定 $A_{sc}=1$ Φ 22，$A_{sc}=380.1\text{mm}^2$。

$$A_{swx}=\frac{A_{sex}-2\zeta_x A_{sey}-2(1-2\zeta_x)A_{sc}}{1-4\zeta_x\zeta_y}$$
$$=\frac{1\ 364-2\times0.251\times1681-2\times(1-2\times0.251)\times380.1}{1-4\times0.251\times0.236}=185.5\text{mm}^2$$
$$A_{swy}=\frac{A_{sey}-2\zeta_y A_{sex}-2\times(1-2\zeta_y)A_{sc}}{1-4\zeta_x\zeta_y}$$
$$=\frac{1681-2\times0.236\times1364-2\times(1-2\times0.236)\times380.1}{1-4\times0.251\times0.236}=833.2\text{mm}^2$$

A_{swx}选用 2 Φ 16，$A_{swx}=402\text{mm}^2$。

A_{swy}选用 2 Φ 25，$A_{swy}=982\text{mm}^2$。

第五节　正截面受拉承载力计算

新《混凝土结构设计规范》GB 50010—2002

7.4.1　轴心受拉构件的正截面受拉承载力应符合下列规定：

$$N\leqslant f_y A_s+f_{py}A_p \tag{7.4.1}$$

式中　N——**轴向拉力设计值；**

A_s、A_p——**纵向普通钢筋、预应力钢筋的全部截面面积。**

旧《混凝土结构设计规范》GBJ 10—89

第 **4.1.23** 条　轴心受拉构件的正截面受拉承载力应按下列公式计算：

$$N\leqslant f_y A_s+f_{py}A_p \tag{4.1.23}$$

式中　A_s、A_p——普通钢筋、预应力钢筋的全部截面面积。

【新规范理解与说明】

本条内容，新旧规范完全相同。

在钢筋混凝土结构中，几乎没有真正的轴心受拉构件。在实际工程中，对于拱和桁架中的拉杆，各种悬杆以及有内压力的圆管和圆形水池的环向池壁等，一般均按轴心受拉构件计算。

对于轴心受拉构件，在开裂以前，混凝土和钢筋共同承担拉力；在开裂以后，裂缝截面处的混凝土已完全退出工作，全部拉力由钢筋承担。当钢筋应力达到屈服强度时，构件即告破坏。

新《混凝土结构设计规范》GB 50010—2002

7.4.2　矩形截面偏心受拉构件的正截面受拉承载力应符合下列规定：

1　小偏心受拉构件

当轴向拉力作用在钢筋 A_s 与 A_p 的合力点和 A'_s 与 A'_p 的合力点之间时(图 7.4.2a)：

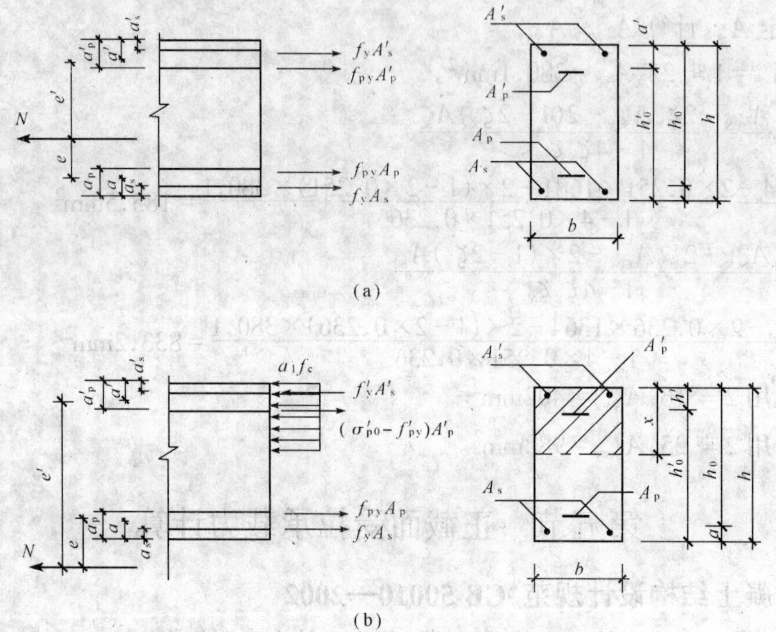

图 7.4.2　矩形截面偏心受拉构件正截面受拉承载力计算

(a)小偏心受拉构件；(b)大偏心受拉构件

$$Ne \leqslant f_y A'_s (h_0 - a'_s) + f_{py} A'_p (h_0 - a'_p) \qquad (7.4.2-1)$$

$$Ne' \leqslant f_y A_s (h'_0 - a_s) + f_{py} A_p (h'_0 - a_p) \qquad (7.4.2-2)$$

2　大偏心受拉构件

当轴向拉力不作用在钢筋 A_s 与 A_p 的合力点和 A'_s 与 A'_p 的合力点之间时(图 7.4.2b)：

$$N \leqslant f_y A_s + f_{py} A_p - f'_y A'_s + (\sigma'_{p0} - f'_{py}) A'_p - \alpha_1 f_c b x \qquad (7.4.2-3)$$

$$Ne \leqslant \alpha_1 f_c b x \left(h_0 - \frac{x}{2}\right) + f'_y A'_s (h_0 - a'_s) - (\sigma'_{p0} - f'_{py}) A'_p (h_0 - a'_p) \qquad (7.4.2-4)$$

此时，混凝土受压区的高度应满足本规范公式(7.2.1－3)的要求。当计算中计入纵向普通受压钢筋时，尚应满足本规范公式(7.2.1－4)的条件；当不满足时，可按公式(7.4.2－2)计算。

3　对称配筋的矩形截面偏心受拉构件，不论大、小偏心受拉情况，均可按公式(7.4.2－2)计算。

旧《混凝土结构设计规范》GBJ 10—89

第 4.1.24 条 矩形截面偏心受拉构件,其正截面受拉承载力应按下列规定计算:

一、小偏心受拉构件

当轴向力作用在钢筋 A_s 与 A_p 的合力点及 A'_s 与 A'_p 的合力点之间时(图 4.1.24a),按下列公式计算:

$$Ne \leqslant f_y A'_s (h_0 - \alpha'_s) + f_{py} A'_p (h_0 - \alpha'_p) \quad (4.1.24-1)$$

及

$$Ne' \leqslant f_y A_s (h_0 - \alpha_s) + f_{py} A_p (h_0 - \alpha_p) \quad (4.1.24-2)$$

二、大偏心受拉构件

当轴向力不作用在钢筋 A'_s 与 A_p 的合力点及 A'_s 与 A'_p 的合力点之间时(图 4.1.24b),按下列公式计算:

$$N \leqslant f_y A_s + f_{py} A_p - f'_y A'_s + (\sigma'_{p0} - f'_{py}) A'_p - f_{cm} bx \quad (4.1.24-3)$$

$$Ne \leqslant f_{cm} bx \left(h_0 - \frac{x}{2} \right) + f'_y A'_s (h_0 - \alpha'_s) - (\sigma_{p0} - f_{py}) A'_p (h_0 - \alpha'_p) \quad (4.1.24-4)$$

此时,混凝土受压区的高度应符合 $x \leqslant \xi_b h_0$ 的要求,如计算中考虑普通受压钢筋时,则尚应符合 $x \geqslant 2\alpha'$ 的条件。

当 $x < 2\alpha$ 时,可按公式(4.1.24-2)计算。

三、对称配筋的矩形截面偏心受拉构件,不论大、小偏心受拉情况,均按公式(4.1.24-2)计算。

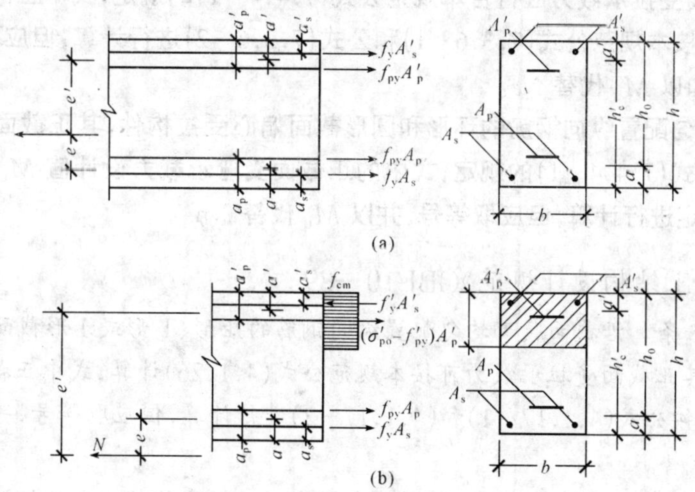

图 4.1.24 矩形截面偏心受拉构件的正截面受拉承载力计算

a)小偏心受拉构件;b)大偏心受拉构件

【新规范理解与说明】

本条内容,新旧规范基本相同。

1. 矩形小偏心受拉构件

对于小偏心受拉，也就是轴向力作用在钢筋 A_s 合力点和钢筋 A'_s 合力点之间的情况，临破坏前，截面已全部裂通，拉力全部由钢筋承受(当轴向力偏心距很小时，全截面将受拉；当轴向力偏心距较大时，在混凝土开裂前，截面上存在着受压区和相应的压应力合力，但当混凝土开裂后，由于受拉区混凝土退出工作，而钢筋 A_s 位于轴向力的外侧，根据力的平衡关系，截面上将不可能再有受压区。也就是说，原来的受压区将转变为受拉，因而，全截面也将受拉)。破坏时，钢筋 A_s 和 A'_s 的应力与轴向力作用点的位置及钢筋 A_s 和 A'_s 的比值有关，或者均达到其抗拉强度，或者仅一侧钢筋达到其抗拉强度，而另一侧钢筋的应力未能达到其抗拉强度。这种破坏特征称为小偏心受拉破坏。

2. 矩形大偏心受拉构件

对于正常配筋的矩形截面，当轴向力作用在钢筋 A_s 合力点和 A'_s 合力点范围以外时，离轴向力较近一侧将产生裂缝，而离轴向力较远一侧的混凝土仍然受压。因此，裂缝不会贯通整个截面。破坏时，钢筋 A_s 的应力达到其抗拉强度，裂缝开展很大，受压区混凝土被压碎。当受拉钢筋配筋率不很大时，受压区混凝土压碎程度往往不明显。在这种情况下，一般以裂缝开展宽度超过某一限值(例如，取 1.5mm)作为截面破坏的标志。这种破坏特征称为大偏心受拉破坏。

新《混凝土结构设计规范》GB 50010—2002

7.4.3 沿截面腹部均匀配置纵向钢筋的矩形、T 形或 I 形截面钢筋混凝土偏心受拉构件，其正截面受拉承载力应符合本规范公式(7.4.4－1)的规定，式中正截面受弯承载力设计值 M_u 可按本规范公式(7.3.6－1)和公式(7.3.6－2)进行计算，但应取等号，同时应分别取 $N=0$ 和以 M_u 代替 Ne。

沿周边均匀配置纵向钢筋的环形和圆形截面偏心受拉构件，其正截面受拉承载力应符合本规范公式(7.4.4－1)的规定，式中的正截面受弯承载力设计值 M_u 可按本规范第 7.2.6 条的规定进行计算，但应取等号，并以 M_u 代替 $N\eta e_i$。

旧《混凝土结构设计规范》GBJ 10—89

第 **4.1.25** 条　沿截面腹部均匀配置纵向钢筋的矩形、T 形或 I 形截面钢筋混凝土偏心受拉构件，其正截面受拉承载力可按本规范公式(4.1.26)计算，式中正截面受拉承载力设计值 M_u 可按公式(4.1.17－1)和(4.1.17－2)进行计算，但应取等号，并应分别取 $N=0$、Ne 以 M_u 代替。

沿周边均匀配置纵向钢筋的环形和圆形截面偏心受拉构件，其正截面受拉承载力可按公式(4.1.26)计算，式中的正截面受弯承载力设计值 M_u 可按本规范第 4.1.11 条的规定进行计算，但应取等号，$N\eta e_i$ 以 M_u 代替。

【新规范理解与说明】

本条内容，新规范和旧规范基本相同，仅在表达方式作了变化。

对沿截面高度或周边均匀配置的矩形、T 形或 I 形截面以及环形和圆形截面，由于它们与对称配筋的矩形截面具有相似的受力性质,其正截面承载力也基本符合$\frac{N}{N_{a0}}+\frac{M}{M_u}=1$的变化规律,且略偏于安全。

新《混凝土结构设计规范》GB 50010—2002

7.4.4　对称配筋的矩形截面钢筋混凝土双向偏心受拉构件,其正截面受拉承载力应符合下列规定:

$$N\leqslant\frac{1}{\frac{1}{N_{u0}}+\frac{e_0}{M_u}} \tag{7.4.4-1}$$

式中　N_{u0}——构件的轴心受拉承载力设计值;

e_0——轴向拉力作用点至截面重心的距离;

M_u——按通过轴向拉力作用点的弯矩平面计算的正截面受弯承载力设计值。

构件的轴心受拉承载力设计值 N_{u0},按本规范公式(7.4.1)计算,但应取等号,并以 N_{u0}代替 N。按通过轴向拉力作用点的弯矩平面计算的正截面受弯承载力设计值 M_u,可按本规范第 7.1 节的规定进行计算。

公式(7.4.4-1)中的 e_0/M_u 也可按下列公式计算:

$$\frac{e_0}{M_u}=\sqrt{\left(\frac{e_{0x}}{M_{ux}}\right)^2+\left(\frac{e_{0y}}{M_{uy}}\right)^2} \tag{7.4.4-2}$$

式中　e_{0x}、e_{0y}——轴向拉力对通过截面重心的 y 轴、x 轴的偏心距;

M_{ux}、M_{uy}——x 轴、y 轴方向的正截面受弯承载力设计值,按本规范第 7.2 节的规定计算。

旧《混凝土结构设计规范》GBJ 10—89

第 **4.1.26** 条　对称配筋的矩形截面钢筋混凝土双向偏心受拉构件,其正截面受拉承载力可按下列公式计算:

$$N\leqslant\frac{1}{\frac{1}{N_{u0}}+\frac{e_0}{M_u}} \tag{4.1.26}$$

式中　N_{u0}——构件的轴心受拉承载力设计值;

e_0——轴向力作用点至截面重心的距离;

M_u——按轴向力作用下的弯矩平面计算的正截面受弯承载力设计值。

构件的轴心受拉承载力设计值 N_{u0},按公式(4.1.23)计算,但应取等号,将 N 以 N_{u0}代替。

按轴向力作用下的弯矩平面计算的正截面受弯承载力设计值 M_u,可按本规范第 4.1.12 条的规定进行计算。

注:对称配筋矩形截面钢筋混凝土双向偏心受拉构件的正截面受拉承载力,也可按本规范附录五的近似方法进行计算。

【新规范理解与说明】

本条内容，新规范对原旧规范作了修改，并对 e_0/M_u 提供了另外一种计算方法。

双向偏心受拉构件的受力特征随轴向力偏心率（即相对偏心距）不同而变化。当轴向力偏心率较小时，截面将裂通，拉力全部由钢筋承担。破坏时钢筋应力可能全部达到其屈服强度，也可能只有部分钢筋达到其屈服强度。当轴向力偏心率较大时，截面将一部分受拉、一部分受压，因此，截面不会裂通。破坏时，离中和轴较远的钢筋应力可达到其屈服强度，而离中和轴较近的钢筋应力一般不会达到其屈服强度，受压区混凝土将被压碎，但往往压碎程度不明显。

双向偏心受拉构件的受力特征与轴向力偏心率有密切的关系，随着轴向力偏心率由零（即轴心受拉）增大到无穷大（即受弯），截面的应力状态将由轴心受拉转变为小偏心受拉、大偏心受拉，直至受弯（图 7－23）。

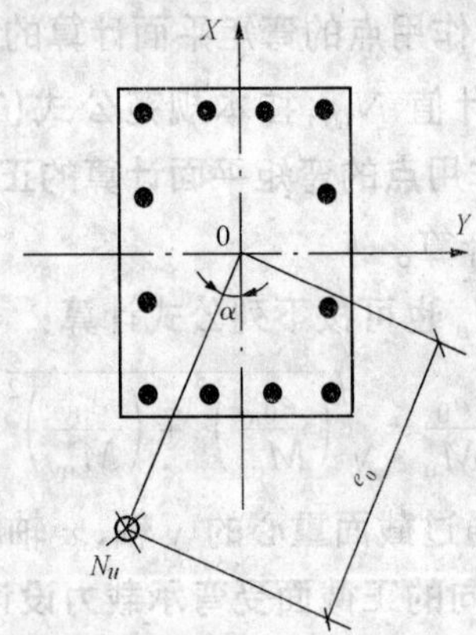

图 7－23 双向偏心受拉截面

【新规范应用计算实例】

【例 7－17】 偏心受拉构件截面设计

偏心受拉构件的截面尺寸为 $b\times h=300\text{mm}\times450\text{mm}$，$a_s=a'_s=40\text{mm}$，承受轴向拉力设计值 $N=700\text{kN}$，弯矩设计值 $M=73.45\text{kN·m}$，混凝土强度等级为 C30，用 HRB335 级钢筋配筋，试求钢筋截面面积 A_s 和 A'_s。

解

(1)判别破坏类型

$h_0=450-40=410\text{mm}$

$e_0=\dfrac{73.45\times10^6}{750\times10^3}=98\text{mm}<\dfrac{h}{2}-a'_s=\dfrac{450}{2}-40=185\text{mm}$，为小偏心受拉破坏。

(2)求 A_s 和 A'_s

$$e=\frac{h}{2}-e_0-a_s=\frac{450}{2}-98-40=87\text{mm}$$

$$e'=\frac{h}{2}+e_0-a'_s=\frac{450}{2}+98-40=277\text{mm}$$

$$A'_s=\frac{Ne}{f_y(h_0-a'_s)}=\frac{700\times10^3\times87}{300\times(410-40)}=548\text{mm}^2$$

$$A_s=\frac{Ne'}{f_y(h_0-a'_s)}=\frac{700\times10^3\times277}{300\times(410-40)}=1747\text{mm}^2$$

A'_s 选用 2⌀ 20, $A'_s=628\text{mm}^2$; A_s 选用 4⌀ 25, $A_s=1\ 964\text{mm}^2$。

【例 7-18】 偏心受拉板的截面设计

偏心受拉板的截面厚度 $h=200\text{mm}$, $a_s=a'_s=25\text{mm}$, 每 m 宽板承受拉力设计值 $N=300\text{kN}$, 弯矩设计值 $M=80\text{kN}\cdot\text{m}$, 混凝土强度等级为 C30 ($f_c=14.3\text{N/mm}^2$), 用 HRB335 级钢筋配筋。试求钢筋截面面积 A_s 和 A'_s。

解

(1)判断破坏类型

取 $b=1\ 000\text{mm}$ 宽的板进行计算。

$$h_0=200-25=175\text{mm}$$

$$e_0=\frac{M}{N}=\frac{80\times10^6}{300\times10^3}=266\text{mm}>\frac{h}{2}-a_s=\frac{200}{2}-25=75\text{mm}$$，属于大偏心受拉破坏。

(2)计算 A'_s

$$e=e_0-\frac{h}{2}+a_s=266-\frac{200}{2}+25=191\text{mm}$$

由公式(7.4.2-4-9)可得

$$A'_s=\frac{Ne-\xi_b(1-0.5\xi_b)\alpha_1 f_c bh_0^2}{f'_y(h_0-a'_s)}$$

$$=\frac{300\times10^3\times191-0.55\times(1-0.5\times0.55)\times1.0\times14.3\times1\ 000\times175^2}{300\times(175-25)}<0$$

按构造要求配置⌀ 10@200, $A'_s=393\text{mm}^2$。这时，本题转化为已知 A'_s，求 A_s 的问题。计算方法与大偏心受压构件相似。

(3)求 A_s

$$M_{u1}=f'_yA'_s(h_0-a'_s)=300\times393\times(175-25)=17.685\times10^6\text{N}\cdot\text{mm}$$

$$M_{u2}=Ne-M_{u1}=300\times10^3\times191-17.685\times10^6=39.32\times10^6\text{N}\cdot\text{mm}$$

$$\alpha_s=\frac{M_{u2}}{\alpha_1 f_c bh_0^2}=\frac{39.32\times10^6}{1.0\times14.3\times1\ 000\times175^2}=0.0897$$

由表查得 $\gamma_s=0.953>1-\frac{a'_s}{h_0}=1-\frac{25}{175}=0.857$，表明 $x<2a'_s$，则 A_s 按公式(7.4.2-2)计算。

$$e'=e_0+\frac{h}{2}-a'_s=266+\frac{200}{2}-25=341\text{mm}$$

$$A_s=\frac{Ne'}{f_y(h_0-a'_s)}=\frac{300\times10^3\times341}{300\times(175-25)}=2273\text{mm}^2$$

若不考虑 A'_s 的作用，即取 $A'_s=0$，则 $A_{s1}=0$，于是

$$\alpha_s=\frac{Ne}{\alpha_1 f_c bh_0^2}=\frac{300\times10^3\times191}{1.0\times14.3\times1\ 000\times175^2}=0.1308$$

由表查得 $\gamma_s=0.930$

$$A_{s2}=\frac{Ne}{f_y\gamma_s h_0}=\frac{300\times10^3\times191}{300\times0.930\times175}=1173.5\text{mm}^2$$

$$A_s = A_{s1} + A_{s2} + \frac{N}{f_y} = 0 + 1173.5 + \frac{300 \times 10^3}{300} = 1173.5 + 1\,050 = 2173.5\text{mm}^2$$

计算表明,应按不考虑受压钢筋作用的情况来配筋,选用Φ 16@80,$A_s = 2513.6\text{mm}^2$。

第六节 斜截面承载力计算

新《混凝土结构设计规范》GB 50010—2002

7.5.1 矩形、T形和I形截面的受弯构件,其受剪截面应符合下列条件:

当 $h_w/b \leqslant 4$ 时

$$V \leqslant 0.25\beta_c f_c b h_0 \qquad (7.5.1-1)$$

当 $h_w/b \geqslant 6$ 时

$$V \leqslant 0.2\beta_c f_c b h_0 \qquad (7.5.1-2)$$

当 $4 < h_w/b < 6$ 时,按线性内插法确定。

式中 V——构件斜截面上的最大剪力设计值;

β_c——混凝土强度影响系数:当混凝土强度等级不超过 C50 时,取 $\beta_c = 1.0$;当混凝土强度等级为 C80 时,取 $\beta_c = 0.8$;其间按线性内插法确定;

f_c——混凝土轴心抗压强度设计值,按本规范表 4.1.4 采用;

b——矩形截面的宽度,T形截面或I形截面的腹板宽度;

h_0——截面的有效高度;

h_w——截面的腹板高度:对矩形截面,取有效高度;对T形截面,取有效高度减去翼缘高度,对I形截面,取腹板净高。

注:1 对T形或I形截面的简支受弯构件,当有实践经验时,公式(7.5.1-1)中的系数可改用 0.3;

2 对受拉边倾斜的构件,当有实践经验时,其受剪截面的控制条件可适当放宽。

旧《混凝土结构设计规范》GBJ 10—89

第 **4.2.1** 条 矩形、T形、I形截面的受弯构件,其受剪截面应符合下列条件:

当 $\frac{h_w}{b} \leqslant 4$ 时

$$V \leqslant 0.25 f_c b h_0 \qquad (4.2.1-1)$$

当 $\frac{h_w}{b} \geqslant 6$ 时

$$V \leqslant 0.2 f_c b h_0 \qquad (4.2.1-2)$$

当 $4 < \frac{h_w}{b} < 6$ 时,按直线内插法取用。

式中 V——剪力设计值;

b——矩形截面的宽度,T形截面或I形截面的腹板宽度;

h_w——截面的腹板高度;矩形截面取有效高度 h_0,T形截面取有效高度减去翼缘高度,I形截面取腹板净高。

注:①对T形或I形截面的简支受弯构件,当有实践经验时,公式(4.2.1-1)中的系数可改用 0.3;

②对受拉边倾斜的构件,当有实践经验时,其截面尺寸条件可适当放宽。

【新规范理解与说明】

本条内容,新规范关于受剪截面的限制条件仍采用旧规范的公式,但考虑到高强混凝土的特点,引入混凝土强度提高对受剪截面限制值降低的折减系数 β_c。

当梁承受的剪力较大而截面尺寸较小且箍筋数量又较多时,梁可能产生斜压破坏,此时箍筋应力达不到屈服强度,梁的受剪承载力取决于混凝土的抗压强度 f_c 和梁的截面尺寸。因此,设计时为防止发生斜压破坏(或腹板压坏),同时也为了限制梁在使用阶段的裂缝宽度。新规范对矩形、T形和I形截面的受弯构件,其受剪截面作了限定。

新《混凝土结构设计规范》GB 50010—2002

7.5.2　在计算斜截面的受剪承载力时,其剪力设计值的计算截面应按下列规定采用:

1　支座边缘处的截面(图 7.5.2a、b 截面 1-1);

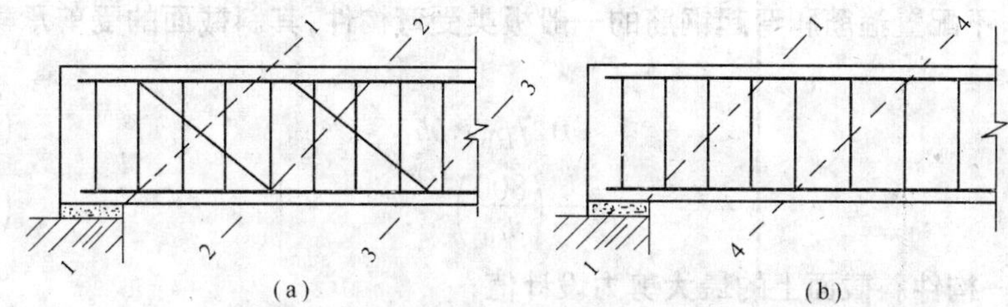

图 7.5.2　斜截面受剪承载力剪力设计值的计算截面

(a)弯起钢筋;(b)箍筋

1-1 支座边缘处的斜截面;2-2、3-3 受拉区弯起钢筋弯起点的斜截面;

4-4 箍筋截面面积或间距改变处的斜截面

2　受拉区弯起钢筋弯起点处的截面(图 7.5.2a 截面 2-2、3-3);

3　箍筋截面面积或间距改变处的截面(图 7.5.2b 截面 4-4);

4　腹板宽度改变处的截面。

注:1　对受拉边倾斜的受弯构件,尚应包括梁的高度开始变化处、集中荷载作用处和其他不利的截面;

2　箍筋的间距以及弯起钢筋前一排(对支座而言)的弯起点至后一排的弯终点的距离,应符合本规范第 10.2.10 条和第 10.2.8 条的构造要求。

旧《混凝土结构设计规范》GBJ 10—89

第 **4.2.2** 条　在计算斜截面的受剪承载力时,其计算位置应按下列规定采用:

一、支座边缘处的截面(图 4.2.2a、b 截面 1-1);

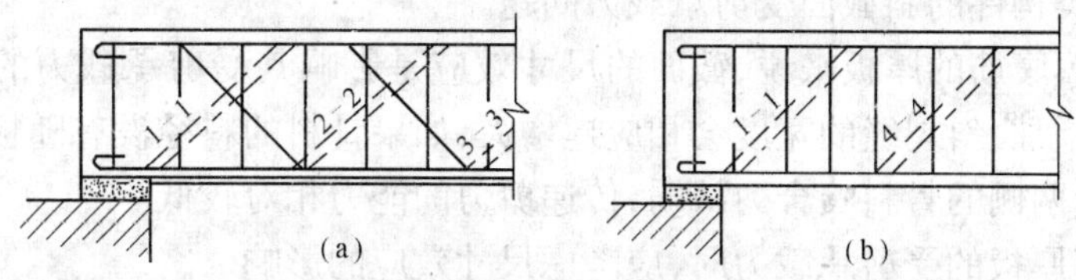

图 4.2.2　斜截面受剪承载力的计算位置

(a)弯起钢筋;(b)箍筋

1-1—支座边缘处的斜截面;2-2、3-3—受拉区弯起钢筋弯起点的斜截面;

4-4—箍筋截面面积或间距改变处的斜截面

二、受拉区弯起钢筋弯起点处的截面(图 4.2.2a 截面 2－2、3－3);

三、箍筋截面面积或间距改变处的截面(图 4.2.2b 截面 4－4);

四、腹板宽度改变处的截面。

注:①对受拉边倾斜的受弯构件,尚应包括梁的高度开始变化处,集中荷载作用处和其他不利的截面。

②箍筋的间距以及弯起钢筋前一排(对支座而言)的弯起点至后一排的弯终点之间的距离,应符合本规范第 7.2.5 条和第 7.2.7 条的构造要求。

【新规范理解与说明】

本条内容,新旧规范完全相同,新规定对剪力设计值的计算位置作了限定。这些位置,在一般情况下,都是容易发生斜截面破坏,且与箍筋和弯起钢筋的布置有关。

新《混凝土结构设计规范》GB 50010—2002

7.5.3　不配置箍筋和弯起钢筋的一般板类受弯构件,其斜截面的受剪承载力应符合下列规定:

$$V \leqslant 0.7\beta_h f_t b h_0 \tag{7.5.3-1}$$

$$\beta_y = \left(\frac{800}{h_0}\right)^{1/4} \tag{7.5.3-2}$$

式中　V——构件斜截面上的最大剪力设计值;

β_h——截面高度影响系数:当 $h_0 < 800$mm 时,取 $h_0 = 800$mm;当 $h_0 > 2000$mm 时,取 $h_0 = 2000$mm;

f_t——混凝土轴心抗拉强度设计值,按本规范表 4.1.4 采用。

旧《混凝土结构设计规范》GBJ 10—89

旧《混凝土结构设计规范》GBJ 10—89 无此相应内容。

【新规范理解与说明】

本条内容是新增条文,新规定对不设置箍筋和弯起钢筋的一般板类构件,斜截面的受剪承载力应该符合的规定。

在高层建筑中,基础底板和转换层板的厚度有时达 1～3m 甚至更大,水工、港工中的某些底板达 7～8m 厚,此类板称为厚板。对于厚板,除应计算正截面受弯承载力外,还必须计算斜截面受剪承载力。由于板类构件难于配置箍筋,所以这属于不配箍筋和弯起钢筋的无腹筋板类构件的斜截面受剪承载力问题。

对于不配置腹筋的厚板来说,截面的尺寸效应是影响其受剪承载力的重要因素。因为随着板厚的增加,斜裂缝的宽度会相应地增大,如果骨料的料径没有随板厚的加大而增大,就会使裂缝两侧的骨料咬合力减弱,传递剪力的能力相对较低。

因此,计算厚板的受剪承载力时,应考虑尺寸效应的影响。

(1)根据收集到大量的均布荷载作用下无腹筋简支浅梁、无腹筋简支短梁、无腹筋简支深梁以及无腹筋连续浅梁的试验数据以支座处的剪力值为依据进行分析,可得到承受均布荷载为主的无腹筋一般受弯构件受剪承载力 V_c 偏下值的计算公式如下:

$$V_c = 0.7\beta_h\beta_\rho f_t b h_0$$

(2)试验表明,剪跨比对集中荷载作用下无腹筋梁受剪承载力的影响明显。根据收集到在集中荷载作用下的无腹筋简支浅梁、无腹筋简支短梁、无腹筋简支深梁以及无腹筋连续浅梁、无腹筋连续深梁的众多试验数据,考虑影响无腹筋梁受剪承载力的混凝土抗拉强度 f_t、剪跨比 a/h_0、纵向受拉配筋率 ρ 和截面高度尺寸效应等主要因素后,对原规范的公式作了调整,提出受剪承载力 V_c 偏下值的计算公式如下:

$$V_c=\frac{1.75}{\lambda+1}\beta_h\beta_\rho f_t bh_0$$

式中剪跨比的适用范围扩大为:$0.25\leqslant\lambda\leqslant3.0$,以适应浅梁和深梁的不同要求。在受弯构件中采用计算截面剪跨比 $\lambda=\frac{a}{h_0}$ 而未采用广义剪跨比 $\lambda=\frac{M}{Vh_0}$,主要是考虑计算方便、且偏于安全。对跨高比不小于 5 的受弯构件,其适用范围为 $1.5\leqslant\lambda\leqslant3.0$。

(3)综合国内外的试验结果和规范规定,对不配置箍筋和弯起钢筋的钢筋混凝土板的受剪承载力计算中,合理地反映了截面尺寸效应的影响。在第 7.5.3 条的公式中用系数 $\beta_h=(800/h_0)^{\frac{1}{4}}$ 来表示;同时给出了截面高度的适用范围,当截面有效高度超过 2000mm 后,其受剪承载力还将会有所降低,但对此试验研究尚不充分,未能作出进一步规定。

对第 7.5.3 条中的一般板类受弯构件,主要指受均布荷载作用下的单向板和双向板需按单向板计算的构件。试验研究表明,对较厚的钢筋混凝土板,除沿板的上、下表面按计算或构造配置双向钢筋网之外,如按本规范第 10.1.11 条的规定,在板厚中间部位配置双向钢筋网,将会较好地改善其受剪承载性能。

(4)根据试验分析,纵向受拉钢筋的配筋率 ρ 对无腹筋梁受剪承载力 V_c 的影响可用系数 $\beta_\rho=(0.7+20\rho)$ 来表示;通常在 ρ 大于 1.5%时,纵向受拉钢筋的配筋率 ρ 对无腹筋梁受剪承载力的影响才较为明显,所以,在公式中未纳入系数 β_ρ。

(5)特别注意的是,以上虽然分析了无腹筋梁受剪承载力的计算公式,但并不表示设计的梁不需配置箍筋。考虑到剪切破坏有明显的脆性,特别是斜拉破坏,斜裂缝一旦出现梁即告剪坏,单靠混凝土承受剪力是不安全的。除了截面高度不大于 150mm 的梁外,一般梁即使满足 $V<V_c$ 的要求,仍需要按构造配筋。

新《混凝土结构设计规范》GB 50010—2002

7.5.4　矩形、T 形和 I 形截面的一般受弯构件,当仅配置箍筋时,其斜截面的受剪承载力应符合下列规定:

$$V\leqslant V_{cs}+V_p \tag{7.5.4-1}$$

$$V_{cs}=0.7f_t bh_0+1.25f_{yv}\frac{A_{sv}}{s}h_0 \tag{7.5.4-2}$$

$$V_p=0.05N_{p0} \tag{7.5.4-3}$$

式中　V——构件斜截面上的最大剪力设计值;

V_{cs}——构件斜截面上混凝土和箍筋的受剪承载力设计值;

V_p——由预加力所提高的构件受剪承载力设计值;

A_{sv}——配置在同一截面内箍筋各肢的全部截面面积：$A_{sv}=nA_{sv1}$，此处，n 为在同一截面内箍筋的肢数，A_{sv1} 为单肢箍筋的截面面积；

s——沿构件长度方向的箍筋间距；

f_{yv}——箍筋抗拉强度设计值，按本规范表 4.2.3－1 中的 f_y 值采用；

N_{p0}——计算截面上混凝土法向预应力等于零时的纵向预应力钢筋及非预应力钢筋的合力，按本规范第 6.1.14 条计算；当 $N_{p0}>0.3f_cA_0$ 时，取 $N_{p0}=0.3f_cA_0$，此处，A_0 为构件的换算截面面积。

对集中荷载作用下（包括作用有多种荷载，其中集中荷载对支座截面或节点边缘所产生的剪力值占总剪力值的 75% 以上的情况）的独立梁，当按公式（7.5.4－1）计算时，应将公式（7.5.4－2）改为下列公式：

$$V_{cs}=\frac{1.75}{\lambda+1}f_tbh_0+f_{yv}\frac{A_{sv}}{s}h_0 \tag{7.5.4－4}$$

式中 λ——计算截面的剪跨比，可取 $\lambda=a/h_0$，a 为集中荷载作用点至支座或节点边缘的距离；当 $\lambda<1.5$ 时，取 $\lambda=1.5$，当 $\lambda>3$ 时，取 $\lambda=3$；集中荷载作用点至支座之间的箍筋，应均匀配置。

注：1 对合力 N_{p0} 引起的截面弯矩与外弯矩方向相同的情况，以及预应力混凝土连续梁和允许出现裂缝的预应力混凝土简支梁，均应取 $V_p=0$；

2 对先张法预应力混凝土构件，在计算合力 N_{p0} 时，应按本规范第 6.1.9 条和第 8.1.8 条的规定考虑预应力钢筋传递长度的影响。

旧《混凝土结构设计规范》GBJ 10—89

第 **4.2.3** 条 矩形、T 形和 I 形截面的一般受弯构件，当仅配有箍筋时，其斜截面的受剪承载力应按下列公式计算：

$$V\leqslant V_{cs}+V_p \tag{4.2.3－1}$$

$$V_{cs}=0.07f_cbh_0+1.5f_{yv}\frac{A_{sv}}{s}h_0 \tag{4.2.3－2}$$

$$V_p=0.05N_{p0} \tag{4.2.3－3}$$

式中 V——构件斜截面上的最大剪力设计值；

V_{cs}——构件斜截面上混凝土和箍筋的受剪承载力设计值；

V_p——由预应力所提高的构件的受剪承载力设计值；

A_{sv}——配置在同一截面内箍筋各肢的全部截面面积，$A_{sv}=nA_{sv1}$，其中，n 为在同一个截面内箍筋的肢数，A_{sv1} 为单肢箍筋的截面面积；

s——沿构件长度方向上箍筋的间距；

f_{yv}——箍筋抗拉强度设计值，按表 2.2.3－1、表 2.2.3－2 采用，但取值不应大于 310N/mm^2；

N_{p0}——计算截面上混凝土法向预应力等于零时的预应力钢筋及非预应力钢筋的合力，按本规范第 3.4.18 条计算；当 $N_{p0}>0.3f_cA$ 时，取 $N_{p0}=0.3f_cA_0$。

对集中荷载作用下的矩形截面独立梁（包括作用有多种荷载，且其中集中荷载对支座截面或节点边缘所产生的剪力值占总剪力值的75%以上的情况),当按公式(4.2.3-1)计算时,应将公式(4.2.3-2)改为下列公式:

$$V_{cs}=\frac{0.2}{\lambda+1.5}f_c bh_0+1.25f_{yv}\frac{A_{sv}}{v_s}h_0 \qquad (4.2.3-4)$$

式中 λ——计算截面的剪跨比,可取 $\lambda=\alpha/h_0$,α 为计算截面至支座截面或节点边缘的距离,计算截面取集中荷载作用点处的截面;当 $\lambda<1.4$ 时,取 $\lambda=1.4$,当 $\lambda>3$ 时,取 $\lambda=3$;计算截面至支座之间的箍筋,应均匀配置。

注:①当混凝土法向预应力等于零时预应力钢筋及非预应力钢筋的合力 N_{p0} 引起的截面弯矩与外弯矩方向相同的情况,以及预应力混凝土连续梁和允许出现裂缝的预应力混凝土简支梁,均取 $V_p=0$;

②对采用刻痕钢丝、钢绞线及冷拔低碳钢丝配筋的先张法预应力混凝土梁在计算预应力钢筋及非预应力钢筋的合力 N_{p0} 时,应按本规范第5.15条的规定考虑预应力钢筋传递长度的影响。

【新规范理解与说明】

本条内容,新规范对集中荷载作用下的矩形截面独立梁的斜截面受剪承载力作了修改,其余基本相同。

1. 仅配有箍筋的钢筋混凝土受弯构件

对于仅配有箍筋梁的斜截面受剪承载力 V_{cs} 由混凝土的受剪承载力 V_c 和与斜裂缝相交的箍筋的受剪承载力 V_{sv} 组成。

1)矩形、T形和I形截面的一般受弯构件斜截面受剪承载力计算。

对于I形截面和翼缘位于剪压区的T形截面梁,翼缘加大了剪压区混凝土的面积,故而提高了梁的斜截面受剪承载力。试验表明,对无腹筋梁,当梁翼缘宽度为腹板宽度(肋宽)的2倍时,其受剪承载力比肋宽相同的矩形截面梁提高20%左右。若再加大翼缘宽度,受剪承载力基本上不再提高。因为这时梁腹板相对较薄,成为梁的薄弱环节,剪切破坏发生在腹板上,翼缘大小对腹板在破坏时的受剪承载影响不大。

2)集中荷载作用下(包括作用有多种荷载,其中集中荷载对支座截面或节点边缘所产生的剪力值占总剪力值的75%以上的情况)的矩形、T形和I形截面独立梁斜截面受剪承载力计算。

在实际工作中,作用于梁上的荷载可能很复杂,既有分布荷载,又有集中荷载。当集中荷载对支座截面所产生的剪力值占总剪力值的75%以上时,这种梁的受剪性能与仅承受集中荷载的梁相似,因此按承受集中荷载的梁考虑。这时发生剪切破坏斜截面的剪压区多在最大集中荷载作用截面,该截面弯矩和剪力都很大,因而斜裂缝顶部的剪压区混凝土的正应力和剪应力也很大,当剪跨比较大时更是如此。因此,对这种梁应考虑剪跨比的影响。

2. 预应力混凝土受弯构件的受剪承载力

试验研究表明,预应力对构件的受剪承载力起有利作用,这主要是预压应力能阻滞斜裂缝的出现和开展,增加了混凝土剪压区高度,从而提高了混凝土剪压区所承担的剪力。

根据试验分析,预应力混凝土梁受剪承载力的提高主要与预加力的大小及其作用点的位置有关。此外,试验还表明,预加力对梁受剪承载力的提高作用应给予限制。

预应力混凝土梁受剪承载力的计算,可在非预应力梁计算公式的基础上,加上一项施加预应力所提高的受剪承载力设计值 $V_p=0.05N_{p0}$，且当 $N_{p0}>0.3f_cA_0$ 时，只取 $N_{p0}=0.3f_cA_0$，以达到限制的目的。同时，它仅适用于预应力混凝土简支梁，且只有当 N_{p0} 对梁产生的弯矩与外弯矩相反时才能予以考虑。对于预应力混凝土连续梁，尚未作深入研究；此外，对允许出现裂缝的预应力混凝土简支梁，考虑到构件达到承载力时，预应力可能消失，在未有充分试验依据之前，暂不考虑预应力的有利作用。

3. 公式适用范围

新规范公式(7.5.4－2)适用于矩形、T形和I形截面简支梁、连续梁和约束梁等一般受弯构件；公式(7.5.4－4)适用于集中荷载作用下(包括作用有多种荷载，其中集中荷载对支座边缘截面或节点边缘所产生的剪力值大于总剪力值的75%的情况)的矩形、T形和I形截面的独立梁，而不再仅限于旧规范规定的矩形截面独立梁，故新规范公式较旧规范公式的适用范围有所扩大。这里所指的独立梁为不与楼板整体浇筑的梁。应当指出，当框架结构承受水平荷载(如风荷载等)时，由其产生的框架独立梁剪力值也归属于集中荷载作用产生的剪力值。

新《混凝土结构设计规范》GB 50010—2002

7.5.5　矩形、T形和I形截面的受弯构件，当配置箍筋和弯起钢筋时，其斜截面的受剪承载力应符合下列规定：

$$V\leqslant V_{cs}+V_p+0.8f_yA_{sb}\sin\alpha_s+0.8f_{py}A_{pb}\sin\alpha_p \tag{7.5.5}$$

式中　V——配置弯起钢筋处的剪力设计值，按本规范第7.5.6条的规定取用；

V_p——由预加力所提高的构件的受剪承载力设计值，按本规范公式(7.5.4－3)计算，但计算合力 N_{p0} 时不考虑预应力弯起钢筋的作用；

A_{sb}、A_{pb}——同一弯起平面内的非预应力弯起钢筋、预应力弯起钢筋的截面面积；

α_s、α_p——斜截面上非预应力弯起钢筋、预应力弯起钢筋的切线与构件纵向轴线的夹角。

旧《混凝土结构设计规范》GBJ 10—89

第**4.2.4**条　矩形、T形和I形截面的受弯构件，当配有箍筋和弯起钢筋时，其斜截面的受剪承载力应按下列公式计算：

$$V\leqslant V_{cs}+V_p+0.8f_yA_{sb}\sin\alpha_s+0.8f_{py}A_{pb}\sin\alpha_p \tag{4.2.4}$$

式中　V——在配置弯起钢筋处的剪力设计值，按本规范第4.2.5条的规定采用；

V_p——由预应力所提高的构件的受剪承载力设计值，按本规范第4.2.3条的规定计算，但计算 N_{p0} 时不考虑预应力弯起钢筋的作用；

A_{sb}、A_{pb}——同一弯起平面内的非预应力弯起钢筋、预应力弯起钢筋的截面面积；

α_s、α_p——斜截面上非预应力弯起钢筋、预应力弯起钢筋的切线与构件纵向轴线的夹角。

【新规范理解与说明】

本条内容，新规范对配有箍筋和弯起钢筋的斜截面承载力计算公式作了限定。

为了承受较大的设计剪力，梁中除配置一定数量的箍筋外，有时还需设置弯起钢筋。试验表明，梁中弯筋所承受的剪力随着弯筋面积的加大而提高，两者呈线性关系，且与弯起角有关。亦即弯筋所承受的剪力可用它的拉力在垂直于梁纵轴方向的分力 $f_y A_{sb} \sin\alpha_s$ 表示。此外，弯筋仅在穿越斜裂缝时才可能屈服，当弯筋在斜裂缝顶端越过时，因接近压区，弯筋有可能达不到屈服，计算时要考虑这个不利因素，因此在方式中引入了钢筋应力不均匀系数 0.8。

新《混凝土结构设计规范》GB 50010—2002

7.5.6　计算弯起钢筋时，其剪力设计值可按下列规定取用(图 7.5.2a)：

1　计算第一排(对支座而言)弯起钢筋时，取支座边缘处的剪力值；

2　计算以后的每一排弯起钢筋时，取前一排(对支座而言)弯起钢筋弯起点处的剪力值。

旧《混凝土结构设计规范》GBJ 10—89

第 **4.2.5** 条　计算弯起钢筋时，其剪力设计值可按下列规定采用(图 4.2.2a)：

一、当计算第一排(对支座而言)弯起钢筋时，取用支座边缘处的剪力值；

二、当计算以后的每一排弯起钢筋时，取用前一排(对支座而言)弯起钢筋弯起点处的剪力值。

【新规范理解与说明】

本条内容，新规范和旧规范基本相同，只是表达方式有些变化。由于每根弯起钢筋只能承受一定范围内的剪力，当按第 7.5.6 条的规定确定剪力设计值并按公式(7.5.5)计算弯起钢筋时，其构造应符合新规范第 10.2.8 条规定。

新《混凝土结构设计规范》GB 50010—2002

7.5.7　矩形、T 形和 I 形截面的一般受弯构件，当符合下列公式的要求时：

$$V \leqslant 0.7 f_t b h_0 + 0.05 N_{p0} \tag{7.5.7-1}$$

集中荷载作用下的独立梁，当符合下列公式的要求时：

$$V \leqslant \frac{1.75}{\lambda+1} f_t b h_0 + 0.05 N_{p0} \tag{7.5.7-2}$$

均可不进行斜截面的受剪承载力计算，而仅需根据本规范第 10.2.9 条、第 10.2.10 条和第 10.2.11 条的有关规定，按构造要求配置箍筋。

旧《混凝土结构设计规范》GBJ 10—89

第 **4.2.6** 条　矩形、T 形和 I 形截面的一般受弯构件，当符合下列公式的要求时：

$$V \leqslant 0.07 f_c b h_0 + 0.05 N_{p0} \tag{4.2.6-1}$$

以及对符合本规范第 4.2.3 条规定的集中荷载作用下矩形截面独立梁，当符合下列公式的要求时：

$$V \leqslant \frac{0.2}{\lambda+1.5} f_c b h_0 + 0.05 N_{p0} \tag{4.2.6-2}$$

则均可不进行斜截面的受剪承载力计算，而仅需根据本规范第 7.2.6 条、第 7.2.7 条和第 7.2.9 条的规定,按构造要求配置箍筋。

【新规范理解与说明】

本条内容,新旧规范基本相同。试验发现,箍筋能抑制斜裂缝的发展,因此,为了防止出现斜拉破坏,梁内应配置一定数量的箍筋,且箍筋间距不宜过大,以保证可能出现的斜裂缝和它相交。设计时,按新规范,当剪力设计值小于无腹筋梁的受剪承载力时,应按最小用量的箍筋。此外,这些箍筋还能提高构件抵抗超载和承受由于变形所引起应力的能力。

新《混凝土结构设计规范》GB 50010—2002

7.5.8 受拉边倾斜的矩形、T 形和 I 形截面的受弯构件,其斜截面受剪承载力应符合下列规定(图 7.5.8):

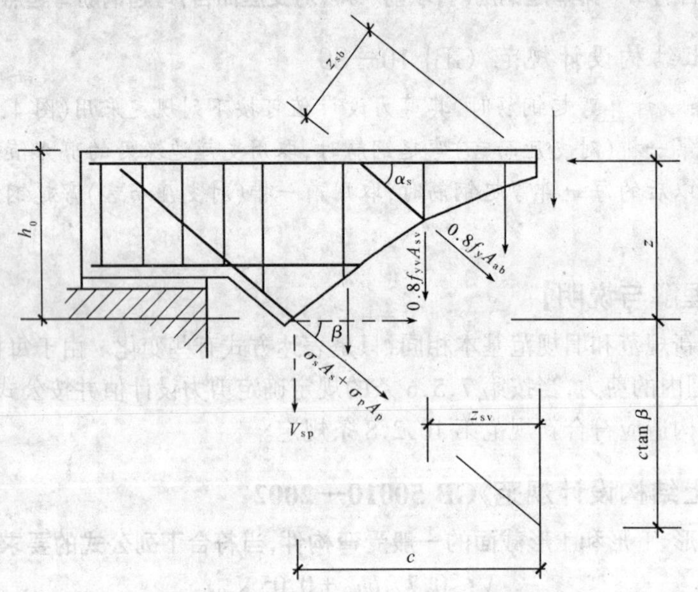

图 7.5.8 受拉边倾斜的受弯构件斜截面受剪承载力计算

$$V \leqslant V_{cs} + V_{sp} + 0.8 f_y A_{sb} \sin\alpha_s \tag{7.5.8-1}$$

$$V_{sp} = \frac{M - 0.8(\sum f_{yv} A_{sv} z_{sv} + \sum f_y A_{sb} z_{sb})}{z + c\tan\beta}\tan\beta \tag{7.5.8-2}$$

式中 V——构件斜截面上的最大剪力设计值;

M——构件斜截面受压区末端的弯矩设计值;

V_{cs}——构件斜截面上混凝土和箍筋的受剪承载力设计值,按本规范公式(7.5.4-2)或公式(7.5.4-4)计算,其中,h_0 取斜截面受拉区始端的垂直截面有效高度;

V_{sp}——构件截面上受拉边倾斜的纵向非预应力和预应力受拉钢筋合力的设计值在垂直方向的投影:对钢筋混凝土受弯构件,其值不应大于 $f_yA_s\sin\beta$;对预应力混凝土受弯构件,其值不应大于$(f_{py}A_p + f_yA_s)\sin\beta$,且不应小于 $\sigma_{pe}A_p\sin\beta$;

z_{sv}——同一截面内箍筋的合力至斜截面受压区合力点的距离；

z_{sb}——同一弯起平面内的弯起钢筋的合力至斜截面受压区合力点的距离；

z——斜截面受拉区始端处纵向受拉钢筋合力的水平分力至斜截面受压区合力点的距离，可近似取 $z=0.9h_0$；

β——斜截面受拉区始端处倾斜的纵向受拉钢筋的倾角；

c——斜截面的水平投影长度，可近似取 $c=h_0$。

注：在梁截面高度开始变化处，斜截面的受剪承载力应按等截面高度梁和变截面高度梁的有关公式分别计算，并应按其中不利者配置箍筋和弯起钢筋。

旧《混凝土结构设计规范》GBJ 10—89

第 **4.2.7** 条　受拉边倾斜的矩形、T 形和 I 形截面的受弯构件，其斜截面受剪承载力可按下列公式计算(图 4.2.7)：

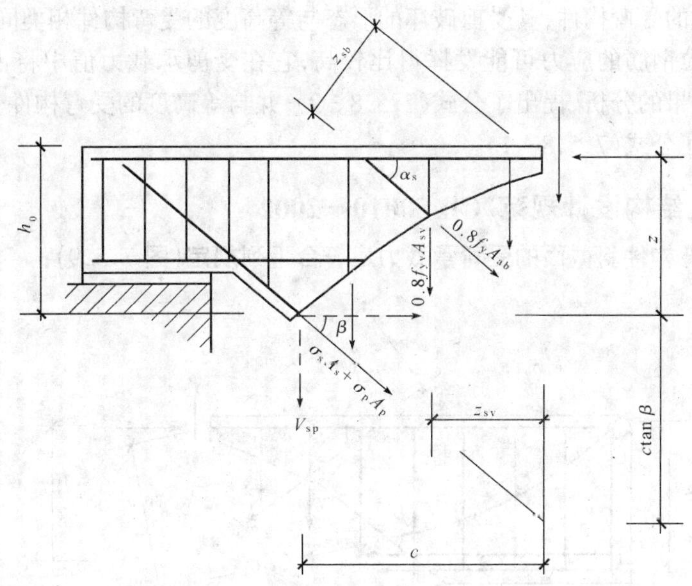

图 4.2.7　受拉边倾斜的受弯构件斜截面受剪承载力计算

$$V \leqslant V_{cs} + V_{sp} + 0.8 f_y A_{sb} \sin\alpha_s \tag{4.2.7-1}$$

$$V_{sp} = \frac{M - 0.8(\sum f_{yv} A_{sv} z_{sv} + \sum f_y A_{sb} z_{sb})}{z + c \cdot \mathrm{tg}\beta} \mathrm{tg}\beta \tag{4.2.7-2}$$

式中　V——构件斜截面上的最大剪力设计值；

M——构件斜截面受压区末端的弯矩设计值；

V_{cs}——构件斜截面上混凝土和箍筋的受剪承载力设计值，按公式(4.2.3－2)或(4.2.3－4)计算，其中，h_0 取斜截面受拉区始端的垂直截面有效高度；

V_{sp}——构件截面上受拉边倾斜的非预应力和预应力纵向受拉钢筋合力的设计值在垂直方向的投影；对钢筋混凝土受弯构件，其值不应大于 $f_yA_s\sin\beta$；对预应力混凝土受弯构件，其值不应大于$(f_{py}A_p+f_yA_s)\sin\beta$和不应小于 $\sigma_{pe}A_p\sin\beta$；

z_{sv}——同一截面内箍筋的合力至斜截面受压区合力点的距离；

z_{sb}——同一弯起平面内的弯起钢筋的合力至斜截面受压区合力点的距离；

z——斜截面受拉区始端处纵向受拉钢筋合力的水平分力至斜截面受压区合力点的距离，可近似取 $z=0.9h_0$；

β——斜截面受拉区始端处倾斜的纵向受拉钢筋的倾角；

c——斜截面的水平投影长度，可近似取 $c=h_0$。

注：在梁截面高度开始变化处，斜截面的受剪承载力应按等截面高度梁和变截面高度梁的有关公式分别计算，并应按其中不利者配置箍筋和弯起钢筋。

【新规范理解与说明】

本条内容，新旧规范基本相同。新规定对受拉边倾斜的矩形、T 形和 I 形截面的受弯构件，斜截面受剪承载力作了限定。

受拉边倾斜的受弯构件，其受剪破坏的形态与等高度的受弯构件相类同；但在受剪破坏时，其倾斜受拉钢筋的应力可能发挥得比较高，它在受剪承载力值中将占有相当的比例。根据试验结果的分析，提出了公式(7.5.8－2)，并与等高度的受弯构件受剪承载力公式相匹配，给出了公式(7.5.8－1)。

新《混凝土结构设计规范》GB 50010—2002

7.5.9　受弯构件斜截面的受弯承载力应符合下列规定(图 7.5.9)：

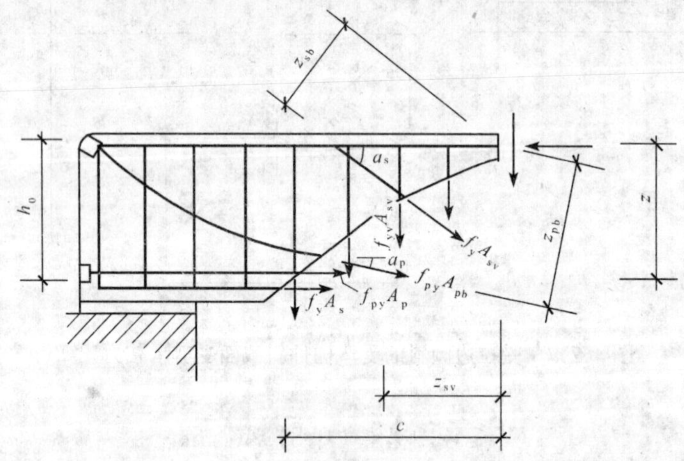

图 7.5.9　受弯构件斜截面受弯承载力计算

$$M \leqslant (f_yA_s+f_{py}A_p)z+\sum f_yA_{sb}z_{sb}+\sum f_{py}A_{pb}z_{pb}+\sum f_{yv}A_{sv}z_{sv} \quad (7.5.9-1)$$

此时，斜截面的水平投影长度 c 可按下列条件确定：

$$V=\sum f_yA_{sb}\sin\alpha_s+\sum f_{py}A_{pb}\sin\alpha_p+\sum f_{yv}A_{sv} \quad (7.5.9-2)$$

式中　V——斜截面受压区末端的剪力设计值；

z——纵向非预应力和预应力受拉钢筋的合力至受压区合力点的距离，可近似取 $z=0.9h_0$；

z_{sb}、z_{pb}——同一弯起平面内的非预应力弯起钢筋、预应力弯起钢筋的合力至斜截面受压区合力点的距离；

z_{sv}——同一斜截面上箍筋的合力至斜截面受压区合力点的距离。

在计算先张法预应力混凝土构件端部锚固区的斜截面受弯承载力时，公式中的 f_{py} 应按下列规定确定：

锚固区内的纵向预应力钢筋抗拉强度设计值在锚固起点处应取为零，在锚固终点处应取为 f_{py}，在两点之间可按线性内插法确定。此时，纵向预应力钢筋的锚固长度 l_a 应按本规范第 9.3.1 条确定。

旧《混凝土结构设计规范》GBJ 10—89

第 **4.2.8** 条　受弯构件斜截面的受弯承载力应按下列公式计算(图 4.2.8)：

$$M \leqslant (f_y A_s + f_{py} A_p) z + \sum f_y A_{sb} z_{sb} + \sum f_{py} A_{pb} z_{pb} + \sum f_{yv} A_{sv} z_{sv} \quad (4.2.8-1)$$

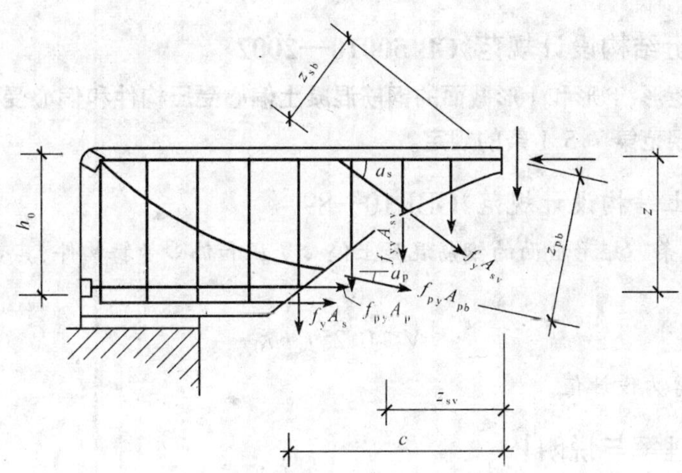

图 4.2.8　受弯构件斜截面受弯承载力计算

此时，斜截面的水平投影长度 c 可按下列条件确定：

$$V = \sum f_y A_{sb} \sin\alpha_s + \sum f_{py} A_{pb} \sin\alpha_p + \sum f_{yv} A_{sv} \quad (4.2.8-2)$$

式中　V——斜截面受压区末端的剪力设计值；

z——非预应力和预应力纵向受拉钢筋的合力点至受压区合力点的距离，可近似取 $z = 0.9h_0$；

z_{sb}、z_{pb}——同一弯起平面内的非预应力弯起钢筋、预应力弯起钢筋的合力点至斜截面受压区合力点的距离。

【新规范理解与说明】

本条内容，新旧规范基本相同。受弯构件斜面受剪承载力的基本计算公式主要是根据竖向力的平衡条件而定的。但是在实际工程中，纵筋要弯起，有时要截断，这就有可能影响构件的承载力，尤其是斜截面的受弯承载力。因此，新规范对此作了规定。

新《混凝土结构设计规范》GB 50010—2002

7.5.10 受弯构件中配置的纵向钢筋和箍筋，当符合本规范第 9.3.1 条至第 9.3.3 条、第 10.2.2 条至第 10.2.4 条、第 10.2.7 条和第 10.2.10 条规定的构造要求时，可不进行构件斜截面的受弯承载力计算。

旧《混凝土结构设计规范》GBJ 10—89

第 **4.2.9** 条 受弯构件纵向钢筋和箍筋，当符合本规范第 6.1.4 条至 6.1.7 条、第 7.2.2 条、第 7.2.5 条和第 7.2.7 条规定的构造要求时，可不进行斜截面的受弯承载力计算。

【新规范理解与说明】

本条内容，新旧规范基本相同，新规范中对可不进行斜截面受弯构件应满足的要求作了说明。

新《混凝土结构设计规范》GB 50010—2002

7.5.11 矩形、T 形和 I 形截面的钢筋混凝土偏心受压构件和偏心受拉构件，其受剪截面应符合本规范第 7.5.1 条的规定。

旧《混凝土结构设计规范》GBJ 10—89

第 **4.2.10** 条 矩形截面的钢筋混凝土偏心受压和偏心受拉构件，其受剪截面应符合下列条件：

$$V \leqslant 0.25 f_c b h_0 \tag{4.2.10}$$

式中 V——剪力设计值。

【新规范理解与说明】

本条内容，新规范对各类截面的钢筋混凝土偏心受压构件和偏心受拉构件，其受剪截面应符合的条件作了说明。

新《混凝土结构设计规范》GB 50010—2002

7.5.12 矩形、T 形和 I 形截面的钢筋混凝土偏心受压构件，其斜截面受剪承载力应符合下列规定：

$$V \leqslant \frac{1.75}{\lambda+1} f_t b h_0 + f_{yv} \frac{A_{sv}}{s} h_0 + 0.07N \tag{7.5.12}$$

式中 λ——偏心受压构件计算截面的剪跨比；

N——与剪力设计值 V 相应的轴向压力设计值，当 $N > 0.3 f_c A$ 时，取 $N = 0.3 f_c A$，此处，A 为构件的截面面积。

计算截面的剪跨比应按下列规定取用：

1 对各类结构的框架柱，宜取 $\lambda = M/(Vh_0)$；对框架结构中的框架柱，当其反弯点在层高范围内时，可取 $\lambda = H_n/(2h0)$；当 $\lambda < 1$ 时，取 $\lambda = 1$；当 $\lambda > 3$ 时，取 $\lambda = 3$；此处，M

为计算截面上与剪力设计值 V 相应的弯矩设计值，H_n 为柱净高。

2 对其他偏心受压构件，当承受均布荷载时，取 $\lambda=1.5$；当承受符合本规范第 7.5.4 条规定的集中荷载时，取 $\lambda=a/h_0$，当 $\lambda<1.5$ 时，取 $\lambda=1.5$；当 $\lambda>3$ 时，取 $\lambda=3$；此处，a 为集中荷载至支座或节点边缘的距离。

旧《混凝土结构设计规范》GBJ 10—89

第 **4.2.11** 条 矩形截面的钢筋混凝土偏心受压构件，其斜截面受剪承载力应按下列公式计算：

$$V\leqslant\frac{0.2}{\lambda+1.5}f_cbh_0+1.25f_{yv}\frac{A_{sv}}{s}h_0+0.07N \tag{4.2.11}$$

式中 λ——偏心受压构件计算截面的剪跨比；

N——与剪力设计值 V 相应的轴向压力设计值；当 $N>0.3f_cA$ 时，取 $N=0.3f_cA$；A 为构件的截面面积。

计算截面的剪跨比应按下列规定取用：

一、对框架柱，取 $\lambda=H_n/2h_0$；当 $\lambda<1$ 时，取 $\lambda=1$；$\lambda>3$ 时，取 $\lambda=3$；此处，H_n 为柱净高；

二、对其他偏心受压构件，当承受均布荷载时，取 $\lambda=1.4$；当承受集中荷载时(包括作用有多种荷载、且集中荷载对支座截面或节点边缘所产生的剪力值占总剪力值的 75%以上的情况)，取 $\lambda=a/h$；当 $\lambda<1.4$ 时，取 $\lambda=1.4$；当 $\lambda>3$ 时，取 $\lambda=3$；此处，a 为集中荷载至支座或节点边缘的距离。

【新规范理解与说明】

本条内容，新规范对各类偏心受压构件的斜截面承载力应符合的条件作了说明。

框架结构在竖向荷载和水平荷载共同作用下，柱截面上不仅有轴力和弯矩，而且还有剪力。因此，计算柱的斜截面受剪承载力时应考虑轴向压力的作用。

试验研究表明，偏心受压构件的受剪承载力随轴压比 $N/(f_cbh)$ 的增大而增大，当 $N/(f_cbh)$ 约为 0.4～0.5 时，受剪承载力达到最大值；若轴压比值更大，则受剪承载力会随着轴压比值的增大而降低。当轴压比更大时，则发生小偏心受压破坏，不会出现剪切破坏。对不同剪跨比的构件，轴向压力对受剪承载力的影响规律基本相同。

轴向压力对构件受剪承载力起有利作用，是因为轴向压力能阻滞斜裂缝的出现和开展，增加了混凝土剪压区高度，从而提高了构件的受剪承载力。但由上述可知，轴心压力对于受剪承载力的有利作用是有限的，故应对轴向力的受剪承载力加以限制，其设计值：$V_N=0.07$N，且当 $N>0.03f_cA$ 时，只能取 $0.3f_cA$，此项取值相当于试验结果的偏心值。

另外，对承受轴向压力的框架结构的框架柱，由于柱两端受到约束，当反弯点在层高范围内时，其计算截面的剪跨比可近似取 $\lambda=H_n/(2h_0)$，而对其他各类结构的框架柱宜取 $\lambda=M/Vh_0$。

新《混凝土结构设计规范》GB 50010—2002

7.5.13 矩形、T 形和 I 形截面的钢筋混凝土偏心受压构件，当符合下列公式的要求时：

$$V \leqslant \frac{1.75}{\lambda+1} f_t b h_0 + 0.07N \tag{7.5.13}$$

可不进行斜截面受剪承载力计算，而仅需根据本规范第 10.3.2 条的规定，按构造要求配置箍筋。式中的剪跨比和轴向压力设计值应按本规范第 7.5.12 条确定。

旧《混凝土结构设计规范》GBJ 10—89

第 **4.2.12** 条　矩形截面的钢筋混凝土偏心受压构件，若符合下列公式的要求时：

$$V \leqslant \frac{0.2}{\lambda+1.5} f_c b h_0 + 0.07N \tag{4.2.12}$$

则可不进行斜截面受剪承载力计算，而仅需根据本规范第 7.3.3 条的规定按构造要求配置箍筋；剪跨比和轴向力设计值按本规范第 4.2.11 条的规定取用。

【新规范理解与说明】

本条内容，新规范补充了各类截面混凝土偏心受压构件不需进行斜截面受剪承载力计算，而仅要求按构造配置箍筋的截面限制条件。同时考虑了轴向压力的影响，取值为 $N=0.07\text{N}$。

新《混凝土结构设计规范》GB 50010—2002

7.5.14　矩形、T 形和 I 形截面的钢筋混凝土偏心受拉构件，其斜截面受剪承载力应符合下列规定：

$$V \leqslant \frac{1.75}{\lambda+1} f_t b h_0 + f_{yv} \frac{A_{sv}}{s} h_0 - 0.2N \tag{7.5.14}$$

式中　N——与剪力设计值 V 相应的轴向拉力设计值；

λ——计算截面的剪跨比，按本规范第 7.5.12 条确定。

当公式(7.5.14)右边的计算值小于 $f_{yv}\frac{A_{sv}}{s}h_0$ 时，应取等于 $f_{yv}\frac{A_{sv}}{s}h_0$，且 $f_{yv}\frac{A_{sv}}{s}h_0$ 值不得小于 $0.36 f_t b h_0$。

旧《混凝土结构设计规范》GBJ 10—89

第 **4.2.13** 条　矩形截面的钢筋混凝土偏心受拉构件，其斜截面受剪承载力应按下列公式计算：

$$V \leqslant \frac{0.2}{\lambda+1.5} f_c b h_0 + 1.25 f_{yv} \frac{A_{sv}}{s} h_0 - 0.2N \tag{4.2.13}$$

式中　N——与剪力设计值 V 相应的轴向拉力设计值；

λ——计算截面的剪跨比，取 $\lambda=\alpha/h_0$，α 为集中荷载至支座或节点边缘的距离；当 $\lambda<1.4$ 时，取 $\lambda=1.4$；当 $\lambda>3$ 时，$\lambda=3$。

当公式(4.2.13)右边的计算值小于 $1.25 f_{yv}\frac{A_{sv}}{s}h_0$ 时，应取等于 $1.25 f_{yv}\frac{A_{sv}}{s}h_0$，且 $f_{yv}\frac{A_{sv}}{s}h_0$ 不得小于 $0.3 f_c b h_0$。

【新规范理解与说明】

本条内容，新规范对各类截面的偏心受拉构件的斜截面受剪承载力计算作了说明。

偏心受拉构件一般还承受剪力作用，因此尚需进行斜截面受剪承载力计算。

试验表明，当轴向拉力先作用于构件上时，构件将产生横贯全截面的法向裂缝。再施加横向荷载后，则在弯矩作用下，法向裂缝在受压区将闭合而在受拉区将进一步开展，并在剪弯区段出现斜裂缝。由于轴向拉力的作用，斜裂缝的宽度和倾角比受弯构件要大一些，混凝土剪压区高度明显比受弯构件小，有时甚至无剪压区。因此轴向拉力使构件的抗剪能力明显降低，降低的幅度随轴向拉力的增大而增加，但对箍筋的抗剪能力几乎没有影响。设计时，减一项轴向拉力所降低的受剪承载力设计值：$V_N=0.2N$，此外，总的受剪承载力设计值的下限和最小配筋特征值应符合新规范的规定。

新《混凝土结构设计规范》GB 50010—2002

7.5.15　圆形截面的钢筋混凝土受弯构件和偏心受压构件，其斜截面受剪承载力可按本规范第7.5.1至第7.5.13条计算，此时，上述条文公式中的截面宽度 b 和截面有效高度 h_0 应分别以 $1.76r$ 和 $1.6r$ 代替，此处，r 为圆形截面的半径。

旧《混凝土结构设计规范》GBJ 10—89

旧《混凝土结构设计规范》GBJ 10—89 无此条相应内容。

【新规范理解与说明】

本条内容为新增条文。新规范对圆形截面的钢筋混凝土受弯构件和偏心构件的斜截面承载力作了说明。

在分析了国内外一定数量圆形截面受弯构件试验数据的基础上，借鉴国外规范的相关规定，提出了采用等效惯性矩原则确定等效截面宽度和等效截面高度的取值方法，从而对圆形截面受弯和偏心受压构件，可直接采用配置垂直箍筋的矩形截面受弯和偏心受压构件的受剪承载力计算公式进行计算。

新《混凝土结构设计规范》GB 50010—2002

7.5.16　矩形截面双向受剪的钢筋混凝土框架柱，其受剪截面应符合下列条件：

$$V_x \leqslant 0.25\beta_c f_c b h_0 \cos\theta \quad (7.5.16-1)$$

$$V_y \leqslant 0.25\beta_c f_c h b_0 \sin\theta \quad (7.5.16-2)$$

式中　V_x——x 轴方向的剪力设计值，对应的截面有效高度为 h_0，截面宽度为 b；

V_y——y 轴方向的剪力设计值，对应的截面有效高度为 b_0，截面宽度为 h；

θ——斜向剪力设计值 V 的作用方向与 x 轴的夹角，$\theta=\arctan(V_y/V_x)$。

旧《混凝土结构设计规范》GBJ 10—89

旧《混凝土结构设计规范》GBJ 10—89 无此条相应内容。

【新规范理解与说明】

同样，本条内容为新增条文。新规范对矩形截面双向受剪的钢筋混凝土框架柱的受剪截面作了说明。包括了双向受剪时两个方向受剪承载力的上限值。

新《混凝土结构设计规范》GB 50010—2002

7.5.17 矩形截面双向受剪的钢筋混凝土框架柱，其斜截面受剪承载力应符合下列规定：

$$V_x \leqslant \frac{V_{ux}}{\sqrt{1+\left(\frac{V_{ux}\tan\theta}{V_{uy}}\right)^2}} \quad (7.5.17-1)$$

$$V_y \leqslant \frac{V_{uy}}{\sqrt{1+\left(\frac{V_{uy}}{V_{ux}\tan\theta}\right)^2}} \quad (7.5.17-2)$$

在 x 轴、y 轴方向的斜截面受剪承载力设计值 V_{ux}、V_{uy} 应按下列公式计算：

$$V_{ux} = \frac{1.75}{\lambda_x + 1} f_t b h_0 + f_{yv} \frac{A_{svx}}{s} h_0 + 0.07N \quad (7.5.17-3)$$

$$V_{uy} = \frac{1.75}{\lambda_y + 1} f_t h b_0 + f_{yv} \frac{A_{svy}}{s} b_0 + 0.07N \quad (7.5.17-4)$$

式中 λ_x、λ_y——框架柱的计算剪跨比，按本规范 7.5.12 条的规定确定；

A_{svx}、A_{svy}——配置在同一截面内平行于 x 轴、y 轴的箍筋各肢截面面积的总和；

N——与斜向剪力设计值 V 相应的轴向压力设计值，当 $N > 0.3f_cA$ 时，取 $N = 0.3f_cA$，此处，A 为构件的截面面积。

在设计截面时，可在公式(7.5.17-1)、公式(7.5.17-2)中近似取 $V_{ux}/V_{uy}=1$ 后直接进行计算。

旧《混凝土结构设计规范》GBJ 10—89

旧《混凝土结构设计规范》GBJ 10—89 无此条相应内容。

【新规范理解与说明】

同样，本条为新增条文，新规范对矩形截面双向受剪的钢筋混凝土框架柱的斜截面受剪承载力的计算公式作了说明。

钢筋混凝土框架柱在斜向水平剪力 V 作用下的受力性能，相当于沿截面两个主轴方向同时作用剪力 V_x 和 V_y，如图 7-24 所示。试验结果表明[7]，矩形截面柱在两个主轴方向同时受剪时，其受剪承载力低于单向受剪承载力 V_{ux} 或 V_{uy}（图 7-25），相关关系大致符合下列规律，即

$$\left(\frac{V_x}{V_{ux}}\right)^2 + \left(\frac{V_y}{V_{uy}}\right)^2 = 1$$

式中：V_x、V_y——斜向剪力 V 在 x 轴、y 轴上的分量(图 7-18)；

V_{ux}、V_{uy}——沿 x 轴、y 轴的单向受剪承载力。

新规范就是由上面的椭圆方程式转化成在形式上与单向偏心受压构件受剪承载力计算公式相当。

在复核截面时，可直接按公式进行验算；在进行截面设计时，可近似选取公式(7.5.17-1)和公式(7.5.17-2)中的 V_{ux}/V_{uy} 比值等于 1.0，而后再进行箍筋截面面积的计算。设计时宜采用封闭箍筋，必要时也可配置单肢箍筋。当复合封闭箍筋相重叠部分的箍筋长度小于截面周边箍筋长边或短边长度时，不应将该箍筋较短方向上的箍筋截面面积计入 A_{svx} 或 A_{svy} 中。

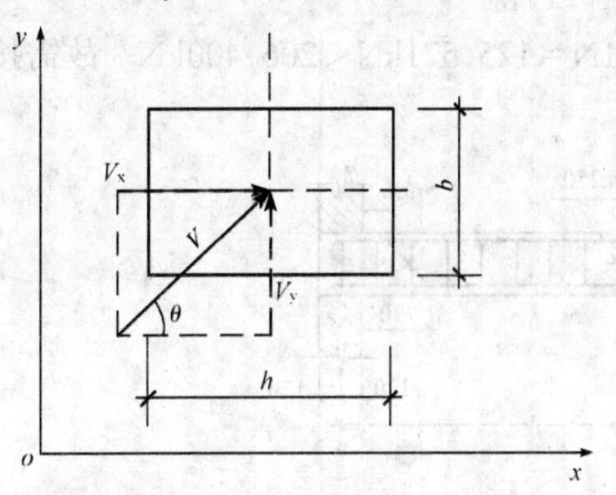

图 7-24 作用斜向剪力的矩形柱

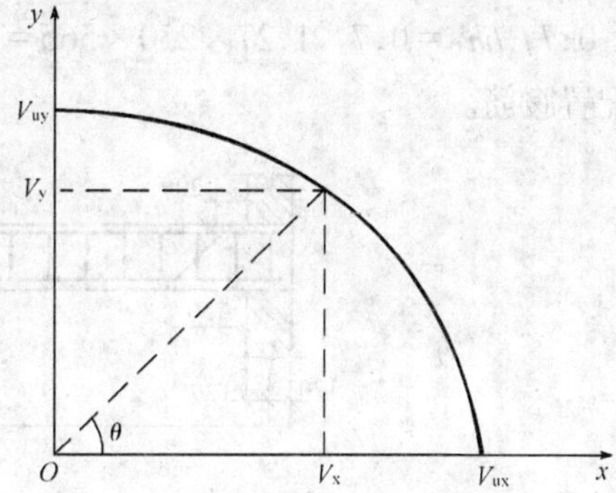

图 7-25 双向受剪承载力的相关关系

新《混凝土结构设计规范》GB 50010—2002

7.5.18 矩形截面双向受剪的钢筋混凝土框架柱，当符合下列要求时：

$$V_x \leqslant \left(\frac{1.75}{\lambda_x+1}f_t b h_0 + 0.07N\right)\cos\theta \tag{7.5.18-1}$$

$$V_y \leqslant \left(\frac{1.75}{\lambda_y+1}f_t h b_0 + 0.07N\right)\sin\theta \tag{7.5.18-2}$$

可不进行斜截面受剪承载力计算，而仅需根据本规范第 10.3.2 条的规定，按构造要求配置箍筋。

旧《混凝土结构设计规范》GBJ 10—89

旧《混凝土结构设计规范》GBJ 10—89 无此条相应内容。

【新规范理解与说明】

本条为新增条文，新规范对矩形截面双向受剪的钢筋混凝土框架柱不需进行斜截面承载计算，只需按构造要求配筋作了说明。

【新规范应用计算实例】

【例 7-19】 受弯构件斜截面计算

图 7-26 所示的矩形截面简支梁，截面尺寸 $b\times h=250\text{mm}\times600\text{mm}$，混凝土强度等级为 C25($f_c=11.9\text{N/mm}^2$，$f_t=1.27\text{N/mm}^2$)，纵筋为 HRB400 级钢筋($f_y=360\text{N/mm}^2$)，箍筋为 HPB235 级钢筋($f_{yv}=210\text{N/mm}^2$)。梁承受均布荷载设计值 80kN/m(包括梁自重)。根据正截面受弯承载力计算所配置的纵筋为 4⌀25。要求确定腹筋数量。

解

(1)计算剪力设计值。支座边缘截面的剪力设计值

$$V=\frac{1}{2}\times80\times(5.4-0.24)=206.4\text{kN}$$

(2)验算截面尺寸。$h_w = h_0 = 565\text{mm}$，$h_w/b = 565/250 = 2.26 < 4$，应按式(7.5.1－1)验算；因为混凝土强度等级为C25，低于C50，故$\beta_c = 1.0$，则

$0.25\beta_c f_c bh_0 = 0.25 \times 1.0 \times 11.9 \times 250 \times 565 = 420219\text{N} = 420.219\text{kN} > V$ 可见截面尺寸满足要求。

(3)验算是否按计算配置腹筋。由式(7.5.1－1)得

$0.7 f_t bh_0 = 0.7 \times 1.27 \times 250 \times 565 = 125571\text{N} = 125.571\text{kN} < 206.400\text{kN}$　故需按计算配置腹筋。

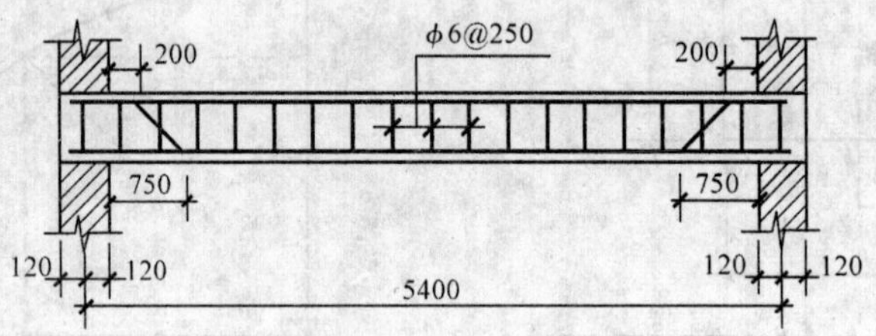

图7－26　例6.4.1图

(4)计算腹筋数量。

①若只配箍筋。由式(7.5.4－2)得

$$\frac{A_{sv}}{s} \geqslant \frac{V - 0.7 f_t bh_0}{1.25 f_{yv} h_0 q} = \frac{206400 - 125571}{1.25 \times 210 \times 565} = 0.545$$

选用双肢 φ8 箍筋，$A_{sv} = 101\text{mm}^2$，则

$$s \leqslant \frac{A_{sv}}{0.545} = \frac{101}{0.545} = 185\text{mm}$$

取 $s = 180\text{mm}$，相应的箍筋的配筋率为

$$\rho_{sv} = \frac{A_{sv}}{bs} = \frac{101}{250 \times 180}$$

$$= 0.224\% > \rho_{sv,\min} = 0.24\frac{f_t}{f_{yv}}$$

$$= 0.24 \times \frac{1.27}{210} = 0.145\%$$

故所配双肢 φ8@180 箍筋满足要求。

②若既配箍筋又配弯起钢筋。选用双肢 φ6@250 箍筋(满足的构造要求)，由式(7.5.8－1)得

$$A_{sb} \geqslant \frac{V - V_{cs}}{0.8 f_y \sin\alpha_s} = \frac{206400 - \left(125571 + 1.25 \times 210 \times \frac{57}{250} \times 565\right)}{0.8 \times 360 \times \sin 45^\circ} = 231\text{mm}^2$$

将跨中抵抗正弯矩钢筋弯起 1 Φ 25($A_{sb} = 491\text{mm}^2$)。钢筋弯起点至支座边缘的距离为 $200 + 550 = 750\text{mm}$，如图7－26所示。

再验算弯起点的斜截面。弯起点处对应的剪力设计值 V_1 和该截面的受剪承载力设计值 V_{cs} 计算如下：

$$V_1=\frac{1}{2}\times 80\times(5.4-0.24-1.5)=146.4\text{kN}$$

$$V_{cs}=125571+1.25\times 210\times\frac{57}{250}\times 565=159368\text{N}=159.368\text{kN}>V_1$$

该截面满足受剪承载力要求，所以该梁只需配置一排弯起钢筋。

【例 7-20】 受弯构件斜截面计算

一钢筋混凝土 T 形截面简支梁，跨度 4m，截面尺寸如图 7-27 所示，梁截面有效高度 $h_0=640$mm，承受一设计值为 500kN(包括自重)的集中荷载。混凝土强度等级为 C30 ($f_c=14.3\text{N/mm}^2$, $f_t=1.43\text{N/mm}^2$)，箍筋为 HRB335 级钢筋($f_{yv}=300\text{N/mm}^2$)，纵筋为 HRB400 级钢筋($f_y=360\text{N/mm}^2$)。梁跨中截面的纵筋为 5⌀25。试确定腹筋数量。

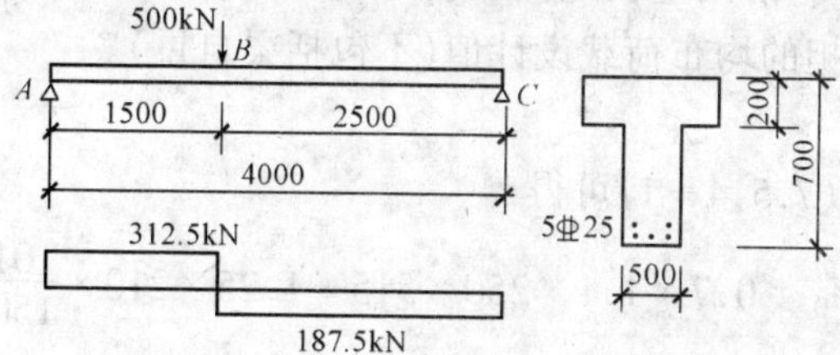

图 7-27　T 形简支梁

解

(1)计算剪力设计值。剪力图如图 7-19 所示。

(2)验算截面尺寸。$h_w=h_0-h'_f=640-200=440$mm，$h_w/b=440/250=1.76<4$，应按式(7.5.1-1)验算，因混凝土强度等级为 C30，低于 C50，故取 $\beta_c=1.0$，则

$0.25\beta_c f_c bh_0=0.25\times 1.0\times 14.3\times 250\times 640=572000\text{N}>312500\text{N}$ 可见截面尺寸满足要求。

(3)验算是否按计算配置腹筋。

①AB 段。$\lambda=a/h_0=1500/640=2.34<3$，取 $\lambda=2.34$ 计算，则

$\frac{1.75}{\lambda+1}f_t bh_0=\frac{1.75}{2.34+1}\times 1.43\times 250\times 640=119.880\text{kN}<312.5\text{kN}$

②BC 段。$\lambda=a/h_0=2500/640=3.91>3$，取 $\lambda=3$ 计算，则

$\frac{1.75}{\lambda+1}f_t bh_0=\frac{1.75}{3+1}\times 1.43\times 250\times 640=100.100\text{kN}<187.5\text{kN}$ 所以 AB 段和 BC 段均应按计算配置腹筋。

(4)计算腹筋数量。

①AB 段。采用既配箍筋又配弯起钢筋的方案，选用双肢⌀ 8@200 箍筋，由式(7.5.8-1)得

$$A_{sb}\geqslant\frac{V-V_{cs}}{0.8f_y\sin\alpha_s}=\frac{312500-\left(119880+300\times\frac{101}{200}\times 640\right)}{0.8\times 360\times\sin 45^\circ}=470\text{mm}^2$$

选用 1⌀ 25($A_{sb}=491\text{mm}^2$)钢筋弯起，在 AB 段内弯起两排，即分两次各弯起一根。

②BC 段。仍采用双肢Φ 8@200 箍筋，因为

$$V_{cs}=100100+300\times\frac{101}{200}\times640=197.06\text{kN}>187.5\text{kN}$$

所以 BC 段不需按计算配置弯起钢筋。

由上述计算可见，当计算截面的剪力设计值较大时，采用高强度钢筋可减少箍筋数量，较为经济。

【例 7-21】 斜截面构件计算

一矩形截面简支梁，净跨 $l_n=5.3\text{m}$，承受均布荷载。梁截面尺寸 $b\times h=250\text{mm}\times550\text{mm}$，混凝土强度等级为 C20($f_c=9.6\text{N/mm}^2$, $f_t=1.1\text{N/mm}^2$)，箍筋为 HPB235 级钢筋($f_{yv}=210\text{N/mm}^2$)。若沿梁全长配置双肢 $\phi8@150$ 箍筋，试计算该梁的斜截面受剪承载力，并推算梁所能负担的均布荷载设计值(不包括梁自重)。

解

$h_0=515\text{mm}$，由式(7.5.4-1)可得

$$V\leqslant V_0=0.7\times1.1\times250\times515+1.25\times210\times\frac{101}{150}\times515$$

$$=190164\text{N}=190.164\text{kN}$$

设梁所能承受的均布荷载设计值为 q，梁单位长度上的自重标准值为 g，则有 $V_u=\frac{1}{2}(q+1.2g)l_n$，于是得

$$q=\frac{2V_u}{l_n}-1.2g=\frac{2\times190.164}{5.3}-1.2\times0.25\times0.55\times25=67.64\text{kN/m}$$

这就是根据梁斜截面受剪承载力 V_u 值求得的梁所能承受的均布荷载设计值。

第七节 扭曲截面承载力计算

新《混凝土结构设计规范》GB 50010—2002

7.6.1 **在弯矩、剪力和扭矩共同作用下，对 $h_w/b\leqslant6$ 的矩形、T 形、I 形截面和 $h_w/t_w\leqslant6$ 的箱形截面构件(图 7.6.1)，其截面应符合下列条件：**

当 h_w/b(或 h_w/t_w)$\leqslant4$ 时

$$\frac{V}{bh_0}+\frac{T}{0.8W_t}\leqslant0.25\beta_c f_c \tag{7.6.1-1}$$

当 h_w/b(或 h_w/t_w)$=6$ 时

$$\frac{V}{bh_0}+\frac{T}{0.8W_t}\leqslant0.2\beta_c f_c \tag{7.6.1-2}$$

当 $4<h_w/b$(或 h_w/t_w)<6 时，按线性内插法确定。

式中 T——**扭矩设计值；**

b——**矩形截面的宽度，T 形或 I 形截面的腹板宽度，箱形截面的侧壁总厚度 $2t_w$；**

h_0——**截面的有效高度；**

W_t——**受扭构件的截面受扭塑性抵抗矩，按本规范第 7.6.3 条的规定计算；**

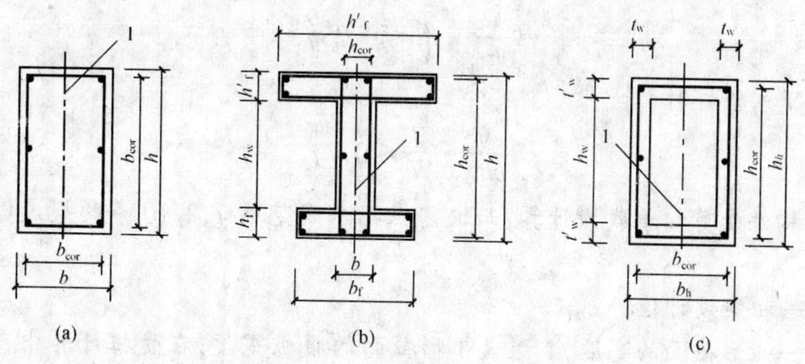

图 7.6.1　受扭构件截面

(a)矩形截面;(b)T形、I形截面;(c)箱形截面($t_w \leqslant t'_w$)

1—弯矩、剪力作用平面

h_w——截面的腹板高度:对矩形截面,取有效高度 h_0;对 T 形截面,取有效高度减去翼缘高度;对 I 形和箱形截面,取腹板净高;

t_w——箱形截面壁厚,其值不应小于 $b_h/7$,此处,b_h 为箱形截面的宽度。

注:当 h_w/b(或 h_w/t_w)>6 时,受扭构件的截面尺寸条件及扭曲截面承载力计算应符合专门规定。

旧《混凝土结构设计规范》GBJ 10—89

第 **4.3.1** 条　在弯矩、剪力和扭矩共同作用下的矩形、T 形和 I 形截面钢筋混凝土构件(图 4.3.1),当$\frac{h_w}{b}<6$时,其截面应符合下列公式的要求:

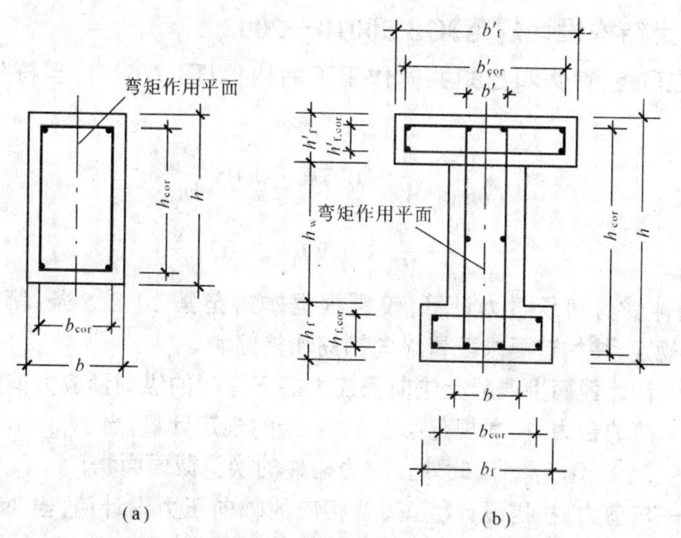

图 4.3.1　钢筋混凝土受扭构件截面尺寸

(a)矩形截面($h>b$);(b)T 形截面和 I 形截面

$$\frac{V}{bh_0}+\frac{T}{W_t}\leqslant 0.25f_t \tag{4.3.1-1}$$

当符合下列条件时：

$$\frac{V}{bh_0}+\frac{T}{W_t}\leqslant 0.7f_t \tag{4.3.1-2}$$

则可不进行构件受剪扭承载力计算，而仅需根据本规范第 7.2.10 条的规定，按构造要求配置钢筋。

式中 T——扭矩设计值；

b——矩形截面的宽度，T 形或 I 形截面的腹板宽度；在受扭计算中，应取矩形截面的长边尺寸；

h——截面高度：在受扭计算中，应取矩形截面的长边尺寸；

W_t————受扭构件的截面受扭塑性抵抗矩，可按本规范第 4.3.2 条的规定计算。

注：当 $\frac{h_0}{b}>6$ 时，钢筋混凝土构件的扭曲截面承载力计算应符合专门规定。

【新规范理解与说明】

本条内容，新规范对扭曲截面承载力计算的截面作了限制。

扭曲截面承载力计算的截面限制条件是以 $h_w/b\leqslant 6$ 的试验为依据的。公式(7.6.1-1)、公式(7.6.1-2)的规定是为了保证构件在破坏时混凝土不首先被压碎。包括高强混凝土构件在内的超配筋纯扭构件试验研究表明，原规范相应公式的安全度略低，为此，在公式(7.6.1-1)、(7.6.1-2)中的纯扭构件截面限制条件取用 $T=(0.16\sim 0.2)f_cW_t$；当 $T=0$ 的条件下，公式(7.6.1-1)、公式(7.6.1-2)可与本规范第 7.5.1 条的公式相协调。

新《混凝土结构设计规范》GB 50010—2002

7.6.2 在弯矩、剪力和扭矩共同作用下的构件(图 7.6.1)，当符合下列公式的要求时：

$$\frac{V}{bh_0}+\frac{T}{W_t}\leqslant 0.7f_t+0.05\frac{N_{p0}}{bh_0} \tag{7.6.2-1}$$

或

$$\frac{V}{bh_0}+\frac{T}{W_t}\leqslant 0.7f_t+0.07\frac{N}{bh_0} \tag{7.6.2-2}$$

均可不进行构件受剪扭承载力计算，仅需根据本规范第 10.2.5 条、第 10.2.11 条和第 10.2.12 条的规定，按构造要求配置纵向钢筋和箍筋。

式中 N_{p0}——计算截面上混凝土法向预应力等于零时的纵向预应力钢筋及非预应力钢筋的合力，按本规范第 6.1.14 条的规定计算，当 $N_{p0}>0.3f_cA_0$ 时，取 $N_{p0}=0.3f_cA_0$，此处，A_0 为构件的换算截面面积；

N——与剪力、扭矩设计值 V、T 相应的轴向压力设计值，当 $N>0.3f_cA$ 时，取 $N=0.3f_cA$，此处，A 为构件的截面面积。

旧《混凝土结构设计规范》GBJ 10—89

旧《混凝土结构设计规范》GBJ 10—89 无此相应内容。

【新规范理解与说明】

本条内容为新增条文。新规范对在弯矩、剪力和扭矩共同作用下的构件，不需进行构件受剪扭承载力计算的构件进行了说明。此时，为了防止构件开裂后产生突然的脆性破坏，仅需按构造要求配置纵向钢筋和箍筋。

新《混凝土结构设计规范》GB 50010—2002

7.6.3　受扭构件的截面受扭塑性抵抗矩应按下列规定计算：

1　矩形截面

$$W_t=\frac{b^2}{6}(3h-b) \tag{7.6.3-1}$$

式中　b、h——矩形截面的短边尺寸、长边尺寸。

2　T形和I形截面

$$W_t=W_{tw}+W'_{tf}+W_{tf} \tag{7.6.3-2}$$

对腹板、受压翼缘及受拉翼缘部分的矩形截面受扭塑性抵抗矩 W_{tw}、W'_{tf}和 W_{tf}应按下列规定计算：

1)腹板

$$W_{tw}=\frac{b^2}{6}(3h-b) \tag{7.6.3-3}$$

2)受压翼缘

$$W'_{tf}=\frac{h'^2_f}{2}(b'_f-b) \tag{7.6.3-4}$$

3)受拉翼缘

$$W_{tf}=\frac{h^2_f}{2}(b_f-b) \tag{7.6.3-5}$$

式中　b、h——腹板宽度、截面高度；

b'_f、b_f——截面受压区、受拉区的翼缘宽度；

h'_f、h_f——截面受压区、受拉区的翼缘高度。

计算时取用的翼缘宽度尚应符合 $b'_f\leqslant b+6h'_f$ 及 $b_f\leqslant b+6h_f$ 的规定。

3　箱形截面

$$W_t=\frac{b_h^2}{6}(3h_h-b_h)-\frac{(b_h-2t_w)^2}{6}[3h_w-(b_h-2t_w)] \tag{7.6.3-6}$$

式中　b_h、h_h——箱形截面的短边尺寸、长边尺寸。

旧《混凝土结构设计规范》GBJ 10—89

第**4.3.2**条　受扭构件的截面受扭塑性抵抗矩，可按下列规定计算：

一、矩形截面　$$W_t=\frac{b^2}{6}(3h-b) \tag{4.3.2-1}$$

二、T形和I形截面　$$W_t=W_{tw}+W'_{tf}+W_{tf} \tag{4.3.2-2}$$

对腹板、受压翼缘及受拉翼缘部分的矩形截面受扭塑性抵抗矩可分别按下列规定计算：

1. 腹板 $$W_{tw}=\frac{b^2}{6}(3h-b) \tag{4.3.2-3}$$

2. 受压及受拉翼缘 $$W'_{tf}=\frac{h'^2_f}{2}(b_f'-b) \tag{4.3.2-4}$$

$$W_{tf}=\frac{h^2_f}{2}(b_f-b) \tag{4.3.2-5}$$

式中 b'_f、b_f——截面受压区、受拉区的翼缘宽度；

h'_f、h_f——截面受压区、受拉区的翼缘高度。

计算时取用的翼缘宽度尚应符合 $b'_f \leqslant b+6h_f$ 及 $b_f \leqslant b+6h_f$ 的规定。

【新规范理解与说明】

本条内容，新规范对常用的T形，I形和箱形截面受扭塑性抵抗矩的计算方法作了具体的规定。

1. 矩形截面纯扭构件

试验结果表明，构件开裂前的抗扭钢筋应力很低，钢筋的存在对开裂扭矩影响很小。此外，按弹性力学应力分布估算素混凝土构件的抗扭承载力能力，会低估开裂扭矩。因而，通常按理想塑性材料来估算素混凝土的开裂扭矩。

2. T形和I形截面纯扭构件

和矩形截面纯扭构件类似，当构件达到理想塑性状态时，采用相同的方法确定T形或I形截面受扭塑性抵抗矩的精确值。

3. 箱形截面纯扭构件

对于箱形截面，在扭矩作用下，截面上的剪应力流方向一致，按分块法计算截面受扭塑性抵抗矩。

新《混凝土结构设计规范》GB 50010—2002

7.6.4 矩形截面纯扭构件的受扭承载力应符合下列规定：

$$T \leqslant 0.35 f_t W_t + 1.2\sqrt{\zeta} f_{yv} \frac{A_{st1} A_{cor}}{s} \tag{7.6.4-1}$$

$$\zeta = \frac{f_y A_{stl} s}{f_{yv} A_{st1} u_{cor}} \tag{7.6.4-2}$$

对钢筋混凝土纯扭构件，其 ζ 值应符合 $0.6 \leqslant \zeta \leqslant 1.7$ 的要求，当 $\zeta > 1.7$ 时，取 $\zeta = 1.7$。

对偏心距 $e_{p0} \leqslant h/6$ 的预应力混凝土纯扭构件，当符合 $\zeta \geqslant 1.7$ 时，可在公式(7.6.4-1)的右边增加预加力影响项 $0.05\frac{N_{p0}}{A_0}W_t$，此处，$N_{p0}$ 的取值应符合本规范第7.6.2条的规定；在公式(7.6.4-1)中取 $\zeta = 1.7$。

式中 ζ——受扭的纵向钢筋与箍筋的配筋强度比值；

A_{stl}——受扭计算中取对称布置的全部纵向非预应力钢筋截面面积；

A_{st1}——受扭计算中沿截面周边配置的箍筋单肢截面面积；

f_{yv}——受扭箍筋的抗拉强度设计值,按本规范表4.2.3-1中的f_y值采用;

f_y——受扭纵向钢筋的抗拉强度设计值,按本规范表4.2.3-1采用;

A_{cor}——截面核心部分的面积:$A_{cor}=b_{cor}h_{cor}$,此处,b_{cor}、h_{cor}为箍筋内表面范围内截面核心部分的短边、长边尺寸;

u_{cor}——截面核心部分的周长:$u_{cor}=2(b_{cor}+h_{cor})$。

注:当$\zeta<1.7$或$e_{p0}>h/6$时,不应考虑预加力影响项,而应按钢筋混凝土纯扭构件计算。

旧《混凝土结构设计规范》GBJ 10—89

第**4.3.3**条　矩形截面纯扭构件的受扭承载力应按下列公式计算:

$$T\leqslant 0.35f_tW_t+1.2\sqrt{\xi}\frac{f_{gv}A_{st1}A_{cor}}{s}+0.05\frac{N_{p0}}{A_0}W_t \tag{4.3.3-1}$$

$$\zeta=\frac{(f_yA_{stl}+f_{py}A_{pt1})s}{f_{yv}A_{st1}u_{cor}} \tag{4.3.3-2}$$

此处,对钢筋混凝土纯扭构件,其ζ值尚应符合$0.6\leqslant\zeta\leqslant1.7$的要求,当$\zeta>1.7$时,取$\zeta=1.7$;对预应力混凝土纯扭构件,仅适用于偏心距$e_{p0}\leqslant h/6$的情况,其$\zeta$值尚应符合$2\leqslant\zeta\leqslant4$的要求,当$\zeta>4$时,取$\zeta=4$。

式中　ζ——受扭构件纵向钢筋与箍筋的配筋强度比值;

A_{stl}、A_{ptl}——受扭计算中取对称布置的全部纵向非预应力钢筋和预应力钢筋截面面积;

A_{stl}——受扭计算中沿截面周边所配置箍筋的单肢截面面积;

f_{gv}——箍筋的抗拉强度设计值,按表2.2.3-1、表2.2.3-2采用,但取值不大于$310N/mm^2$;

A_{cor}——截面核芯部分的面积,$A_{cor}=b_{cor}h_{cor}$,此外,b_{cor}和h_{cor}分别为从箍筋内表面计算的截面核芯部分的短边和长边尺寸;

u_{cor}——截面核芯部分的周长,$u_{cor}=2(b_{cor}+h_{cor})$;

N_{p0}——计算截面上混凝土法向应力等于零时的预应力钢筋及非预应力钢筋的合力,按本规范第3.1.18条计算:当$N_{p0}>0.3f_cA_0$时,取$N_{p0}=0.3f_yA$。

A_0——构件的换算截面面积。

注:对预应力混凝土纯扭构件,当$\zeta<2$或$e_{p0}>h/6$时,应按钢筋混凝土纯扭构件计算。

【新规范理解与说明】

本条内容,新规范规定了矩形截面纯扭构件的受扭承载力应符合的规定。

公式(7.6.4-1)是根据试验统计分析后,取用试验数据的偏下值给出的。经对高强混凝土纯扭构件的试验验证,该公式仍然适用。

试验表明,当ζ值在0.5~2.0范围内,钢筋混凝土受扭构件破坏时其纵筋和箍筋基本能达到屈服强度。为稳妥起见,取限制条件为:$0.6\leqslant\zeta\leqslant1.7$。当$\zeta>1.7$时;取$\zeta=1.7$;当$\zeta=1.2$左右时为钢筋达到屈服的最佳值。因截面内力平衡的需要,对不对称配置纵向钢筋截面面积的情况,在计算中只取对称布置的纵向钢筋截面面积。

预应力混凝土纯扭构件的试验表明，预应力提高受扭承载力的前提是纵向钢筋不能屈服，当预加力产生的混凝土法向压应力不超过规定的限值时，纯扭构件受扭承载力可提高 $0.08\frac{N_{p0}}{A_0}W_t$。考虑到实际上应力分布不均匀性等不利影响，在条文中取提高值为 $0.05\frac{N_{p0}}{A_0}W_t$，且仅限于偏心距 $e_{p0}\leqslant h/6$ 的情况；在计算 ζ 时，不考虑预应力钢筋的作用。

试验还表明，预应力对承载力的有利作用，应有所限制，因此当 $N_{p0}>0.3f_cA_0$ 时，应取 $N_{p0}=0.3f_cA_0$。

新《混凝土结构设计规范》GB 50010—2002

7.6.5 T形和I形截面纯扭构件，可将其截面划分为几个矩形截面，分别按本规范第7.6.4条进行受扭承载力计算。

每个矩形截面的扭矩设计值应按下列规定计算：

1 腹板

$$T_w=\frac{W_{tw}}{W_t}T \tag{7.6.5-1}$$

2 受压翼缘

$$T'_f=\frac{W'_{tf}}{W_t}T \tag{7.6.5-2}$$

3 受拉翼缘

$$T_f=\frac{W_{tf}}{W_t}T \tag{7.6.5-3}$$

式中 T——构件截面所承受的扭矩设计值；

T_w——腹板所承受的扭矩设计值；

T'_f、T_f——受压翼缘、受拉翼缘所承受的扭矩设计值。

旧《混凝土结构设计规范》GBJ 10—89

第**4.3.4**条 T形和I形截面纯扭构件，可将其截面划分为几个矩形截面，分别按本规范第4.3.3条进行受扭承载力计算。

每个矩形截面的扭矩设计值可按下列规定计算：

一、腹板

$$T_w=\frac{W_{tw}}{W_t}T \tag{4.3.4-1}$$

二、受压翼缘

$$T'_f=\frac{W'_{tf}}{W_t}T \tag{4.3.4-2}$$

三、受拉翼缘

$$T_t=\frac{W_{tf}}{W_t}T \tag{4.3.4-3}$$

式中 T_w——腹板所承受的扭矩设计值；

T——T形和I形截面所承受的扭矩设计值；

T'_f、T_f——受压翼缘、受拉翼缘所承受的扭矩设计值。

【新规范理解与说明】

本条内容，新规范规定，对T形和I形截面纯扭构件，可按分割法将其截面分为几个矩形截面，然后将总扭矩按照各单块矩形的截面受拉塑性抵抗矩的比分给各个矩形块。

新《混凝土结构设计规范》GB 50010—2002

7.6.6 箱形截面钢筋混凝土纯扭构件的受扭承载力应符合下列规定：

$$T \leqslant 0.35\alpha_h f_t W_t + 1.2\sqrt{\zeta} f_{yv} \frac{A_{st1} A_{cor}}{s} \tag{7.6.6}$$

式中 α_h——箱形截面壁厚影响系数：$\alpha_h = 2.5t_w/b_h$，当 $\alpha_h > 1.0$ 时，取 $\alpha_h = 1.0$。

此处，ζ 值应按本规范公式(7.6.4-2)计算，且应符合 $0.6 \leqslant \zeta \leqslant 1.7$ 的要求，当 $\zeta > 1.7$ 时，取 $\zeta = 1.7$。

旧《混凝土结构设计规范》GBJ 10—89

旧《混凝土结构设计规范》GBJ 10—89 无此条相应内容。

【新规范理解与说明】

本条内容为新增条文，对于受扭作用的箱形截面，试验及理论表明，具有一定厚度($t_w \geqslant 0.4b_h$)的箱形截面，其受扭承载力与实心截面的基本相同。当壁厚较薄时，其受扭承载力则小于实心截面的受扭承载力。因此，对于箱形截面，仅在矩形截面混凝土抗扭项考虑了与相对壁厚有关的影响系数，即 $a_h = 2.5t_w/b_h$，钢筋项受扭承载力与实心矩相同。

新《混凝土结构设计规范》GB 50010—2002

7.6.7 在轴向压力和扭矩共同作用下的矩形截面钢筋混凝土构件，其受扭承载力应符合下列规定：

$$T \leqslant 0.35 f_t W_t + 1.2\sqrt{\zeta} f_{yv} \frac{A_{st1} A_{cor}}{s} + 0.07\frac{N}{A} W_t \tag{7.6.7}$$

式中 N——与扭矩设计值T相应的轴向压力设计值，当 $N > 0.3f_c A$ 时，取 $N = 0.3f_c A$；

A——构件截面面积。

此处，ζ 值应按本规范第7.6.4条的规定确定。

旧《混凝土结构设计规范》GBJ 10—89

第**4.3.5**条 在轴向压力和扭矩共同作用下矩形截面钢筋混凝土构件的受扭承载力应按下列公式计算：

$$T \leqslant 0.35 f_t W_t + 1.2\sqrt{\zeta} \frac{f_{yv} A_{st1} A_{cor}}{s} + 0.07\frac{N}{A} W_t \tag{4.3.5-1}$$

此处，ζ 值应按公式(4.3.3-2)计算，且应符合 $\frac{N}{A} \leqslant f_c$ 及 $0.6 < \zeta \leqslant 1.7$ 的要求，当 ζ

>1.7 时，取 $\zeta=1.7$。

式中 N——轴向压力设计值；

A——构件截面面积。

【新规范理解与说明】

本条内容，新规范对轴向力和扭矩共同作用下的矩形截面承载力计算作了说明。

压扭构件试验表明，构件破坏时，轴向压力对箍筋应变的影响不明显，而对纵向钢筋应变的影响显著。轴向力的存在明显地减小了纵筋的拉应变，抑制了斜裂缝的出现与开展，增强了混凝土的骨料咬合作用，从而提高了构件的受扭承载力，在公式中，偏安全地取为 $0.07N W_t/A$。

新《混凝土结构设计规范》GB 50010—2002

7.6.8 在剪力和扭矩共同作用下的矩形截面剪扭构件，其受剪扭承载力应符合下列规定：

1 一般剪扭构件

1)受剪承载力

$$V\leqslant(1.5-\beta_t)(0.7f_tbh_0+0.05N_{p0})+1.25f_{yv}\frac{A_{sv}}{s}h_0 \tag{7.6.8-1}$$

$$\beta_t=\frac{1.5}{1+0.5\frac{VW_t}{Tbh_0}} \tag{7.6.8-2}$$

式中 A_{sv}——受剪承载力所需的箍筋截面面积；

β_t——一般剪扭构件混凝土受扭承载力降低系数：当 $\beta_t<0.5$ 时，取 $\beta_t=0.5$；当 $\beta_t>1$ 时，取 $\beta_t=1$。

2)受扭承载力

$$T\leqslant\beta_t\left(0.35f_t+0.05\frac{N_{p0}}{A_0}\right)W_t+1.2\sqrt{\zeta}f_{yv}\frac{A_{st1}A_{cor}}{s} \tag{7.6.8-3}$$

此处，ζ 值应按本规范第 7.6.4 条的规定确定。

2 集中荷载作用下的独立剪扭构件

1)受剪承载力

$$V\leqslant(1.5-\beta_t)\left(\frac{1.75}{\lambda+1}f_tbh_0+0.05N_{p0}\right)+f_{yv}\frac{A_{sv}}{s}h_0 \tag{7.6.8-4}$$

$$\beta_t=\frac{1.5}{1+0.2(\lambda+1)\frac{VW_t}{Tbh_0}} \tag{7.6.8-5}$$

式中 λ——计算截面的剪跨比，按本规范第 7.5.4 条的规定取用；

β_t——集中荷载作用下剪扭构件混凝土受扭承载力降低系数：当 $\beta_t<0.5$ 时，取 $\beta_t=0.5$；当 $\beta_t>1$ 时，取 $\beta_t=1$。

2)受扭承载力

受扭承载力仍应按公式(7.6.8-3)计算，但式中的 β_t 应按公式(7.6.8-5)计算。

旧《混凝土结构设计规范》GBJ 10—89

第 **4.3.6** 条 在剪力和扭矩共同作用下的矩形截面钢筋混凝土一般剪扭构件，其受剪扭承载力应按下列公式计算：

一、剪扭构件的受剪承载力

$$V\leqslant 0.07(1.5-\beta_t)f_c bh_0+1.5f_{yv}\frac{A_{sv}}{s}h_0 \tag{4.3.6-1}$$

二、剪扭构件的受扭承载力

$$T\leqslant 0.35\beta_t f_t W_t+1.2\sqrt{\zeta}\frac{f_{yv}A_{st1}A_{cor}}{s} \tag{4.3.6-2}$$

此处，ζ 值应按本规范第 4.3.3 条的规定计算。

一般剪扭构件混凝土受扭承载力降低系数 β_t 应按下列公式计算：

$$\beta_t=\frac{1.5}{1+0.5\dfrac{VW_t}{Tbh_0}} \tag{4.3.6-3}$$

当 $\beta_t<0.5$ 时，取 $\beta_t=0.5$；当 $\beta_t>1$ 时，取 $\beta=1$。

式中 A_{sv}——受剪承载力所需的箍筋截面面积。

对集中荷载作用下的矩形截面钢筋混凝土剪扭构件(包括作用有多种荷载、且其中集中荷载对支座截面或节点边缘所产生的剪力值占总剪力值的 75% 以上的情况)，公式(4.3.6-1)应改为：

$$V\leqslant\frac{0.2}{\lambda+1.5}(1.5-\beta_t)f_c bh_0+1.25f_{yv}\frac{A_{sv}}{s}h_0 \tag{4.3.5-4}$$

且公式(4.3.6-2)和公式(4.3.6-4)中的剪扭构件混凝土受扭承载力降低系数应改按下列公式计算：

$$\beta_t=\frac{1.5}{1+0.17(\lambda+1.5)\dfrac{VW_t}{Tbh_0}} \tag{4.3.6-5}$$

式中 λ——计算截面的剪跨比，按本规范第 4.2.3 条的规定取用。

【新规范理解与说明】

本条内容，新规范对在剪力和扭矩共同作用下的矩形截面钢筋混凝土的构件的受扭承载力作了说明。

无腹筋剪扭构件试验表明，无量纲剪扭承载力的相关关系可取四分之一圆的规律；对有腹筋剪扭构件，假设混凝土部分对剪扭承载力的贡献与无腹筋剪扭构件一样，也可取四分之一圆的规律。

本条公式适用于钢筋混凝土和预应力混凝土剪扭构件，它是根据有腹筋构件的剪扭承载力为四分之一圆的相关曲线作为校准线，采用混凝土部分相关、钢筋部分不相关的近似拟合公式，此时，可找到剪扭构件混凝土受扭承载力降低系数 β_t，其值略大于无腹筋构件的试验结果，采用此 β_t 值后与有腹筋构件的四分之一圆相关曲线较为接近。

经分析表明，在计算预应力混凝土构件的 β_t 时，可近似取与非预应力构件相同的计算公式，而不考虑预应力合力 N_{p0} 的影响。

新《混凝土结构设计规范》GB 50010—2002

7.6.9 T形和I形截面剪扭构件的受剪扭承载力应按下列规定计算：

1 剪扭构件的受剪承载力，按本规范公式(7.6.8-1)与(7.6.8-2)或公式(7.6.8-4)与(7.6.8-5)进行计算，但计算时应将 T 及 W_t 分别以 T_w 及 W_{tw} 代替；

2 剪扭构件的受扭承载力，可根据本规范第7.6.5条的规定划分为几个矩形截面分别进行计算；腹板可按本规范公式(7.6.8-3)、公式(7.6.8-2)或公式(7.6.8-3)、公式(7.6.8-5)进行计算，但计算时应将 T 及 W_t 分别以 T_w 及 W_{tw} 代替；受压翼缘及受拉翼缘可按本规范第7.6.4条纯扭构件的规定进行计算，但计算时应将 T 及 W_t 分别以 T'_f 及 W'_{tf} 或 T_f 及 W'_{tf} 代替。

旧《混凝土结构设计规范》GBJ 10—89

第**4.3.7**条 T形和I形截面钢筋混凝土剪扭构件的受剪扭承载力应按下列规定计算：

一、剪扭构件的受剪承载力，按公式(4.3.6-1)或(4.3.6-4)计算，但计算时应将 T 及 W_t 分别以 T_w 及 W_{tw} 代替；

二、剪扭构件的受扭承载力，可根据本规范第4.3.2条的规定划分为几个矩形截面分别进行计算；腹板可按公式(4.3.6-2)与(4.3.6-3)或与公式(4.3.6-5)进行计算，但计算时应将 T 及 W_t 分别以 T_w 及 W_{tw} 代替；受压翼缘及受拉翼缘可按本规范第4.3.3条的规定进行计算，但计算时应将 T 及 W_t 分别以 T'_f 及 W'_{tl} 或 T_f 及 W_{tf} 代替。

【新规范理解与说明】

本条内容，新规范规定了T形和I形截面受扭构件承载力的计算方法，腹板部分要承受全部剪力和分配给腹板的扭矩，这样的规定可与受弯构件的受剪承载力计算相协调；翼缘仅承受所分配的扭矩，但翼缘中配置的箍筋应贯穿整个翼缘。

新《混凝土结构设计规范》GB 50010—2002

7.6.10 箱形截面钢筋混凝土剪扭构件的受剪扭承载力应符合下列规定；

1 一般剪扭构件

1)受剪承载力

$$V \leqslant 0.7(1.5-\beta_t)f_t bh_0 + 1.25 f_{yv}\frac{A_{sv}}{s}h_0 \tag{7.6.10-1}$$

2)受扭承载力

$$T \leqslant 0.35\alpha_h\beta_t f_t W_t + 1.2\sqrt{\zeta} f_{yv}\frac{A_{st1}A_{cor}}{s} \tag{7.6.10-2}$$

以上两个公式中的 β_t 值应按本规范公式(7.6.8-2)计算,但式中的 W_t 应以 $\alpha_h W_t$ 代替;α_h 值和 ζ 值应按本规范第7.6.6条的规定确定。

2 集中荷载作用下的独立剪扭构件

1)受剪承载力

$$V \leqslant (1.5-\beta_t)\frac{1.75}{\lambda+1}f_t bh_0 + f_{yv}\frac{A_{sv}}{s}h_0 \qquad (7.6.10-3)$$

式中的 β_t 值应按本规范公式(7.6.8-5)计算,但式中的 W_t 应以 $\alpha_h W_t$ 代替。

2)受扭承载力

受扭承载力仍应按公式(7.6.10-2)计算,但式中的 β_t 值应按本规范公式(7.6.8-5)计算,但式中的 W_t 应以 $\alpha_h W_t$ 代替。

旧《混凝土结构设计规范》GBJ 10—89

旧《混凝土结构设计规范》GBJ 10—89 无此条相应内容。

【新规范理解与说明】

本条内容为新增条文,新规定对受弯剪扭构件的箱形截面钢筋混凝土剪扭构件作了说明。

根据钢筋混凝土箱形截面纯扭构件受扭承载力计算公式(7.6.6)并借助第7.6.8条剪扭构件的相同方法,可导出公式(7.6.10-1)至公式(7.6.10-3),经与箱形截面试件的试验结果比较,所提供的方法是相当稳妥的。

新《混凝土结构设计规范》GB 50010—2002

7.6.11 在弯矩、剪力和扭矩共同作用下的矩形、T形、I形和箱形截面的弯剪扭构件,可按下列规定进行承载力计算:

1 当 $V \leqslant 0.35 f_t bh_0$ 或 $V \leqslant 0.875 f_t bh_0/(\lambda+1)$ 时,可仅按受弯构件的正截面受弯承载力和纯扭构件的受扭承载力分别进行计算;

2 当 $T \leqslant 0.175 f_t W_t$ 或 $T \leqslant 0.175 \alpha_h f_t W_t$ 时,可仅按受弯构件的正截面受弯承载力和斜截面受剪承载力分别进行计算。

旧《混凝土结构设计规范》GBJ 10—89

第**4.3.8**条 在弯矩、剪力和扭矩共同作用下的矩形、T形及I形截面钢筋混凝土弯剪扭构件,当符合下列条件时,可按下列规定进行承载力计算:

一、当 $V \leqslant 0.35 f_c bh_0$ 或 $V \leqslant \frac{0.1}{\lambda+1.5} f_c bh_0$ 时,可仅按受弯构件的正截面受弯承载力和纯扭构件的受扭承载力分别进行计算。

二、当 $T \leqslant 0.175 f_t W_t$ 时,可仅按受弯构件的正截面受弯承载力和斜截面承载力分别进行计算。

【新规范理解与说明】

本条内容,新规范对在弯矩、剪力和扭矩共同作用下的矩形T形、I形和箱形截面的受剪扭构件的承载力计算公式作了说明。

对弯剪扭构件，当 $V\leqslant 0.35f_tbh_0$ 或 $V\leqslant 0.875f_tbh_0/(\lambda+1)$时，剪力对构件承载力的影响可不予考虑，此时，构件的配筋由正截面受弯承载力和受扭承载力的计算确定；同理，$T\leqslant 0.175f_tW_t$ 或 $T\leqslant 0.175\alpha_hf_tW_t$ 时，扭矩对构件承载力的影响可不予考虑，此时，构件的配筋由正截面受弯承载力和斜截面受剪承载力的计算确定。

新《混凝土结构设计规范》GB 50010—2002

7.6.12　矩形、T 形、I 形和箱形截面弯剪扭构件，其纵向钢筋截面面积应分别按受弯构件的正截面受弯承载力和剪扭构件的受扭承载力计算确定，并应配置在相应的位置；箍筋截面面积应分别按剪扭构件的受剪承载力和受扭承载力计算确定，并应配置在相应的位置。

旧《混凝土结构设计规范》GBJ 10—89

第 **4.3.9** 条　矩形、T 形和 I 形截面钢筋混凝土弯剪扭构件，纵向钢筋应按受弯构件的正截面受弯承载力和剪扭构件的受扭承载力分别按所需的钢筋截面面积进行配置，箍筋应按剪扭构件的受剪承载力和受扭承载力分别按所需的箍筋截面面积进行配置。

【新规范理解与说明】

本条内容，新规范对各类截面的纵向受力钢筋面积配置作了说明。试验分析表明，按照新规定的配筋方法，其受弯承载力、受剪承载力与受扭承载力之间有相关关系，且和实际相符。

新《混凝土结构设计规范》GB 50010—2002

7.6.13　在轴向压力、弯矩、剪力和扭矩共同作用下的钢筋混凝土矩形截面框架柱，其受剪扭承载力应符合下列规定：

1　受剪承载力

$$V\leqslant(1.5-\beta_t)\left(\frac{1.75}{\lambda+1}f_tbh_0+0.07N\right)+f_{yv}\frac{A_{sv}}{s}h_0 \qquad (7.6.13-1)$$

2　受扭承载力

$$T\leqslant\beta_t\left(0.35f_t+0.07\frac{N}{A}\right)W_t+1.2\sqrt{\zeta}f_{yv}\frac{A_{st1}A_{cor}}{s} \qquad (7.6.13-2)$$

式中　λ——计算截面的剪跨比，按本规范第 7.5.12 条确定。

以上两个公式中的 β_t 值应按本规范公式(7.6.8-5)计算，ζ 值应按本规范第 7.6.4 条的规定确定。

旧《混凝土结构设计规范》GBJ 10—89

旧《混凝土结构设计规范》GBJ 10—89 无此条相应内容。

【新规范理解与说明】

本条内容为新增条文，新规范对轴向压力、弯矩、剪力和扭矩共同作用下的钢筋混凝土截面框架柱的受剪扭承载力作了说明。其间考虑了轴向力的有利作用,取值为 $0.07N$,而在 β_t 计算公式中,可不考虑轴向压力的影响。

新《混凝土结构设计规范》GB 50010—2002

7.6.14　在轴向压力、弯矩、剪力和扭矩共同作用下的钢筋混凝土矩形截面框架柱,当 $T \leqslant (0.175 f_t + 0.035 N/A) W_t$ 时,可仅按偏心受压构件的正截面受压承载力和框架柱斜截面受剪承载力分别进行计算。

旧《混凝土结构设计规范》GBJ 10—89

旧《混凝土结构设计规范》GBJ 10—89 无此条相应内容。

【新规范理解与说明】

本条为新增条文。和在弯矩、轴向压力、剪力和扭矩共同作用下的钢筋混凝土构件类似,但考虑到轴向压力的有利影响,对于在轴向压力、弯矩、剪力和扭矩共同作用下的矩形截面框架柱,都满足相应的条件时,可仅按偏心受压构件的正截面受压承载力和框架柱斜截面受剪承载力分别进行计算。

新《混凝土结构设计规范》GB 50010—2002

7.6.15　在轴向压力、弯矩、剪力和扭矩共同作用下的钢筋混凝土矩形截面框架柱,其纵向钢筋截面面积应分别按偏心受压构件的正截面受压承载力和剪扭构件的受扭承载力计算确定,并应配置在相应的位置;箍筋截面面积应分别按剪扭构件的受剪承载力和受扭承载力计算确定,并应配置在相应的位置。

旧《混凝土结构设计规范》GBJ 10—89

旧《混凝土结构设计规范》GBJ 10—89 无此条相应内容。

【新规范理解与说明】

本条内容,对在轴向压力、弯矩、剪力和扭矩共同作用下的钢筋混凝土矩形截面框架柱,其纵向钢筋截面面积的确定方法、配置方式、箍筋的截面面积的确定方法和配置方式作了说明。

新《混凝土结构设计规范》GB 50010—2002

7.6.16　对属于协调扭转的钢筋混凝土结构构件,受相邻构件约束的支承梁的扭矩宜考虑内力重分布。

考虑内力重分布后的支承梁,应按弯剪扭构件进行承载力计算,配置的纵向钢筋和箍筋尚应符合本规范第 10.2.5 条、第 10.2.11 条和第 10.2.12 条的规定。

注:当有充分依据时,也可采用其他设计方法。

旧《混凝土结构设计规范》GBJ 10—89

旧《混凝土结构设计规范》GBJ 10—89 无此条相应内容。

【新规范理解与说明】

本条内容为新增条文,钢筋混凝土结构的扭转,应区分两种不同的类型:

(1)平衡扭转　由平衡条件引起的扭转,其扭矩在梁内不会产生内力重分布。

(2)协调扭转　由于相邻构件的弯曲转动受到支承梁的约束,在支承梁内引起的扭转,其扭矩会由于支承梁的开裂产生内力重分布而减小,条文给出了宜考虑内力重分布影响的原则要求。

由试验可知,对独立的支承梁,当取扭矩调幅不超过 40%时,按承载力计算满足要求且钢筋的构造符合本规范第 10.2.5 条和第 10.2.12 条的规定时,相应的裂缝宽度可满足规范规定的要求。

为了简化计算,国外一些规范常取扭转刚度为零,即取扭矩为零的方法进行配筋。此时,为了保证支承构件有足够的延性和控制裂缝的宽度,就必须至少配置相当于开裂扭矩所需的构造钢筋。

第八节　受冲切承载力计算

新《混凝土结构设计规范》GB 50010—2002

7.7.1　在局部荷载或集中反力作用下不配置箍筋或弯起钢筋的板,其受冲切承载力应符合下列规定(图 7.7.1):

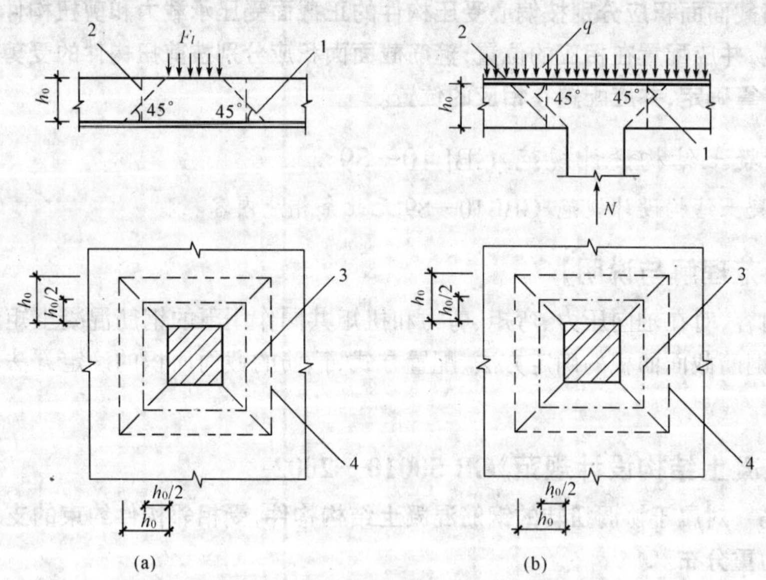

图 7.7.1　板受冲切承载力计算

(a)局部荷载作用下;(b)集中反力作用下

1—冲切破坏锥体的斜截面;2—临界截面;3—临界截面的周长;4—冲切破坏锥体的底面线

$$F_l \leqslant (0.7\beta_h f_t + 0.15\sigma_{pc,m})\eta u_m h_0 \qquad (7.7.1-1)$$

公式(7.7.1-1)中的系数 η,应按下列两个公式计算,并取其中较小值:

$$\eta_1 = 0.4 + \frac{1.2}{\beta_s} \quad (7.7.1-2)$$

$$\eta_2 = 0.5 + \frac{\alpha_s h_0}{4u_m} \quad (7.7.1-3)$$

式中 F_l——局部荷载设计值或集中反力设计值;对板柱结构的节点,取柱所承受的轴向压力设计值的层间差值减去冲切破坏锥体范围内板所承受的荷载设计值;当有不平衡弯矩时,应按本规范第7.7.5条的规定确定;

β_h——截面高度影响系数:当 $h \leqslant 800$mm 时,取 $\beta_h = 1.0$;当 $h \geqslant 2000$mm 时,取 $\beta_h = 0.9$,其间按线性内插法取用;

f_t——混凝土轴心抗拉强度设计值;

$\sigma_{pc,m}$——临界截面周长上两个方向混凝土有效预压应力按长度的加权平均值,其值宜控制在 $1.0 \sim 3.5\text{N/mm}^2$ 范围内;

u_m——临界截面的周长:距离局部荷载或集中反力作用面积周边 $h_0/2$ 处板垂直截面的最不利周长;

h_0——截面有效高度,取两个配筋方向的截面有效高度的平均值;

η_1——局部荷载或集中反力作用面积形状的影响系数;

η_2——临界截面周长与板截面有效高度之比的影响系数;

β_s——局部荷载或集中反力作用面积为矩形时的长边与短边尺寸的比值,β_s 不宜大于4;当 $\beta_s < 2$ 时,取 $\beta_s = 2$;当面积为圆形时,取 $\beta_s = 2$;

α_s——板柱结构中柱类型的影响系数:对中柱,取 $\alpha_s = 40$;对边柱,取 $\alpha_s = 30$;对角柱,取 $\alpha_s = 20$。

旧《混凝土结构设计规范》GBJ 10—89

第**4.4.1**条 在局部荷载或集中反力作用下不配置箍筋或弯起钢筋的钢筋混凝土板,其受冲切承载力可按下列公式计算(图4.4.1)

$$F_l \leqslant 0.6 f_t u_m h_0 \quad (4.4.1)$$

式中 F_l——局部荷载设计值或集中反力设计值(当计算无梁楼盖柱帽处的受冲切承载力时,取柱所承受的轴向力设计值减去柱顶冲切破坏锥体范围内的荷载设计值);

u_m——距局部荷载或集中反力作用面积周边 $h_0/2$ 处的周长。

【新规范理解与说明】

本条内容,新规范对在局部荷载或集中反力作用下的不配箍筋或弯起钢筋的板,其抗冲切承载应符合的要求作了说明。

旧规范的受冲切承载力计算公式,形式简单、计算方便,但与国外规范进行对比,在多数情况下略显保守,且考虑因素不够全面。根据不配置箍筋或弯起钢筋的钢筋混凝土板试验资料的分析,参考国内外有关规范的合理内容,新规范在保留旧规范公式形式的基础上,对旧规范作了以下几个方面的修订和补充:

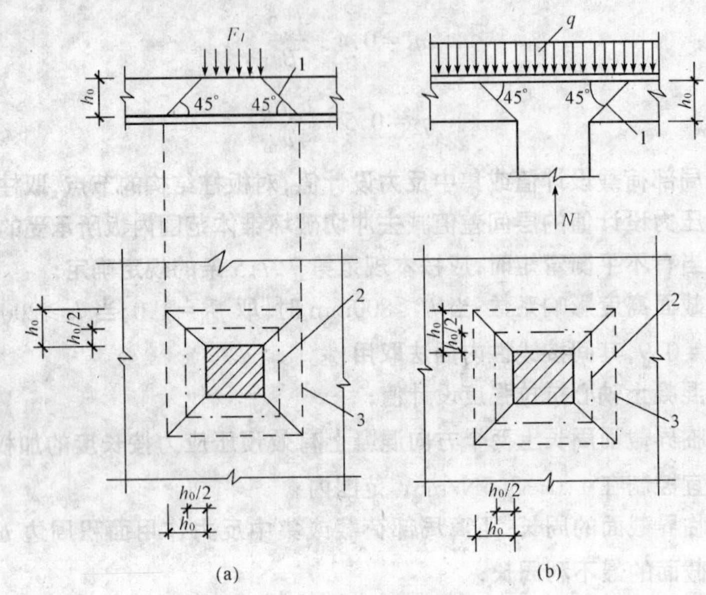

图 4.4.1　板受冲切承载力计算

a)局部荷载作用下；b)集中反力设计值作用下

1—冲切破坏锥体斜截面；2—距荷载面积周边 $h_0/2$ 的周长；3—冲切破坏锥体的底面线

(1)把旧规范公式中的系数 0.6 提高到 0.7

对大量的国内外不配置箍筋或弯起钢筋的钢筋混凝土板及基础的试验数据所进行的可靠度分析表明，按公式(7.7.1)计算的效果均比旧规范公式有所改进，即将旧规范公式中混凝土项的系数 0.6 提高到 0.7 以后，本规范受冲切承载力公式的可靠指标比原规范有所降低，但仍满足规定的目标可靠指标的要求。

(2)对截面高度尺寸效应作了补充

对于厚板来说，新规范补充了截面高度尺寸效应对受冲切承载力的影响。为此，在公式(7.7.1)中引入了截面高度影响系数 β_h，以考虑这种不利的影响。

(3)补充了预应力混凝土板受冲切承载力的计算

试验研究表明，双向预应力对板柱节点的冲切承载力起有利作用，这主要是由于预应力的存在阻滞了斜裂缝的出现和开展，增加了混凝土剪压区的高度。旧规范公式(7.7.1)主要是参考美国 ACI318 规范和我国《无粘结预应力混凝土结构技术规程》的作法，对预应力混凝土板受冲切承载力的计算作了规定。与国内外试验数据进行比较表明，公式(7.7.1)的取值是偏于安全的。

对单向预应力混凝土板，由于缺少试验数据，暂不考虑预应力的有利作用。

(4)参考美国 ACI318 等有关规范的规定，给出了公式(7.7.1-2)、公式(7.7.1-3)两个调整系数 η_1、η_2

对矩形形状的加载面积边长之比作了限制，因为边长之比大于 2 后，受冲切承载力有所降低，为此，引进了调整系数 η_1。同时，基于稳妥的考虑，对加载面积边长之比作了不宜大于 4 的必要限制。此外，当临界截面相对周长 u_m/h_0 过大时，同样会引起对受冲切承载力的降低。有必要指出，公式(7.7.1－2)是在美国 ACI 规范的取值基础上略作调整后给出的。公式(7.7.1－1)的系数 η 只能取 η_1、η_2 中的较小值，以确保安全。

新《混凝土结构设计规范》GB 50010—2002

7.7.2　当板开有孔洞且孔洞至局部荷载或集中反力作用面积边缘的距离不大于 $6h_0$ 时，受冲切承载力计算中取用的临界截面周长 u_m，应扣除局部荷载或集中反力作用面积中心至开孔外边画出两条切线之间所包含的长度(图 7.7.2)。

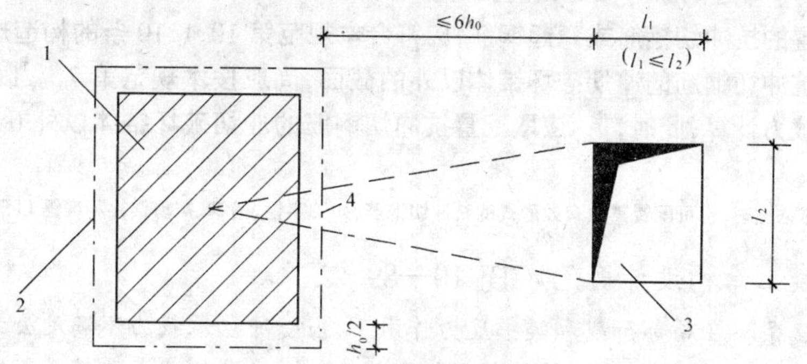

图 7.7.2　邻近孔洞时的临界截面周长

1—局部荷载或集中反力作用面；2—临界截面周长；3—孔洞；4—应扣除的长度

注：当图中 $l_1>l_2$ 时，孔洞边长 l_2 用 $\sqrt{l_1 l_2}$ 代替

旧《混凝土结构设计规范》GBJ 10—89

旧《混凝土结构设计规范》GBJ 10—89 无此条相应内容。

【新规范理解与说明】

本条为新增条文，新规范对板开有孔洞的受冲切承载力计算临界截面周长作了说明。

为满足建筑功能的要求，有时要在柱边附近设置垂直的孔洞，板中开孔会减小冲切的最不利周长，从而降低板的受冲切承载力。在参考了国外规范的基础上给出了本条规定。

应该指出，对非矩形截面柱(异形截面柱)的临界截面周长，宜选取周长 u_m 的形状要呈凸形折线，其折角不能大于 180°，由此可得到最小的周长，此时在局部周长区段离柱边的距离允许大于 $h_0/2$。

本节中所指的临界截面是为了简明表述而设定的截面，它是冲切最不利的破坏锥体底面线与顶面线之间的平均周长 u_m 处板的垂直截面：对等厚板为垂直于板中心平面的截面；对变高度板为垂直于板受拉面的截面。

新《混凝土结构设计规范》GB 50010—2002

7.7.3　在局部荷载或集中反力作用下，当受冲切承载力不满足本规范第 7.7.1 条的要求且板厚受到限制时，可配置箍筋或弯起钢筋。此时，受冲切截面应符合下列条件：

$$F_l \leqslant 1.05 f_t \eta u_m h_0 \quad (7.7.3-1)$$

配置箍筋或弯起钢筋的板，其受冲切承载力应符合下列规定：

1　当配置箍筋时

$$F_l \leqslant (0.35f_t + 0.15\sigma_{pc,m})\eta u_m h_0 + 0.8 f_{yv} A_{svu} \quad (7.7.3-2)$$

2　当配置弯起钢筋时

$$F_l \leqslant (0.35f_t + 0.15\sigma_{pc,m})\eta u_m h_0 + 0.8 f_y A_{sbu}\sin\alpha \quad (7.7.3-3)$$

式中　A_{svu}——与呈 45°冲切破坏锥体斜截面相交的全部箍筋截面面积；

A_{sbu}——与呈 45°冲切破坏锥体斜截面相交的全部弯起钢筋截面面积；

α——弯起钢筋与板底面的夹角。

板中配置的抗冲切箍筋或弯起钢筋，应符合本规范第 10.1.10 条的构造规定。

对配置抗冲切钢筋的冲切破坏锥体以外的截面，尚应按本规范第 7.7.1 条的要求进行受冲切承载力计算，此时，u_m 应取配置抗冲切钢筋的冲切破坏锥体以外 $0.5h_0$ 处的最不利周长。

注：当有可靠依据时，也可配置其他有效形式的抗冲切钢筋（如工字钢、槽钢、抗剪锚栓和扁钢 U 形箍等）。

旧《混凝土结构设计规范》GBJ 10—89

第 **4.4.2** 条　在局部荷载和集中反力作用下，当受冲切承载力不满足公式(4.4.1)的要求且板厚受到限制时，可配置箍筋或弯起钢筋，此时，受冲切截成应符合下列条件：

$$F_l \leqslant 0.9 f_t u_m h_0 \quad (4.4.2-1)$$

配置箍筋或弯起钢筋混凝土板的受冲切承载力，可按下列公式计算：

一、当配置箍筋时

$$F_l \leqslant 0.3 f_c u_m h_0 + 0.8 f_{yv} A_{svu} \quad (4.4.2-2)$$

二、当配置弯起钢筋时

$$F_l \leqslant 0.3 f_t u_m h_0 + 0.8 f_y A_{sbu}\sin\alpha \quad (4.4.2-3)$$

式中　A_{svu}——与呈 45°冲切破坏锥体斜截面相交的全部箍筋截面面积；

A_{sbu}——与呈 45°冲切破坏锥体斜截面相交的全部弯起钢筋截面面积；

α——弯起钢筋与板底的夹角。

钢筋混凝土板中配置受冲切的箍筋或弯起钢筋，应符合本规范第 7.1.7 条的构造规定。

对配置受冲的箍筋或弯起钢筋的冲切破坏锥体以外的截面，尚应按本规范第 4.4.1 条的要求进行受冲切承载力验算，此时，取冲切破坏锥体以外 $0.5h_0$ 处的最不利周长。

【新规范理解与说明】

本条内容，新规范对在局部荷载作用或集中反力作用下，当不满足新规范第 7.7.1 条的要求且板厚受到限制时，配筋后，受冲切截面应符合的条件作了说明。

试验表明，当混凝土板的厚度不足以保证受冲切承载力时，可配置抗冲切钢筋。试验表明，配有抗冲切钢筋的钢筋混凝土板，其破坏形态和受力特性与有腹筋梁相类似，当抗冲切钢筋的数量达到一定程度时，板的受冲切承载力几乎不再增加。为了使抗冲切箍筋或弯起钢筋能够充分发挥作用，新规范规定了板的受冲切截面限制条件公式(7.7.3-1)，相当于配置抗冲切钢筋后的冲切承载力不大于不配置抗冲切钢筋的混凝土板抗冲切承载力的 1.5 倍;同时,这实际上也是对抗冲切箍筋或弯起钢筋数量的限制,以避免其不能充分发挥作用和使用阶段在局部荷载附近的斜裂缝过大。由试验结果比较可知,新规范对配置抗冲切钢筋板的受冲切承载力计算公式的取值偏于安全。

此外,在冲切荷载作用下,钢筋混凝土板斜裂缝形成的方式与梁基本相同,大约在试验极限荷载的 65%左右出现斜裂缝。在配有抗冲切钢筋的钢筋混凝土板中,由于斜向开裂的结果,使混凝土项的受冲切能力有所降低。与旧规范相同,公式(7.7.3-2)和(7.7.3-3)中混凝土项的抗冲切承载力取为不配置抗冲切钢筋板极限承载力的一半。

新《混凝土结构设计规范》GB 50010—2002

7.7.4　对矩形截面柱的阶形基础,在柱与基础交接处以及基础变阶处的受冲切承载力应符合下列规定(图 7.7.4):

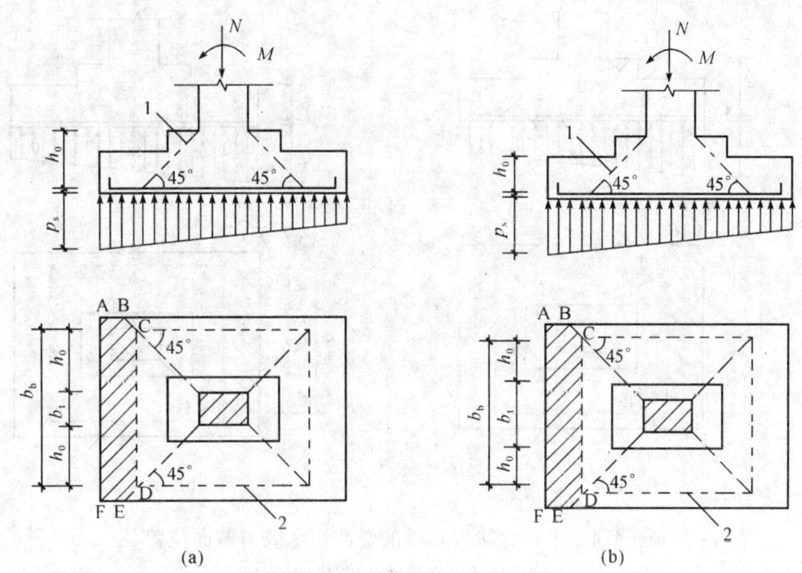

图 7.7.4　计算阶形基础的受冲切承载力截面位置

(a)柱与基础交接处;(b)基础变阶处

1—冲切破坏锥体最不利一侧的斜截面;2—冲切破坏锥体的底面线

$$F_l \leqslant 0.7\beta_h f_t b_m h_0 \tag{7.7.4-1}$$

$$F_l = p_s A \tag{7.7.4-2}$$

$$b_m = \frac{b_t + b_b}{2} \tag{7.7.4-3}$$

式中　h_0——柱与基础交接处或基础变阶处的截面有效高度,取两个配筋方向的截面有效高度的平均值;

p_s——按荷载效应基本组合计算并考虑结构重要性系数的基础底面地基反力设计值(可扣除基础自重及其上的土重),当基础偏心受力时,可取用最大的地基反力设计值;

A——考虑冲切荷载时取用的多边形面积(图 7.7.4 中的阴影面积 ABCDEF);

b_t——冲切破坏锥体最不利一侧斜截面的上边长:当计算柱与基础交接处的受冲切承载力时,取柱宽;当计算基础变阶处的受冲切承载力时,取上阶宽;

b_b——柱与基础交接处或基础变阶处的冲切破坏锥体最不利一侧斜截面的下边长,$b_b=b_t+2h_0$。

旧《混凝土结构设计规范》GBJ 10—89

第 **4.4.3** 条　对矩形截面柱的矩形基础,在柱与基础交接处以及基础变阶处的受冲切承载力可按下列公式计算(图 4.4.3):

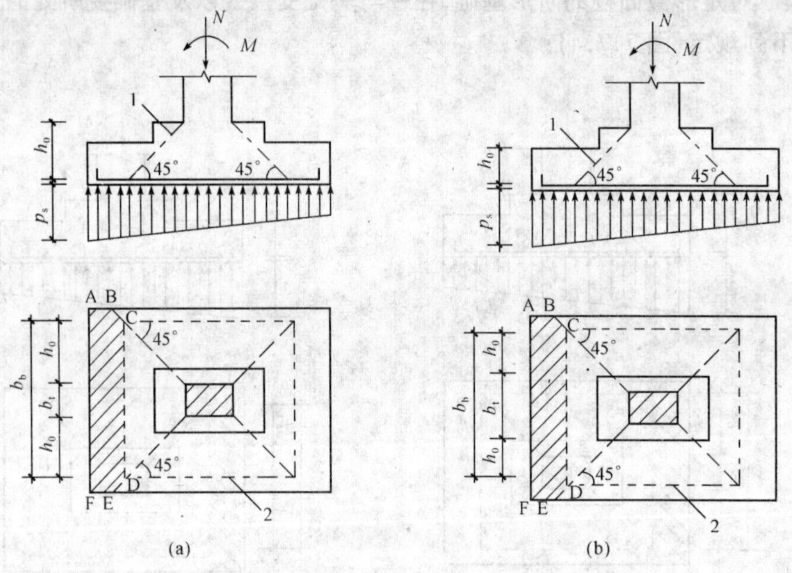

图 4.4.3　计算阶形基础的受冲切承载力截面位置

a)柱与基础交接处;b)基础变阶处

1—冲切破坏锥体最不利一侧的斜截面;2—冲切破坏锥体的底面线

$$F_l \leqslant 0.6 f_t b_m h_0 \qquad (4.4.3-1)$$

$$F_l \leqslant p_s A \qquad (4.4.3-2)$$

$$b_m = \frac{b_t + b_b}{2} \qquad (4.4.3-3)$$

式中　b_t——冲切破坏锥体最不利一侧斜截面的上边长:当计算柱与基础交接处的受冲切承载力时,取柱宽;当计算基础变阶处的受冲切承力时,取上阶宽;

b_b——冲切破坏锥体最不利一侧斜截面的下边长:当计算柱与基础交接处的受冲切承载力时,取柱宽加两倍基础有效高度;当计算基础变阶处的受冲切承载力时,取上阶宽加两倍该处的基础有效高度;

h_0——基础冲切破坏锥体的有效高度。

A——考虑冲切荷载作用时取用的多边形面积(图 4.4.3 中的阴影面积 ABCDEF)。

p_s——在荷载设计值作用下基础底面位面积上的土反力(可扣除基础自重及其上的土重),当为偏心荷载时可取用最大的单位反力。

【新规范理解与说明】

本条内容,新规范对矩形截面的阶形基础的冲切承载力作了说明。

基础在传递上部结构的荷载给地基的过程中,也会发生柱和部分基础组成的锥体穿过底板的冲切破坏。其可能开始于柱边,也可能开始于基础变阶处。这和阶形基础的形状、尺寸有关。对于阶形基础受冲承载力计算公式也引进了第7.7.1条的截面高度影响系数 β_h。在确定 F_h 时,取用最大的地基反力,在实际工程中这样取值是偏于安全的。

新《混凝土结构设计规范》GB 50010—2002

7.7.5　板柱结构在竖向荷载、水平荷载作用下,当考虑板柱节点临界截面上的剪应力传递不平衡弯矩、并按本规范第7.7.1条或第7.7.3条进行受冲切承载力计算时,其集中反力设计值 F_l 应以等效集中反力设计值 $F_{l,eq}$ 代替,$F_{l,eq}$ 可按本规范附录G的规定计算。

旧《混凝土结构设计规范》GBJ 10—89

旧《混凝土结构设计规范》中无相应条文。

【新规范理解与说明】

本条内容,新规范对板柱节点存在不平衡弯矩时的受冲切承载力计算,由于板柱节点传递不平衡弯矩时,其受力特性及破坏形态更为复杂。为安全起见,借鉴美国ACI318规范和我国的《无粘结预应力混凝土结构技术规程》的规定,在本条中提出了原则规定,在附录G给出具体规定。

【新规范应用计算实例】

【例7-22】　冲切承载力计算

钢筋混凝土楼盖的柱网尺寸为6m×6m,中柱截面尺寸为400mm×400mm,楼盖承受的荷载设计值(包括自重)为25kN/m²,柱帽尺寸如图7-28所示,混凝土强度等级为C30(f_t=1.43mm²)。试验算受冲切承载力。

解

(1)验算柱边受冲切承载力

$h_0=650\text{mm}$

$b_t=h_t=400\text{mm}$

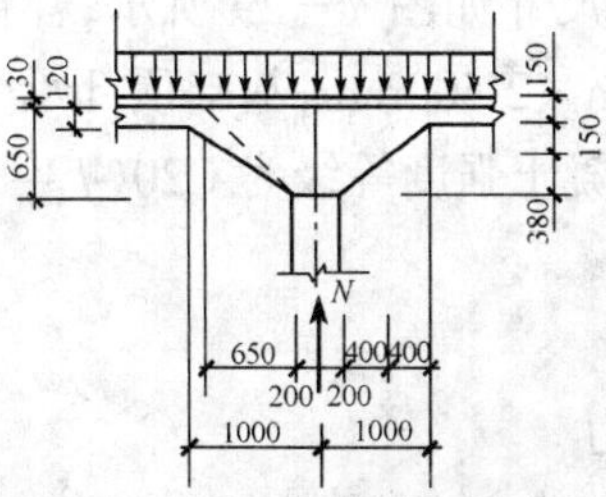

图7-28　例题7-22

$b_b = h_b = b_t + 2h_0$

$= 400 + 2 \times 650 = 1\ 700\text{mm}$

$u_m = 4 \times \dfrac{b_t + b_b}{2} = 4 \times \dfrac{400 + 1\ 700}{2} = 4\ 200\text{mm}$

柱承受的轴向力设计值为

$N = 25 \times 6 \times 6 = 900\text{kN}$

$F_l = 900 - 20 \times (0.4 + 2 \times 0.65)^2 = 840.1\text{kN}$

$\beta_s = \dfrac{h_c}{b_c} = \dfrac{400}{400} = 1.0 < 2.0$　取 $\beta_s = 2.0$

$\eta_1 = 0.4 + \dfrac{1.2}{\beta_s} = 1.0$

$\alpha_s = 40$　$\eta_2 = 0.5 + \dfrac{40h_0}{4u_m} = 0.5 + \dfrac{40 \times 650}{4 \times 4200} = 2.04$

$\eta_1 < \eta_2$　故取 $\eta = \eta_1 = 1.0$

$F_{lu} = 0.7\beta_h f_t \eta u_m h_0 = 0.7 \times 1.0 \times 1.43 \times 1.0 \times 4\ 200 \times 650$

$= 2\ 427\text{kN} > F_l$　（满足要求）

(2)验算柱帽边受冲切承载力

$h_0 = 120\text{mm}$　$b_t = h_t = 200\text{mm}$　$b_b = h_b = 2\ 000 + 2 \times 120 = 2\ 240\text{mm}$

$u_m = 4 \times \dfrac{2\ 000 + 2\ 240}{2} = 8\ 480\text{mm}$

$F_l = 900 - 20 \times (2.0 + 2 \times 0.12)^2 = 600.0\text{kN}$

$\beta_s = \dfrac{2000}{2000} = 1.0 < 2.0$　取 $\beta_s = 2.0$

$\eta_1 = 0.4 + \dfrac{1.2}{2.0} = 1.0$

$\alpha_s = 40$　$\eta_2 = 0.5 + \dfrac{40 \times 120}{4 \times 8480} = 0.642$

$\eta_2 < \eta_1$　故取 $\eta = \eta_2 = 0.642$

$F_{lu} = 0.7\beta_h f_t \eta u_m h_0 = 0.7 \times 1.0 \times 1.43 \times 0.642 \times 8\ 480 \times 120$

$= 653.9\text{kN} > F_l$　（满足要求）

【例 7－23】 冲切承载力计算(基础)

矩形截面柱的矩形基础的尺寸如图 7－29 所示，柱截面尺寸为 400mm×600mm，基础底面尺寸为 $a \times b = 3\ 000\text{mm} \times 2\ 500\text{mm}$，基础顶部承受的轴向力设计值 $N = 1000\text{kN}$，弯矩设计值 $M = 200\text{kN·m}$，混凝土强度等级为 C20（$f_t = 1.10\text{N/mm}^2$）。试验算基础的受冲切承载力。

解

(1)验算柱边受冲切承载力

$h_0 = 810\text{mm}$　$a_t = 600\text{mm}$　$b_t = 400\text{mm}$

$b_b = b_t + 2h_0 = 400 + 2 \times 810 = 2\ 020\text{mm}$

$$b_m=\frac{b_t+b_b}{2}=\frac{400+2\ 020}{2}=1\ 210\text{mm}$$

$$A=\left(\frac{a}{2}-\frac{a_t}{2}-h_0\right)b-\left(\frac{b}{2}-\frac{b_t}{2}-h_0\right)^2$$

$$=\left(\frac{3\ 000}{2}-\frac{600}{2}-810\right)\times 2\ 500-\left(\frac{2\ 500}{2}-\frac{400}{2}-810\right)^2=917\ 400\text{mm}^2$$

$$e_0=\frac{M}{N}=\frac{200\ 000}{1\ 000}=200\text{mm}$$

$$p_s=\frac{N}{ab}\left(1+\frac{6e_0}{a}\right)=\frac{1\ 000\times 10^3}{3\ 000\times 2\ 500}\left(1+\frac{6\times 200}{3\ 000}\right)=0.187\text{N/mm}^2$$

$$F_l=p_sA=0.187\times 917\ 400=171\ 600\text{kN}=171.6\text{kN}$$

$$F_{lu}=0.7\beta_h f_t b_m h_0=0.7\times 1.0\times 1.1\times 1\ 210\times 810=754\ 700\text{N}$$

$=754.7\text{kN}>F_l$ （满足要求）

(2)验算基础变阶处的受冲切承载力

$h_0=460\text{mm}$　$a_t=1\ 400\text{mm}$　$b_t=1\ 200\text{mm}$

$$b_b=1\ 200+2\times 460=2\ 120\text{mm}$$

$$b_m=\frac{1\ 200+2\ 120}{2}=1\ 660\text{mm}$$

$$A=\left(\frac{3\ 000}{2}-\frac{1\ 400}{2}-460\right)\times 2\ 500-\left(\frac{2\ 500}{2}-\frac{1\ 200}{2}-460\right)^2=813\ 900\text{mm}^2$$

$$F_l=0.187\times 813\ 900=152\ 200\text{N}=152.2\text{kN}$$

$F_{lu}=0.7\times 1.0\times 1.1\times 1\ 660\times 460=588\ 000\text{N}=588.0\text{kN}>F_l$ （满足要求）

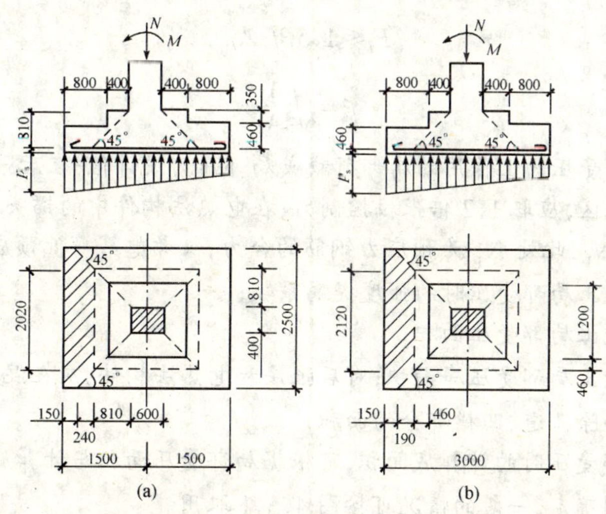

图 7－29　例题 7－23

第九节　局部受压承载力计算

新《混凝土结构设计规范》GB 50010—2002

7.8.1 配置间接钢筋的混凝土结构构件，其局部受压区的截面尺寸应符合下列要求：

$$F_l \leqslant 1.35\beta_c\beta_l f_c A_{ln} \tag{7.8.1-1}$$

$$\beta_l=\sqrt{\frac{A_b}{A_l}} \tag{7.8.1-2}$$

式中 F_l——局部受压面上作用的局部荷载或局部压力设计值；对后张法预应力混凝土构件中的锚头局压区的压力设计值，应取1.2倍张拉控制力；

f_c——混凝土轴心抗压强度设计值；在后张法预应力混凝土构件的张拉阶段验算中，应根据相应阶段的混凝土立方体抗压强度 f'_{cu} 值按本规范表4.1.4的规定以线性内插法确定；

β_c——混凝土强度影响系数，按本规范第7.5.1条的规定取用；

β_l——混凝土局部受压时的强度提高系数；

A_l——混凝土局部受压面积；

A_{ln}——混凝土局部受压净面积；对后张法构件，应在混凝土局部受压面积中扣除孔道、凹槽部分的面积；

A_b——局部受压的计算底面积，按本规范第7.8.2条确定。

旧《混凝土结构设计规范》GBJ 10—89

第**4.5.1**条　配置间接钢筋的混凝土结构构件，其局部受压区的截面尺寸应符合下列要求：

$$F_l \leqslant 1.5\beta f_c A_{ln} \tag{4.5.1-1}$$

$$\beta=\sqrt{\frac{A_b}{A_l}} \tag{4.5.1-2}$$

式中 F_l——局部受压面上作用的局部荷载或局部压力设计值；在后张法构件中的锚头局压区，应取1.2倍张拉控制力；在电热法构件中的锚头局压区，应取 $1.2N_p$，此处 N_p 为预应力钢筋的合力，仅考虑第一批预应力损失

β——混凝土局部受压时的强度提高系数；

A_l——混凝土局部受压面积；

A_{ln}——混凝土局部受压净面积；对后张法和电热法构件，应在混凝土局部受压面积中扣除孔道、凹槽部分的面积；

A_b——局部受压时的计算底面积，可根据局部受压面积与计算底面积同心、对称的原则确定，一般的情况可按图4.5.1取用。

【新规范理解与说明】

本条内容，新规范对配置间接钢筋的结构构件，局部受压区的截面尺寸应符合的要求作了说明。

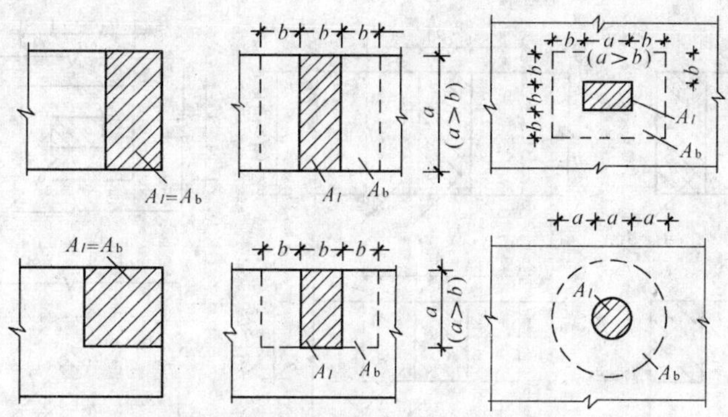

图 4.5.1　确定局部受压计算底面积 A_b

新规范对配置间接钢筋的混凝土结构构件局部受压区截面尺寸规定了限制条件，原因有：

(1)试验表明，当局压区配筋过多时，局压板底面下的混凝土会产生过大的下沉变形；当符合公式(7.8.1-1)时，可限制下沉变形不致过大。为适当提高可靠度，将右边抗力项乘以系数 0.9，式中系数 1.35 系由原规范公式中的系数 1.5 乘以 0.9 而给出。

(2)为了反映混凝土强度等级提高对局部受压的影响，引入了混凝土强度影响系数 β_c。

(3)在计算混凝土局部受压时的强度提高系数 β_l(也包括本规范第 7.8.3 条的 β_{cor})时，不应扣除孔道面积，经试验校核，此种计算方法比较合适。

(4)在预应力锚头下的局部受压承载力的计算中，按本规范第 6.1.1 条的规定，当预应力作为荷载效应且对结构不利时，其荷载效应的分项系数取为 1.2。

新《混凝土结构设计规范》GB 50010—2002

7.8.2　局部受压的计算底面积 A_b，可由局部受压面积与计算底面积按同心、对称的原则确定；对常用情况，可按图 7.8.2 取用。

旧《混凝土结构设计规范》GBJ 10—89

参见旧规范第 **4.5.1** 条相关内容。

【新规范理解与说明】

本条内容，新规范对计算底面积 A_b 的取值采用了“同心、对称”的原则。要求计算底面积 A_b 与局压面积 A_l 具有相同的重心位置，并呈对称；沿 A_l 各边向外扩大的有效距离不超过受压板短边尺寸 b(对圆形承压板，可沿周边扩大一倍 d)，此法便于记忆。

对各类型垫板的局压试件的试验表明，试验值与计算值符合较好，且偏于安全。试验还表明，当构件处于边角局压时，β_l 值在 1.0 上下波动且离散性较大，考虑使用简便、形式统一和保证安全(温度、混凝土的收缩、水平力对边角局压承载力的影响较大)，取边角局压时的 $\beta_l=1.0$ 是适当的。

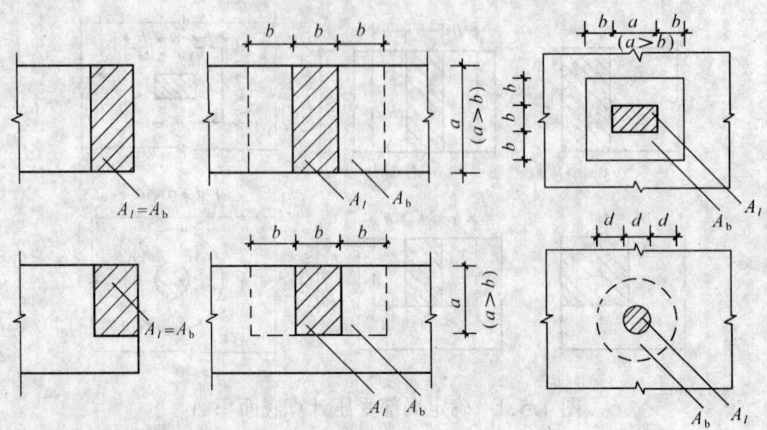

图 7.8.2　局部受压的计算底面积

新《混凝土结构设计规范》GB 50010—2002

7.8.3　当配置方格网式或螺旋式间接钢筋且其核心面积 $A_{cor}\geqslant A_l$ 时(图 7.8.3)，局部受压承载力应符合下列规定：

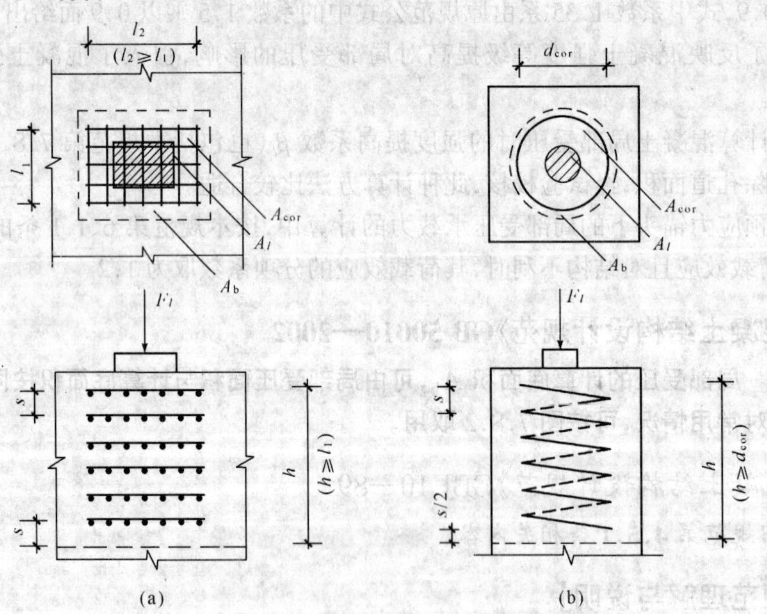

(a)　(b)

图 7.8.3　局部受压区的间接钢筋

(a)方格网式配筋；(b)螺旋式配筋

$$F_l\leqslant 0.9(\beta_c\beta_l f_c+2\alpha\rho_v\beta_{cor}f_y)A_{ln} \tag{7.8.3-1}$$

当为方格网式配筋时(图 7.8.3a)，其体积配筋率 ρ_v 应按下列公式计算：

$$\rho_v=\frac{n_1A_{s1}l_1+n_2A_{s2}l_2}{A_{cor}s} \tag{7.8.3-2}$$

此时，钢筋网两个方向上单位长度内钢筋截面面积的比值不宜大于 1.5。

当为螺旋式配筋时(图 7.8.3b),其体积配筋率 ρ_v 应按下列公式计算:

$$\rho_v = \frac{4A_{ss1}}{d_{cor}s} \quad (7.8.3-3)$$

式中 β_{cor}——配置间接钢筋的局部受压承载力提高系数,仍按本规范公式(7.8.1-2)计算,但 A_b 以 A_{cor} 代替,当 $A_{cor} > A_b$ 时,应取 $A_{cor} = A_b$;

f_y——钢筋抗拉强度设计值,按本规范表 4.2.3-1 采用;

α——间接钢筋对混凝土约束的折减系数,按本规范第 7.3.2 条的规定取用;

A_{cor}——方格网式或螺旋式间接钢筋内表面范围内的混凝土核心面积,其重心应与 A_l 的重心重合,计算中仍按同心、对称的原则取值;

ρ_v——间接钢筋的体积配筋率(核心面积 A_{cor} 范围内单位混凝土体积所含间接钢筋的体积);

n_1、A_{s1}——方格网沿 l_1 方向的钢筋根数、单根钢筋的截面面积;

n_2、A_{s2}——方格网沿 l_2 方向的钢筋根数、单根钢筋的截面面积;

A_{ss1}——单根螺旋式间接钢筋的截面面积;

d_{cor}——螺旋式间接钢筋内表面范围内的混凝土截面直径;

s——方格网式或螺旋式间接钢筋的间距,宜取 30~80mm。

间接钢筋应配置在图 7.8.3 所规定的高度 h 范围内,对方格网式钢筋,不应少于 4 片;对螺旋式钢筋,不宜少于 4 圈。对柱接头,h 尚不应小于 $15d$,d 为柱的纵向钢筋直径。

旧《混凝土结构设计规范》GBJ 10—89

第 4.5.2 条 当配置方格网式或螺旋式间接钢筋且其核芯面积 $A_{cor} \geqslant A_1$ 时(图 4.5.2),局部受压承载力应按下列公式计算:

$$F_l \leqslant (\beta f_c + 2\rho_v \beta_{cor} f_y) A_{ln} \quad (4.5.2-1)$$

当为方格网配筋时(图 4.5.2*a*),其体积配筋率应按下列公式计算:

$$\rho_v = \frac{n_1 A_{s1} l_1 + n_2 A_{s2} l_2}{A_{cor}s} \quad (4.5.2-2)$$

此时,在钢筋网两个方向的单位长度内,其钢筋截面面积相差不应大于 1.5 倍。

当为螺旋配筋时(图 4.5.2*b*),其体积配筋率应按下列公式计算:

$$\rho_v = \frac{4A_{ss1}}{d_{cor}s} \quad (4.5.2-3)$$

式中 β_{cor}——配置间接钢筋的局部受压承载力提高系数,仍按公式(4.5.1-2)计算,但 A_b 以 A_{cor} 代替;

A_{cor}——配置方格网或螺旋式间接钢筋范围以内的混凝土核芯面积,但不应大于 A_b,且其重心应与 A_l 的重心相重合;

ρ_v——间接钢筋的体积配筋率(核芯面积 A_{cor} 范围内单位混凝土体积所含间接钢筋体积);

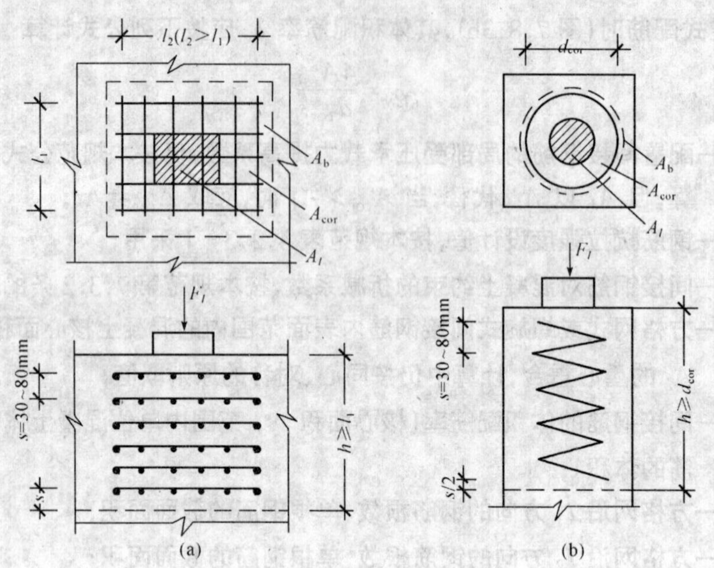

图 4.5.2 局部受压钢筋

(a)方格网配筋;(b)螺旋式配筋

n_1、A_{s1}——方格网沿 l 方向的钢筋根数,单根钢筋的截面面积;

n_2、A_{s2}——方格网沿 l_2 方向的钢筋根数、单根钢筋的截面面积;

A_{ss1}——螺旋式单根间接钢筋的截面面积;

d_{cor}——配置螺旋式间接钢筋范围以内的混凝土直径;

s——方格网或螺旋式间接钢筋的间距。

间接钢筋应配置在图 4.5.2 所规定的 h 范围内,对柱接头,h 尚不应小于 15 倍纵向钢筋直径、配置方格网钢筋不应少于 4 片,配置螺旋式钢筋不应少于 4 圈。

【新规范理解与说明】

本条内容,新规范对配置方格网式或螺旋式的间接钢筋的局部受压承载力计算作了说明,试验表明,它可由混凝土项承载力和间接钢筋项承载力之和组成。间接钢筋项承载力与其体积配筋率有关;且随混凝土强度等级的提高,该项承载力有降低的趋势,为了反映这个特性,公式中引入了系数 α。为便于使用且保证安全,系数 α 与本规范第 7.3.2 条的取值相同。基于与本规范第 7.8.1 条同样的理由,在公式(7.8.3-1)也考虑了系数 0.9。

新规范还规定了 $A_{cor} > A_b$ 时,在计算中只能取 $A_{cor} = A_l$ 的要求。此规定用以保证充分发挥间接钢筋的作用,且能确保安全。

为避免长、短两个方向配筋相差过大而导致钢筋不能充分发挥强度,对公式(7.8.3-2)规定了配筋量的限制条件。

【新规范应用计算实例】

【例 7-24】 局部受压承载力

构件局部受压面积为 250mm×350mm,根据构造要求,布置焊接钢筋网片 500mm×

600mm，两方向的钢筋分别为 6Φ6 和 7Φ6（$f_y=210\text{N/mm}^2$），钢筋网片间距 $s=60\text{mm}$（图 7－30），混凝土强度等级为 C25（$f_c=11.9\text{N/mm}^2$），承受轴向压力 $F_l=2\ 500\text{kN}$。试验算其局部受压承载力。

解

（1）计算混凝土局部受压强度提高系数 β_l 和 β_{cor}

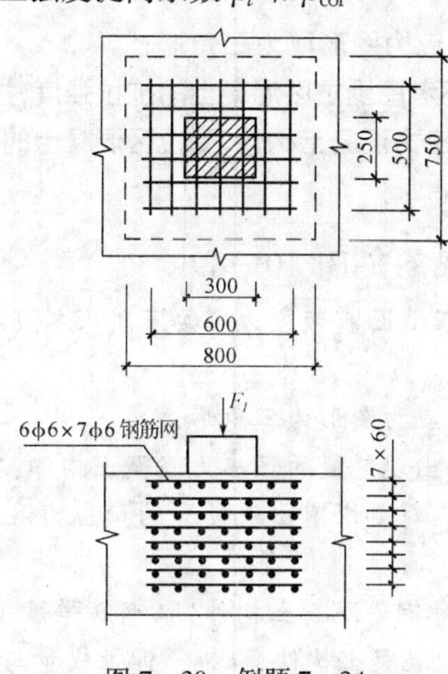

图 7－30　例题 7－24

$$A_l=A_{ln}=250\times300=75\times10^3\text{mm}^2$$

$$A_b=(250+2\times250)(300+2\times250)$$

$$=600\times10^3\text{mm}^2$$

$$A_{cor}=500\times600=300\times10^3\text{mm}^2$$

$$\beta_l=\sqrt{\frac{A_b}{A_l}}=\sqrt{\frac{600\times10^3}{75\times10^3}}=2.83$$

$$\beta_{cor}=\sqrt{\frac{A_{cor}}{A_l}}=\sqrt{\frac{300\times10^3}{75\times10^3}}=2.0$$

（2）验算截面限制条件

$$1.35\beta_c\beta_l f_c A_{ln}=1.35\times1.0\times2.83\times11.9\times75\times10^3$$

$$=3\ 410\times10^3\text{N}=3\ 410\text{kN}>F_l\quad\text{（满足要求）}$$

（3）验算局部受压承载力

$$\rho_v=\frac{n_1A_{s1}l_1+n_2A_{s2}l_2}{A_{cor}s}=\frac{6\times28.3\times600+7\times28.3\times500}{300\times10^3\times60}=0.011\ 2$$

$$F_{lu}=0.9(\beta_c\beta_l f_c+2\alpha\rho_v\beta_{cor}f_y)A_{ln}$$

$$=0.9(1.0\times2.83\times11.9+2\times1.0\times0.011\ 2\times210)\times75\times10^3$$

$$=2\ 591\times10^3\text{N}=2\ 591\text{kN}>F_l\quad\text{（满足要求）}$$

第十节 疲 劳 验 算

新《混凝土结构设计规范》GB 50010—2002

7.9.1 需作疲劳验算的受弯构件,其正截面疲劳应力应按下列基本假定进行计算:

1 截面应变保持平面;

2 受压区混凝土的法向应力图形取为三角形;

3 对钢筋混凝土构件,不考虑受拉区混凝土的抗拉强度,拉力全部由纵向钢筋承受;对要求不出现裂缝的预应力混凝土构件,受拉区混凝土的法向应力图形取为三角形;

4 采用换算截面计算。

旧《混凝土结构设计规范》GBJ 10—89

第 **4.6.1** 条 受弯构件正截面疲劳应力应按下列基本假定进行计算:

一、截面应变保持平面;

二、受压区混凝土的法向应力图形为三角形;

三、对钢筋混凝土和允许出现裂缝的预应力混凝土构件,不考虑受拉压混凝土的抗拉强度,拉应力全部由钢筋承受,对要求不出现裂缝的预应力混凝土构件,受拉区混凝土的法向应力图形为三角形;

四、采用换算截面计算:对钢筋混凝土构件,取钢筋弹性模量与混凝土疲劳变形模量的比值,$a_E^f = E_s/E_c^f$;对预应力混凝土构件,取钢筋弹性模量与混凝土弹性模量的比值,$a_E = E_s/E_c$。

【新规范理解与说明】

本条内容,新规范对需作疲劳验算的受弯构件,其正截面疲劳应力应遵守的规定。

试验证明,原规范的规定是合理的,并以此作为第 7.9.5 条和第 7.9.12 条建立钢筋混凝土和混凝土受弯构件正截面承载力疲劳应力公式的依据。

新《混凝土结构设计规范》GB 50010—2002

7.9.2 在疲劳验算中,荷载应取用标准值;对吊车荷载应乘以动力系数,吊车荷载的动力系数应按现行国家标准《建筑结构荷载规范》GB 50009 的规定取用。对跨度不大于 12m 的吊车梁,可取用一台最大吊车荷载。

旧《混凝土结构设计规范》GBJ 10—89

第 **4.6.2** 疲劳强度验算中,荷载取用标准,对吊车荷载应考虑动力系数,吊车荷载的动力系数按国家标准《建筑结构荷载规范》GBJ 9—87 的规定取用;对跨度不大于 12m 的吊车梁,可取用一台最大吊车荷载。

【新规范理解与说明】

本条内容,新规范和旧规范基本相同,是根据新规范第 3.1.4 条和吊车出现在跨度不大于 12m 的吊车梁上可能情况而作出的规定。

新《混凝土结构设计规范》GB 50010—2002

7.9.3 钢筋混凝土受弯构件疲劳验算时，应计算下列部位的应力：

1 正截面受压区边缘纤维的混凝土应力和纵向受拉钢筋的应力幅；

2 截面中和轴处混凝土的剪应力和箍筋的应力幅。

注：纵向受压钢筋可不进行疲劳验算。

旧《混凝土结构设计规范》GBJ 10—89

第 **4.6.3** 条 验算钢筋混凝土受弯构件疲劳强度时，应计算下列部位的应力：

一、正截面受压区混凝土边缘纤维的应力和受拉钢筋的应力；

二、混凝土的主拉应力及箍筋和弯起钢筋的应力。

注：受压钢筋可不进行疲劳验算。

【新规范理解与说明】

本条内容，新旧规范完全相同，新规范关于钢筋混凝土受弯构件疲劳强度作验算起控制部位作相应的应力或应力幅作出的规定。

新《混凝土结构设计规范》GB 50010—2002

7.9.4 钢筋混凝土受弯构件正截面的疲劳应力应符合下列要求：

$$\sigma_{c,\max}^{f} \leqslant f_{c}^{f} \tag{7.9.4-1}$$

$$\Delta\sigma_{si}^{f} \leqslant \Delta f_{y}^{f} \tag{7.9.4-2}$$

式中 $\sigma_{c,\max}^{f}$——疲劳验算时截面受压区边缘纤维的混凝土压应力，按本规范公式(7.9.5-1)计算；

$\Delta\sigma_{si}^{f}$——疲劳验算时截面受拉区第 i 层纵向钢筋的应力幅，按本规范公式(7.9.5-2)计算；

f_{c}^{f}——混凝土轴心抗压疲劳强度设计值，按本规范第 4.1.6 条确定；

Δf_{y}^{f}——钢筋的疲劳应力幅限值，按本规范表 4.2.5-1 采用。

注：当纵向受拉钢筋为同一钢种时，可仅验算最外层钢筋的应力幅。

旧《混凝土结构设计规范》GBJ 10—89

第 **4.6.4** 条 钢筋混凝土受弯构件正截面的疲劳应力应符合下列规定：

一、受压区混凝土边缘纤维的应力

$$\sigma_{c}^{f} = \frac{M^{f} x_{0}}{I_{0}^{f}} \leqslant f_{cm}^{f} \tag{4.6.4-1}$$

二、受拉钢筋的应力

$$\sigma_{si}^{f} = a_{E}^{f} \frac{M^{f}(h_{0i} - x_{0})}{I_{0}^{f}} \leqslant f_{y}^{f} \tag{4.6.2-2}$$

式中 M^{f}——疲劳验算时取用的荷载标准值所产生的弯矩值；

x_{0}——疲劳验算时换算截面的受压区高度；

I_{0}^{f}——疲劳验算时换算截面的惯性矩；

σ_{si}^{f}——疲劳验算时受拉区第 i 层钢筋的应力；

h_{0i}——受压区边缘至受拉区第 i 层钢筋截面重心的距离；

f_{cm}^{f}——混凝土的弯曲抗压疲劳强度设计值，按本规范第 2.1.6 条确定；

f_{y}^{f}——钢筋的疲劳强度设计值，按表 12.2.5－1 采用。

注：对受拉钢筋，可仅验算最外层钢筋的应力，当内层钢筋的疲劳强度小于外层钢筋的疲劳强度时，则应分层验算。

【新规范理解与说明】

本条内容，新规范对钢筋混凝土受弯构件正截面的疲劳应力验算应符合的规定作了说明。

国内外研究表明，影响钢筋疲劳强度的主要因素为应力幅，即（$\sigma_{max}-\sigma_{min}$），因此，验算时必须按应力幅计算。

新《混凝土结构设计规范》GB 50010—2002

7.9.5 钢筋混凝土受弯构件正截面的混凝土压应力和钢筋的应力幅应按下列公式计算：

1 受压区边缘纤维的混凝土应力

$$\sigma_{c,max}^{f}=\frac{M_{max}^{f}x_{0}}{I_{0}^{f}} \tag{7.9.5-1}$$

2 纵向受拉钢筋的应力幅

$$\Delta\sigma_{si}^{f}=\sigma_{si,max}^{f}-\sigma_{si,min}^{f} \tag{7.9.5-2}$$

$$\sigma_{si,min}^{f}=\alpha_{E}^{f}\frac{M_{min}^{f}(h_{0i}-x_{0})}{I_{0}^{f}} \tag{7.9.5-3}$$

$$\sigma_{si,max}^{f}=\alpha_{E}^{f}\frac{M_{max}^{f}(h_{0i}-x_{0})}{I_{0}^{f}} \tag{7.9.5-4}$$

式中 M_{max}^{f}、M_{min}^{f}——疲劳验算时同一截面上在相应荷载组合下产生的最大弯矩值、最小弯矩值；

$\sigma_{si,min}^{f}$、$\sigma_{si,max}^{f}$——由弯矩 M_{min}^{f}、M_{max}^{f} 引起相应截面受拉区第 i 层纵向钢筋的应力；

α_{E}^{f}——钢筋的弹性模量与混凝土疲劳变形模量的比值：$\alpha_{E}^{f}=E_{s}/E_{c}^{f}$；

I_{0}^{f}——疲劳验算时相应于弯矩 M_{max}^{f} 与 M_{min}^{f} 为相同方向时的换算截面惯性矩；

x_{0}——疲劳验算时相应于弯矩 M_{max}^{f} 与 M_{min}^{f} 为相同方向时的换算截面受压区高度；

h_{0i}——相应于弯矩 M_{max}^{f} 与 M_{min}^{f} 为相同方向时的截面受压区边缘至受拉区第 i 层纵向钢筋截面重心的距离。

当弯矩 M_{min}^{f} 与弯矩 M_{max}^{f} 的方向相反时，公式（7.9.5－3）中 h_{0i}、x_{0} 和 I_{0}^{f} 应以截面相反位置的 h'_{0i}、x'_{0} 和 $I_{0}^{f'}$ 代替。

【新规范理解与说明】

本条内容，新规范对钢筋混凝土受弯构件正截面的混凝土压应力和钢筋的应力幅应符合的规定。

新《混凝土结构设计规范》GB 50010—2002

7.9.6　钢筋混凝土受弯构件疲劳验算时，换算截面的受压区高度 x_0、x'_0 和惯性矩 I_0^{f}、$I_0^{\mathrm{f}'}$ 应按下列公式计算：

1　矩形及翼缘位于受拉区的 T 形截面

$$\frac{bx_0^2}{2}+\alpha_{\mathrm{E}}^{\mathrm{f}}A'_{\mathrm{s}}(x_0-a'_{\mathrm{s}})-\alpha_{\mathrm{E}}^{\mathrm{f}}A_{\mathrm{s}}(h_0-x_0)=0 \tag{7.9.6-1}$$

$$I_0^{\mathrm{f}}=\frac{bx_0^3}{3}+\alpha_{\mathrm{E}}^{\mathrm{f}}A'_{\mathrm{s}}(x_0-a'_{\mathrm{s}})^2+\alpha_{\mathrm{E}}^{\mathrm{f}}A_{\mathrm{s}}(h_0-x_0)^2 \tag{7.9.6-2}$$

2　I 形及翼缘位于受压区的 T 形截面

1）当 $x_0>h'_{\mathrm{f}}$ 时（图 7.9.6）

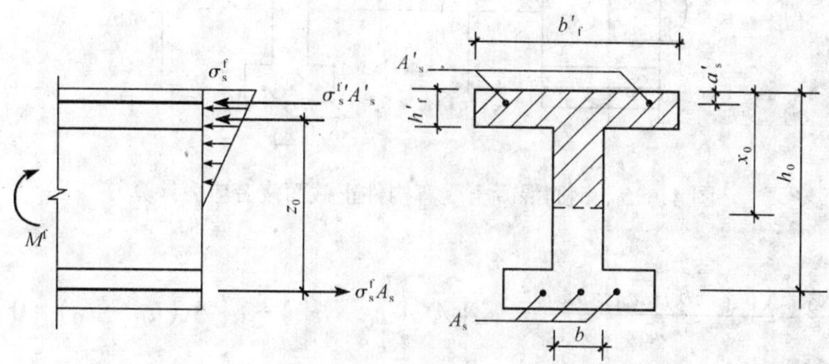

图 7.9.6　钢筋混凝土受弯构件正截面疲劳应力计算

$$\frac{b'_{\mathrm{f}}x_0^2}{2}-\frac{(b'_{\mathrm{f}}-b)(x_0-h'_{\mathrm{f}})^2}{2}+\alpha_{\mathrm{E}}^{\mathrm{f}}A'_{\mathrm{s}}(x_0-a'_{\mathrm{s}})-\alpha_{\mathrm{E}}^{\mathrm{f}}A_{\mathrm{s}}(h_0-x_0)=0 \tag{7.9.6-3}$$

$$I_0^{\mathrm{f}}=\frac{b'_{\mathrm{f}}x_0^3}{3}-\frac{(b'_{\mathrm{f}}-b)(x_0-h'_{\mathrm{f}})^3}{3}+\alpha_{\mathrm{E}}^{\mathrm{f}}A'_{\mathrm{s}}(x_0-a'_{\mathrm{s}})^2+\alpha_{\mathrm{E}}^{\mathrm{f}}A_{\mathrm{s}}(h_0-x_0)^2 \tag{7.9.6-4}$$

2）当 $x_0\leqslant h'_{\mathrm{f}}$ 时，按宽度为 b'_{f} 的矩形截面计算。

3　对 x'_0、$I_0^{\mathrm{f}'}$ 的计算，仍可采用上述 x_0、I_0^{f} 的相应公式；当弯矩 $M_{\mathrm{min}}^{\mathrm{f}}$ 与 $M_{\mathrm{max}}^{\mathrm{f}}$ 的方向相反时，与 x'_0、x_0 相应的受压区位置分别在该截面的下侧和上侧；当弯矩 $M_{\mathrm{min}}^{\mathrm{f}}$ 与 $M_{\mathrm{max}}^{\mathrm{f}}$ 的方向相同时，可取 $x'_0=x_0$、$I_0^{\mathrm{f}'}=I_0^{\mathrm{f}}$。

注：1　当纵向受拉钢筋沿截面高度分多层布置时，上述公式中的 A_{s} 及 h_0 应分别按分层的 A_{si} 及 h_{0i} 进行计算。

2　纵向受压钢筋的应力应符合 $\alpha_{\mathrm{E}}^{\mathrm{f}}\sigma_{\mathrm{c}}^{\mathrm{f}}\leqslant f'_{\mathrm{y}}$ 的条件；当 $\alpha_{\mathrm{E}}^{\mathrm{f}}\sigma_{\mathrm{c}}^{\mathrm{f}}>f'_{\mathrm{y}}$ 时，本条各公式中 $\alpha_{\mathrm{E}}^{\mathrm{f}}A'_{\mathrm{s}}$ 应以 $f'_{\mathrm{y}}A'_{\mathrm{s}}/\sigma_{\mathrm{c}}^{\mathrm{f}}$ 代替，此处，f'_{y} 为纵向钢筋的抗压强度设计值，$\sigma_{\mathrm{c}}^{\mathrm{f}}$ 为纵向受压钢筋合力点处的混凝土应力。

旧《混凝土结构设计规范》GBJ 10—89

第 **4.6.5** 条　钢筋混凝土受弯构件疲劳验算时换算截面的受压区高度和惯性矩应按下列公式计算：

一、矩形及翼缘位于受拉区的T形截面

$$\frac{bx_0^2}{2}+\alpha_E^f A'_s(x_0-a'_s)-\alpha_E^f A_s(h_0-x_0)=0 \quad (4.6.5-1)$$

$$I_0^f=\frac{bx_0^3}{3}+\alpha_E^f A'_s(x_0-a'_s)^2+\alpha_E^f A_s(h_0-x_0)^2 \quad (4.6.5-2)$$

二、I形及翼缘位于受压区的T形截面

1. 当 $x_0>h'_f$ 时(图4.6.5):

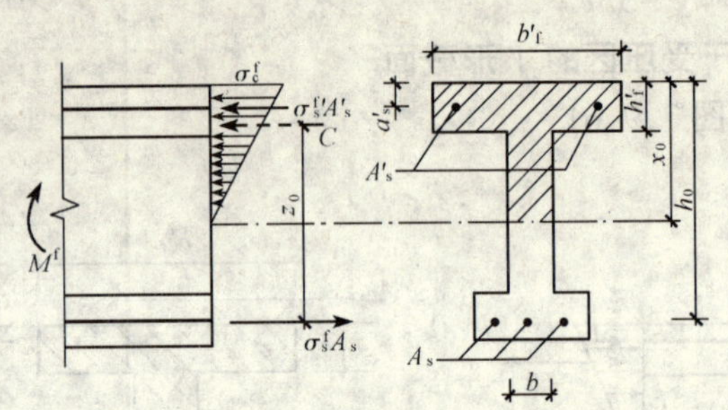

图4.6.5 钢筋混凝土受弯构件正截面疲劳应力计算

$$\frac{b'_f x_0^2}{2}-\frac{(b'_f-b)(x_0-h'_f)^2}{2}+\alpha_E^f A'_s(x_0-a'_s)-\alpha_E^f A_s(h_0-x_0)=0 \quad (4.6.5-3)$$

$$I_0^f=\frac{b'_f x_0^3}{3}-\frac{(b'f-b)(x_0-h'_f)^3}{3}+\alpha_E^f A'_s(x_0-a'_s)^2-\alpha_E^f A_s(h_0-x_0)^2 \quad (4.6.5-4)$$

2. 当 $x_0\leqslant h'_f$ 时,按宽度 b'_f 的矩形截面计算。

注:①当受拉钢筋沿截面高度多层布置时,公式(4.6.5-2)、(4.6.5-4)中 $\alpha_E^f A_s(h_0-x_0)^2$ 项可用 $\alpha_E^f\sum_{i=1}^{n}A_{si}(h_{0i}-x_0)^2$ 代替,此处,n 为受拉钢筋的总层数,A_{si}为第 i 层全部钢筋的截面面积。

②受压钢筋的应力符合 $\alpha_E^f\sigma_c^f\leqslant f'_y$ 的条件,当 $\alpha_E^f\sigma_c^f>f'_y$ 时,本条公式中 $\alpha_E^f A'_s$ 应以 $\frac{f'_y}{\sigma_c^f}A'$代替,此处,$f'_y$ 为受压钢筋的强度设计值,σ_c^f 为受压钢筋合力点处相应的混凝土应力。

【新规范理解与说明】

本条内容,新规范对钢筋混凝土结构受弯构件在作疲劳验算时,换算截面的受压区高度和惯性矩应满足的条件作了说明。

新《混凝土结构设计规范》GB 50010—2002

7.9.7 钢筋混凝土受弯构件斜截面的疲劳验算及剪力的分配应符合下列规定:

1 截面中和轴处的剪应力,当符合下列条件时:

$$\tau^f\leqslant 0.6f_t^f \quad (7.9.7-1)$$

该区段的剪力全部由混凝土承受,此时,箍筋可按构造要求配置。

式中 τ^f——截面中和轴处的剪应力,按本规范第7.9.8条计算;

f_t^f——混凝土轴心抗拉疲劳强度设计值,按本规范第4.1.6条确定。

2　截面中和轴处的剪应力不符合公式(7.9.7-1)的区段,其剪力应由箍筋和混凝土共同承受。此时,箍筋的应力幅 $\Delta\sigma_{sv}^{f}$ 应符合下列规定:

$$\Delta\sigma_{sv}^{f} \leqslant \Delta f_{yv}^{f} \qquad (7.9.7-2)$$

式中　$\Delta\sigma_{sv}^{f}$——箍筋的应力幅,按本规范公式(7.9.9-1)计算;

Δf_{yv}^{f}——箍筋的疲劳应力幅限值,按本规范表 4.2.5-1 中的 Δf_{y}^{f} 采用。

旧《混凝土结构设计规范》GBJ 10—89

第 **4.6.7** 条　钢筋混凝土受弯构件中和轴处的主拉应力,若符合下列条件(图 4.6.7):

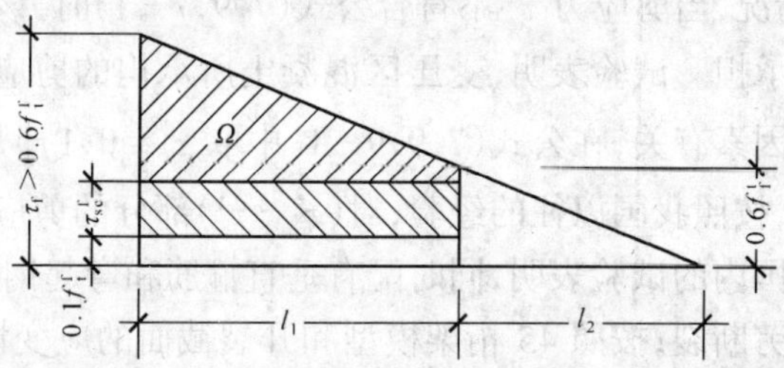

图 4.6.7　钢筋混凝土受弯构件疲劳验算时的剪应力分配

l_1—箍筋、弯起钢筋和混凝土承受剪应力的区段;

l_2—混凝土承受剪应力的区段

$$\tau^{f} \leqslant 0.6 f_{t}^{f} \qquad (4.6.7-1)$$

该区段的主拉应力全部由混凝土承受,此时,箍筋可按构造要求配置。

式中　f_t^f——混凝土的抗拉疲劳强度设计值,按本规范第 2.4.6 条确定。

中和轴处的主拉应力不符合公式(4.6.7-1)的区段,其主控应力由箍筋、弯起钢筋和混凝土共同承受,箍筋、弯起钢筋可按剪应力分配图配置,并按下列公式计算。

一、箍筋

$$\tau_{sv}^{f} \leqslant \frac{f_{yv}^{f} A_{sv}}{bs}$$

二、弯起钢筋

1. 当配有两排或两排以上弯起钢筋,且在需配置弯起钢筋的区段上构件的任一垂直截面均有弯起钢筋通过时:

$$\sum A_{sb} \geqslant \frac{\Omega b}{f_{y}^{f}(\sin\alpha + \cos\alpha)} \qquad (4.6.7-3)$$

2. 当仅配有一排弯起钢筋,或虽配有两排或两排以上弯起钢筋但不符合上述条件时:

$$\sum A_{sb} \geqslant \frac{\Omega b}{f_{y}^{f}\sin\alpha}$$

式中　τ_{sv}^{f}——疲劳验算时由箍筋承受的剪应力;

A_{sv}——同一截面内箍筋各肢的全部截面面积;

s——沿构件轴线方向的箍筋间距;

$\sum A_{sb}$——在所考虑的区段内各排弯起钢筋的全部截面面积；

Ω——剪应力图中需由弯起钢筋承受的剪应力面积；

α——弯起钢筋与构件轴线的夹角。

【新规范理解与说明】

本条内容，新规范对钢筋混凝土构件斜截面的斜截面的疲劳验算及剪力分配应符合的规定作了详细的说明。

钢筋混凝土受弯构件斜截面的疲劳验算分为两种情况：第一种情况，当按公式(7.9.8)计算的剪应力 τ^f 符合公式(7.9.7-1)时，表示截面混凝土可全部承担，仅需按构造配置箍筋；第二种情况，当剪应力 τ^f 不符合公式(7.9.7-1)时，该区段的剪应力应由混凝土和垂直箍筋共同承担。试验表明，受压区混凝土所承担的剪应力 τ_c^f 值，与荷载值大小、剪跨比、配筋率等因素有关，在公式(7.9.9-1)中取 $\tau_c^f=0.1f_t^f$ 是较稳妥的。

对上述两种情况，按照我国以往的经验，对($\tau^f-\tau_c^f$)部分的剪应力应由垂直箍筋和弯起钢筋共同承担。但国内的试验表明，同时配有垂直箍筋和弯起钢筋的斜截面疲劳破坏，都是弯起钢筋首先疲劳断裂；按照45°桁架模型和开裂截面的应变协调关系，可得到密排弯起钢筋应力 σ_{sb} 与垂直箍筋应力 σ_{sv} 之间的关系式：

$$\sigma_{sb}=\sigma_{sv}(\sin\alpha+\cos\alpha)^2$$

此处，α 为弯起钢筋的弯起角。显然，由上式可得 $\sigma_{sb}>\sigma_{sv}$ 的结论。

新《混凝土结构设计规范》GB 50010—2002

7.9.8 钢筋混凝土受弯构件中和轴处的剪应力应按下列公式计算：

$$\tau^f=\frac{V_{max}^f}{bz_0} \tag{7.9.8}$$

式中 V_{max}^f**——疲劳验算时在相应荷载组合下构件验算截面的最大剪力值；**

b**——矩形截面宽度，T形、I形截面的腹板宽度；**

z_0**——受压区合力点至受拉钢筋合力点的距离，此时，受压区高度 x_0 按本规范公式(7.9.6-1)或(7.9.6-3)计算。**

旧《混凝土结构设计规范》GBJ 10—89

第**4.6.6**条　钢筋混凝土受弯构件中和轴处的主拉应力(剪力 τ')应按下列公式计算：

$$\tau_f=\frac{V^f}{bz_0} \tag{4.6.6}$$

式中　V^f——疲劳验算时取用的剪力值；

b——矩形截面宽度、T形或I形截面的腹板宽度；

z_0——受压区合力点至受拉钢筋合力点的距离，此时，受压区高度 x_0 按公式(4.6.5-1)或(4.6.5-3)计算。

【新规范理解与说明】

本条内容，新规范对钢筋混凝土受弯构件中和轴处的主应力的计算方法作了说明，具体可参见上条相关说明。

新《混凝土结构设计规范》GB 50010—2002

7.9.9　钢筋混凝土受弯构件斜截面上箍筋的应力幅应按下列公式计算：

$$\Delta\sigma_{sv}^{f} = \frac{(\Delta V_{max}^{f} - 0.1\eta f_t^f b h_0)s}{A_{sv} z_0} \quad (7.9.9-1)$$

$$\Delta V_{max}^{f} = V_{max}^{f} - V_{min}^{f} \quad (7.9.9-2)$$

$$\eta = \Delta V_{max}^{f} / V_{max}^{f} \quad (7.9.9-3)$$

式中　ΔV_{max}^{f}——疲劳验算时构件验算截面的最大剪力幅值；

V_{min}^{f}——疲劳验算时在相应荷载组合下构件验算截面的最小剪力值；

η——最大剪力幅相对值；

s——箍筋的间距；

A_{sv}——配置在同一截面内箍筋各肢的全部截面面积。

旧《混凝土结构设计规范》GBJ 10—89

旧《混凝土结构设计规范》GBJ 10—89 无此相应条文。

【新规范理解与说明】

本条内容为新增条文，新规范对受弯构件斜截面上箍筋的应力幅的计算方法作了规定。

为了防止配置少量弯起钢筋而引起其疲劳破坏，由此导致垂直箍筋所能承担的剪力大幅度降低，本规范不提倡采用弯起钢筋作为抗疲劳的抗剪钢筋（密排斜向箍筋除外），所以在新规范仅提供配有垂直箍筋的应力幅计算公式。

新《混凝土结构设计规范》GB 50010—2002

7.9.10　预应力混凝土受弯构件疲劳验算时，应计算下列部位的应力：

1　正截面受拉区和受压区边缘纤维的混凝土应力及受拉区纵向预应力钢筋、非预应力钢筋的应力幅；

2　截面重心及截面宽度剧烈改变处的混凝土主拉应力。

注：受压区纵向预应力钢筋可不进行疲劳验算。

旧《混凝土结构设计规范》GBJ 10—89

第 **4.6.8** 条　验算预应力混凝土受弯构件疲劳强度时，应计算下列部位的应力。

一、正截面受拉区和受压区混凝土边缘纤维的应力及受拉区预应力钢筋的应力；

二、截面重心及截面宽度剧烈改变处混凝土的主拉应力。

注：①受压区的预应力钢筋可不进行疲劳验算；

②表 3.3.4 注③中规定允许出现裂缝的预应力混凝土吊车梁，可不验算正截面受拉区混凝土边缘的应力。

【新规范理解与说明】

本条内容,新规范基本保留了旧规范对要求不出现裂缝的预应力混凝土受弯构件的疲劳强度验算方法,对非预应力钢筋和预应力钢筋,则改用应力幅的验算方法。由于新规范第3.3.4条规定需进行疲劳验算的预应力混凝土吊车梁应按不出现裂缝的要求设计,故新规范删去了旧规范中对允许出现裂缝的预应力混凝土受弯构件的疲劳强度验算公式。

新《混凝土结构设计规范》GB 50010—2002

7.9.11 预应力混凝土受弯构件正截面的疲劳应力应符合下列规定:

1 受拉区或受压区边缘纤维的混凝土应力

1)当为压应力时

$$\sigma_{cc,max}^{f} \leqslant f_{c}^{f} \quad (7.9.11-1)$$

2)当为拉应力时

$$\sigma_{ct,max}^{f} \leqslant f_{t}^{f} \quad (7.9.11-2)$$

2 受拉区纵向预应力钢筋的应力幅

$$\Delta\sigma_{p}^{f} \leqslant \Delta f_{py}^{f} \quad (7.9.11-3)$$

3 受拉区纵向非预应力钢筋的应力幅

$$\Delta\sigma_{s}^{f} \leqslant \Delta f_{y}^{f} \quad (7.9.11-4)$$

式中 $\sigma_{cc,max}^{f}$——受拉区或受压区边缘纤维混凝土的最大压应力(取绝对值),按本规范公式(7.9.12-1)或公式(7.9.12-2)计算确定;

$\sigma_{ct,max}^{f}$——受拉区或受压区边缘纤维混凝土的最大拉应力,按本规范公式(7.9.12-1)或公式(7.9.12-2)计算确定;

$\Delta\sigma_{p}^{f}$——受拉区纵向预应力钢筋的应力幅,按本规范公式(7.9.12-3)计算;

Δf_{py}^{f}——预应力钢筋疲劳应力幅限值,按本规范表4.2.5-2采用;

$\Delta\sigma_{s}^{f}$——受拉区纵向非预应力钢筋的应力幅,按本规范公式(7.9.12-6)计算;

Δf_{y}^{f}——非预应力钢筋疲劳应力幅限值,按本规范表4.2.5-1采用。

注:当受拉区纵向预应力钢筋、非预应力钢筋各为同一钢种时,可仅各验算最外层钢筋的应力幅。

旧《混凝土结构设计规范》GBJ 10—89

第**4.6.10**条 预应力混凝土受弯构件正截面的疲劳应力应符合下列规定:

一、受拉区混凝土边缘纤维的应力

$$\sigma_{c,max}^{f} \leqslant f_{c}^{f} \quad (4.6.10-1)$$

二、受拉区预应力钢筋的应力

$$\sigma_{p,max}^{f} \leqslant f_{py}^{f} \quad (4.6.10-2)$$

三、受压区混凝土边缘纤维的应力

1. 当为压应力时

$$\sigma_{c,max}^{f} \leqslant f_{cm}^{f} \quad (4.6.10-3)$$

2. 当为拉应力时

$$\sigma_{c,min}^{f} \leqslant f_{t}^{f} \tag{4.6.10-4}$$

注：对预应力钢筋，可仅验算最外层预应力钢筋的应力，当内层预应力钢筋的疲劳强度小于外层预应力钢筋的疲劳强度时，则应分层验算。

【新规范理解与说明】

本条内容，新规范对预应力混凝土受弯构件正截面的疲劳应力应符合的规定作了说明。

新《混凝土结构设计规范》GB 50010—2002

7.9.12　对要求不出现裂缝的预应力混凝土受弯构件，其正截面的混凝土、纵向预应力钢筋和非预应力钢筋的最小、最大应力和应力幅应按下列公式计算：

1　受拉区或受压区边缘纤维的混凝土应力

$$\sigma_{c,min}^{f} \text{或} \ \sigma_{c,max}^{f} = \sigma_{pc} + \frac{M_{min}^{f}}{I_0} y_0 \tag{7.9.12-1}$$

$$\sigma_{c,max}^{f} \text{或} \ \sigma_{c,min}^{f} = \sigma_{pc} + \frac{M_{max}^{f}}{I_0} y_0 \tag{7.9.12-2}$$

2　受拉区纵向预应力钢筋的应力及应力幅

$$\Delta\sigma_{p}^{f} = \sigma_{p,max}^{f} - \sigma_{p,min}^{f} \tag{7.9.12-3}$$

$$\sigma_{p,min}^{f} = \sigma_{pe} + \alpha_{pE} \frac{M_{min}^{f}}{I_0} y_{0p} \tag{7.9.12-4}$$

$$\sigma_{p,max}^{f} = \sigma_{pe} + \alpha_{pE} \frac{M_{max}^{f}}{I_0} y_{0p} \tag{7.9.12-5}$$

3　受拉区纵向非预应力钢筋的应力及应力幅

$$\Delta\sigma_{s}^{f} = \sigma_{s,max}^{f} - \sigma_{s,min}^{f} \tag{7.9.12-6}$$

$$\sigma_{s,min}^{f} = \sigma_{se} + \alpha_{E} \frac{M_{min}^{f}}{I_0} y_{0s} \tag{7.9.12-7}$$

$$\sigma_{s,max}^{f} = \sigma_{se} + \alpha_{E} \frac{M_{max}^{f}}{I_0} y_{0s} \tag{7.9.12-8}$$

式中　$\sigma_{c,min}^{f}$、$\sigma_{c,max}^{f}$——疲劳验算时受拉区或受压区边缘纤维混凝土的最小、最大应力，最小、最大应力以其绝对值进行判别；

σ_{pc}——扣除全部预应力损失后，由预加力在受拉区或受压区边缘纤维处产生的混凝土法向应力，按本规范公式(6.1.5-1)或公式(6.1.5-4)计算；

M_{max}^{f}、M_{min}^{f}——疲劳验算时同一截面上在相应荷载组合下产生的最大、最小弯矩值；

α_{pE}——预应力钢筋弹性模量与混凝土弹性模量的比值：$\alpha_{pE} = E_s/E_c$；

I_0——换算截面的惯性矩；

y_0——受拉区边缘或受压区边缘至换算截面重心的距离；

$\sigma_{p,min}^{f}$、$\sigma_{p,max}^{f}$——疲劳验算时所计算的受拉区一层预应力钢筋的最小、最大应力；

$\Delta\sigma_{p}^{f}$——疲劳验算时所计算的受拉区一层预应力钢筋的应力幅；

σ_{pe}——扣除全部预应力损失后所计算的受拉区一层预应力钢筋的有效预应力，按本规范公式(6.1.5－2)或公式(6.1.5－5)计算；

y_{0s}、y_{0p}——所计算的受拉区一层非预应力钢筋、预应力钢筋截面重心至换算截面重心的距离；

$\sigma_{s,min}^{f}$、$\sigma_{s,max}^{f}$——疲劳验算时所计算的受拉区一层非预应力钢筋的最小、最大应力；

$\Delta\sigma_{s}^{f}$——疲劳验算时所计算的受拉区一层非预应力钢筋的应力幅；

σ_{se}——消压弯矩 M_{p0}作用下所计算的受拉区一层非预应力钢筋中产生的应力；此处，M_{p0}为受拉区一层非预应力钢筋截面重心处的混凝土法向预应力等于零时的相应弯矩值。

注：公式(7.9.12－1)、(7.9.12－2)中的 σ_{pc}、$(M_{min}^{f}/I_0)y_0$、$(M_{max}^{f}/I_0)y_0$，当为拉应力时以正值代入；当为压应力时以负值代入；公式(7.9.12－7)、(7.9.12－8)中的 σ_{se}以负值代入。

旧《混凝土结构设计规范》GBJ 10—89

第 **4.6.9** 条　预应力混凝土受弯构件其正截面的混凝土和预应力钢筋的最小和最大应力按下列公式计算：

一、受拉区或受压区混凝土边缘纤维的应力

$$\sigma_{c,min}^{f}\text{或 }\sigma_{c,max}^{f}=\sigma_{pc}+a_c\frac{M_G^f}{I_0}y_0 \quad (4.6.9-1)$$

$$\sigma_{c,max}^{f}\text{或 }\sigma_{c,max}^{f}=\sigma_{pc}+a_c\frac{M_G^f+M_Q^f}{I_0}y_0 \quad (4.6.9-2)$$

二、受拉区预应力钢筋的应力

$$\sigma_{p,min}^{f}=\sigma_{pc}+a_pa_E\frac{M_G^f}{I_0}y_{0p} \quad (4.6.9-3)$$

$$\sigma_{p,max}^{f}=\sigma_{pc}+a_pa_E\frac{M_G^f+M_Q^f}{I_0}y_{0p} \quad (4.6.9-4)$$

式中　$\sigma_{c,max}^{f}$、$\sigma_{c,min}^{f}$——疲劳验算时受拉区或受压区边缘纤维混凝土的最小、最大应力，最小、最大应力以其绝对值进行判别；

σ_{pc}——扣除全部预应力损失后，由预应力在受拉区或受压区边缘纤维处产生的混凝土法向应力，按公式(3.4.5－1)或(3.4.5－4)计算；

a_c——重复荷载对受压区混凝土应力的影响系数；对要求不出现裂缝的构件，取 $a_c=1.0$；对允许出现裂缝的构件，取 $a_c=1.2$；

M_G^f——疲劳验算时恒载标准值产生的弯矩；

I_0——换算截面的惯性矩；

y_0——受拉区边缘或受压区边缘至换算截面重心的距离；

$\sigma^f_{p,min}$、$\sigma^f_{p,max}$——疲劳验算时受拉区所计算的一层预应力钢筋的最小、最大应力；

M^f_Q——疲劳验算时取用的活荷载标准值所产生的弯矩(对吊车荷载，尚应考虑动力系数)；

σ_{p0}——扣除全部预应力损失后所计算的一层预应力钢筋的有效预应力，按公式(3.4.5-2)和(3.4.5-5)计算；

α_p——重复荷载对受拉区预应力钢筋应力的影响系数，对要求不出现裂缝的构件，取 $\alpha_p=1.0$；对允许出现裂缝的构件，取 $\alpha_p=1.5$；

y_{0p}——受拉区所计算的一层预应力钢筋截面重心至换算截面重心的距离。

注：公式(4.6.9-1)，(4.6.9-2)中的 σ_{pc}，$\frac{M^f_G}{I_0}y_0$，$\frac{M^f_Q}{I}y_0$，当为拉应力时以正号代入，当为压应力时以负号代入。

【新规范理解与说明】

本条内容，新规范对预应力混凝土受弯构件正截面的最小和最大应力作了说明。

按新规范公式计算的混凝土应力 $\sigma^f_{c,min}$和 $\sigma^f_{c,max}$，是指在截面同一纤维计算点处一次循环过程中的最小应力和最大应力，其最小、最大以其绝对值进行判别，且拉应力为正、压应力为负；在计算 $\rho^f_c=\sigma^f_{c,min}/\sigma^f_{c,max}$中，应注意应力的正负号及最大、最小应力的取值。

新《混凝土结构设计规范》GB 50010—2002

7.9.13 预应力混凝土受弯构件斜截面混凝土的主拉应力应符合下列规定：

$$\sigma^f_{tp}\leqslant f^f_t \tag{7.9.13}$$

式中 σ^f_{tp}——预应力混凝土受弯构件斜截面疲劳验算纤维处的混凝土主拉应力，按本规范第 8.1.6 条的公式计算(对吊车荷载，尚应计入动力系数)。

旧《混凝土结构设计规范》GBJ 10—89

第 **4.6.11** 条 预应力混凝土受弯构件斜截面混凝土的主拉应力应符合下列规定：

$$\sigma^f_{tp}\leqslant f^f_t \tag{4.6.11}$$

式中 σ^f_{tp}——恒载标准值与疲劳验算时取用的活荷载标准值所产生的混凝土主拉应力，按本规范第 5.1.4 条中公式计算(对吊车荷载，尚应考虑动力系数)。

【新规范理解与说明】

本条内容，新规范对预应力混凝土受弯构件斜截面混凝土的主拉应力作了说明。

【新规范应用计算实例】

【例 7-25】 疲劳验算

等截面 T 形梁的截面尺寸及配筋如图 7-32 所示。计算跨度 $l_0=5.8$m，净跨度 $l_n=5.6$m。梁疲劳验算时在相应荷载组合下验算截面的弯矩值和剪力值列于表 7-2，A5 级工作制软钩吊车，混凝土强度等级为 C25，纵向钢筋用 HPB335 级钢筋，箍筋用 HRB235 级钢筋。试进行疲劳验算。

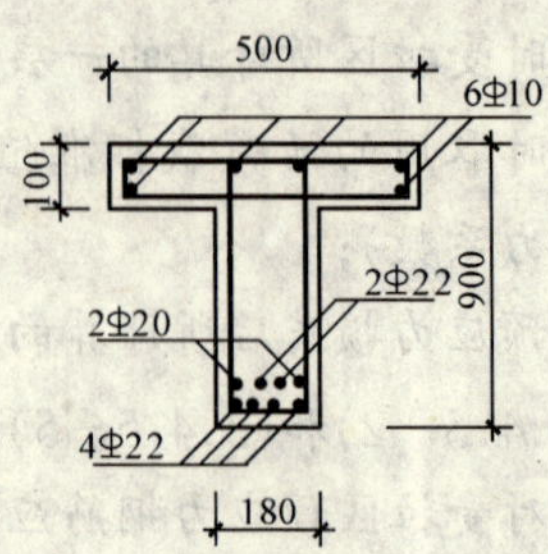

图 7－32　例题 7－25 中梁的截面

表 7－2　**例题 7－25 中梁的弯矩和剪力**

截面位置	M^{f}/kN·m		V^{f}/kN	
	M_{G}^{f}	M_{Q}^{f}	V_{G}^{f}	V_{Q}^{f}
支座	0	0	18	170
跨中	25.5	275	0	64

解

(1)截面特征

$E_{s}=2.0\times10^{5}$kN/mm^{2}

$E_{c}^{f}=1.2\times10^{4}$kN/mm^{2}

$$\alpha_{E}^{f}=\frac{E_{s}}{E_{c}^{f}}=\frac{2.0\times10^{5}}{1.2\times10^{4}}=16.7$$

$A'_{s}=314$mm^{2}

$A_{s}=2\,909$mm^{2}

$h_{0}=900-60=840$mm^{2}　$a'_{s}=35$mm

假定受压区高度 $x_{0}>h'_{f}$,则

$$\frac{b'_{f}x_{0}^{2}}{2}-\frac{(b'_{f}-b)(x_{0}-h'_{f})^{2}}{2}+\alpha_{E}^{f}A'_{s}(x_{0}-a'_{s})-\alpha_{E}^{f}A_{s}(h_{0}-x_{0})=0$$

即$\dfrac{500x_{0}^{2}}{2}-\dfrac{(500-180)(x_{0}-100)^{2}}{2}+16.7\times314(x_{0}-35)-16.7\times2\,909(840-x_{0})=0$

解得　$x_{0}=360.3$mm$>h'_{t}=100$,与假设相符。

$$I_{0}^{f}=\frac{b'_{f}x_{0}^{3}}{3}-\frac{(b'_{f}-b)(x_{0}-h'_{f})^{3}}{3}+\alpha_{E}^{f}A'_{s}(x_{0}-a'_{s})^{2}+\alpha_{E}^{f}A_{s}(h_{0}-x_{0})^{2}$$

$$=\frac{500\times360.3^{3}}{3}-\frac{(500-180)(360.3-100)^{3}}{3}$$

$$+16.7\times314(360.3-35)^{2}+16.7\times2\,909(840-360.3)^{2}=17\,648\times10^{6}\text{mm}^{4}$$

(2)正截面疲劳强度检算

由表 7－2 可知 $M^{max}=25.5+275=300.5$kN·m　$M_{min}=25.5$kN·m

①受压区混凝土边缘纤维(跨中截面)

$$\rho_c^f=\frac{M_{min}^f}{M_{max}^f}=\frac{25.5}{300.5}=0.085<0.2$$

查表得 $\gamma_\rho=0.74$，则

$$f_c^f=\gamma_\rho f_c=0.74\times11.9=8.81\text{N/mm}^2$$

$$\sigma_c^f=\frac{M_{max}^f x_0}{I_0^f}=\frac{300.5\times10^6\times360.3}{17\ 648\times10^6}=6.13\text{N/mm}^2<f_c^f\quad(\text{满足要求})$$

②纵向受拉钢筋(跨中截面)

$\rho_s^f=\rho_c^f=0.085$，即 $0\leqslant\rho_s^f<0.1$

对于 HRB335 级钢筋，由附表 10 查得 $\Delta f_y^f=165\text{N/mm}^2$。

$$\sigma_{max}^f=\alpha_E^f\frac{M_{max}^f(h_0-x_0)}{I_0^f}=16.7\times\frac{300.5\times10^6\times(840-360.3)}{17\ 648\times10^6}=136.4\text{N/mm}^2$$

$$\sigma_{min}^f=\alpha_E^f\frac{M_{min}^f(h_0-x_0)}{I_0^f}=16.7\times\frac{25.5\times10^6\times(840-360.3)}{17\ 648\times10^6}=11.6\text{N/mm}^2$$

$$\Delta\sigma_s^f=136.4-11.6=124.8\text{N/mm}^2<\Delta f_y^f\quad(\text{满足要求})$$

(3)斜截面疲劳验算

由表 7-2 可知，$V_{min}^f=18+170=188\text{kN}\quad V_{min}^f=18\text{kN}\quad\Delta V_{min}^f=170\text{kN}$

$$\rho_s^f=\rho_c^f=\frac{18}{188}=0.096。$$

查表得 $\Delta f_y^f=165\text{N/mm}^2$ 及 $\gamma_p=0.74$，则

$$f_t^f=\gamma_\rho f_t=0.74\times1.27=0.94\text{N/mm}^2$$

$$z_0=h_0-\frac{x_0}{3}=840-\frac{360.3}{3}=719.9\text{mm}$$

在构件支座截面中和轴处的剪应力为

$$\tau_f-\frac{V_{max}^f}{bz_0}=\frac{188\times10^3}{180\times719.9}=1.45\text{N/mm}^2>0.60f_t^f=0.6\times0.94=0.564\text{N/mm}^2$$

在构件跨中截面中和轴处的剪应力为

$$\tau^f=\frac{64\times10^3}{180\times719.9}=0.49\text{N/mm}^2<0.60f_t^f$$

对于剪应力 τ_f 大于 $0.60f_t^f$ 的区段，剪应力由横向钢筋(箍筋)和剪压区混凝土共同承受。此时，应验算箍筋疲劳应力幅。

在梁中配置箍筋 $\phi10(A_{sv}=157\text{mm}^2)$、$s=100\text{mm}$。

$$\eta=\frac{\Delta V_{max}^f}{V_{max}^f}=\frac{170}{188}=0.904$$

$$\Delta\sigma_{sv}^f=\frac{(\Delta v_{max}^f-0.1\eta f_t^f bh_0 s)}{A_{sv}z_0}$$

$$=\frac{(170\times10^3-0.1\times0.904\times0.94\times180\times840)\times100}{157\times719.9}$$

$$=139.0\text{N/mm}<\Delta f_y^f=145\text{N/mm}^2\quad(\text{符合要求})$$

第八章　正常使用极限状态验算

第一节　本章主要修订内容介绍

本章共二节内容，与旧规范 GBJ 10—89 相比较，本章主要修订和增加内容见表 8-1 所列。

表 8-1　　**主要修订内容及说明**

项次	新规范中位置	修订内容	说明
1	新规范第 8.1.2 条式(8.1.2-2)	新规范对裂缝间纵向受拉钢筋应变不均匀系数作了修改，取：$\psi=1.1-0.65\frac{f_{tk}}{\rho_{te}\sigma_{sk}}$ 代替旧规范式(5.2.2-2)，即：$\psi=1.1-0.65\frac{f_{tk}}{\rho_{te}\sigma_{ss}}$	本次修订，主要是根据实验结果，将不均匀系数的取值由：当 $\psi<0.4$ 时，取为 0.4；当 $\psi>1.0$时，取为 1.0。修改为：当 $\psi<0.2$ 时，取为 0.2，当 $\psi>1$时，取为 1.0
2	新规范第 8.1.2 条式(8.1.2-1)	新规范对裂缝宽度作了修改，取：$\omega=\alpha_{cr}\psi\frac{\sigma_{sk}}{E_s}[1.9c+0.08\frac{d_{eq}}{\rho_{te}}]$ 代替旧规范式(5.2.2-1)，即：$\omega=\alpha_{cr}\psi\frac{\sigma_{ss}}{E_s}[2.7c+0.1\frac{d}{\rho_{te}}]v$	(1)在旧规范中，对于 c 项和 d/ρ_{te}项引入纵向受拉钢筋表面特征系数 v，以考虑纵向钢筋表面特征对裂缝宽度的影响。在新规范中，根据有关实验结果分析，仅在 d/ρ_{te}中引入了纵向受拉钢筋表面特征系数 v (2)根据钢筋和混凝土粘结应力等效的原则，引入了等效钢筋直径的概念，并给出了计算公式
3	新规范第 8.2.3 条关于荷载效应的短期刚度规定上	原规范关于预应力受弯构件中不要求出现裂缝的短期刚度的规定比较繁琐，在新规范中对于其规定作了许多简化，使之用起来更加方便	

第二节　裂缝控制验算

新《混凝土结构设计规范》GB 50010—2002

8.1.1　**钢筋混凝土和预应力混凝土构件，应根据本规范第 3.3.4 条的规定，按所处环境类别和结构类别确定相应的裂缝控制等级及最大裂缝宽度限值，并按下列规定进行受拉边缘应力或正截面裂缝宽度验算：**

1　一级——严格要求不出现裂缝的构件

在荷载效应的标准组合下应符合下列规定：

$$\sigma_{ck}-\sigma_{pc}\leqslant 0 \tag{8.1.1-1}$$

2 二级——一般要求不出现裂缝的构件

在荷载效应的标准组合下应符合下列规定：

$$\sigma_{ck}-\sigma_{pc}\leqslant f_{tk} \quad (8.1.1-2)$$

在荷载效应的准永久组合下宜符合下列规定：

$$\sigma_{cq}-\sigma_{pc}\leqslant 0 \quad (8.1.1-3)$$

3 三级——允许出现裂缝的构件

按荷载效应的标准组合并考虑长期作用影响计算的最大裂缝宽度，应符合下列规定：

$$\omega_{max}\leqslant\omega_{lim} \quad (8.1.1-4)$$

式中 σ_{ck}、σ_{cq}——荷载效应的标准组合、准永久组合下抗裂验算边缘的混凝土法向应力；

σ_{pc}——扣除全部预应力损失后在抗裂验算边缘混凝土的预压应力，按本规范公式(6.1.5-1)或公式(6.1.5-4)计算；

f_{tk}——混凝土轴心抗拉强度标准值，按本规范表4.1.3采用；

ω_{max}——按荷载效应的标准组合并考虑长期作用影响计算的最大裂缝宽度，按本规范第8.1.2条计算；

ω_{lim}——最大裂缝宽度限值，按本规范第3.3.4条采用。

注：对受弯和大偏心受压的预应力混凝土构件，其预拉区在施工阶段出现裂缝的区段，公式(8.1.1-1)至公式(8.1.1-3)中的 σ_{pc}应乘以系数0.9。

旧《混凝土结构设计规范》GBJ 10—89

第**5.1.1**条 预应力混凝土构件应分别按下列规定进行正截面抗裂验算

一、严格要求不出现裂缝的构件

在荷载的短期效应组合下应符合下列规定：

$$\sigma_{sc}-\sigma_{pc}\leqslant 0 \quad (5.1.1-1)$$

二、一般要求不出现裂缝的构件

在荷载的短期效应组合下应符合下列规定：

$$\sigma_{sc}-\sigma_{pc}\leqslant\alpha_{ct}\gamma f_{tk} \quad (5.1.1-2)$$

在荷载的长期效应组合下应符合下列规定：

$$\sigma_{lc}-\sigma_{pc}\leqslant 0 \quad (5.1.1-3)$$

式中 σ_{sc}、σ_{lc}——荷载的短期效应组合、长期效应组合下抗裂验算边缘的混凝土法向应力；

σ_{pc}——扣除全部预应力损失后在抗裂验算边缘混凝土的预压应力，按公式(3.4.5-1)和(3.4.5-4)计算；

α_{ct}——混凝土拉应力限制系数，按表3.3.4的规定取用；

γ——受拉区混凝土塑性影响系数，按表5.1.1取用；

f_{tk}——混凝土的抗拉强度标准值，按表2.1.3取用。

注：对受弯和大偏心受压构件，在施工阶段预拉区出现裂缝的区段，公式(5.1.1-1)至(5.1.1-3)中的 σ_{pc}和 $\alpha_{ct}\gamma f_{tk}$均应乘以系数0.9。

表 5.1.1　　受拉区混凝土塑性影响系数

构件类别		γ
受弯、偏心受压		γ_m
偏心受拉	当 $\sigma_m \leqslant 0$ 时	γ_m
	当 $\sigma_m > 0$ 时	$\gamma_m - (\gamma_m - 1)\frac{\sigma_m}{f_{tk}}$
轴心受拉		1

注:①截面抵抗矩塑性系数 γ_m 按本规范附录六的规定采用;

②抗裂验算时截面上混凝土的平均应力 σ_m 按下列公式计算:

对先张法构件,$\sigma_m = \frac{N_s - N_{p0}}{A_0}$;对后张法构件,$\sigma_m = \frac{N_s}{A_0} - \frac{N_p}{A_n}$;

③对偏心受拉构件,当 $\gamma < 1.0$ 时,取 $\gamma = 1.0$。

第 5.2.1 条　钢筋混凝土构件和在使用阶段允许出现裂缝的预应力混凝土构件,应验算裂缝宽度,按荷载的短期效应组合并考虑长期效应组合的影响所求得的最大裂缝宽度 ω_{max},不应超过表 3.3.4 规定的允许值。

注:钢筋混凝土构件配置的纵向受拉钢筋最大直径如符合本规范附录七的规定时,可不作裂缝宽度验算。

【新规范理解与说明】

大量试验表明,钢筋混凝土及预应力混凝土构件如果只满足强度要求,则有可能在使用荷载阶段发生构件裂缝时过宽或变形太大等,从而影响构件的正常使用,造成损失。

我们知道,混凝土的抗拉强度很低,约为抗压强度的 1/10,当构件的某个部位的拉应力超过了混凝土的抗拉强度,就会在垂直于拉应力作用的方向形成裂缝。引起裂缝的原因很多,其中最主要的因素是荷载。混凝土收缩、拆摸时间不当、养护不周、构造形式不当引起应力集中等原因而造成的裂缝称为非正常裂缝。因此,对于非正常裂缝,只要采取适当的施工和构造措施,大部分是可以克服和加以限制的。

在钢筋混凝土及部分预应力混凝土构件中,出现裂缝是不可避免的,但必须采取措施以控制裂缝宽度,不使裂缝宽度过大而影响结构外观和引起钢筋锈蚀,影响结构的安全使用和耐久性。裂缝宽度的大小与钢筋应力、钢筋直径、含钢率、黏结力及保护层厚度等因素有关。

在裂缝控制等级为三级的情况下,普通钢筋混凝土构件最大裂缝宽度限值一般为 0.3mm。

混凝土出现裂缝后构件仍能照常工作是钢筋混凝土结构的特征之一。普通钢筋混凝土构件不需要保证无裂缝,因此一般可不进行抗裂计算。但是,构件的裂缝宽度必须限制在允许范围内。

根据新规范第 3.3.4 条的规定,具体给出了钢筋混凝土和预应力混凝土构件裂缝控制的验算公式。

有必要指出,按概率统计的观点,符合公式(8.1.1-2)情况下,并不意味着构件绝对不会出现裂缝;同样,符合公式(8.1.1-4)的情况下,构件由荷载作用而产生的最大裂缝宽度大于最大裂缝限值大致会有 5%的可能性。

新《混凝土结构设计规范》GB 50010—2002

8.1.2　在矩形、T 形、倒 T 形和 I 形截面的钢筋混凝土受拉、受弯和偏心受压构件及预应力混凝土轴心受拉和受弯构件中，按荷载效应的标准组合并考虑长期作用影响的最大裂缝宽度(mm)可按下列公式计算：

$$\omega_{max}=\alpha_{cr}\psi\frac{\sigma_{sk}}{E_s}\left(1.9c+0.08\frac{d_{eq}}{\rho_{te}}\right) \tag{8.1.2-1}$$

$$\Psi=1.1-0.65\frac{f_{tk}}{\rho_{te}\sigma_{sk}} \tag{8.1.2-2}$$

$$d_{eq}=\frac{\sum n_i d_i^2}{\sum n_i v_i d_i} \tag{8.1.2-3}$$

$$\rho_{te}=\frac{A_s+A_p}{A_{te}} \tag{8.1.2-4}$$

式中 α_{cr}——构件受力特征系数，按表 8.1.2-1 采用；

Ψ——裂缝间纵向受拉钢筋应变不均匀系数：当 $\Psi<0.2$ 时，取 $\Psi=0.2$；当 $\Psi>1$ 时，取 $\Psi=1$；对直接承受重复荷载的构件，取 $\Psi=1$；

σ_{sk}——按荷载效应的标准组合计算的钢筋混凝土构件纵向受拉钢筋的应力或预应力混凝土构件纵向受拉钢筋的等效应力，按本规范第 8.1.3 条计算；

E_s——钢筋弹性模量，按本规范表 4.2.4 采用；

c——最外层纵向受拉钢筋外边缘至受拉区底边的距离(mm)；当 $c<20$ 时，取 $c=20$；当 $c>65$ 时，取 $c=65$；

ρ_{te}——按有效受拉混凝土截面面积计算的纵向受拉钢筋配筋率；在最大裂缝宽度计算中，当 $\rho_{te}<0.01$ 时，取 $\rho_{te}=0.01$；

A_{te}——有效受拉混凝土截面面积：对轴心受拉构件，取构件截面面积；对受弯、偏心受压和偏心受拉构件，取 $A_{te}=0.5bh+(b_f-b)h_f$，此处，b_f、h_f 为受拉翼缘的宽度、高度；

A_s——受拉区纵向非预应力钢筋截面面积；

A_p——受拉区纵向预应力钢筋截面面积；

d_{eq}——受拉区纵向钢筋的等效直径(mm)；

d_i——受拉区第 i 种纵向钢筋的公称直径(mm)；

n_i——受拉区第 i 种纵向钢筋的根数；

v_i——受拉区第 i 种纵向钢筋的相对粘结特性系数，按表 8.1.2-2 采用。

注：1 对承受吊车荷载但不需作疲劳验算的受弯构件，可将计算求得的最大裂缝宽度乘以系数 0.85；

2 对 $e_0/h_0\leqslant0.55$ 的偏心受压构件，可不验算裂缝宽度。

表 8.1.2-1 构件受力特征系数

类型	α_{cr}	
	钢筋混凝土构件	预应力混凝土构件
受弯、偏心受压	2.1	1.7
偏心受拉	2.4	—
轴心受拉	2.7	2.2

表 8.1.2-2　钢筋的相对粘结特性系数

钢筋类别	非预应力钢筋		先张法预应力钢筋			后张法预应力钢筋		
	光面钢筋	带肋钢筋	带肋钢筋	螺旋肋钢丝	刻痕钢丝、钢绞线	带肋钢筋	钢绞线	光面钢丝
v_i	0.7	1.0	1.0	0.8	0.6	0.8	0.5	0.4

注：对环氧树脂涂层带肋钢筋，其相对粘结特性系数应按表中系数的 0.8 倍取用。

旧《混凝土结构设计规范》GBJ 10—89

第 **5.2.2** 条　在矩形、T 形、倒 T 形和 I 形截面的钢筋混凝土受拉、受弯和偏心受压构件及预应力混凝土轴心受拉和受弯构件中，考虑裂缝宽度分布的不均匀性和荷载长期效应组合的影响，其最大裂缝宽度(mm)可按下列公式计算：

$$\omega_{max}=\alpha_{cr}\psi\frac{\sigma_{ss}}{E_s}(2.7c+0.1\frac{d}{\rho_{te}})\upsilon \tag{5.2.2-1}$$

裂缝间纵向受拉钢筋应变不均匀系数 ψ 按下列公式计算：

$$\psi=1.1-\frac{0.65f_{tk}}{\rho_{te}\sigma_{ss}} \tag{5.2.2-2}$$

当 $\psi<0.4$ 时，取 $\psi=0.4$；当 $\psi>1.0$ 时，取 $\psi=1.0$。对直接承受重复荷载的构件，取 $\psi=1.0$。

以有效受拉混凝土截面面积计算的纵向受拉钢筋配筋率 ρ_{te}，按下列规定计算：

$$\rho_{te}=\frac{A_s+A_p}{A_{te}} \tag{5.2.2-3}$$

有效受拉混凝土截面面积 A_{te} 按下列规定取用：

对轴心受拉构件，A_{te} 取构件截面面积；

对受弯、偏心受压和偏心受拉构件，取 $A_{te}=0.5bh+(b_f-b)hf_0$。

在最大裂缝宽度计算中，当 $\rho_{te}<0.01$ 时，取 $\rho_{te}=0.01$。

式中　α_{cr}——构件受力特征系数：

对轴心受拉构件，取 $\alpha_{cr}=2.7$；

对偏心受拉构件：取 $\alpha_{cr}=2.4$；

对受弯和偏心受压构件，取 $\alpha_{cr}=2.1$；

σ_{ss}——按荷载短期效应组合计算的钢筋混凝土构件纵向受拉钢筋的应力或预应力混凝土构件纵向受拉钢筋的等效应力，按本规范第 5.2.3 条的规定计算；

c——最外层纵向受拉钢筋外边缘至受拉区底边的距离(mm)，当 $c<20$ 时，取 $c=20$；

d——钢筋直径(mm)；当用不同直径的钢筋时，公式(5.2.2-1)中的 d 改用换算直径 $\frac{4(A_s+A_p)}{u}$，此处，u 为纵向受拉钢筋截面总周长；

υ——纵向受拉钢筋表面特征系数：

对变形钢筋，取 $\upsilon = 0.7$；

对光面钢筋，取 $\upsilon = 1.0$。

注：①对直接承受轻、中能工作制吊车的受弯构件，可将计算求得的最大裂缝宽度乘以系数0.8；

②$\frac{e_0}{h_0} \leqslant 0.55$ 的偏心受拉构件，可不验算裂缝宽度。

【新规范理解与说明】

本条内容，新旧规范有很大的不同。经过对各类试件的平均裂缝间距的试验统计分析，混凝土保护层厚度不大于65mm时，裂缝间距和旧规范取值不同，钢筋种类不同时，等效钢筋直径和旧规范相比，更加合理了。

试验表明，当混凝土保护层厚度较大时，虽然裂缝宽度计算值也较大，但较大的混凝土保护层厚度对防止钢筋锈蚀是有利的。因此，对混凝土保护层厚度较大的构件，当在外观的要求上允许时，可根据实践经验，对新规范表3.3.4中所规定的裂缝宽度允许值作适当放大。

对沿截面上下或周边均匀配置纵向钢筋的构件裂缝宽度计算，研究尚不充分，新规范未作明确规定。但必须指出，在荷载的标准组合下，这类构件的受拉钢筋应力很高，甚至可能超过钢筋抗拉强度设计值。为此，当按公式(8.1.2－1)计算时，关于钢筋应力 σ_{sk} 及 A_{te} 的取用原则等应按更合理的方法计算。

1. 裂缝的出现、分布和开展

(1)裂缝的出现　裂缝出现之前，轴拉构件各截面(受弯构件纯弯段)上受拉混凝土的拉应力和拉应变大致相同。由于钢筋与混凝土之间的黏结作用，钢筋的拉应力和拉应变也大致相同。当受拉混凝土的应力达到其抗拉强度极限时，由于混凝土的塑性变形，因此还不会马上开裂；当其拉应变接近混凝土的极限拉应变时，构件即将开裂。一旦达到极限应变，构件就将在最薄弱截面处产生第一批裂缝。

裂缝出现瞬时，裂缝截面处受拉混凝土退出工作，应力为零，原来由混凝土承担的拉应力转由钢筋承受。钢筋应力由 σ_{s1} 增至 σ_s。裂缝处原来受拉张紧的混凝上向两侧回缩，钢筋与其周围混凝土之间产生相对滑移，使裂缝一出现就有一定的宽度。

然而，这种回缩是不自由的，它受到钢筋的约束，因而产生黏结应力。黏结应力将钢筋中的部分应力向混凝土传递。随着裂缝截面距离的增加，混凝土上的拉应力由裂缝处的零逐渐增大，钢筋的拉应力则逐渐减小。当传递长度达到 l 后，钢筋与周围混凝土具有相同应变，黏结应力消失。

(2)裂缝的分布　图8－1给出了轴心受拉构件和受弯构件受拉区钢筋和混凝土在开裂后的应力分布图以及两者之间的黏结应力图。

(3)裂缝的开展　第一批裂缝出现后，超过黏结应力作用长度 l 的混凝土仍处于张紧状态，当荷载继续增加，在离裂缝截面 l 之后的某些薄弱截面就可能产生新的一批裂缝。如前所述，此时构件各截面应力又发生新的变化。随着新裂缝的不断出现，裂缝间的间距不断缩小，当裂缝间距小到一定程度之后，裂缝间各截面混凝土的拉应力已不能通过黏结力传递达到混凝土的抗拉强度，即使荷载增加，其间也不会出现新的裂缝。因此，从理论

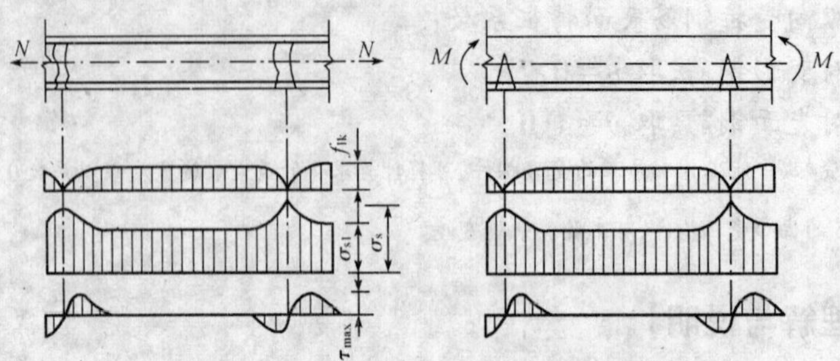

图 8－1　裂缝出现和的应力分布示意图

上讲，裂缝间距在 $l=2l$ 范围内，裂缝间距趋于稳定，故平均裂缝间距为 $1.5l$。l 与黏结强度有关，黏结强度高，则 l 短些；同时，也与配筋率有关，配筋率低，l 就长些。上述过程可视为裂缝的出现过程。

此后，随着荷载增加，裂缝截面的钢筋应力与裂缝间截面钢筋应力差减小，裂缝间混凝土与钢筋的黏结力降低，混凝土回缩增加，钢筋与混凝土之间产生较大滑动，裂缝扩展。此外，在荷载的长期作用下，由于混凝土的滑移徐变收缩和拉应力松弛，使裂缝间受拉混凝土不断退出工作，裂缝宽度增大。这一过程可视为裂缝扩展的过程。

2. **平均裂缝间距计算**

通过上述分析发现，构件上混凝土裂缝分布规律与钢筋和混凝土的黏结应力有密切关系。如图 8－2 所示，两条初始裂缝位于截面 A 及 C 处，其间任一截面 B 距 A 为 $l_{cr,min}$，由图 8－1 可见，从钢筋传到混凝土上的黏结应力为

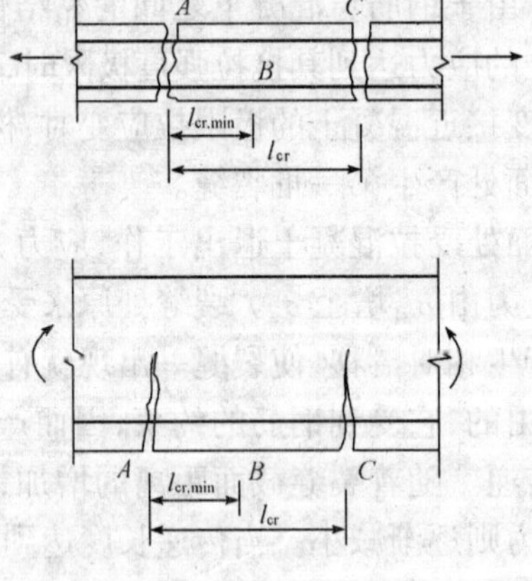

图 8－2　裂缝平均间距

$$f_t A_{te} = l_{cr,min} \omega \tau_{max} u \tag{8-1}$$

式中　f_t——混凝土开裂强度实测值；

$l_{cr,min}$——可能出现裂缝的最小间距；

u——受拉钢筋横截面总周长；

ω——黏结应力丰满系数；

A_{te}——有效受拉混凝土截面面积,对轴拉构件 A_{te}为构件截面面积($A_{te}=bh$)对受弯构件为

$$A_{te}=0.5bh+(b_f-b)h_f \tag{8-2}$$

矩形受弯构件,$A_{te}=0.5bh$。

由上述分析可知,当 l_{cr}大于 $1.5l$ 时,B 处将出现新裂缝。若以平均裂缝间距 l_{cr}代 $l_{cr,min}$,受拉钢筋直径设为 d_{eq},则由式(8-1),得

$$l_{cr}=\frac{f_t d_{te}}{4\rho_{te}\omega\tau_{max}} \tag{8-3}$$

式中,ρ_{te}为按有效受拉混凝土截面面积计算的纵向钢筋配筋率,$\rho_{te}=A_s/A_{te}$。新《规范》规定当计算的 $\rho_{te}<0.01$ 时,取 $\rho_{te}=0.01$。

试验表明,混凝土和钢筋的粘结强度大致与混凝土抗拉强度成正比。因此,可将$\omega\tau/f_t$取为常数,于是可得

$$l_{cr}=\frac{d_{te}}{\rho_{te}}k_1 \tag{8-4}$$

式中,k_1 为经验系数。

式 8-4 表明 l_{cr}与 d_{te}/ρ_{te}成正比,当 ρ_{te}很大时,裂缝间距将很小,这种关系与试验结果不符。另外,由于黏结力的存在,钢筋对受拉混凝土回缩起着约束作用,离钢筋越远,约束越小,这表明混凝土保护层厚度对裂缝间距也有一定的影响。试验表明,当保护层厚度从 30mm 降至 15mm 时,平均裂缝间距减小 30%,故在平均裂缝间距算式中,还应考虑混凝土保护层的影响,即

$$l_{cr}=k_2c+k_1\frac{d_{te}}{\rho_{te}} \tag{8-5}$$

通过试验资料分析发现,并考虑到不同表面形式钢筋对黏结力的影响,取平均裂缝间距计算式为

$$l_{cr}=1.9c+0.08\frac{d_{eq}}{\rho_{te}}$$

式中 c——混凝土净保护层厚度,当 $c<20$mm 时,取 $c=20$mm,当 $c>65$ 时,取 $c-65$;

d_{eq}——受拉区纵向钢筋的等效直径(mm)其值为

$$d_{eq}=\frac{\sum n_i d_i}{\sum n_i v_i d_i} \tag{8-6}$$

其中 v_i——受拉区第 i 种纵向钢筋的相对黏结特性系数,带肋钢筋取 1.0,对光面钢筋取 0.7;

d_i——受拉区第 i 种纵向钢筋的公称直径(mm);

n_i——受拉区第 i 种纵向钢筋的根数。

3. 平均裂缝宽度计算

(1)平均裂缝宽度计算式

黏结滑移理论认为,裂缝宽度是由于钢筋与混凝土之间的黏结破坏,出现相对滑移,引起裂缝处混凝土回缩而产生的。因此,在纵向受拉钢筋重心处的平均裂缝宽度 ω_m可由

相邻两条裂缝之间受拉钢筋与相同水平处受拉混凝土伸长值的差求得(图 8－3),即

$$\omega_m = \varepsilon_{sm} l_{cr} - \varepsilon_{cm} l_{cr} = \varepsilon_{sm}\left(1 - \frac{\varepsilon_{cm}}{\varepsilon_{sm}}\right) l_{cr} \tag{8-7}$$

式中　ε_{sm}——纵向受拉钢筋平均拉应变;

ε_{cm}——与纵向受拉钢筋相同水平处混凝土的平均拉应变。

令 $\alpha_c = 1 - \varepsilon_{cm}/\varepsilon_{sm}$,$\alpha_c$ 为考虑裂缝间混凝土自身伸长对裂缝宽度的影响系数。

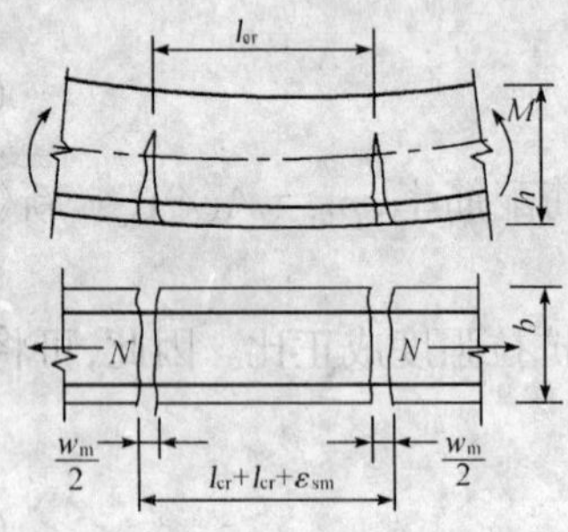

图 8－3　构件开裂后裂缝宽度

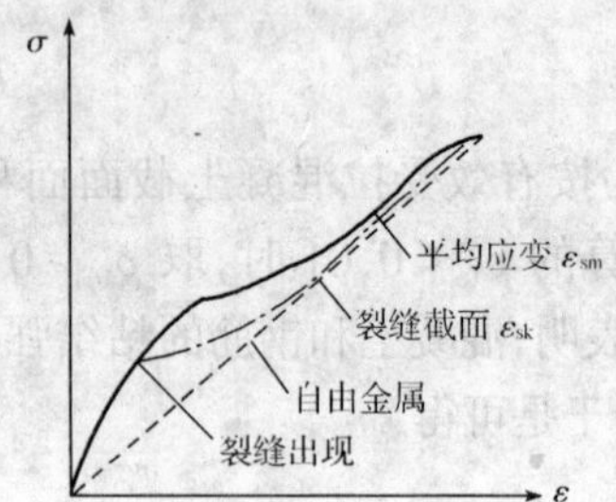

图 8－4　受弯构件开裂后钢筋的应力—应变图

试验表明,在裂缝截面钢筋应力较大,应变也较大。而裂缝之间由于混凝土仍然参加工作,承担了一定的拉力,故钢筋应力较相邻裂缝处应力为小,应变也较小。图 8－4 给出了梁内裂缝截面处及裂缝间钢筋的应力—应变关系曲线。由图可见:ε_{sm}小于 ε_s,但随着应力 σ_{sk}的增加,ε_{sm}与 ε_s 的差值逐渐缩小。引入裂缝间纵向钢筋应变不均匀系数 ψ,并将其与 α_c 一并代入式(8－7),得

$$\omega_m = \psi \alpha_c l_{cr} \frac{\sigma_{sk}}{E_s} \tag{8-8}$$

试验研究表明,系数 α_c 虽然与配筋率、截面形式和混凝土保护层厚度等因素有关,但在一般情况下变化不大。为简化计算,对各种受力形式的构件均近似取 $\alpha_c = 0.85$,则式(8－8)为

$$\omega_m = 0.85 \psi l_{cr} \frac{\sigma_{sk}}{E_s} \tag{8-9}$$

(2)纵向钢筋应变不均匀系数 ψ

纵向钢筋应变不均匀系数 ψ 由试验及研究表明,混凝土强度、配筋率、钢筋与混凝土的黏结强度及裂缝截面钢筋应力诸因素均有影响,可近似表达为

$$\psi = 1.1\left(1 - 0.8\frac{M_{cr}}{M_{sk}}\right) \tag{8-10}$$

式中　M_{sk}——按荷载效应标准组合近似的弯矩值;

M_{cr}——开裂弯矩。

4. 影响裂缝宽度的主要因素及减小裂缝宽度的措施

依上述分析可知,影响裂缝宽度的因素主要有:①钢筋应力;②钢筋直径;③钢筋表面特征;④混凝土抗拉强度及黏结强度;⑤混凝土保护层厚度;⑥混凝土有效受拉面积;⑦构件的受力形式等。

裂缝宽度与钢筋应力成正比，为了控制裂缝宽度，在普通钢筋混凝土构件中，不宜采用高强钢筋。

带肋钢筋的黏结应力比光面钢筋大得多，为减小裂缝宽度应尽可能采用带肋钢筋。

在相同截面面积时，直径细的钢筋有更多的外表面，这有利于提高与混凝土的黏结，减小裂缝宽度。因此，在施工允许的条件下，可采用直径较细的钢筋作为受拉钢筋。

保护层越厚，钢筋对外边缘混凝土收缩变形的约束越小，裂缝宽度就越大，故不宜采用过厚的保护层。一般按新《规范》规定取用。

新《混凝土结构设计规范》GB 50010—2002

8.1.3　在荷载效应的标准组合下，钢筋混凝土构件受拉区纵向钢筋的应力或预应力混凝土构件受拉区纵向钢筋的等效应力可按下列公式计算：

1　钢筋混凝土构件受拉区纵向钢筋的应力

1)轴心受拉构件

$$\sigma_{sk}=\frac{N_k}{A_s} \tag{8.1.3-1}$$

2)偏心受拉构件

$$\sigma_{sk}=\frac{N_k e'}{A_s(h_0-a'_s)} \tag{8.1.3-2}$$

3)受弯构件

$$\sigma_{sk}=\frac{M_k}{0.87h_0A_s} \tag{8.1.3-3}$$

4)偏心受压构件

$$\sigma_{sk}=\frac{N_k(e-z)}{A_s z} \tag{8.1.3-4}$$

$$z=\left[0.87-0.12(1-\gamma'_f)\left(\frac{h_0}{e}\right)^2\right]h_0 \tag{8.1.3-5}$$

$$e=\eta_s e_0+y_s \tag{8.1.3-6}$$

$$\gamma'_f=\frac{(b'_f-b)h'_f}{bh_0} \tag{8.1.3-7}$$

$$\eta_s=1+\frac{1}{4000e_0/h_0}\left(\frac{l_0}{h}\right)^2 \tag{8.1.3-8}$$

式中　A_s——受拉区纵向钢筋截面面积：对轴心受拉构件，取全部纵向钢筋截面面积；对偏心受拉构件，取受拉较大边的纵向钢筋截面面积；对受弯、偏心受压构件，取受拉区纵向钢筋截面面积；

e'——轴向拉力作用点至受压区或受拉较小边纵向钢筋合力点的距离；

e——轴向压力作用点至纵向受拉钢筋合力点的距离；

z——纵向受拉钢筋合力点至截面受压区合力点的距离，且不大于 $0.87h_0$；

η_s——使用阶段的轴向压力偏心距增大系数，当 $l_0/h\leqslant 14$ 时，取 $\eta_s=1.0$；

y_s——截面重心至纵向受拉钢筋合力点的距离；

γ'_{f}——受压翼缘截面面积与腹板有效截面面积的比值；

b'_{f}、h'_{f}——受压区翼缘的宽度、高度；在公式(8.1.3-7)中，当 $h'_{f}>0.2h_0$ 时，取 $h'_{f}=0.2h_0$；

N_k、M_k——按荷载效应的标准组合计算的轴向力值、弯矩值。

2 预应力混凝土构件受拉区纵向钢筋的等效应力

1)轴心受拉构件

$$\sigma_{sk}=\frac{N_k-N_{p0}}{A_p+A_s} \tag{8.1.3-9}$$

2)受弯构件

$$\sigma_{sk}=\frac{M_k\pm M_2-N_{p0}(z-e_p)}{(A_p+A_s)z} \tag{8.1.3-10}$$

$$e=e_p+\frac{M_k\pm M_2}{N_{p0}} \tag{8.1.3-11}$$

式中 A_p——受拉区纵向预应力钢筋截面面积：对轴心受拉构件，取全部纵向预应力钢筋截面面积；对受弯构件，取受拉区纵向预应力钢筋截面面积；

z——受拉区纵向非预应力钢筋和预应力钢筋合力点至截面受压区合力点的距离，按公式(8.1.3-5)计算，其中 e 按公式(8.1.3-11)计算；

e_p——混凝土法向预应力等于零时全部纵向预应力和非预应力钢筋的合力 N_{p0} 的作用点至受拉区纵向预应力和非预应力钢筋合力点的距离；

M_2——后张法预应力混凝土超静定结构构件中的次弯矩，按本规范第 6.1.7 条的规定确定。

注：在公式(8.1.3-10)、(8.1.3-11)中，当 M_2 与 M_k 的作用方向相同时，取加号；当 M_2 与 M_k 的作用方向相反时，取减号。

旧《混凝土结构设计规范》GBJ 10—89

第 **5.2.3** 条 在荷载的短期效应组合下构件纵向受拉钢筋应力或等效应力 σ_{ss} 可按下列公式计算：

一、钢筋混凝土构件的纵向受拉钢筋应力

1. 轴心受拉

$$\sigma_{ss}=\frac{N_s}{A_s} \tag{5.2.3-1}$$

2. 偏心受拉

$$\sigma_{ss}=\frac{N_s e'}{A_s(h_0-\alpha'_s)} \tag{5.2.3-2}$$

3. 受弯

$$\sigma_{ss}=\frac{M_s}{0.87h_0A_s} \tag{5.2.3-3}$$

4. 偏心受压

$$\sigma_{ss}=\frac{N_s(e-z)}{A_s z} \quad (5.2.3-4)$$

$$z=[0.87-0.12(1-\gamma'_f)(\frac{h_0}{e})^2]h_0 \quad (5.2.3-5)$$

$$e=\eta_s e_0+y_s \quad (5.2.3-6)$$

$$\eta_s=1+\frac{1}{4000e_0/h_0}\left(\frac{l_0}{h}\right)^2 \quad (5.2.3-7)$$

当 $\frac{l_0}{h}\leqslant 14$ 时,可取 $\eta_s=1.0$;

式中 A_s——受拉区纵向钢筋截面面积:对轴心受拉构件,A_s 取全部纵向钢筋截面面积;对偏心受拉构件,A_s 取受拉较大边的纵向钢筋截面面积;对受弯偏心受压构件,A_s 取受拉区纵向钢筋截面面积;

e'——轴向拉力作用点至受压区或受拉较小边纵向钢筋合力点的距离;

e——轴向压力作用点至纵向受拉钢筋合力点的距离;

z——纵向受拉钢筋合力点至受压区合力点之间的距离,且 $z\leqslant 0.87h_0$;

η_s——使用阶段的偏心距增大系数;

y_s——截面重心至纵向受拉钢筋合力点的距离;

γ'_f——受压翼缘面积与腹板有效面积的比值;

$\gamma'_f=\frac{(b'_f-b)h'_f}{bh_0}$,其中,$b'_f$、$h'_f$ 为受压区翼缘的宽度、高度,当 $h'_f>0.2h_0$ 时,取 $h'_f=0.2h_0$。

二、预应力混凝土构件的纵向受拉钢筋等效应力

1. 轴心受拉

$$\sigma_{ss}=\frac{N_s-N_{p0}}{A_p+A_s} \quad (5.2.3-8)$$

2. 受弯

$$\sigma_{ss}=\frac{M_s-N_{p0}(z-e_p)}{(A_p+A_s)z} \quad (5.2.3-9)$$

式中 z——受拉区纵向非预应力和预应力钢筋合力点至受压区合力点的距离,可按公式(5.2.3-5)计算,其中取 $e=\frac{M_s}{N_{p0}+e_p}$,此处,e_p 为混凝土法向预应力等于零时全部纵向预应力和非预应力钢筋的合力 N_{p0} 的作用点至受拉区纵向预应力和非预应力钢筋合力点的距离。

【新规范理解与说明】

本条内容,新规范在钢筋混凝土的纵向受拉钢筋和预应力混凝土构件的纵向受拉钢筋等效应力,均采用在荷载效应的标准组合下构件截面产生裂缝时的钢筋应力,而在旧规范中,均是以短期效应表示的。

(1)轴心受拉和受弯构件

对钢筋混凝土轴心受拉和受弯构件,钢筋应力 σ_{sk}仍按原规范的方法计算。受弯构件裂缝截面的内力臂系数,仍取 $\eta_b=0.87$。

(2)偏心受拉构件

对钢筋混凝土偏心受拉构件,其钢筋应力计算公式(8.1.3-2)是由外力与截面内力对受压区钢筋合力点取矩确定,此即表示不管轴向力作用在 A_s 和 A'_s 之间或之外,均近似取内力臂 $z=h_0-\alpha_s'$,图 8-5。

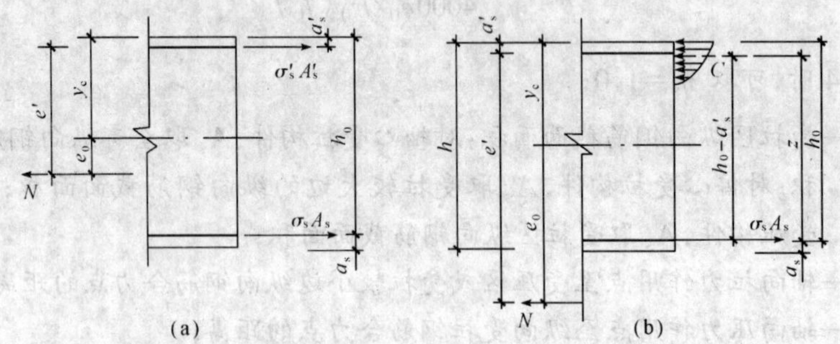

图 8-5 钢筋混凝土偏心受拉构件裂缝截面计算应力图形

(3)预应力混凝土构件的纵向受拉钢筋

对预应力混凝土构件的纵向受拉钢筋等效应力,是指在该钢筋合力点处混凝土预压应力抵消后钢筋中的应力增量,可视它为等效于钢筋混凝土构件中的钢筋应力 σ_{sk}。

预应力混凝土轴心受拉构件的纵向受拉钢筋等效应力的计算公式(8.1.3-9)就是基于上述的假定给出的。

(4)钢筋混凝土偏压构件和预应力混凝土受弯构件

对钢筋混凝土偏压构件(图 8-6)和预应力混凝土受弯构件,其纵向受拉钢筋的应力和等效应力可根据相同的概念给出。此时,可把预应力及非预应力钢筋的合力 N_{p0}作为压力与弯矩值 M_k 一起作用于截面上,这样,预应力混凝土受弯构件就等效于钢筋混凝土偏心受压构件。对后张法预应力混凝十超静定结构中的次弯矩 M_2 的影响,与新规范第 6.1.7 条相协调,在公式(8.1.3-10)、(8.1.3-11)中作了反映。

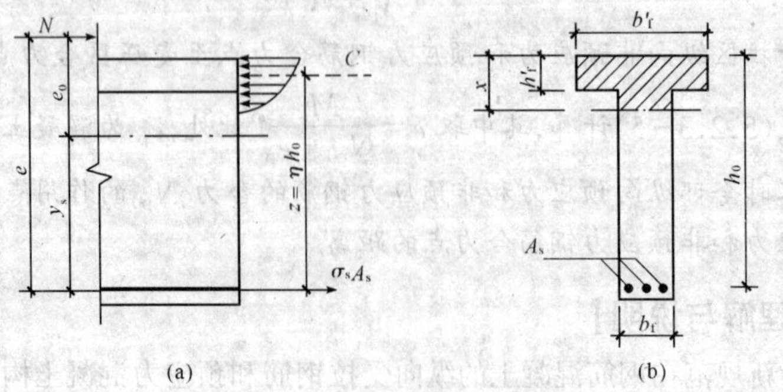

图 8-6 钢筋混凝土偏心受压构件裂缝截面计算应力图形

(5)纵向受拉钢筋合力点至受压区合力点之间的距离 $z=\eta h_0$ 对 z 的求解，知道 η 是计算钢筋应力的关键，求解时，对裂缝截面处的应力和应变作下列的假定：

①裂缝截面处的应变符合平截面假定；

②受压混凝土的应力－应变曲线如图 8－7a 所示(在使用阶段，只涉及曲线的上升段，为简便起见，该段可简化为直线)，受拉区混凝土的拉应力可以忽略；

③钢筋应力－应变曲线如图 8－7b 所示(在使用阶段，只涉及线弹性段)。

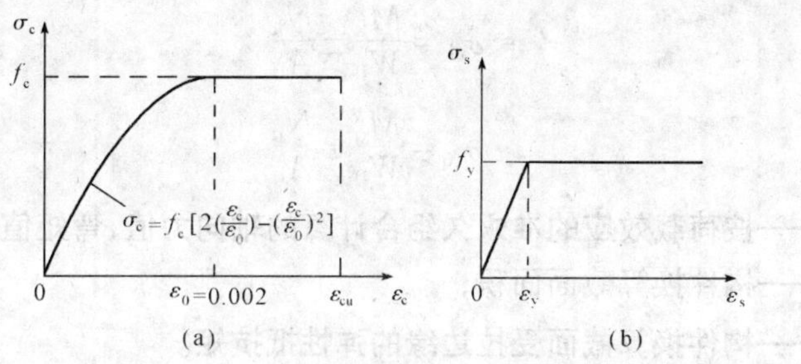

图 8－7　混凝土和钢筋的应力－应变曲线

考虑到计算的复杂性，通过电算分析表明，内力臂系数拟合公式可采用：

$$\eta=\eta_b-(\eta_b-\eta_0)\left(\frac{M_0}{M_e}\right)^2 \tag{8-11}$$

式中　η_b——钢筋混凝土受弯构件在使用阶段的裂缝截面内力臂系数；

η_0——纵向受拉钢筋截面重心处混凝土应力为零时的截面内力臂系数；

M_0——受拉钢筋截面重心处混凝土应力为零时的消压弯矩：对偏压构件，取 $M_0=N_k\eta_0h_0$；对预应力混凝土受弯构件，取 $M_0=N_{p0}(\eta_0h_0-e_p)$；

M_e——外力对受拉钢筋合力点的力矩：对偏压构件，取 $M_e=N_ke$；对预应力混凝土受弯构件，取 $M_e=M_k+N_{p0}e_p$ 或 $M_e=N_{p0}e$。

上述公式可进一步改写为：

$$\eta=\eta_0-\alpha\left(\frac{h_0}{e}\right)^2 \tag{8-12}$$

通过分析，适当考虑了混凝土的塑性影响，并经有关构件的试验结果校核后，本规范给出了以上述拟合公式为基础的简化公式(8.1.3－5)。如果能够推导出更精确的构件内力臂 z 的计算方法，在新规范中亦可以采用。

新《混凝土结构设计规范》GB 50010—2002

8.1.4　在荷载效应的标准组合和准永久组合下，抗裂验算边缘混凝土的法向应力应按下列公式计算：

1　轴心受拉构件

$$\sigma_{ck}=\frac{N_k}{A_0} \tag{8.1.4-1}$$

$$\sigma_{cq}=\frac{N_q}{A_0} \tag{8.1.4-2}$$

2　受弯构件

$$\sigma_{ck}=\frac{M_k}{W_0} \tag{8.1.4-3}$$

$$\sigma_{cq}=\frac{M_q}{W_0} \tag{8.1.4-4}$$

3　偏心受拉和偏心受压构件

$$\sigma_{ck}=\frac{M_k}{W_0}\pm\frac{N_k}{A_0} \tag{8.1.4-5}$$

$$\sigma_{cq}=\frac{M_q}{W_0}\pm\frac{N_q}{A_0} \tag{8.1.4-6}$$

式中　N_q、M_q——按荷载效应的准永久组合计算的轴向力值、弯矩值；

A_0——构件换算截面面积；

W_0——构件换算截面受拉边缘的弹性抵抗矩。

注：在公式(8.1.4-5)、(8.1.4-6)中右边项，当轴向力为拉力时取加号，为压力时取减号。

旧《混凝土结构设计规范》GBJ 10—89

第 **5.1.2** 条　在荷载的短期效应组合及长期效应组合下的抗裂验算边缘的混凝土法向应力应按下列公式计算：

一、轴心受拉构件

$$\sigma_{sc}=\frac{N_s}{A_0} \tag{5.1.2-1}$$

$$\sigma_{lc}=\frac{N_l}{A_0} \tag{5.1.2-2}$$

二、受弯构件

$$\sigma_{sc}=\frac{M_s}{W_0} \tag{5.1.2-3}$$

$$\sigma_{lc}=\frac{M_l}{W_0} \tag{5.1.2-4}$$

三、偏心受拉和偏心受压构件

$$\sigma_{sc}=\frac{M_s}{W_0}\pm\frac{N_s}{A_0} \tag{5.1.2-5}$$

$$\sigma_{lc}=\frac{M_l}{W_0}\pm\frac{N_l}{A_0} \tag{5.1.2-6}$$

式中　N_s、M_s——按荷载短期效应组合计算的轴向力值、弯矩值；

N_l、M_l——按荷载长期效应组合下计算的轴向力值、弯矩值；

A_0————构件换算截面面积；

W_0——换算截面受拉边缘的弹性抵抗矩。

注：公式(5.1.2-5)、(5.1.2-6)中右边第二项，当轴向力为拉力时取正号，压力时取负号。

【新规范理解与说明】

本条内容,新旧规范关于法向应力有不同的规定,在新规范中是以荷载效应标准组合和准永久组合作用下的,而在旧规范只是短期效应组合和长期效应组合。

在新规范关于抗裂验算中,边缘混凝土的法向应力计算公式是按弹性应力给出的。关于标准组合和准永久组合参见前述章节。

新《混凝土结构设计规范》GB 50010—2002

8.1.5 预应力混凝土受弯构件应分别对截面上的混凝土主拉应力和主压应力进行验算:

1 混凝土主拉应力

1)一级——严格要求不出现裂缝的构件,应符合下列规定:

$$\sigma_{tp} \leqslant 0.85 f_{tk} \tag{8.1.5-1}$$

2)二级——一般要求不出现裂缝的构件,应符合下列规定:

$$\sigma_{tp} \leqslant 0.95 f_{tk} \tag{8.1.5-2}$$

2 混凝土主压应力

对严格要求和一般要求不出现裂缝的构件,均应符合下列规定:

$$\sigma_{cp} \leqslant 0.6 f_{ck} \tag{8.1.5-3}$$

式中 σ_{tp}、σ_{cp}——混凝土的主拉应力、主压应力,按本规范第 8.1.6 条确定。

此时,应选择跨度内不利位置的截面,对该截面的换算截面重心处和截面宽度剧烈改变处进行验算。

注:对允许出现裂缝的吊车梁,在静力计算中应符合公式(8.1.5-2)和公式(8.1.5-3)的规定。

旧《混凝土结构设计规范》GBJ 10—89

第 **5.1.3** 条 预应力混凝土受弯构件应分别按下列规定进行斜截面抗裂验算:

一、混凝土主拉应力

对严格要求出现裂缝的构件,应符合下列规定

$$\sigma_{tp} \leqslant 0.85 f_{tk} \tag{5.1.3-1}$$

对一般要求不出现裂缝的构件,应符合下列规定:

$$\sigma_{tp} \leqslant 0.95 f_{tk} \tag{5.1.3-2}$$

二、混凝土主压应力

对严格要求和一般要求不出现裂缝的构件,均应符合下列规定:

$$\sigma_{cp} \leqslant 0.6 f_{ck} \tag{5.1.3-3}$$

式中 σ_{tp}、σ_{cp}——混凝土的主拉应力、主压应力。

此时,应选择跨度内不利位置的截面,对该截面的换算截面重心处和截面宽度剧烈改变处进行验算。

注:对允许出现裂缝的吊车梁,在静力计算中应符合公式(5.1.3-2)和(5.1.3-3)的规定。

【新规范理解与说明】

本条内容,新旧规范没有变化,从裂缝控制要求对预应力混凝土受弯构件的斜截面混

凝土主拉应力进行验算,是为了避免斜裂缝的出现,同时按裂缝等级不同予以区别对待;对混凝土主压应力的验算,是为了避免过大的压应力导致混凝土抗拉强度过大地降低和裂缝过早地出现。

验算截面抗裂时,应选择跨度内最不利截面,即 M 和 V 都比较大的截面或是外形有突变的截面(如I字形截面截面腹板变化处),沿截面高处则选择截面剧烈改变处(如I字形截面上、下翼缘与腹板交界处)和换算截面重心处进行验算。

此外,对先张法预应力混凝土构件,其传递长度 l_{tr} 范围内应适当降低。

新《混凝土结构设计规范》GB 50010—2002

8.1.6　混凝土主拉应力和主压应力应按下列公式计算:

$$\left.\begin{matrix}\sigma_{tp}\\\sigma_{cp}\end{matrix}\right\}=\frac{\sigma_x+\sigma_y}{2}\pm\sqrt{\left[\frac{\sigma_x-\sigma_y}{2}\right]^2+\tau^2} \tag{8.1.6-1}$$

$$\sigma_x=\sigma_{pc}+\frac{M_k y_0}{I_0} \tag{8.1.6-2}$$

$$\tau=\frac{(V_k-\sum\sigma_{pe}A_{pb}\sin\alpha_p)S_0}{I_0 b} \tag{8.1.6-3}$$

式中　σ_x——由预加力和弯矩值 M_k 在计算纤维处产生的混凝土法向应力;

σ_y——由集中荷载标准值 F_k 产生的混凝土竖向压应力;

τ——由剪力值 V_k 和预应力弯起钢筋的预加力在计算纤维处产生的混凝土剪应力;当计算截面上有扭矩作用时,尚应计入扭矩引起的剪应力;对后张法预应力混凝土超静定结构构件,在计算剪应力时,尚应计入预加力引起的次剪力;

σ_{pc}——扣除全部预应力损失后,在计算纤维处由预加力产生的混凝土法向应力,按本规范公式(6.1.5-1)或(6.1.5-4)计算;

y_0——换算截面重心至计算纤维处的距离;

I_0——换算截面惯性矩;

V_k——按荷载效应的标准组合计算的剪力值;

S_0——计算纤维以上部分的换算截面面积对构件换算截面重心的面积矩;

σ_{pe}——预应力弯起钢筋的有效预应力;

A_{pb}——计算截面上同一弯起平面内的预应力弯起钢筋的截面面积;

α_p——计算截面上预应力弯起钢筋的切线与构件纵向轴线的夹角。

注:公式(8.1.6-1)、(8.1.6-2)中的 σ_x、σ_y、σ_{pc}和 $M_k y_0/I_0$,当为拉应力时,以正值代入;当为拉应力时,以负值代入;

旧《混凝土结构设计规范》GBJ 10—89

第 **5.1.4** 条　混凝土主拉应力和主压应力按下列公式计算:

$$\left.\begin{matrix}\sigma_{tp}\\\sigma_{cp}\end{matrix}\right\}=\frac{\sigma_x+\sigma_y}{2}\pm\sqrt{\left(\frac{\sigma_x-\sigma_y}{2}\right)^2+\tau^2} \tag{5.1.4-1}$$

$$\sigma_x=\sigma_{pc}+\frac{M_s y_0}{I_0} \tag{5.1.4-2}$$

$$\tau=\frac{(V_s-\sum\sigma_{pc}A_{pb}\sin\sigma_p)S_0}{I_0 b} \tag{5.1.4-3}$$

式中　σ_x——由预应力和弯矩值 M_s 在计算纤维处产生的混凝土法向应力；

σ_y——由集中荷载标准值 F_k 产生的混凝土竖向压应力；

τ——由剪力值 V_s 和预应力弯起钢筋的预应力在计算纤维处产生的混凝土剪应力；当计算截面上作用有扭矩时，尚应考虑扭矩引起的剪应力；

σ_{pc}——扣除全部预应力损失后，在计算纤维处由预应力产生的混凝土法向应力，按公式(3.4.5-1)或(3.4.5-4)计算；

y_0——换算截面重心至所计算纤维处的距离；

V_s——按荷载短期效应组合计算的剪力值；

S_0——计算纤维以上部分的换算截面面积对构件换算截面重心的面积矩；

A_{pb}——计算截面上同一弯起平面内的预应力弯起钢筋的截面面积；

α_p——计算截面上预应力弯起钢筋的切线与构件纵向轴线的夹角。

注：公式(5.1.4-1)、(5.1.4-2)中的 σ_x、σ_y 和 $\frac{M_s y_0}{I_0}$ 当为拉应力时，以正号代入，当为压应力时，以负号代入。

【新规范理解与说明】

本条内容，新旧规范有些提法的不同。

(1)在新规范中 τ 的范围添加了后张法预应力混凝土超静定结构构件，由预加力引起的次剪力。

(2) V 和 M 均采用荷载效应的标准组合。

新《混凝土结构设计规范》GB 50010—2002

8.1.7　对预应力混凝土吊车梁，在集中力作用点两侧各 $0.6h$ 的长度范围内，由集中荷载标准值 F_k 产生的混凝土竖向压应力和剪应力的简化分布，可按图 8.1.7 确定，其应力的最大值可按下列公式计算：

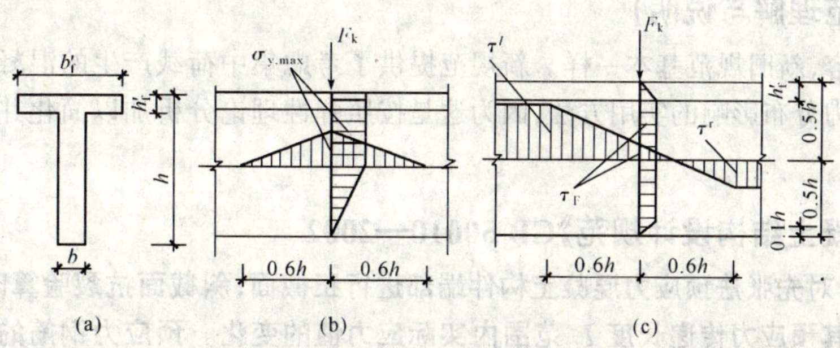

图 8.1.7　预应力混凝土吊车梁集中力作用点附近的应力分布

(a)截面；(b)竖向压应力 σ_y 分布；(c)剪应力 τ 分布

$$\sigma_{y,\max}=\frac{0.6F_k}{bh} \tag{8.1.7-1}$$

$$\tau_F=\frac{\tau^l-\tau^r}{2} \tag{8.1.7-2}$$

$$\tau^l=\frac{V_k^l S_0}{I_0 b} \tag{8.1.7-3}$$

$$\tau^r=\frac{V_k^r S_0}{I_0 b} \tag{8.1.7-4}$$

式中　τ^l、r^r——位于集中荷载标准值 F_k 作用点左侧、右侧 $0.6h$ 处截面上的剪应力；

τ_F——集中荷载标准值 F_k 作用截面上的剪应力；

V_k^l、V_k^r——集中荷载标准值 F_k 作用点左侧、右侧截面上的剪力标准值。

旧《混凝土结构设计规范》GBJ 10—89

在旧规范中没有这一条，但从属于5.1.4之中。

5.1.4　对预应力混凝土吊车梁，在集中作用点两侧各 $0.6h$ 和长度范围内，集中荷载标准值产生的混凝土竖向压力和剪应力，可按图5.1.4取用。

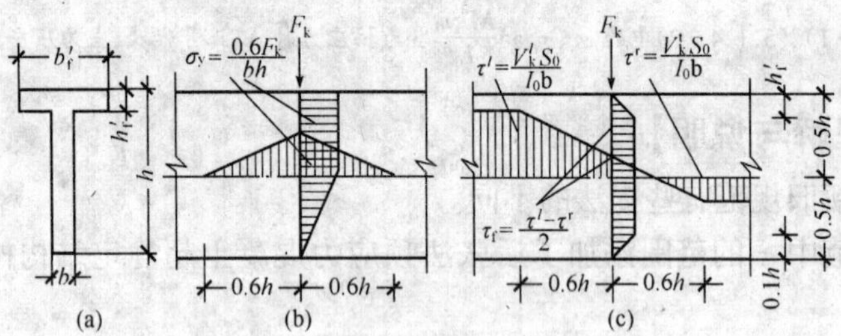

图5.1.4　预应力混凝土吊车梁集中力作用点附近应力分布图

a)截面；b)竖向压应力 σ_r 分布；c)剪应力 τ 分布

F_k—集中荷载标准值；V_k^l，V_k^r—集中荷载标准值 F_k 作用点的左端、右端剪力标准值；τ^l、τ^r—集中荷载标准值 F_k 作用点的左端、右端剪应力

【新规范理解与说明】

本条内容，新旧规范基本一样。新规范提供了考虑集中荷载产生的混凝土竖向压应力及对剪应力分布影响的实用方法，因为这是按照弹性理论分析加以简化并经试验验证后得出的。

新《混凝土结构设计规范》GB 50010—2002

8.1.8　对先张法预应力混凝土构件端部进行正截面、斜截面抗裂验算时，应考虑预应力钢筋在其预应力传递长度 l_{tr} 范围内实际应力值的变化。预应力钢筋的实际应力按线性规律增大，在构件端部取为零，在其预应力传递长度的末端取有效预应力值 σ_{pe}（图8.1.8），预应力钢筋的预应力传递长度 l_{tr} 应按本规范第6.1.9条确定。

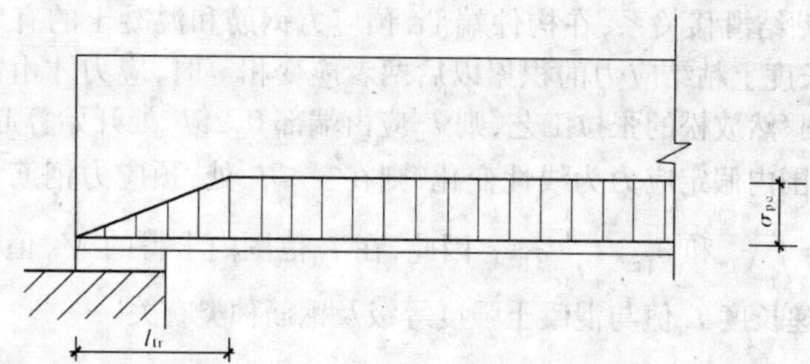

图 8.1.8　预应力传递长度范围内有效预应力值的变化

旧《混凝土结构设计规范》GBJ 10—89

第 5.1.5 条　对先张法预应力混凝土构件端部进行斜截面受剪承载力计算以及正截面、斜截面抗裂验算时，应考虑预应力钢筋在其预应力传递长度 l_{tr} 范围内实际应力值的变化。预应力钢筋的实际预应力按线性规律增大，在构件端部取零，在其预应力传递长度的末端取有效预应力值 σ_{pe}（图 5.1.5），预应力钢筋的预应力传递长度 l_{tr} 应按表 5.1.5 取用。

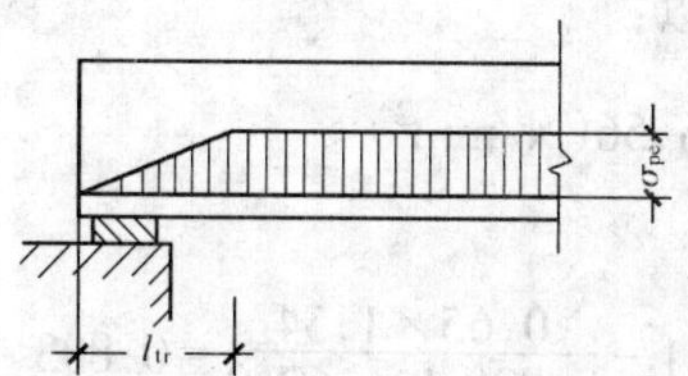

图 5.1.5　预应力钢筋的预应力传递长度范围内有效预应力值的变化

表 5.1.5　　　预应力钢筋的预应力传递长度 l_{tr}

种类	混凝土强度等级			
	C20	C30	C40	≥C50
刻痕钢丝直径 $d=5$mm $\sigma_{pe}=1000$N/mm^2	$150d$	$100d$	$65d$	$60d$
钢绞线直径 $d=9\sim15$mm	—	$85d$	$70d$	$70d$
冷拔低碳钢丝直径 $d=4\sim5$mm	$110d$	$90d$	$85d$	$80d$

注：①确定预应力传递长度 l_{tr} 时，表中混凝土强度等级应按放张时的混凝土立方体抗压强度确定；
②当刻痕钢丝的有效预应力值 σ_{pe} 大于或小于 1000N/mm^2 时，其预应力传递长度应根据表 5.1.5 的数值按比例增减；
③当采用骤然放松预应力钢筋的施工工艺时，l_{tr} 的起点应从距构件末端 $0.25l_{tr}$ 处开始计算；
④对冷拉Ⅱ、Ⅲ级钢筋，可不考虑预应力传递长度 l_{tr}。

【新规范理解与说明】

先张法预应力混凝土受弯构件，如采用刻痕钢丝，钢绞线及冷拔低碳钢丝作为预应力筋时，计算时 N_{p0} 应考虑端部存在预应力钢筋在预应力钢筋传递长度 l_{tr} 范围内实际应力值的变化。按照粘结滑移关系，在构件端部，预应力钢筋和混凝土的有效预压应力均为零，通过一段 l_{tr} 长度上粘结应力的积累以后两者应变相等时，应力才由零逐步分别达到 σ_{pe} 和 σ_{pc}（如采用骤然放松的张拉工艺，则 l_{tr} 应由端部 $0.25l_{tr}$ 处开始算起），为计算方便，在传递长度 l_{tr} 范围内假定应力为线性变化，则在 $x \leqslant l_{tr}$ 处，预应力钢筋和混凝土的实际应力分别为 $\sigma_{pex}=\dfrac{x}{l_{tr}}\sigma_{pe}$ 和 $\sigma_{pcx}=\dfrac{x}{l_{tr}}\sigma_{pc}$。因此，在 l_{tr} 范围内求得的 V_p 值要降低。预应力钢筋的预应力传递长度 l_{tr} 值与混凝土强度等级及钢筋种类有关。

【新规范应用计算实例】

【例 8－1】 一轴心受拉构件，截面尺寸为 $b \times h = 200\text{mm} \times 200\text{mm}$，按荷载效应标准组合计算的轴向拉力值 $N_k = 150\text{kN}$，混凝土强度等级为 C20，根据承载力计算，钢筋取用 HRB335 级，配 4⌀16（$A_s = 804\text{mm}^2$）。裂缝宽度限制 $\omega_{lim} = 0.3\text{mm}$，试验算最大裂缝宽度。

解 按公式（8.1.2－1）计算最大裂缝宽度。

$$E_s = 2.0 \times 10^5 \text{N/mm}^2$$

$$\rho_{te} = \frac{A_s}{bh} = \frac{804}{200 \times 200} = 0.020\,1$$

由于是轴心受拉构件，所以：

$$\sigma_{sk} = \frac{N_k}{A_s} = \frac{150 \times 10^3}{804} = 186.56(\text{N/mm}^2)$$

由公式（8.1.2－1）得：

$$\psi = 1.1 - 0.65\frac{f_{tk}}{\rho_{te}\sigma_{sk}} = 1.1 - \frac{0.65 \times 1.54}{0.020\,1 \times 167.9} = 0.803$$

$$d_{eq} = \frac{\sum n_i d_i^2}{\sum n_i u_i d_i} = \frac{4 \times 16^2}{4 \times 1.0 \times 16} = 16$$

由公式（8.1.2－1）得：

$$\omega_{max} = \alpha_{cr}\psi\frac{\sigma_{sk}}{E_s}\left(1.9c + 0.08\frac{d_{eq}}{\rho_{te}}\right)$$

$$= 2.7 \times 0.803 \times \frac{186.56}{2.0 \times 10^5}\left[1.9 \times 25 + 0.08 \times \frac{16}{0.020\,1}\right]$$

$$= 0.224\text{mm} < \omega_{lim} = 0.3\text{mm}$$

满足要求。

【例 8－2】 矩形截面简支梁，截面尺寸 $b \times h = 250\text{mm} \times 500\text{mm}$，作用于截面上按荷载效应标准组合计算的弯矩值 $M_k = 110\text{kN·m}$，混凝土强度等级 C20，配置 HRB400 级钢筋 2⌀18＋2⌀20（$A_s = 1\,137\text{mm}^2$）。裂缝宽度限值 $\omega_{lim} = 0.3\text{mm}$。试验算最大裂缝宽度。

解 查附表得 $f_{tk} = 1.54\text{N/mm}^2$，$f_y = 360\text{N/mm}^2$，$E_s = 200\,000\text{N/mm}^2$，由式（8－1.3－1）钢筋应力为

$$\sigma_{sk} = \frac{M_k}{0.87h_0A_s} = \frac{110 \times 10^6}{0.87 \times 460 \times 1\,137} = 242\text{N/mm}^2$$

矩形截面受弯构件下半截面受拉

$$\rho_{te} = \frac{A_s}{A_{te}} = \frac{A_s}{0.5bh} = \frac{1\,137}{0.5 \times 250 \times 500} = 0.01816 > 0.01$$

由式(8.1.2－2)，有

$$\psi = 1.1 - 0.65\frac{f_{tk}}{\rho_{te}\sigma_{sk}} = 1.1 - \frac{0.65\times1.54}{0.01816\times242} = 0.875$$

换算钢筋直径

$$d_{eq} = \frac{\sum n_i d_i^2}{\sum n_i \upsilon_i d_i} = \frac{2\times18^2 + 2\times20^2}{(2\times18 + 2\times20)\times1.0} = 19\text{mm}$$

由式(8.1.2－1)，有

$$\begin{aligned}\omega_{max} &= \alpha_{cr}\psi\frac{\sigma_{sk}}{E_s}\left(1.9c + 0.08\frac{d_{eq}}{\rho_{eq}}\right)\\ &= 2.1\times0.875\frac{242}{2\times10^5}\left(1.9\times30 + 0.08\times\frac{19}{0.01816}\right)\\ &= 0.298 < \omega_{lim} = 0.3\text{mm}\end{aligned}$$

满足要求。

【例 8－3】 矩形截面偏心受拉杆件的截面尺寸 $b\times h = 200\text{mm}\times160\text{mm}$，配置4Φ16钢筋($A_s = 804.0\text{mm}^2$)，混凝土强度等级为 C25($f_{tk} = 1.78\text{N/mm}^2$)，混凝土保护层厚度 $c = 25\text{mm}$，按荷载效应的标准组合计算的轴向拉力值 $N_k = 144\text{kN}$，偏心距 $e_0 = 30\text{mm}$，$\omega_{lim} = 0.3\text{mm}$。试验算最大裂缝宽度是否符合要求。

解　$a_s = a'_s = c + \dfrac{d}{2} = 25 + \dfrac{16}{2} = 33\text{mm}$

$h_0 = h - a_s = 200 - 33 = 167\text{mm}$

$A_s = A'_s = 402\text{mm}^2$　$e' = e_0 + y_c - a'_s = 30 + 0.5\times200 - 33 = 97\text{mm}$

$$\rho_{te} = \frac{A_s}{0.5bh} = \frac{402}{0.5\times160\times200} = 0.025\,1$$

$$\sigma_{sk} = \frac{Ne'}{A_s(h_0 - a'_s)} = \frac{144\times10^3\times97}{402\times(167-33)} = 258\text{N/mm}^2$$

$$\psi = 1.1 - \frac{0.65f_{tk}}{\rho_{te}\sigma_{sk}} = 1.1 - \frac{0.65\times1.78}{0.025\,1\times258} = 0.921$$

由式(8.1.2－1)，有

$$\begin{aligned}\omega_{max} &= 2.4\psi\frac{\sigma_{sk}}{E_s}\left(1.9c + 0.08\frac{d_{eq}}{\rho_{te}}\right)\\ &= 2.4\times0.921\times\frac{258}{2\times10^5}\times\left(1.9\times25 + 0.08\times\frac{16}{0.025\,1}\right)\\ &= 0.281\text{mm} < \omega_{lim} = 0.3\text{mm}\end{aligned}$$

满足要求

【例 8－4】 矩形截面偏心受压柱的截面尺寸 $b\times h = 400\text{mm}\times600\text{mm}$，受压钢筋和受拉钢筋均为 4Φ20($A_s = A'_s = 1\,256\text{mm}^2$)，混凝土强度等级为 C30($f_{tk} = 2.01\text{N/mm}^2$)，混凝土保护层厚度 $c = 40\text{mm}$，按荷载效应的标准组合计算的轴向压力值 $N_k = 350\text{kN}$，弯矩值 $M_k = 162\text{kN}\cdot\text{m}$。柱的计算长度 $l_0 = 4\text{m}$，最大裂缝宽度限值 $\omega_{lim} = 0.2\text{mm}$，试验算最大裂缝宽度是否符合要求。

解 $\frac{l_0}{h}=\frac{4000}{600}=6.67<14$ 取 $\eta_s=1.0$

$$a_s=c+\frac{d}{2}=40+\frac{20}{2}=50\text{mm}$$

$$h_0=h-a_s=600-50=550\text{mm}$$

$$e_0=\frac{M_k}{N_k}=\frac{162}{324}=0.50\text{m}=500\text{mm}$$

$$e=\eta_s e_0+\frac{h}{2}-a_s=1.0\times500+\frac{600}{2}-50=750\text{mm}$$

$$z=\eta h_0=\left[0.87-0.12\left(\frac{h_0}{e}\right)^2\right]h_0=\left[0.87-0.12\left(\frac{550}{750}\right)^2\right]\times550$$
$$=0.805\times550=443\text{mm}$$

$$\sigma_{sk}=\frac{N_k(e-z)}{A_s z}=\frac{350\times10^3\times(750-443)}{1256\times443}=193.36\text{N/mm}^2$$

$$\rho_{te}=\frac{A_s}{0.5bh}=\frac{1256}{0.5\times400\times600}=0.010\,5$$

$$\psi=1.1-\frac{0.65f_{tk}}{\rho_{te}\sigma_{sk.}}=1.1-\frac{0.65\times2.01}{0.0105\times179}=0.405$$

由式(8.1.2-1)有

$$\omega_{max}=2.1\psi\frac{\sigma_{sk}}{E_s}(1.9c+0.08\frac{d_{eq}}{\rho_{te}})$$
$$=2.1\times0.405\times\frac{193.36}{2\times10^5}(1.9\times40+0.08\times\frac{20}{0.010\,5})$$
$$=0.188\text{mm}<\omega_{lim}=0.2\text{mm}$$

满足要求。

第三节 受弯构件挠度验算

新《混凝土结构设计规范》GB 50010—2002

8.2.1 钢筋混凝土和预应力混凝土受弯构件在正常使用极限状态下的挠度，可根据构件的刚度用结构力学方法计算。

在等截面构件中，可假定各同号弯矩区段内的刚度相等，并取用该区段内最大弯矩处的刚度。当计算跨度内的支座截面刚度不大于跨中截面刚度的两倍或不小于跨中截面刚度的二分之一时，该跨也可按等刚度构件进行计算，其构件刚度可取跨中最大弯矩截面的刚度。

受弯构件的挠度应按荷载效应标准组合并考虑荷载长期作用影响的刚度 B 进行计算，所求得的挠度计算值不应超过本规范表 3.3.2 规定的限值。

旧《混凝土结构设计规范》GBJ 10—89

第 **5.3.1** 条 钢筋混凝土和预应力混凝土受弯构件在正常使用极限状态下的挠度，可根据构件的刚度用结构力学的方法计算。

在等截面构件中，可假定各同号弯矩区段内的刚度相等，并取用该区段内最大弯矩处的刚度。

受弯构件的挠度应按荷载短期效应组合并考虑荷载长期效应组合影响的长期刚度 B_1 进行计算，所求得的挠度计算值不应超过表 3.3.2 规定的允许值。

注：钢筋混凝土受弯构件的跨高比如符合本规范附录八的规定，可不作挠度验算。

【新规范理解与说明】

本条内容，新旧规范有些不同。正常使用极限状态下混凝土构件挠度，主要取于构件的刚度。

对钢筋混凝土受弯构件进行变形验算，也就是把它在正常使用极限状态下产生的挠度控制在规定的限值之内。

钢筋混凝土受弯构件的变形，在截面开裂前和开裂后变化很大(图 8-8)。裂缝出现前，当构件的应力-应变关系还处于"第Ⅰ阶段"时，其变形基本上是弹性的，变形与荷载之间基本保持线性关系。裂缝出现以后，即应力-应变关系处于"第Ⅱ阶段"，不仅混凝土的变形模量随荷载的增加而继续降低，而且由于受拉区混凝土的开裂，使截面的几何和物理性质也发生根本的变化。到接近破坏的第Ⅲ阶段，荷载基本不增加，而构件的变形剧增，构件最终破坏。但第Ⅲ阶段不是变形计算考虑的范围。

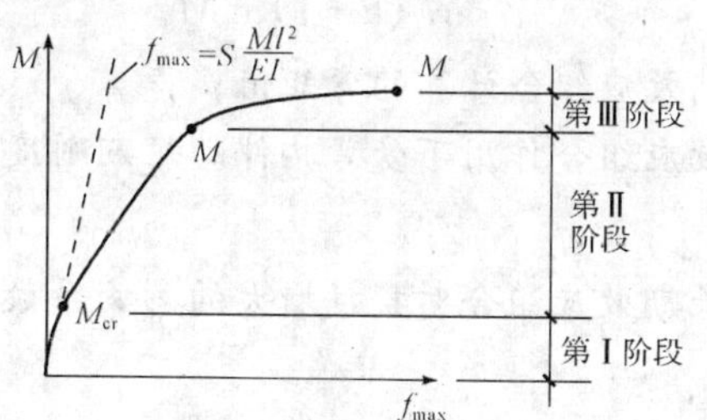

图 8-8　钢筋混凝土梁的弯矩-挠度关系曲线

材料力学给出弹性材料的变形计算方法应用了 3 个基本关系，①静力平衡关系——平衡方程；②几何关系——平截面假定；③物理假定——虎克定律，在上述基础上建立梁的挠度计算公式。如承受均布荷载的简支梁，其跨中挠度为：

$$f=\frac{5}{48}\frac{Ml^2}{EI}$$

式中　EI——梁的截面抗弯刚度。

当梁的截面尺寸、材料一定时，EI 为常数，挠度与弯矩呈线性关系。

对于钢筋混凝土梁由于其在一般情况下均是带裂缝工作的，试验表明：钢筋混凝土梁的挠度与弯矩的关系是非线性的。新《规范》通过用短期刚度和长期刚度来反映这一非线性的关系。短期刚度是指钢筋混凝土梁在荷载标准效应组合作用下的截面抗弯刚度。长期刚度是指钢筋混凝土梁在荷载标准效应组合作用下并考虑荷载长期作用的影响时截面的抗弯刚度。

新规范假定在同号弯矩区段内的刚度相等，并取该区段内最大弯矩处所对应的刚度；

对于允许出现裂缝的构件,它就是该区段内的最小刚度,这样做是偏于安全的。当支座截面刚度与跨中截面刚度之比在新规范规定的范围内时,采用等刚度计算构件挠度,其误差不致超过5%。

新《混凝土结构设计规范》GB 50010—2002

8.2.2 矩形、T形、倒T形和I形截面受弯构件的刚度 B,可按下列公式计算:

$$B=\frac{M_k}{M_q(\theta-1)+M_k}B_s \qquad (8.2.2)$$

式中 M_k——按荷载效应的标准组合计算的弯矩,取计算区段内的最大弯矩值;

M_q——按荷载效应的准永久组合计算的弯矩,取计算区段内的最大弯矩值;

B_s——荷载效应的标准组合作用下受弯构件的短期刚度,按本规范第8.2.3条的公式计算;

θ——考虑荷载长期作用对挠度增大的影响系数,按本规范第8.2.5条取用。

旧《混凝土结构设计规范》GBJ 10—89

第**5.3.2**条 矩形、T形、倒T形和I形截面受弯构件的长期刚度,可按下列公式计算:

$$B_l=\frac{M_s}{M_l(\theta-1)+M_s}B_s \qquad (5.3.2)$$

式中 M_l——按荷载长期效应组合计算的弯矩值;

B_s——荷载短期效应组合作用下受弯构件的短期刚度,按本规范第5.3.3条的公式计算;

θ——考虑荷载长期效应组合对挠度增大的影响系数,按本规范第5.3.4条的规定采用。

【新规范理解与说明】

本条内容,新旧规范关于短期刚度和弯矩取值不同。新规范规定,受弯构件的刚度 B 是在短期刚度 B_s 的基础上,考虑在长期荷载作用下,钢筋混凝土受弯构件的刚度随时间增长而降低,挠度随时间增长而增大。在前6个月挠度增大较快,以后逐渐减缓,一年后趋于收敛,但即使在5～6年后仍在不断变动,不过变化很小。因此,对一般尺寸的构件可取3年或1000天的挠度值作为最终挠度值。

在长期荷载作用下,受弯构件挠度不断增大的主要原因有如下几方面:

(1)受压混凝土发生徐变,使受压应变随时间而增大。同时,由于受压混凝土塑性发展,应力图形变曲,使内力臂减小,从而引起受拉钢筋应力的某些增加。

(2)受拉混凝土和受拉钢筋间的粘结滑移徐变,受拉混凝土的应力松弛以及裂缝的向上发展,导致受拉混凝土不断退出工作,从而使受拉钢筋平均应变随时间增大。

(3)混凝土的收缩。

在上述影响因素中,受压混凝土的徐变是最主要的因素。影响混凝土徐变和收缩的因素,如受压钢筋的配筋量、加荷龄期和使用环境的温湿度等,都对长期荷载作用下挠度的增大有影响。

在长期荷载作用下受弯构件挠度的增大可用挠度增大系数 θ 来反映。挠度增大系数 θ 为长期荷载作用下的挠度 Δ_l 与短期荷载作用下的挠度 Δ_s 的比值，即 $\theta=\Delta_l/\Delta_s$。

长期荷载试验表明，在一般情况下，对单筋矩形、T 形和 I 形截面梁，可取 $\theta=2.0$。

对于双筋梁，由于受压钢筋对混凝土的徐变起着约束作用，因此，将减少长期荷载作用下挠度的增大。减少的程度与受压钢筋和受拉钢筋的相对数量有关。根据试验结果，θ 可按下列公式计算：

$$\theta=2-0.4\frac{\rho'}{\rho}\geqslant 1.6 \tag{8-12}$$

截面形式对长期荷载作用下的挠度也有影响，对于翼缘在受拉区的倒 T 形截面，由于在短期荷载作用下受拉混凝土参加工作较多，在长期荷载作用下退出工作的影响就较大，从而使挠度增大较多。新《规范》规定，对翼缘在受拉区的倒 T 形截面，θ 应增大 20%。必须指出，当按这样计算的长期挠度大于按相应矩形截面（即不考虑受拉翼缘）计算的长期挠度时，长期挠度值应按后者采用。

当荷载仅部分长期作用时，可近似认为，构件总挠度等于短期荷载作用下的短期挠度与长期荷载作用下的长期挠度之和。若短期荷载和长期荷载的分布形式相同，则有

$$\beta\frac{M_s l_0^2}{B_s}+\theta\beta\frac{M_l l_0^2}{B_s}=\beta\frac{M l_0^2}{B_l} \tag{8-13}$$

式中 M_s——短期荷载所产生的弯矩；

M_l——长期荷载所产生的弯矩；

M——全部荷载所产生的弯矩，即 $M=M_s+M_l$；

B_l——考虑部分荷载长期作用时的刚度；

β——挠度系数。

由公式（8-13）可得

$$B_l=\frac{M}{M_l(\theta-1)+M}B_s \tag{8-14}$$

新规范取 B 值为（8.2.2），即

$$B=\frac{M_k}{M_q(\theta-1)+M_k}B_s$$

新《混凝土结构设计规范》GB 50010—2002

8.2.3　在荷载效应的标准组合作用下，受弯构件的短期刚度 B_s 可按下列公式计算：

1　钢筋混凝土受弯构件

$$B_s=\frac{E_s A_s h_0^2}{1.15\psi+0.2+\dfrac{6\alpha_E\rho}{1+3.5\gamma'_f}} \tag{8.2.3-1}$$

2　顶应力混凝土受弯构件

1)要求不出现裂缝的构件

$$B_s=0.85E_c I_0 \tag{8.2.3-2}$$

2)允许出现裂缝的构件

$$B_s=\frac{0.85E_cI_0}{\kappa_{cr}+(1-\kappa_{cr})\omega} \tag{8.2.3-3}$$

$$\kappa_{cr}=\frac{M_{cr}}{M_k} \tag{8.2.3-4}$$

$$\omega=\left(1.0+\frac{0.21}{\alpha_E\rho}\right)(1+0.45\gamma_f)-0.7 \tag{8.2.3-5}$$

$$M_{cr}=(\sigma_{pc}+\gamma f_{tk})W_0 \tag{8.2.3-6}$$

$$\gamma_f=\frac{(b_f-b)h_f}{bh_0} \tag{8.2.3-7}$$

式中 ψ——裂缝间纵向受拉钢筋应变不均匀系数,按本规范第 8.1.2 条确定;

α_E——钢筋弹性模量与混凝土弹性模量的比值:$\alpha_E=E_s/E_c$;

ρ——纵向受拉钢筋配筋率:对钢筋混凝土受弯构件,取 $\rho=A_s/(bh_0)$;对预应力混凝土受弯构件,取 $\rho=(A_p+A_s)/(bh_0)$;

I_0——换算截面惯性矩;

γ_f——受拉翼缘截面面积与腹板有效截面面积的比值;

b_f、h_f——受拉区翼缘的宽度、高度;

κ_{cr}——预应力混凝土受弯构件正截面的开裂弯矩 M_{cr}与弯矩 M_k 的比值,当 $\kappa_{cr}>1.0$ 时,取 $\kappa_{cr}=1.0$;

σ_{pc}——扣除全部预应力损失后,由预加力在抗裂验算边缘产生的混凝土预压应力;

γ——混凝土构件的截面抵抗矩塑性影响系数,按本规范第 8.2.4 条确定。

注:对预压时预拉区出现裂缝的构件,B_s 应降低 10%。

旧《混凝土结构设计规范》GBJ 10—89

第 **5.3.3** 条 荷载短期效应组合下受弯构件的短期刚度,可按下列公式计算:

一、钢筋混凝土受弯构件

$$B_s=\frac{E_sA_sh_0^2}{1.15\psi+0.2+\frac{6\alpha_E\rho}{1+3.5\gamma'_f}} \tag{5.3.3-1}$$

二、预应力混凝土受弯构件

1. 要求不出现裂缝的构件

$$B_s=0.85E_cI_0 \tag{5.3.3-2}$$

2. 允许出现裂缝的构件

$$B_s=\frac{E_cI_0}{1.2+\left(1-\frac{M_{cr}}{M_s}\right)\left[\left(1.2+\frac{0.25}{\alpha_E\rho}\right)(1+0.45\gamma_f)-2\right]} \tag{5.3.3-3}$$

$$M_{cr}=(\sigma_{pc}+\gamma f_{tk})W_0 \tag{5.3.3-4}$$

此处,公式(5.3.3-3)仅适用于 $0.4\leqslant\frac{M_{cr}}{M_s}\leqslant1.0$ 的情况。

式中　ψ——裂缝间纵向受拉钢筋应变不均匀系数，按公式(5.2.2－2)计算；

α_E——钢筋弹性模量与混凝土弹性模量的比值；

ρ——纵向受拉钢筋配筋率：对钢筋混凝土受弯构件，取 $\rho=\dfrac{A_s}{bh_0}$；对预应力混凝土受弯构件，取 $\rho=\dfrac{A_p+A_s}{bh_0}$；

M_{cr}——预应力混凝土受弯构件正截面的开裂弯矩值；

σ_{pc}——扣除全部预应力损失后在抗裂验算边缘的混凝土预压应力；

γ_f——受拉翼缘面积与腹板有效面积的比值：

$\gamma_f=\dfrac{(b_f-b)h_f}{bh_0}$，其中 b_f、h_f 为受拉区翼缘的宽度、高度。

注：对预压时预拉区出现裂缝的构件，B_s 应降低 10%。

【新规范理解与说明】

本条内容，新规范是提供了钢筋混凝土和预应力混凝土受弯构件的短期刚度理论与试验相结合的基础上获得的，而旧规范是考虑荷载短期效应组合下的短期刚度，不是标准组合。

1. 钢筋混凝土受弯构件的短期刚度 B_s

实际上，在使用荷载下，钢筋混凝土受弯构件是带裂缝工作的。即使在纯弯曲区段内，钢筋和混凝土的应变(或应力)分布也是不均匀的，有如下特点(图 8－9)：

(1)受拉钢筋应变沿梁的分布是不均匀的。在裂缝截面处，由于受拉区混凝土退出工作，绝大部分拉力由受拉钢筋承担，使受拉钢筋应变明显增大，而在裂缝之间，由于钢筋和混凝土间的粘结，钢筋的拉力将逐渐向混凝土传递，使混凝土承担一部分拉力。距裂缝截面愈远，混凝土参加受拉的程度愈大，受拉钢筋应变就愈小。随着弯矩增大，裂缝截面处的钢筋应变将增大，而由于裂缝处钢筋和混凝土间粘结力逐渐遭到破坏，混凝土参加受拉的程度逐渐减小，裂缝处和裂缝间受拉钢筋的应变差逐渐减小，因而，受拉钢筋的平均应变将愈接近裂缝处受拉钢筋的应变。

(2)受拉区混凝土的应变沿梁长的分布也是不均匀的。裂缝截面处应变最大，裂缝之间应变较小，但其波动幅度比受拉钢筋应变的波动幅度小得多。

(3)混凝土受压区高度不是一成不变的，裂缝截面处的受压区高度较小，裂缝间的受压区高度较大(图 8－9)。因此，中和轴位置呈波浪形的变化。

(4)平均应变沿截面高度基本上呈直线分布。也就是说，虽然在裂缝截面处应变分布不再保持平面，但就裂缝间区段的平均应变而言，仍然能符合平截面假定，见图 8－10。

由这些特点可以看出，由于钢筋和混凝土应变分布的不均匀性，将给构件挠度的计算带来一定的复杂性。但是，由于构件挠度是反映沿构件跨长变形的综合效应，因此，可通过沿构件长度的平均曲率和平均刚度来表示截面曲率和截面刚度，下面对其进行详细阐述。

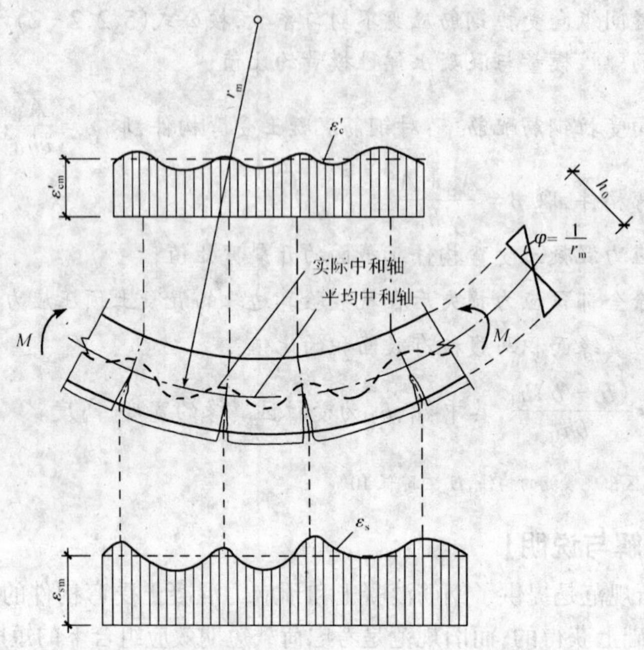

图 8－9　钢筋混凝土梁纯弯段的应变分布

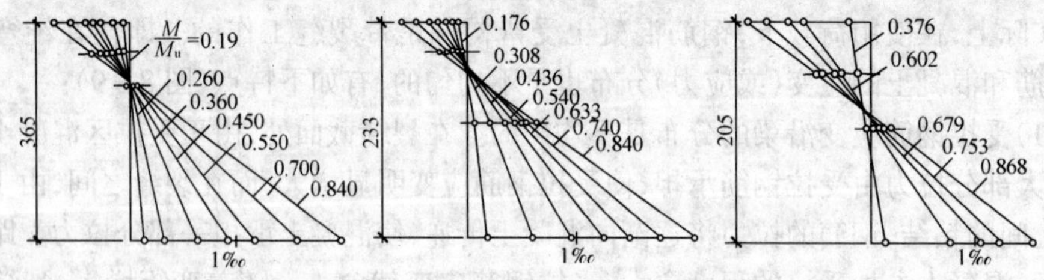

图 8－10　钢筋混凝土梁的纯弯段的平均应变平截面假定

上述谈到，在钢筋屈服前，沿构件截面高度量测的平均应变基本上呈直线分布，因此，可以认为沿构件截面高度平均应变符合平截面假定。于是，可采用与材料力学相类似的方法来计算截面的平均曲率和平均刚度。

根据平均应变平截面假定，可求得平均曲率 φ 为图(8－9)

$$\varphi=\frac{1}{\gamma_m}=\frac{M}{B_s}=\frac{\varepsilon_{sm}+\varepsilon'_{cm}}{h_0} \tag{8-15}$$

式中　γ_m——平均曲率半径；

B_s——短期荷载作用下的截面刚度；

ε_{sm}——受拉钢筋平均应变；

ε'_{cm}——受压区边缘混凝土平均应变。

受拉钢筋平均应变可按下列公式计算：

$$\varepsilon_{sm}=\psi\frac{M}{\eta h_0 A_s E_s} \tag{8-16}$$

受压区边缘混凝土平均应变可按下述方法计算：

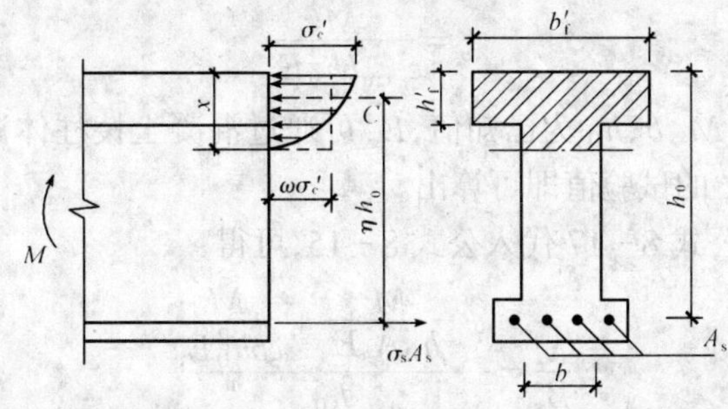

图 8－11　钢筋混凝土梁裂缝截面的计算应力图形示意图

裂缝截面处的计算应力图如图 8－11 所示。对 T 形截面，受压区面积为

$$A'_c=(b'_f-b)h'_f+bx=(\gamma'_f+\xi)bh_0$$

$$\gamma'_f=\frac{(b'_f-b)h'_f}{bh_0}$$

$$\xi=\frac{x}{h_0}$$

式中　γ'_f——受压翼缘截面面积与腹板有效截面面积的比值；

ξ——裂缝截面处受压区高度系数。

由于受压区混凝土的应力图形为曲线分布，在计算受压区边缘混凝土应力 σ'_c 时，应引入应力图形丰满度系数 ω，于是受压混凝土压应力合力可表示为

$$C=\omega\sigma'_c(\gamma'_f+\xi)bh_0$$

通过对受拉钢筋合力点取矩的平衡条件可得：

$$\sigma'_c=\frac{M}{\omega(\gamma'_f+\xi)bh_0\eta h_0}$$

当由应力 σ'_c 计算受压区边缘混凝土平均应变 ε'_{cm} 时，考虑混凝土的弹塑性变形性能，取变形模量 $E'_c=\upsilon_cE_c$（υ_c 为混凝土弹性特征系数），同时，引入受压区混凝土应变不均匀系数 ψ'_c，则

$$\varepsilon'_{cm}=\psi'_c\varepsilon'_c=\psi'_c\frac{M}{\omega(\gamma'_f+\xi)bh_0\eta h_0\upsilon_cE_c}=\frac{M}{\dfrac{\omega\upsilon_c(\gamma'_f+\xi)\eta}{\psi'_c}bh_0^2E_c}$$

式中　ε'_c——裂缝截面处受压区边缘混凝土的压应变。

假设：

$$\zeta=\frac{\omega\upsilon_c(\gamma'_f+\xi)\eta}{\psi'_c}$$

则
$$\varepsilon'_{cm}=\frac{M}{\zeta bh_0^2E_c}\tag{8-17}$$

ζ 可称为受压区边缘混凝土平均应变综合系数，也可称为截面的弹塑性抵抗矩系数。采用一个综合的系数 ζ 以代替多个分离的系数有着明显的优点，一方面可减轻计算工作

量和避免计算误差的积累;另一方面,便于通过试验直接验证。由公式 8－17 可得

$$\zeta=\frac{M}{\varepsilon'_{cm}bh_0^2E_c} \tag{8-18}$$

在公式 8－18 中,M、b、h_0 为已知值,E_c 可通过混凝土棱柱体试验确定,ε'_{cm}可根据变形量测求得,因此,ζ 的试验值即可算出。

将公式 8－16 和公式 8－17 代入公式 8－15,可得

$$\frac{M}{B_s}=\frac{\psi\frac{M}{\eta h_0A_sE_s}+\frac{M}{\zeta bh_0^2E_c}}{h_0}$$

化简后可得

$$B_s=\frac{E_sA_sh_0^2}{\frac{\psi}{\eta}+\frac{\alpha_E\rho}{\zeta}} \tag{8-19}$$

试验表明,受压区边缘混凝土平均应变综合系数 ζ 随荷载增大而减小,在裂缝出现后降低很快,然后逐渐减缓,在使用荷载范围内则基本稳定。因此,对 ζ 的取值可不考虑荷载的影响。根据试验分析,可以得到:

$$\frac{\alpha E\rho}{\zeta}=0.2+\frac{6\alpha_E\rho}{1+3.5\gamma'_f} \tag{8-20}$$

$$\rho=A_s/bh_0$$

式中　ρ——纵向受拉钢筋配筋率。

将上述系数与表达式代入 B_s 公式,即可得到钢筋混凝土受弯构件短期刚度公式。

2. 预应力混凝土结构受弯构件的短期刚度 B_s

1)不出现裂缝构件的短期刚度,统一取 $0.85E_cI_0$,在取值上较稳妥。

2)允许出现裂缝构件的短期刚度。

对使用阶段已出现裂缝的预应力混凝土受弯构件,假定弯矩与曲率(或弯矩与挠度)曲线是由双折直线组成,双折线的交点位于开裂弯矩 M_{cr}处,则可求得短期刚度的基本公式为:

$$B_s=\frac{E_cI_0}{\frac{1}{\beta_{0.4}}+\frac{\frac{M_{cr}}{M_k}-0.4}{0.6}\left(\frac{1}{\beta_{cr}}-\frac{1}{\beta_{0.4}}\right)}$$

式中 $\beta_{0.4}$和 β_{cr}分别为$\frac{M_{cr}}{M_k}=0.4$ 和 1.0 时的刚度降低系数。对 β_{cr},取 $\beta_{cr}=0.85$;对 $\frac{1}{\beta_{0.4}}$,根据试验资料分析,取拟合的近似值,可得:

$$\frac{1}{\beta_{0.4}}=\left(0.8+\frac{0.15}{\alpha_E\rho}\right)(1+0.45\gamma_f)$$

将 β_{cr}和$\frac{1}{\beta_{0.4}}$代入上述公式 B_s,并经适当调整后即得新规范公式(8.2.3－3)。

新《混凝土结构设计规范》GB 50010—2002

8.2.4　混凝土构件的截面抵抗矩塑性影响系数 γ 可按下列公式计算：

$$\gamma=\left(0.7+\frac{120}{h}\right)\gamma_m \tag{8.2.4}$$

式中　γ_m——混凝土构件的截面抵抗矩塑性影响系数基本值，可按正截面应变保持平面的假定，并取受拉区混凝土应力图形为梯形、受拉边缘混凝土极限拉应变为 $2f_{tk}/E_c$ 确定；对常用的截面形状，γ_m 值可按表 8.2.4 取用；

h——截面高度(mm)：当 $h<400$ 时，取 $h=400$；当 $h>1600$ 时，取 $h=1600$；对圆形、环形截面，取 $h=2r$，此处，r 为圆形截面半径或环形截面的外环半径。

表 8.2.4　截面抵抗矩塑性影响系数基本值 γ_m

项次	1	2	3		4		5
截面形状	矩形截面	翼缘位于受压区的T形截面	对称I形截面或箱形截面		翼缘位于受拉区的倒T形截面		圆形和环形截面
			$b_f/b\leqslant2$、h_f/h 为任意值	$b_f/b>2$、$h_f/h<0.2$	$b_f/b\leqslant2$、h_f/h 为任意值	$b_f/b>2$、$h_f/h<0.2$	
γ_m	1.55	1.50	1.45	1.35	1.50	1.40	$1.6-0.24r_1/r$

注：1　对 $b'_f>b_f$ 的I形截面，可按项次2与项次3之间的数值采用；对 $b'_f<b_f$ 的I形截面，可按项次3与项次4之间的数值采用；

2　对于箱形截面，b 系指各肋宽度的总和；

3　r_1 为环形截面的内环半径，对圆形截面取 r_1 为零。

旧《混凝土结构设计规范》GBJ 10—89

本条内容，在旧规范 GBJ 10—89 附录中可查到。

【新规范理解与说明】

本条内容，在新规范中更以条文形式出现，但和原规范中相关规定不同的是：新规范中关于受拉区混凝土应力图形的基本假定是梯形，而不是矩形。而且在新规范中，参照相关规范的规范并作校准后，列出了常用截面形状的 γ 近似值，便于查用。

新《混凝土结构设计规范》GB 50010—2002

8.2.5　考虑荷载长期作用对挠度增大的影响系数 θ 可按下列规定取用：

1　钢筋混凝土受弯构件

当 $\rho'=0$ 时，取 $\theta=2.0$；当 $\rho'=\rho$ 时，取 $\theta=1.6$；当 ρ' 为中间数值时，θ 按线性内插法取用。此处，$\rho'=A'_s/(bh_0)$，$\rho=A_s/(bh_0)$。

对翼缘位于受拉区的倒T形截面，θ 应增加20%。

2 预应力混凝土受弯构件，取 $\theta=2.0$。

旧《混凝土结构设计规范》GBJ 10—89

第 **5.3.4** 条 考虑荷载长期效应组合对挠度增大的影响系数 θ 可按下列规定取用：

一、钢筋混凝土受弯构件

当 $\rho'=0$ 时，$\theta=2.0$；

当 $\rho'=\rho$ 时，$\theta=1.6$；

当 ρ' 为中间数值时，θ 按直线内插法取用。

此处，ρ' 为纵向受压钢筋配筋率，$\rho'=\dfrac{A'_s}{bh_0}$；

对翼缘位于受拉区的 T 形截面，θ 应增加 20%。

二、预应力混凝土受弯构件

$$\theta=2.0$$

【新规范理解与说明】

本条内容，新旧规范基本没有变化，只是重新给出了纵向受拉区钢筋配筋率的公式。钢筋混凝土受弯构件的考虑荷载长期作用对挠度增大的影响系数 θ 是根据国内一些试验结果并参照国外规范而得出的。

新《混凝土结构设计规范》GB 50010—2002

8.2.6 预应力混凝土受弯构件在使用阶段的预加力反拱值，可用结构力学方法按刚度 E_cI_0 进行计算，并应考虑预压应力长期作用的影响，将计算求得的预加力反拱值乘以增大系数 2.0；在计算中，预应力钢筋的应力应扣除全部预应力损失。

注：1 对重要的或特殊的预应力混凝土受弯构件的长期反拱值，可根据专门的试验分析确定或采用合理的收缩、徐变计算方法经分析确定；

2 对恒载较小的构件，应考虑反拱过大对使用的不利影响。

旧《混凝土结构设计规范》GBJ 10—89

第 **5.3.5** 条 预应力混凝土受弯构件在使用阶段的预加应力反拱值，可用结构力学方法按刚度 E_cI_0 进行计算，并考虑预压应力长期作用的影响。此时，将计算求得的预加应力反拱值乘以增大系数 2.0；在计算中，预应力钢筋的应力应扣除全部预应力损失。

注：对恒载较小的构件，应考虑反拱过大对使用上的不利影响。

【新规范理解与说明】

本条内容，新旧规范基本相同，只是外加了一条注解：对重要的或特殊的混凝土受弯构件的长期反拱值，可据专门的试验分析确定或采用合理的计算方法经分析确定。因此，对于长期反拱值，如有专门的试验分析或根据收缩、徐变理论进行计算分析，可不遵守条文规定。

【新规范应用计算实例】

【例 8-5】 钢筋混凝土简支梁，计算跨度 6.5m，矩形截面 $b\times h=250\times500\text{mm}^2$，混凝土强度等级 C30（$E_c=3.00\times10^4\text{N/mm}^2$），HRB400 级钢筋（$E_s=2.0\times10^5\text{N/mm}^2$）。梁

上承受均布恒荷载标准值(包括梁自重)$g_k=20\text{kN/m}$,均布活荷载标准值 $q_k=12\text{kN/m}$,按正截面承载力计算,受拉钢筋选配 4Φ 22($A_s=1520\text{mm}^2$)。试验算其变形能否满足最大度超过 $l_0/250$ 的要求(楼面活荷载准永久值系数为 0.5)。

解　1. 计算梁内最大弯矩标准值

(1)恒荷载标准值产生的跨中最大弯矩为

$$M_{gk}=\frac{1}{8}g_k l^2=\frac{1}{8}\times 20\times 6.5^2=105.6\text{kN}\cdot\text{m}$$

(2)活荷载标准值产生的跨中最大弯矩为

$$M_{qk}=\frac{1}{8}q_k l^2=\frac{1}{8}\times 12\times 6.5^2=63.4\text{kN}\cdot\text{m}$$

(3)按荷载效应标准组合计算的跨中最大弯矩为

$$M_k=M_{gk}+M_{qk}=105.6+63.4=169\text{kN}\cdot\text{m}$$

(4)按荷载效应准永久组合计算的跨中最大弯矩为

$$M_k=M_{gk}+0.5M_{qk}=105.6+0.5\times 63.4=137.3\text{kN}\cdot\text{m}$$

2. 受拉钢筋应变不均匀系数

(1)裂缝截面钢筋应力

由计算公式,有

$$\sigma_{sk}=\frac{M_k}{A_s h_0}=\frac{137.3\times 10^6}{0.87\times 465\times 1520}=223.3\text{N/mm}^2$$

(2)按有效受拉混凝土截面面积计算的配筋率为

$$\rho_{te}=\frac{A_s}{A_{te}}=\frac{A_s}{0.5bh}=\frac{1520}{0.5\times 250\times 500}=0.0243>0.01$$

(3)受拉钢筋应变不均匀系数

由式(8.1.2-2),有

$$\psi=1.1-\frac{0.65f_{tk}}{\rho_{te}\sigma_{sk}}=1.1-\frac{0.65\times 1.78}{0.0243\times 223.3}=0.886$$

$$0.4<\psi<1.0$$

3. 刚度计算

(1)短期刚度 B_s

$$\alpha_E=\frac{E_s}{E_c}=\frac{2\times 10^5}{3.00\times 10^4}=6.67$$

$$\rho=\frac{A_s}{bh_0}=\frac{1520}{250\times 465}=0.013$$

由式(8.2.3-1),有

$$B_s=\frac{E_s A_s h_0^2}{115\psi+0.2+\dfrac{6\alpha_E\rho}{1+3.5\gamma'_f}}=\frac{2\times 10^5\times 1520\times 465^2}{1.15\times 0.886+0.2+\dfrac{6\times 6.67\times 0.013}{1+3.5\times 0}}=3.78\times 10^{13}\text{N/mm}^2$$

(2)挠度增大系数 θ

根据《规范》,$\rho'=0$,故 $\theta=2.0$。

(3)受弯构件刚度 B

$$B=\frac{M_k}{(\theta-1)M_q+M_k}B_s=\frac{169}{(2-1)\times137.3+169}\times3.78\times10^{13}=3.08\times10^{13}\text{N/mm}^2$$

(4)跨中挠度

由挠度公式,有

$$f=\alpha\cdot\frac{M_k\cdot l^2}{B}=\frac{5}{48}\times\frac{169\times10^6\times6500^2}{3.08\times10^{13}}=24.1\text{mm}$$

允许挠度为:

$$f_{\lim}=\frac{l_0}{250}=\frac{6500}{250}=26\text{mm}>f=24.1\text{mm}$$

(满足要求)

第九章 构造规定

第一节 本章主要修订内容介绍

本章共四节内容，与旧规范 GBJ 10—89 相比较，本章主要修订和增加内容见表 9-1 所列。

表 9-1 **主要修订内容及说明**

项次	新规范中位置	修订内容	说明
1	新规范第 9.1.1 条关于钢筋混凝土结构伸缩缝的最大间距的规定	1. 增加了注解 1 关于装配整体式结构房屋和表注 2 关于框架－剪力墙结构和框架－核心筒结构房屋伸缩缝间距的规定 2. 为防止温度裂缝，注解 4 增加了对露天挑檐、雨罩等外露结构的伸缩缝间距的要求	
2	新规范第 9.2.1 条关于纵向受力钢筋的混凝土保护层最小厚度的规定	1. 旧规范对环境的条件分为：室内正常环境、露天或室内高湿度环境；新规范分为一、二、三三类 2. 新规范中增加了基础保护层厚度的规定，对于有侵蚀性介质作用环境的基础还应该符合其他有关规定	保护层的厚度规定是为了满足结构构件到耐久性要求和对受力钢筋有效锚固的要求，在新规范中表中数值可以看出比旧规范更加严格 对于基础保护层厚度的规定是根据多年的实践经验确定的
3	新规范第 9.3.1 条关于受拉钢筋的锚固长度的规定	在旧规范中，受拉钢筋的锚固长度只是和钢筋的直径有关，而在新规范中，考虑了钢筋的外形、抗拉设计值、保护层厚度、锚固区域的配箍，且用公式来表达	近年来，我国钢筋强度不断提高，外形日趋多样化，结构形式的多样性使得锚固条件有了很大的变化，单一用钢筋的直径不能完全表达钢筋的要求，因此对钢筋锚固考虑了相关因素
4	新规范第 9.4.3 条关于钢筋搭接接头面积百分率的规定	在旧规范中，钢筋接头面积百分率作了硬性的规定，而在新规范中，钢筋接头面积百分率考虑到修正系数和纵向钢筋的锚固系数，而钢筋的锚固系数还和其他因素有关，即新规范第 9.3.1 条	根据有关的试验研究及可靠度分析，并参考国外有关规范，新规范通过公式来计算钢筋搭接接头长度
5	新规范第 9.5.1 条关于纵向受力钢筋的配筋百分率的规定	旧规范中纵向钢筋配筋率和混凝土等级有关，而新规范中除了受弯构件、偏心受拉、轴心受拉构件以 0.2 和 $0.45f_t/f_y$ 取较大值外，其余都是固定的	钢筋混凝土结构作为一种复合结构。其中混凝土是非延性材料，而钢筋能有很好的延性，两者结合后，受力形态得到改善，结构性能大大提高，但是，配筋到达一定限度后，构件的性能会发生质的变化。因此，规范中对钢筋的配筋率做了规定

第二节 伸 缩 缝

新《混凝土结构设计规范》GB 50010—2002

9.1.1 钢筋混凝土结构伸缩缝的最大间距宜符合表 9.1.1 的规定。

表 9.1.1 钢筋混凝土结构伸缩缝最大间距(m)

结构类别		室内或土中	露天
排架结构	装配式	100	70
框架结构	装配式	75	50
	现浇式	55	35
剪力墙结构	装配式	65	40
	现浇式	45	30
挡土墙、地下室墙壁等类结构	装配式	40	30
	现浇式	30	20

注:1 装配整体式结构房屋的伸缩缝间距宜按表中现浇式的数值取用;

2 框架－剪力墙结构或框架－核心筒结构房屋的伸缩缝间距可根据结构的具体布置情况取表中框架结构与剪力墙结构之间的数值;

3 当屋面无保温或隔热措施时,框架结构、剪力墙结构的伸缩缝间距宜按表中露天栏的数值取用;

4 现浇挑檐、雨罩等外露结构的伸缩缝间距不宜大于 12m。

旧《混凝土结构设计规范》GBJ 10—89

第 **6.1.1** 条 钢筋混凝土结构伸缩缝的最大间距可按表 6.1.1 的规定采用。

表 6.1.1 钢筋混凝土结构伸缩缝最大间距(m)

结构类别		室内或土中	露天
排架结构	装配式	100	70
框架结构	装配式	75	50
	现浇式	55	35
剪力墙结构	装配式	65	40
	现浇式	45	30
挡土墙、地下室墙壁等类结构	装配式	40	30
	现浇式	30	20

注:①如有充分依据或可靠措施,表中数值可予以增减;

②当屋面板上部无保温或隔热措施时:对框架、剪力墙结构的伸缩缝间距,可按表中露天栏的数值选用;对排架结构的伸缩缝间距,可按表中室内栏的数值适当减小;

③排架结构的柱高(从基础顶面算起)低于 8m 时,宜适当减小伸缩缝间距;

④外墙装配内墙现浇的剪力墙结构,其伸缩缝最大间距宜按现浇式一栏的数值选用。滑模施工的剪力墙结构,宜适当减小伸缩缝间距。现浇墙体在施工中应采取措施减小混凝土收缩应力;

⑤位于气候干燥地区,夏季炎热且暴雨频繁地区的结构或经常处于高温作用下的结构,可按照使用经验适当减小伸缩缝间距;

⑥伸缩缝间距尚应考虑施工条件的影响,必要时(如材料收缩较大或室内结构因施工外露时间较长)宜适当减小伸缩缝间距。

【新规范理解与说明】

本条内容,新规范在旧规范的基础上,对注解作了较大的修改,因为据多年的工程实践经验,未发现原有伸缩缝的规定对混凝土结构和裂缝开展有明显不利的影响。但由于近年来混凝土的发展,对原有规范中的缝间距由"可"改为"宜"。

新规范的表注作了下面的修改:

(1)增加了注解 1 关于装配整体式结构房屋和注解 2 关于框架－剪力墙结构的框架－核心筒结构房屋伸缩缝间距的规定。

(2)为防止温度裂缝,注解 4 新增加了对露天挑檐、雨罩等外露结构的伸缩缝间距的要求。

新《混凝土结构设计规范》GB 50010—2002

9.1.2　对下列情况,本规范表 9.1.1 中的伸缩缝最大间距宜适当减小:

1　柱高(从基础顶面算起)低于 8m 的排架结构;

2　屋面无保温或隔热措施的排架结构;

3　位于气候干燥地区、夏季炎热且暴雨频繁地区的结构或经常处于高温作用下的结构;

4　采用滑模类施工工艺的剪力墙结构;

5　材料收缩较大、室内结构因施工外露时间较长等。

旧《混凝土结构设计规范》GBJ 10—89

参见旧规范第 6.1.1 条注解。

【新规范理解与说明】

本条内容,新旧规范没有较大的变化,只是将旧规范中的注表单独列出成条,更突出了温度变化和混凝土收缩对结构产生的不利影响,须在表 9.1.1 规定基础上适当减少伸缩缝间距的要求。

下面说明温度变化和混凝土收缩对结构产生不利影响的原因:

1. 混凝土收缩的影响

混凝土凝固过程中失水和胶体结晶固化,体积减小而引起收缩。收缩变形在受约束的条件下将引起拉应力而导致裂缝。研究表明,上一世纪七八十年代,我国混凝土的收缩量一般为 300$\mu\varepsilon$;到上一世纪末已上升为 400$\mu\varepsilon$;而用于泵送施工的混凝土收缩量已达 500$\mu\varepsilon$ 以上。引起混凝土收缩增大和普遍开裂的原因主要有:

(1)混凝土原材料及成分的变化

近年我国混凝土中水泥用量普遍增加(由 350～400kg/m^3 增加到 500～550kg/m^3)。为了泵送,混凝土中粗骨料(石子)含量大幅度减少,粒径也减小,且粉煤灰等掺合料也大量用于混凝土中。粉剂含量的加大,粗骨料含量和粒径的减小,以及采用轻骨料(陶粒等)等均导致混凝土收缩加大。

(2)混凝土抗裂性能相对降低

随着混凝土强度提高,弹性模量也增长,因此相同的约束应变将在高强混凝土中引起更大的约束拉应力。但是,高强混凝土随强度等级的提高,混凝土收缩应变加大,而抗拉强度却相对增长滞缓,故随所采用混凝土强度等级的提高,抗裂性能相对有所降低。

(3)施工工艺变化的影响

外加剂、掺合料大量用于混凝土以改善和易性,商品混凝土及泵送技术使流态混凝土大量应用,这些都使混凝土收缩量增加。试验量测表明,泵送混凝土三年收缩量达540$\mu\varepsilon$,比非泵送混凝土增加了35%,个别量测所得的收缩量高达800~1000$\mu\varepsilon$。调查表明,近年用商品混凝土施工的现浇结构,尤其是泵送的流态混凝土几乎没有不裂的。

(4)结构形式的变化

近年来高层建筑及大型公共建筑增多,预制构件减少而多采用现浇结构,混凝土早期收缩及结构变形约束显著加大;大体积混凝土结构(如筏基、厚板等)广泛应用;有些结构由于建筑设计或使用功能的要求不能设缝;……这些都导致了收缩裂缝的增加。

(5)试验标准和实际工程差异的影响

传统测定低强混凝土极限收缩量的方法,是从浇筑后2d(天)混凝土终凝开始作为观察收缩的起点,此时失水干缩尚未开始。但现在的高强混凝土具有快凝早强的特点,在假定收缩为零的观察起点2d(天)时,其收缩早已开始,并已完成不小的量值。因此在实际结构中,混凝土的收缩量及因此而引起的约束应力要比试验测试的值大得多。

混凝土收缩还随时间推移而不断变化,开始时增长很快,而后渐趋平稳。在前3个月内可完成总收缩量的40%~80%,一年内可达60%~85%。混凝土收缩的规律十分复杂,本次修订的新规范尚未能提供计算混凝土收缩的方法。

2. 温度变化的影响

我们知道,混凝土的膨胀系数为$\alpha_c = 10 \sim 14\mu\varepsilon/℃$,与其材质及其他因素有关。实际工程结构的温度变形及所引起的温度应力还与环境条件、气候影响、围护保温措施、体型尺寸及约束条件等有关。温度变化的影响表现为以下几种形式:

(1)大气环境的温差

建筑结构的屋面、外墙或者露天结构,受到四季气温变化及昼夜温差的影响而热胀冷缩。除内外温差造成的弯曲变形外,构件的伸长缩短也会引起结构的内力,对高层建筑影响尤其显著。此外,夏季炎热且暴雨频繁地区则因温度骤变,也容易引起变形失调。因此,混凝十结构的露天部分及屋面、外墙是最容易出现温度裂缝的部位。

(2)施工早期的温差

高标号水泥具有快硬、高强、发热大的特点,混凝土在水化热大量形成时凝固,而此时已硬化的混凝土恰好随散热冷却而收缩,将产生很大的约束拉应力。而此时,混凝土强度尚不高,因此混凝土就容易发生裂缝,而且开裂的时间有越来越提前的趋势。

(3)施工养护的影响

养护不周,温度、湿度不能保证,也容易引起裂缝。特别是跨季节施工,夏秋季浇筑的混凝土往往在经历冬春季的干燥、寒冷环境而后在春季形成裂缝。

新《混凝土结构设计规范》GB 50010—2002

9.1.3 **对下列情况,如有充分依据和可靠措施,本规范表**9.1.1**中的伸缩缝最大间距可适当增大:**

1　混凝土浇筑采用后浇带分段施工；

2　采用专门的预加应力措施；

3　采取能减小混凝土温度变化或收缩的措施。

当增大伸缩缝间距时，尚应考虑温度变化和混凝土收缩对结构的影响。

旧《混凝土结构设计规范》GBJ 10—89

旧《混凝土结构设计规范》GBJ 10—89 中无相应条文。

【新规范理解与说明】

本条内容为新增条文，指出允许适当增大伸缩缝最大间距的情况，条件和应注意的问题。

在结构施工阶段采取防裂措施是国内外通用的减小混凝土收缩不利影响的有效方法。我国常用的做法是设置后浇带。根据工程实践经验，通常后浇带的间距不大于 30m；浇灌混凝土的间隔时间通常在两个月以上。这里所指的后浇带是将结构构件混凝土全部临时断开的做法。还应注意，合理设置有效的后浇带，并有可靠经验时，可适当增大伸缩缝间距，但不能用后浇带代替伸缩缝。在后浇带区段内的中部，可再设置一条膨胀混凝土"补偿带"以减少整个区段内的混凝土的收缩量。如果在后浇带处钢筋完全断开，并通过钢筋的搭接实现应力传递，则这种后浇带消除应为积聚的效果将更好。

对结构施加相应的预应力可以减小因温度变化和混凝土收缩而在混凝土中产生的拉应力，以减小或消除混凝土开裂的可能性。因此，施加预应力是一种有效的增大裂缝间距的方法，但应注意，在温度变化或混凝土收缩下的内力不一定是简单的拉力，也可能是压力、弯矩或剪力，必须通过计算，按应力方向和主拉力方向来设置和布置预应力钢筋。新规范所指的"预加应力措施"是指专门用于抵消温度、收缩应力的预加应力措施。

新规范中的其他措施有：加强屋盖保温隔热措施，以减小结构温度变形；加强结构的薄弱环节，以提高其抗裂性能；对现浇结构，在施工中切实加强养护以减小收缩变形；采用可靠的滑动措施，以减小约束结构变形的摩擦阻力；合理选择材料以减少混凝土的收缩等。

此外，对墙体还可采用设置控制缝以调节伸缩缝间距的措施。控制缝是在建筑物的线脚、饰条、凹角等处通过预埋板条等方法引导收缩裂缝出现，并用建筑构造处理从外观上加以遮掩，并做好防渗、防水处理的一种做法。其间距一般在 10m 左右，根据建筑处理设置。对设有控制缝的墙体，伸缩缝间距可适当加大。

新规范还特别强调"当增大伸缩缝间距时，尚应考虑温度变化和混凝土收缩对结构的影响"。这是因为温度变化和混凝土收缩这类间接作用引起的变形和位移对于超静定混凝土结构可能引起很大的约束应力，导致结构构件开裂，甚至使结构的受力形态发生变化。设计者不能简单地采取某些措施就草率地增大伸缩缝间距，而应通过有效的分析或计算慎重考虑各种不利因素对结构内力和裂缝的影响，确定合理的伸缩缝间距。

对新规范中的"充分依据"，不应仅理解为"已经有了少量未发现问题的工程实例"，而是指对各种有利和不利因素的影响方式和程度作出有科学依据的分析和判断，并由此确定伸缩缝间距的增减。

新《混凝土结构设计规范》GB 50010—2002

9.1.4　具有独立基础的排架、框架结构，当设置伸缩缝时，其双柱基础可不断开。

旧《混凝土结构设计规范》GBJ 10—89

第 **6.1.2** 条　具有独立基础的排架、框架结构，当设置伸缩缝时，其双柱基础可不断开。

【新规范理解与说明】

本内容，新旧规范相同，新规范规定，为设置伸缩缝而形成的双柱，因基础受温度收缩影响很小，故其独立可以不设缝，工程实践证明这种做法是可行的。

第三节　混凝土保护层

新《混凝土结构设计规范》GB 50010—2002

※9.2.1　纵向受力的普通钢筋及预应力钢筋，其混凝土保护层厚度(钢筋外边缘至混凝土表面的距离)不应小于钢筋的公称直径，且应符合表 9.2.1 的规定。

表 9.2.1　纵向受力钢筋的混凝土保护层最小厚度(mm)

环境类别		板、墙、壳			梁			柱		
		≤20	C25～C45	≥C50	≤C20	C25～C45	≥C50	≤C20	C25～C45	≥C50
一		20	15	15	30	25	25	30	30	30
二	a	—	20	20	—	30	30	—	30	30
	b	—	25	20	—	35	30	—	35	30
三		—	30	25	—	40	35	—	40	35

注：基础中纵向受力钢筋的混凝土保护层厚度不应小于 40mm；当无垫层时不应小于 70mm。

旧《混凝土结构设计规范》GBJ 10—89

第 **6.1.3** 条　受力钢筋的混凝土保护层最小厚度(从钢筋的外边缘算起)应符合表 6.1.3 的规定，且不应小于受力钢筋的直径。

表 6.1.3　混凝土保护层最小厚度(mm)

环境条件	构件类别	混凝土强度等级		
		≤C20	C25 及 C30	≥C35
室内正常环境	板、墙、壳		15	
	梁和柱		25	
露天或室内高湿度环境	板、墙、壳	35	25	15
	梁和柱	45	35	25

注：①处于室内正常环境由工厂生产的预制构件，当混凝土强度等级不低于 C20 时，其保护层厚度按表中规定减少 5mm，但预制构件中的预应力钢筋，(包括冷拔低碳钢丝)的保护层厚度不应小于 15mm；处于露天或室内高湿度环境的预制构件，当表面另作水泥砂浆抹面层且有质量保证措施时，保护层厚度可按表中室内正常环境中构件的数值采用；

②预制钢筋混凝土受弯构件，钢筋端头的保护层厚度宜为 10mm；预制的肋形板，其主肋的保护层厚度可按梁考虑；

③处于露天或室内高湿度环境中的结构，其混凝土强度等级不宜低于 C25，当非主要承重构件的混凝土强度等级采用 C20 时，其保护层厚度可按表中 C25 的规定值取用；

④板、墙、壳中分布钢筋的保护层厚度不应小于 10mm；梁、柱中箍筋和构造钢筋的保护层厚度不应小于 15mm；

⑤要求使用年限较长的重要建筑物和受沿海环境侵蚀的建筑物的承重结构，当处于露天或室内高湿度环境时，其保护层厚度应适当增加；

⑥有防火要求的建筑物，其保护层厚度尚应符合国家现行有关防火规范的规定。

【新规范理解与说明】

本条内容,新旧规范关于最小保护层厚度和注解内容的规定均有很大的不同。

混凝土结构中,钢筋并不外露而被包裹在混凝土里面。由钢筋外边缘到混凝土表面的最小距离称为保护层厚度。混凝土保护层的作用主要体现在:

1. 钢筋与混凝土之间的粘结锚固

混凝土结构中钢筋能够受力是由于其与周围混凝土之间的粘结锚固作用。受力钢筋(尤其是变形钢筋)与混凝土之间的咬合作用是构成粘结锚固的主要成分,这很大程度上取决于混凝土保护层的厚度,混凝土保护层越厚,则粘结锚固作用越大。新规范中受力钢筋的锚固长度即是以混凝土保护层厚度不小于受力钢筋的直径为条件确定的。

2. 保护钢筋免遭锈蚀

混凝土结构的突出优点是耐久性好。这是由于混凝土的碱性环境使包裹在其中的钢筋表面形成钝化膜而不易锈蚀。但是碳化和脱钝会影响这种耐久性而使钢筋遭受锈蚀。碳化的时间与混凝土的保护层厚度有关,因此一定的混凝土保护层厚度是保证结构耐久性所必需的条件。调查分析表明,我国混凝土结构的耐久性普遍较差,因此从耐久性和可持续发展的观点,我国混凝土保护层的厚度应适当增加。

3. 对构件受力有效高度的影响

从锚固和耐久性的角度,钢筋在混凝土中的保护层厚度应该越大越好;然而从受力的角度而言,则正好相反。保护层厚度越大,构件截面有效高度就越小,结构构件的抗力将受到削弱。因此,确定混凝土保护层厚度应综合考虑锚固、耐久性及有效高度三个因素。在能保证锚固和耐久性的条件下可尽量取较小的保护层厚度。而规范给出的保护层最小厚度正是保护层厚度的最低限度取值。

保护层厚度的规定是为了满足结构构件的耐久性要求和对受力钢筋有效锚固的要求。本条对保护层厚度给出了更明确的定义。混凝土保护层厚度的规定比旧规范略有增加。

考虑耐久性要求,新规范对处于环境类别为一、二、三类的混凝土结构规定了保护层最小厚度。与旧规范比较作了以下改动:

(1) 一类及二 a 类环境分别与旧规范中"室内正常环境"及"露天及室内高湿度环境"相近;考虑冻融及轻度腐蚀环境的影响,增加了二 b 类环境及三类环境。

(2) 表中保护层厚度的数值是参考我国的工程经验以及耐久性要求规定的,要求比旧规范稍严;表中相应的混凝土强度等级范围有所扩大。

(3) 注中增加了基础保护层厚度的规定,这是根据长期工程实践经验确定的。对处于有侵蚀性介质作用环境中的基础,其保护层厚度应符合有关标准的规定。

新《混凝土结构设计规范》GB 50010—2002

9.2.2 处于一类环境且由工厂生产的预制构件,当混凝土强度等级不低于 C20 时,其保护层厚度可按本规范表 9.2.1 中规定减少 5mm,但预应力钢筋的保护层厚度不应小于 15mm;处于二类环境且由工厂生产的预制构件,当表面采取有效保护措施时,保护层厚度可按本规范表 9.2.1 中一类环境数值取用。

预制钢筋混凝土受弯构件钢筋端头的保护层厚度不应小于 10mm;预制肋形板主肋

钢筋的保护层厚度应按梁的数值取用。

旧《混凝土结构设计规范》GBJ 10—89

参见旧规范第 6.1.3 条注解。

【新规范理解与说明】

本条内容,在旧规范的基础上单独成条,新规范和旧规范有了较大的修改,将环境分成不同种类进行区别。

除原规范的室内正常环境(一类)和室内潮湿环境、露天环境及无侵蚀性水或土壤环境(二类)外,新规范增加了环境类别为二 b 类(严寒和寒冷地区的露天环境及与无侵蚀性水或土壤直接接触的环境)和三类(使用除冰盐环境,严寒及寒冷地区冬季水位变动环境、滨海室外环境)环境中钢筋保护层厚度的规定。由于轻度腐蚀及冻融交替作用等影响,这些环境中的钢筋更容易受到侵蚀性介质的作用而发生耐久性问题,其混凝土保护层厚度应适当增加。

对于更严重的四、五类环境(海洋环境及化工腐蚀环境)中的混凝土保护层厚度则因其特殊性而不在新规范中规定。海洋环境可由《港口工程混凝土结构设计规范》JTJ267 解决;化工厂房及侵蚀性物质影响的环境可由《工业建筑防腐蚀设计规范》GB 50046 解决。

新《混凝土结构设计规范》GB 50010—2002

9.2.3　板、墙、壳中分布钢筋的保护层厚度不应小于本规范表 9.2.1 中相应数值减 10mm,且不应小于 10mm;梁、柱中箍筋和构造钢筋的保护层厚度不应小于 15mm。

旧《混凝土结构设计规范》GBJ 10—89

参见旧规范第 6.1.3 条注解。

【新规范理解与说明】

本条内容,旧规范按板类构件及杆类构件来规定保护层最小厚度,新规范按板墙壳、梁、柱三类分别要求。

板、墙、壳中的分布钢筋以及梁、柱中的箍筋及构造钢筋的保护层厚度规定基本同旧规范,但根据环境条件稍有加严。构造钢筋是指不考虑受力的架立筋、分布筋、连系筋等。工程实践证明,新规范规定对保证结构耐久性是有效的。

新《混凝土结构设计规范》GB 50010—2002

9.2.4　当梁、柱中纵向受力钢筋的混凝土保护层厚度大于 40mm 时,应对保护层采取有效的防裂构造措施。

处于二、三类环境中的悬臂板,其上表面应采取有效的保护措施。

旧《混凝土结构设计规范》GBJ 10—89

参见旧规范第 6.1.3 条注解。

【新规范理解与说明】

本条内容,新规范在旧规范的基础上,对于保护层厚度中处于地下水影响的潮湿环境,作了特别的说明,其保护层一律取不小于 40mm,当无垫层时,考虑施工的不确定影响,应取不小于 70mm。

对梁、柱中纵向受力钢筋保护层厚度大于 40mm 的情况,提出应采取有效的防裂构造措施。通常是在混凝土保护层中离构件表面一定距离处全面增配由细钢筋制成的构造钢筋网片。此外,增加了在处于露天环境中悬臂板的上表面采取保护措施的要求,这是由于该处受力钢筋因混凝土开裂更易受腐蚀而提出的。

新《混凝土结构设计规范》GB 50010—89

9.2.5　对有防火要求的建筑物,其混凝土保护层厚度尚应符合国家现行有关标准的要求。

处于四、五类环境中的建筑物,其混凝土保护层厚度尚应符合国家现行有关标准的要求。

旧《混凝土结构设计规范》GBJ 10—89

参见旧规范第 6.1.3 条注解。

【新规范理解与说明】

本条内容,新旧规范基本相同。

环境类别为四、五类的情况属非共性问题,港口工程中的这类情况应符合《港口工程混凝土和钢筋混凝土结构设计规范》JTJ 267 的有关规定,工业建筑中的这类情况应符合《工业建筑防腐蚀设计规范》GB 50046 的有关规定。

为了满足建筑防火要求,保护层厚度还应满足《建筑防火规范》GBJ 16 和《高层民用建筑设计防火规范》GB 50045 的要求。

此外,保护层还应满足的其他构造要求:

1. 露天悬臂构件

对于处于二、三类环境中的悬臂板,其上表面应另作水泥砂浆保护层或采取其他保护措施。这是由于该处的负弯矩钢筋受力开裂后,裂缝开口向上,特别容易受到腐蚀介质的侵入。悬臂结构的多余约束少,一旦钢筋锈蚀,容易造成在悬臂根部折断的严重后果。因此应特别加强保护钢筋免受侵蚀的措施。

2. 厚保护层中的表面配筋

大型建筑和大型土木工程中,粗钢筋的混凝土保护层可能达到 40mm 以上(图 9-1a);在框架顶层端节点的角部受力主筋的弯弧处,也可能形成厚度很大的混凝土保护层(图 9-1b)。

这部分厚度很大的混凝土保护层,由于没有受到钢筋的有效粘结锚固和围箍约束,一旦开裂,裂缝可能很宽。因此,新规范规定:当梁柱中纵向受力钢筋的保护层厚度大于 40mm 时,应对保护层采取有效的防裂构造措施。常用办法是在构件表面配置焊接的或绑扎的细直径钢筋网片(图 9-1)。

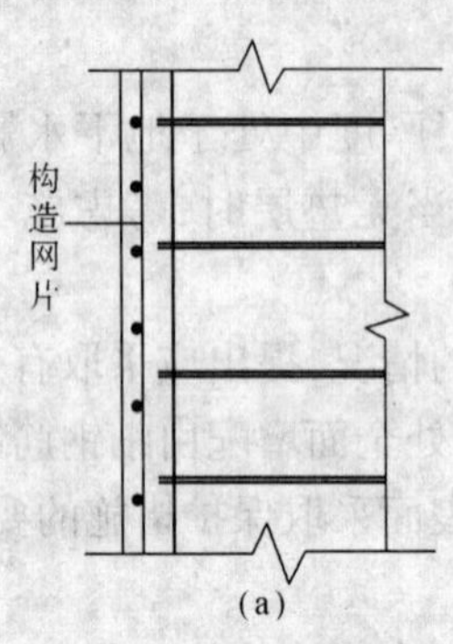

(a)

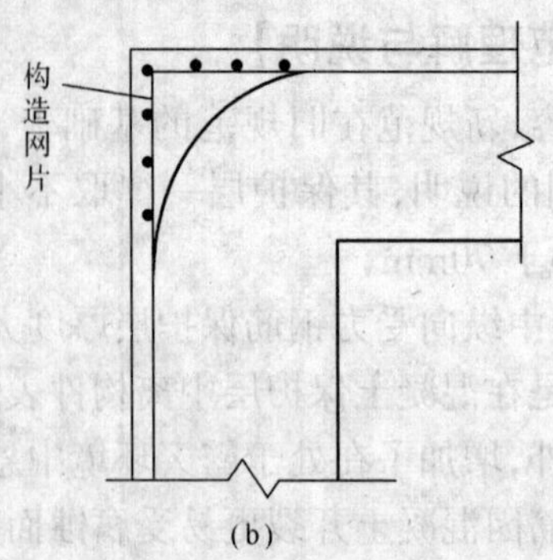

(b)

图 9-1　厚保护层中的表面配筋

(a)粗钢筋的保护层;(b)角节点的厚保护层

3.100 年使用年限时的要求

对处于一类环境中设计使用年限为 100 年的房屋结构,保护层厚度应增加 40%,并且还应采取表面保护及定期维修等措施。

【新规范应用计算实例】

【例 9-1】　某框架—剪力墙结构办公楼,采用现浇混凝土。各类构件的混凝土强度等级及最大钢筋直径如表 9-2 前四列所示。求各类构件的混凝土保护层厚度并填入表中。

解　首先根据结构中各类构件的类型及其环境条件确定其环境类别。再根据其混凝土强度等级及受力主筋的直径确定其混凝土保护层的最小厚度。然后从两者中取较大值,即为表中最后两栏的数值。

表 9-2　　混凝土结构保护层厚度一览表(mm)

构件类型	环境条件	环境类别	混凝土强度等级	纵向受力钢筋		辅助钢筋	
				直径	保护层厚	直径	保护层厚
基础	地下有垫层	二 a	C20	32	40	10	30
柱	室内	一	C35~C50	32	35	10	25
梁	室内	一	C30~C40	25	25	10	15
楼板	室内	一、二 a	C25~C30	12	20	8	12
	厕所、浴室				20	8	12
剪力墙	室内	一	C25~35	14	20	8	12
雨罩檐口板	室外、有抹面层	二 a	C30	12	25	8	17

第四节　钢 筋 的 锚 固

新《混凝土结构设计规范》GB 50010—2002

9.3.1　当计算中充分利用钢筋的抗拉强度时,受拉钢筋的锚固长度应按下列公式计算:

普通钢筋

$$l_a = \alpha \frac{f_y}{f_t} d \tag{9.3.1-1}$$

预应力钢筋

$$l_a = \alpha \frac{f_{py}}{f_t} d \tag{9.3.1-2}$$

式中 l_a——受拉钢筋的锚固长度；

f_y、f_{py}——普通钢筋、预应力钢筋的抗拉强度设计值，按本规范表 4.2.3-1、4.2.3-2 采用；

f_t——混凝土轴心抗拉强度设计值，按本规范表 4.1.4 采用；当混凝土强度等级高于 C40 时，按 C40 取值；

d——钢筋的公称直径；

α——钢筋的外形系数，按表 9.3.1 取用。

表 9.3.1　钢筋的外形系数

钢筋类型	光面钢筋	带肋钢筋	刻痕钢丝	螺旋肋钢丝	三股钢绞线	七股钢绞线
α	0.16	0.14	0.19	0.13	0.16	0.17

注：光面钢筋系指 HPB235 级钢筋，其末端应做 180°弯钩，弯后平直段长度不应小于 $3d$，但作受压钢筋时可不做弯钩；带肋钢筋系指 HRB335 级、HRB400 级钢筋及 RRB400 级余热处理钢筋。

当符合下列条件时，计算的锚固长度应进行修正：

1　当 HRB335、HRB400 和 RRB400 级钢筋的直径大于 25mm 时，其锚固长度应乘以修正系数 1.1；

2　HRB335、HRB400 和 RRB400 级的环氧树脂涂层钢筋，其锚固长度应乘以修正系数 1.25；

3　当钢筋在混凝土施工过程中易受扰动(如滑模施工)时，其锚固长度应乘以修正系数 1.1；

4　当 HRB335、HRB400 和 RRB400 级钢筋在锚固区的混凝土保护层厚度大于钢筋直径的 3 倍且配有箍筋时，其锚固长度可乘以修正系数 0.8；

5　除构造需要的锚固长度外，当纵向受力钢筋的实际配筋面积大于其设计计算面积时，如有充分依据和可靠措施，其锚固长度可乘以设计计算面积与实际配筋面积的比值。但对有抗震设防要求及直接承受动力荷载的结构构件，不得采用此项修正。

6　当采用骤然放松预应力钢筋的施工工艺时，先张法预应力钢筋的锚固长度应从距构件末端 $0.25l_{tr}$ 处开始计算，此处 l_{tr} 为预应力传递长度，按本规范第 6.1.9 条确定。

经上述修正后的锚固长度不应小于按公式(9.3.1-1)、(9.3.1-2)计算锚固长度的 0.7 倍，且不应小于 250mm。

旧《混凝土结构设计规范》GBJ 10—89

第 **6.1.4** 条　当计算中充分利用纵向受拉钢筋强度时，其锚固长度不应小于表 6.1.4 规定的数值。

表 6.1.4　　纵向受拉钢筋的最小锚固长度 l_a(mm)

钢筋类型		混凝土强度等级			
		C15	C20	C25	≥C30
Ⅰ级钢筋		40d	30d	25d	20d
月牙纹	Ⅱ级钢筋	50d	40d	35d	30d
	Ⅲ级钢筋	—	45d	40d	35d
冷拔低碳钢丝		250			

注:①当月牙纹钢筋直径 $d\geqslant 25$mm 时,其锚固长度应按表中数值增加 $5d$ 采用;

②当螺纹钢筋直径 $d\leqslant 25$mm 时,其锚固长度应按表中数值减少 $5d$ 采用;

③当混凝土在凝固过程中易受扰动时(如滑模施工),受力钢筋的锚固长度宜适当增加;

④在任何情况下,纵向受拉钢筋的锚固长度不应小于 250mm。

【新规范理解与说明】

本条内容,新规范和旧规范有很大的不同。旧规范中锚固设计采用查表方法,且按 5d 为间距取整的方式取值,不能准确反映锚固条件变化对锚固强度的影响。

近年来,我国钢筋强度不断提高,外形日趋多样化,结构形式的多样性也使锚固条件有了很大的变化,用表格的方式已很难确切表达。根据近年来系统试验研究及可靠度分析的结果并参考国外标准,规范给出了以简单计算确定锚固长度的方法。应用时,由计算所得基本锚固长度 l_a 应乘以对应于不同锚固条件的修正系数加以修正,且不小于规定的最小锚固长度。

因此,有必要对锚固进行说明。

1. 粘结锚固强度

钢筋的锚固强度由拉拔试验测定,拉拔试件如图 9－2(a)所示。粘结锚固应力 τ 由拉拔力 F 除以锚固面积 $\pi d l_a$ 而得,d 为钢筋直径,l_a 为锚固长度。

$$\tau=\frac{F}{\pi d l_a} \tag{9-1}$$

拉拔试验时测量钢筋与混凝土之间的滑移 s,则粘结锚固应力与滑移($\tau-s$)关系曲线表达了钢筋与混凝土之间的粘结锚固性能。曲线的斜率表示锚固刚度(抵抗滑移的能力);曲线的峰值 τ_u 为锚固强度;曲线的下降的为锚固延性(大滑移时锚固能力),如图 9－2(b)所示。

2. 影响粘结锚固的因素

由锚固试验确定的钢筋与混凝土的锚固强度与许多因素有关,其中主要的有:握裹层混凝土的强度、锚固钢筋的外形、混凝土保护层厚度、对锚固区域混凝土的约束(如配箍)等,简述如下。

(1)混凝土强度的影响　混凝土强度越高,则伸入钢筋横肋间的混凝土咬合齿越强;握裹层混凝土的劈裂就越不容易发生,故粘结锚固作用越强。

(2)保护层的厚度　混凝土的保护层越厚,则对锚固钢筋的约束越大;咬合力对握裹层混凝土的劈裂越难以发生,粘结锚固作用越强。当保护层厚度大到一定程度后,锚固强度增加的趋势减缓。此时混凝土不会劈裂而会发生咬合齿挤压破碎引起的刮犁拔出破坏。

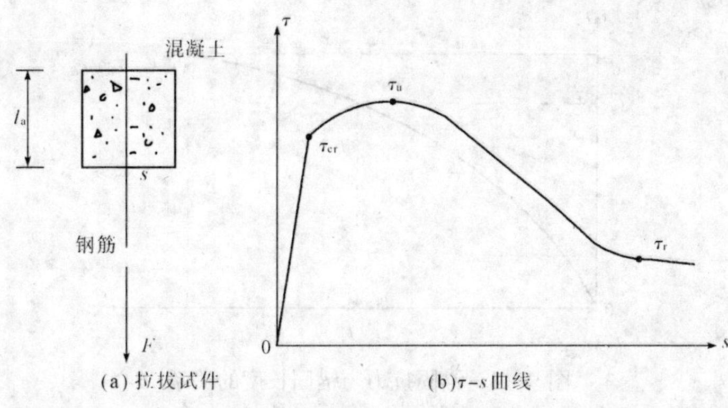

图 9-2　钢筋与混凝土的粘结锚固本构关系

(3)锚筋的外形　钢筋的外形决定了混凝土咬合齿的形状,因而对锚固强度影响很大。主要的外形参数为相对肋高和肋面积比,横肋的对称性及连续性。光面钢筋及刻痕钢丝的锚固性能最差;旋扭状的钢绞线次之;间断型的月牙肋钢筋较好;而连续的螺旋肋钢筋锚固性能最好。

(4)锚固区域的配箍　锚固长度范围内的配箍对锚固强度影响很大。不配箍的锚筋在握裹层混凝土劈裂后即丧失锚固力;而配箍较多时,即便发生劈裂,粘结锚固强度也还有一定程度的增长。

3. 确定锚固长度的方法

分析时,取设计规范规定的保护层最小厚度——受力钢筋的直径 d 以及构造要求的最低限度配箍,分析在此最不利条件下受力钢筋锚固长度与锚固抗力的关系,如图 9-3 所示。由图看出,随锚固长度的加大,锚固抗力增长。到锚固抗力等于钢筋的屈服抗力 F_y 时,相应的锚固长度可称为临界锚固长度 l_a^{cr},这是保证受力钢筋直到屈服也不会发生锚固破坏的最小长度。钢筋屈服后强化,随锚固长度增加,锚固抗力还能增长。到锚固抗力等于钢筋的拉断力 F_t 时,相应的锚固长度称为极限锚固长度 l_a^u。显然,超过极限锚固长度的锚固段在锚固抗力中将不起作用。而规范确定的设计锚固长度 l_a 应大于 l_a^{cr} 而小于 l_a^u。前者是为了保证钢筋承载受力的基本性能;而后者是因为过大的锚固长度实际已是多余。

用非线性有限元分析,可以推导不同强度钢筋在不同强度等级混凝土中的临界锚固长度 l_a^{cr} 及极限锚固长度 l_a^u,然后通过试验加以验证。当然还要进行可靠度计算,在一定可靠指标(β)下确定钢筋的锚固长度。最后,还要与传统的锚固长度相校准,并参考国外类似钢筋的锚固长度,慎重地确定新规范采用的锚固长度值 l_a。

从新规范中可以看出,基本锚固长度 l_a 取决于钢筋强度 f_y 及混凝土抗拉强度 f_t,并与钢筋外形有关,外形影响反映于外形系数 α 中。公式(9.3.1-1)为计算锚固长度的通式,其中分母项反映了混凝土的粘结锚固强度的影响,用混凝土的抗拉强度表示;但混凝土强度等级高于 C40 时,仍按 C40 考虑,以控制高强混凝土中锚固长度不致过短。表 9.3.1 中不同钢筋的外形系数 α 是经对各类钢筋进行系统粘结锚固试验研究及可靠度分析得出的。

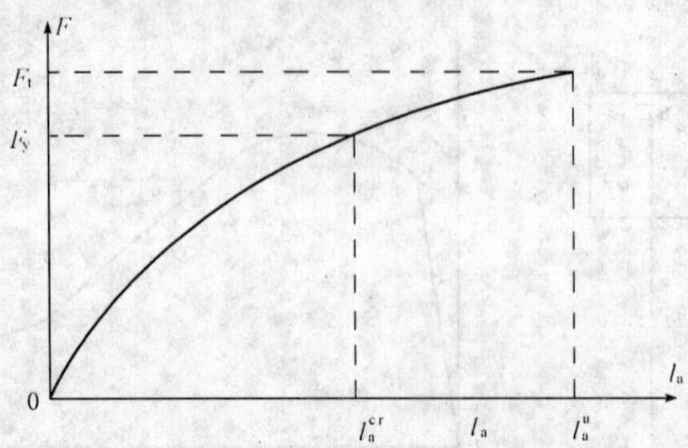

图 9-3 锚固抗力与锚固长度的关系

为反映带肋钢筋直径较大时相对肋高减小对锚固作用降低的影响，直径大于 25mm 的粗直径钢筋的锚固长度应适度加大，乘以修正系数 1.1。

为反映环氧树脂涂层钢筋表面状态对锚固的不利影响，其锚固长度应乘以修正系数 1.25，这是根据试验分析结果并参考国外标准的有关规定确定的。

施工扰动对锚固的不利影响反映于施工扰动的影响系数中，与原规范数值相当，取 1.1。

带肋钢筋常因外围混凝土的纵向劈裂而削弱锚固作用。当混凝土保护层厚度或钢筋间距较大时，握裹作用加强，锚固长度可适当减短。经试验研究及可靠度分析，并根据工程实践经验，当保护层厚度大于锚固钢筋直径的 3 倍且有箍筋约束时，适当减小锚固长度是可行的，此时锚固长度可乘以修正系数 0.8。

配筋设计时，实际配筋面积往往因构造原因而大于计算值，故钢筋实际应力小于强度设计值。因此，当有确实把握时，受力钢筋的锚固长度可以缩短，其数值与配筋余量的大小成比例。国外规范也采取同样的方法。但其适用范围有一定限制，即不得用于抗震设计及直接承受动力荷载的构件中。

当采用骤然放松预应力钢筋的施工工艺时，其锚固长度起点应考虑端部受损的可能性，内移 $0.25l_{tr}$。

上述各项修正系数可以连乘，但出于构造要求，修正后的受拉钢筋锚固长度不能小于最低限度（最小锚固长度），其数值在任何情况下不应小于按公式（9.3.1）计算值的 0.7 倍及 250mm。

新《混凝土结构设计规范》GB 50010—2002

9.3.2 当 HRB335 级、HRB400 级和 RRB400 级纵向受拉钢筋末端采用机械锚固措施时，包括附加锚固端头在内的锚固长度可取为按本规范公式（9.3.1-1）计算的锚固长度的 0.7 倍。

机械锚固的形式及构造要求宜按图 9.3.2 采用。

采用机械锚固措施时，锚固长度范围内的箍筋不应少于 3 个，其直径不应小于纵向钢筋直径的 0.25 倍，其间距不应大于纵向钢筋直径的 5 倍。当纵向钢筋的混凝土保护层厚度不小于钢筋公称直径的 5 倍时，可不配置上述箍筋。

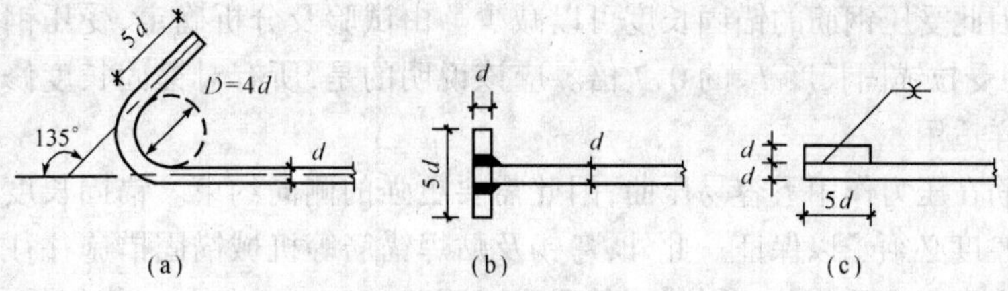

图 9.3.2　钢筋机械锚固的形式及构造要求

(a)末端带 135°弯钩；(b)末端与钢板穿孔塞焊；

(c)末端与短钢筋双面贴焊

【新规范理解与应用】

此条为新规范新增内容。当钢筋的锚固长度有限，靠自身的锚固性能又无法满足受力钢筋承载的要求时，可以采用机械锚固措施。机械锚固是减少锚固长度的有效方式。新规范推荐了三种机械锚固形式：加弯钩、焊锚板及贴焊锚筋，但是这里应注意的是：弯钩为 135°，弯弧内径一律取 $4d$；贴焊锚筋长为 $5d$ 且应双面焊牢；焊锚板应采用穿孔塞焊以保证受力性能。

机械锚固虽然能够满足锚固承载力的要求，但难以保证的锚筋锚固刚度。即当机械锚头充分受力时，往往引起很大的滑移和裂缝。因此，还需要一定的锚固长度与其配合，共同受力，以控制变形和裂缝。新规范规定，采取机械锚固措施以后，其锚固长度 l_{am}（包括锚头在内的水平投影长度）可取前述计算锚固长度 l_a 的 0.7 倍。国外规范中也采取类似的处理方法。

由于机械锚固的锚固挤压力较多地集中在锚头附近，锚固区的混凝土容易破碎，故应加以约束。新规范规定，在机械锚固的锚固长度范围内必须配有箍筋，其直径不小于锚固钢筋直径的 1/4，间距不大于锚固钢筋直径的 5 倍，且数量不少于 3 个。当然，在保护层厚度不小于锚固钢筋直径的 5 倍时，侧向约束较大，可以不考虑上述配箍要求。

新《混凝土结构设计规范》GB 50010—2002

9.3.3　当计算中充分利用纵向钢筋的抗压强度时，其锚固长度不应小于本规范第 9.3.1 条规定的受拉锚固长度的 0.7 倍。

旧《混凝土结构设计规范》GBJ 10—89

第 6.1.6 条　纵向受压钢筋在跨中截断时，必须伸至按计算不需要该钢筋的截面以外，延伸的长度不应小于 $15d$；对绑扎骨架中末端无弯钩的光面钢筋，不应小于 $20d$。

【新规范理解与说明】

本条内容，新规范和旧规范在锚固长度的取值不同，新规范主要以公式来取值，而旧规范是以钢筋的直径的倍数来确定的。

混凝土构件中受压钢筋同样存在锚固受力问题，例如柱和桁架上弦中纵向受力钢筋的锚固。受压钢筋的粘结锚固机理与受拉基本相同，但钢筋受压后的镦粗效应加大了界面的摩擦力及咬合作用，对锚固受力有利。受压钢筋的端面对混凝土的挤压作用也有利于承载力。因此受压钢筋的锚固长度可以减少。由试验及分析确定,受压钢筋的锚固长度 l'_a 可取为受拉锚固长度 l_a 的 0.7 倍。应该说明的是,所有对锚固长度修正的条件对受压钢筋同样适用。

受压钢筋在压力作用下容易压曲,因此需要更强的侧向约束。锚固长度范围内的配箍和保护层厚度必须予以保证。此外,弯钩及贴焊锚筋等机械锚固措施往往造成偏心受力。在压力作用下容易压曲而影响构件受力。因此,对 HPB235(Ⅰ)级钢筋,受压时可不做弯钩;

新《混凝土结构设计规范》GB 50010—2002

9.3.4 对承受重复荷载的预制构件,应将纵向非预应力受拉钢筋末端焊接在钢板或角钢上,钢板或角钢应可靠地锚固在混凝土中。钢板或角钢的尺寸应按计算确定,其厚度不宜小于 10mm。

旧《混凝土结构设计规范》GBJ 10—89

第 **6.1.8** 条　对承受重复荷载的预制构件,应将非预应力受拉钢筋末端焊接在钢板或角钢上,钢板或角钢应可靠地锚固于混凝土中。钢板或角钢的尺寸应按计算确定,其厚度不宜小于 10mm。

【新规范理解与说明】

本条内容,新旧规范一样。对于承受重复荷载的预制构件的规定,是根据长期工程实践经验获得的,有较好的保证性。

第五节　钢筋的连接

新《混凝土结构设计规范》GB 50010—2002

9.4.1 钢筋的连接可分为两类:绑扎搭接;机械连接或焊接。机械连接接头和焊接接头的类型及质量应符合国家现行有关标准的规定。

受力钢筋的接头宜设置在受力较小处。在同一根钢筋上宜少设接头。

旧《混凝土结构设计规范》GBJ 10—89

第 **6.1.9** 条　钢筋的接头宜优先采用焊接或机械连接的接头。钢筋焊接接头的类型及质量应符合国家现行标准《混凝土结构工程施工及验收规范》的要求;当采用机械连接的接头时,接头的质量、适用范围、构造要求等应符合专门的规定。

注:Ⅳ级钢筋如需采用焊接接头时,必须采用闪光对焊,且应有保证焊接质量的可靠措施。

【新规范理解与说明】

本条内容,新规范在内容上有所增加,钢筋的连接由原来的"宜"变为直接选取类型,即:绑扎搭接、机械连接或焊接。

受力钢筋除少量以盘圆形式供货外,大多以一定长度(如 9~12m)的直条方式供货。在按设计长度定尺切断以后,就有将加工余料连接起来再利用的问题。结构尺度很大,超出钢筋供货长度时,也必然存在将钢筋接长使用的问题。为保证结构受力的整体效果,这些钢筋必须连接起来实现内力的过渡。钢筋连接的基本问题是保证连接区域的承载力、刚度、延性、恢复性能以及疲劳性能。

钢筋连接应满足下列的一些要求:

(1)承载力(强度) 被连接的钢筋应能完成应力的可靠传递,即一端钢筋的承载力应能不打折扣地通过连接区段传递到另一钢筋上,等强传力是所有钢筋连接的起码要求。

(2)刚度(变形性能) 将连接区域视为特殊的钢筋段,其抵抗变形的能力(变形模量)应接近被连接的钢筋(弹性模量)。否则将会在接头区域引起较大的伸长变形,导致明显的裂缝。被连接钢筋变形模量降低还会造成其与同一区域未被连接整体钢筋之间应力分配的差异。受力钢筋之间受力的不均匀,将导致截面承载力削弱。

(3)延性(断裂形态) 被连接的热轧钢筋均具有良好的延性,均匀伸长率(δ_{gt})都在10%以上,且在发生颈缩变形后才可能被拉断,具有明显的预兆。如连接手段(焊接、挤压、冷镦等)引起钢材性能的变化,则可能在连接区段发生无预兆的脆性断裂,影响钢筋连接的质量。

(4)恢复性能 结构上的荷载是变动不定的,偶然的超载可能引起裂缝及较大的变形(挠度)。但只要钢筋未屈服,超载消失以后钢筋的弹性回缩可以基本闭合裂缝及恢复挠度。钢筋的连接接头应具有相似的性能。如果接头受力变形而不能回复,则连接区段将成为变形集中,裂缝宽大的薄弱区段。

(5)疲劳性能 在高周交变荷载作用下,钢筋的连接区段应具有必要的抵抗疲劳的能力。这对于承受疲劳荷载作用的构件(吊车梁、桥梁等)具有重要意义。

为了反映技术的进步,新规范增加机械连接接头,其类型和质量控制要求见《钢筋机械连接通用技术规程》JGJ107,焊接接头的种类和质量控制要求见《钢筋焊接规程》JGJ18

新《混凝土结构设计规范》GB 50010—2002

9.4.2 轴心受拉及小偏心受拉杆件(如桁架和拱的拉杆)的纵向受力钢筋不得采用绑扎搭接接头。

当受拉钢筋的直径 $d>28$mm 及受压钢筋的直径 $d>32$mm 时,不宜采用绑扎搭接接头。

旧《混凝土结构设计规范》GBJ 10—89

第 **6.1.10** 条 轴心受拉及小偏心受拉杆件(如桁架和拱的拉杆)的受力钢筋不得采用非焊接的搭接接头。

双面配置受力钢筋的焊接骨架,不得采用非焊接的搭接接头。

当受力钢筋直径 $d>22$mm 时,不宜采用非焊接的搭接接头;对轴心受压和偏心受压柱中的受压钢筋,当钢筋直径 $d\leqslant32$mm 时,可采用非焊接的搭接接头,但接头位置应设置在受力较小处。

【新规范理解与说明】

本条内容,新规范根据工程经验及接头性质,限定了钢筋绑扎搭接接头的应用范围:受拉钢筋不应采用绑扎搭接接头,大直径钢筋不宜采用绑扎搭接接头。

1. 绑扎搭接连接的机理

绑扎搭接钢筋之间能够传力是由于钢筋与混凝土之间的粘结锚固作用。两根相向受力的钢筋分别锚固在搭接连接区段的混凝土中，都将拉力传递给混凝土，从而实现了钢筋之间的应力传递。因此绑扎搭接传力的基础是锚固。但搭接钢筋之间的缝间混凝土会因剪切而破碎，握裹力受到削弱，因此搭接钢筋的锚固强度减小。与锚固长度相比，搭接长度应予加长(图 9－4a)。此外，由于锥楔作用造成的径向推力引起了两根钢筋之间的分离趋势。因此，搭接钢筋之间容易发生纵向劈裂裂缝，必须有较强的配箍约束(图 9－4b)。

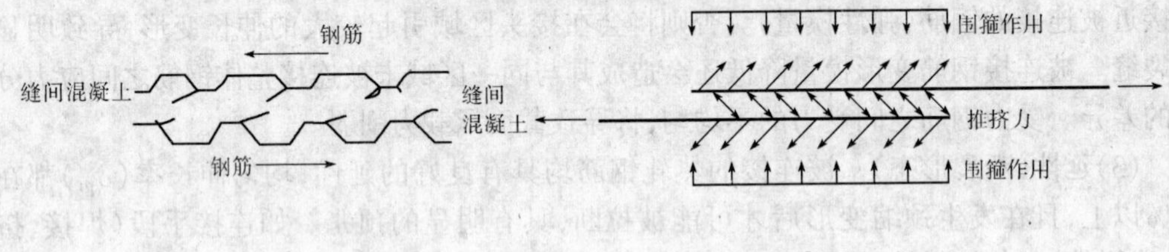

图 9－4　钢筋搭接传力的机理

搭接传力是承载力问题，取受力钢筋达到设计强度 f_y 时恰好发生搭接破坏(失效)为搭接传力的极限状态。此时，钢筋的拉力为$\frac{\pi}{4}d^2f_y$；如搭接强度为 τ_l，搭接长度为 l_l，则搭接区段的抗力为 $\pi d l_l \tau_l$，由此，可求出临界搭接长度 l_l^{cr}(图 9－5)：

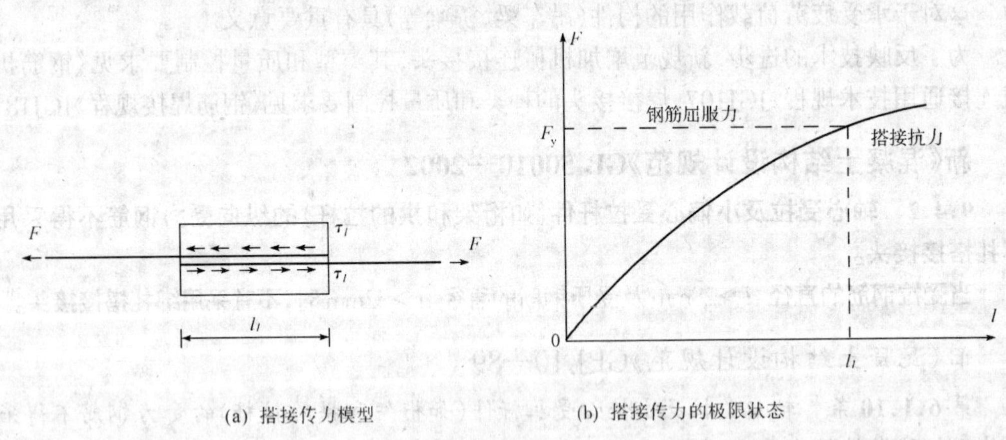

图 9－5　搭接传力极限状态

$$l_l^{cr}=\frac{f_y}{4\tau_l}d$$

由试验及可靠度计算，就可以确定在不同搭接条件下的搭接长度。

2. 搭接连接的应用范围

绑扎搭接是比较可靠且因其施工简便而得到广泛应用。但直径较粗的受力钢筋绑扎搭接施工不便，且容易发生过宽的裂缝，因此新规范限制直径大于 28mm 的受拉钢筋和直径大于 32mm 的受压钢筋不宜采用绑扎搭接连接。此外轴心受拉及小偏心受拉杆件(如桁架和拱的拉焊)的受力钢筋,因构件截面较小且钢筋拉应力相对较大,为防止失效引起倒塌坠落等严重后果,故不得采用搭接连接。

新《混凝土结构设计规范》GB 50010—2002

9.4.3　同一构件中相邻纵向受力钢筋的绑扎搭接接头宜相互错开。

钢筋绑扎搭接接头连接区段的长度为 1.3 倍搭接长度,凡搭接接头中点位于该连接区段长度内的搭接接头均属于同一连接区段。同一连接区段内纵向钢筋搭接接头面积百分率为该区段内有搭接接头的纵向受力钢筋截面面积与全部纵向受力钢筋截面面积的比值(图 9.4.3)。

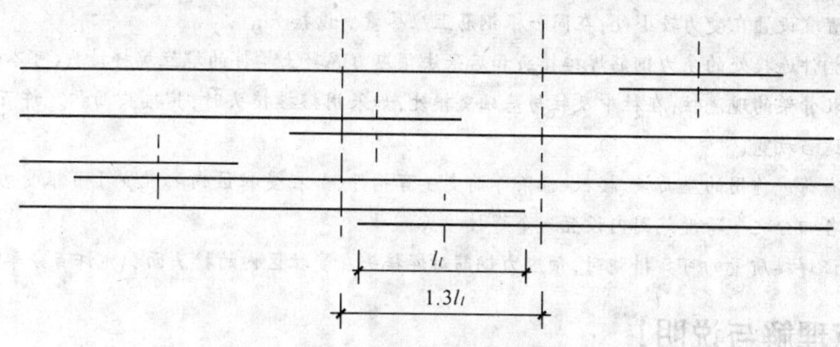

图 9.4.3　同一连接区段内的纵向受拉钢筋绑扎搭接接头

注:图中所示同一连接区段内的搭接接头钢筋为两根,当钢筋直径相同时,钢筋搭接接头面积百分率为 50%。

位于同一连接区段内的受拉钢筋搭接接头面积百分率:对梁类、板类及墙类构件,不宜大于 25%;对柱类构件,不宜大于 50%。当工程中确有必要增大受拉钢筋搭接接头面积百分率时,对梁类构件,不应大于 50%;对板类、墙类及柱类构件,可根据实际情况放宽。

纵向受拉钢筋绑扎搭接接头的搭接长度应根据位于同一连接区段内的钢筋搭接接头面积百分率按下列公式计算:

$$l_l = \zeta l_a \tag{9.4.3}$$

式中　l_l——纵向受拉钢筋的搭接长度;

l_a——纵向受拉钢筋的锚固长度,按本规范第 9.3.1 条确定;

ζ——纵向受拉钢筋搭接长度修正系数,按表 9.4.3 取用。

在任何情况下,纵向受拉钢筋绑扎搭接接头的搭接长度均不应小于 300mm。

表 9.4.3　纵向受拉钢筋搭接长度修正系数

纵向钢筋搭接接头面积百分率(%)	≤25	50	100
ζ	1.2	1.4	1.6

旧《混凝土结构设计规范》GBJ 10—89

第 **6.1.12** 条　受力钢筋接头的位置相互错开。当采用非焊接的搭接接头时从任一接头中心至 1.3 倍搭接长度的区段范围内,或当采用焊接接头时在任一焊接接头中心至长度为钢筋直径的35倍且不小于500mm的区段范围内，有接头的受力钢筋截面面积占受力钢筋总截面面积的百分率应符合表6.1.12的规定。

表 6.1.12　接头区段内受力钢筋接头面积的允许百分率(%)

接头形式	受拉区	受压区
绑扎骨架和绑扎网中的钢筋的搭接接头	25	50
焊接骨架和焊接网的搭接接头	50	50
受力钢筋的焊接接头	50	不限制
预应力钢筋的对焊接头	25	不限制

注：①接头位置宜设置在受力较小处，在同一根钢筋上应尽量少设接头；

②装配式构件连接处的受力钢筋焊接接头和后张法预应力混凝土构件的螺丝端杆接头，可不受上表的限制；

③采用绑扎骨架的现浇柱，在柱中及柱与基础交接处，如采用搭接接头时，其接头面积允许百分率，可根据设计经验适当放宽；

④承受均布荷载作用的屋面板、楼板、檩条等简支受弯构件，如在受拉区内配置少于3根受力钢筋时，可在跨度两端各四分之一跨度范围内设置一个焊接接头；

⑤如有保证焊接质量的可靠措施时，预应力钢筋对焊接头在受拉区内的接头面积允许百分率可放宽至50%。

【新规范理解与说明】

本条内容，新规范用图及文字明确给出了同一连接区段内钢筋绑扎搭接接头的定义。

1. 搭接接头的面积百分率

钢筋搭接过程中，搭接传力的一个重要问题是刚度。如在同一区域中搭接钢筋占有较大的比例，则尽管其传力性能可以保证，但搭接钢筋之间的相对滑移将大大超过整筋的弹性变形，同时裂缝相对集中。此外，由于绑扎搭接时，内力和应变集中于筋端截面，往往形成很大的端头横向裂缝及沿搭接钢筋之间纵向劈裂裂缝。这些裂缝到破坏前会发展成整个接头区域的龟裂鼓出(图9-6)。

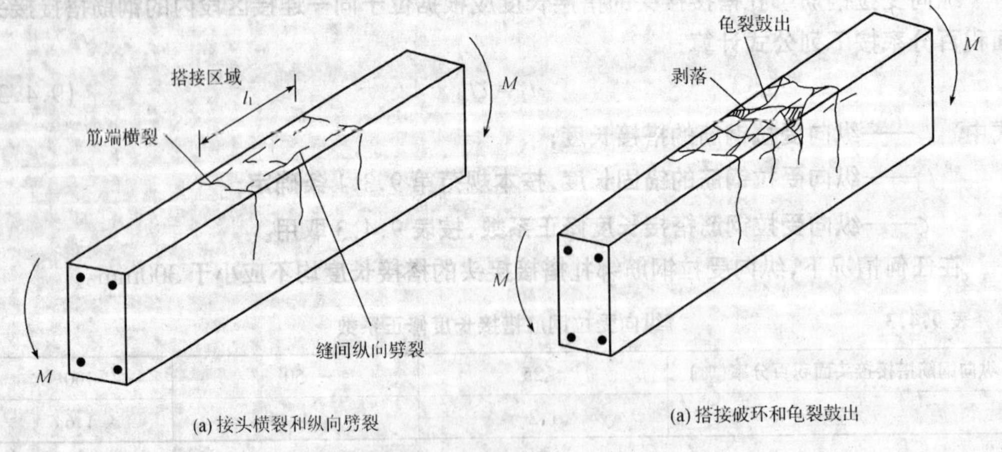

图9-6　搭接区域的裂缝状态

要考虑三个问题：其一是搭接接头连接区段的范围，这是计算接头面积百分率的前提;其二是如何放宽原规范对于接头面积百分率25%的过于严厉的限制;其三是如何根据接头面积百分率的放宽,增加搭接长度。

过去搭接连接区段的定义不明。将搭接长度首尾相接顺次布置是十分有害的,因此而引起的应力集中会使筋端横裂更加严重。应采用错开搭接方式,避免应力集中(图9-7)。新规范明确规定绑扎搭接接头的连接区段是以搭接长度中点为中心的1.3倍搭接长度的范围。即相邻两个搭接接头中心的间距应不小于$1.3l_l$或筋端相距$0.3l_l$以上才算接头已错开。

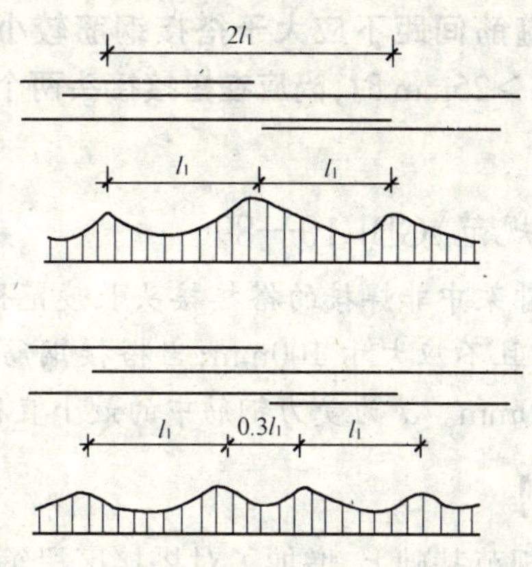

图9-7 顺次搭接和错开搭接接头的布置

2. 受拉钢筋的搭接长度

钢筋搭接传力的本质是锚固,但较锚固较弱,因此搭接长度l_l可以在锚固长度l_a的基础上适当延长而得。

新规范关于受拉钢筋绑扎搭接接头搭接长度的计算方法,反映了接头面积百分率的影响。这是根据有关的试验研究及可靠度分析,并参考国外有关规范的做法确定的。搭接长度随接头面积百分率的提高而增大,是因为搭接接头受力后,相互搭接的两根钢筋将产生相对滑移,且搭接长度越小,滑移越大。为了使接头充分受力的同时,刚度不致过差,就需要相应增大搭接长度。新规范解决了旧规范对搭接接头面积百分率规定过严的缺陷,对接头面积百分率较大的情况,采用加大搭接长度的方法处理,便于设计和施工。

新《混凝土结构设计规范》GB 50010—2002

9.4.4 构件中的纵向受压钢筋,当采用搭接连接时,其受压搭接长度不应小于本规范第9.4.3条纵向受拉钢筋搭接长度的0.7倍,且在任何情况下不应小于200mm。

旧《混凝土结构设计规范》GBJ 10—89

第6.1.11条 绑扎骨架和绑扎网中的非预应力受力钢筋,当接头用搭接而不加焊时:受拉钢筋的搭接长度不应小于$1.2l_a$(l_a按表6.1.4的规定采用),且不应小于300mm;受压钢筋的搭接长度不应小于$0.85l_a$,且不应小于200mm。

焊接骨架在受力方向的接头可采用非焊接的搭接接头,受拉钢筋的搭接长度不应小于l_a,受压钢筋的搭接长度不应小于$0.7l_a$。

【新规范理解与说明】

本条内容，新规范沿用了旧规范的做法，采用受压钢筋的搭接长度规定为受拉钢筋的0.7倍，解决了梁受压区及柱中受压钢筋的搭接问题。

新《混凝土结构设计规范》GB 50010—2002

9.4.5 在纵向受力钢筋搭接长度范围内应配置箍筋，其直径不应小于搭接钢筋较大直径的0.25倍。当钢筋受拉时，箍筋间距不应大于搭接钢筋较小直径的5倍，且不应大于100mm；当钢筋受压时，箍筋间距不应大于搭接钢筋较小直径的10倍，且不应大于200mm。当受压钢筋直径 $d>25$mm 时，尚应在搭接接头两个端面外100mm范围内各设置两个箍筋。

旧《混凝土结构设计规范》GBJ 10—89

第6.1.14条 在绑扎骨架中非焊接的搭接接头长度范围内，当搭接钢筋为受拉时，其箍筋的间距不应大于 $5d$，且不应大于100mm；当搭接钢筋为受压时，其箍筋的间距不应大于 $10d$，且不应大于200mm。d 为受力钢筋中的最小直径。

【新规范理解与说明】

本条内容，新规范在旧规范基础上，增加了对搭接区段箍筋直径的要求，此外还提出了在粗钢筋受压搭接接头端部须增加箍筋的要求，以防止局部挤压裂缝。这样规定，是据试验研究结果和工程经验而提出的。

新《混凝土结构设计规范》GB 50010—2002

9.4.6 纵向受力钢筋机械连接接头宜相互错开。钢筋机械连接接头连接区段的长度为 $35d$（d 为纵向受力钢筋的较大直径），凡接头中点位于该连接区段长度内的机械连接接头均属于同一连接区段。

在受力较大处设置机械连接接头时，位于同一连接区段内的纵向受拉钢筋接头面积百分率不宜大于50%。纵向受压钢筋的接头面积百分率可不受限制。

旧《混凝土结构设计规范》GBJ 10—89

参见旧规范第6.1.9条相关内容。

【新规范理解与说明】

本条内容，在旧规范中没有明确写出来，只是参见相关规程，而新规范规定了机械连接的区段长度，同时规定了其应用原则。

1. 机械连接的传力机理

钢筋的机械连接是通过连贯于两根钢筋外的套筒来实现传力。套筒与钢筋之间力的过渡是通过机械咬合力。其形式可为钢筋横肋与套筒的咬合；在钢筋表面加工出螺纹与套筒的螺纹之间的传力；或者在钢筋与套筒之间贯注高强的胶凝材料，通过中间介质来实现应力传递。机械连接的主要型式有挤压套筒连接；锥螺纹套筒连接，镦粗直螺纹连接；滚轧直螺纹连接等。套筒内加楔劈连接或灌注环氧树脂或其他材料的各类新的连接形式也正在开发。

2. 机械连接接头的等级分类

根据钢筋机械连接接头的传力性能,《钢筋机械连接通用技术规程》JGJ 107—96 对接头进行分级。其依据是:

(1)强度 接头的强度应不低于被连接钢筋的强度,使连接接头能够传递设计所需要的应力,满足承载力的要求。

(2)刚度 接头在使用状态(0.7 倍钢筋强度标准值)和接近承载力状态(0.9 倍钢筋强度标准值)下,因套筒与钢筋间的滑移等因素而引起的变形模量降低,应不致影响接头区域的裂缝和变形过大。

(3)延性 接头在拉断前应有充分的变形,使破坏有明显的预兆。如在接头没有充分变形条件下发生脆性断裂,对构件甚至结构体系的安全都是十分危险的。

(4)恢复性能 连接接头不如整体钢筋,由于连接件螺纹的空当间隙等原因,在外力消失后将留下残余变形,宏观上反映为构件的残余裂缝宽度。对此应加以控制。

(5)疲劳性能 接头在高应力或大变形的反复作用下,强度、变形模量和恢复力将逐渐蜕化,对此应通过试验测定,根据其蜕化的不同程度进行分级。

但是,机械连接虽然相对较简便,但与整体钢筋相比,性能总有削弱,因而要注意一些问题,比如接头的面积百分率。

新《混凝土结构设计规范》GB 50010—2002

9.4.7 直接承受动力荷载的结构构件中的机械连接接头,除应满足设计要求的抗疲劳性能外,位于同一连接区段内的纵向受力钢筋接头面积百分率不应大于 50%。

旧《混凝土结构设计规范》GBJ 10—89

参见旧规范第 6.1.9 条相关内容。

【新规范理解与说明】

本条内容,新规范中给出了机械连接接头用于承受疲劳荷载构件时的应用范围和设计原则。

新《混凝土结构设计规范》GB 50010—2002

9.4.8 机械连接接头连接件的混凝土保护层厚度宜满足纵向受力钢筋最小保护层厚度的要求。连接件之间的横向净间距不宜小于 25mm。

旧《混凝土结构设计规范》GBJ 10—89

参见旧规范第 6.1.9 条相关内容。

【新规范理解与说明】

本条内容,新规范明确了机械连接接头保护层厚度及钢筋间距的要求。

由于钢筋外面有连接套筒存在,在机械连接接头区域的混凝土保护层厚度及间距将减小。如按钢筋保护层厚度严格要求,则可能普遍加大保护层厚度而影响截面的有效高度。因此设计规范作了一些松动，由“应”改为“宜”。但限制其横向间距不宜小于25mm，以避免钢筋及套筒过于密集，影响混凝土构件的性能。

新《混凝土结构设计规范》GB 50010—2002

9.4.9 纵向受力钢筋的焊接接头应相互错开。钢筋焊接接头连接区段的长度为35d（d 为纵向受力钢筋的较大直径）且不小于500mm，凡接头中点位于该连接区段长度内的焊接接头均属于同一连接区段。

位于同一连接区段内纵向受力钢筋的焊接接头面积百分率，对纵向受拉钢筋接头，不应大于50%。纵向受压钢筋的接头面积百分率可不受限制。

注：1 装配式构件连接处的纵向受力钢筋焊接接头可不受以上限制；
2 承受均布荷载作用的屋面板、楼板、檩条等简支受弯构件，如在受拉区内配置的纵向受力钢筋少于3根时，可在跨度两端各四分之一跨度范围内设置一个焊接接头。

旧《混凝土结构设计规范》GBJ 10—89

参见旧规范第6.1.12条相关内容。

【新规范理解与说明】

本条内容，新规范给出了焊接接头连接区段的定义及接头面积百分率。在工程实践中证明这种规定是可行的。下面详细说明钢筋焊接的相关内容。

1. 焊接传力的机理

钢筋的焊接接头是利用电阻、电弧或者燃烧的气体加热钢筋端头使之熔化并用加压或填加熔融的金属焊接材料，使之连成一体的连接方式。钢筋的焊接连接有以下分类：

（1）闪光对焊　利用电流通过被焊钢筋端部，在接触点处产生大量热能，局部熔化金属，同时对结合点施加轴向压力使钢筋连接。

（2）电弧焊　利用电弧产生的高温，熔化钢筋端部及焊条，填充在接头焊缝内形成焊接接头而使钢筋连为一体。

（3）电渣压力焊　利用电流通过渣池产生的电阻热，将钢筋端部融化，再施加压力使钢筋焊为一体。

（4）气压焊　利用氧气和乙炔燃烧的火焰为热源，使被连钢筋端头达到热塑状态再施加压力使钢筋顶锻成一体。

（5）点焊　细钢筋（丝）通电加热后，通过加压使接触点的金属融化而合为一体的焊接连接形式。

2. 焊接连接的特点

焊接接头的最大优点是节省钢筋材料；接头成本低；接头尺寸小；基本不影响间距、保护层厚度及施工操作。由于是通过焊缝直接传力，故不存在刚度和恢复性能等问题。在质量有保证的情况下是很理想的连接形式。但焊接连接也有不少缺陷，影响因素有：

（1）干扰质量稳定性的因素太多　受焊工操作水平、气候、环境、施工条件的影响，难以保证稳定的施工质量。我国目前施工队伍的素质，质量管理水平，以及现场对焊接质量的检验手段等，还很难做到确保钢筋焊接连接的质量。

(2)焊接热量可能会引起钢筋性能的变化 焊接产生的热量会引起某些钢筋金相组织的变化,导致强度降低。靠"淬水"而提高强度的RRB400级余热处理钢筋及冷加工钢筋存在着上述问题。焊接区冷却后的收缩也可能导致钢筋内应力,甚至引起断裂。

(3)某些焊接质量缺陷难以检查 虚焊、夹碴、气泡、内裂缝及由于环境温度变化引起的内应力等缺陷,有些可以通过现场检验发现而及时予以纠正;但有些却很难发现而造成隐患。只有在受到偶然作用(地震或其他灾害)时才会暴露出来。

新《混凝土结构设计规范》GB 50010—2002

9.4.10 需进行疲劳验算的构件,其纵向受拉钢筋不得采用绑扎搭接接头,也不宜采用焊接接头,且严禁在钢筋上焊有任何附件(端部锚固除外)。

当直接承受吊车荷载的钢筋混凝土吊车梁、屋面梁及屋架下弦的纵向受拉钢筋必须采用焊接接头时,应符合下列规定:

1 必须采用闪光接触对焊,并去掉接头的毛刺及卷边;

2 同一连接区段内纵向受拉钢筋焊接接头面积百分率不应大于25%,此时,焊接接头连接区段的长度应取为45d(d为纵向受力钢筋的较大直径);

3 疲劳验算时,应按本规范第4.2.5条的规定,对焊接接头处的疲劳应力幅限值进行折减。

旧《混凝土结构设计规范》GBJ 10—89

第**6.1.13**条 直接承受中、重级工作制吊车的构件,其纵向受拉钢筋不得采用绑扎搭接接头,且不得在钢筋上焊有任何附件(端头锚固除外),也不宜采用焊接接头。

如钢筋长度不够时,对下列构件的纵向受拉钢筋可采用焊接接头:直接承受中级工作制吊车的钢筋混凝土屋面梁及屋架下弦;直接承受中级工作制吊车且采用冷拉Ⅱ、Ⅲ级钢筋的预应力混凝土屋面梁、屋架下弦和吊车梁。

采用焊接接头时,尚应符合下列规定:

一、必须采用闪光接触对焊,并去掉接头的毛刺及卷边;

二、在一个截面内有焊接接头的受拉钢筋截面面积占受拉钢筋总截面面积的百分率不应大于25%(对预应力受拉钢筋的焊接接头,其百分率按预应力钢筋总截面面积计算),且有焊接接头的截面之间的距离不得小于45d(d为纵向受拉钢筋中的最大直径);

三、疲劳验算时,应按本规范第2.2.5条的规定,对焊接接头的疲劳强度进行折减。

注:需要验算疲劳的构件,不得采用有焊接接头的冷接Ⅳ级钢筋。

【新规范理解与说明】

本条内容,新规范提出了承受疲劳荷载吊车梁等有关构件中受力钢筋焊接的要求,同旧规范相比内容没有变化,在工程实践证明是可行的。

第六节 纵向受力钢筋的最小配筋率

新《混凝土结构设计规范》GB 50010—2002

※9.5.1 钢筋混凝土结构构件中纵向受力钢筋的配筋百分率不应小于表9.5.1规定的数值。

表 9.5.1 钢筋混凝土结构构件中纵向受力钢筋的最小配筋百分率(%)

受力类型		最小配筋百分率
受压构件	全部纵向钢筋	0.6
	一侧纵向钢筋	0.2
受弯构件、偏心受拉、轴心受拉构件一侧的受拉钢筋		0.2 和 $45f_t/f_y$ 中的较大值

注:1 受压构件全部纵向钢筋最小配筋百分率,当采用 HRB400 级、RRB400 级钢筋时,应按表中规定减小 0.1;当混凝土强度等级为 C60 及以上时,应按表中规定增大 0.1;

2 偏心受拉构件中的受压钢筋,应按受压构件一侧纵向钢筋考虑;

3 受压构件的全部纵向钢筋和一侧纵向钢筋的配筋率以及轴心受拉构件的小偏心受拉构件一侧受拉钢筋的配筋率应按构件的全截面面积计算;受弯构件、大偏心受拉构件一侧受拉钢筋的配筋率应按全截面面积扣除受压翼缘面积 $(b'_f-b)h'_f$ 后的截面面积计算;

4 当钢筋沿构件截面周边布置时,"一侧纵向钢筋"系指沿受力方向两个对边中的一边布置的纵向钢筋。

旧《混凝土结构设计规范》GBJ 10—89

第 6.1.15 条 混凝土构件中纵向受力钢筋的配筋百分率,不应小于表 6.1.15 规定的数值。

表 6.1.15 混凝土构件中纵向受力钢筋的最小配筋百分率(%)

分类	混凝土强度等级	
	≤C35	C40～C60
轴心受压构件的全部受压钢筋	0.4	0.4
偏心受压及偏心受拉构件的受压钢筋	0.2	0.2
受弯构件、偏心受压构件、大偏心受拉构件的受拉钢筋及小偏心受拉构件每一侧的受拉钢筋	0.15	0.2

注:①受压钢筋和偏心受压构件的受拉钢筋的最小配筋百分率按构件的全截面面积计算;其余的受拉钢筋的最小配筋百分率按全截面面积扣除位于受压边或受拉较小边翼缘面积 $(b'_f-b)h'_f$ 后的截面面积计算;

②配置碳素钢丝、刻痕钢丝、钢绞线、热处理钢筋和冷拔钢丝低碳钢丝的预应力混凝土构件,其正截面永久承载力设计值不应小于正截面开裂时的内力值,对配置上述钢筋的预应力混凝土受弯构件,其正截面受弯承载力应符合下列要求:

$$M_u \geqslant M_{cr}$$

此处,M_u 为预应力混凝土受弯构件正截面受弯承载力设计值,可按本规范第 4.1.5 条、第 4.1.6 条或第 4.1.9 条的公式进行计算,但应取等号,将 M 以 M_u 代替,并考虑第 4.1.10 条的规定;M_{cr} 为预应力受弯构件的正截面开裂弯矩值,应按公式(5.3.3-4)计算;

③当温度、收缩等因素对结构产生较大影响时,构件的最小配筋百分率应适当增加。

【新规范理解与说明】

本条内容,新旧规范关于最小配筋率作了较大的提高,安全性能更好,并采用了配筋特征值(f_t/f_y)相关的表达式来规定最小配筋率。关于最小配筋率相关内容,见下述。

1. 最小配筋率的概念

钢筋混凝土结构是一种复合材料结构。其中的混凝土是非延性材料,而钢筋则有很好的延性。在混凝土中配置钢筋以后，受力形态得到改善，结构性能因而大大提高。但是，当配筋量少于一定限度以后，构件的性能会发生质的变化——与无筋的素混凝土结构相差无几。因此，混凝土结构设计时，对钢筋配置量有一个起码的要求，这就是受力钢筋的最小配筋率(ρ_{min})。

2. 纵向受拉钢筋的最小配筋率

混凝土结构中的纵向受拉钢筋包括小偏心及大偏心受拉构件中的受拉钢筋；受弯构件的受拉钢筋以及偏心受压构件中受拉一侧的受拉钢筋。旧规范规定最小配筋百分率(%)分别为0.15(≤C35)和0.20(C40～C60)。新规范规定构件一侧受拉钢筋的最小配筋百分率 ρ_{min}取为：

$$\rho_{min}=45\frac{f_t}{f_y}$$

且不少于0.20。

式中 f_t 为混凝土的抗拉强度设计值，f_y 为钢筋的抗拉强度设计值。

与旧规范比较，最小配筋百分率略有提高，最大的变化是考虑了配筋特征值(f_t/f_y)的影响。即当混凝土强度等级较高时，应提高最小配筋百分率，这是为克服高强混凝土脆性的影响，保证构件必要的延性。反之，当采用强度较高的钢筋(如HRB400级、RRB400级钢筋)时，由于其较高的抗拉强度和承载能力，配筋百分率可以适当降低。按上述双控手段确定的受拉钢筋的最小配筋百分率比较合理，有利于促进我国混凝土结构用钢筋的优化。

实际上，各国规范标准均以“截面开裂后，构件不致立即失效(裂而不断)”为原则来确定受拉钢筋的最小配筋百分率。新规范虽未达到这一目标，但已较为接近。

3. 纵向受压钢筋的最小配筋率

在混凝土结构中，受压钢筋多用于轴心受压构件的全部受力钢筋及偏心受压、偏心受拉构件中受压侧的受力钢筋。规定受压钢筋最小配筋率的目的，是希望受压混凝土破坏时，不致具有突然压溃的明显脆性性质。也就是当混凝土抗力耗尽而将崩裂时，配于压区的受压钢筋以其延性的承载力，及对混凝土一定的约束作用而延缓这个破坏过程。当然，这不仅取决于纵向受力钢筋的配筋率，还与围箍钢筋的数量、间距、配置形式等有关，后者将在柱的构造措施中解决；而前者作为改善受压构件破坏形态的重要条件，以受压钢筋最小配筋百分率(ρ'_{min})的形式提出要求。

我国原设计规范中规定受压钢筋的最小配筋百分率 ρ'_{min}，对偏心受力构件一侧的受压钢筋为0.20；轴心受压构件全部钢筋为0.4。这一规定虽偏低于国外规范相应的规定，但仍可起到一定的改善受压混凝土脆性压溃的作用，并经工程实践考虑而未发生问题，故未作大的调整。

考虑旧规范确定的受压钢筋最小配筋百分率多用以确定柱的纵向钢筋配置数量，而它与抗震受压钢筋的最小配筋百分率未完全衔接。因此本次修订不计轴心受压和偏心受压或受拉，均按“一侧纵向受压钢筋”和“全部纵向钢筋”两个条件控制，而对最小配筋百分率作以下要求：

一侧 $$\rho'_{min}=0.20 \tag{9-2}$$

全部 $$\rho'_{min}=0.60\pm0.10 \tag{9-3}$$

式(9-3)中,当混凝土强度等级为C60或以上时采用“+”号,ρ'_{min}应增大0.10;当采用HRB400级及RRB400级钢筋时采用“-”号,ρ'_{min}可减少0.10。与原规范比较,一侧受压钢筋的最小配筋百分率未变。而全截面的纵向钢筋配筋百分率(不论其受压否)均采用0.60,比原规范的0.40有明显的提高。其原因是,在受压构件柱中,除弯矩平面的柱的两对边配筋外,还应考虑两侧边的纵向受力钢筋。其在承受压力荷载,改善柱的延性,增强对核心部位混凝土的围箍约束,防止柱的脆性压溃中同样起到很大的作用。这部分钢筋同样应计入最小配筋百分率ρ'_{min}中。

新《混凝土结构设计规范》GB 50010—2002

9.5.2 对卧置于地基上的混凝土板,板中受拉钢筋的最小配筋率可适当降低,但不应小于0.15%。

旧《混凝土结构设计规范》GBJ 10—89

参见旧规范第6.1.15条相关内容。

【新规范理解与说明】

本条为新增内容,在旧规范中没有明确体现出来,新规范对于卧置于地基上的钢筋混凝土厚板,其配筋量多由最小配筋率来控制,但考虑到实际情况,其最低限度为0.15%。

新《混凝土结构设计规范》GB 50010—2002

9.5.3 预应力混凝土受弯构件中的纵向受拉钢筋配筋率应符合下列要求:

$$M_u \geqslant M_{cr} \tag{9.5.3}$$

式中 M_u——构件的正截面受弯承载力设计值,按本规范公式(7.2.1-1)、(7.2.2-2)或公式(7.2.5)计算,但应取等号,并将M以M_u代替;

M_{cr}——构件的正截面开裂弯矩值,按本规范公式(8.2.3-6)计算。

旧《混凝土结构设计规范》GBJ 10—89

参见旧规范第6.1.15条相关内容。

【新规范理解与说明】

本条内容,新旧规范基本相同。对于预应力构件的纵向受力钢筋,国内外所有的标准均以同一原则确定其最小配筋率,即“预应力构件截面开裂时,构件不致立即失效”。

由于预应力混凝土结构具有一定的脆性,其受力钢筋在尚未承载时就因预应力张拉而处于高应力状态。承载受力后应力增长起点很高,离其拉断强度已不远。相应的弯矩值为承载力设计值M_u。而预应力构件的混凝土,由于受到预加力而有很大的预压应力σ_{pc},在承载受力时,先要抵消σ_{pc}才能形成拉应力,并在拉应力相当大以后才开裂,相应的弯矩值为M_{cr}。在开裂的瞬间,原来由混凝土承载的全部拉应力都因截面断开而转移到钢筋上。如果此时钢筋的拉力不足以承担这些拉力,即M_u比M_{cr}小,则会发生“开裂即失效”的现象,这种脆性破坏是很危险的。

新规范中的规定是保证预应力受弯构件不发生“开裂即失效”脆性破坏的基本条件。只是最小配筋百分率通过弯矩比较的隐函数形式而未直接表达而已。因此,最小配筋百分率不仅取决于钢筋与混凝土的强度,还与张拉控制应力、预应力损失等诸多因素有关,很难直接确定,而只能通过计算给出。

【新规范应用计算实例】

【例 9-2】 计算各强度等级混凝土构件中各类钢筋的一侧受拉钢筋的最小配筋百分率。

解 由设计规范 GB 50010—2002 可得,纵向受拉钢筋的最小配筋百分率为 0.20 且不小于 $45\dfrac{f_t}{f_y}$。由此可以列表计算如下。

表 9-3　一侧受拉钢筋的最小配筋百分率(%)

			C15	C20	C25	C30	C35	C40	C45	C50	C55	C60	C65	C70	C75	C80
混凝土	强度等级		C15	C20	C25	C30	C35	C40	C45	C50	C55	C60	C65	C70	C75	C80
	f_t(N/mm²)		0.91	1.10	1.27	1.43	1.57	1.71	1.80	1.89	1.96	2.04	2.09	2.14	2.18	2.22
钢筋 f_y (N/mm²)	HPB235	210	0.20	0.24	0.27	0.31	0.34	0.37	0.39	0.41	0.42	0.44	0.45	0.46	0.47	0.48
	HRB335	300	(0.20)	0.20	0.20	0.21	0.24	0.26	0.27	0.28	0.29	0.31	0.31	0.32	0.33	0.33
	HRB400 RRB400	360	—	0.20	0.20	0.20	0.20	0.21	0.22	0.24	0.25	0.25	0.26	0.27	0.27	0.28

须注意的是,表中黑线以下部分表示不以配筋特征值而以绝对值(0.20)控制的最小配筋率。表中括号表示不宜采用的混凝土强度等级;空格表示不得采用的强度等级。表 9-3 中数值清楚地反映了钢筋强度和混凝土强度等级对受拉钢筋最小配筋率的影响。

【例 9-3】 列出各强度等级混凝土受压构件中全部钢筋的最小配筋百分率。

解 由设计规范的规定,可得出受压构件全部纵向钢筋的最小配筋百分率如表 9-4 所示。

表 9-4　受压构件全部纵向钢筋的最小配筋百分率(%)

混凝土强度等级		C15	C20	C25	C30	C35	C40	C45	C50	C55	C60	C65	C70	C75	C80
钢筋	HPB235	0.60	0.60	0.60	0.60	0.60	0.60	0.60	0.60	0.60	0.70	0.70	0.70	0.70	0.70
	HRB335	0.60	0.60	0.60	0.60	0.60	0.60	0.60	0.60	0.60	0.70	0.70	0.70	0.70	0.70
	HRB400 RRB400	0.50	0.50	0.50	0.50	0.50	0.50	0.50	0.50	0.50	0.60	0.60	0.60	0.60	0.60

第七节　预应力混凝土构件的构造规定

新《混凝土结构设计规范》GB 50010—2002

9.6.1　当先张法预应力钢丝按单根方式配筋困难时,可采用相同直径钢丝并筋的配筋方式。并筋的等效直径,对双并筋应取为单筋直径的 1.4 倍,对三并筋应取为单筋直径的 1.7 倍。

并筋的保护层厚度、锚固长度、预应力传递长度及正常使用极限状态验算均应按等效直径考虑。

注：当预应力钢绞线、热处理钢筋采用并筋方式时，应有可靠的构造措施。

旧《混凝土结构设计规范》GBJ 10—89

旧《混凝土结构设计规范》GBJ 10—89 中无此条文内容。

【新规范理解与说明】

本条内容为新增条文，新规范规定了当先张法预应力构件中的预应力钢丝采用单根配置有困难时，可采用并筋的配筋形式。并筋为国外混凝土结构中常见的配筋形式，一般用于配筋密集区域布筋困难的情况。并筋对锚固及预应力传递性能的影响由等效直径反映。并筋的等效直径取与其截面积相等的圆截面的直径：对双并筋为$\sqrt{2}d$；对三并筋为$\sqrt{3}d$，其中d为单根钢丝的直径；取整后近似为1.4倍及1.7倍单根钢丝直径，即$1.4d$及$1.7d$。并筋的保护层厚度、钢筋间距、锚固长度、预应力传递长度、挠度和裂缝宽度验算等均按等效直径考虑。上述简化处理结果与国外标准、规范的数值相当。

新《混凝土结构设计规范》GB 50010—2002

9.6.2 先张法预应力钢筋之间的净间距应根据浇筑混凝土、施加预应力及钢筋锚固等要求确定。预应力钢筋之间的净间距不应小于其公称直径或等效直径的1.5倍，且应符合下列规定：对热处理钢筋及钢丝，不应小于15mm；对三股钢绞线，不应小于20mm；对七股钢绞线，不应小于25mm。

旧《混凝土结构设计规范》GB 50010—2002

第6.2.6条 预应力钢筋、钢丝的净距应根据浇灌混凝土、施加预应力及钢筋锚固等要求确定。

预应力钢筋的净距不应小于其直径，且不小于25mm；预应力钢丝的净距不宜小于15mm。若采用冷拔低碳钢丝排列有困难时，可采用两根并列。

【新规范理解与说明】

本条内容，新规范对先张法预应力钢筋之间的净间距作了相应的规定，其数值是根据试验研究及工程经验确定的。

先张法构件预应力钢筋、钢丝间净距的确定，应以方便浇筑混凝土，张拉预应力钢筋和锚固可靠，夹具使用方便的原则确定。

新《混凝土结构设计规范》GB 50010—2002

9.6.3 对先张法预应力混凝土构件，预应力钢筋端部周围的混凝土应采取下列加强措施：

1 对单根配置的预应力钢筋，其端部宜设置长度不小于150mm且不少于4圈的螺旋筋；当有可靠经验时，亦可利用支座垫板上的插筋代替螺旋筋，但插筋数量不应少于4根，其长度不宜小于120mm；

2 **对分散布置的多根预应力钢筋,在构件端部 10d(d 为预应力钢筋的公称直径)范围内应设置 3~5 片与预应力钢筋垂直的钢筋网;**

3 **对采用预应力钢丝配筋的薄板,在板端 100mm 范围内应适当加密横向钢筋。**

旧《混凝土结构设计规范》GBJ 10—89

第 **6.2.8** 条 对预应力钢筋端部周围的混凝土采取下列加强措施:

一、对单根预应力钢筋(如板肋的配筋),其端部宜设置长度不小于 150mm 的螺旋筋。当钢筋直径 $d \leqslant 16$mm 时,亦可利用支座垫板上的插筋代替螺旋筋,但插筋数量不应小于 4 根;其长度不宜小于 120mm。

二、对多根预应力钢筋,在构件端部 10d(d 为预应力钢筋直径)范围内,应设置 3~5 片钢筋网。

三、对采用钢丝配筋的薄板,在板端 100mm 范围内应适当加密横向钢筋。

【新规范理解与说明】

本条内容,新规范和原规范没有较大变化。

先张法构件放张时,钢筋对周围混凝土产生挤压,端部混凝土有可能沿钢筋周围产生裂缝。为了防止这种裂缝,端部应采取构造措施,以保证自锚端的局部承载力。

新《混凝土结构设计规范》GB 50010—2002

9.6.4 对槽形板类构件,应在构件端部 100mm 范围内沿构件板面设置附加横向钢筋,其数量不应少于 2 根。

对预制肋形板,宜设置加强其整体性和横向刚度的横肋。端横肋的受力钢筋应弯入纵肋内。当采用先张长线法生产有端横肋的预应力混凝土肋形板时,应在设计和制作上采取防止放张预应力时端横肋产生裂缝的有效措施。

旧《混凝土结构设计规范》GBJ 10—89

第 **6.2.3** 条 对后张法预应力混凝土构件的端部锚固区,应按本规范第 4.5.1 条和第 4.5.2 条的规定进行局部受压承载力计算,并配置间接钢筋,且其体积配筋率 ρ_v 不应小于 0.5%。

为防止沿孔道产生劈裂,在构件端部 3e 且不大于 1.2h(h 为构件端部高度)的长度范围内与间接钢筋配置区以外,应在高度 2e 范围内均匀布置附加箍筋或网片,其体积配筋率不应小于 0.5%。

为防止施加预应力时在构件端部产生沿截面中部的纵向水平裂缝,宜将一部分预应力钢筋在靠近支座区段弯起,并使预应力钢筋尽可能沿构件端部均匀布置。如预应力钢筋在构件端部不能均匀布置而需集中布置在端部截面的下部或集中布置在上部和下部时,应在构件端部 0.2h 范围设置竖向附加的焊接钢筋网、封闭式箍筋或其他形式的构造钢筋,其中,竖向附加的钢筋截面面积应符合下列规定:

当 $e \leqslant 0.1h$ 时

$$A_{sv} \geqslant 0.2 \frac{N_p}{f_{yv}} \tag{6.2.3-1}$$

当 $0.1h < e \leqslant 0.2h$ 时

$$A_{sv} \geqslant 0.1 \frac{N_p}{f_{yv}} \tag{6.2.3-2}$$

当 $e > 0.2h$ 时,可根据实际情况适当配置构造钢筋。

式中 N_p——作用在构件端部截面重心线上部或下部预应力钢筋的合力,可按公式(3.4.6-3)进行计算,此时,仅考虑混凝土预压前的预应力损失值;

e——截面重心线上部或下部预应力钢筋的合力点至邻近边缘的距离;

f_{yv}——竖向附加钢筋的抗拉强度设计值;当 $f_{yv} > 210\text{N/mm}^2$ 时,取 $f_{yv} = 210\text{N/mm}^2$。

当端部截面上部和下部均有预应力钢筋时,竖向附加钢筋的总截面面积按上部和下部的 N_p 分别计算的数值叠加采用。

对槽形板类构件,为防止板面端部产生纵向裂缝,宜在构件端部100mm范围内,沿构件板面设置附加的横向钢筋,其数量不少于2根。

当构件在端部有局部凹进时,为防止在预加应力过程中,端部转折处产生裂缝,应增设折线构造钢筋(图6.2.3)。

注:当有足够依据时,亦可采用其他端部附加钢筋的配置方法。

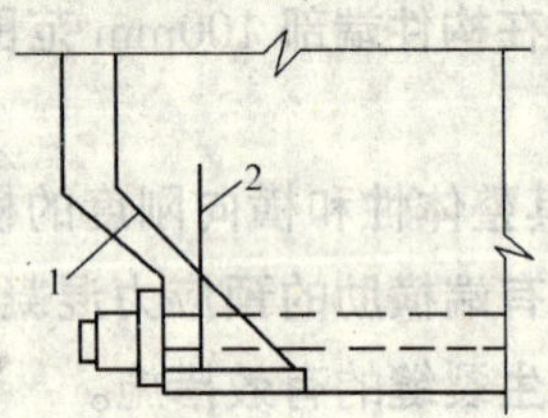

图6.2.3 端部转折处构造配筋

1—折线构造钢筋;2—竖向构造钢筋

【新规范理解与说明】

本条内容,新规范将旧规范分成许多条文,本条文规定了对于槽形板类构件,应该设置的附加横向钢筋需要满足的要求,另外,对于预制肋形板,也应采取相关的措施,防止构件端部产生裂缝。

新《混凝土结构设计规范》GB 50010—2002

9.6.5 在预应力混凝土屋面梁、吊车梁等构件靠近支座的斜向主拉应力较大部位,宜将一部分预应力钢筋弯起。

旧《混凝土结构设计规范》GBJ 10—89

第**6.2.2**条 在预应力混凝土屋面梁、吊车梁等构件中,为防止由于施加应力而产生预拉区的裂缝和减少支座附近区段的主拉应力,在靠近支座部分,宜将一部分预应力钢筋弯起。

【新规范理解与说明】

本条内容,新规范保留了旧规范的规定。

同上条一样,新规范对屋面梁和吊车梁等构件支座的斜向主拉应力较大时,应采用的措施,防止裂缝的产生。

新《混凝土结构设计规范》GB 50010—2002

9.6.6　对预应力钢筋在构件端部全部弯起的受弯构件或直线配筋的先张法构件,当构件端部与下部支承结构焊接时,应考虑混凝土收缩、徐变及温度变化所产生的不利影响,宜在构件端部可能产生裂缝的部位设置足够的非预应力纵向构造钢筋。

旧《混凝土结构设计规范》GBJ 10—89

第 **6.2.4** 条　对预应力钢筋在构件端部全部弯起的受弯构件或直线配筋的先张法构件,当构件端部与下部支承结构焊接时,为考虑混凝土收缩、徐变及温度变化所产生的不利影响,在构件端部可能产生裂缝的部位应设置足够的非预应力纵向构造钢筋。

【新规范理解与说明】

本条内容,新规范保留了旧规范的规定。新规范规定了预应力钢筋在构件端部全部弯起的受弯构件或直线配筋的先张法构件,当构件端部与下部支承结构焊接时,应该注意采取的措施,以防产生裂缝,影响预应力构件的正常使用。

新《混凝土结构设计规范》GB 50010—2002

9.6.7　后张法预应力钢筋所用锚具的形式和质量应符合国家现行有关标准的规定。

旧《混凝土结构设计规范》GBJ 10—89

第 **6.2.9** 条　后张法预应力钢筋的锚固应选用可靠的锚具,其制作方法和质量应符合国家现行标准《混凝土结构工程施工及验收规范》的规定。

【新规范理解与说明】

本条内容,新规范取消了锚固应选用可靠的锚具,没有具体指明哪种锚固形式,只是锚具应满足《预应力筋用锚具、夹具和连接器》GB/T 14370 标准的有关规定,并且应该保证质量。

新《混凝土结构设计规范》GB 50010—2002

9.6.8　后张法预应力钢丝束、钢绞线束的预留孔道应符合下列规定:

1　对预制构件,孔道之间的水平净间距不宜小于 50mm;孔道至构件边缘的净间距不宜小于 30mm,且不宜小于孔道直径的一半;

2　在框架梁中,预留孔道在竖直方向的净间距不应小于孔道外径,水平方向的净间距不应小于 1.5 倍孔道外径;从孔壁算起的混凝土保护层厚度,梁底不宜小于 50mm,梁侧不宜小于 40mm;

3 预留孔道的内径应比预应力钢丝束或钢绞线束外径及需穿过孔道的连接器外径大 10～15mm；

4 在构件两端及跨中应设置灌浆孔或排气孔，其孔距不宜大于 12m；

5 凡制作时需要预先起拱的构件，预留孔道宜随构件同时起拱。

旧《混凝土结构设计规范》GBJ 10—89

第 **6.2.10** 条 预应力钢筋的预留孔道应符合下列规定：

一、孔道之间的净距不应小于 25mm；孔道至构件边缘的净距不应小于 25mm，且不宜小于孔道直径的一半；

二、孔道的直径应比预应力钢筋束外径、钢筋对焊接头处外径或需穿过孔道的锚具外径大 10～15mm；

三、在构件两端及跨中应设置灌浆孔或排气孔，其孔距不宜大于 12m；

四、凡制作时需要预先起拱的构件，预留孔道宜随构件同时起拱。

【新规范理解与说明】

本条内容，新规范增加了框架梁的预留孔道应该符合的要求。

孔道的布置应考虑张拉设备和锚具的尺寸以及端部混凝土局部受压承载力等要求。为了防止后张法预应力构件在施工阶段受力后发生沿孔道的裂缝和破坏，对后张法预制构件及框架梁等提出了相应构造措施。其中规定的控制数值及构造措施为我国多年工程经验的总结。

新《混凝土结构设计规范》GB 50010—2002

9.6.9 对后张法预应力混凝土构件的端部锚固区，应按下列规定配置间接钢筋：

1 应按本规范第 7.8 节的规定进行局部受压承载力计算，并配置间接钢筋，其体积配筋率不应小于 0.5%；

2 在局部受压间接钢筋配置区以外，在构件端部长度 l 不小于 $3e$（e 为截面重心线上部或下部预应力钢筋的合力点至邻近边缘的距离）但不大于 $1.2h$（h 为构件端部截面高度）、高度为 $2e$ 的附加配筋区范围内，应均匀配置附加箍筋或网片，其体积配筋率不应小于 0.5%（图 9.6.9）。

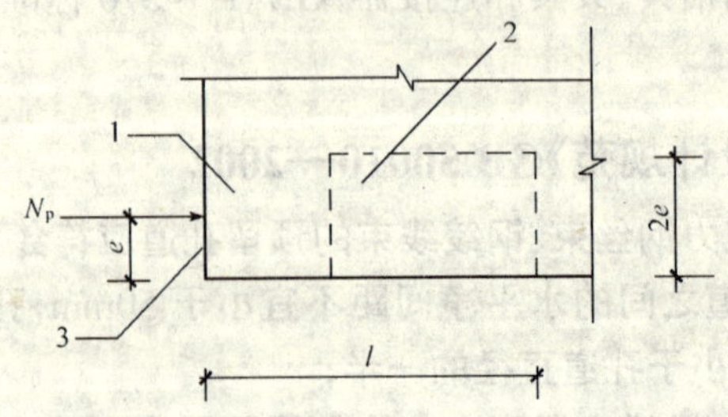

图 9.6.9 防止沿孔道劈裂的配筋范围

1—局部受压间接钢筋配置区；2—附加配筋区；3—构件端面

旧《混凝土结构设计规范》GBJ 10—89

参见旧规范第 6.2.3 条相关规定。

【新规范理解与说明】

对于后张法预应力混凝土构件，在张拉预应力过程中，构件端部的预应力钢筋锚具及张拉设备处，受到很大的局部压力，在施工张后容易出现纵向水平裂缝。为了控制这些裂缝的开展，在试验研究的基础上，在条文中作出了加强配筋的具体规定。其中，要求合理布置预应力钢筋，尽量使锚具沿构件端部均匀布置，以减少横向拉力。此外，为防止施加预应力时在构件端部产生截面中部的纵向水平裂缝，宜将一部分预应力钢筋在靠近支座区段弯起，并使预应力钢筋尽可能沿构件端部均匀布置。当难于做到均匀布置时，为防止端面出现宽度过大的裂缝，根据理论分析和试验结果，提出了限制裂缝的竖向附加钢筋截面面积的计算公式以及相应的构造措施。

新《混凝土结构设计规范》GB 50010—2002

9.6.10　在后张法预应力混凝土构件端部宜按下列规定布置钢筋：

1　宜将一部分预应力钢筋在靠近支座处弯起，弯起的预应力钢筋宜沿构件端部均匀布置；

2　当构件端部预应力钢筋需集中布置在截面下部或集中布置在上部和下部时，应在构件端部 $0.2h$（h 为构件端部截面高度）范围内设置附加竖向焊接钢筋网、封闭式箍筋或其他形式的构造钢筋；

3　附加竖向钢筋宜采用带肋钢筋，其截面面积应符合下列要求：

当 $e \leqslant 0.1h$ 时

$$A_{sv} \geqslant 0.3 \frac{N_p}{f_y} \qquad (9.6.10-1)$$

当 $0.1h < e \leqslant 0.2h$ 时

$$A_{sv} \geqslant 0.15 \frac{N_p}{f_y} \qquad (9.6.10-2)$$

当 $e > 0.2h$ 时，可根据实际情况适当配置构造钢筋。

式中　N_p——作用在构件端部截面重心线上部或下部预应力钢筋的合力，可按本规范第 6 章的有关规定进行计算，但应乘以预应力分项系数 1.2，此时，仅考虑混凝土预压前的预应力损失值；

e——截面重心线上部或下部预应力钢筋的合力点至截面近边缘的距离；

f_y——附加竖向钢筋的抗拉强度设计值，按本规范表 4.2.3-1 采用。

当端部截面上部和下部均有预应力钢筋时，附加竖向钢筋的总截面面积应按上部和下部的预应力合力分别计算的数值叠加后采用。

旧《混凝土结构设计规范》GBJ 10—89

参见旧规范第 6.2.3 条相关内容。

【新规范理解与说明】

本条内容,新旧规范有较大的变化。具体说明参见上条相关说明。

新《混凝土结构设计规范》GB 50010—2002

9.6.11 当构件在端部有局部凹进时,应增设折线构造钢筋(图 9.6.11)或其他有效的构造钢筋。

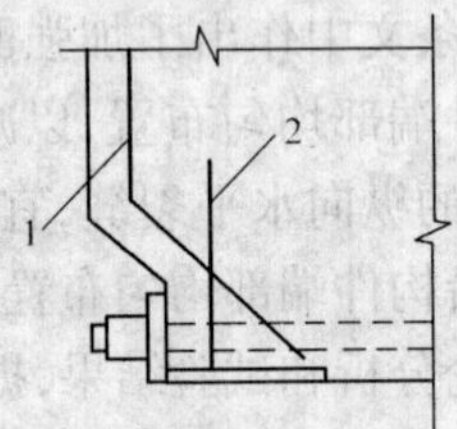

图 9.6.11 端部凹进处构造配筋

1—折线构造钢筋;2—竖向构造钢筋

旧《混凝土结构设计规范》GBJ 10—89

参见旧规范第 6.2.3 条相关内容。

【新规范理解与说明】

本条内容,新规范和旧规范基本相同。

为保证端面有局部凹进的后张法预应力混凝土构件端部锚固区的强度和裂缝控制性能,根据试验和工程经验,规定了增设折线构造钢筋的防裂措施。

新《混凝土结构设计规范》GB 50010—2002

9.6.12 当对后张法预应力混凝土构件端部有特殊要求时,可通过有限元分析方法进行设计。

【新规范理解与说明】

本条内容为新增条文,新规范规定当对后张法预应力混凝土构件端部有特殊要求时,可通过有限元分析方法进行设计。

新《混凝土结构设计规范》GB 50010—2002

9.6.13 后张法预应力混凝土构件中,曲线预应力钢丝束、钢绞线束的曲率半径不宜小于 4m;对折线配筋的构件,在预应力钢筋弯折处的曲率半径可适当减小。

旧《混凝土结构设计规范》GBJ 10—89

第 **6.2.11** 条 后张法预应力混凝土构件的曲线预应力钢筋的曲率半径,宜按下列规定采用:

一、钢丝束、钢绞线束以及钢筋直径 $d \leqslant 12\text{mm}$ 的钢筋束,不宜小于 4m;

二、$12\text{mm} < d \leqslant 25\text{mm}$ 的钢筋,不宜小于 12m;

三、$d>25mm$ 的钢筋，不宜小于 15m。

注：对折线配筋的构件，在折线预应力钢筋弯折处的曲率半径可适当减小。

【新规范理解与说明】

本条内容，新规范规定了曲线预应力钢筋的曲率半径。

为了便于施工，减小摩擦损失，后张法预应力布筋的曲率半径不宜小于 4m，是根据工程经验给出的。

新《混凝土结构设计规范》GB 50010—2002

9.6.14　在后张法预应力混凝土构件的预拉区和预压区中，应设置纵向非预应力构造钢筋；在预应力钢筋弯折处，应加密箍筋或沿弯折处内侧设置钢筋网片。

旧《混凝土结构设计规范》GBJ 10—89

第 **6.2.13** 条　在后张法构件的预拉区和预压区中，应适当设置纵向非预应力构造钢筋；在预应力钢筋弯折处，应加密箍筋或沿弯折处内侧设置钢筋网片。

【新规范理解与说明】

本条内容，新规范规定了在后张法预应力混凝土构件的预拉区和预压区及钢筋弯折处，应设置的构造钢筋。

新《混凝土结构设计规范》GB 50010—2002

9.6.15　构件端部尺寸应考虑锚具的布置、张拉设备的尺寸和局部受压的要求，必要时应适当加大。

在预应力钢筋锚具下及张拉设备的支承处，应设置预埋钢垫板并按本规范第 9.6.9 条及第 9.6.10 条的规定设置间接钢筋和附加构造钢筋。

对外露金属锚具，应采取可靠的防锈措施。

旧《混凝土结构设计规范》GBJ 10—89

第 **6.2.14** 条　构件端部尺寸，应考虑锚具的布置、张拉设备的尺寸和局部受压的要求，必要时应适当加大。

在预应力钢筋锚具下及张拉设备的支承处，应采用预埋钢垫板并按本规范第 6.2.3 条的规定设置间接钢筋和附加钢筋。

外露金属锚具应采取涂刷油漆、砂浆封闭等防锈措施。

【新规范理解与说明】

本条内容，新规范对后张法预应力构件的端面预埋钢板及外露锚具，根据局部挤压、施工工艺及耐久性的要求，提出了相应的构造措施。

第十章　结构构件的基本规定

第一节　本章主要修订内容介绍

本章共四节内容，与旧规范 GBJ 10—89 相比较，本章主要修订和增加内容见表10－1所列。

表 10－1　　主要修订内容及说明

项次	新规范中位置	修订内容	说明
1	新规范第 10.1.1 条关于现浇钢筋混凝土板的最小厚度的规定	新规范增加混凝土板的最小厚度，表值为多年工程经验的总结，但是要注意的是，新规范表列仅为考虑钢筋锚固、耐久性等因素而确定的最低限度要求，设计时还应该从承载力及使用功能的角度经设计肌酸酐求得最佳的厚度	
2	新规范第 10.2.10 条，第 10.2.12 条关于箍筋配筋率的规定	新规范关于梁中箍筋的配筋率在原规范中系数为 0.02 (0.02a)，而在新规范中为 0.24 (0.28)	设置箍筋的目的是为了满足梁核心部分混凝土维持有效的约束，使其能够承受外力
3	新规范第 10.3.1 条关于圆柱配筋规定	近年来，圆柱的使用逐渐增多，对最低限度配筋数量的要求和均匀布置的原则，是为了保证圆形截面柱的合理受力	
4	新规范第 10.5.10 条关于钢筋混凝土剪力墙水平及竖向分布钢筋的间距和直径规定	新规范将就规范的分布钢筋的间距和直径的规定：水平方向间距不大于 300mm，直径不小于 6mm；竖向分布间距不大于 400mm，直径不小于 8mm 同意修改为：水平和竖向分布钢筋的直径不小于 8mm，间距不大于 300mm	竖向和水平分布钢筋间距和直径的大小，直接影响到剪力墙的承载力，修改中将两个方向的规定综合到一起了，使用起来更加方便，但更加严格
5	新规范第 10.7.3 条关于深受弯构件的正截面受弯承载力符合的规定	新规范中内力臂的规定作了修改，原规范分为简支深梁和连续梁的跨中截面及连续梁的支座截面两种情况，而在新规范中统一为一种表达式	深受弯构件的正截面受弯承载力计算采用内力臂表达式，该式在 $I_0/h=5.0$ 时能与一般计算公式衔接
6	新规范第 11.4.6 关于各类结构的柱的轴压比的规定	对一二三四级抗震等级的各类结构的轴压比及Ⅳ类场地上的高层建筑的轴压比，新规范不仅对其作了修改，而且分类作了变化，更加明确具体了	国内外实验表面，轴压比是影响框架柱破坏形态和延性的主要因素之一，框架柱的位移延性随轴压比的增加而减少

第二节 板

新《混凝土结构设计规范》GB 50010—2002

10.1.1 现浇钢筋混凝土板的厚度不应小于表 10.1.1 规定的数值。

表 10.1.1 现浇钢筋混凝土板的最小厚度(mm)

板的类别		最小厚度
单向板	屋面板	60
	民用建筑楼板	60
	工业建筑楼板	70
	行车道下的楼板	80
双向板		80
密肋板	肋间距小于或等于 700mm	40
	肋间距大于 700mm	50
悬臂板	板的悬臂长度小于或等于 500mm	60
	板的悬臂长度大于 500mm	80
无梁楼板		150

旧《混凝土结构设计规范》GBJ 10—89

旧《混凝土结构设计规范》GBJ 10—89 无此相应条文。

【新规范理解与说明】

本条内容为新增内容,表中所列数值为多年工程经验的总结,供设计人员参考。应该说明的是表中所列仅为考虑钢筋锚固、耐久性、防爆等因素而确定的最低限度要求(最小厚度),设计时还应从承载力及使用功能的角度经设计计算求得最佳的厚度。

新《混凝土结构设计规范》GB 50010—2002

10.1.2 混凝土板应按下列原则进行计算:

1 两对边支承的板应按单向板计算;

2 四边支承的板应按下列规定计算:

1)当长边与短边长度之比小于或等于 2.0 时,应按双向板计算;

2)当长边与短边长度之比大于 2.0,但小于 3.0 时,宜按双向板计算;当按沿短边方向受力的单向板计算时,应沿长边方向布置足够数量的构造钢筋;

3)当长边与短边长度之比大于或等于 3.0 时,可按沿短边方向受力的单向板计算。

旧《混凝土结构设计规范》GBJ 10—89

旧《混凝土结构设计规范》GBJ 10—89 无此相应条文。

【新规范理解与说明】

本条内容为新增条文。由于板是一种在两个方向尺寸较大,而在另一个方向上(厚度)尺寸较小的构件,并且主要承受垂直于板面荷载的作用。在结构体系中经常作为楼盖、屋面、平台而直接承受使用荷载。作为钢筋混凝土板,由于上述构件尺度上的特点和承载受力形式,板在厚度(高度)方向没有配筋;钢筋通常沿长、宽方向布置;并且多集中在板的顶面或底面,以承受荷载引起的弯矩。

实践证明,四边支承板长短边长度比大于等于 3.0 时,板可按沿短边方向受力的单向板计算;此时,沿长边方向配置本规范第 10.1.8 条规定的分布钢筋已经足够。当长短边长度比在 2~3 之间时,板虽仍可按沿短边方向受力的单向板计算,但沿长边方向按分布钢筋配筋尚不足以承担该方向弯矩,应适度增大配筋量。当长短边长度比小于等于 2 时,应按双向板计算和配筋。

新《混凝土结构设计规范》GB 50010—2002

10.1.3 当多跨单向板、多跨双向板采用分离式配筋时,跨中正弯矩钢筋宜全部伸入支座;支座负弯矩钢筋向跨内的延伸长度应覆盖负弯矩图并满足钢筋锚固的要求。

旧《混凝土结构设计规范》GBJ 10—89

旧《混凝土结构设计规范》GBJ 10—89 无此相应条文。

【新规范理解与说明】

本条内容为新增条文,单向板和双向板可采用分离式或弯起式配筋。分离式配筋因施工方便,在工程实际中应用较多,本条文给出了分离式和弯起式的构造原则。

板面配筋方式有两种:

(1)分离式配筋　全部跨中正弯矩钢筋伸入支座锚固;而在支座处另配负弯矩钢筋,其范围应能覆盖负弯矩区域并满足锚固要求(图 10-1a)。由于施工方便,分离式配筋得到广泛应用。

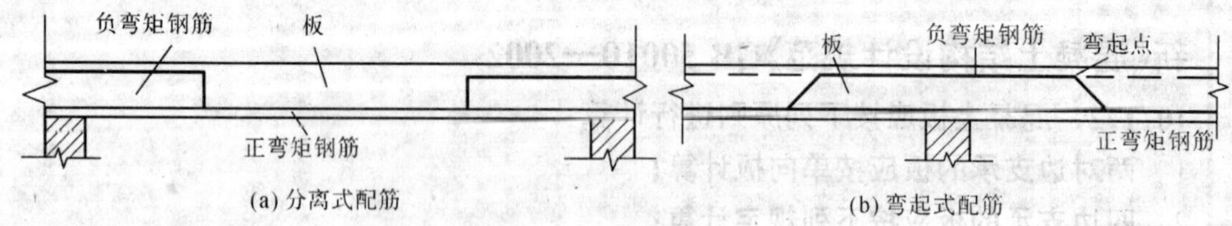

图 10-1　板的配筋方式

(2)弯起式配筋　将一部分跨中正弯矩钢筋在适当的位置(反弯点附近)弯起,并伸过支座后作负弯矩钢筋使用。弯起角度不小于 30°;延伸长度应满足覆盖负弯矩图和锚固的要求(图 10-1b)。由于施工比较麻烦,目前板中弯起式配筋已很少应用。本次修订已将原规范中的相应内容删去。

新《混凝土结构设计规范》GB 50010—2002

10.1.4　板中受力钢筋的间距，当板厚 $h\leqslant150$mm 时，不宜大于 200mm；当板厚 $h>150$mm 时，不宜大于 $1.5h$，且不宜大于 250mm。

旧《混凝土结构设计规范》GBJ 10—89

第 **7.1.1** 条　板中采用绑扎钢筋时，其受力钢筋的间距：当板厚 $h\leqslant150$mm 时，不应大于 200mm；当板厚 $h>150$mm 时，不应大于 $1.5h$，且不应大于 300mm。

由板中伸入支座的下部钢筋，其间距不应大于 400mm，其截面面积不应小于跨中受力钢筋截面面积的 1/3。

板中弯起角不宜小于 30°。

【新规范理解与说明】

本条内容，新旧规范基本相同。由于板的厚度不大，每根受力钢筋的承载受力范围有限，故新规范规定了受力钢筋的最大间距。其取值是依据工程实际经验得到的。

新《混凝土结构设计规范》GB 50010—2002

10.1.5　简支板或连续板下部纵向受力钢筋伸入支座的锚固长度不应小于 $5d$，d 为下部纵向受力钢筋的直径。当连续板内温度、收缩应力较大时，伸入支座的锚固长度宜适当增加。

旧《混凝土结构设计规范》GBJ 10—89

第 **7.1.3** 条　简支板的下部纵向受力钢筋应伸入支座，其锚固长度 l_{as} 不应小于 $5d$。当采用焊接网配筋时，其末端至少应有一根横向钢筋配置在支座边缘内（图 7.1.3a）：如不能符合图 7.1.3a 的要求时，应在受力钢筋末端制成弯钩（图 7.1.3b）或加焊附加的横向锚固钢筋（图 7.1.3c）。

注：当 $V>0.07f_cbh_0$ 时，配置在支座边缘内的横向锚固钢筋不应少于二根，其直径不应小于纵向受力钢筋直径的一半。

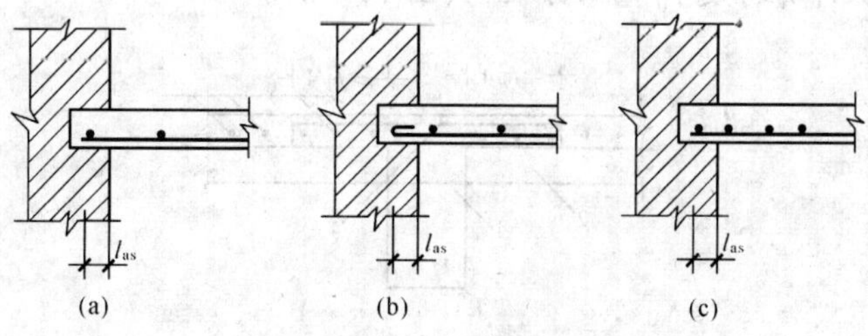

图 7.1.3　焊接网在板的自由支座上的锚固

【新规范理解与说明】

本条内容，新规范规定了支座处的锚固长度。条文强调了当连续板内温度、收缩应力较大时，宜适当加长板下部纵向钢筋伸入支座的长度。

实际工程中，板中受力钢筋的锚固不成问题，但简支板或连续板的简支支座处，由于构件截面尺寸所限，锚固长度布置有一定困难。从内力分析的角度而言，简支支座处弯矩为零。板底的受拉钢筋应力很低，似乎不存在锚固问题。但实际上支座边剪力很大，容易斜裂，导致斜弯现象。由此而引起的应力延伸可能使支座边的钢筋承受较大的应力，从而产生锚固问题。由于简支板缺乏多余约束，一旦锚固失效，容易发生倾覆、倒塌等严重后果，故仍应提出锚固要求。

新《混凝土结构设计规范》GB 50010—2002

10.1.6 当现浇板的受力钢筋与梁平行时，应沿梁长度方向配置间距不大于 200mm 且与梁垂直的上部构造钢筋，其直径不宜小于 8mm，且单位长度内的总截面面积不宜小于板中单位宽度内受力钢筋截面面积的三分之一。该构造钢筋伸入板内的长度从梁边算起每边不宜小于板计算跨度 l_0 的四分之一(图 10.1.6)。

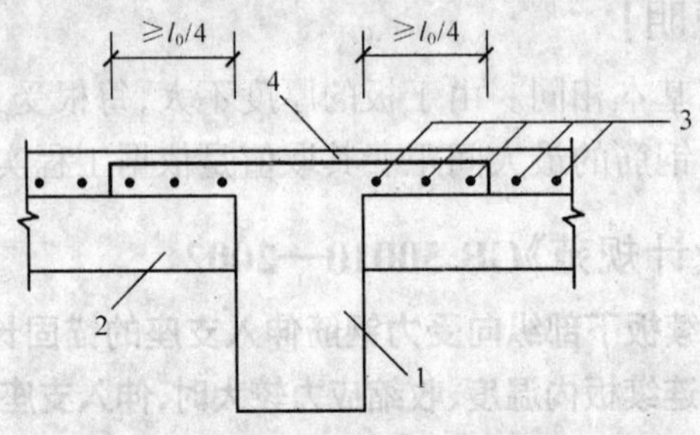

图 10.1.6 现浇板中与梁垂直的构造钢筋

1—主梁；2—次梁；3—板的受力钢筋；4—上部构造钢筋

旧《混凝土结构设计规范》GBJ 10—89

第 7.1.6 条 当现浇板的受力钢筋与梁的肋部平行时，应沿梁肋方向配置间距不大于 200mm 且与梁肋相垂直的构造钢筋，其直径不应小于 6mm，且单位长度内的总截面面积不应小于板中单位长度内受力钢筋截面面积的三分之一，伸入板中的长度从肋边算起每边不应小于板计算跨度 l_0 的四分之一(图 7.1.6)。

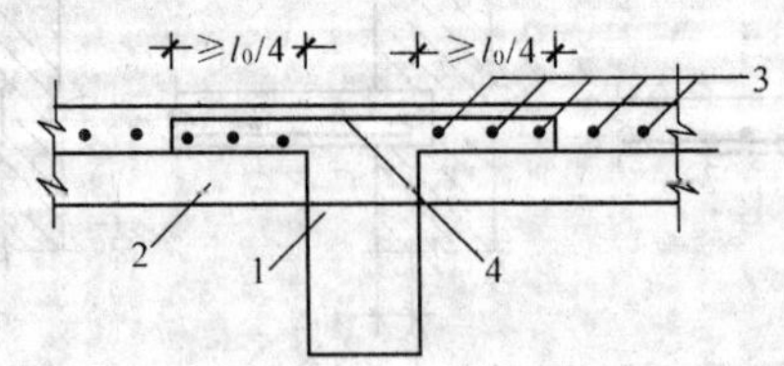

图 7.1.6 板中与梁肋垂直的构造钢筋

1—主梁；2—次梁；3—板的受力钢筋；

4—间距不大于 200mm，直径不小于 6mm 的构造钢筋

【新规范理解与说明】

本条内容，新规范有小部分的修改，将构造钢筋的最小直径提升到 8mm，安全性能更好了。一般说来，理想的简支支座很少，板在支承边缘总有一定的约束，例如，与支承结构整体浇筑或嵌固在承重砌体内的混凝土板，尽管设计计算时可取为简支边而认为支座弯

矩等于零。但由于现浇混凝土形成的整体性或墙砌体对嵌入板端的约束，在板受力变形时仍将产生一定的负弯矩，并在板边形成裂缝（图10－2）。上述由于约束而引起的板边裂缝，是开口向上的负弯矩裂缝，不仅影响观瞻，而且容易产生耐久性问题，因此必须配置钢筋加以控制。

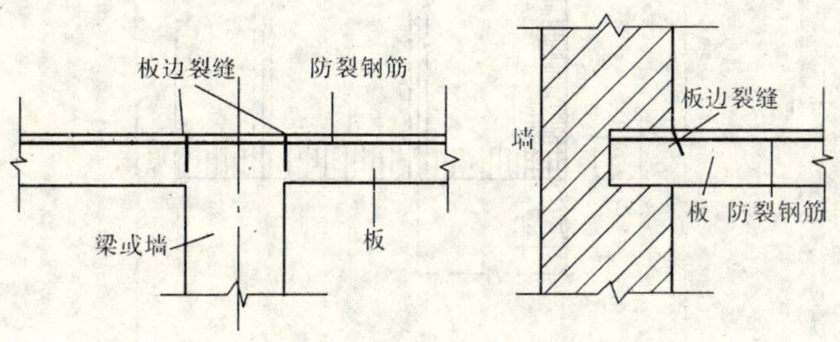

图10－2　约束边缘的裂缝

新《混凝土结构设计规范》GB 50010—2002

10.1.7　对与支承结构整体浇筑或嵌固在承重砌体墙内的现浇混凝土板，应沿支承周边配置上部构造钢筋，其直径不宜小于8mm，间距不宜大于200mm，并应符合下列规定：

1　现浇楼盖周边与混凝土梁或混凝土墙整体浇筑的单向板或双向板，应在板边上部设置垂直于板边的构造钢筋，其截面面积不宜小于板跨中相应方向纵向钢筋截面面积的三分之一；该钢筋自梁边或墙边伸入板内的长度，在单向板中不宜小于受力方向板计算跨度的五分之一，在双向板中不宜小于板短跨方向计算跨度的四分之一；在板角处该钢筋应沿两个垂直方向布置或按放射状布置；当柱角或墙的阳角突出到板内且尺寸较大时，亦应沿柱边或墙阳角边布置构造钢筋，该构造钢筋伸入板内的长度应从柱边或墙边算起。上述上部构造钢筋应按受拉钢筋锚固在梁内、墙内或柱内；

2　嵌固在砌体墙内的现浇混凝土板，其上部与板边垂直的构造钢筋伸入板内的长度，从墙边算起不宜小于板短边跨度的七分之一；在两边嵌固于墙内的板角部分，应配置双向上部构造钢筋，该钢筋伸入板内的长度从墙边算起不宜小于板短边跨度的四分之一；沿板的受力方向配置的上部构造钢筋，其截面面积不宜小于该方向跨中受力钢筋截面面积的三分之一；沿非受力方向配置的上部构造钢筋，可根据经验适当减少。

旧《混凝土结构设计规范》GBJ 10—89

第**7.1.2**条　对嵌固在承重砖墙内的现浇板，在板的上部应配置构造钢筋（图7.1.2），并应符合下列规定：

一、钢筋间距不应大于200mm，直径不应小于6mm（包括弯起钢筋在内），其伸出墙边的长度不应小于$l_1/7$（l_1为单向板的跨度或双向板的短边跨度）；

二、对两边均嵌固在墙内的板角部分，应双向配置上部构造钢筋，其伸出墙边的长度不应小于$l_1/4$；

三、沿受力方向配置的上部构造钢筋（包括弯起钢筋）的截面面积不宜小于跨中受力钢筋截面面积的1/3～1/2；

四、沿非受力方向配置的上部构造钢筋，可根据实践经验适当减少。

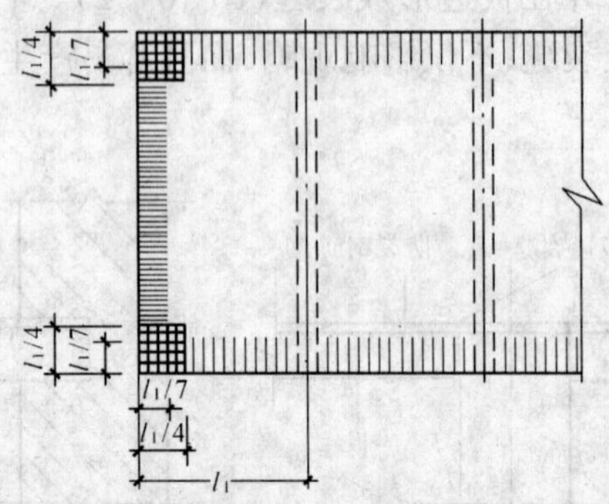

图 7.1.2　板嵌固在承重砖墙内时板边上部构造钢筋配置

【新规范理解与说明】

本条内容，新规范直接以文字说明构造钢筋配置，而旧规范是通过图形的方式，新规范规定了出现浇板周边支承在钢筋混凝土梁上、墙上或嵌固在承重砌体墙内，板边构造钢筋的配置方法。当有截面较大或墙的阳角突出到板内时，亦应沿突出在板内的柱周边和阳角墙边按同样规定设置板边构造钢筋，否则板可能沿柱边或阳角墙边开裂，本条目的是为了控制沿板周边或角部的负弯矩裂缝。

新《混凝土结构设计规范》GB 50010—2002

10.1.8　当按单向板设计时，除沿受力方向布置受力钢筋外，尚应在垂直受力方向布置分布钢筋。单位长度上分布钢筋的截面面积不宜小于单位宽度上受力钢筋截面面积的15%，且不宜小于该方向板截面面积的0.15%；分布钢筋的间距不宜大于250mm，直径不宜小于6mm；对集中荷载较大的情况，分布钢筋的截面面积应适当增加，其间距不宜大于200mm。

注：当有实践经验或可靠措施时，预制单向板的分布钢筋可不受本条限制。

旧《混凝土结构设计规范》GBJ 10—89

第 7.1.5 条　单向板中单位长度上的分布钢筋，其截面面积不应小于单位长度上受力钢筋截面面积的10%，其间距不应大于300mm。

注：当有实践经验或可靠措施时，预制板的分布钢筋可不受此限。当板所受的温度变化较大时，板中的分布钢筋应适当增加。

【新规范理解与说明】

本条内容，新旧规范有了较大的变化。根据工程经验将分布钢筋与受力钢筋面面积之比由原来的10%提高到15%，增加了分布钢筋截面面积不小于板截面面积0.15%的规定，将分布钢筋的最大间距由300mm减少到200mm，增加了分布钢筋直径不少于6mm的要求。同时，还要注意的是，对集中荷载较大的情况，应适当增加分布钢筋用量。

新《混凝土结构设计规范》GB 50010—2002

10.1.9　在温度、收缩应力较大的现浇板区域内，钢筋间距宜取为 150～200mm，并应在板的未配筋表面布置温度收缩钢筋。板的上、下表面沿纵、横两个方向的配筋率均不宜小于 0.1%。

温度收缩钢筋可利用原有钢筋贯通布置，也可另行设置构造钢筋网，并与原有钢筋按受拉钢筋的要求搭接或在周边构件中锚固。

旧《混凝土结构设计规范》GBJ 10—89

参见旧规范第 7.1.5 条注解内容。

【新规范理解与说明】

本条内容，新规范的规定更加明确。随着现浇板应用越来越广泛，其裂缝问题比较严重。重要原因是混凝土收缩和温度变化在现浇楼板内引起的约束拉应力。

1. 收缩裂缝的危害

由于混凝土施工技术进步以及混凝土的商品化经营，高强、高性能混凝土的应用及泵送、免震等工艺的普及，我国现浇混凝土结构大量推广应用。但混凝土收缩及现浇结构超静定引起约束应力的问题却未能很好解决，造成我国现浇混凝土楼板普通开裂。尽管这些裂缝一般并不影响结构的承载力和安全，但有碍观瞻和使用功能（如渗漏等）。由于住宅商品化和私人购房，裂缝和因此而引起的渗漏问题已成为用户投诉的焦点，已成为影响混凝土结构应用和房地产业发展的严重消极因素。

2. 控制收缩裂缝的措施

为消除混凝土结构中的温度—收缩裂缝，应在建材、设计、施工三方面作出努力。对设计而言，除注意伸缩缝的设计以避免约束应力积聚过大而开裂以外，加强配筋构造措施以控制裂缝也是目前可行的现实途径之一。

由于温度—收缩问题不确定性很大，各自的变化规律又不尽相同，就目前人们的认识水平而言，还很难做到定量分析而采用计算手段来加以控制。通过对大量裂缝事故的分析处理，以及某些成功的工程防裂实践经验的总结，新规范专门列出了控制温度—收缩裂缝的配筋构造措施。

应该说明的是，这些措施来源于工程实践经验的总结，尚没有严格的理论依据。此外，从钢筋混凝土结构理论而言，配筋并不能防止混凝土开裂，而只是控制裂缝的形态，使其均匀细密（宽度不超过 0.05mm）而已。使用户在一般情况下难以用肉眼直接观察到，因而不影响观瞻和使用功能就可以了。

新规范第 10.1.5 条、第 10.1.7、第 10.1.8 条和本条的规定所形成的板的综合构造措施，目的都是为了减少现浇混凝土板因温度、收缩而开裂的可能性。

新《混凝土结构设计规范》GB 50010—2002

10.1.10　混凝土板中配置抗冲切箍筋或弯起钢筋时，应符合下列构造要求：

1　板的厚度不应小于 150mm；

2　按计算所需的箍筋及相应的架立钢筋应配置在与 45°冲切破坏锥面相交的范围

内，且从集中荷载作用面或柱截面边缘向外的分布长度不应小于 $1.5h_0$（图 10.1.10a）；箍筋应做成封闭式，直径不应小于 6mm，间距不应大于 $h_0/3$；

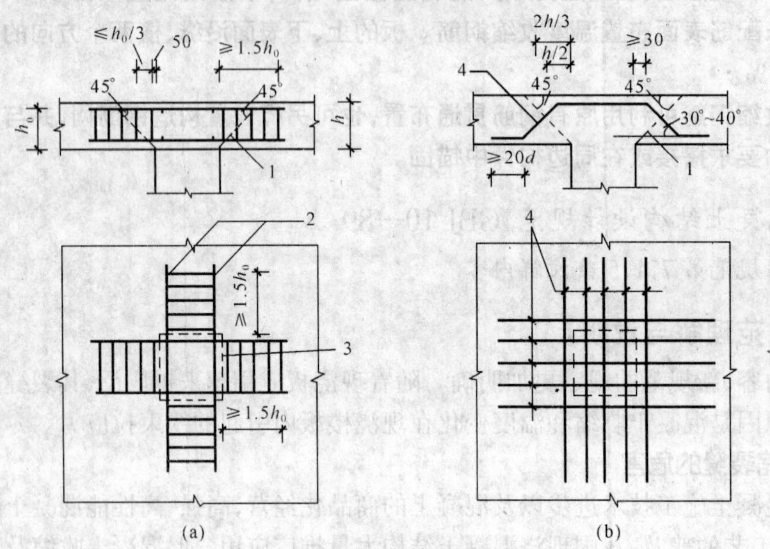

图 10.1.10　板中抗冲切钢筋布置

(a)用箍筋作抗冲切钢筋；(b)用弯起钢筋作抗冲切钢筋

注：图中尺寸单位 mm。

1—冲切破坏锥面；2—架立钢筋；3—箍筋；4—弯起钢筋

3　按计算所需弯起钢筋的弯起角度可根据板的厚度在 30°～45°之间选取；弯起钢筋的倾斜段应与冲切破坏锥面相交（图 10.1.10b），其交点应在集中荷载作用面或柱截面边缘以外（1/2～2/3）h 的范围内。弯起钢筋直径不宜小于 12mm，且每一方向不宜少于 3 根。

旧《混凝土结构设计规范》GBJ 10—89

第 **7.1.7** 条　为提高钢筋混凝土板受冲切承载力而配置箍筋或弯起钢筋，应符合下列构造要求：

一、板的厚度不应小于 150mm；

二、按计算所需的箍筋截面面积应配置在冲切破坏锥体范围内，此外，尚应按相同的箍筋直径和间距向外延伸配置在不小于 $0.5h_0$ 范围内；箍筋宜为封闭式，并应箍住架立钢筋，箍筋直径不应小于 6mm，其间距不应大于 $1/3h_0$（图 7.1.7a）；

三、弯起钢筋可由一排或两排组成，其弯起角可根据板的厚度在 30°～47°之间选取（图 7.1.7b）；弯起钢筋的倾斜段应与冲切破坏斜截面相交，其交点应在离局部荷载或集中反力作用面积周边以外 $1/2h$～$2/3h$ 的范围内，弯起钢筋直径不应小于 12mm，且每一方向不应少于三根。

注：为提高钢筋混凝土板的受冲切承载力，当有可靠依据时，也可采用其他有效形式的配筋方法。

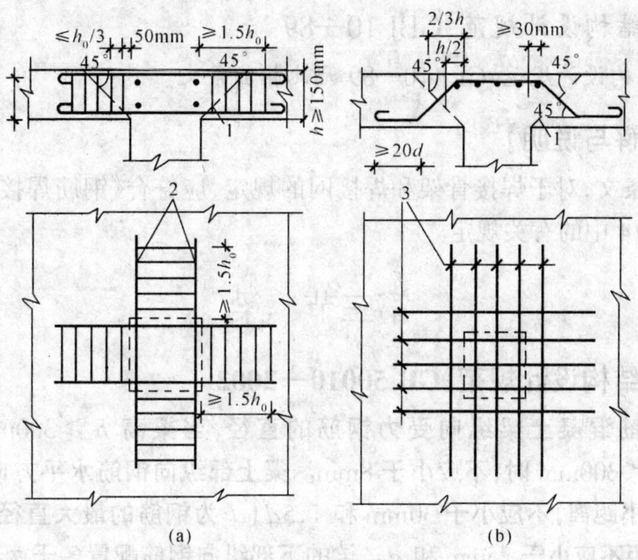

图 7.1.7　板中抗冲切钢筋布置

a)箍筋;b)弯起钢筋

1—冲切破坏锥体斜截面;2—架立钢筋;3—弯起钢筋不少于 3 根

【新规范理解与说明】

本条内容,新规范和旧规范基本相同。抗冲切板的特点是板在局部范围内作用有较大的集中力,其为局部受力问题,可能发生沿锥面的冲切破坏,冲切承载力内容可参见前述章节。

新《混凝土结构设计规范》GB 50010—2002

10.1.11　对卧置于地基上的基础筏板,当板的厚度 $h>2$m 时,除应沿板的上、下表面布置纵、横方向的钢筋外,尚宜沿板厚度方向间距不超过 1m 设置与板面平行的构造钢筋网片,其直径不宜小于 12mm,纵横方向的间距不宜大于 200mm。

旧《混凝土结构设计规范》GBJ 10—89

旧《混凝土结构设计规范》GBJ 10—89 无此相应条文。

【新规范理解与说明】

本条内容为新增条文。在混凝土沿厚度方向以一定间隔配置平行于板面的钢筋网片,不仅可以减少大体积混凝土温度收缩的影响,而且可以有利于提高构件的抗剪承载力。

新《混凝土结构设计规范》GB 50010—2002

10.1.12　当板中采用钢筋焊接网片配筋时,应符合国家现行有关标准的规定。

旧《混凝土结构设计规范》GBJ 10—89

旧《混凝土结构设计规范》GBJ 10—89 无此相应条文。

【新规范理解与说明】

本条为新增条文,对于焊接骨架和焊接网的规定,应符合《钢筋焊接网混凝土结构技术规程》JGJ/T 114 中的有关规定。

第三节 梁

新《混凝土结构设计规范》GB 50010—2002

10.2.1 钢筋混凝土梁纵向受力钢筋的直径,当梁高 $h \geqslant 300$mm 时,不应小于 10mm;当梁高 $h < 300$mm 时,不应小于 8mm。梁上部纵向钢筋水平方向的净间距(钢筋外边缘之间的最小距离)不应小于 30mm 和 $1.5d$(d 为钢筋的最大直径);下部纵向钢筋水平方向的净间距不应小于 25mm 和 d。梁的下部纵向钢筋配置多于两层时,两层以上钢筋水平方向的中距应比下面两层的中距增大一倍。各层钢筋之间的净间距不应小于 25mm 和 d。

伸入梁支座范围内的纵向受力钢筋根数,当梁宽 $b \geqslant 100$mm 时,不宜少于两根;当梁宽 $b < 100$mm 时,可为一根。

旧《混凝土结构设计规范》GBJ 10—89

第 **7.2.1** 条 绑扎骨架的钢筋混凝土梁,其纵向受力钢筋的直径:当梁高为 300mm 及以上时,不应小于 10mm;当梁高小于 300mm 时,不应小于 6mm。梁的上部纵向钢筋的净距,不应小于 30mm 和 $1.5d$(d 为钢筋的最大直径),下部纵向钢筋净距,不应小于 25mm 和 d。梁的下部纵向钢筋配置多于两层时,钢筋水平方向的中层应比下面两层的中距增大一倍。

伸入梁的支座范围内的纵向受力钢筋数量:当梁宽为 150mm 及以上时,不应少于二根;当梁宽小于 150mm 时,可为一根。

【新规范理解与说明】

本条内容,新规范与旧规范基本相同。对于钢筋直径的要求出于混凝土结构截面受力的需要。在混凝土结构中,受力钢筋的尺寸应与截面高度及跨度有一定的比例,过于纤细的钢筋难以起到应有的承载受力和构造的作用。新规范的规定,在工程实践中是有效的。

新《混凝土结构设计规范》GB 50010—2002

10.2.2 钢筋混凝土简支梁和连续梁简支端的下部纵向受力钢筋,其伸入梁支座范围内的锚固长度 l_{as}(图 10.2.2)应符合下列规定:

1 当 $V \leqslant 0.7 f_t b h_0$ 时

$$l_{as} \geqslant 5d$$

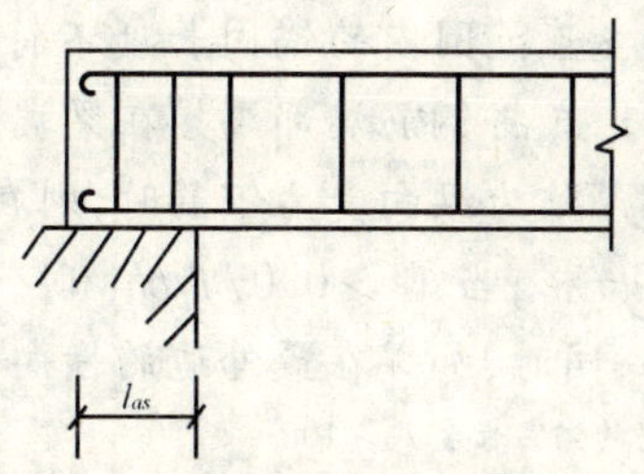

图 10.2.2　纵向受力钢筋
伸入梁简支支座的锚固

2　当 $V>0.7f_tbh_0$ 时

带肋钢筋　　$l_{as}\geqslant12d$

光面钢筋　　$l_{as}\geqslant15d$

此处，d 为纵向受力钢筋的直径。

如纵向受力钢筋伸入梁支座范围内的锚固长度不符合上述要求时，应采取在钢筋上加焊锚固钢板或将钢筋端部焊接在梁端预埋件上等有效锚固措施。

支承在砌体结构上的钢筋混凝土独立梁，在纵向受力钢筋的锚固长度 l_{as} 范围内应配置不少于两个箍筋，其直径不宜小于纵向受力钢筋最大直径的 0.25 倍，间距不宜大于纵向受力钢筋最小直径的 10 倍；当采取机械锚固措施时，箍筋间距尚不宜大于纵向受力钢筋最小直径的 5 倍。

注：对混凝土强度等级为 C25 及以下的简支梁和连续梁的简支端，当距支座边 $1.5h$ 范围内作用有集中荷载，且 $V>0.7f_tbh_0$ 时，对带肋钢筋宜采取附加锚固措施，或取锚固长度 $l_{as}\geqslant15d$。

旧《混凝土结构设计规范》GBJ 10—89

第 **7.2.2** 条　钢筋混凝土简支梁的下部纵向受力钢筋伸入梁的支座范围内的锚固长度 l_{as}(图 7.2.2)应符合下列条件：

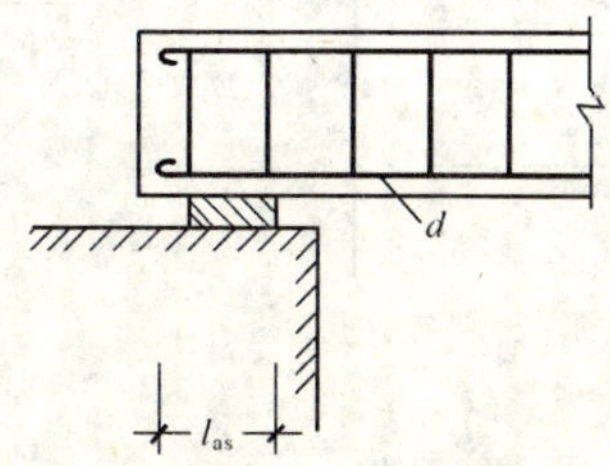

图 7.2.2　纵向受力钢筋伸入梁的支座范围内的锚固

一、当 $V\leqslant0.07f_cbh_0$ 时

$l_{as}\geqslant5d$；

二、当 $V>0.07f_cbh_0$ 时

月牙纹钢筋　$l_{as}\geqslant12d$；

光面钢筋　$l_{as}\geqslant15d$。

如纵向受力钢筋伸入梁的支座范围内的锚固长度不符合上述规定时，应采取在钢筋上加焊横向锚固钢筋、锚固钢板，或将钢筋端部焊接在梁端的预埋件上等有效锚固措施。

如焊接骨架中采用光面钢筋作为纵向受力钢筋时，则在锚固长度 l_{as} 内应加焊横向钢筋：当 $V \leqslant 0.07f_cbh_0$ 时，至少一根；当 $V>0.07f_cbh_0$ 时，至少二根；横向钢筋直径不应小于纵向受力钢筋直径的一半；同时，加焊在最外边的横向钢筋，应靠近纵向钢筋的末端。

注：①当 $V>0.07f_cbh_0$ 时螺纹钢筋的锚固长度 $l_{as} \geqslant 10d$；

②混凝土强度等级小于或等于 C25 的简支梁，在距支座边 $1.5h$ 范围内作用有集中荷载（包括作用有多种荷载，且其中集中荷载对支座截面所产生的剪力占总剪力值的 75%以上的情况），且 $V>0.07f_cbh_0$ 时，对变形钢筋宜采用附加锚固措施，或取锚固长度 $l_{as} \geqslant 15d$。

【新规范理解与说明】

本条内容，新规范对混合结构房屋中支承在砖墙砖柱混凝土垫块上的钢筋混凝土梁简支支座或预制钢筋混凝土梁的简支支座，给出了支座处锚固长度的要求及在支座范围内配置箍筋的规定。关于钢筋在支座中的锚固，可以有下列问题：

1. 简支支座的钢筋锚固机理

由于简支支座处弯矩等于零，理论上纵向受力钢筋应力应接近零，但实际并不尽然。首先，支座以外的梁底纵向受力钢筋仍是有应力的。其向支座内延伸的部分应有一定的锚固长度，才能在支座边建立起承载所必需的应力。其次，简支支座处弯矩尽管较小，但正是剪力最大的部位。由于弯矩、剪力的共同作用，容易在支座附近的区域内产生弯一剪斜裂缝。梁的荷载一般作用于梁顶，因此在斜裂缝产生以后，斜裂缝底部纵向钢筋有可能承担斜裂缝顶部截面相应的弯矩。这种钢筋应力与实际承载弯矩截面的错位称为“斜弯现象”(图 10－3a)。显然，由于斜弯现象的影响，简支支座底部纵向钢筋的实际应力比按弯矩图计算的应力值大得多。试验分析证实了上述特点(图 10－3b)。

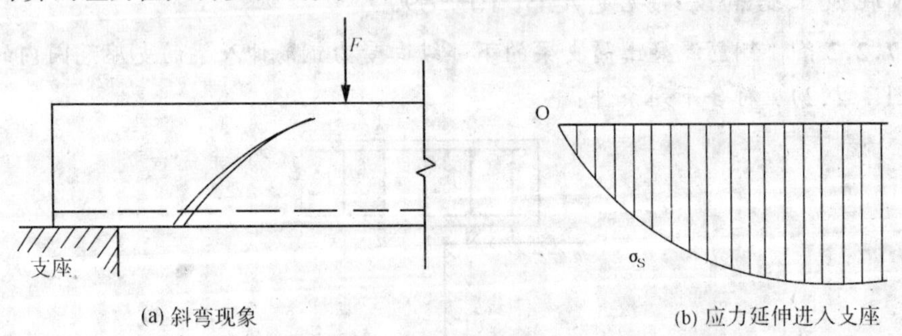

图 10－3　简支支座处的纵筋应力

2. 附加锚固措施

当构件尺寸有限，纵向受力钢筋伸入支座的锚固长度无法满足上述要求时，可采用附加锚固措施。如在钢筋上加焊锚固钢板或将钢筋端部焊接在梁端的预埋件上等。

3. 简支锚固处的箍筋

预制梁的简支支座或混合结构中梁的独立简支支座处，由于约束较小，故还应在锚固长度范围内加强配箍。其数量不应少于 2 个；直径不宜小于最大锚筋直径的 1/4；间距不宜大于最小锚筋直径的 10 倍；当采用机械锚固措施时，间距为不宜大于最小锚筋直径的 5 倍。

新《混凝土结构设计规范》GB 50010—2002

10.2.3　钢筋混凝土梁支座截面负弯矩纵向受拉钢筋不宜在受拉区截断。当必须截断时，应符合以下规定：

1　当 $V \leqslant 0.7f_tbh_0$ 时，应延伸至按正截面受弯承载力计算不需要该钢筋的截面以外不小于 $20d$ 处截断，且从该钢筋强度充分利用截面伸出的长度不应小于 $1.2l_a$；

2　当 $V > 0.7f_tbh_0$ 时，应延伸至按正截面受弯承载力计算不需要该钢筋的截面以外不小于 h_0 且不小于 $20d$ 处截断，且从该钢筋强度充分利用截面伸出的长度不应小于 $1.2l_a + h_0$；

3　若按上述规定确定的截断点仍位于负弯矩受拉区内，则应延伸至按正截面受弯承载力计算不需要该钢筋的截面以外不小于 $1.3h_0$ 且不小于 $20d$ 处截断，且从该钢筋强度充分利用截面伸出的延伸长度不应小于 $1.2l_a + 1.7h_0$。

旧《混凝土结构设计规范》GBJ 10—89

第 **6.1.5** 条　纵向受拉钢筋不宜在受拉区截断。如必须截断时，应延伸至按正截面受弯承载力计算不需要该钢筋的截面以外，延伸的长度不应小于 $20d$；同时，当 $V \geqslant 0.07f_cbh_0$ 时，从该钢筋强度充分利用截面延伸的长度，尚不应小于 $(1.2l_a + h_0)$；当 $V < 0.07f_cbh_0$ 时，从该钢筋强度充分利用截面延伸的长度尚不应小于 $1.2l_a$（图 6.1.5）

注：对某些集中荷载较大或腹板较薄的受弯构件，如纵向钢筋必须在受拉区截断时，尚应按斜截面受弯承载力进行计算。

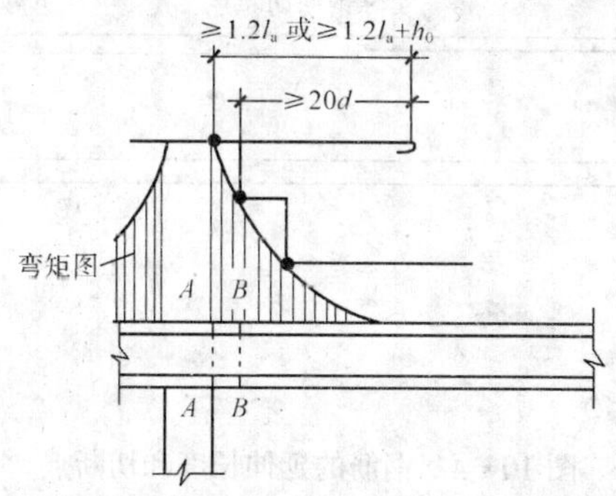

图 6.1.5　纵向受拉钢筋截断后延伸的长度

A－A 钢筋强度充分利用截面；

B－B 按计算不需要该钢筋的截面

【新规范理解与说明】

本条内容，新规范对连续梁和框架梁的跨内、支座负弯矩受拉钢筋向跨内延伸时，必须根据弯矩图在适当部位截断。同时，截断的长度必须考虑梁端剪力作用的大小及其他构造因素，关于负弯起钢筋，有下列一些说明：

1. 延伸长度的概念

在混凝土梁中，根据内力分析所得的弯矩图沿梁纵长方向是变化的，因此，所配的纵向受力钢筋截面面积也应沿梁纵长方向有所变化。有时，这种变化采取弯起钢筋的形式，即梁顶的负弯矩钢筋通过弯折变为梁底的正弯矩钢筋。为了设计和施工方便，在工程中应用得更多的是将纵向受力钢筋根据弯矩图的变化而在适当的位置切断，这就带来了延伸长度的问题。

任何一根纵向受力钢筋在结构中要发挥其承载受力的作用，从其“强度充分利用截面”应外伸一定的长度 l_{d1}，依靠这段长度内与混凝土的粘结锚固作用维持钢筋以足够的抗力。同时，当一根钢筋由于弯矩图变化，将不考虑其抗力而切断时，从按正截面承载力计算“不需要该钢筋的截面”也须外伸一定的长度 l_{d2}，作为受力钢筋应有的构造措施。在结构设计中，应从上述两个条件中确定较长的长度作为纵向受力钢筋的实际延伸长度 l_d 而确定其真正的切断点(图 10－4)。

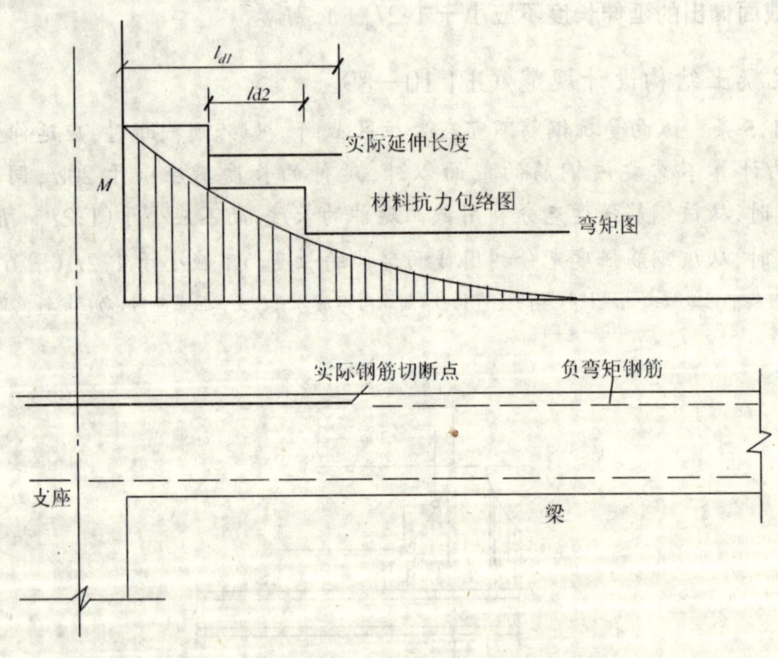

图 10－4 钢筋的延伸长度和切断点

2. 影响延伸长度的因素

(1)弯矩图的形状　梁中切断钢筋的延伸长度 l_d 取决于由其“强度充分利用截面”伸出的长度 l_{d1} 以及由按计算“不需要该钢筋的截面”伸出的长度 l_{d2}。因此与这两个截面的距离有关，亦即弯矩图的形状。

当弯矩图比较陡时，l_{d1} 和 l_{d2} 的起点相距不远，而当弯矩图比较平缓时，不仅 l_{d1} 和 l_{d2} 的起点相距较远，而且为了使材料抗力包络图能够覆盖住构件弯矩内力图，钢筋切断点应向跨中延伸，亦即应有较大的延伸长度。

(2)钢筋的锚固性能　无论是由“强度充分利用截面”或“不需要该钢筋截面”伸出的

长度,都是为了在该长度内依靠钢筋与混凝土之间的粘结锚固作用建立起纵向钢筋应有的承载受力能力。因此,延伸长度 l_d 与钢筋的锚固长度 l_a 有关。

(3)斜弯作用的影响　支座附近往往是剪力最大的区域,容易发生斜裂缝。

当斜裂缝切过纵向受力钢筋时,由于"斜弯作用"的影响,该处钢筋可能承受斜裂缝端部的弯矩。对连续梁、框架梁支座附近的负弯矩钢筋而言,远离支座的纵向受力钢筋就可能承受支座附近较大的负弯矩所引起的应力。而这种斜弯作用所引起的受力上的错位,又与斜裂缝的走向有关。一般情况下,梁中斜裂缝角度为 45°左右,因此其水平方向的"错位"与截面的有效高度 h_0 有关。图 10-5 表达了支座附近梁中斜裂缝的形态。

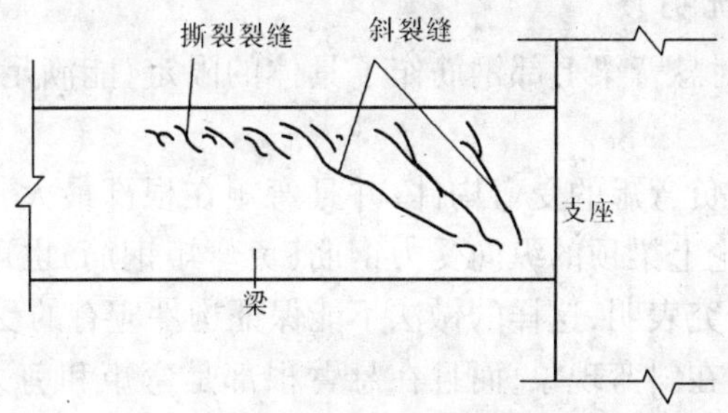

图 10-5　支座附近梁的裂缝形态示意图

(4)筋端撕裂的影响　试验研究还发现,支座附近梁中除在切断钢筋的端头容易发生斜裂缝而引起"斜弯作用"以外,沿端头以外纵向钢筋方向还会因纵筋受到的销栓剪切作用而产生断续斜向的撕裂裂缝(图 10-5)。撕裂裂缝大大影响了钢筋与混凝土之间的粘结锚固作用,使未切断的剩余的纵向受力钢筋应力居高不下,这种纵筋应力不随弯矩图减少而继续向跨中延续的现象称为"应力延伸"。由于纵筋的应力延伸现象,切断钢筋的延伸长度还应加大。

此外,国内外试验研究结果表明,为了使负弯矩钢筋的截断不影响它在各截面中发挥所需的抗弯能力,应通过两个条件控制负弯矩钢筋的截断点。第一个控制条件(即从不需要该批钢筋的截面伸出的长度)是使该批钢筋截断后,继续前伸的钢筋能保证过截断点的斜截面具有足够的受弯承载力;第二个控制条件(即从充分利用截面向前伸出的长度)是使负弯矩钢筋在梁顶部的特定锚固条件下具有必要的锚固长度。根据近期对分批截断负弯矩纵向钢筋情况下钢筋延伸区段受力状态的实测结果,对原规范规定作了局部调整。

当梁端作用剪力较小($V \leqslant 0.7f_tbh_0$)时,控制钢筋截断点位置的两个条件仍按原规范取用。

当梁端作用剪力较大($V > 0.7f_tbh_0$),且负弯矩区相对长度不大时,原规范给出的第二控制条件可继续使用;第一控制条件在原规范从不需要该钢筋截面伸出长度不小于 $20d$ 的基础上,增加了同时不小于 h_0 的要求。

若负弯矩区相对长度较大,按以上二条件确定的截断点仍位于与支座最大负弯矩对应的负弯矩受拉区内时,延伸长度应进一步增大。增大后的延伸长度分别为从充分利用截面伸出的长度及从不需要该批钢筋的截面长度的较大值。

新《混凝土结构设计规范》GB 50010—2002

10.2.4　在钢筋混凝土悬臂梁中，应有不少于两根上部钢筋伸至悬臂梁外端，并向下弯折不小于 12d；其余钢筋不应在梁的上部截断，而应按本规范第 10.2.8 条规定的弯起点位置向下弯折，并按本规范第 10.2.7 条的规定在梁的下边锚固。

旧《混凝土结构设计规范》GBJ 10—89

参见旧规范第 7.2.3 条相关规定。

【新规范理解与说明】

本条内容，新规范对悬臂梁上部钢筋作了具体的限定，能满足安全要求，是经过试验验证的。

悬臂梁是全部承受负弯矩的受弯构件，并且弯矩在根部最大，向悬臂方向迅速衰减，至端部为零。因此，理论上梁顶的纵向受力钢筋（负弯矩钢筋）也可根据弯矩图的变化而逐渐减少。但是试验研究表明，这样的做法不能保证构件应有的受力性能。有下列原因：

①悬臂构件同样存在斜弯现象，而且在悬臂根部是弯矩和剪力都最大的区域。因此悬臂梁的伸臂部分斜裂缝不仅开裂较早，而且数量多，范围广，且斜率也可能较大；②如切断钢筋，则在钢筋端头以外，由于撕裂作用而引起的断续斜向裂缝将比较严重，造成“应力延伸”的现象将更为突出。当在悬臂顶端作用有集中荷载（如次梁荷载）时，上述影响将更加明显（图 10－6）。

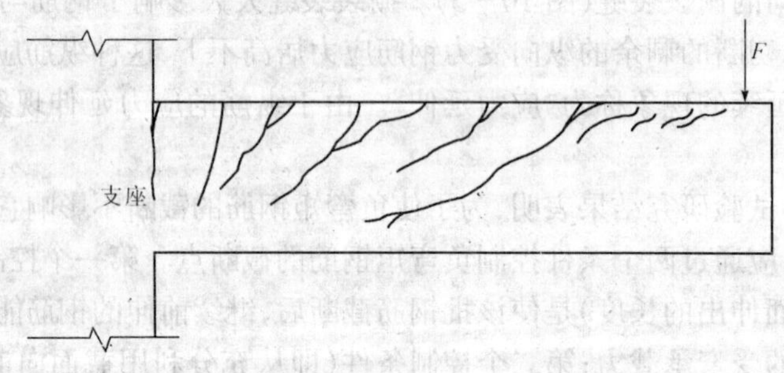

图 10－6　悬臂梁的裂缝

由于悬臂梁中存在着比一般梁更为严重的斜弯现象和撕裂裂缝引起的应力延伸，因此在梁中截断钢筋存在着引起斜弯失效的危险。

在原规范中，未对悬臂梁的配筋构造作出规定。根据我国近期进行的试验研究结果并总结工程经验，新规范对悬臂梁中的负弯矩钢筋配置作出了以下规定：

(1)较短的悬臂梁中，不截断负弯矩钢筋而将全部梁顶钢筋伸至悬臂顶端，并向下弯折锚固，锚固段的竖直投影长度不小于 12d。

(2)较长的悬臂梁中，应有不少于二根梁顶钢筋按上述规定伸至悬臂端部弯折锚固；其余钢筋可分批向下弯折，锚固在梁的受压区内。

(3)弯折点位置根据弯矩图形状确定；弯折角度为 45°或 60°；在压区的锚固长度为钢

筋直径的10倍。

新《混凝土结构设计规范》GB 50010—2002

10.2.5 梁内受扭纵向钢筋的配筋率 ρ_{tl} 应符合下列规定：

$$\rho_{tl} \geqslant 0.6\sqrt{\frac{T}{Vb}}\frac{f_t}{f_y} \tag{10.2.5}$$

当 $T/(Vb) > 2.0$ 时，取 $T/(Vb) = 2.0$。

式中 ρ_{tl}——受扭纵向钢筋的配筋率：$\rho_{tl} = \frac{A_{stl}}{bh}$；

b——受剪的截面宽度，按本规范第7.6.1条的规定取用；

A_{stl}——沿截面周边布置的受扭纵向钢筋总截面面积。

沿截面周边布置的受扭纵向钢筋的间距不应大于200mm和梁截面短边长度；除应在梁截面四角设置受扭纵向钢筋外，其余受扭纵向钢筋宜沿截面周边均匀对称布置。受扭纵向钢筋应按受拉钢筋锚固在支座内。

在弯剪扭构件中，配置在截面弯曲受拉边的纵向受力钢筋，其截面面积不应小于按本规范第9.5.1条规定的受弯构件受拉钢筋最小配筋率计算出的钢筋截面面积与按本条受扭纵向钢筋配筋率计算并分配到弯曲受拉边的钢筋截面面积之和。

对箱形截面构件，本条中的 b 均应以 b_h 代替。

旧《混凝土结构设计规范》GBJ 10—89

参见旧规范第7.2.10条相关内容。

【新规范理解与说明】

本条内容，新规范对于受扭构件的规定更加细致了，而旧规范关于这方面的规定比较笼统。

受扭纵筋最小配筋率的规定是以纯扭构件受扭承载力计算公式(7.6.4-1)和剪扭条件下不需进行承载力计算而仅按构造配筋的控制条件为基础拟合给出的。新规范还给出了受扭纵向钢筋沿截面周边的布置原则和在支座处的锚固要求。对箱形截面构件，偏安全地采用了与实心截面构件相同的构造要求。

新《混凝土结构设计规范》GB 50010—2002

10.2.6 当梁端实际受到部分约束但按简支计算时，应在支座区上部设置纵向构造钢筋，其截面面积不应小于梁跨中下部纵向受力钢筋计算所需截面面积的四分之一，且不应少于两根；该纵向构造钢筋自支座边缘向跨内伸出的长度不应小于 $0.2l_0$，此处，l_0 为该跨的计算跨度。

旧《混凝土结构设计规范》GBJ 10—89

旧《混凝土结构设计规范》GBJ 10—89中无此条文内容。

【新规范理解与说明】

本条内容为新增条文，新规范根据工程实际经验作出了在按简支计算但实际受有部分约束的梁端上部配置纵向钢筋的构造规定。

新《混凝土结构设计规范》GB 50010—2002

10.2.7　在混凝土梁中，宜采用箍筋作为承受剪力的钢筋。

当采用弯起钢筋时，其弯起角宜取 45°或 60°；在弯起钢筋的弯终点外应留有平行于梁轴线方向的锚固长度，在受拉区不应小于 $20d$，在受压区不应小于 $10d$，此处，d 为弯起钢筋的直径；梁底层钢筋中的角部钢筋不应弯起，顶层钢筋中的角部钢筋不应弯下。

旧《混凝土结构设计规范》GBJ 10—89

第 **7.2.4** 条　在采用绑扎骨架的钢筋混凝土梁中，承受剪力的钢筋，宜优先采用箍筋。当设置弯起钢筋时，弯起钢筋的弯终点外应留有锚固长度，其长度在受拉区不应小于 $20d$，在受压区不应小于 $10d$；对光面钢筋在末端尚应设置弯钩（图 7.2.4）。位于梁底层两侧的钢筋不应弯起。

梁中弯起钢筋的弯起角宜取 45°或 60°。

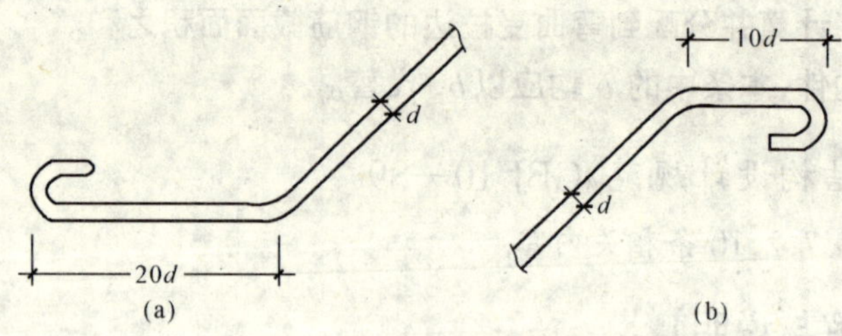

图 7.2.4　弯起钢筋端部构造

(a)受拉区；(b)受压区

【新规范理解与说明】

本条内容，新规范对采用弯起钢筋时须满足的一些构造要求和原规范没有变化，在实际工程中有较好的安全性，是可靠的。

一般说来梁承受弯矩及剪力。但随着弯矩图的变化，可以将部分梁底的纵向受力钢筋弯起，伸入梁顶作负弯矩钢筋，同时钢筋的弯起段还可以承受剪力。问题是需要合理地确定弯起点的位置。

钢筋弯起点的位置应根据弯矩图的形状确定，与按计算充分利用该钢筋与不需要该钢筋的位置有关。

新《混凝土结构设计规范》GB 50010—2002

10.2.8　**在混凝土梁的受拉区中，弯起钢筋的弯起点可设在按正截面受弯承载力计算不需要该钢筋的截面之前，但弯起钢筋与梁中心线的交点应位于不需要该钢筋的截面之外（图 10.2.8）；同时，弯起点与按计算充分利用该钢筋的截面之间的距离不应小于 $h_0/2$。**

当按计算需要设置弯起钢筋时，前一排（对支座而言）的弯起点至后一排的弯终点的

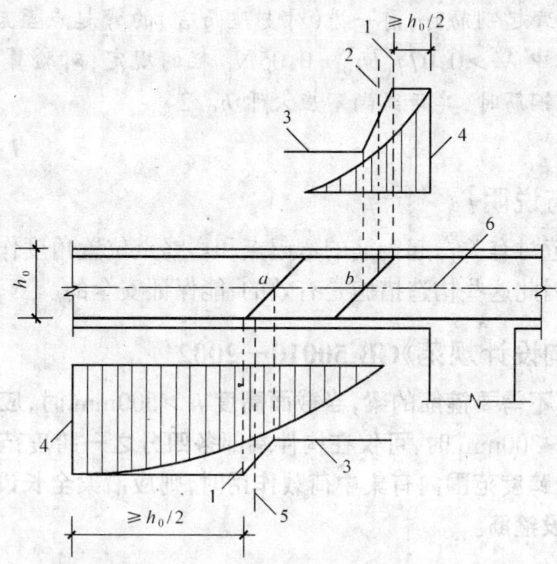

图 10.2.8　弯起钢筋弯起点与弯矩图的关系

1—在受拉区中的弯起截面；2—按计算不需要钢筋"b"的截面；3—正截面受弯承载力图；4—按计算充分利用钢筋"a"或"b"强度的截面；5—按计算不需要钢筋"a"的截面；6—梁中心线

距离不应大于本规范表 10.2.10 中 $V>0.7f_tbh_0+0.05N_{p0}$ 一栏规定的箍筋最大间距。

弯起钢筋不应采用浮筋。

旧《混凝土结构设计规范》GBJ 10—89

第 **7.2.5** 条　在梁的受拉区中，弯起钢筋的弯起点，可在按正截面受弯承载力计算不需要该钢筋截面面积之前弯起；但弯起钢筋与梁中心线的交点，应在不需要该钢筋的截面之外(图 7.2.5)；同时，弯起点与按计算充分利用该钢筋的截面之间的距离，不应小于 $h_0/2$。

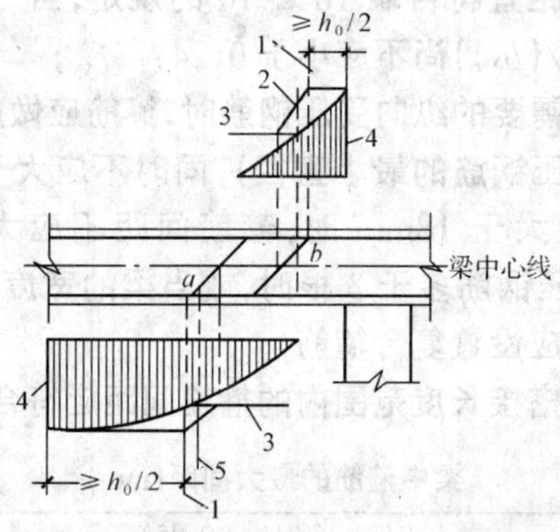

图 7.2.5　弯起钢筋弯起点与弯矩图形的关系

1—在受拉区域中的弯起点；2—按计算不需要钢筋"b"的截面；3—正截面受弯承载力图形；4—按计算钢筋强度充分利用的截面；5—按计算不需要钢筋"a"的截面

当按计算需设置弯起钢筋时,前一排(对支座而言)的弯起点至后一排的弯终点的距离不应大于表 7.2.7 中 $V>0.07f_cbh_0+0.05N_{p0}$ 栏的规定;对验算疲劳的梁,当按公式(4.6.7-4)计算弯起钢筋时,其距离尚不应大于 $h_0/2$。

注:弯起钢筋不应采用浮筋。

【新规范理解与说明】

本条内容,新规范对有关弯起钢筋的弯起点和弯终点位置角度作了详细明确的规定,内容和旧规范一样,因此这些构造措施是有效的,能保证安全的。

新《混凝土结构设计规范》GB 50010—2002

10.2.9　按计算不需要箍筋的梁,当截面高度 $h>300$mm 时,应沿梁全长设置箍筋;当截面高度 $h=150\sim300$mm 时,可仅在构件端部各四分之一跨度范围内设置箍筋;但当在构件中部二分之一跨度范围内有集中荷载作用时,则应沿梁全长设置箍筋;当截面高度 $h<150$mm 时,可不设箍筋。

旧《混凝土结构设计规范》GBJ 10—89

第 **7.2.6** 条　如按计算不需要箍筋的梁:对截面高度大于 300mm 时,仍应沿梁全长设置箍筋;对截面高度为 150～300mm 时,可仅在构件端部各 1/4 跨度范围内设置箍筋,但当在构件中部 1/2 跨度范围内有集中荷载作用时,则应沿梁全长设置箍筋;对截面高度为 150mm 以下时,可不设置箍筋。

【新规范理解与说明】

本条内容,新旧规范基本相同,关于是否设置箍筋问题,规范作了详细的规定,新规范没有对旧规范作修改,说明规定是合理的,是有安全保障的。

新《混凝土结构设计规范》GB 50010—2002

10.2.10　梁中箍筋的间距应符合下列规定:

1　梁中箍筋的最大间距宜符合表 10.2.10 的规定,当 $V>0.7f_tbh_0+0.05N_{p0}$ 时,箍筋的配筋率 $\rho_{sv}(\rho_{sv}=A_{sv}/(bs))$ 尚不应小于 $0.24f_t/f_{yv}$;

2　当梁中配有按计算需要的纵向受压钢筋时,箍筋应做成封闭式;此时,箍筋的间距不应大于 $15d$(d 为纵向受压钢筋的最小直径),同时不应大于 400mm;当一层内的纵向受压钢筋多于 5 根且直径大于 18mm 时,箍筋间距不应大于 $10d$;当梁的宽度大于 400mm 且一层内的纵向受压钢筋多于 3 根时,或当梁的宽度不大于 400mm 但一层内的纵向受压钢筋多于 4 根时,应设置复合箍筋;

3　梁中纵向受力钢筋搭接长度范围内的箍筋间距应符合本规范第 9.4.5 条的规定。

表 10.2.10　梁中箍筋的最大间距(mm)

梁高 h	$V>0.7f_tbh_0+0.05N_{p0}$	$V\leqslant0.7f_tbh_0+0.05N_{p0}$
$150<h\leqslant300$	150	200
$300<h\leqslant500$	200	300
$500<h\leqslant800$	250	350
$h>800$	300	400

旧《混凝土结构设计规范》GBJ 10—89

第 **7.2.7** 条　梁中箍筋的间距应符合下列规定：

一、梁中箍筋的最大间距宜符合表 7.2.7 的规定，当 $V>0.07f_cbh_0+0.05N_{p0}$ 时，箍筋的配筋率 $\rho_{sv}\left(\rho_{sv}=\frac{A_{sv}}{bs}\right)$ 尚不应小于 $0.02\frac{f_c}{f_{yv}}$；

表 **7.2.7**　　梁中箍筋的最大间距(**mm**)

梁高 h	$V>0.07f_cbh_0+0.05N_{p0}$	$V\leqslant 0.07f_cbh_0+0.05N_{p0}$
$150<h\leqslant 300$	150	200
$300<h\leqslant 500$	200	300
$500<h\leqslant 800$	250	350
$h>800$	300	500

二、当梁中配有计算需要的纵向受压钢筋时，箍筋应为封闭式；箍筋的间距在绑扎骨架中不应大于 15d，在焊接骨架中不应大于 20d（d 为纵向受压钢筋中的最小直径），同时在任何情况下均不应大于 400mm；当一层内的纵向受压钢筋多于三根时，应设置复合箍筋；当一层内的纵向受压钢筋多于五根且直径大于 18mm 时，箍筋间距不应大于 10d；

当梁的宽度不大于 400mm 且一层内的纵向受压钢筋不多于四根时，可不设置复合箍筋。

三、梁中纵向钢筋搭接长度范围内的箍筋间距，应符合本规范第 6.1.14 条的规定。

【新规范理解与说明】

本条内容，新规范对梁中箍筋间距和最小配筋率作了相应的规定，相比于斜截面受剪承载力计算公式的调整，其梁中受剪箍筋的最小配筋率在原规范的基础上适度增大了。

设置箍筋的目的是为了满足梁核心部分混凝土维持有效的约束，使其能够承受外力。

新《混凝土结构设计规范》GB 50010—2002

10.2.11　对截面高度 $h>800$mm 的梁，其箍筋直径不宜小于 8mm；对截面高度 $h\leqslant 800$mm 的梁，其箍筋直径不宜小于 6mm。梁中配有计算需要的纵向受压钢筋时，箍筋直径尚不应小于纵向受压钢筋最大直径的 0.25 倍。

旧《混凝土结构设计规范》GBJ 10—89

第 **7.2.9** 条　对截面高度大于 800mm 的梁，其箍筋直径不宜小于 8mm；对截面高度为 800mm 及以下的梁，其箍筋直径不宜小于 6mm；对截面高度为 250mm 及以下的梁，其箍筋直径不应小于 4mm；梁中配有计算需要的纵向受压钢筋时，箍筋直径尚不应小于 $d/4$（d 为纵向受压钢筋的最大直径）。

【新规范理解与说明】

本条内容，新旧规范基本一样，对承受荷载的梁在配箍筋时的直径作出了具体的限定，这样的规定是为了防止箍筋配置时由于梁截面作用而使箍筋在承受荷载过程中，发挥不出应有的紧箍作用。

新《混凝土结构设计规范》GB 50010—2002

10.2.12　在弯剪扭构件中，箍筋的配筋率 ρ_{sv}（$\rho_{sv}=A_{sv}/(bs)$）不应小于 $0.28f_t/f_{yv}$。箍筋间距应符合本规范表 10.2.10 的规定，其中受扭所需的箍筋应做成封闭式，且应沿截面周边布置；当采用复合箍筋时，位于截面内部的箍筋不应计入受扭所需的箍筋面积；受扭所需箍筋的末端应做成 135°弯钩，弯钩端头平直段长度不应小于 $10d$（d 为箍筋直径）。

在超静定结构中，考虑协调扭转而配置的箍筋，其间距不宜大于 $0.75b$，此处，b 按本规范第 7.6.1 条的规定取用。

对箱形截面构件，本条中的 b 均应以 b_h 代替。

旧《混凝土结构设计规范》GBJ 10—89

第 **7.2.10** 条　在弯剪扭构件中箍筋和纵向钢筋的配筋率和构造要求，应符合下列规定：

一、箍筋的配筋率 ρ_{sv} 不应小于 $\rho_{sv,min}$，$\rho_{sv,min}=0.02\alpha\dfrac{f_c}{f_{yv}}$，此处，$\alpha=1+1.75(2\beta_t-1)$，$\beta_t$ 值按本规范第 4.3.6 条规定计算。

箍筋间距应符合表 7.2.7 的规定，且箍筋必须为封闭式；当采用绑扎骨架时，箍筋的末端应做成不小于 135°弯钩，弯钩端头平直段长度不应小于 $5d$（d 为箍筋直径）和 50mm。

二、纵向钢筋的配筋率，不应小于受弯构件纵向受力钢筋的最小配筋率与受扭构件纵向受力钢筋的最小配筋率之和。对受弯构件纵向受力钢筋的最小配筋率，可按表 6.1.15 取用；对受扭构件纵向受力钢筋的最小配筋率 $\rho_{tl,min}\left(\rho_{tl,min}=\dfrac{A_{stl\cdot min}}{bh}\right)$，可取 $0.08(2\beta_t-1)\dfrac{f_c}{f_y}$ 间距不应大于 300mm 和梁的宽度，在截面的四角必须设有纵向受力钢筋，并沿截面周边对称布置。

【新规范理解与说明】

本条内容，旧规范中有一部分内容被分散到其他条文中去了，新规范对箍筋的最小配筋率作了公式的确定，并适度提高了其最小值的规定，对箱形截面的构件，偏安全地采用了与实心截面构件相同的构造要求。

新《混凝土结构设计规范》GB 50010—2002

10.2.13　位于梁下部或梁截面高度范围内的集中荷载，应全部由附加横向钢筋（箍筋、吊筋）承担，附加横向钢筋宜采用箍筋。箍筋应布置在长度为 s 的范围内，此处，$s=2h_1+3b$（图 10.2.13）。当采用吊筋时，其弯起段应伸至梁上边缘，且末端水平段长度不应小于本规范第 10.2.7 条的规定。

附加横向钢筋所需的总截面面积应符合下列规定：

$$A_{sv}\geqslant\frac{F}{f_{yv}\sin\alpha}\tag{10.2.13}$$

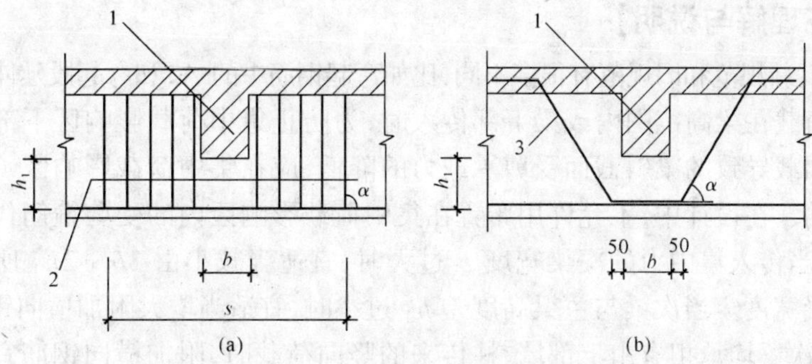

图 10.2.13　梁截面高度范围内有集中荷载作用时附加横向钢筋的布置

注:图中尺寸 mm。

(a)附加箍筋;(b)附加吊筋

1—传递集中荷载的位置;2—附加箍筋;3—附加吊筋

式中　A_{sv}——承受集中荷载所需的附加横向钢筋总截面面积;当采用附加吊筋时,A_{sv}应为左、右弯起段截面面积之和;

F——作用在梁的下部或梁截面高度范围内的集中荷载设计值;

α——附加横向钢筋与梁轴线间的夹角。

旧《混凝土结构设计规范》GBJ 10—89

第 **7.2.11** 条　位于梁下部或在梁截面高度范围内的集中荷载,应全部由附加横向钢筋(吊筋、箍筋)承担。附加横向钢筋应布置在长度为 s($s=2h_1+3b$)的范围内(图 7.2.11)。附加横向钢筋宜优先采用箍筋。

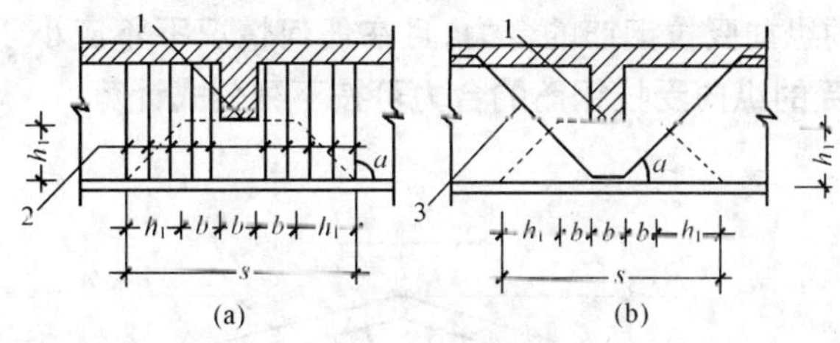

图 7.2.11　在梁截面高度范围内有集中荷载作用时附加横向钢筋布置

(a)附加箍筋;(b)附加吊筋

1—传递集中荷载的位置;2—附加箍筋;3—附加吊筋

附加横向钢筋所需的总截面面积,应按下列公式计算:

$$A_{sv} \geqslant \frac{F}{f_{yv}\sin\alpha} \tag{7.2.11}$$

式中　A_{sv}——承受集中荷载所需的附加横向钢筋总截面面积;

F——作用在梁的下部或梁截面高度范围内的集中荷载设计值;

α——附加横向钢筋与梁轴线间的夹角。

【新规范理解与说明】

本条内容,新规范和旧规范有很多不同,比如弯起钢筋中的 A_{sv}和弯起段延伸长度范围。

当集中荷载在梁高范围内或梁下部传入时,为防止集中荷载影响区下部混凝土拉脱并弥补间接加载导致的梁斜截面受剪承载力的降低,应在集中荷载影响区 s 范围内加设附加横向钢筋。在设计中,不允许用布置在集中荷载影响区内的受剪箍筋代替附加横向钢筋。此外,当传入集中力的次梁宽度 b 过大时,宜适当减小由 $3b+2h_1$ 所确定的附加横向钢筋布置宽度。当次梁与主梁高度差 h_1 过小时,宜适当增大附加横向钢筋的布置宽度。当主梁、次梁均承担有由上部墙、柱传来的竖向荷载时,附加横向钢筋宜在本条规定的基础上适当增大。

当梁下部作用有均布荷载时,可参照新规范第 10.7.12 条确定深梁悬吊钢筋的方法确定附加悬吊钢筋的数量。

当有两个沿梁长度方向相互距离较小的集中荷载作用于梁高范围内时,可能形成一个总的拉脱效应和一个总的拉脱破坏面。偏安全的做法是,在不减少两个集中荷载之间应配附加钢筋数量的同时,分别适当增大两个集中荷载作用点以外的附加横向钢筋数量。

新规范还对旧规范规定作了两点补充:

(1)当采用弯起钢筋作附加钢筋时,明确规定公式中的 A_{sv}应为左右弯起段截面面积之和。

(2)弯起式附加钢筋的弯起段应伸至梁上边缘,且其尾部应按本规范第 10.2.7 条的规定设置水平锚固段。

新《混凝土结构设计规范》GB 50010—2002

10.2.14　当构件的内折角处于受拉区时,应增设箍筋(图 10.2.14)。该箍筋应能承受未在受压区锚固的纵向受拉钢筋的合力,且在任何情况下不应小于全部纵向钢筋合力的 35%。由箍筋承受的纵向受拉钢筋的合力可按下列公式计算:

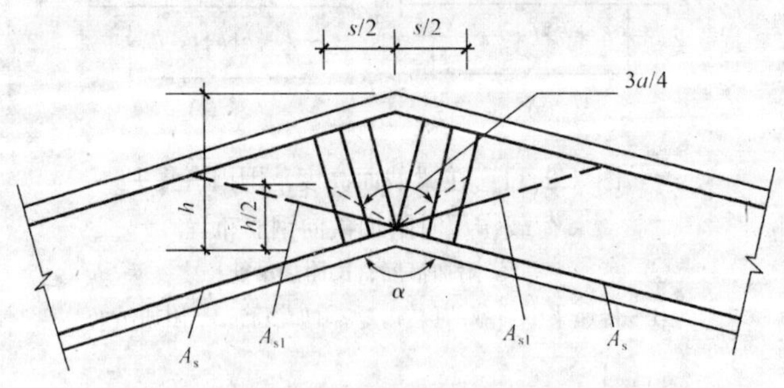

图 10.2.14　钢筋混凝土梁内折角处配筋

1　未在受压区锚固的纵向受拉钢筋的合力为:

$$N_{s1}=2f_yA_{s1}\cos\frac{\alpha}{2} \qquad (10.2.14-1)$$

2　全部纵向受拉钢筋合力的 35%为：

$$N_{s2}=0.7f_yA_s\cos\frac{\alpha}{2} \tag{10.2.14-2}$$

式中　A_s——全部纵向受拉钢筋的截面面积；

A_{s1}——未在受压区锚固的纵向受拉钢筋的截面面积；

α——构件的内折角。

按上述条件求得的箍筋应设置在长度 s 范围内，此处，$s=h\tan(3\alpha/8)$。

旧《混凝土结构设计规范》GBJ 10—89

第 **7.2.12** 条　如构件的内折角处于受拉区时，应增设箍筋。该箍筋应足以承受未伸入受压区域的纵向受拉钢筋的合力，且在任何情况下不应小于全部纵向受拉钢筋合力的 35%。由箍筋承受的纵向受拉钢筋的合力，可按下列公式计算(图 7.2.12)：

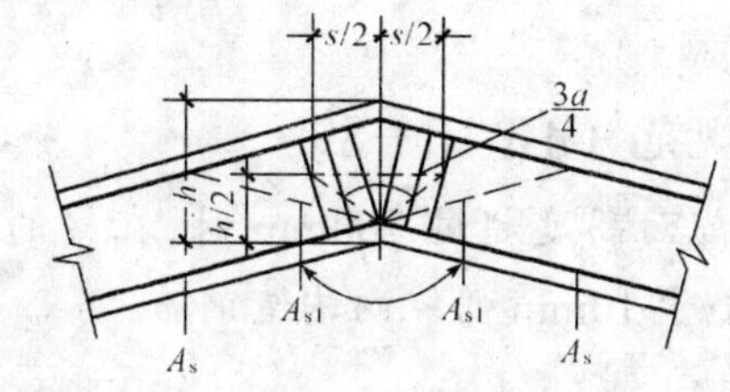

图 7.2.12　钢筋混凝土构件内折角处配筋

一、未伸入受压区域的纵向受拉钢筋的合力为：

$$N_{s1}=2f_yA_{s1}\cos\frac{\alpha}{2} \tag{7.2.12-1}$$

二、全部纵向受拉钢筋合力的 35%为：

$$N_{s2}=0.7f_yA_s\cos\frac{\alpha}{2} \tag{7.2.12-2}$$

式中　A_s——全部纵向受拉钢筋的截面面积；

A_{s1}——未伸入受压区域的纵向受拉钢筋的截面面积；

α——构件的内折角。

按上述条件求得的箍筋，应设置在长度为 $s(s=h\,\mathrm{tg}\,\frac{3}{8}\alpha)$的范围内。

【新规范理解与说明】

本条内容，新规范对旧规范作了适当的修改，如将原规范中“未伸入受压区的纵向受拉钢筋”改为“未在受压区锚固的纵向受拉钢筋”，锚固的方式和长度应参考新规范第 9.3.1 条或 10.4.1 条相关规定，且受压区高度则可按计算来确定。

新《混凝土结构设计规范》GB 50010—2002

10.2.15　梁内架立钢筋的直径，当梁的跨度小于 4m 时，不宜小于 8mm；当梁的跨度为 4～6m 时，不宜小于 10mm；当梁的跨度大于 6m 时，不宜小于 12mm。

旧《混凝土结构设计规范》GBJ 10—89

第 **7.2.13** 条　当梁的跨度小于4m时，架立钢筋的直径不宜小于6mm；当梁的跨度等于4～6m时，不宜小于8mm；当梁的跨度大于6m时，不宜小于10mm。

【新规范理解与说明】

本条内容，新规范适当提高了梁中设置架立钢筋的直径规定，直径的提高是由工程经验确定，在实际过程有安全保障。

新《混凝土结构设计规范》GB 50010—2002

10.2.16　当梁的腹板高度 $h_w \geqslant 450$mm 时，在梁的两个侧面应沿高度配置纵向构造钢筋，每侧纵向构造钢筋（不包括梁上、下部受力钢筋及架立钢筋）的截面面积不应小于腹板截面面积 bh_w 的 0.1%，且其间距不宜大于 200mm。此处，腹板高度 h_w 按本规范第 7.5.1 条的规定取用。

旧《混凝土结构设计规范》GBJ 10—89

第 **7.2.14** 条　当梁的截面高度超过700mm时，在梁的两侧面沿高度每隔300～400mm，应设置一根直径不小于10mm的纵向构造钢筋。

【新规范理解与说明】

本条内容，新规范和旧规范有很大的不同。由于梁随着截面尺寸的增大，有可能沿梁侧面产生垂直于梁轴线的收缩裂缝，因此，必须在梁两侧沿梁长度方向布置纵向构造钢筋，新规范针对工程中使用大截面尺寸现浇混凝土梁日益增多的情况，对构造钢筋作了更加严格的限定。

新《混凝土结构设计规范》GB 50010—2002

10.2.17　对钢筋混凝土薄腹梁或需作疲劳验算的钢筋混凝土梁，应在下部二分之一梁高的腹板内沿两侧配置直径为 8～14mm、间距为 100～150mm 的纵向构造钢筋，并应按下密上疏的方式布置。在上部二分之一梁高的腹板内，纵向构造钢筋可按本规范第 10.2.16 条的规定配置。

旧《混凝土结构设计规范》GBJ 10—89

第 **7.2.15** 条　对钢筋混凝土薄腹梁或需要作疲劳验算的钢筋混凝土梁，应在下部二分之一梁高的腹板内，沿两侧配置纵向构造钢筋，其直径为8～14mm，间距为100～150mm，并按下密上稀的方式布置；在上部二分之一梁高的腹板内可按本规范第7.2.14条的规定配置纵向构造钢筋。

【新规范理解与说明】

本条内容，新旧规范基本一样，对于钢筋混凝土薄腹梁及需作疲劳验算的钢筋混凝土梁，薄弱的腹部应加强配筋，这个规定，是在工程实际中得到验证的。

第四节　柱

新《混凝土结构设计规范》GB 50010—2002

10.3.1　柱中纵向受力钢筋应符合下列规定：

1　纵向受力钢筋的直径不宜小于 12mm，全部纵向钢筋的配筋率不宜大于 5%；圆柱中纵向钢筋宜沿周边均匀布置，根数不宜少于 8 根，且不应少于 6 根；

2　当偏心受压柱的截面高度 $h \geqslant 600$mm 时，在柱的侧面上应设置直径为 10～16mm 的纵向构造钢筋，并相应设置复合箍筋或拉筋；

3　柱中纵向受力钢筋的净间距不应小于 50mm；对水平浇筑的预制柱，其纵向钢筋的最小净间距可按本规范第 10.2.1 条关于梁的有关规定取用；

4　在偏心受压柱中，垂直于弯矩作用平面的侧面上的纵向受力钢筋以及轴心受压柱中各边的纵向受力钢筋，其中距不宜大于 300mm。

旧《混凝土结构设计规范》GBJ 10—89

第 **7.3.2** 条　柱中纵向受力钢筋应符合下列规定：

一、纵向受力钢筋直径 d 不宜小于 12mm，全部纵向钢筋配筋率不宜超过 5%；

二、当偏心受压柱的截面高度 $h \geqslant 600$mm 时，在侧面应设置直径为 10～16mm 的纵向构造钢筋，并相应地设置复合箍筋或拉筋；

三、柱内纵向钢筋的净距不应小于 50mm；对水平浇筑的预制柱，其纵向钢筋的最小净距可按本规范第 7.2.1 条关于梁的规定取用；

四、在偏心受压柱中，垂直于弯矩作用平面的纵向受力钢筋以及轴心受压柱中各边的纵向受力钢筋，其中距不应大于 350mm。

【新规范理解与说明】

本条内容，新规范对柱中纵向受力钢筋的构造要求基本没有改动，只是对圆柱的箍筋的构造提出了要求。

对于柱中钢筋直径和配筋率的规定是考虑到钢筋由于直径过小而受压弯曲及避免由于柱截面过小，过于依赖钢筋的抗力承载而造成性能不良。

近年来，圆柱的应用逐渐增多，对其最低限定配筋数量的要求和均匀布筋的原则，保证圆柱截面柱的合理受力。

纵向构造钢筋的配置是为了避免过大的无筋截面，与其箍筋一起构成时柱核心部位混凝土的围箍约束，这是增强和维持柱抗力的重要条件，其原理见图 10－7。

纵向钢筋的最大间距的规定是为了避免过大的无筋表面，维持对柱核心部位的围箍约束。另外，对柱的纵筋最小间距的要求是防止配筋过于密集，影响其握裹力，同时也是为了满足方便浇注混凝土的要求。

新《混凝土结构设计规范》GB 50010—2002

10.3.2　柱中箍筋应符合下列规定：

1　柱及其他受压构件中的周边箍筋应做成封闭式；对圆柱中的箍筋，搭接长度不应

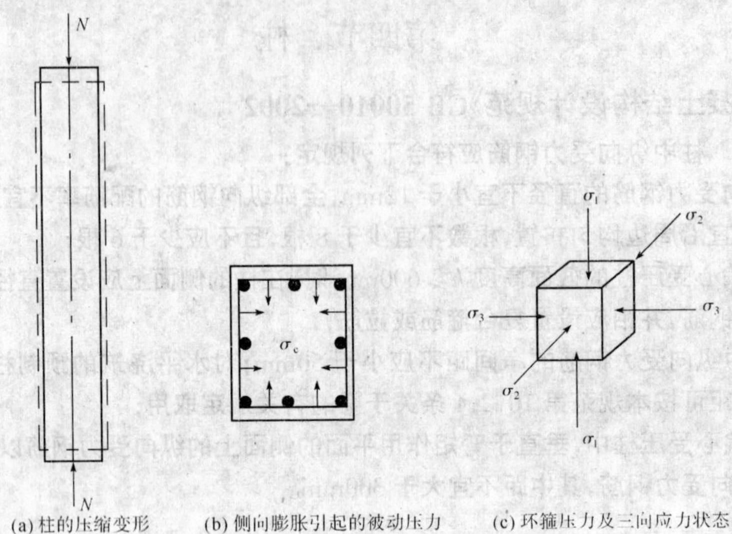

(a) 柱的压缩变形　(b) 侧向膨胀引起的被动压力　(c) 环箍压力及三向应力状态

图 10－7　柱中箍筋及纵向构造筋的作用

小于本规范第 9.3.1 条规定的锚固长度，且末端应做成 135°弯钩，弯钩末端平直段长度不应小于箍筋直径的 5 倍；

2　箍筋间距不应大于 400mm 及构件截面的短边尺寸，且不应大于 15*d*，*d* 为纵向受力钢筋的最小直径；

3　箍筋直径不应小于 *d*/4，且不应小于 6mm，*d* 为纵向钢筋的最大直径；

4　当柱中全部纵向受力钢筋的配筋率大于 3% 时，箍筋直径不应小于 8mm，间距不应大于纵向受力钢筋最小直径的 10 倍，且不应大于 200mm；箍筋末端应做成 135°弯钩且弯钩末端平直段长度不应小于箍筋直径的 10 倍；箍筋也可焊成封闭环式；

5　当柱截面短边尺寸大于 400mm 且各边纵向钢筋多于 3 根时，或当柱截面短边尺寸不大于 400mm 但各边纵向钢筋多于 4 根时，应设置复合箍筋；

6　柱中纵向受力钢筋搭接长度范围内的箍筋间距应符合本规范第 9.4.5 条的规定。

旧《混凝土结构设计规范》GBJ 10—89

第 **7.3.3** 条　柱中箍筋应符合下列规定：

一、在柱中及其他受压构件中的箍筋应为封闭式；

二、箍筋间距不应大于 400mm，且不应大于构件截面的短边尺寸；同时，在绑扎骨架中，不应大于 15*d*；在焊接骨架中，不应大于 20*d*；*d* 为纵向钢筋的最小直径；

三、采用热轧钢筋时，其箍筋直径不应小于 *d*/4，且不应小于 6mm，采用冷拔低碳钢丝时，其箍筋直径不应小于 *d*/5，且不应小于 5mm；*d* 为纵向钢筋的最大直径；

四、当柱中全部纵向受力钢筋的配筋率超过 3% 时，则箍筋直径不宜小于 8mm，且应焊成封闭式，其间距不应大于 10*d*（*d* 为纵向钢筋的最小直径），且不应大于 200mm；

五、当柱子各边纵向钢筋多于三根时，应设置复合箍筋；当柱子短边不大于 400mm，且纵向钢筋不多于四根时，可不设置复合箍筋；

六、柱内纵向钢筋搭接长度范围的箍筋间距应符合第6.1.14条的规定。

【新规范理解与说明】

本条内容,新规范对柱中箍筋作了相应的规定。相比于旧规范,新规范同样增加了圆柱的箍筋的规定,其他的规定,没有很大变化。关于箍筋,有下列的内容:

柱作为受压构件必须配箍,箍筋除了承受横向荷载引起的剪力以外,还起着围箍约束核心部位混凝土,改善柱的受力性能和增强抗力的重要作用。

如果受压柱中不配置箍筋,则受力至混凝土达到抗压强度以后,纵筋将压屈外凸,柱将分崩、压溃而脆性破坏。而如配以一定数量的箍筋,情况将有根本性的改变。如图10-7(a)所示,柱受压后将发生横向膨胀变形,变形量可由泊松比($\upsilon=0.17$)计算。这种侧向膨胀受到以箍筋及纵向钢筋构成的钢筋网的约束而产生被动的环箍作用,因而造成对核心部分混凝土的被动压力σ_c图10-7(b)。核心部分混凝土除纵向受到荷载作用而引起的纵向压应力σ_1外,还受到这种被动压应力σ_c引起的横向压应力σ_2、σ_3图10-7(c)。

由新规范附录C可知,处于三向受压状态下的混凝土,其强度将大幅度增长,承载力因而明显提高。此外,因配置箍筋而引起的约束作用还延缓了受压破坏的过程,避免了脆性压溃的可能性,使配箍柱的破坏具有一定的延性性质。由此可知,柱中箍筋起到了非常重要的作用,因此设计规范对其有非常具体而明确的规定。

沿受压构件周边布置的箍筋必须做成封闭式,是为了保证在柱受压侧膨胀时箍筋仍能够保持足够的对有效核心部分混凝土的有效约束。复合箍的配置是为了避免柱内受力钢筋由于受压屈曲而影响其承载力。对于高配筋率柱必须焊成封闭式,这是必须而有效的。

新《混凝土结构设计规范》GB 50010—2002

10.3.3　在配有螺旋式或焊接环式间接钢筋的柱中,如计算中考虑间接钢筋的作用,则间接钢筋的间距不应大于80mm及$d_{cor}/5$(d_{cor}为按间接钢筋内表面确定的核心截面直径),且不宜小于40mm;间接钢筋的直径应符合本规范第10.3.2条的规定。

旧《混凝土结构设计规范》GBJ 10—89

第**7.3.4**条　在配有螺旋式或焊接环式间接钢筋的柱中,如计算中考虑间接钢筋的作用,则间接钢筋的间距不应大于80mm及$d_{cor}/5$(d_{cor}为按间接钢筋内表面确定的直径),且不应小于40mm;间接钢筋的直径应符合本规范第7.3.3条的规定。

【新规范理解与说明】

本条内容,新规范同旧规范基本一样。采用螺旋箍时,由于其间接作用,能够有效地维持对核心混凝土的有效约束,起到提高承载力的作用。

新《混凝土结构设计规范》GB 50010—2002

10.3.4　I形截面柱的翼缘厚度不宜小于120mm,腹板厚度不宜小于100mm。当腹板开孔时,宜在孔洞周边每边设置2~3根直径不小于8mm的加强钢筋,每个方向加强钢筋的截面面积不宜小于该方向被截断钢筋的截面面积。

旧《混凝土结构设计规范》GBJ 10—89

第 **7.3.5** 条　I 形柱的翼缘厚度不宜小于 100mm，腹板厚度不宜小于 80mm。当腹板开孔时，在孔洞周边宜设置 2～3 根直径不小于 8mm 的封闭钢筋。

【新规范理解与说明】

本条内容，新规范在旧规范的基础上，增大了 I 形截面柱翼缘和腹板的最小厚度。当腹板开时，对孔边缘附加钢筋最小截面面积作了规定。

对于 I 字形柱的翼缘和腹板的规定，是为了使截面不致过于单薄而影响受力效果，另外钢筋直径的大小，对于防止由于截面面积过小而被截断。

新《混凝土结构设计规范》GB 50010—2002

10.3.5　腹板开孔的 I 形截面柱，当孔的横向尺寸小于柱截面高度的一半、孔的竖向尺寸小于相邻两孔之间的净间距时，柱的刚度可按实腹 I 形截面柱计算，但在计算承载力时应扣除孔洞的削弱部分。当开孔尺寸超过上述规定时，柱的刚度和承载力应按双肢柱计算。

旧《混凝土结构设计规范》GBJ 10—89

第 **7.3.6** 条　腹板开孔的 I 形柱，当孔的横向尺寸小于柱的截面高度的一半、孔的竖向尺寸小于相邻两孔之间的净距时，柱的刚度可按实腹 I 形柱计算，但在计算承载力时应扣除孔洞的削弱部分；当开孔尺寸超过上述规定时，柱的刚度和承载力应按双肢柱计算。

【新规范理解与说明】

本条内容，新旧规范完全相同，对腹板开孔的 I 型截面柱根据开孔大小给出了不同的设计原则，在工程实际中有较好的安全性。

第五节　梁　柱　节　点

新《混凝土结构设计规范》GB 50010—2002

10.4.1　框架梁上部纵向钢筋伸入中间层端节点的锚固长度，当采用直线锚固形式时，不应小于 l_a，且伸过柱中心线不宜小于 $5d$，d 为梁上部纵向钢筋的直径。当柱截面尺寸不足时，梁上部纵向钢筋应伸至节点对边并向下弯折，其包含弯弧段在内的水平投影长度不应小于 $0.4l_a$，包含弯弧段在内的竖直投影长度应取为 $15d$（图 10.4.1），l_a 为本规范第 9.3.1 条规定的受拉钢筋锚固长度。

框架梁下部纵向钢筋在端节点处的锚固要求与本规范第 10.4.2 条中间节点处梁下部纵向钢筋的锚固要求相同。

旧《混凝土结构设计规范》GBJ 10—89

第 **7.2.3** 条　连续梁或框架梁的上部纵向钢筋应贯穿其中间支座或中间节点范围（图 7.2.3a）。

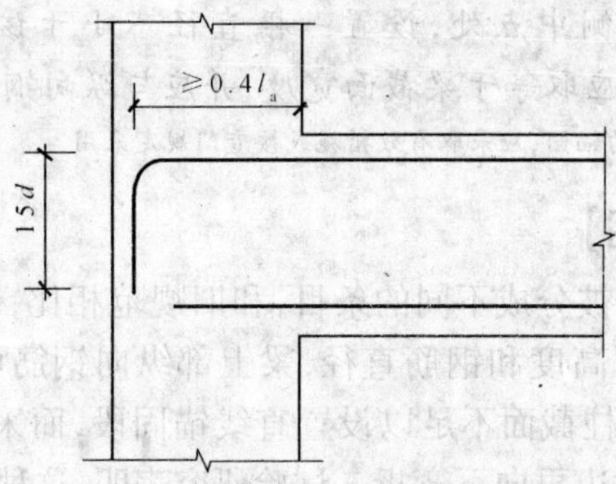

图 10.4.1　梁上部纵向钢筋在框架中间层端节点内的锚固

下部纵向钢筋伸入中间支座或中间节点范围内的锚固长度应按下列规定取用：

一、当计算中不利用其强度时，其伸入的锚固长度应符合本规范第 7.2.2 条中当 $V>0.07f_cbh_0$ 时的规定；

二、当计算中充分利用钢筋的抗拉强度时，其伸入的锚固长度不应小于表 6.1.4 规定的数值；

三、当计算中充分利用钢筋的抗压强度时，其伸入的锚固长度不应小于 $0.7l_a$（图 7.2.3）。

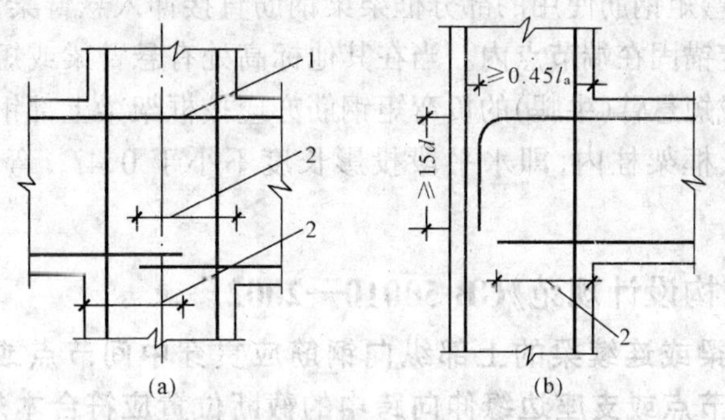

图 7.2.3　梁中纵向受力钢筋在节点（或支座）范围内的锚固

a）连续梁中间支座或框架中间节点；b）框架中间层端节点

1—上部纵向钢筋贯穿节点范围；2—下部纵向钢筋伸入节点内的锚固长度

框架梁的上部纵向钢筋在中间层端节点内的锚固长度，除应符合表 6.1.4 的要求外，并应伸过节点中心线；当上部纵向钢筋在端节点内水平锚固长度不够时，应沿柱节点外边向下弯折，经弯折后的水平投影长度不应小于 $0.45l_a$，垂直投影长度不应小于 $15d$（d 为纵向钢筋直径）；下部纵向钢筋伸入端节点内的锚固长度，应符合中间节点处的要求（图 7.2.3b）。

当混凝土强度等级不高于 C25，且受柱截面尺寸限制而纵向钢筋经弯折后的水平投影长度不能满足上述要求时，采取下列附加锚固措施后，水平投影长度可乘以折减系数 0.85；

在纵向钢筋的弯弧内侧中点处，设置一根直径不小于该纵向钢筋直径且不小于25mm的横向插筋，其长度应取等于梁截面宽度，并应与纵向钢筋绑扎。

注：框架顶层端节点内纵向钢筋的锚固，应采取有效措施或按专门规定采用。

【新规范理解与说明】

本条内容，在新规范中被分成不同的条目，和旧规范相比，新规范的规定对在框架中间层端节点处，根据柱截面高度和钢筋直径，梁上部纵向钢筋可采用直线锚固或端部带90°弯折段的锚固方式。当柱截面不足以设置直线锚固段，而采用带90°弯折段的锚固方式时，强调梁筋应伸到柱对边再向下弯折。试验研究表明，这种锚固端的锚固能力由水平段的粘结能力和弯弧与垂直段的弯折锚固作用所组成。在承受静力荷载为主的情况下，水平段的粘结能力起主导作用。国内外试验结果表明，当水平段投影长度不小于$0.4l_a$，垂直段投影长度为$15d$时，已能可靠保证梁筋的锚固强度和刚度，故取消了要满足总锚长不小于受拉锚固长度的要求。

在旧规范中，曾允许当在90°弯弧内侧设置横向短钢筋时，可将水平投影长度减小15%。但近期试验表明，该横向短钢筋在弯弧段钢筋未明显变形的一般受力情况下并不起作用，故新规范不再采用这种在90°弯弧内侧设置横向短钢筋以减小水平锚固段长度的做法。

当框架中间层端节点有悬臂梁外伸，且悬臂顶面与框架梁顶面处在同一标高时，可将需要用作悬臂梁负弯矩钢筋使用的部分框架梁钢筋直接伸入悬臂梁，其余框架梁钢筋仍按10.4.1条的规定锚固在端节点内。当在其他标高处有悬臂梁或短悬臂（牛腿）自框架柱伸出时，悬臂梁或短悬臂（牛腿）的负弯矩钢筋亦应按框架梁上部钢筋在中间层端节点处的锚固规定锚入框架柱内，即水平段投影长度不小于$0.4l_a$，弯后竖直段投影长度取$15d$。

新《混凝土结构设计规范》GB 50010—2002

10.4.2 框架梁或连续梁的上部纵向钢筋应贯穿中间节点或中间支座范围（图10.4.2），该钢筋自节点或支座边缘伸向跨中的截断位置应符合本规范第10.2.3条的规定。

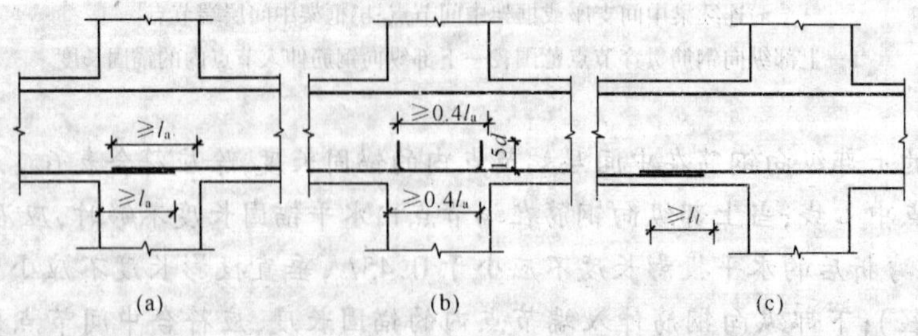

图10.4.2 梁下部纵向钢筋在中间节点或中间支座范围的锚固与搭接

(a)节点中的直线锚固；(b)节点中的弯折锚固；

(c)节点或支座范围外的搭接

框架梁或连续梁下部纵向钢筋在中间节点或中间支座处应满足下列锚固要求：

1　当计算中不利用该钢筋的强度时，其伸入节点或支座的锚固长度应符合本规范第10.2.2条中 $V > 0.7f_tbh_0$ 时的规定；

2　当计算中充分利用钢筋的抗拉强度时，下部纵向钢筋应锚固在节点或支座内。此时，可采用直线锚固形式（图10.4.2a），钢筋的锚固长度不应小于本规范第9.3.1条确定的受拉钢筋锚固长度 l_a；下部纵向钢筋也可采用带90°弯折的锚固形式（图10.4.2b）。其中，竖直段应向上弯折，锚固端的水平投影长度及竖直投影长度不应小于本规范第10.4.1条对端节点处梁上部钢筋带90°弯折锚固的规定；下部纵向钢筋与可伸过节点或支座范围，并在梁中弯矩较小处设置搭接接头（图10.4.2c）。

3　当计算中充分利用钢筋的抗压强度时，下部纵向钢筋应按受压钢筋锚固在中间节点或中间支座内，此时，其直线锚固长度不应小于 $0.7l_a$；下部纵向钢筋也可伸过节点或支座范围，并在梁中弯矩较小处设置搭接接头。

旧《混凝土结构设计规范》GBJ 10—89

参见旧规范第7.2.3条相关内容。

【新规范理解与说明】

本条内容，新规范对中间层中间节点和中间层端节点处的下部钢筋，以及顶层中间节点和顶层端节点处的下部梁筋，其在相应锚固基本仍原用旧规范的有关规定。

新规范规定，当梁下部钢筋根数较多，且分别从两侧锚入中间节点时，将造成节点下部钢筋拥挤，故增加了中间节点下部梁筋贯穿节点，并在节点以外梁弯矩较小处搭接的做法。

当中间层中间节点左、右跨梁的上表面不在同一标高时，左、右跨梁的上部钢筋可分别按第10.4.1条的规定锚固在节点内。

当中间层中间节点左、右梁端上部钢筋用量相差较大时，除左、右数量相同的部分贯穿节点外，多余的梁筋亦可按第10.4.1条的规定锚固在节点内。

新《混凝土结构设计规范》GB 50010—2002

10.4.3　框架柱的纵向钢筋应贯穿中间层中间节点和中间层端节点，柱纵向钢筋接头应设在节点区以外。

顶层中间节点的柱纵向钢筋及顶层端节点的内侧柱纵向钢筋可用直线方式锚入顶层节点，其自梁底标高算起的锚固长度不应小于本规范第9.3.1条规定的锚固长度 l_a，且柱纵向钢筋必须伸至柱顶。当顶层节点处梁截面高度不足时，柱纵向钢筋应伸至柱顶并向节点内水平弯折。当充分利用柱纵向钢筋的抗拉强度时，柱纵向钢筋锚固段弯折前的竖直投影长度不应小于 $0.5l_a$，弯折后的水平投影长度不宜小于 $12d$。当柱顶有现浇板且板厚不小于80mm、混凝土强度等级不低于C20时，柱纵向钢筋也可向外弯折，弯折后的水平投影长度不宜小于 $12d$。此处，d 为纵向钢筋的直径。

旧《混凝土结构设计规范》GBJ 10—89

旧《混凝土结构设计规范》GBJ 10—89无此相关内容。

【新规范理解与说明】

本条内容为新增条文，对于伸入顶层中点节点的全部纵筋及伸入顶层节点的内侧柱筋应可靠锚固在节点内，同时强调柱筋应伸到的长度范围。对于其中相关内容，可见下述。

1. 受力情况分析

框架的顶层端节点(角节点)的受力状况如图 10－8(a)所示。在一般的荷载状态下，梁端一般受负弯矩 M_b、剪力 V_b 和轴力 N_b 的作用，而根据节点平衡，这正是柱端的内力 M_c、N_c 和 V_c。由于在该处弯矩平衡 $M_b=M_c$，故此类节点受力更像一根 90°曲梁的弯折区。此时节点的任一截面都承受相同的弯矩，而沿柱外侧和梁上部的纵向钢筋即为此曲梁的纵向受拉钢筋。

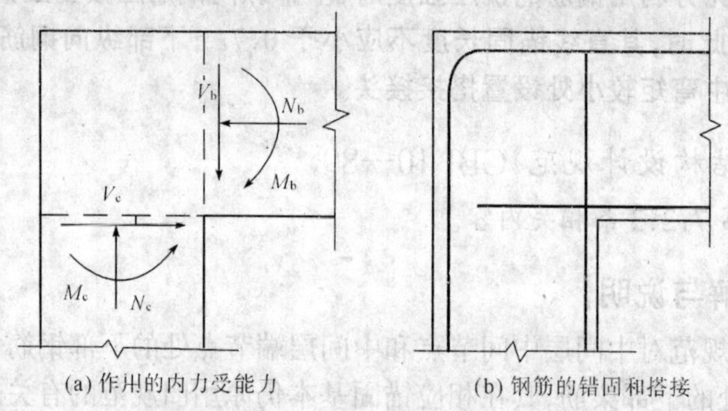

图 10－8　顶层端节点的受力状况示意图

此时，作为受压区钢筋的梁下部及柱内侧纵向钢筋，可按前述原则确定伸入节点的锚固长度(图 10－8b)。而沿柱外侧及梁上部的纵向钢筋，由于它要承受负弯矩作用下的巨大拉力就存在着互相之间应力过渡和传递的问题。如果梁、柱截面宽度相等，则设计柱外侧钢筋与梁上部钢筋相等，并沿节点外侧贯通布置，可收到最佳的传力效果(图 10－8b)。但在绝大多数情况下、梁、柱截面并不等宽，因此只能通过在节点附近设置搭接接头，以保证节点在负弯矩作用下的抗弯能力。

2. 受力钢筋的锚固与搭接分析

有些设计以角节点按中层端节点的方法将梁上部钢筋伸入节点后锚固；或按顶层中节点的方法将柱外侧钢筋伸至节点顶部锚固，这两种做法都是错误的。因为按曲梁考虑，整个节点的顶面和外侧都处于负弯矩的受力区域，沿此区域的钢筋都处于很高的拉应力状态。如以梁底截面或柱边截面(图 10－8a 中之虚线)分别作为柱的外侧纵筋和梁的上部纵筋的锚固起点的话，将造成受力钢筋在高应力区锚固不足，引起梁、柱端在远未达到其抗负弯矩承载力时在节点区提前发生弯折破坏。试验研究和工程实践都证明了上述做法不可取。

3. 顶层端节点纵向钢筋的搭接分析

由上述可知，顶层端节点(角节点)的主要问题是纵向受力钢筋的搭接传力问题。可将柱外侧纵向钢筋弯入梁内作梁上部负弯矩钢筋使用；也可将梁上部纵向钢筋与柱外侧纵向钢筋在角节点及附近部位搭接，做法参见新规范条文。

新《混凝土结构设计规范》GB 50010—2002

10.4.4　框架顶层端节点处，可将柱外侧纵向钢筋的相应部分弯入梁内作梁上部纵向钢筋使用，也可将梁上部纵向钢筋与柱外侧纵向钢筋在顶层端节点及其附近部位搭接。搭接可采用下列方式：

1　搭接接头可沿顶层端节点外侧及梁端顶部布置（图 10.4.4a），搭接长度不应小于 $1.5l_a$，其中，伸入梁内的外侧柱纵向钢筋截面面积不宜小于外侧柱纵向钢筋全部截面面积的 65%；梁宽范围以外的外侧柱纵向钢筋宜沿节点顶部伸至柱内边，当柱纵向钢筋位于柱顶第一层时，至柱内边后宜向下弯折不小于 $8d$ 后截断；当柱纵向钢筋位于柱顶第二层时，可不向下弯折。当有现浇板且板厚不小于 80mm、混凝土强度等级不低于 C20 时，梁宽范围以外的外侧柱纵向钢筋可伸入现浇板内，其长度与伸入梁内的柱纵向钢筋相同。当外侧柱纵向钢筋配筋率大于 1.2%时，伸入梁内的柱纵向钢筋应满足以上规定，且宜分两批截断，其截断点之间的距离不宜小于 $20d$。梁上部纵向钢筋应伸至节点外侧并向下弯至梁下边缘高度后截断。此处，d 为柱外侧纵向钢筋的直径。

2．搭接接头也可沿柱顶外侧布置（图 10.4.4b），此时，搭接长度竖直段不应小于 $1.7l_a$。当梁上部纵向钢筋的配筋率大于 1.2%时，弯入柱外侧的梁上部纵向钢筋应满足以上规定的搭接长度，且宜分两批截断，其截断点之间的距离不宜小于 $20d$，d 为梁上部纵向钢筋的直径。柱外侧纵向钢筋伸至柱顶后宜向节点内水平弯折，弯折段的水平投影长度不宜小于 $12d$，d 为柱外侧纵向钢筋的直径。

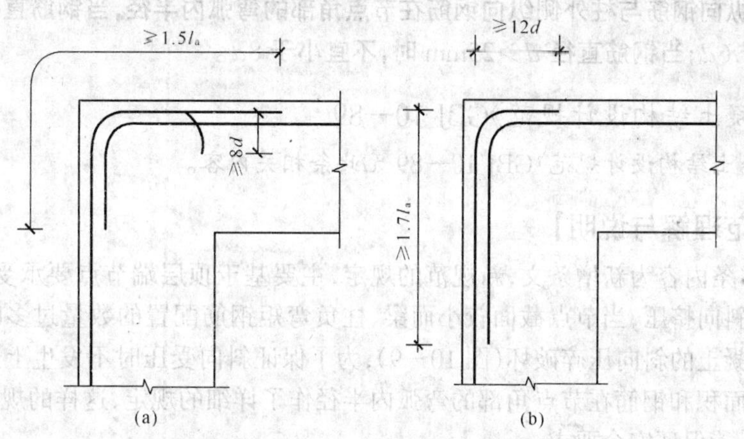

图 10.4.4　梁上部纵向钢筋与柱外侧纵向钢筋在顶层端节点的搭接

(a)位于节点外侧和梁端顶部的弯折搭接接头；

(b)位于柱顶部外侧的直线搭接接头

旧《混凝土结构设计规范》GBJ 10—89

旧《混凝土结构设计规范》GBJ 10—89 无此条相关内容。

【新规范理解与说明】

同样，本条内容为新增条文，新规范对在承受静力荷载为主的框架中，顶端节点处的梁、柱主要承受负弯矩作用,也就是相当于一段 90°的折梁,当梁上部钢筋和柱外侧钢筋数量匹配时,可将柱外侧处于梁截面宽度内的纵向钢筋直接弯入梁上部,作梁负弯矩钢筋使用。亦可使梁上部钢筋与柱外侧钢筋在顶层端节点附近搭接。规范推荐了两种搭接方案。其中设在节点外侧和梁端顶面的带 90°弯折搭接做法(规范图 10.4.4a)适用于梁上部钢筋和柱外侧钢筋数量不致过多的民用或公共建筑框架,其优点是梁上部钢筋不伸入柱内,有利于在梁底标高设置柱混凝土施工缝。但当梁上部和柱外侧钢筋数量过多时,该方案将造成节点顶部钢筋拥挤,不利于自上而下浇注混凝土。此时,宜改用梁、柱筋直线搭接,接头位于柱顶部外侧的搭接做法(规范图 10.4.4b)。

在顶层端节点处不允许采用将柱筋伸至柱顶,将梁上部钢筋按本规范第 10.4.1 条的规定锚入节点的做法,因这种做法无法保证梁、柱筋在节点区的搭接传力,使梁、柱端无法发挥出所需的正截面受弯承载力。

相关分析可参见上条。

新《混凝土结构设计规范》GB 50010—2002

10.4.5　框架顶层端节点处梁上部纵向钢筋的截面面积 A_s 应符合下列规定:

$$A_s \leqslant \frac{0.35\beta_c f_c b_b h_0}{f_y} \tag{10.4.5}$$

式中　b_b——梁腹板宽度;

h_0——梁截面有效高度。

梁上部纵向钢筋与柱外侧纵向钢筋在节点角部的弯弧内半径,当钢筋直径 $d \leqslant 25$mm 时,不宜小于 $6d$;当钢筋直径 $d > 25$mm 时,不宜小于 $8d$。

旧《混凝土结构设计规范》GBJ 10—89

旧《混凝土结构设计规范》GBJ 10—89 无此条相关内容。

【新规范理解与说明】

同样,本条内容为新增条文,新规范的规定,主要基于顶层端节点要承受角部负弯矩作用而造成斜向挤压,当节点截面较小而梁、柱负弯矩钢筋配置的数量过多时,易发生节点核心区混凝土的斜向压碎破坏(图 10-9),为了保证斜向受压时不发生上述现象,新规范对钢筋截面积和钢筋在节点角部的弯弧内半径作了详细的规定,这样的规定,是经过试验验证过的,能保证安全要求。

新《混凝土结构设计规范》GB 50010—2002

10.4.6　在框架节点内应设置水平箍筋,箍筋应符合本规范第 10.3.2 条对柱中箍筋的构造规定,但间距不宜大于 250mm。对四边均有梁与之相连的中间节点,节点内可只设置沿周边的矩形箍筋。当顶层端节点内设有梁上部纵向钢筋和柱外侧纵向钢筋的搭接接头时,节点内水平箍筋应符合本规范第 9.4.5 条的规定。

旧《混凝土结构设计规范》GBJ 10—89

旧《混凝土结构设计规范》GBJ 10—89 无此条相关内容。

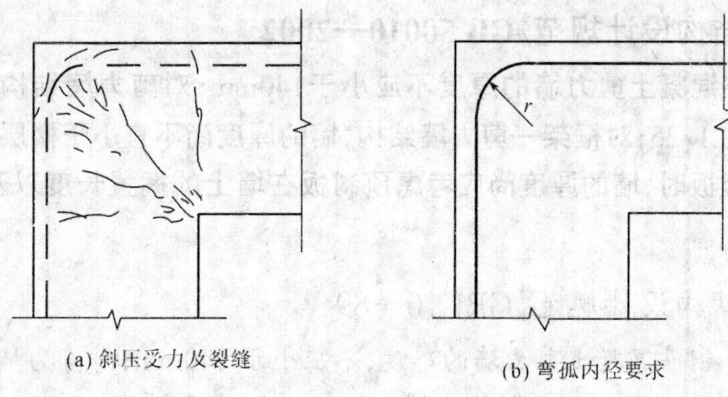

(a) 斜压受力及裂缝　　(b) 弯孤内径要求

图 10－9　角节点的构造要求

【新规范理解与说明】

本条内容为新增条文，新规范中关于框架节点内水平箍筋的配置是根据我国工程经验并参考国外有关规范给出的。具有安全性，在工程中能有保障性。这样规定的原因是：与柱的配箍构造要求一样，节点作为承受巨大竖向压力并且受力状态十分复杂的部件，也必须有钢箍的约束，以保证其承载力和延性。当然，节点也有其特殊性，当四边均有梁与其连接时，梁端的约束使其受力处于有利状态。同时，由于处于梁柱交叉处的特殊部位，其配箍施工特别复杂。

第六节　墙

新《混凝土结构设计规范》GB 50010—2002

10.5.1　当构件截面的长边（长度）大于其短边（厚度）的 4 倍时，宜按墙的要求进行设计。

墙的混凝土强度等级不宜低于 C20。

旧《混凝土结构设计规范》GBJ 10—89

第 **7.4.1** 条　当墙的长度大于其厚度的四倍时，应按钢筋混凝土剪力墙要求进行设计。墙的混凝土强度等级不宜低于 C20。

【新规范理解与说明】

本条内容，新规范和旧规范基本一样，只是将旧规范中“应”改为“宜”，更具选择性，当然，在任何情况下，不管采用何种方式，都必须考虑安全性。

墙是在两个方向（高和宽）尺寸较大；而在另一个方向（厚）尺寸相对较小的构件，从几何形状上讲接近于板。不同于板的主要特点是其承受平面内的压力，并且将上部各层荷载引起的压力传向基础，从受力形态而言更接近于“柱”。墙与柱的区别主要是其长度与厚度的比值，当比值不大于 4 时可按柱设计；当比值大于 4 时宜按钢筋混凝土墙进行设计。

此外，对于墙中混凝土的等级，都是参考国外有关规范并考虑工程实际经验而得到的。

新《混凝土结构设计规范》GB 50010—2002

10.5.2 钢筋混凝土剪力墙的厚度不应小于140mm；对剪力墙结构，墙的厚度尚不宜小于楼层高度的1/25；对框架—剪力墙结构，墙的厚度尚不宜小于楼层高度的1/20。

当采用预制楼板时，墙的厚度尚应考虑预制板在墙上的搁置长度以及墙内竖向钢筋贯通的要求。

旧《混凝土结构设计规范》GBJ 10—89

第**7.4.2**条 钢筋混凝土剪力墙的厚度，不应小于140mm；对剪力墙结构，尚不应小于楼层高度的1/25；对框架剪力墙结构，尚不应小于楼层高度的1/20。

当采用预制楼板时，剪力墙的厚度尚应考虑预制板在墙上的搁置长度以及上、下楼层内竖向钢筋贯通的要求。

【新规范理解与说明】

本条内容，新旧规范的规定完全一样，新规范对墙的厚度进行了严格的限定。此外，对于预制楼板，墙的厚度还须考虑预制板在墙上的搁置长度以及上、下楼层内竖向钢筋贯通的要求。墙的厚度的规定是为了避免太薄的墙体出平面的刚度很小，稳定性差，容易在偏心等意外荷载下压屈失稳。

新《混凝土结构设计规范》GB 50010—2002

10.5.3 在平行于墙面的水平荷载和竖向荷载作用下，钢筋混凝土剪力墙宜根据结构分析所得的内力和本规范第7.3节、第7.4节的有关规定，分别按偏心受压或偏心受拉进行正截面承载力计算，并按本规范第10.5.4~10.5.6条的规定进行斜截面受剪承载力计算。在集中荷载作用处，尚应按本规范第7.8节进行局部受压承载力计算。

在承载力计算中，剪力墙的翼缘计算宽度可取剪力墙的间距、门窗洞间翼墙的宽度、剪力墙厚度加两侧各6倍翼墙厚度、剪力墙墙肢总高度的1/10四者中的最小值。

旧《混凝土结构设计规范》GBJ 10—89

第**7.4.3**条 在平行于墙面的水平荷载和竖向荷载作用下，钢筋混凝土剪力墙应根据结构分析所得的内力，按本规范第四章第一节的有关规定，分别按轴心受压、偏心受压或偏心受拉进行正截面承载力计算和本节规定的斜截面受剪承载力计算。在集中荷载作用处，尚应进行局部受压承载力的计算。

在承载力计算中，剪力墙的翼缘计算宽度可取剪力墙的间距、门窗洞间墙的宽度、剪力墙厚度加两侧各6倍翼缘墙的厚度和剪力墙墙肢总高度的十分之一四者中的最小值。

【新规范理解与说明】

本条内容，新旧规范的规定完全相同。新规范同旧规范一样，对剪力墙截面设计和剪力墙洞口连梁的截面设计都是参考《钢筋混凝土高层建筑结构设计与施工规程》JGJ 3—79的规定作出的，吸取了国内相关设计经验。

新《混凝土结构设计规范》GB 50010—2002

10.5.4　钢筋混凝土剪力墙的受剪截面应符合下列条件:

$$V \leqslant 0.25\beta_c f_c bh \tag{10.5.4}$$

式中　V——剪力设计值;

β_c——混凝土强度影响系数,按本规范第 7.5.1 条确定;

b——矩形截面的宽度或 T 形、I 形截面的腹板宽度(墙的厚度);

h——截面高度(墙的长度)。

旧《混凝土结构设计规范》GBJ 10—89

第 **7.4.4** 条　钢筋混凝土剪力墙,其受剪截面应符合下列条件:

$$V \leqslant 0.25 f_c bh \tag{7.4.4}$$

式中　V——剪力设计值;

b——矩形截面的宽度或 T 形、I 形截面的腹板宽度(墙的厚度);

h——截面高度(墙的长度)。

【新规范理解与说明】

本条内容,新规范对旧规范作了一个系数的改动,即添加了混凝土强度影响系数 β_c,这样的规定是基于试验的结果。规定的原因是为保证墙在平面内剪力设计值 V 的作用下,其截面面积不致过小而损坏。

新《混凝土结构设计规范》GB 50010—2002

10.5.5　钢筋混凝土剪力墙在偏心受压时的斜截面受剪承载力应符合下列规定:

$$V \leqslant \frac{1}{\lambda - 0.5}\left(0.5 f_t b h_0 + 0.13 N \frac{A_w}{A}\right) + f_{yv}\frac{A_{sh}}{s_v}h_0 \tag{10.5.5}$$

式中　N——与剪力设计值 V 相应的轴向压力设计值,当 $N > 0.2 f_c bh$ 时,取 $N = 0.2 f_c bh$;

A——剪力墙的截面面积,其中,翼缘的有效面积可按本规范第 10.5.3 条规定的翼缘计算宽度确定;

A_w——T 形、I 形截面剪力墙腹板的截面面积,对矩形截面剪力墙,取 $A_w = A$;

A_{sh}——配置在同一水平截面内的水平分布钢筋的全部截面面积;

s_v——水平分布钢筋的竖向间距;

λ——计算截面的剪跨比:$\lambda = M/(Vh_0)$;当 $\lambda < 1.5$ 时,取 $\lambda = 1.5$,当 $\lambda > 2.2$ 时,取 $\lambda = 2.2$;此处,M 为与剪力设计值 V 相应的弯矩设计值;当计算截面与墙底之间的距离小于 $h_0/2$ 时,λ 应按距墙底 $h_0/2$ 处的弯矩值与剪力值计算。

当剪力设计值 V 不大于公式(10.5.5)中右边第一项时,水平分布钢筋应按本规范第 10.5.10 至第 10.5.12 条的构造要求配置。

旧《混凝土结构设计规范》GBJ 10—89

第 **7.4.5** 条　钢筋混凝土剪力墙在偏心受压时的斜截面受剪承载力应按下列公式计算:

$$V \leqslant \frac{1}{\lambda - 0.5}\left(0.05 f_c b h_0 + 0.13 N \frac{A_w}{A}\right) + f_{yv} \frac{A_{sh}}{s} h_0 \tag{7.4.5}$$

式中 N——与剪力设计值 V 相应的轴向压力设计值；当 $N > 0.2 f_c bh$ 时，取 $N = 0.2 f_c bh$；

A——剪力墙的截面面积，其中，翼缘的有效面积可按本规范第 7.4.3 条规定的翼缘计算宽度确定；

A_w——T 形或 I 形截面剪力墙腹板的截面面积；对矩形截面剪力墙，取 $A_w = A$；

A_{sh}——配置在同一水平截面内的水平分布钢筋的全部截面面积；

s——水平分布钢筋的竖向间距；

λ——计算截面处的剪跨比，$\lambda = M/Vh_0$；当 $\lambda < 1.5$ 时，取 $\lambda = 1.5$，当 $\lambda > 2.2$ 时，取 $\lambda = 2.2$，此处，M 为与剪力设计值 V 相应的弯矩设计值；当计算截面与墙底之间的距离小于 $h/2$ 时，λ 应按距墙底 $h/2$ 处的弯矩值与剪力值计算。

当剪力设计值 V 不大于 $\frac{1}{\lambda - 0.5}\left(0.05 f_c b h_0 + 0.13 N \frac{A_w}{A}\right)$ 时，水平分布钢筋应按本规范第 7.4.9 条至第 7.4.12 条的构造要求配置。

【新规范理解与说明】

本条内容，新规范和旧规范基本相同。新规范规定了钢筋混凝土剪力墙在轴向压力作用下，处于偏心受压状态时，剪力设计值 V 应满足的条件。必须注意的是新规范对原规范作了两点改动：一是旧规范中混凝土强度 f_c 改为抗拉强度 f_t，相应的系数由 0.05 改为 0.5，二是钢筋设计强度 f_{yv} 原限制不大于 310N/mm^2，新规范中取消限制条件，以鼓励采用强度更高的钢筋，以减少配筋率。

新《混凝土结构设计规范》GB 50010—2002

10.5.6 钢筋混凝土剪力墙在偏心受拉时的斜截面受剪承载力应符合下列规定：

$$V \leqslant \frac{1}{\lambda - 0.5}\left(0.5 f_t b h_0 - 0.13 N \frac{A_w}{A}\right) + f_{yv} \frac{A_{sh}}{s_v} h_0 \tag{10.5.6}$$

当上式右边的计算值小于 $f_{yv} = \frac{A_{sh}}{s_v} h_0$ 时，取等于 $f_{yv} = \frac{A_{sh}}{s_v} h_0$。

式中 N——与剪力设计值 V 相应的轴向拉力设计值；

λ——计算截面的剪跨比，按本规范第 10.5.5 条取用。

旧《混凝土结构设计规范》GBJ 10—89

第 **7.4.6** 条 钢筋混凝土剪力墙在偏心受拉时的斜截面受剪承载力，应按下列公式计算：

$$V \leqslant \frac{1}{\lambda - 0.5}\left(0.05 f_c b h_0 - 0.13 N \frac{A_w}{A}\right) + f_{yv} \frac{A_{sh}}{s} h_0 \tag{7.4.6}$$

当公式(7.4.6)右边的计算值小于 $f_{yv} \frac{A_{sh}}{s} h_0$ 时，取等于 $f_{yv} \frac{A_{sh}}{S} h_0$。

式中 N——与剪力设计值 V 相应的轴向拉力设计值；

λ——计算截面处的剪跨比，按本规范第 7.4.5 条的规定取用。

【新规范理解与说明】

本条内容，新旧规范在形式上基本相同，都是对钢筋混凝土剪力墙在偏心受拉时斜截面受剪承载力作了具体的规定，和偏心受压时相比，只是轴力影响由"+"改为"-"，这是由于式中 N 为轴向拉力设计值，对剪力墙的抗剪承载力造成不利影响。此外，为了防止公式右边计算值小于 $f_{yv}\frac{A_{sh}}{S_v}h_0$，即拉力过大，使混凝土抗剪力变成负值，计算时，只考虑水平分布钢筋 A_{sh}的抗剪承载力的影响，而不考虑公式右边第一项抗剪承载力的作用，取为零。剪力设计值的规定，是考虑到结构体系受到较大的横向荷载时，剪力墙有可能承受拉力，降低其抗剪承载力。

新《混凝土结构设计规范》GB 50010—2002

10.5.7　钢筋混凝土剪力墙中的洞口连梁，其正截面受弯承载力可按本规范第 7.2 节计算。

剪力墙洞口连梁的受剪截面应符合本规范第 7.5.1 条的规定。当跨高比 $l_n/h>2.5$ 时，其斜截面受剪承载力宜符合下列规定：

$$V\leqslant 0.7f_tbh_0+f_{yv}\frac{A_{sv}}{s}h_0 \tag{10.5.7}$$

注：对跨高比 $l_n/h\leqslant 2.5$ 的洞口连梁，其受剪截面控制条件、斜截面受剪承载力计算方法和配筋构造要求可按专门规定确定。

旧《混凝土结构设计规范》GBJ 10—89

第 7.4.7 条　钢筋土剪力墙中的连系梁，其正截面受弯承载力可按本规范第 4.1.5 条计算。

剪力墙洞口处的连系梁，当跨高比大于 2.5 时，其斜截面受剪承载力可按下列公式计算：

$$V\leqslant 0.07f_cbh_0+f_{yv}\frac{A_{sv}}{s}h_0 \tag{7.4.7}$$

此时，其受剪要求的截面应符合本规范第 4.4.1 条的条件以及第 4.4.6 条的规定。

注：对跨高比不大于 2.5 的连系梁，其斜截面受剪承载力和配筋构造应按专门规定采用。

【新规范理解与说明】

本条内容，新旧规范的形式基本相同，都对有洞口的连梁的斜截面承载力和截面作了具体的规定，对于跨高度小于 2.5 的连梁，由于缺乏必要的试验研究结果，只能按专门规定来确定。

新规范的规定是由于剪力墙使用功能的要求，往往要开门窗洞口，开洞范围一般下至楼板，高度为门高。这样就会引起截面削弱，为了避免这种情况发生，应在洞口设置连梁。

新《混凝土结构设计规范》GB 50010—2002

10.5.8　剪力墙墙肢两端应配置竖向受力钢筋，并与墙内的竖向分布钢筋共同用于

墙的正截面受弯承载力计算。每端的竖向受力钢筋不宜少于 4 根直径为 12mm 的钢筋或 2 根直径为 16mm 的钢筋；沿该竖向钢筋方向宜配置直径不小于 6mm、间距为 250mm 的拉筋。

剪力墙洞口上、下两边的水平纵向钢筋除应满足洞口连梁正截面受弯承载力要求外，尚不应少于 2 根直径不小于 12mm 的钢筋；钢筋截面面积分别不宜小于洞口截断的水平分布钢筋总截面面积的一半。纵向钢筋自洞口边伸入墙内的长度不应小于本规范第 9.3.1 条规定的受拉钢筋锚固长度。

旧《混凝土结构设计规范》GBJ 10—89

第 **7.4.8** 条　钢筋混凝土剪力墙如按正截面承载力计算不需配置纵向受力钢筋时，则在截面两端(包括门洞边)应各设置不少于二根直径不小于 12mm 的纵向构造钢筋。

【新规范理解与说明】

本条内容，新旧规范改变较大，新规范对墙两端纵向钢筋及沿钢筋设置拉筋的要求，还给出了洞口上下纵向钢筋的最低配置数量和锚固要求。新规范的规定，是经过工程实际经验，考虑到工程安全而给出的。

新《混凝土结构设计规范》GB 50010—2002

10.5.9　钢筋混凝土剪力墙的水平和竖向分布钢筋的配筋率 ρ_{sh}($\rho_{sh}=\frac{A_{sh}}{bs_v}$，$s_v$ 为水平分布钢筋的间距)和 ρ_{sv}($\rho_{sv}=\frac{A_{sv}}{bs_h}$，$s_h$ 为竖向分布钢筋的间距)不应小于 0.2%。结构中重要部位的剪力墙，其水平和竖向分布钢筋的配筋率宜适当提高。

剪力墙中温度、收缩应力较大的部位，水平分布钢筋的配筋率宜适当提高。

旧《混凝土结构设计规范》GBJ 10—89

第 **7.4.9** 条　钢筋混凝土剪力墙的水平和竖向分布钢筋的配筋率 ρ_{sh} 和 ρ_{sv}($\rho_{sh}=\frac{A_{sh}}{bs_v}$，$\rho_{sv}=\frac{A_{sv}}{bs_h}$，$s_h$、$s_v$ 为竖向和水平分布钢筋的间距)，除按本规范第 7.4.10 条所规定的加强部位外，均不应小于 0.15%。

第 7.4.10 条　剪力墙结构的加强部位，其水平和竖向分布钢筋的配筋率均不应小于 0.2%。剪力墙结构的加强部位指：剪力墙结构的顶层、底部加强区(加强区的高度为墙肢总高度的八分之一、墙肢宽度两者中的较大者)、现浇端山墙、楼梯间的墙和端开间的内纵墙等。

注：当电梯间作为抗侧力结构时，应按剪力墙结构的加强部位考虑。

【新规范理解与说明】

本条内容，新规范和旧规范有很大的不同，新规范对钢筋混凝土剪力墙的水平和竖向分布钢筋的配筋率作了相应的规定，提高了旧规范的配筋率，此外，新规范还对结构中重要部位的剪力墙和温度、收缩应力作了详细的规定。

对于重要部位指的是:框架—剪力墙结构中的剪力墙和框架—核心筒结构中的核心筒墙体,宜按实际工程经验来定。温度、收缩应力的规定是为了防止墙体开裂。

新《混凝土结构设计规范》GB 50010—2002

10.5.10　钢筋混凝土剪力墙水平及竖向分布钢筋的直径不应小于8mm,间距不应大于300mm。

旧《混凝土结构设计规范》GBJ 10—89

第**7.4.11**条　钢筋混凝土剪力墙的水平分布钢筋的间距,不应大于300mm,直径不应小于6mm;竖向分布钢筋的间距,不应大于400mm,直径不应小于8mm。

【新规范理解与说明】

本条内容,新规范将钢筋混凝土剪力墙力墙水平和竖向分布钢筋直径和间距的决定综合到一起了,使用时更加方便,更加严格了。

新《混凝土结构设计规范》GB 50010—2002

10.5.11　厚度大于160mm的剪力墙应配置双排分布钢筋网;结构中重要部位的剪力墙,当其厚度不大于160mm时,也宜配置双排分布钢筋网。

双排分布钢筋网应沿墙的两个侧面布置,且应采用拉筋连系;拉筋直径不宜小于6mm,间距不宜大于600mm。

旧《混凝土结构设计规范》GBJ 10—89

第**7.4.12**条　承受垂直于墙面的水平荷载的墙(如地下室墙)以及厚度大于160mm的剪力墙均应配置双排分布钢筋网;对厚度为160mm的剪力墙和厚度小于160mm的剪力墙结构的加强部位,宜配置双排分布钢筋网。

双排分布钢筋网应沿墙的两个侧面布置,且应采用拉筋连系;拉筋直径不应小于6mm,间距不应大于700mm;对底部加强区,可适当增加拉筋的数量。

【新规范理解与说明】

本条内容,新规范对厚度不同的剪力墙的钢筋网的布置作了区别规定,还对其具体布置方式作了限制。

规范的规定是考虑到当荷载偏心或遭到外力作用时,剪力墙力受力不利,影响剪力墙的承载力发挥,不利安全,这些规定都是基于工程实际经验而给出的。

新《混凝土结构设计规范》GB 50010—2002

10.5.12　剪力墙水平分布钢筋应伸至墙端,并向内水平弯折10d后截断,其中d为水平分布钢筋直径。

当剪力墙端部有翼墙或转角墙时,内墙两侧的水平分布钢筋和外墙内侧的水平分布钢筋应伸至翼墙或转角墙外边,并分别向两侧水平弯折后截断,其水平弯折长度不宜小于15d。在转角墙处,外墙外侧的水平分布钢筋应在墙端外角处弯入翼墙,并与翼墙外侧水

平分布钢筋搭接。搭接长度应符合本规范第 10.5.13 条的规定。

带边框的剪力墙，其水平和竖向分布钢筋宜分别贯穿柱、梁或锚固在柱、梁内。

【新规范理解与说明】

本条内容新旧规范有很大变化。新规范对剪力墙水平分布钢筋在墙端或墙角处的构造要求。相对于旧规范，新规范更加严格地规定了剪力墙的构造，对于水平分布钢筋的锚固和搭接，见图 10－10。

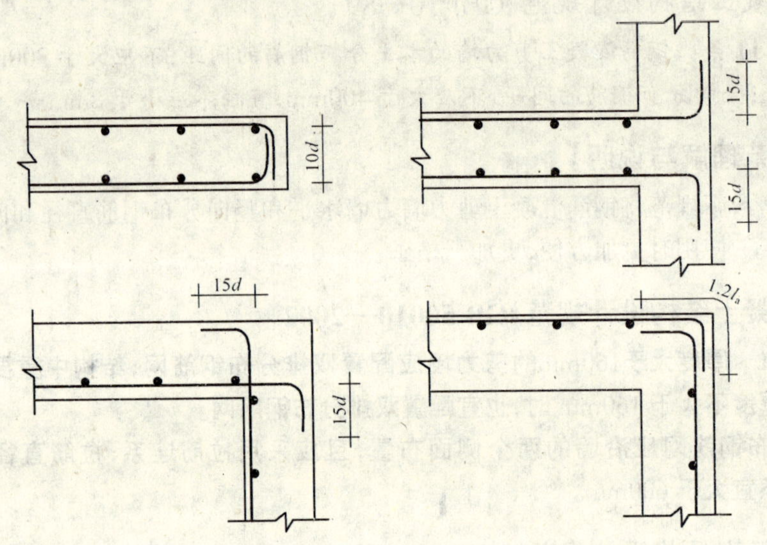

图 10－10　水平分布钢筋的锚固与搭接

新《混凝土结构设计规范》GB 50010—2002

10.5.13　剪力墙水平分布钢筋的搭接长度不应小于 $1.2l_a$。同排水平分布钢筋的搭接接头之间以及上、下相邻水平分布钢筋的搭接接头之间沿水平方向的净间距不宜小于 500mm。

剪力墙竖向分布钢筋可在同一高度搭接，搭接长度不应小于 $1.2l_a$。

旧《混凝土结构设计规范》GBJ 10—89

第 **7.4.13** 条　在剪力墙的窗口周边部位，应设置不少于二根直径不小于 12mm 的水平和竖向构造钢筋，该钢筋自孔洞边角算起伸入墙内的长度不应小于 $40d$，d 为钢筋直径。

【新规范理解与说明】

本条内容新旧规范大不相同，新规范对剪力墙水平分钢筋的搭接长度作了详细的规定，这样的规定是为避免接头过于集中对承载受力造成不良影响。

具体内容还可参见上条文。

新《混凝土结构设计规范》GB 50010—2002

10.5.14　剪力墙洞口连梁应沿全长配置箍筋，箍筋直径不宜小于 6mm，间距不宜大于 150mm。

在顶层洞口连梁纵向钢筋伸入墙内的锚固长度范围内，应设置间距不大于 150mm 的箍筋，箍筋直径宜与该连梁跨内箍筋直径相同。同时，门窗洞边的竖向钢筋应按受拉钢筋锚固在顶层连梁高度范围内。

旧《混凝土结构设计规范》GBJ 10—89

旧《混凝土结构设计规范》GBJ 10—89 无此相应内容。

【新规范理解与说明】

本条内容为新增条文，新规范对剪力墙连梁的箍筋的布置作了详细的说明。其规定是为了避免当外部荷载过大时，连梁核心混凝土不能有效地承受荷载造成破坏。

新《混凝土结构设计规范》GB 50010—2002

10.5.15　当墙中采用焊接钢筋网片配筋时，应符合国家现行有关标准的规定。

【新规范理解与说明】

本条内容为新增条文，新规范规定：当采用钢筋焊接网片配时，应符合现行标准《钢筋焊接网混凝土结构技术规程》JGJ/T 114 的有关规定。

第七节　叠合式受弯构件

新《混凝土结构设计规范》GB 50010—2002

10.6.1　施工阶段不加支撑的叠合式受弯构件，应对叠合构件及其预制构件部分分别进行计算；预制构件部分应按本规范第 7 章和第 8 章对受弯构件的规定计算；叠合构件应按本规范第 10.6.2 条至 10.6.13 条计算。

施工阶段设有可靠支撑的叠合式受弯构件，可按普通受弯构件计算，但叠合构件斜截面受剪承载力和叠合面受剪承载力应按本规范第 10.6.4 条和第 10.6.5 条计算。当 $h_1/h<0.4$ 时，应在施工阶段设置可靠支撑，此处，h_1 为预制构件的截面高度，h 为叠合构件的截面高度。

旧《混凝土结构设计规范》GBJ 10—89

第 **7.5.1** 条　施工阶段不加支撑的叠合式受弯构件，应对叠合构件及其预制构件部分分别进行计算：预制构件部分应按本规范第四章和第五章对受弯构件的规定计算：叠合构件应按本规范第 7.5.2 条至第 7.5.16 条进行计算。

施工阶段设有可靠支撑的叠合式受弯构件，可参照普通的受弯构件的规定计算，但其斜截面和叠合面的受剪承载力应按本规范第 7.5.4 条和第 7.5.5 条的规定计算。当 $h_1/h<0.4$ 时，应在施工阶段设置可靠支撑，此处，h_1 为预制构件截面高度，h 为叠合构件截面高度。

【新规范理解与说明】

本条内容，新旧规范基本相同。叠合式受弯构件主要用于装配整体式结构，依施工和受力特点分成两类:一是在施工阶段加设可靠支撑的叠合式(阶段受力叠合构件);二是在施工阶段不设支撑的叠合式("二阶段受力叠合构件")。

关于叠合式受弯构件,有下述相关论述。

梁、板类的受弯构件,根据其制作工艺可以分成现浇式和预制装配式两类。前者的整体性强,抗震性能好,但须支模、绑筋、浇筑、养护、拆模等施工过程,不仅周期长,消耗大,施工复杂,而且现场湿作业多,质量不易稳定,材料遗撒、噪音扰民等影响环境保护。加上混凝土温度—收缩引起的约束应力往往导致现浇楼板的裂缝,已成为制约混凝土结构应用和建筑—房地产业发展的严重消极因素。

预制装配式结构无须支模、拆模等工序,周期短,工艺相对简单,现场湿作业少,工厂化生产的预制构件质量稳定,有利于环保节能,而且由于预制构件混凝土已经完成了收缩,再加上往往采用预应力,故裂缝可以得到有效的控制。其缺点是整体性不强,抗震性能受到影响,此外构件连接拼缝处的裂缝问题有待解决。

叠合式结构是介于两者之间的一种结构形式。其底部采取预制构件的形式,甚至可以生产成抗裂性能极强的预应力构件;而上部则采取现浇混凝土形式,以形成很好的整体性。它既有预制构件无须支模、拆模,周期短,现场作业量小等优点;也有现浇式结构整体性强,抗震性能好的优点。而且,由于可以采用预应力预制构件的形式,底部裂缝有可能得到有效的控制,是一种很有前途的结构形式。

新《混凝土结构设计规范》GB 50010—2002

10.6.2 施工阶段不加支撑的叠合式受弯构件,其内力应分别按下列两个阶段计算:

1 第一阶段 后浇的叠合层混凝土未达到强度设计值之前的阶段。荷载由预制构件承担,预制构件按简支构件计算;荷载包括预制构件自重、预制楼板自重、叠合层自重以及本阶段的施工活荷载。

2 第二阶段 叠合层混凝土达到设计规定的强度值之后的阶段。叠合构件按整体结构计算;荷载考虑下列两种情况并取较大值:

1)施工阶段 计入叠合构件自重、预制楼板自重、面层、吊顶等自重以及本阶段的施工活荷载;

2)使用阶段 计入叠合构件自重、预制楼板自重、面层、吊顶等自重以及使用阶段的可变荷载。

旧《混凝土结构设计规范》GBJ 10—89

第**7.5.2**条 对施工阶段不加支撑的叠合式受弯构件的内力,应分别按下列两个阶段进行计算:

一、第一阶段 叠合层混凝土未达到强度设计值前的阶段,预制构件按简支构件计算,此时,荷载考虑预制构件自重、预制楼板自重、叠合层自重以及本阶段的施工活荷载;

二、第二阶段 叠合层混凝土达到强度设计值后的阶段,叠合构件按整体结构计算,此时,荷载考虑下列两种情况,并取其较大值:

1. 施工阶段考虑叠合构件自重、预制楼板自重、面层、吊顶等自重以及本阶段的施工活荷载;

2. 使用阶段考虑叠合构件自重、预制楼板自重、面层，吊顶等自重以及使用阶段的可变荷载。

【新规范理解与说明】

本条内容，新旧规范基本相同。规范给出了"二阶段受力叠合式受弯构件"在叠合层混凝土达到设计强度前的第一阶段和达到设计强度后的第二阶段所应考虑的荷载。

这种类型的构件，由于在施工中不加支撑，因此在第一阶段，预制构件要承受自身重量、后浇层混凝土层的重量以及施工荷载。在后浇层混凝土达到设计强度而投入使用以后，为第二阶段受力。这时施工荷载已不复存在，换成了使用状态下的各种活荷载，但构件是以整体的形式受力的。

在第一阶段，预制构件截面高度较小，在施工阶段的各种荷载组合作用下可能产生较大的钢筋应力，这种现象称为"应力超前"。在第二阶段，截面高度加大，施工荷载换成了使用阶段的各种可变荷载。这时，后浇层混凝土压区的应力增长相对较小。这一方面是由于相当部分荷载引起的应力和变形已在第一阶"超前"地完成了；另一方面原预制构件顶部的压区在整体截面中有可能已进入中、下部的受拉区域，它将抵消部分第二阶段的拉应力而对结构的受弯承载造成有利影响，使混凝土的应力增量相对减小，这种现象称为"混凝土应力滞后"。

新《混凝土结构设计规范》GB 50010—2002

10.6.3 预制构件和叠合构件的正截面受弯承载力应按本规范第 7.2.1 条或第 7.2.2 条计算，其中，弯矩设计值应按下列规定取用：

预制构件

$$M_1 = M_{1G} + M_{1Q} \tag{10.6.3-1}$$

叠合构件的正弯矩区段

$$M = M_{1G} + M_{2G} + M_{2Q} \tag{10.6.3-2}$$

叠合构件的负弯矩区段

$$M = M_{2G} + M_{2Q} \tag{10.6.3-3}$$

式中 M_{1G}——预制构件自重，预制楼板自重和叠合层自重在计算截面产生的弯矩设计值；

M_{2G}——第二阶段面层、吊顶等自重在计算截面产生的弯矩设计值；

M_{1Q}——第一阶段施工活荷载在计算截面产生的弯矩设计值；

M_{2Q}——第二阶段可变荷载在计算截面产生的弯矩设计值，取本阶段施工活荷载和使用阶段可变荷载在计算截面产生的弯矩设计值中的较大值。

在计算中，正弯矩区段的混凝土强度等级，按叠合层取用；负弯矩区段的混凝土强度等级，按计算截面受压区的实际情况取值。

旧《混凝土结构设计规范》GBJ 10—89

第 **7.5.3** 条 预制构件和叠合构件的正截面受弯承载力应按本规范第 4.1.5 条或第

4.1.6 条进行计算，其中，弯矩设计值应按下列规定取用：

对预制构件

$$M_1 = M_{1G} + M_{1Q} \tag{7.5.3-1}$$

对叠合构件的正弯矩区段

$$M = M_{1G} + M_{2G} + M_{2Q} \tag{7.5.3-2}$$

对叠合构件的负弯矩区段

$$M = M_{2G} + M_{2Q} \tag{7.5.3-3}$$

式中 M_{1G}——预制构件自重、预制楼板自重和叠合层自重在计算截面产生的弯矩设计值；

M_{2G}——第二阶段施工活荷载在计算截面产生的弯矩设计值；

M_{1Q}——第一阶段施工活荷载在计算截面产生的弯矩设计值；

M_{2Q}——第二阶段荷载效应组合中的可变荷载产生的弯矩设计值，取本阶段施工活荷载或使用阶段可变荷载在计算截面产生的弯矩设计值中的较大值。

在计算中，在正弯矩区段的混凝土强度等级，按叠合层取用；在负弯矩区段的混凝土强度等级，按计算截面受压区的实际情况取用。

【新规范理解与说明】

本条内容，新旧规范基本相同，新规范规定了预制构件和叠合构件的正截面受弯承载力计算方法。当预制构件高度与叠合构件高度之比 h_1/h 较小时，预制构件正截面受弯承载力计算中可能出现 $\xi > \xi_b$ 的情况，此时纵向受拉钢筋的 f_y、f_{py}应用 σ_s、σ_p 代替。σ_s、σ_p 应按本规范第 7.1.5 条计算，也可取 $\xi = \xi_b$ 进行计算。

新《混凝土结构设计规范》GB 50010—2002

10.6.4 预制构件和叠合构件的斜截面受剪承载力，应按本规范第 7.5 节的有关规定进行计算，其中，剪力设计值应按下列规定取用：

预制构件

$$V_1 = V_{1G} + V_{1Q} \tag{10.6.4-1}$$

叠合构件

$$V = V_{1G} + V_{2G} + V_{2Q} \tag{10.6.4-2}$$

式中 V_{1G}——预制构件自重、预制楼板自重和叠合层自重在计算截面产生的剪力设计值；

V_{2G}——第二阶段面层、吊顶等自重在计算截面产生的剪力设计值；

V_{1Q}——第一阶段施工活荷载在计算截面产生的剪力设计值；

V_{2Q}——第二阶段可变荷载在计算截面产生的剪力设计值，取本阶段施工活荷载和使用阶段可变荷载在计算截面产生的剪力设计值中的较大值。

在计算中，叠合构件斜截面上混凝土和箍筋的受剪承载力设计值 V_{cs}应取叠合层和预制构件中较低的混凝土强度等级进行计算，且不低于预制构件的受剪承载力设计值；对

预应力混凝土叠合构件，不考虑预应力对受剪承载力的有利影响，取 $V_p=0$。

旧《混凝土结构设计规范》GBJ 10—89

第 **7.5.4** 条 预制构件和叠合构件的斜截面承载力，应按本规范第 4.2.1 条至第 4.2.6 条以及第 4.2.8 条进行计算，其中，剪力设计值应按下列规定取用：

对预制构件

$$V_1=V_{1G}+V_{1Q} \tag{7.5.4-1}$$

对叠合构件

$$V=V_{1G}+V_{2G}+V_{2Q} \tag{7.5.4-2}$$

式中 V_{1G}——预制构件自重、预制板自重和叠合层自重在计算截面产生剪力设计值；

V_{2G}——第二阶段面层、吊顶等自重在计算截面产生的剪力设计值；

V_{1Q}——第一阶段施工活荷载在计算截面产生的剪力设计值；

V_{2Q}——第二阶段荷载效应组合中的可变荷载产生的剪力设计值，取本阶段施工活荷载或使用阶段可变荷载在计算截面产生的剪力设计值中的较大值。

构件斜截面上混凝土和箍筋的受剪承载力设计值 V_{cs}分别按叠合构件和预制构件进行计算；对叠合构件的受剪承载力设计值，取叠合层和预制构件中较低的混凝土强度等级进行计算，且不低于预制构件的受剪承载力设计值；对预应力混凝土叠合构件，不考虑预应力对受剪承载力的有利影响，取 $V_p=0$。

【新规范理解与说明】

本条内容，新旧规范基本相同，新规范规定：叠合梁斜截面受剪承载力仍按普通钢筋混凝土梁受剪承载力公式计算。在预应力混凝土叠合梁中，因预应力效应只影响预制构件，故在斜截面受剪承载力计算中暂不考虑预应力的有利影响。在受剪承载力计算中，混凝土强度偏安全地取预制梁与叠合层中的较低者；同时，受剪承载力应不低于预制梁的受剪承载力。

新《混凝土结构设计规范》GB 50010—2002

10.6.5 当叠合梁符合本规范第10.2.10条、第10.2.11条和第10.6.14条的各项构造要求时，其叠合面的受剪承载力应符合下列规定：

$$V\leqslant 1.2f_tbh_0+0.85f_{yv}\frac{A_{sv}}{s}h_0 \tag{10.6.5-1}$$

此处，混凝土的抗拉强度设计值 f_t 取叠合层和预制构件中的较低值。

对不配箍筋的叠合板，当符合本规范第 10.6.15 条的构造规定时，其叠合面的受剪强度应符合下列公式的要求：

$$\frac{V}{bh_0}\leqslant 0.4 \quad (\text{N/mm}^2) \tag{10.6.5-2}$$

旧《混凝土结构设计规范》GBJ 10—89

第 **7.5.5** 条 当叠合梁符合本规定第7.2.7条和第7.5.17条的各项构造要求时，其叠合面的受剪承载力应按下列公式计算：

$$V \leqslant 0.12 f_c b h_0 + 0.85 f_{yv} \frac{A_{sv}}{s} h_0 \tag{7.5.5-1}$$

此处，混凝土的轴心抗压强度设计值 f_c，取叠合层和预制构件中的较低值。

对不配箍筋的叠合板，当符合本规范第 7.5.18 条的构造规定时，其叠合面的受剪强度应符合下列要求：

$$\frac{V}{b h_0} \leqslant 0.4\text{N/mm}^2 \tag{7.5.5-2}$$

【新规范理解与说明】

本条内容，新旧规范基本相同。新规范对叠合构件叠合面的受剪承载力及叠合面的受剪强度作了相应的规定。

叠合构件叠合面有可能先于斜截面达到其受剪承载能力极限状态。叠合面受剪承载力计算公式是以剪摩擦传力模型为基础，根据叠合构件试验结果和剪摩擦试件试验结果给出的。叠合式受弯构件的箍筋应按斜截面受剪承载力计算和叠合面受剪承载力计算得出的较大值配置。

不配筋叠合面的受剪承载力离散性较大，故本规范用于这类叠合面的受剪承载力计算公式暂不与混凝土强度等级挂钩，这与国外规范的处理手法类似。

新《混凝土结构设计规范》GB 50010—2002

10.6.6　预应力混凝土叠合式受弯构件，其预制构件和叠合构件应进行正截面抗裂验算。此时，在荷载效应的标准组合下，抗裂验算边缘混凝土的拉应力不应大于预制构件的混凝土抗拉强度标准值 f_{tk}。抗裂验算边缘混凝土的法向应力应按下列公式计算：

预制构件

$$\sigma_{ck} = \frac{M_{1k}}{W_{01}} \tag{10.6.6-1}$$

叠合构件

$$\sigma_{ck} = \frac{M_{1Gk}}{W_{01}} + \frac{M_{2k}}{W_0} \tag{10.6.6-2}$$

式中 M_{1Gk}——**预制构件自重、预制楼板自重和叠合层自重标准值在计算截面产生的弯矩值；**

M_{1k}——**第一阶段荷载效应标准组合下在计算截面的弯矩值，取** $M_{1k} = M_{1Gk} + M_{1Qk}$**，此外，**$M_{1Qk}$**为第一阶段施工活荷载标准值在计算截面产生的弯矩值；**

M_{2k}——**第二阶段荷载效应标准组合下在计算截面上的弯矩值，取** $M_{2k} = M_{2Gk} + M_{2Qk}$**，此处** M_{2Gk}**为面层、吊顶等自重标准值在计算截面产生的弯矩值；**M_{2Qk}**为使用阶段可变荷载标准值在计算截面产生的弯矩值；**

W_{01}——**预制构件换算截面受拉边缘的弹性抵抗矩；**

W_0——叠合构件换算截面受拉边缘的弹性抵抗矩，此时，叠合层的混凝土截面面积应按弹性模量比换算成预制构件混凝土的截面面积。

旧《混凝土结构设计规范》GBJ 10—89

第 **7.5.6** 条 要求不出现裂缝的预应力混凝土叠合式受弯构件，其预制构件和叠合构件应分别按本规范第 5.1.1 条的规定进行正截面抗裂验算，此时，混凝土拉应力限制系数 α_{ct}、对预制构件取 0.5，对叠合构件应按表 3.3.4 取用。在按本规范第 5.1.1 条有关公式计算时，σ_{pc}取预制构件受拉边缘混凝土的预压应力。f_{tk}取预制构件的混凝土抗拉强度标准值；荷载的短期效应组合及长期效应组合下抗裂验算边缘的混凝土法向应力应改用下列公式计算：

预制构件

$$\sigma_{sc}=\frac{M_{1k}}{W_{01}} \tag{7.5.6-1}$$

叠合构件

$$\sigma_{sc}=\frac{M_{1Gk}}{W_{01}}+\frac{M_{2s}}{W_0} \tag{7.5.6-2}$$

$$\sigma_{lc}=\frac{M_{1Gk}}{W_{01}}+\frac{M_{2l}}{W_0} \tag{7.5.6-3}$$

式中 M_{1Gk}——预制构件自重、预制楼板自重和叠合层自重在计算截面产生的弯矩标准值；

M_{1k}——第一阶段荷载在计算截面产生的弯矩标准值，取 $M_{1k}=M_{1Gk}+M_{1Qk}$，此处，M_{1Qk}为第一阶段施工活荷载在计算截面产生的弯矩标准值；

M_{2s}——第二阶段荷载的短期效应组合计算的弯矩值，取 $M_{2s}=M_{2Gk}+M_{2Qs}$，此处，M_{2Gk}为面层、吊顶等自重在计算截面产生的弯矩标准值；M_{2Qs}为使用阶段可变荷载按短期效应组合在计算截面产生的弯矩值；

M_{2l}——第二阶段荷载的长期效应组合计算的弯矩值，取 $M_{2l}=M_{2Gk}+\psi_q M_{2Qk}$，此处 ψ_q 为活荷载的准永久值系数，M_{2Qk}为活荷载标准值在计算截面产生的弯矩标准值；

W_{01}——预制构件换算截面受拉边缘的弹性抵抗矩；

W_0——叠合构件换算截面受拉边缘的弹性抵抗矩，此时，后浇部分截面应按弹性模量比换算成预制部分的截面计算。

【新规范理解与说明】

本条内容，新规范和旧规范有一些不同。考虑到叠合式受弯构件经受施工阶段和使用阶段的不同受力状态，新规范提高了预应力混凝土叠合式受弯构件的抗裂要求，即分别规定了预制构件和叠合构件抗裂验算时法向应力的计算方法。

新《混凝土结构设计规范》GB 50010—2002

10.6.7 预应力混凝土叠合构件，应按本规范第 8.1.5 条的规定进行斜截面抗裂验算；混

凝土的主拉应力及主压应力应考虑叠合构件受力特点,并按本规范第 8.1.6 条的规定计算。

旧《混凝土结构设计规范》GBJ 10—89

7.5.7 在使用阶段要求不出现裂缝的预应力混凝土叠合构件,应按本规范第 5.1.3 条的规定进行斜截面抗裂验算;混凝土的主拉应力及主压应力应考虑叠合构件受力特点,并按本规范第 5.1.4 条的规定计算。

【新规范理解与说明】

本条内容,新旧规范基本相同。新规范规定了预应力混凝土叠合构件的斜截面抗裂验算及主拉应力和主压应力的计算方法。

新《混凝土结构设计规范》GB 50010—2002

10.6.8 钢筋混凝土叠合式受弯构件在荷载效应的标准组合下,其纵向受拉钢筋的应力应符合下列规定:

$$\sigma_{sk} \leqslant 0.9 f_y \tag{10.6.8-1}$$

$$\sigma_{sk} = \sigma_{s1k} + \sigma_{s2k} \tag{10.6.8-2}$$

在弯矩 M_{1Gk} 作用下,预制构件纵向受拉钢筋的应力 σ_{s1k} 可按下列公式计算:

$$\sigma_{s1k} = \frac{M_{1Gk}}{0.87 A_s h_{01}} \tag{10.6.8-3}$$

式中 h_{01}——预制构件截面有效高度。

在弯矩 M_{2k} 作用下,叠合构件纵向受拉钢筋中的应力增量 σ_{s2k} 可按下列公式计算:

$$\sigma_{s2k} = \frac{0.5\left(1 + \frac{h_1}{h}\right) M_{2k}}{0.87 A_s h_0} \tag{10.6.8-4}$$

当 $M_{1Gk} < 0.35 M_{1u}$ 时,公式(10.6.8-4)中的 $0.5\left(1 + \frac{h_1}{h}\right)$ 值应取等于 1.0;此处,M_{1u} 为预制构件正截面受弯承载力设计值,应按本规范第 7.2.1 条计算,但式中应取等号,并以 M_{1u} 代替 M。

旧《混凝土结构设计规范》GBJ 10—89

第 **7.5.9** 条 叠合式受弯构件在荷载的短期效应组合下,其纵向受拉钢筋的应力应符合下列要求:

一、钢筋混凝土叠合构件

$$\sigma_{ss} = \sigma_{s1} + \sigma_{s2} \leqslant 0.9 f_y \tag{7.5.9-1}$$

在弯矩标准值 M_{1Gk} 作用下预制构件中纵向受拉钢筋的应力 σ_{s1} 可按下列公式计算:

$$\sigma_{s1} = \frac{M_{1Gk}}{0.87 A_s h_{01}} \tag{7.5.9-2}$$

在弯矩标准值 M_{2s} 作用下叠合构件中纵向受拉钢筋中的应力增量 σ_{s2} 可按下列公式计算:

$$\sigma_{s2} = \frac{0.5\left(1 + \frac{h_1}{h}\right) M_{2s}}{0.87 A_s h_0} \tag{7.5.9-3}$$

二、允许出现裂缝的预应力混凝土叠合构件

叠合构件中纵向非预应力受拉钢筋的应力 σ_{ss} 可按下列公式计算

$$\sigma_{ss}=\frac{M_s-N_{p0}z}{(A_p+A_s)z}\leqslant 0.9f_y+\sigma_{l5} \quad (7.5.9-4)$$

叠合构件中纵向预应力受拉钢筋的应力 σ_{ps} 可按下列公式计算：

$$\sigma_{ps}=\sigma_{p0}+\frac{M_s-N_{p0}z}{(A_p+A_s)z}\leqslant 0.9f_{py} \quad (7.5.9-5)$$

$$z=\left[\eta_{12}-0.07(1-\upsilon'_f)\left(\frac{h_0}{e}\right)^2\right]h_0 \quad (7.5.9-6)$$

$$\eta_{12}=\frac{0.87}{\frac{h_0}{h_{01}}\cdot\frac{M_{1Gk}}{M_s}+0.5\left(1+\frac{h_1}{h}\right)\frac{M_{2s}}{M_s}} \quad (7.5.9-7)$$

$$e=\frac{M_s}{N_{p0}} \quad (7.5.9-8)$$

当 $M_{1Gk}<0.35M_{1u}$ 时，公式(7.5.9-3)和(7.5.9-7)中的 $0.5\left(1+\frac{h_1}{h}\right)$ 值取等于1，此处，M_{1u} 为预制构件正截面受弯承载力设计值，按公式(4.1.5-1)进行计算，但应取等号，将 M 以 M_{1u} 代替。

式中　h_{01}——预制构件截面有效高度；

M_s——叠合构件按荷载的短期效应组合计算的弯矩值，取 $M_s=M_{1Gk}+M_{2s}$；

z——叠合构件全部纵向受拉钢筋合力点至受压区合力点之间的距离。

【新规范理解与说明】

本条内容，新旧规范有很大的不同，新规范对叠合式受弯构件在荷载效应标准组合下，纵向钢筋的应力作了规定。

由于叠合构件在施工阶段先以截面高度小的预制构件承担该阶段全部荷载，使得受拉钢筋中的应力比假定用叠合构件全截面承担同样荷载时大。这一现象通常称为"受拉钢筋应力超前"。当叠合层混凝土达到强度从而形成叠合构件后，整个截面在使用阶段荷载作用下除去在受拉钢筋中产生应力增量和在受压区混凝土中首次产生压应力外，还会由于抵消预制构件受压区原有的压应力而在该部位形成附加拉力。该附加拉力虽然会在一定程度上减小受力钢筋中的应力超前现象，但仍将使叠合构件与同样截面普通受弯构件相比钢筋拉应力及曲率偏大，并有可能使受拉钢筋在弯矩标准值 $M_k=M_{1Gk}+M_{2k}$ 作用下过早达到屈服。这种情况在设计中应予以防止。为此，根据试验结果给出了公式(10.6.8-1)的受拉钢筋应力控制条件。该条件属叠合式受弯构件正常使用极限状态的附加验算条件。该验算条件与裂缝宽度控制条件和变形控制条件不能相互取代。

新《混凝土结构设计规范》GB 50010—2002

10.6.9　钢筋混凝土叠合构件应验算裂缝宽度，按荷载效应的标准组合并考虑长期作用影响所计算的最大裂缝宽度 ω_{max} 不应超过本规范表3.3.4规定的最大裂缝宽度限值。

按荷载效应的标准组合并考虑长期作用影响的最大裂缝宽度 ω_{max} 可按下列公式计算：

$$\omega_{max}=2.2\frac{\psi(\sigma_{s1k}+\sigma_{s2k})}{E_s}\left(1.9c+0.8\frac{d_{eq}}{\rho_{te1}}\right) \quad (10.6.9-1)$$

$$\psi=1.1-\frac{0.65f_{tk1}}{\rho_{te1}\sigma_{s1k}+\rho_{te}\sigma_{s2k}} \quad (10.6.9-2)$$

式中 d_{eq}——受拉区纵向钢筋的等效直径，按本规范第 8.1.2 条的规定计算；

ρ_{te1}、ρ_{te}——按预制构件、叠合构件的有效受拉混凝土截面面积计算的纵向受拉钢筋配筋率，按本规范第 8.1.2 条计算；

f_{tk1}——预制构件的混凝土抗拉强度标准值，按本规范表 4.1.3 采用。

旧《混凝土结构设计规范》GBJ 10—89

第 **7.5.11** 条　在钢筋混凝土叠合构件中，考虑裂缝宽度分布的不均匀性和长期效应组合的影响，其最大裂缝宽度(mm)可按下列公式计算：

$$\omega_{max}=2.2\frac{\psi(\sigma_{s1}+\sigma_{s2})}{E_s}\left(2.7c+0.1\frac{d}{\rho_{te}}\right)\upsilon \quad (7.5.11-1)$$

$$\psi=1.1-\frac{0.65f_{ltk}}{\rho_{tel}\sigma_{s1}+\rho_{te}\sigma_{s2}} \quad (7.5.11-2)$$

式中 ρ_{tel}、ρ_{te}——按预制构件，叠合构件的有效受拉混凝土面积计算的纵向受拉钢筋配筋率，按本规范第 5.2.2 条计算；

f_{ltk}——预制构件的混凝土抗拉强度标准值。

【新规范理解与说明】

本条内容，新旧规范有较大的不同，新规范以普通钢筋混凝土受弯构件裂缝宽度计算公式为基础，结合二阶段受力叠合式受弯构件的特点，经局部调整，提出了用于钢筋混凝土叠合式受弯构件的裂缝宽度计算公式。其中考虑到若第一阶段预制构件所受荷载相对较小，受拉区弯曲裂缝在第一阶段不一定出齐；在随后由叠合截面承受 M_{2k}时，由于叠合截面的 ρ_{te}相对偏小，有可能使最终的裂缝间距偏大。因此当计算叠合式受弯构件的裂缝间距时，应对裂缝间距乘以扩大系数 1.05。这相当于将本规范公式(8.1.2-1)中的 α_{cr} 由普通钢筋混凝土梁的 2.1 增大到 2.2。此外，还要用 $\rho_{tel}\sigma_{s1k}+\rho_{te}\sigma_{s2k}$取代普通钢筋混凝土梁 ψ 计算公式中的$\rho_{te}\sigma_{sk}$，以近似考虑叠合构件二阶段受力特点。

新《混凝土结构设计规范》GB 50010—2002

10.6.10　叠合构件应按本规范第 8.2.1 条的规定进行正常使用极限状态下的挠度验算，其中，叠合式受弯构件按荷载效应标准组合并考虑荷载长期作用影响的刚度可按下列公式计算：

$$B=\frac{M_k}{\left(\frac{B_{s2}}{B_{s1}}-1\right)M_{1Gk}+(\theta-1)M_q+M_k}B_{s2} \quad (10.6.10-1)$$

$$M_k=M_{1Gk}+M_{2k} \quad (10.6.10-2)$$

$$M_q = M_{1Gk} + M_{2Gk} + \psi_q M_{2Qk} \qquad (10.6.10-3)$$

式中　θ——考虑荷载长期作用对挠度增大的影响系数，按本规范第 8.2.5 条采用；

M_k——叠合构件按荷载效应的标准组合计算的弯矩值；

M_q——叠合构件按荷载效应的准永久组合计算的弯矩值；

B_{s1}——预制构件的短期刚度，按本规范第 10.6.11 条取用；

B_{s2}——叠合构件第二阶段的短期刚度，按本规范第 10.6.11 条取用；

ψ_q——第二阶段可变荷载的准永久值系数。

旧《混凝土结构设计规范》GBJ 10—89

第 **7.5.13** 条　叠合构件应按本规范第 5.3.1 条的规定进行正常使用极限状态下的挠度验算。

第 7.5.14　叠合式受弯构件的长期刚度可按下列公式计算：

$$B_l = \frac{M_s}{\left(\frac{B_{s2}}{B_{s1}} - 1\right) M_{1Gk} + (\theta - 1) M_l + M_s} B_{s2}$$

式中　θ——考虑荷载长期效应组合对挠度增大的影响系数，按本规范第 5.3.4 条的规定采用；

M_l——叠合构件按荷载的长期效应组合计算的弯矩值，$M_l = M_{1Gk} + M_{2Gk} + \psi_q M_{2Qk}$；

B_{s1}，B_{s2}——预制构件、叠合构件第二阶段的短期刚度。

【新规范理解与说明】

本条内容，新规范和旧规范在形式上基本相同，新规范关于叠合式受弯构件的挠度应采用公式（10.6.10－1）给出的考虑了二阶段受力特征的当量刚度 B、按荷载效应标准组合并考虑荷载长期作用影响进行计算。当量刚度 B 的公式是在假定荷载对挠度的长期影响均发生在受力第二阶段的前提下，根据第一阶段和第二阶段的弯矩曲率关系导出的。

新《混凝土结构设计规范》GB 50010—2002

10.6.11　荷载效应标准组合下叠合式受弯构件正弯矩区段内的短期刚度，可按下列规定计算：

1　钢筋混凝土叠合构件

1）预制构件的短期刚度 B_{s1} 可按本规范公式（8.2.3－1）计算；

2）叠合构件第二阶段的短期刚度可按下列公式计算：

$$B_{s2} = \frac{E_s A_s h_0^2}{0.7 + 0.6\frac{h_1}{h} + \frac{4.5\theta_E \rho}{1 + 3.5\gamma'_f}} \qquad (10.6.11-1)$$

式中　α_E——钢筋弹性模量与叠合层混凝土弹性模量的比值：$\alpha_E = E_s / E_{c2}$。

2　预应力混凝土叠合构件

1）预制构件的短期刚度 B_{s1} 可按本规范公式（8.2.3－2）计算；

2)叠合构件第二阶段的短期刚度可按下列公式计算:

$$B_{s2}=0.7E_{c1}I_0 \tag{10.6.11-2}$$

式中 E_{c1}——预制构件的混凝土弹性模量;

I_0——叠合构件换算截面的惯性矩,此时,叠合层的混凝土截面面积应按弹性模量比换算成预制构件混凝土的截面面积。

旧《混凝土结构设计规范》GBJ 10—89

第 **7.5.15** 条 荷载短期效应组合作用下叠合式受弯构件正弯矩区段内的短期刚度,可按下列规定计算:

一、钢筋混凝土叠合构件

1. 预制构件的短期刚度 B_{s1} 可按公式(5.3.3-1)计算;

2. 叠合构件第二阶段的短期刚度可按下列公式计算:

$$B_{s2}=\frac{E_sA_sh_0^2}{0.7+0.6\frac{h_1}{h}+\frac{4.5\alpha_E\rho}{1+3.5\gamma'_f}} \tag{7.5.15-1}$$

二、要求不出现裂缝的预应力混凝土叠合构件

1. 预制构件的短期刚度 B_{s1} 可按公式(5.3.3-2)计算;

2. 叠合构件第二阶段的短期刚度可按下列公式计算:

$$B_{s2}=0.7E_{c1}I_0 \tag{7.5.15-2}$$

三、允许出现裂缝的预应力混凝土叠合构件

1. 预制构件的短期刚度 B_{s1} 可按公式(5.3.3-2)计算;

2. 叠合构件第二阶段的短期刚度可按下列公式计算:

$$B_{s2}=\frac{E_{c1}I_0}{1.2+\left(1-\frac{M_{cr}-\frac{W_0}{W_{01}}M_{1Gk}}{M_{2s}}\right)-\left[\left(1.2+\frac{0.25}{\alpha_E\rho}\right)(1+0.45\gamma_f)-2\right]} \tag{7.5.15-3}$$

$$M_{cr}=(\sigma_{pc}+\gamma f_{1tk})W_0 \tag{7.5.15-4}$$

式中 α_E——钢筋弹性模量与叠合层混凝土弹性模量的比值,$\alpha_E=E_s/E_{c2}$;

E_{c1}——预制构件的混凝土弹性模量;

l_0——叠合构件换算截面的惯性矩,此时,后浇部分的截面应按弹性模量比换算成预制部分的截面计算;

M_{cr}——预应力混凝土叠合式受弯构件正截面的开裂弯矩值。

【新规范理解与说明】

本条内容,新旧规范基本相同。新规范规定,预制构件(无论是预应力构件与否)的短期刚度 B_{s1} 的计算方法与一般构件完全相同,可按相应规定计算。对于第二阶段的短期刚度 B_{s2} 的计算方法和一般受弯构件大体相同只是增加了预制构件相对高度(h_1/h);$\alpha_E=E_s/E_{c2}$,钢筋与叠合层混凝土的弹性模量比;E_{c1} 预制构件的弹性模量,I_0 叠合构件换

算截面惯性短的影响。

新《混凝土结构设计规范》GB 50010—2002

10.6.12　荷载效应标准组合下叠合式受弯构件负弯矩区段内第二阶段的短期刚度 B_{s2} 可按本规范公式(8.2.3－1)计算，其中，弹性模量的比值取 $\alpha_E = E_s/E_{c1}$。

旧《混凝土结构设计规范》GBJ 10—89

第 **7.5.16** 条　荷载短期效应组合作用下叠合式受弯构件负弯矩区段内第二阶段的短期刚度 B_{s2} 可按公式(5.3.3－1)计算，其中弹性模量比取 $\alpha_E = E_s/E_{c1}$。

【新规范理解与说明】

本条内容，新旧规范基本相同。新规范规定了荷载效应标准组合下叠合式受弯构件区段内第二阶段的短期刚度 B_{s2} 的计算方法。

新《混凝土结构设计规范》GB 50010—2002

10.6.13　预应力混凝土叠合构件在使用阶段的预应力反拱值可用结构力学方法按预制构件的刚度进行计算。在计算中，预应力钢筋的应力应扣除全部预应力损失；考虑预应力长期作用影响，可将计算所得的预应力反拱值乘以增大系数 1.75。

旧《混凝土结构设计规范》GBJ 10—89

第 **7.5.13** 条　预应力混凝土叠合构件在使用阶段预应力反拱值，可用结构力学方法按预制构件刚度 $E_{c1}I_{01}$ 进行验算，并考虑预压应力长期作用的影响，此时，将计算中所取得的预加应力反拱值乘以增大系数 1.75，在计算中，预应力钢筋的应力应扣除全部预应力损失。

【新规范理解与说明】

本条内容，新旧规范的规定基本相同，新规范给出了负弯矩区段内的第二阶段短期刚度以及使用阶段预应力反拱值的计算原则。

新《混凝土结构设计规范》GB 50010—2002

10.6.14　叠合梁除应符合普通梁的构造要求外，尚应符合下列规定：

1　预制梁的箍筋应全部伸入叠合层，且各肢伸入叠合层的直线段长度不宜小于 10d (d 为箍筋直径)；

2　在承受静力荷载为主的叠合梁中，预制构件的叠合面可采用凹凸不小于 6mm 的自然粗糙面；

3　叠合层混凝土的厚度不宜小于 100mm，叠合层的混凝土强度等级不应低于 C20。

旧《混凝土结构设计规范》GBJ 10—89

第 **7.5.17** 条　叠合梁除应符合普通梁的构造要求外，尚应符合下列规定：

一、预制梁的箍筋应全部伸入叠合层，且各肢伸入叠合层的直线段长度不宜小于 10d (d 为箍筋直径)；

二、对承受静荷载为主的叠合梁中，预制构件的叠合面可采用凹凸不小于 6mm 的自然粗糙面；

三、叠合层混凝土的厚度不宜小于 100mm，叠合层的混凝土强度等级不宜低于 C20。

【新规范理解与说明】

本条内容，新旧规范基本相同，新规范规定，叠合式受弯构件的叠合面受剪承载力是通过叠合面的骨料咬合效应和穿过叠合面的箍筋在叠合面产生滑动后对叠合面形成的张紧力来保证的。为此，要求预制构件上表面混凝土振捣后不经抹平而形成自然粗糙面，且应选择骨料粒径，以形成本条规定的凹凸强度。在配有横向钢筋的叠合面处，应通过箍筋伸入叠合层的长度以及叠合层混凝土的必要厚度和强度等级保证箍筋有效地锚固在叠合层中。见图 10－11。

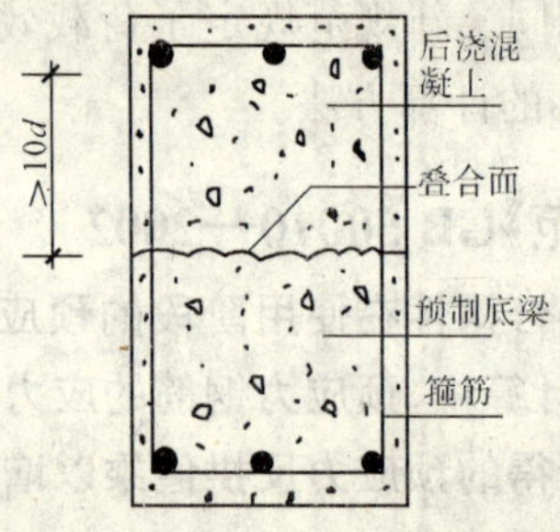

图 10－11 叠合梁的构造措施

新《混凝土结构设计规范》GB 50010—2002

10.6.15 叠合板的预制板表面应做成凹凸不小于 4mm 的人工粗糙面。叠合层的混凝土强度等级不应低于 C20。承受较大荷载的叠合板，宜在预制板内设置伸入叠合层的构造钢筋。

旧《混凝土结构设计规范》GBJ 10—89

第 **7.5.18** 条 叠合板的预制板表面应做成凹凸不小于 4mm 人工粗糙面。叠合层的混凝土强度等级不宜低于 C20。承受荷载较大的叠合板，宜设置伸入叠合层的构造钢筋。

【新规范理解与说明】

本条内容，新旧规范基本相同。新规范规定了叠合板的预制面做法，混凝土强度等级及构造钢筋的构造措施(图 10－12)，具体也可参见上一条说明。

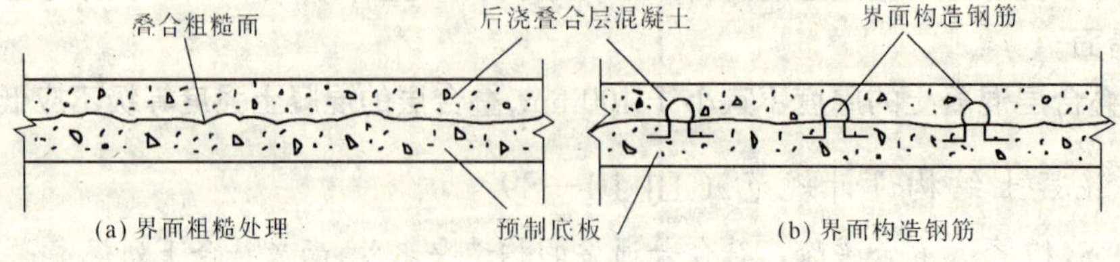

图 10－12 叠合板的界面构造措施

第八节 深受弯构件

新《混凝土结构设计规范》GB 50010—2002

10.7.1 $l_0/h<5.0$ 的简支钢筋混凝土单跨梁或多跨连续梁宜按深受弯构件进行设计。其中，$l_0/h\leqslant2$ 的简支钢筋混凝土单跨梁和 $l_0/h\leqslant2.5$ 的简支钢筋混凝土多跨连续梁称为深梁，深梁除应符合深受弯构件的一般规定外，尚应符合本规范第 10.7.6 条到第 10.7.13 条的规定。此处，h 为梁截面高度；l_0 为梁的计算跨度，可取支座中心线之间的距离和 $1.15l_n$（l_n 为梁的净跨）两者中的较小值。

旧《混凝土结构设计规范》GBJ 10—89

第 **7.6.1** 条 对 $l_0/h\leqslant2$ 的钢筋混凝土简支梁和 $l_0/h\leqslant2.5$ 的钢筋混凝土连续梁，均应按深梁进行设计。此处，h 为梁的截面高度；l_0 为梁的计算跨度，可取 l_c 和 $1.15l_n$ 两者中的较小值，l_c 为支座中心线之间的距离，l_n 为梁的净跨。

【新规范理解与说明】

本条内容，新旧规范基本相同。

根据分析及试验结果，国内外均将 $l_0/h\leqslant2.0$ 的简支梁和 $l_0/h\leqslant2.5$ 的连续梁视为深梁，并对其截面设计方法和配筋构造给出了专门规定。近期试验结果表明，l_0/h 大于深梁但小于 5.0 的梁（国内习惯称为"短梁"），其受力特点也与 $l_0/h\geqslant5.0$ 的一般梁有一定区别，它相当于深梁与一般梁之间的过渡状态，也需要对其截面设计方法作出不同于深梁和一般梁的专门规定。

本条将 $l_0/h<5.0$ 的受弯构件统称为"深受弯构件"，其中包括深梁和"短梁"。在本节各条中，凡冠有"深受弯构件"的条文，均同时适用于深梁和"短梁"，而冠有"深梁"的条文则不适用于"短梁"。

在新规范第 10.7.3 条至第 10.7.5 条中，为了简化计算，在计算公式中一律取深梁与"短梁"的界限为 $l_0/h=2.0$。第 10.7.1 条规定的 $l_0/h\leqslant2.0$ 的简支梁和 $l_0/h\leqslant2.5$ 的连续梁为深梁的定义只在第 10.7.2 条选择内力分析方法时和在第 10.7.6 条到第 10.7.13 条中界定深梁时使用。

1. 深受弯构件的定义

以承受弯矩为主要内力的混凝土构件称为受弯构件。绝大多数受弯构件的跨高比（l_0/h）大于或等于 5，可按杆件考虑，通称为"梁"。由于截面的尺度宽和高（b，h）远小于长度（l），故梁可按一维问题进行内力分析，且截面配筋可按平截面假定考虑，相对比较简单。

跨高比（l_0/h）小于 5 的受弯构件，由于截面高度较大，构件内力及截面应力分布比较复杂，难以按一维问题及简单的平截面假定进行分析计算和配筋。这类构件可称为"深受弯构件"。在深受弯构件中，对高跨比更小的情况：$l_0/h\leqslant2$ 的简支单跨梁和 $l_0/h\leqslant2.5$ 的简支多跨连续梁，因其内力和应力分布更具特殊性，又称为"深梁"。其余的则可称为"短梁"。

2. 深受弯构件的应用和发展

近代建筑使用功能扩大,荷载成倍增加,因此受弯构件梁的高度不断加大。深受弯构件由于其巨大的承载能力而得到越来越广泛的应用。深受弯构件不仅在建筑工程中应用,在水工、港工、铁路、公路、市政等其他土木工程范围内也被普遍采用。

我国学者自上世纪七、八十年代开始对“深梁”进行研究,其成果已在原规范中得到反映。十年工程应用的实践证明,原规范的规定是科学和合理的。但是,限于当时的条件,未能列入跨高比(l_0/h)介于5~2(2.5)之间的“短梁”的有关内容,规范中的这个空缺给设计带来了不便。本次修订补充了这部分内容,方便设计和工程应用。

3. 深受弯构件的特点

在已有长梁和深梁设计规定的情况下,介于两者之间的深受弯构件(短梁)受到很大的制约,那就是“衔接”问题。作为过渡形态,深受弯构件在跨高比(l_0/h)为5时必须与一般梁的计算结果相同;而在跨高比(l_0/h)为2(或2.5)时,应与深梁的计算结果吻合,包括正截面受弯承载力,斜截面受剪承载力及截面控制条件等。

新《混凝土结构设计规范》GB 50010—2002

10.7.2　简支钢筋混凝土单跨深梁可采用由一般方法计算的内力进行截面设计;钢筋混凝土多跨连续深梁应采用由二维弹性分析求得的内力进行截面设计。

旧《混凝土结构设计规范》GBJ 10—89

第**7.6.3**条　钢筋混凝土简支深梁的内力可按一般方法计算,钢筋混凝土连续深梁的内力应按弹性力学的方法计算。

【新规范理解与说明】

本条内容,新旧规范基本相同,只是表达方式更加具体明确。

简支深梁的内力计算与一般梁相同,连续深梁的内力值及其沿跨度的分布规律与一般连续梁不同,其跨中正弯矩比一般连续梁偏大,支座负弯矩偏小,且随跨高比和跨数而变化。在工程设计中,连续深梁的内力应由二维弹性分析确定,且不宜考虑内力重分布。具体内力值可采用弹性有限元方法或根据二维弹性分析结果制作的连续深梁内力表确定。

新《混凝土结构设计规范》GB 50010—2002

10.7.3　钢筋混凝土深受弯构件的正截面受弯承载力应符合下列规定:

$$M \leqslant f_y A_s z \tag{10.7.3-1}$$

$$z = \alpha_d (h_0 - 0.5x) \tag{10.7.3-2}$$

$$\alpha_d = 0.80 + 0.04 \frac{l_0}{h} \tag{10.7.3-3}$$

当 $l_0 < h$ 时,取内力臂 $z = 0.6 l_0$。

式中　x——截面受压区高度,按本规范公式(7.2.1-2)计算;当 $x < 0.2h_0$ 时,取 $x = 0.2h_0$;

h_0——截面有效高度：$h_0 = h - a_s$，其中 h 为截面高度；当 $l_0/h \leqslant 2$ 时，跨中截面 a_s 取 $0.1h$，支座截面 a_s 取 $0.2h$；当 $l_0/h > 2$ 时，a_s 按受拉区纵向钢筋截面重心至受拉边缘的实际距离取用。

旧《混凝土结构设计规范》GBJ 10—89

第 **7.6.4** 条　钢筋混凝土深梁的正截面受弯承载力，应按下列公式计算：

$$M \leqslant f_y A_s z \tag{7.6.4-1}$$

内力臂 z 按下列规定取用：

一、对简支深梁和连续深梁的跨中截面

$$z = 0.1(l_0 + 5.5h) \tag{7.6.4-2}$$

当 $l_0 < h$ 时，取 $z = 0.65l_0$；

二、对连续深梁的支座截面

$$z = 0.1(l_0 + 5h) \tag{7.6.4-3}$$

当 $l_0 < h$ 时，取 $z = 0.6l_0$。

式中　A_s——纵向受拉钢筋的截面面积。

【新规范理解与说明】

本条内容，新规范关于混凝土深受弯构件正截面受弯承载力 M 的计算公式与旧规范稍有不同。深受弯构件的正截面受弯承载力计算采用内力臂表达式，该式在 $l_0/h = 5.0$ 时能与一般梁计算公式衔接。试验表明，水平分布筋对受弯承载力的贡献约占 10%～30%。在正截面计算公式中忽略了这部分钢筋的作用。这样处理偏安全。

新《混凝土结构设计规范》GB 50010—2002

10.7.4　钢筋混凝土深受弯构件的受剪截面应符合下列条件：

当 $h_w/b \leqslant 4$ 时

$$V \leqslant \frac{1}{60}(10 + l_0/h)\beta_c f_c b h_0 \tag{10.7.4-1}$$

当 $h_w/b \geqslant 6$ 时

$$V \leqslant \frac{1}{60}(7 + l_0/h)\beta_c f_c b h_0 \tag{10.7.4-2}$$

当 $4 < h_w/b < 6$ 时，按线性内插法取用。

式中　V——构件斜截面上的最大剪力设计值；

l_0——计算跨度，当 $l_0 < 2h$ 时，取 $l_0 = 2h$；

b——矩形截面的宽度以及 T 形、I 形截面的腹板厚度；

h、h_0——截面高度、截面有效高度；

h_w——截面的腹板高度：对矩形截面，取有效高度 h_0；对 T 形截面，取有效高度减去翼缘高度；对 I 形截面，取腹板净高；

β_c——混凝土强度影响系数，按本规范第 7.5.1 条的规定取用。

旧《混凝土结构设计规范》GBJ 10—89

第 **7.6.5** 条 钢筋混凝土深梁受剪截面应符合下列条件：

$$V \leqslant 0.15 f_c bh \tag{7.6.5}$$

式中 V——深梁的剪力设计值；

b——矩形截面宽度和 T 形、I 形截面的腹板宽度。

【新规范理解与说明】

本条内容，新旧规范变化很大。

与一般长梁一样，深受弯构件也以剪力设计值 V 来控制截面尺寸 b 及 h_0（宽度、有效高度）。主要是防止单纯依靠配筋来增加抗力，造成混凝土截面过小，引起斜压破坏及使用状态下过大的斜裂缝宽度。

新规范中的公式适用于 $l_0/h<5.0$m 的情况，其条件与 $l_0/h=5$ 时，一般梁的截面控制条件相同。

新《混凝土结构设计规范》GB 50010—2002

10.7.5 矩形、T 形和 I 形截面的深受弯构件，在均布荷载作用下，当配有竖向分布钢筋和水平分布钢筋时，其斜截面的受剪承载力应符合下列规定：

$$V \leqslant 0.7\frac{(8-l_0/h)}{3}f_t bh_0 + 1.25\frac{(l_0/h-2)}{3}f_{yv}\frac{A_{sv}}{s_h}h_0 + \frac{(5-l_0/h)}{6}f_{yh}\frac{A_{sh}}{s_v}h_0 \tag{10.7.5-1}$$

对集中荷载作用下的深受弯构件（包括作用有多种荷载，且其中集中荷载对支座截面所产生的剪力值占总剪力值的 75% 以上的情况），其斜截面的受剪承载力应符合下列规定：

$$V \leqslant \frac{1.75}{\lambda+1}f_t bh_0 + \frac{(l_0/h-2)}{3}f_{yv}\frac{A_{sv}}{s_h}h_0 + \frac{(5-l_0/h)}{6}f_{yh}\frac{A_{sh}}{s_v}h_0 \tag{10.7.5-2}$$

式中 λ——计算剪跨比：当 $l_0/h \leqslant 2.0$ 时，取 $\lambda=0.25$；当 $2.0<l_0/h<5.0$ 时，取 $\lambda=a/h_0$，其中，a 为集中荷载到深受弯构件支座的水平距离；λ 的上限值为 $(0.92l_0/h-1.58)$，下限值为 $(0.42l_0/h-0.58)$；

l_0/h——跨高比，当 $l_0/h<2.0$ 时，取 $l_0/h=2.0$。

旧《混凝土结构设计规范》GBJ 10—89

第 **7.6.6** 条 钢筋混凝土深梁斜截面的受剪承载力，应按下列公式计算：

$$V \leqslant 0.12[1+22(\rho+\rho_{sh})]f_c bh \tag{7.6.6}$$

式中 V——深梁的最大剪力设计值；

ρ——跨中纵向受拉钢筋的配筋率，$\rho=\frac{A_s}{bh}$；

ρ_{sh}——水平分布钢筋的配筋率，$\rho_{sh}=\frac{A_{sh}}{b_{sv}}$，当 $\rho_{sh}>0.75\%$ 时，取 $\rho_{sh}=0.75\%$，此处，A_{sh}为同一水平截面内的水平分布钢筋各肢的全部截面面积，s_v 为水平分布钢筋的竖向间距。

【新规范理解与说明】

本条内容,新旧规范有很大的不同。

在深受弯构件受剪承载力计算公式中,混凝土项反映了随 l_0/h 的减小,剪切破坏模式由剪压型向斜压型过渡,且混凝土项在受剪承载力中所占的比重不断增大的变化规律。而竖向分布筋和水平分布筋项则分别反映了从 $l_0/h=5.0$ 时只有竖向分布筋(箍筋)参与受剪,过渡到 l_0/h 较小时只有水平分布筋能发挥有限受剪作用的变化规律。在 $l_0/h=5.0$ 时,该式与一般梁受剪承载力计算公式相衔接。

在主要承受集中荷载的深受弯构件的受剪承载力计算公式中,含有跨高比 l_0/h 和计算剪跨比 λ 两个参数。对于 $l_0/h\leqslant2.0$ 的深梁,统一取 $\lambda=0.25$。但在 $l_0/h\geqslant5.0$ 的一般受弯构件中剪跨比上、下限值分别为 3.0 和 1.5。为了使深梁、短梁、一般梁的受剪承载力计算公式连续过渡,本条给出了深受弯构件在 $2.0<l_0/h<5.0$ 时,λ 的上、下限值的线性过渡规律。

应注意的是,由于深梁中水平及竖向分布钢筋对受剪承载力的作用有限,当深梁受剪承载力不足时,应主要通过调整截面尺寸或提高混凝土强度等级来满足受剪承载力要求。

由新规范两个公式看出,深受弯构件的抗剪承载力与一般梁具有相似的形式和物理意义,只是增加了水平分布钢筋抗剪力的有关项。跨高比(l_0/h)极大地影响着深受弯构件的抗力。对接近一般梁(l_0/h 较大)的情况,竖直分布筋起较大作用而水平分布筋作用极小,故一般不配置。随跨高比减小(l_0/h 接近 2 或更小),竖直分布筋的作用显著减小,而水平分布筋的作用明显增加,逐渐接近深梁的受力状态。

新《混凝土结构设计规范》GB 50010—2002

10.7.6　一般要求不出现斜裂缝的钢筋混凝土深梁,应符合下列条件:

$$V_k\leqslant0.5f_{tk}bh_0 \tag{10.7.6}$$

式中　V_k——按荷载效应的标准组合计算的剪力值。

此时可不进行斜截面受剪承载力计算,但应按本规范第 10.7.11 条、第 10.7.13 条的规定配置分布钢筋。

旧《混凝土结构设计规范》GBJ 10—89

第 **7.6.7** 条　一般要求不出现斜裂缝的钢筋混凝土深梁,应符合下列条件:

$$V_s\leqslant0.5f_{tk}bh \tag{7.6.7}$$

此时,可不进行斜面受剪承载力计算,但应按本规范第 7.6.11 条,第 7.6.13 条及第 7.6.14 条的规定配置分布钢筋。

式中　V_s——按荷载短期效应组合计算的剪力值。

【新规范理解与说明】

本条内容,新旧规范在形式上基本上相同,只是将原规范的 Vs 改为 V_k,变为按荷载效应的标准组合计算的剪力值,h 改为 h_0。

试验表明,随着跨高比的减小,深梁斜截面抗裂能力有一定提高。为了简化计算,本条防止深梁出现斜裂缝的验算条件是按试验结果偏下限给出的，与修订前的规定相比作了合理的放宽。当满足本条公式(10.7.6)的要求时，可不再按本规范第 10.7.5 条进行受剪承载力计算。

新《混凝土结构设计规范》GB 50010—2002

10.7.7 钢筋混凝土深梁在承受支座反力的作用部位以及集中荷载作用部位，应按本规范第 7.8 节的规定进行局部受压承载力计算。

旧《混凝土结构设计规范》GBJ 10—89

第 7.6.8 条 钢筋混凝土深梁在承受支座反力和集中荷载的部位，应按本规范附录二或本规范第四章第五节的规定进行局部受压承载力验算。

【新规范理解与说明】

本条内容，新旧规范基本相同。

深梁支座的支承面和深梁顶集中荷载作用面的混凝土都有发生局部受压破坏的可能性，应进行局部受压承载力验算，在必要时还应配置间接钢筋。按新规范第 10.7.8 条的规定，将支承深梁的柱伸到深梁顶能有效降低深梁支座传力面发生局部受压破坏的可能性。

新《混凝土结构设计规范》GB 50010—2002

10.7.8 深梁的截面宽度不应小于 140mm。当 $l_0/h \geqslant 1$ 时，h/b 不宜大于 25；当 $l_0/h < 1$ 时，l_0/b 不宜大于 25。深梁的混凝土强度等级不应低于 C20。当深梁支承在钢筋混凝土柱上时，宜将柱伸至深梁顶。深梁顶部应与楼板等水平构件可靠连接。

旧《混凝土结构设计规范》GBJ 10—89

第 7.6.2 条 深梁的腹板宽度 b 不应小于 140mm。当 $l_0/h \geqslant 1$ 时，h/b 不宜大于 25，当 $l_0/h < 1$ 时，l_0/b 不宜大于 25。对支承在柱上的深梁，可将柱子伸到梁顶，形成梁端加劲肋，以增强深梁的稳定性。深梁梁顶与楼板等水平构件宜有可靠连接。

【新规范理解与说明】

本条内容，新旧规范基本相同。

为了保证深梁出平面稳定性，本条对深梁的高厚比(h/b)或跨厚比(l_0/b)作了限制。此外，简支深梁在顶部、连续深梁在顶部和底部应尽可能与其他水平刚度较大的构件(如楼盖)相连接，这是为了加强其出平面稳定性，防止深梁因太薄而失稳或发生承压破坏。

支承在钢筋混凝土柱上的深梁，宜将柱伸至深梁顶部；水平分布筋应锚入柱内。这些做法是为了加强周边约束，维持深梁的稳定性。

深梁顶部应与楼板等水平构件可靠地连接；深梁的上、下边缘处，竖向分布钢筋宜做成封闭形式。这些都是加强深梁与周边构件的连接及承载受力的措施。

新《混凝土结构设计规范》GB 50010—2002

10.7.9 钢筋混凝土深梁的纵向受拉钢筋宜采用较小的直径，且宜按下列规定布置：

1　单跨深梁和连续深梁的下部纵向钢筋宜均匀布置在梁下边缘以上 $0.2h$ 的范围内(图 10.7.9－1 及图 10.7.9－2)。

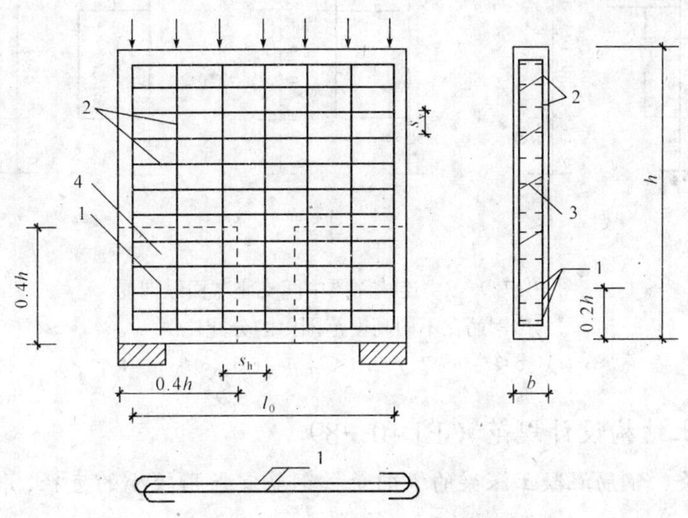

图 10.7.9－1　单跨深梁的钢筋配置

1—下部纵向受拉钢筋及其弯折锚固;2—水平及竖向分布钢筋;3—拉筋;4—拉筋加密区

2　连续深梁中间支座截面的纵向受拉钢筋宜按图 10.7.9－3 规定的高度范围和配筋比例均匀布置在相应高度范围内。对于 $l_0/h \leqslant 1.0$ 的连续深梁,在中间支座底面以上 $0.2l_0$ 到 $0.6l_0$ 高度范围内的纵向受拉钢筋配筋率尚不宜小于 0.5%。水平分布钢筋可用作支座部位的上部纵向受拉钢筋,不足部分可由附加水平钢筋补足,附加水平钢筋自支座向跨中延伸的长度不宜小于 $0.4l_0$(图 10.7.9－2)。

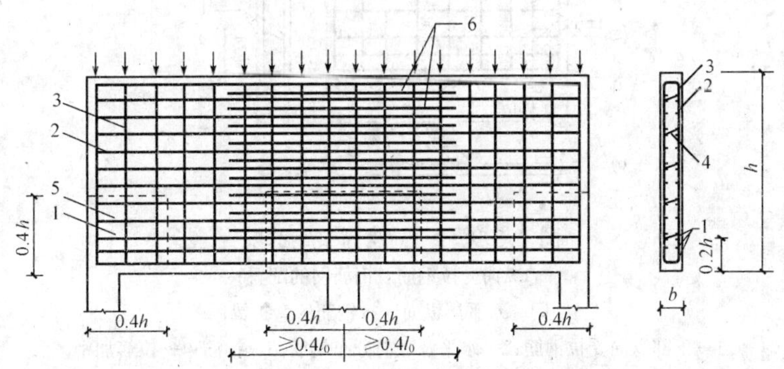

图 10.7.9－2　连续深梁的钢筋配置

1—下部纵向受拉钢筋;2—水平分布钢筋;3—竖向分布钢筋

4—拉筋;5—拉筋加密区;6—支座截面上部的附加水平钢筋

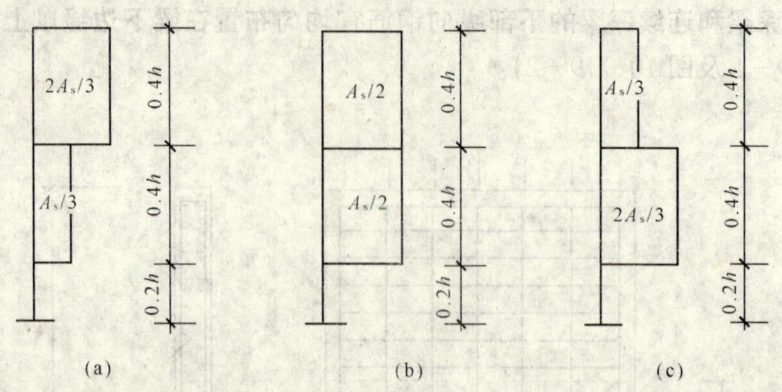

图 10.7.9－3　连续深梁中间支座截面纵向受拉钢筋在不同高度范围内的分配比例

(a)$1.5<l_0/h\leqslant2.5$;(b)$1<l_0/h\leqslant1.5$;(c)$l_0/h\leqslant1$

旧《混凝土结构设计规范》GBJ 10—89

第 **7.6.9** 条　钢筋混凝土深梁的纵向受拉钢筋宜采用较小的直径,并应按下列规定布置:

一、深梁的下部纵向钢筋,应均匀布置在梁下边缘以上 $0.2h$ 的范围内(图 7.6.6－1a)。

二、支座部位连续深梁的上部纵向钢筋,应按图 7.6.9－2 规定的高度范围和配筋比例均匀布置,并宜贯通全跨。

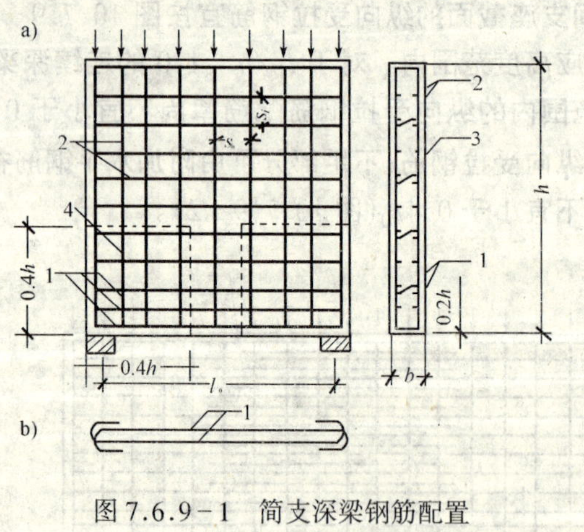

图 7.6.9－1　简支深梁钢筋配置

a)纵向受拉钢筋及钢筋网的配置;

b)同一水平层纵向受拉钢筋的弯折锚固

1—下部纵向受拉钢筋;2—水平及竖向分布钢筋;3—拉筋;4—拉筋加密区

第 **7.6.14** 条　对 $l_0/h<1.5$ 的连续深梁,在中间支座以上 $0.2h$ 至 $0.6h$ 高度范围内,包括纵向受拉钢筋、水平分布钢筋和附加水平分布钢筋在内的总配筋率不应小于 0.5%,尚不应小于 1.67ρ;附加水平分布钢筋和附加竖向分布钢筋应布置在支座两侧各 $0.4l_。$范围内,附加竖向分布钢筋按构造配置(图 7.6.14)。

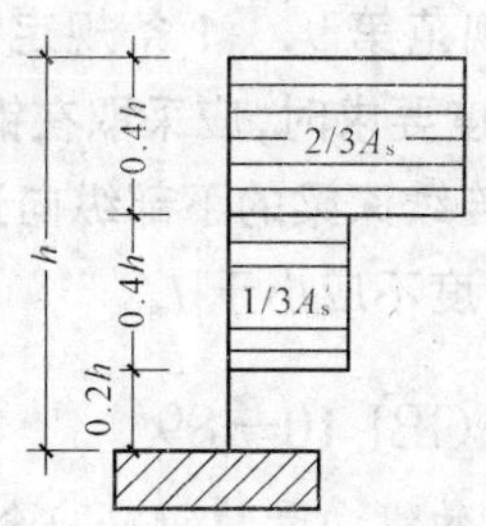

图 7.6.9－2　支座部位连续深梁的上部纵向受拉钢筋布置

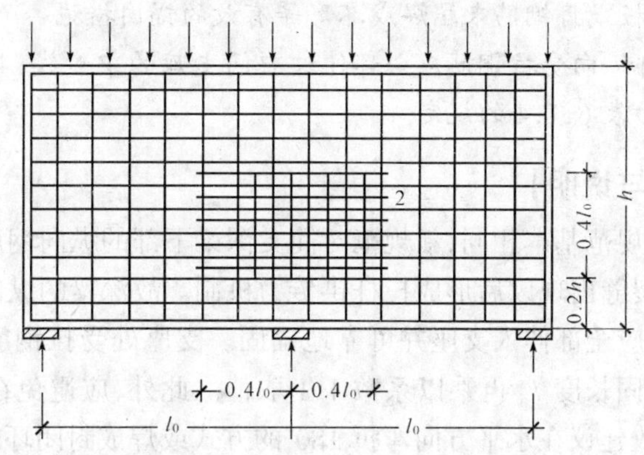

图 7.6.14　连续深梁($l_0/h<1.5$)中间支座部分分布钢筋配置

1—水平和竖向分布钢筋;2—附加水平和竖向分布钢筋

【新规范理解与说明】

本条内容,新旧规范基本相同,只是在小部分上有改动。

在弹性受力阶段,连续深梁支座截面中的正应力分布规律随深梁的跨高比变化。当 $l_0/h>1.5$ 时,受压区约在梁底以上 $0.2h$ 的高度范围内,再向上为拉应力区,最大拉应力位于梁顶;随着 l_0/h 的减小,最大拉应力下移;到 $l_0/h=1.0$ 时,较大拉应力位于从梁底算起 $0.2h$ 到 $0.6h$ 的范围内,梁顶拉应力相对偏小。达到承载力极限状态时,支座截面因开裂导致的应力重分布使深梁支座截面上部钢筋拉力增大。本条图 10.7.9－3 给出的支座截面负弯矩受拉钢筋沿截面高度的分区布置规定,比较符合正常使用极限状态支座截面的受力特点。水平钢筋数量的这种分区布置规定,虽未充分反映承载力极限状态下的受力特点,但更有利于正常使用极限状态下支座截面的裂缝控制,同时也不影响深梁在承载力极限状态下的安全性。本条保留了原规范对从梁底算起 $0.2h$ 到 $0.6h$ 范围内水平钢筋最低用量的控制条件,以减少支座截面在这一高度范围内过早开裂的可能性。

新《混凝土结构设计规范》GB 50010—2002

10.7.10　深梁的下部纵向受拉钢筋应全部伸入支座,不应在跨中弯起或截断。在简支单跨深梁支座及连续深梁梁端的简支支座处,纵向受拉钢筋应沿水平方向弯折锚固(图

10.7.9－1)，其锚固长度应按本规范第 9.3.1 条规定的受拉钢筋锚固长度 l_a 乘以系数 1.1 采用；当不能满足上述锚固长度要求时，应采取在钢筋上加焊锚固钢板或将钢筋末端焊成封闭式等有效的锚固措施。连续深梁的下部纵向受拉钢筋应全部伸过中间支座的中心线，其自支座边缘算起的锚固长度不应小于 l_a。

旧《混凝土结构设计规范》GBJ 10—89

第 **7.6.10** 条　简支深梁下部的纵向受拉钢筋应全部深入支座，不得在跨中弯起或切断。纵向受拉钢筋应在端部沿水平方向弯折锚固(图 7.6.9－1b)，其锚固长度应按表 6.1.4 规定的数值增加 $5d$ 采用；当不能满足上述的锚固长度时，应采取在钢筋上加焊横向锚固钢筋、锚固钢板或将钢筋末端焊成环形等有效的锚固措施。

连续深梁的下部纵向受拉钢筋应全部伸过中间支座的中心线，其伸入支座边缘算起的锚固长度不应小于表 6.1.4 的规定。

【新规范理解与说明】

本条内容，新旧规范基本相同，新规范对简支深梁下部的纵向钢筋作了具体的规定。

简支深梁在斜裂缝出现以后形成拉杆拱传力机制。故深梁的纵向受拉钢筋作为拉杆不应弯起或切断，而应全部伸入支座并可靠地锚固。支座处受拉钢筋锚固长度需适当延长，应按受拉钢筋锚固长度 l_a 再乘以系数 1.1 取值。此外，应避免在垂直方向布置弯钩以防止竖向劈裂。故建议在水平方向弯折 180°的方式或焊成封闭环式以增强锚固作用。

新《混凝土结构设计规范》GB 50010—2002

10.7.11　深梁应配置双排钢筋网，水平和竖向分布钢筋的直径均不应小于 8mm，其间距不应大于 200mm。

当沿深梁端部竖向边缘设柱时，水平分布钢筋应锚入柱内。在深梁上、下边缘处，竖向分布钢筋宜做成封闭式。

在深梁双排钢筋之间应设置拉筋，拉筋沿纵横两个方向的间距均不宜大于 600mm，在支座区高度为 $0.4h$，长度为 $0.4h$ 的范围内(图 10.7.9－1 和图 10.7.9－2 中的虚线部分)，尚应适当增加拉筋的数量。

旧《混凝土结构设计规范》GBJ 10—89

第 **7.6.11** 条　深梁应配置双排钢筋网。水平和竖向分布钢筋的直径均不应小于 8mm，网格间距不应大于 200mm。

在钢筋网之间应设置拉筋，拉筋沿纵横两个方向的部距均不宜大于 600mm，在支座区高度与宽度各为 $0.4h$ 的范围内(图 7.6.9－1 中的虚线部分)，尚应适当增加拉筋的数量。

【新规范理解与说明】

本条内容，新旧规范完全相同。新规范对深梁钢筋网的直径、间距及拉筋布置作了详细的说明。

试验表明，当仅配有两层钢筋网，而网与网之间未设拉筋时，由于钢筋网在深梁出平面方向的变形未受到专门约束，当拉杆拱拱肋内斜向压力较大时，有可能发生沿深梁中面劈开的侧向劈裂型斜压破坏。故应在双排钢筋网之间配置拉筋。而且，在本规范第10.7.9条图10.7.9-1和图10.7.9-2深梁支座附近由虚线标示的范围内应适当增配拉筋。

新《混凝土结构设计规范》GB 50010—2002

10.7.12　当深梁全跨沿下边缘作用有均布荷载时，应沿梁全跨均匀布置附加竖向吊筋，吊筋间距不宜大于200mm。

当有集中荷载作用于深梁下部3/4高度范围内时，该集中荷载应全部由附加吊筋承受，吊筋应采用竖向吊筋或斜向吊筋。竖向吊筋的水平分布长度 s 应按下列公式确定(图10.7.12a)：

当 $h_1 \leqslant h_b/2$ 时

$$s = b_b + h_b \tag{10.7.12-1}$$

当 $h_1 > h_b/2$ 时

$$s = b_b + 2h_1 \tag{10.7.12-2}$$

式中　b_b——传递集中荷载构件的截面宽度；

h_b——传递集中荷载构件的截面高度；

h_1——从深梁下边缘到传递集中荷载构件底边的高度。

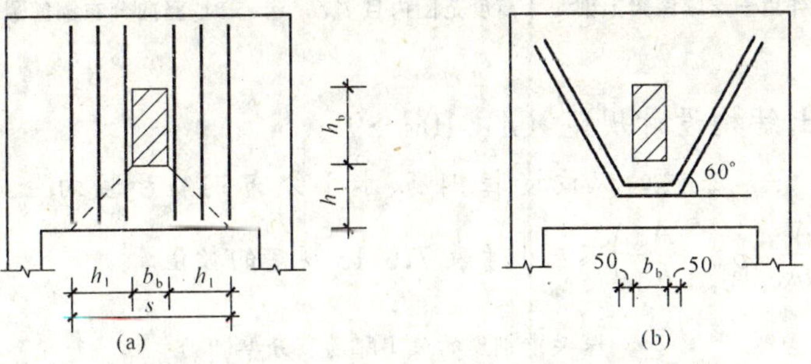

图10.7.12　深梁承受集中荷载作用时的附加吊筋

(a)竖向吊筋；(b)斜向吊筋

注：图中尺寸按mm计。

竖向吊筋应沿梁两侧布置，并从梁底伸到梁顶，在梁顶和梁底应做成封闭式。

附加吊筋总截面面积 A_{sv} 应按本规范公式(10.2.13)进行计算，但吊筋的设计强度 f_{yv} 应乘以承载力计算附加系数0.8。

旧《混凝土结构设计规范》GBJ 10—89

第**7.6.12**条　当均布荷载作用于深梁下部时，应沿梁的全跨均匀配置竖向吊筋。在荷载标准值作用下的吊筋应力，对Ⅰ级钢筋，不应大于130N/mm^2，对Ⅱ级和Ⅲ级钢筋，不应大于190N/mm^2，吊筋应伸到梁顶，并宜做成封闭式，其间跨不应大于200mm。

【新规范理解与说明】

本条内容,新旧规范有较大的变化。新规范对深梁下部有均布荷载作用时,应注意吊筋间距及设计吊筋的具体要求和布置方法。

深梁下部作用有集中荷载或均布荷载时,吊筋的受拉能力不宜充分利用,其目的是为了控制悬吊作用引起的裂缝宽度。当作用在深梁下部的集中荷载的计算剪跨比 $\lambda>0.7$ 时,按本条规定设置的吊筋和按本规范第 10.7.13 条规定设置的竖向分布钢筋仍不能完全防止斜拉型剪切破坏的发生,故应在剪跨内适度增大竖向分布钢筋数量。

新《混凝土结构设计规范》GB 50010—2002

10.7.13 深梁的纵向受拉钢筋配筋率 $\rho\left(\rho=\dfrac{A_s}{bh}\right)$、水平分布钢筋配筋率 ρ_{sh} $\left(\rho_{sh}=\dfrac{A_{sh}}{bs_v}\right.$, s_v 为水平分布钢筋的间距$\left.\right)$和竖向分布钢筋配筋率 ρ_{sv} $\left(\rho_{sv}=\dfrac{A_{sv}}{bs_h}\right.$, s_h 为竖向分布钢筋的间距$\left.\right)$不宜小于表 10.7.13 规定的数值。

表 10.7.13　　深梁中钢筋的最小配筋百分率(%)

钢筋种类	纵向受拉钢筋	水平分布钢筋	竖向分布钢筋
HPB235	0.25	0.25	0.20
HRB335、HRB400、RRB400	0.20	0.20	0.15

注:当集中荷载作用于连续深梁上部 1/4 高度范围内且 $l_0/h>1.5$ 时,竖向分布钢筋最小配筋百分率应增加 0.05。

旧《混凝土结构设计规范》GBJ 10—89

第 7.6.13 条　深梁的纵向受拉钢筋、水平分布钢筋和竖向分布钢筋的配筋率 $\left(\rho=\dfrac{A_s}{bh}、\rho_{sh}=\dfrac{A_{sh}}{bs_v}、\rho_{sv}=\dfrac{A_{sv}}{bs_h}\right)$不应小于表 7.6.13 规定的数值。

表 7.6.13　　深梁中钢筋的最小配筋百分率(%)

钢筋种类	纵向受拉钢筋	水平分布钢筋	竖向分布钢筋
Ⅰ级	0.20	0.25	0.20
Ⅱ、Ⅲ级	0.15	0.20	0.15

注:①集中荷载作用于连续深梁顶部,且 $l_0/h>1.5$ 时,竖向分布钢筋的最小配筋百分率应增加 0.05;
②集中荷载作用于深梁的下部时,应根据可靠的设计经验和试验分析设置吊筋和分布钢筋。

【新规范理解与说明】

本条内容,新旧规范的形式基本相同,只是提高了最小钢筋配筋率。

纵向受拉钢筋的最小配筋百分率,是根据深梁在弯曲破坏时的弯矩不小于截面相同的素混凝土深梁的开裂矩这个原则,并通过试验分析后确定的。

深梁的水平及竖向分布钢筋对受剪承载力中贡献一般不超过 25%,但它们能限制斜裂缝的开展。当采用小直径分布钢筋且间距较密时,这种作用就愈大,并可使深梁在发生剪切时具有一定的延性。考虑到分布钢筋还须承受混凝土的收缩应力和部分温度应力。参考了国外一些规范的规定,提出了水平和竖向分布钢筋 的最小配筋率。

在连续深梁的支座截面纵向受拉钢筋布置范围内,可利用水平分布钢筋作为纵向受拉钢筋的一部分,可取两者中的较大值,不必把两者所需的最小配筋率进行叠加。

在集中荷载作用下,当剪跨比 $\lambda>1$ 时,随着剪跨比的增大,竖向分布筋承受剪力的作用也增大。因此,对 $l_0/h>1.5$ 的连续深梁应增加竖向分布筋的配筋率。

当集中荷载作用在深梁下部且剪跨比 $\lambda>0.7$ 时,若剪跨范围内的竖向分布筋不足,则有可能发生斜拉破坏。此种破坏的受剪承载力低于新规范公式(10－5－5)的计算值。因此,除吊筋外,尚需在整个剪跨范围内增加竖向分布筋。目前因对这方面的试验研究不够成熟,故新规定的最小配筋百分率不适用于集中荷载作用于深梁下部的情况。

新《混凝土结构设计规范》GB 50010—2002

10.7.14　除深梁以外的深受弯构件,其纵向受力钢筋、箍筋及纵向构造钢筋的构造规定与一般梁相同,但其截面下部二分之一高度范围内和中间支座截面上部二分之一高度范围内布置的纵向构造钢筋宜较一般梁适当加强。

旧《混凝土结构设计规范》GBJ 10—89

旧《混凝土结构设计规范》GBJ 10—89 无此相应内容。

【新规范理解与说明】

本条文为新增条文,新规范给出介于深梁和浅梁之间的"短梁"的一般规定。

第九节　牛　　腿

新《混凝土结构设计规范》GB 50010—2002

10.8.1　柱牛腿(当 $a\leqslant h_0$ 时)的截面尺寸应符合下列要求(图 10.8.1):

1　牛腿的裂缝控制要求

$$F_{vk}\leqslant\beta\left(1-0.5\frac{F_{hk}}{F_{vk}}\right)\frac{f_{tk}bh_0}{0.5+\dfrac{a}{h_0}}\tag{10.8.1}$$

式中　F_{vk}——作用于牛腿顶部按荷载效应标准组合计算的竖向力值;

F_{hk}——作用于牛腿顶部按荷载效应标准组合计算的水平拉力值;

β——裂缝控制系数:对支承吊车梁的牛腿,取 0.65;对其他牛腿,取 0.80;

a——竖向力的作用点至下柱边缘的水平距离,此时应考虑安装偏差 20mm;当考虑 20mm 安装偏差后的竖向力作用点仍位于下柱截面以内时,取 $a=0$;

b——牛腿宽度;

h_0——牛腿与下柱交接处的垂直截面有效高度:$h_0=h_1-a_s+c\cdot\tan\alpha$,当 $\alpha>45°$ 时,取 $\alpha=45°$,c 为下柱边缘到牛腿外边缘的水平长度。

2　牛腿的外边缘高度 h_1 不应小于 $h/3$,且不应小于 200mm。

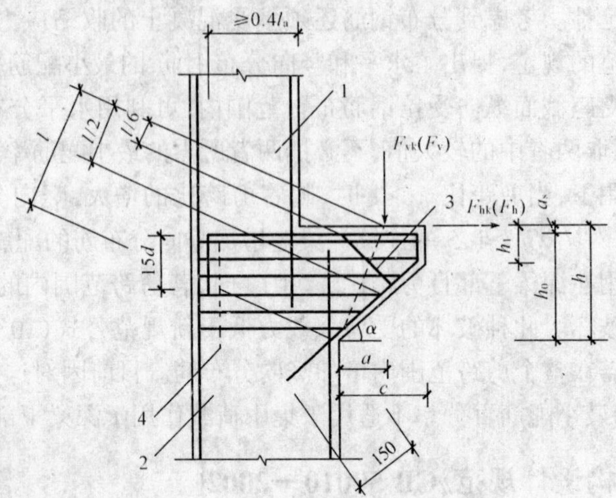

图 10.8.1 牛腿的外形及钢筋配置

注:图中尺寸单位为 mm。

1—上柱;2—下柱;3—弯起钢筋;4—水平箍筋

3 **在牛腿顶面的受压面上,由竖向力 F_{vk} 所引起的局部压应力不应超过 $0.75f_c$。**

旧《混凝土结构设计规范》GBJ 10—89

第 7.7.1 条 柱牛腿(当 $a \leqslant h_0$ 时)的截面尺寸,应符合下列裂缝控制和构造要求(图 7.7.1):

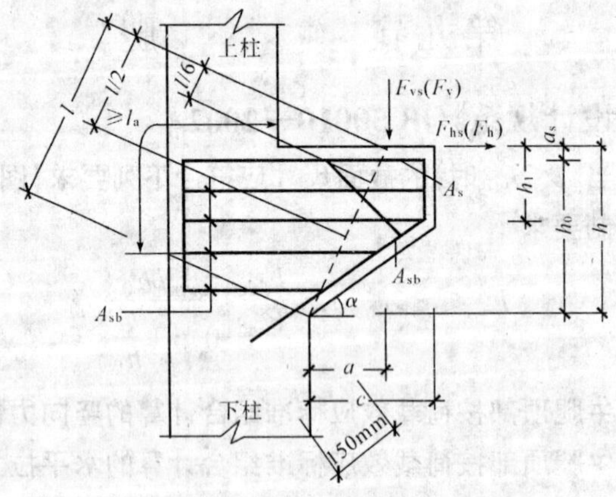

图 7.7.1 牛腿的尺寸和钢筋配置

一、牛腿的裂缝控制要求

$$F_{vs} \leqslant \beta\left(1-0.5\frac{F_{hs}}{F_{vs}}\right)\frac{f_{tk}bh_0}{0.5+\dfrac{a}{h_0}} \qquad (7.7.1)$$

式中 F_{vs}——作用于牛腿顶部按荷载短期效应组合计算的竖向力值;

F_{hs}——作用于牛腿顶部按荷载短期效应组合计算的水平拉力值；

β——裂缝控制系数：对承受重级工作吊车的牛腿，取 $\beta=0.65$；对承受中、轻级工作制吊车的牛腿，取 $\beta=0.70$；其他牛腿，取 $\beta=0.80$；

a——竖向力的作用点至下柱边缘的水平距离，此时，应考虑安装偏差 20mm；竖向力的作用点位于下柱截面以内时，取 $a=0$；

b——牛腿宽度；

h_0——牛腿与下柱交接处的垂直截面有效高度，取 $h_0=h_1-\alpha_s+c\cdot\text{tg}\alpha$，当 $\alpha>45°$时，取 $\alpha=45°$；

二、牛腿的外边缘高度 h_1 不应小于 $h/3$，且不应小于 200mm；

三、牛腿的受压面在竖向力值 F_{vs}作用下，其局部受压应力不应超过 $0.75f_c$，否则应采取加大受压面积、提高混凝土强度等级或设置钢筋网等有效措施。

【新规范理解与说明】

本条内容，新旧规范基本相同。

牛腿不是一种独立的构件，通常是作为柱子的一个附件。从受力状态而言，牛腿实际上是一个短悬臂，其承受牛腿顶面传来的巨大集中荷载而引起的负弯矩，以及同时产生的剪力。支承在牛腿上的上部构件有屋架、屋面梁、托架（或托梁）、墙梁、吊车梁等，有时还要承担设备的重量。

一般情况下，牛腿顶面上作用有很大的竖向力 F_v，有时还伴随有一定的水平力 F_h（屋架的风力、吊车的水平制动力等）以及由吊车梁传来的吊车动力荷载等（图 10-13a）。牛腿的作用就是将这些荷载传递给柱子，因此也可以说是柱子的一部分。

由于悬臂很短，牛腿的受力特征可以比拟为一个三角桁架。牛腿顶部的水平纵向钢筋可以比拟成拉杆，而牛腿外侧的混凝土则可以认为是一斜向的压杆，从而形成了一个最简单的桁架模型（图 10-13b）。

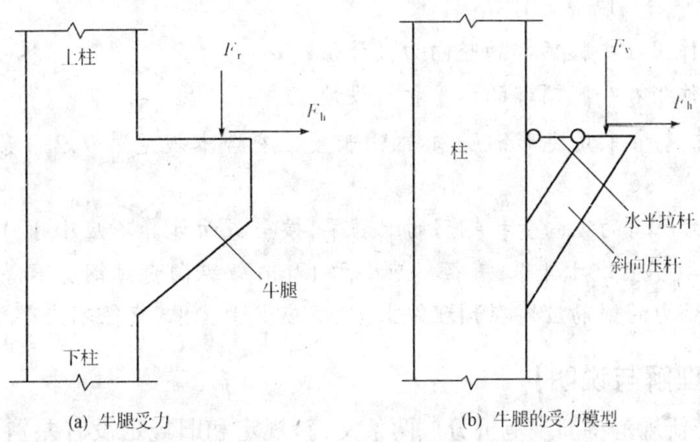

图 10-13　牛腿的荷载与受力

由于上述受力特征，牛腿设计的主要问题就是与斜向压杆有关的截面尺寸问题，以及与水平拉杆有关的顶部水平受力钢筋以及水平箍筋的配置问题。

因牛腿中要求不致因斜压杆压力较大而出现平行于斜压杆方向的斜裂缝，故牛腿截面尺寸通常以不出现斜裂缝为条件，即由本条公式(10.8.1)控制，并通过公式中的 β 系数考虑不同使用条件对牛腿的不同抗裂要求。公式中的 $(1-0.5F_{hk}/F_{vk})$ 项是按牛腿在竖向力和水平拉力共同作用下斜裂缝宽度不超过 0.1mm 为条件确定的。

符合公式(10.8.1)要求的牛腿不需再作受剪承载力验算，这是因为通过在 $a/h_0<0.3$ 时取 $a/h_0=0.3$，以及控制牛腿上部水平钢筋的最小配筋率，已能保证牛腿具有足够的受剪承载力。在公式(10.8.1)中还对沿下柱边的牛腿截面有效高度 h_0 作了限制，这是考虑到当 α 大于 45°时，牛腿的实际有效高度不会随 α 的增大而进一步增大。

新《混凝土结构设计规范》GB 50010—2002

10.8.2　在牛腿中，由承受竖向力所需的受拉钢筋截面面积和承受水平拉力所需的锚筋截面面积所组成的纵向受力钢筋的总截面面积，应符合下列规定：

$$A_s \geqslant \frac{F_v a}{0.85 f_y h_0} + 1.2\frac{F_h}{f_y} \tag{10.8.2}$$

此处，当 $a<0.3h_0$ 时，取 $a=0.3h_0$。

式中　F_v——作用在牛腿顶部的竖向力设计值；

F_h——作用在牛腿顶部的水平拉力设计值。

旧《混凝土结构设计规范》GBJ 10—89

第 **7.7.2** 条　在牛腿中，由承受竖向力所需的受拉钢筋截面面积和承受水平拉力所需的锚筋截面面积组成的纵向受力钢筋的总截面面积，应按下列公式计算：

$$A_s \geqslant \frac{F_v a}{0.85 f_y h_0} + 1.2\frac{F_h}{f_y} \tag{7.7.2}$$

当 $a<0.3h_0$ 时，取 $a=0.3h_0$。

式中　F_v——作用在牛腿顶部的竖向力设计值；

F_h——作用在牛腿顶部的水平拉力设计值。

纵向受力钢筋宜采用变形钢筋，其锚固长度应符合本规范第 7.2.3 条对梁的上部钢筋的有关规定。

承受竖向力所需的纵向受拉钢筋的配筋率，按全截面计算不应小于 0.2%，也不宜大于 0.6%，且根数不宜少于 4 根，直径不应小于 12mm。纵向受拉钢筋不得兼作弯起钢筋。

承受水平拉力的锚筋应焊在预埋件上，且不应少于 2 根，直径不应小于 12mm。

【新规范理解与说明】

本条内容，新规范将旧规范拆分成两条文，新规定和旧规定没有差别，在形式上似是一样。

新规范规定了承受竖向力的受拉钢筋截面面积及承受水平力的锚固钢筋截面面积的计算方法。

新《混凝土结构设计规范》GB 50010—2002

10.8.3　沿牛腿顶部配置的纵向受力钢筋，宜采用 HRB335 级或 HRB400 级钢筋。全部纵向受力钢筋及弯起钢筋宜沿牛腿外边缘向下伸入下柱内 150mm 后截断（图 10.8.1）。纵向受力钢筋及弯起钢筋伸入上柱的锚固长度，当采用直线锚固时不应小于本规范第 9.3.1 条规定的受拉钢筋锚固长度 l_a；当上柱尺寸不足时，钢筋的锚固应符合本规范第 10.4.1 条梁上部钢筋在框架中间层端节点中带 90°弯折的锚固规定。此时，锚固长度应从上柱内边算起。

承受竖向力所需的纵向受力钢筋的配筋率，按牛腿有效截面计算不应小于 0.2% 及 $0.45f_t/f_y$，也不宜大于 0.6%，钢筋数量不宜少于 4 根，直径不宜小于 12mm。

当牛腿设于上柱柱顶时，宜将牛腿对边的柱外侧纵向受力钢筋沿柱顶水平弯入牛腿，作为牛腿纵向受拉钢筋使用；当牛腿顶面纵向受拉钢筋与牛腿对边的柱外侧纵向钢筋分开配置时，牛腿顶面纵向受拉钢筋应弯入柱外侧，并应符合本规范第 10.4.4 条有关搭接的规定（图 10.4.4b）。

旧《混凝土结构设计规范》GBJ 10—89

参见旧规范第 7.7.2 条相关内容。

【新规范理解与说明】

本条内容与旧规范相比，新规范更明确规定了牛腿上部纵向受拉钢筋伸入柱内的锚固要求，以及当牛腿设在柱顶时，为了保证牛腿顶面受拉钢筋与柱外侧纵向钢筋的可靠传力而应采取的构造措施。

新《混凝土结构设计规范》GB 50010—2002

10.8.4　牛腿应设置水平箍筋，水平箍筋的直径宜为 6～12mm，间距宜为 100～150mm，且在上部 $2h_0/3$ 范围内的水平箍筋总截面面积不宜小于承受竖向力的受拉钢筋截面面积的二分之一。

当牛腿的剪跨比 $a/h_0 \geqslant 0.3$ 时，宜设置弯起钢筋。弯起钢筋宜采用 HRB335 级或 HRB400 级钢筋，并宜使其与集中荷载作用点到牛腿斜边下端点连线的交点位于牛腿上部 $l/6$ 至 $l/2$ 之间的范围内，l 为该连线的长度（图 10.8.1），其截面面积不宜小于承受竖向力的受拉钢筋截面面积的二分之一，根数不宜少于 2 根，直径不宜小于 12mm。纵向受拉钢筋不得兼作弯起钢筋。

旧《混凝土结构设计规范》GBJ 10—89

第 **7.7.3** 条　牛腿应设置水平箍筋，水平箍筋的直径应取用 6～12mm，间距为 100～150mm，且在上部 $2/3h_0$ 范围内的水平箍筋总截面面积不应小于承受竖向力的受拉箍筋截面面积的二分之一。

当牛腿的剪跨比$\frac{a}{h_0} \geqslant 0.3$时，应设置弯起钢筋，弯起钢筋宜采用变形钢筋，并宜设置在牛腿上部 $l/6$ 至 $l/2$ 之间的范围内（图 7.7.1），其截面面积不应少于承受竖向力的受拉钢筋截面面积的三分之二，且不应小于 $0.0015bh$，其根数不应少于 3 根，直径不应小于 12mm。

【新规范理解与说明】

本条内容，新旧规范有一些变化。

牛腿中配置水平箍筋以改善受力性能，特别是在牛腿上部配置一定数量的水平箍筋，能有效减少在该部位过早出现斜裂缝的可能性。在牛腿内设置一定数量的弯起钢筋是我国工程界的传统做法。但试验表明，它对提高牛腿的受剪承载力和减少斜向开裂的可能性都不起明显作用。此次修订新规范决定仍保留在牛腿中按构造布置弯起钢筋的做法，但适度减少了弯起钢筋的数量。

第十节 预埋件及吊环

新《混凝土结构设计规范》GB 50010—2002

10.9.1 由锚板和对称配置的直锚筋所组成的受力预埋件，其锚筋的总截面面积 A_s 应符合下列规定（图 10.9.1）：

1 当有剪力、法向拉力和弯矩共同作用时，应按下列两个公式计算，并取其中的较大值：

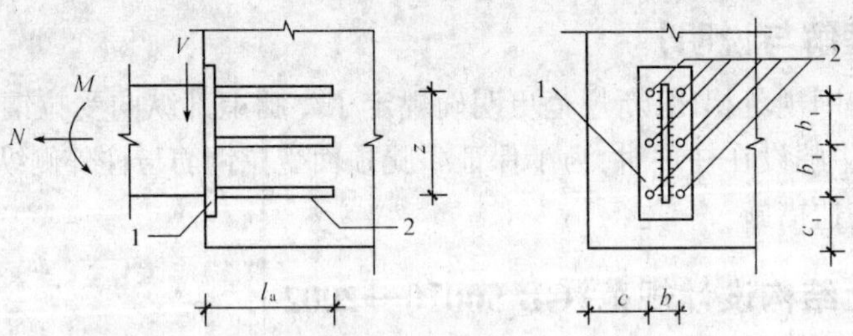

图 10.9.1 由锚板和直锚筋组成的预埋件

1—锚板；2—直锚筋

$$A_s \geqslant \frac{V}{\alpha_r \alpha_v f_y} + \frac{N}{0.8\alpha_b f_y} + \frac{M}{1.3\alpha_r \alpha_b f_y z} \quad (10.9.1-1)$$

$$A_s \geqslant \frac{N}{0.8\alpha_b f_y} + \frac{M}{0.4\alpha_r \alpha_b f_y z} \quad (10.9.1-2)$$

2 当有剪力、法向压力和弯矩共同作用时，应按下列两个公式计算，并取其中的较大值：

$$A_s \geqslant \frac{V-0.3N}{\alpha_r \alpha_v f_y} + \frac{M-0.4Nz}{1.3\alpha_r \alpha_b f_y z} \quad (10.9.1-3)$$

$$A_s \geqslant \frac{M-0.4Nz}{0.4\alpha_r \alpha_b f_y z} \quad (10.9.1-4)$$

当 $M<0.4Nz$ 时，取 $M=0.4Nz$。

上述公式中的系数 α_v、α_b 应按下列公式计算：

$$\alpha_v = (4.0-0.08d)\sqrt{\frac{f_c}{f_y}} \quad (10.9.1-5)$$

当 $\alpha_v>0.7$ 时，取 $\alpha_v=0.7$。

$$\alpha_b=0.6+0.25\frac{t}{d} \tag{10.9.1-6}$$

当采取防止锚板弯曲变形的措施时，可取 $\alpha_b=1.0$。

式中 f_y——锚筋的抗拉强度设计值，按本规范表4.2.3-1采用，但不应大于300N/mm²；

V——剪力设计值；

N——法向拉力或法向压力设计值，法向压力设计值不应大于 $0.5f_cA$，此处，A 为锚板的面积；

M——弯矩设计值；

α_r——锚筋层数的影响系数；当锚筋按等间距布置时：两层取1.0；三层取0.9；四层取0.85；

α_v——锚筋的受剪承载力系数；

d——锚筋直径；

α_b——锚板的弯曲变形折减系数；

t——锚板厚度；

z——沿剪力作用方向最外层锚筋中心线之间的距离。

旧《混凝土结构设计规范》GBJ 10—89

第**7.8.1**条 由锚板和对称配置的直锚筋所组成的受力预埋件，其锚筋的总截面面积 A_s 应按下列公式计算(图7.8.1)；

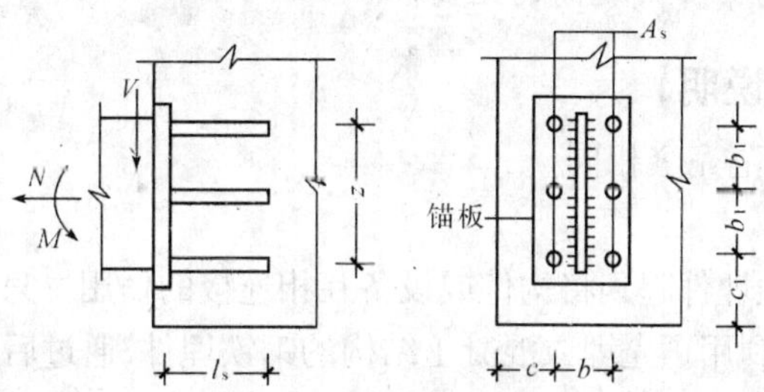

图7.8.1 由锚板和直锚筋组成的预埋件

一、当有剪力、法向拉力和弯矩共同作用时，应按下列两个公式计算，并取其中的较大值：

$$A_s\geqslant\frac{V}{\alpha_r\alpha_vf_y}+\frac{N}{0.8\alpha_bf_y}+\frac{M}{1.3\alpha_r\alpha_bf_yz} \tag{7.8.1-1}$$

$$A_s\geqslant\frac{N}{0.8\alpha_bf_y}+\frac{M}{0.4\alpha_r\alpha_bf_yz} \tag{7.8.1-2}$$

二、当有剪力、法向压力和弯矩共同作用时，应按下列两个公式计算，并取其中的较大值：

$$A_s\geqslant\frac{V-0.3N}{\alpha_r\alpha_vf_y}+\frac{M-0.4Nz}{1.3\alpha_r\alpha_bf_yz} \tag{7.8.1-3}$$

$$A_s \geqslant \frac{M-0.4Nz}{0.4\alpha_r\alpha_b f_y z} \tag{7.8.1-4}$$

当 $M<0.4N_z$ 时,取 $M-0.4Nz=0$。

在上述公式中的系数,应按下列公式计算:

$$\alpha_v=(4.0-0.08d)\sqrt{\frac{f_c}{f_y}} \tag{7.8.1-5}$$

当 $\alpha_v>0.7$ 时,取 $\alpha_v=0.7$:

$$\alpha_b=0.6+0.25\frac{t}{d} \tag{7.8.1-6}$$

当采取措施防止锚板弯曲变形时,可取 $\alpha_b=1$。

式中 V——剪力设计值;

N——法向拉力法向压力设计值;法向压力设计值应符合 $N\leqslant 0.5f_cA$,此处,A 为锚板的面积;

M——弯矩设计值;

α_r——锚筋层数的影响系数;当等间距配置时;二层取 1.0;三层取 0.9;四层取 0.85;

α_v——锚筋的受剪承载力系数;

d——锚筋直径(mm);

α_b——锚板弯曲变形的折减系数;

t——锚板厚度;

z——外层锚筋中心线之间的距离。

【新规范理解与说明】

本条内容,新旧规范完全相同。

1. 预埋件的作用

混凝土结构中的预埋件起到将构件或设备互相连接的作用。只是其完全不影响混凝土构件的表面形状,而是利用预先埋入混凝土结构的钢铁埋件,通过后期焊接而实现互相连接的。因此,其无须另行支模、配筋、施工方便,并且连接方式可以变化和选择,因而更加灵活。

预埋件一般用作装配式混凝土构件之间的互相连接并作为传力途径;也可以作为安装设备,承受使用荷载之用。最简单的预埋件是预留插筋,只要按规定的位置埋入足够的锚固长度 l_a,并有足够的外露长度就可以了。由于比较简单,预留插筋一般不专门规定。

本节所阐述的预埋件承载能力更大,功能更为复杂,由传力件(钢牛腿、传力钢板等)、锚板和锚筋三部分组成。传力件由《钢结构设计规范》GB 50017 设计,不再另述。本节主要叙述由锚板和锚筋组成的预埋件。在装配式结构和复杂的工业建筑中,预埋件的用钢量占有相当大的比例,合理地设计就显得十分重要。

2. 预埋件的受力分析

(1)预埋件的荷载效应

无论是装配式结构的预制构件或安装设备的荷载,通过钢牛腿、传力钢板等传力件传递给预埋件的荷载效应不外三种：剪力 V、弯矩 M 和轴力(拉力或压力)N。它们可能是单独作用的，但更多情况下却是共同作用的。

(2)受剪承载力

在剪力作用下的预埋件，其承载力由三种作用构成：锚板底端的混凝土支承力、锚板与混凝土表面间的胶结力和摩擦力、锚筋下的混凝土的局部受压承载力。其中前两种作用在加载—破坏过程中作用逐渐减退，而锚筋的挤压力则是构成抗力的主要部分(图 10－14a)。

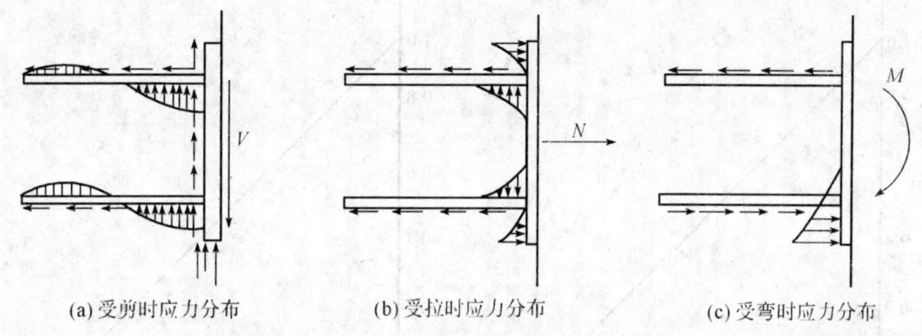

(a) 受剪时应力分布　(b) 受拉时应力分布　(c) 受弯时应力分布

图 10－14　预埋件的内力

试验及分析研究表明，预埋件的受剪承载力与混凝土的强度等级、锚筋面积、直径、抗拉强度等有关。但锚筋必须有足够的锚固长度，并且锚筋在锚板上的分布也应满足一定的要求。

(3)拉(压)承载力

在拉力作用下的预埋件，其承载力主要由锚筋的粘结锚固作用构成。但是，由于锚板在拉力作用下的弯曲变形，不仅锚板周边引起压力，而且锚筋也因此受到内剪力和局部挤压力的作用，处于复合受力状态，从而降低了其承载力(图 10－14b)。

试验及分析表明，预埋件的受拉承载力与锚筋的面积、直径、抗拉强度有关。但也受到锚板厚度、锚筋间距的影响，故应有一定的构造要求。

受压预埋件的轴向压力直接通过锚板传向混凝土表面，锚筋在承载受力中的作用很小，故无须进行承载力计算，只按构造要求即可。

(4)受弯承载力

在弯矩作用下的预埋件，其拉力由拉区锚筋的粘结锚固作用承担，压力则由锚板对混凝土的挤压力及锚筋的受压锚固力构成(图 10－14c)。此时，预埋件的抗力，除取决于锚筋的面积、直径、抗拉强度以外，还与内力臂有关。试验及分析研究表明，受弯预埋件的压区合力点往往在压区边排锚筋以外，同时还受锚板弯曲变形的影响。

(5)复合承载力

可以通过试验分析求得预埋件分别在这些内力作用下的承载力。但实际工程中预埋件承受单一内力的情况极少，其多数情况下是处于由这些内力共同作用的复合受力状态。复合受力状态下的承载力可采取线性相关方法处理。

例如，预埋件的受剪承载力是 V_u，受拉承载力是 N_u，受弯承载力是 M_u，则在拉－剪复合受力状态下其承载力可表达为公式(10－1)形式；在拉－弯复合受力状态下其承载力可表达为公式(10－2)形式。其相关关系可形象地表达为图10－15(a)和(b)。

$$\frac{V}{V_u}+\frac{N}{N_u}=1 \tag{10-1}$$

$$\frac{N}{N_u}+\frac{M}{M_u}=1 \tag{10-2}$$

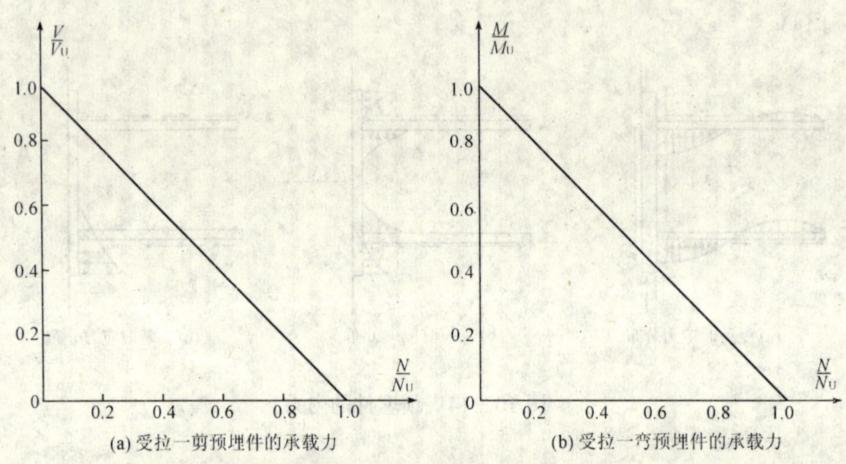

图10－15　复合受力下的承载力

更复杂的复合受力状态不再讨论，可依据同样的原理处理，并由试验加以验证和修正。

对于承受剪力的预埋件，其受剪承载力与混凝土强度等级、锚筋抗拉强度、锚筋截面面积和直径等有关。在保证锚筋锚固长度和锚筋到构件边缘合理距离的前提下，根据试验结果提出了确定锚筋截面面积的半理论半经验公式。其中通过系数 α_r 考虑了锚筋排数的影响；通过系数 α_v 考虑了锚筋直径以及混凝土抗压强度与锚筋抗拉强度比值 f_c/f_y 的影响。承受法向拉力的预埋件，其钢板一般都将产生弯曲变形。这时，锚筋不仅承受拉力，还承受钢板弯曲变形引起的剪力，使锚筋处于复合受力状态。通过折减系数 α_b 考虑了锚板弯曲变形的影响。

承受拉力和剪力以及拉力和弯矩的预埋件，根据试验结果，锚筋承载力均可按线性相关关系处理。

对于只承受剪力和弯矩的预埋件，根据试验结果，当 $V/V_{u0}>0.7$ 时，取剪弯承载力线性相关；当 $V/V_{u0}\leqslant 0.7$ 时，可按受剪承载力与受弯承载力不相关处理。其中 V_{u0} 为预埋件单独受剪时的承载力。

承受剪力、压力和弯矩的预埋件，其锚筋截面面积计算公式偏于安全。由于当 $N<0.5f_cA$ 时，可近似取 $M-0.4Nz=0$ 作为压剪承载力和压弯剪承载力计算的界限条件，故本条相应计算公式即以 $N\leqslant 0.5f_cA$ 为前提条件。新规范公式(10.9.1－3)不等式右侧第一项中的系数0.3反映了压力对预埋件抗剪能力的影响程度。与试验结果相比，其取值偏安全。

承受剪力、法向拉力和弯矩的预埋件，其锚筋截面面积计算公式中拉力项的抗力均乘了折减系数0.8，这是考虑到预埋件的重要性和受力复杂性，而对承受拉力这种更不利的受力状态采取的提高安全储备的措施。

新《混凝土结构设计规范》GB 50010—2002

10.9.2 由锚板和对称配置的弯折锚筋及直锚筋共同承受剪力的预埋件（图10.9.2），其弯折锚筋的截面面积 A_{sb} 应符合下列规定：

$$A_{sb} \geqslant 1.4\frac{V}{f_y} - 1.25\alpha_v A_s \tag{10.9.2}$$

式中系数 α_v 按本规范第10.9.1条取用。当直锚筋按构造要求设置时，取 $A_s=0$。

注：弯折锚筋与钢板之间的夹角不宜小于15°，也不宜大于45°。

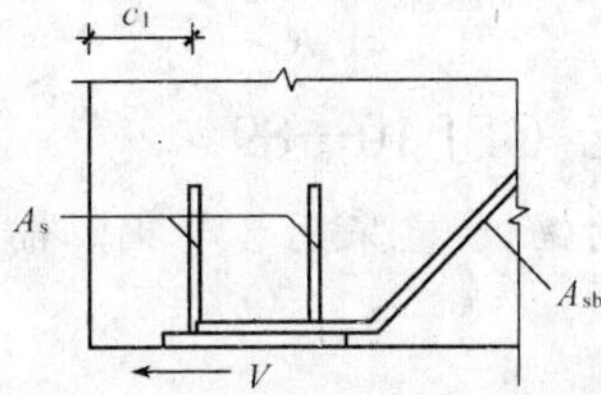

图10.9.2 由锚板和弯折锚筋及直锚筋组成的预埋件

旧《混凝土结构设计规范》GBJ 10—89

第**7.8.2**条 由锚板和对称配置的弯折锚筋与直锚筋共同承受剪力的预埋件（图7.8.2），其弯折锚筋的截面面积 A_{sb} 应按下列公式计算：

$$A_{sb} \geqslant 1.4\frac{V}{f_y} - 1.25\alpha_v A_s \tag{7.8.2}$$

当直锚筋按构造要求设置时，应取 $A_s=0$。

注：弯折锚筋与钢板间的夹角，不宜小于15°，且不宜大小45°。

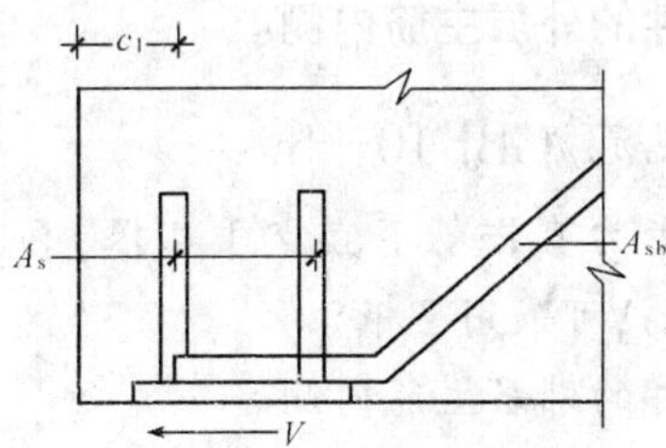

图7.8.2 由锚板和弯折锚筋与直锚筋组成的预埋件

【新规范理解与说明】

当预埋件由对称于受力方向布置的直锚筋和弯折锚筋共同承受剪力时，所需弯折锚筋的截面面积可由下式计算：

$$A_{sb} \geqslant (1.1V - \alpha_v f_y A_s)/0.8f_y$$

上式意味着从作用剪力中减去由直锚筋承担的剪力即为需要由弯折锚筋承担的剪力。上式经调整后即为本条公式(10.9.2)。根据国外有关规范和国内对钢与混凝土组合结构中弯折锚筋的试验结果,弯折锚筋的角度对受剪承载力影响不大。考虑到工程中的一般做法,在本条注中给出了弯折锚筋的角度宜取为15°到45°。在这一弯折角度范围内,可按上式计算锚筋截面面积,而不需对锚筋抗拉强度作进一步折减。上式中乘在作用剪力项上的系数1.1是直锚筋与弯折锚筋共同工作时的不均匀系数0.9的倒数。预埋件也可以只设弯折钢筋来承担剪力,此时可不设或只按构造设置直锚筋,并在计算公式中取$A_s=0$。

新《混凝土结构设计规范》GB 50010—2002

※10.9.3 受力预埋件的锚筋应采用HPB235级、HRB335级或HRB400级钢筋,严禁采用冷加工钢筋。

旧《混凝土结构设计规范》GBJ 10—89

第**7.8.3**条 受力预埋件的锚板,宜采用3号钢。锚筋应采用Ⅰ级或Ⅱ级钢筋,不得采用冷加工钢筋。

【新规范理解与说明】

本条内容,新规范对于锚筋的使用更加严格了。

预埋件的锚筋严禁采用冷加工(冷拉、冷拔、冷轧、冷扭)钢筋,并作为强制性条文执行。这是由于钢筋经冷加工以后延性大幅度损失,容易发生脆性断裂破坏而引发恶性事故。此外锚筋与锚板焊接也可能使经冷加工后提高的强度因焊接受热“回火”而丧失,作为受力承载的主要材料很不可靠,故严禁使用。

新《混凝土结构设计规范》GB 50010—2002

10.9.4 预埋件的受力直锚筋不宜少于4根,且不宜多于4层;其直径不宜小于8mm,且不宜大于25mm。受剪预埋件的直锚筋可采用2根。

预埋件的锚筋应位于构件的外层主筋内侧。

旧《混凝土结构设计规范》GBJ 10—89

第**7.8.4**条 预埋件的受力直锚筋不宜少于4根,不宜多于4层,其直径不宜小于8mm。对受剪预埋件的直锚筋,可采用2根。

预埋件的锚筋应放大构件的外层主筋内侧。

【新规范理解与说明】

本条内容,新旧规范的规定完全相同。新规范对预埋件的受力直锚筋的根数、层数、直径及其布置位置作了详细的说明。

新《混凝土结构设计规范》GB 50010—2002

10.9.5 受力预埋件的锚板宜采用Q235级钢。直锚筋与锚板应采用T形焊。当锚

筋直径不大于 20mm 时，宜采用压力埋弧焊；当锚筋直径大于 20mm 时，宜采用穿孔塞焊。当采用手工焊时，焊缝高度不宜小于 6mm 和 $0.5d$（HPB235 级钢筋）或 $0.6d$（HRB335 级、HRB400 级钢筋），d 为锚筋直径。

旧《混凝土结构设计规范》GBJ 10—89

第 **7.8.5** 条　直锚筋与锚板应采用 T 形焊。锚筋直径不大于 20mm 时，宜采用压力埋弧焊；锚筋直径大于 20mm 时，宜采用穿孔塞焊。当采用手工焊时，焊缝高度不宜小于 6mm 及 $0.5d$（Ⅰ级钢筋）或 $0.6d$（Ⅱ级钢筋）。

【新规范理解与说明】

本条内容，新旧规范基本相同，只是添加了锚板宜采用的钢筋型号。新规范还对在具体情况下采用压力埋弧焊、穿孔塞焊及手工焊作了详细的说明和规定。

采用 Q235 级钢板，是因为其焊接性能好，故与锚筋及钢牛腿等传力件连接时有较好的传力性。

对锚板厚度作限定是为了避免在荷载作用下锚板过大的弯曲变形引起的次应力对承载的影响。

对采用何种焊接形式的规定，是为了保证锚筋与锚板之间实现可靠的传力。

新《混凝土结构设计规范》GB 50010—2002

10.9.6　锚板厚度宜大于锚筋直径的 0.6 倍。受拉和受弯预埋件的锚板厚度尚宜大于 $b/8$，b 为锚筋的间距（图 10.9.1）。锚筋中心至锚板边缘的距离不应小于 $2d$ 和 20mm。

对受拉和受弯预埋件，其锚筋的间距 b、b_1 和锚筋至构件边缘的距离 c、c_1，均不应小于 $3d$ 和 45mm（图 10.9.1）。

对受剪预埋件，其锚筋的间距 b 及 b_1 不应大于 300mm，且 b_1 不应小于 $6d$ 和 70mm；锚筋至构件边缘的距离 c_1 不应小于 $6d$ 和 70mm，b、c 不应小于 $3d$ 和 45mm（图 10.9.1）。

旧《混凝土结构设计规范》GBJ 10—89

第 **7.8.7** 条　锚板厚度应大于锚筋直径的 0.6 倍。受拉和受弯预埋件的锚板厚度尚应大于 $b/8$，此处，b 为锚筋的间距（图 7.8.1）。锚筋中心至锚板边缘的距离不应小于 $2d$ 及 20mm。

对受拉和受弯预埋件，其锚筋的间距 b、b_1 和锚筋至构件边缘的距离 c、c_1，均不应小于 $3d$ 及 45mm。

对受剪预埋件，其锚筋的间距 b 及 b_1 不应大于 300mm，其中，b_1 不应小于 $6d$ 及 70mm，锚筋至构件边缘的距离 c_1 不应小于 $6d$ 及 70mm，b、c 不应小于 $3d$ 及 45mm。

【新规范理解与说明】

本条内容，新旧规范基本相同。新规范规定了锚板厚度和锚筋直径的关系，还规定了预埋件锚筋间距和布置，见图 10－16。

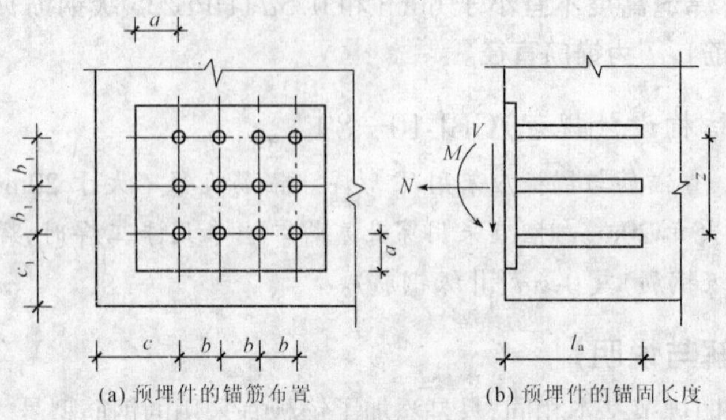

(a) 预埋件的锚筋布置 (b) 预埋件的锚固长度

图 10－16 锚筋的布置

新《混凝土结构设计规范》GB 50010—2002

10.9.7 受拉直锚筋和弯折锚筋的锚固长度不应小于本规范第 9.3.1 条规定的受拉钢筋锚固长度；当锚筋采用 HPB235 级钢筋时，尚应符合本规范表 9.3.1 注中关于弯钩的规定。当无法满足锚固长度的要求时，应采取其他有效的锚固措施。

受剪和受压直锚筋的锚固长度不应小于 $15d$，d 为锚筋的直径。

旧《混凝土结构设计规范》GBJ 10—89

第 **7.8.6** 条 受拉锚筋和弯折锚筋的锚固长度符合表 6.1.4 的规定，同时，尚应符合本规范第 6.1.7 条关于弯钩的规定。当按表 6.1.4 的规定设置有困难时，可采取有效的锚固措施。

受剪和受压直锚筋的锚固长度不应小于 $15d$。

【新规范理解与说明】

本条内容，新规范对于同时承受拉力、剪力和弯矩作用的预埋件，当其锚筋的锚固长度按新规范第 9.3.1 条的受拉锚固长度设置确有困难时，允许采用其他有效锚固措施。当采用较小的锚固长度时，可将本规范第 10.9.1 条公式(10.9.1－1)和公式(10.9.1－2)不等式右端 N、M 项分母中的 f_y 改用 $\alpha_a f_y$ 代替，其中 α_a 为锚固折减系数(取实际锚固长度与新规范第 9.3.1 条规定的受拉钢筋锚固长度的比值)，其值不应小于 0.5，且锚固长度不得小于本条规定的受剪和受压直锚筋的锚固长度 $15d$。但此方法不得用于直接承受动力作用或地震作用的预埋件。

新《混凝土结构设计规范》GB 50010—2002

※10.9.8 预制构件的吊环应采用 HPB235 级钢筋制作，严禁使用冷加工钢筋。吊环埋入混凝土的深度不应小于 $30d$，并应焊接或绑扎在钢筋骨架上。在构件的自重标准值作用下，每个吊环按 2 个截面计算的吊环应力不应大于 50N/mm²；当在一个构件上设有 4 个吊环时，设计时应仅取 3 个吊环进行计算。

旧《混凝土结构设计规范》GBJ 10—89

第 **7.9.8** 条　预制构件的吊环应采用Ⅰ级钢筋制作，严禁使用冷加工钢筋。吊环埋入深度不应小于 $30d$，并应焊接或绑扎在钢筋骨架上。每个吊环可按二个截面计算，在构件的自重标准值作用下，吊环拉应力不应大于 50N/mm^2（构件自重的动力系数已考虑在内）。当在一个构件上设有四个吊环时，设计时仅考虑三个吊环同时发挥作用。

【新规范理解与说明】

本条内容，新旧规范的规定基本相同。

1. 吊环的作用及受力分析

吊环的作用类似于预埋件，是起到将其他构件或设备的荷载传给混凝土结构而设置的。吊环的另一个重要作用是经常布置在预制构件上，作为构件运输吊装时的着力点。

吊环的受力状态比预埋件要简单得多。由于它没有锚板而只有两根锚筋形成的封闭环。因此，只能承受荷载通过吊环传来的拉力（图 10-17）。吊环除作为预制构件吊装时挂钩而承受构件重量 W 以外，有时也作为混凝土结构上承受悬吊荷载或安装管道，固定设备等之用。

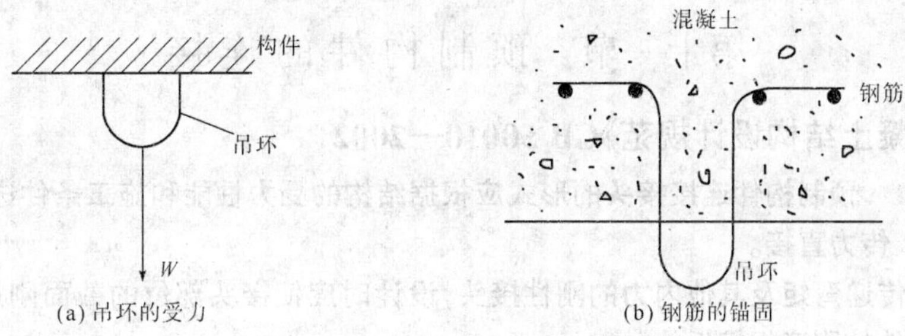

图 10-17　吊环的受力与锚固

吊环的受力状态比较简单，荷载一般也不会太大。但一旦失效，会发生坠落等恶性事故，因而也十分重要。设计规范已将其列为强制性条文，以加强执行力度。

2. 吊环的选择

(1)吊环锚筋的选择

吊环应采用 HPB235 级钢筋制作，严禁采用冷加工（冷拉、冷拔、冷轧、冷扭）钢筋，这是由于吊环对于钢筋延性的特殊高要求。除了与预埋件锚筋同样的理由外，还因为吊环直接受到外加荷载的作用，而且荷载往往还具有反复作用或动力的特性，如吊装的冲击作用等。为防止坠落伤人等恶性后果，对吊环材料提出此特殊的要求。

(2)吊环的锚固

吊环钢筋的锚固十分重要，这是吊环承载受力的基础。过小、过浅的锚固长度不仅可能发生锚固拔出的破坏，还可能发生连同锚固混凝土一起锥状拉脱破坏。因此，设计规范规定，吊环每侧钢筋埋入混凝土的锚固长度不应小于 $30d$（d 为钢筋直径），并且还应绑扎或焊接在钢筋骨架上。

(3)锚筋的截面面积

吊环钢筋的允许应力按下列原则考虑：

HPB235 级钢筋的强度设计值 $f_y = 210\text{N/mm}^2$

构件自重分项系数 1.2

起吊时吸附引起的超载系数 1.2

钢筋弯折后应力集中影响折减系数 1.4

吊装时动力系数 1.5

吊装钢丝绳角度的影响系数 1.4

故允许应力为 $210 \div 1.2 \div 1.2 \div 1.4 \div 1.5 \div 1.4 = 50\text{N/mm}^2$

因此计算在构件自重标准值 W 作用下吊环的截面积 A_s，为

$$A_s = \frac{W}{100}(\text{mm}^2) \tag{10-3}$$

(4)多个吊环时的荷载取值

当一个构件上设有 4 个吊环时，设计时应只考虑由 3 个吊环受力来承担荷载。这是由于吊索难以均衡受力，故偏保守地只考虑 3 个吊环承担全部荷载，以确保安全。

第十一节 预制构件的连接

新《混凝土结构设计规范》GB 50010—2002

10.10.1 预制构件连接接头的形式应根据结构的受力性能和施工条件进行设计，且应构造简单、传力直接。

对能够传递弯矩及其他内力的刚性接头，设计时应使接头部位的截面刚度与邻近接头的预制构件的刚度相接近。

旧《混凝土结构设计规范》GBJ 10—89

第 **7.9.1** 条 预制构件的接头形式应根据结构的受力性能和施工条件确定，且应构造简单、传力直接。

对承受弯矩的刚性接头，设计时应使接头部位的截面刚度与邻近接头处的预制构件的刚度相接近。

【新规范理解与说明】

本条内容，新旧规范完全相同，新规范给出了预制构件连接接头的原则规定，具体说明如下。

由预制构件组成的装配式结构的安全，不完全取决于构件的质量，也取决于这些预制构件与周边构件的连接。可靠的连接质量可以实现按设计的要求传递规定的内力，并且不引起使用和观感上的问题。如果接头连接质量存在缺陷，轻则引起裂缝、渗漏等使用上的问题，重则影响构件与构件，构件与支承结构之间的力的传递，造成承载力及安全方面的问题，甚至引起结构解体，发生塌垮等严重后果。因此，新规范单独列出一节，对预制构件的连接作出规定。

1. 符合受力要求,满足施工条件

无论什么形式的预制构件连接接头,设计时应采取可靠的措施,使接头符合其在结构体系中应有的受力性能。如作为铰支端就应能传递力而允许转动,但不能产生弯矩;而作为固定端就必须有承受弯矩,控制转动变形的能力。

设计的连接接头还必须方便施工,在现时的技术条件下能够实施。脱离实际装备条件和技术水平的设计,理论上再完美也难以实现。并且即使勉强做到,质量也无法保证。采用传统的,经大量工程实践证明是可靠的连接接头形式,是保证质量的有效方法。

2. 构造简单,传力直接

构件之间的连接接头是为使结构形成整体,通畅地传递内力而设计的。因此,构造越简单,传力越直接,效果就越好。间接传力是结构设计中应尽量避免的,因为传力途径曲折,不确定因素太多,往往还引起次应力等附加因素,难以进行准确的分析和计算。更何况复杂的构造还增加了施工的难度,质量更得不到保证。

性能优良、可靠的连接接头(节点)型式必须经过试验研究及工程应用的考验。我国许多标准图和标准设计中提供了可供选择的典型节点的构造做法。这些节点一般经过试验研究及工程应用,并且通过鉴定而比较可靠,而且多已为设计施工单位接受。采用标准图和标准设计的做法,是连接接头设计比较可靠的途径。

3. 装配整体式接头的要求

装配整体式接头的基本要求是,预制构件经装配连接以后具有整体效果。因此,设计时应考虑必要的构造措施,保证接头在施工阶段及使用阶段的承载力、稳定性和变形性能。同时,考虑施工和使用过程中温差和混凝土收缩的影响,应适当增加构造配筋,并避免由于该处局部削弱引起的应力集中。

4. 刚性接头的要求

刚性接头不仅要求连接处能够传递所有可能的内力(轴力、剪力、弯矩等),而且还应有相当大的抵抗变形的能力。即不能由于接头部分是装配施工后形成的,就造成相对集中较大的变形,从而形成"软弱"区段。应采取措施,使接头部位的刚度与邻近接头处构件的刚度相接近,从而达到设计所要求的"整体"目的。

5. 榫式接头的要求

榫式接头用于预制构件柱的互相连接。其中一个柱具有凸起榫头的形式,而另一个柱以预制或现浇的榫槽形式与之相连。由于无论是榫头还是榫槽都较原构件截面有所削弱,因此连接区段要有所加强。按轴心受压承载力计算的该区域的计算承载力应增大30%～50%考虑,即承载力设计值应按1.3～1.5倍考虑。此外,为保持榫接区域不发生局部受压破坏和有效地传递内力,接头及附近区域内应加设横向钢筋网片以加强混凝土。后浇混凝土强度的等级应有提高且加配附加纵向钢筋,以保证连接接头区段的受力性能。

新《混凝土结构设计规范》GB 50010—2002

10.10.2　当柱与柱、梁与柱、梁与梁之间的接头按刚性设计时,钢筋宜采用机械连接的或焊接连接的装配整体式接头。装配式结构在安装过程中应考虑施工和使用过程中的温差和混凝土收缩等不利影响,宜较现浇结构适当增加构造配筋,并应避免由构件局部削

弱所引起的应力集中。当钢筋采用焊接接头时，还应注意焊接程序并选择合理的构造形式，以减少焊接应力的影响。当接头的构造和施工措施能保证连接接头传力性能要求时，装配整体式接头的钢筋也可采用其他的连接方法。

旧《混凝土结构设计规范》GBJ 10—89

第 **7.9.2** 条　当柱与柱、梁与柱、梁与梁之间的接头按刚性设计时，宜采用以钢筋为焊接连接的装配整体式接头。装配式结构在安装过程中应注意焊接程序并选择合理的构造形式，以减少焊接应力。装配式结构应考虑焊接应力以及施工和使用过程中的温差和混凝土收缩等不利影响，可较现浇结构适当增加构造配筋，并应避免由构件的局部削弱所引起的应力集中。当接头的构造和施工措施能保证节点的刚性要求时，装配整体式接头的钢筋亦可采用非焊接的连接方法。

【新规范理解与说明】

本条内容，新旧规范基本相同，只是表达方式有所不同。整体装配式节点处的柱钢筋不应切断而应贯穿节点，在节点以外区域解决连接问题。

新《混凝土结构设计规范》GB 50010—2002

10.10.3　装配整体式接头的设计应满足施工阶段和使用阶段的承载力、稳定性和变形的要求。

旧《混凝土结构设计规范》GBJ 10—89

第 **7.9.3** 条　装配整体式接头应满足施工阶段和使用阶段的承载力、稳定性和变形的要求。

【新规范理解与说明】

本条内容，新旧规范完全相同，新规范规定装配整体式接头应该满足施工阶段和使用阶段的相关要求。具体内容可参见第 10.10.1 条文说明。

新《混凝土结构设计规范》GB 50010—2002

10.10.4　当柱采用装配式榫式接头时，接头附近区段内截面的承载力宜为该截面计算所需承载力的 1.3～1.5 倍(均按轴心受压承载力计算)。此时，可采取在接头及其附近区段的混凝土内加设横向钢筋网、提高后浇混凝土强度等级和设置附加纵向钢筋等措施。

旧《混凝土结构设计规范》GBJ 10—89

第 **7.9.4** 条　当柱采用装配式榫式接头时，接头附近区段内截面的承载力宜为该截面计算所需承载力的 1.3～1.5 倍(均按轴心受压承载力计算)，此时，可采取在接头及其附近区段的混凝土内加设横向钢筋网，提高后浇混凝土强度等级、设置附加的纵向钢筋等措施，以提高其承载力。

【新规范理解与说明】

本条内容，新旧规范基本相同，新规范规定了采用装配式榫式接头时应注意的一些问题,具体可见第10.10.1条相关说明。

新《混凝土结构设计规范》GB 50010—2002

10.10.5　在装配整体式节点处,柱的纵向钢筋应贯穿节点,梁的纵向钢筋应按本规范第10.4.1条的规定在节点内锚固。

旧《混凝土结构设计规范》GBJ 10—89

第**7.9.5**条　在装配整体式节点处,柱的纵向钢筋应贯穿节点,梁的纵向钢筋应按本规范第7.2.3条的规定在节点内锚固。

【新规范理解与说明】

本条内容,新规范规定了整体装配式节点处,柱的纵筋布置要求和梁的纵向钢筋锚固要求。

新《混凝土结构设计规范》GB 50010—2002

10.10.6　计算时考虑传递内力的装配式构件接头,其灌筑接缝的细石混凝土强度等级不宜低于C30,并应采取措施减少灌缝混凝土的收缩。梁与柱之间的接缝宽度不宜小于80mm。计算时不考虑传递内力的构件接头,应采用不低于C20的细石混凝土灌筑。

旧《混凝土结构设计规范》GBJ 10—89

第**7.9.6**条　计算上承受内力的装配式构件接头,当接缝宽度为20mm及以下时,宜采用水泥砂浆灌筑,当接缝宽度大于20mm时,宜采用细石混凝土灌筑,梁与柱之间的缝隙宽度不宜小于80mm。灌筑接缝的水泥砂浆和细石混凝土的强度等级宜比构件混凝土的强度等级提高二级,并应采取措施减少灌缝混凝土的收缩。计算上不承受内力的构件接头,应采用不低于C15的细石混凝土或M15的砂浆灌筑。

【新规范理解与说明】

本条内容,新规范对计算时考虑传递内力的接头及梁柱之间的连缝处理作了详细的说明。

传统的装配式混凝土结构对于保证结构整体性的措施注意不够。除钢筋连接以外,介于两个构件之间的灌缝材料对于接头的承载受力也有很大的影响。旧规范规定对于宽度为20mm及以下的窄缝,可以用水泥砂浆灌筑。计算上不承受内力的接头,拼缝甚至可以采用低强的M15砂浆灌筑。

水泥砂浆强度不高,缺乏粗骨料,因此刚度也不够,并且收缩变形比较大。灌入构件的拼缝以后,基本只能起到一种物理填充的作用,很难有效地传力。而且体积收缩往往引起裂缝和观感缺陷。根据上述情况,新规范对灌缝材料提出了更为严格的要求。

计算时不考虑传递内力的接头,灌缝应采用不低于C20的细石混凝土。计算时考虑传递内力的装配式构件接头,灌缝宜采用强度不低于C30的细石混凝土,并应采取措施减少灌缝混凝土的收缩。例如,混凝土中掺入各种膨胀剂并加强养护;保持湿润状态以避免沿拼缝的收缩裂缝等。

梁柱之间的接缝,宽度不宜小于 80mm。这是由于窄缝不容易浇捣密实,而较宽的接缝则混凝土的浇筑、振捣等均操作方便,可以保证密实而有效地形成整体,承载传力。

新《混凝土结构设计规范》GB 50010—2002

10.10.7　单层房屋或高度不大于20m的多层房屋,其装配式楼盖的预制板、屋面板的板侧边宜做成双齿边或其他能够传递剪力的形式。板间的拼缝应采用不低于 C20 的细石混凝土灌筑,缝的上口宽度不宜小于 30mm。对要求传递水平荷载的装配式楼盖、屋盖以及高度大于 20m 多层房屋的装配式楼盖、屋盖,应采取提高其整体性的措施。

旧《混凝土结构设计规范》GBJ 10—89

第 **7.9.7** 条　单层房屋或高度不大于 20m 的多层房屋,其装配式楼板、屋面板间的缝隙应采用不低于 C15 的细石混凝土或 M15 的砂浆灌筑。缝的上口宽度不宜小于 30mm,缝的截面形式应有利于楼板间相互传递荷载。对要求传递水平荷载的装配式楼盖、屋盖以及高度大于 20m 的多层房屋的装配式楼盖、屋盖,其板与板、板与四周的构件(如墙、梁等)均应可靠地连成整体,以确保楼盖、屋盖平面内的刚度。

【新规范理解与说明】

本条内容,对单层房屋及高度不大于 20m 的多层房屋的预制板、屋面板的形式,拼缝作了相应的规定,对于超过 20m 的多层房屋,应加强整体性的措施。

加强预制板的整体性的措施主要有:

(1)预制板侧边改用双齿边或半圆槽边形式并适当加宽拼缝宽度。上口宽度不小于 30mm,便于浇筑灌缝混凝土(图 10－18a)。

(2)灌缝采用强度等级不低于 C20 的细石混凝土,并宜掺膨胀剂以避免沿拼缝纵裂。宜采用螺栓夹板(混凝土硬化后可拆去)避免错台(图 10－18b)。

(3)拼缝较宽时可布置拼缝构造钢筋以围箍预制楼板,也可将以钢筋伸出板缝与板面钢筋网片连接以增强楼盖整体性(图 10－18c、d)。

(4)板端一定范围内加配上部纵向(负弯矩)钢筋及(抗剪)箍筋,以增强抵抗非设计工况作用的能力(图 10－19a)。

(5)板端采用改进的硬架支模构造措施。板底、板顶伸出的钢筋互相连接,圈梁钢筋伸入端缝并混凝土一体浇筑(图 10－19a)。

(6)在地震区可在相邻两板端上边加配钢筋网片,利用预应力构件反拱造成的板端混凝土层较厚的特点,浇筑厚度不小于 50mm 的细石混凝土,形成类似叠合板的受力状态(图 10－19b)。当然,此时板面应作粗糙处理。

(7)利用预制板上的吊环,设置横向穿越所有吊环的连系钢筋(图 10－20a)。沿楼盖周边板面配置负弯矩钢筋网片,加上板缝配筋,以增强楼盖的整体性(图 10－20b)。

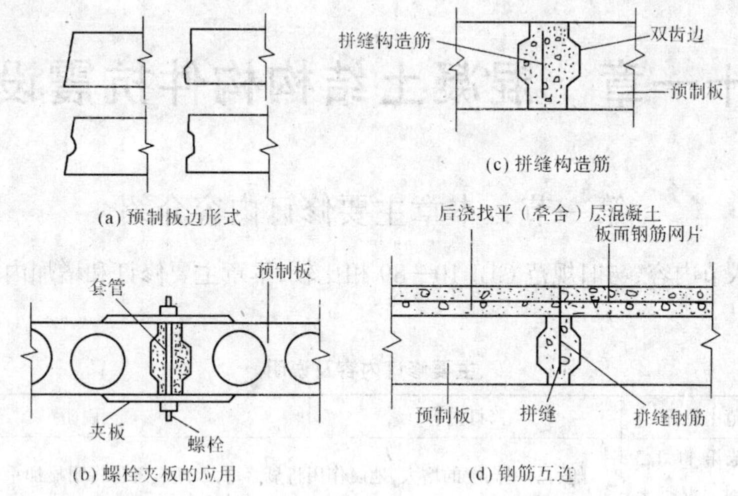

图 10-18　板侧拼缝的改进

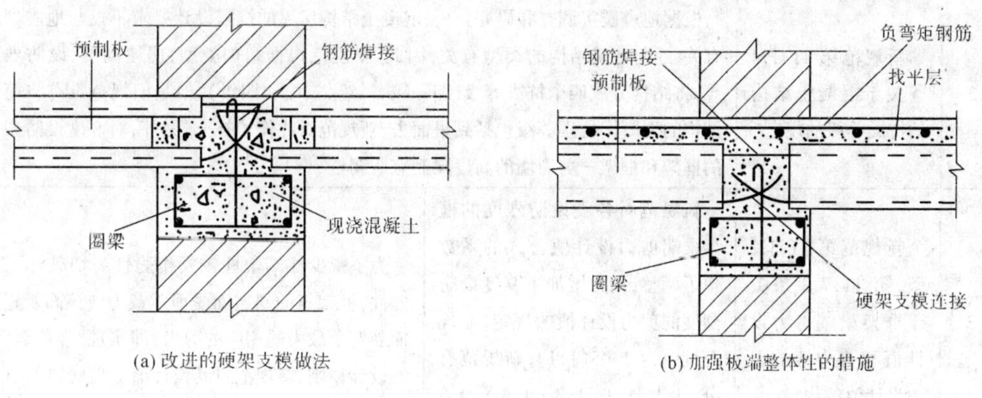

图 10-19　板端连接的改进

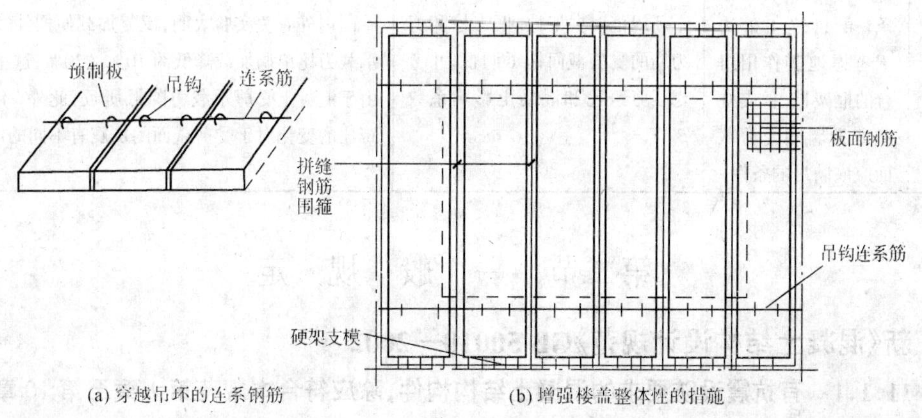

图 10-20　装配整体式楼盖

第十一章　混凝土结构构件抗震设计

第一节　本章主要修订内容介绍

本章共八节内容，与旧规范 GBJ 10—89 相比较，本章主要修订和增加内容见表11－1所列。

表 11－1　主要修订内容及说明

项次	新规范中位置	修订内容	说明
1	新规范第 11.1.3 条关于钢筋混凝土房屋实用的最大高度	随着房屋高度的增大，地震作用将显著增大，地震震害将明显加重，为了防止混凝土结构在地震作用下发生严重破坏和倒坍，房屋的抗震设计必需限制最大高度，因此新规范规定了各类结构在不同设防烈度下的房屋适用高度	
2	新规范第 11.1.4 条关于混凝土结构的抗震等级的规定	根据地震震害调查和研究分析，混凝土结构房屋的抗震设计要求不仅与地震烈度有关，还与建筑结构的类型有关，因此，新规范根据结构类型、房屋高度、设防烈度等，将结构分成四个抗震等级（即一级、二级、三级和四级），但是旧规范没有将筒体结构的混凝土抗震等级包括到里面去，新规范对此作了补充，另外，对 8 度设防烈度的框架和框架－剪力墙的高度限制有所调整	
3	新规范第 11.3.2 条，第 11.7.3 条关于框架梁端剪力设计值和剪力墙的剪力设计值的规定	新规范对各类设防烈度的框架梁端剪力设计值公式的系数作了调整，而且增加了 9 度设防烈度的剪力设计值的规定，原规范统一为 1.05(1.1)，新规范有分别为 1.1，1.3（1.6），1.2(1.4)，1.1(1.2)	为了减少柱端塑性铰发生脆性剪切破坏的可能性，框架筑的斜截面受剪承载力应该高于正截面受弯承载力的相应的剪力，即实现“强剪弱弯”的设计原则，新规范对其设计值适当增加了
4	新规范第 11.4.8 条，第 11.7.4 条关于考虑地震作用组合的框架柱、框支柱和剪力墙的受剪截面应该满足的条件	新规范对框架柱、框支柱和剪力墙的受剪截面作了调整，并考虑了剪跨比和混凝土影响系数 β_c	国内外有关实验表明，反复加载使构件的受剪承载力比单调加载降低约 10%～30%，这主要是由于混凝土受剪承载力降低所致；此外，不同剪跨比的变化对于受剪截面的抗震有不同的影响

第二节　一　般　规　定

新《混凝土结构设计规范》GB 50010—2002

11.1.1　有抗震设防要求的混凝土结构构件，除应符合本规范第 1 章至第 10 章的要求外，尚应根据现行国家标准《建筑抗震设计规范》GB 50011 规定的抗震设计原则，按本章的规定进行结构构件的抗震设计。

旧《混凝土结构设计规范》GBJ 10—89

第 **8.1.1** 条　地震区的钢筋混凝土结构构件，除应符合本规范第一章至第七章的要求外，尚应按本章的规定进行结构构件的抗震设计。

【新规范理解与说明】

本条内容，新旧规范基本相同。

1. 抗震设计的重要性

我国是地震多发的国家之一，约有 60％的地区地震基本烈度为 6～9 度。对于这些地区的工程设计，必须考虑抗震设防，其中包括许多大、中城市和经济发达地区。近年来，随着地震资料的积累和地震方法的研究和运用，采用概率的方法比较科学地确定各地区的抗震设防烈度有了可能。

由于地震的突发性、不确定性及强烈地震作用的极大破坏性，对社会和人民的生命财产将造成巨大损失。结构抗震设计的目的就是要尽量将这种损失减小到最低程度。

2. 地震作用特点

地震是地壳变形积累发生断裂后地震波对震源及附近区域的影响，表现为结构所处地面的强迫运动。因此地震对建筑结构所施加的影响不是“力”而是一种“强迫位移”，以及由此而产生的加速度。

在强烈地震作用下，考虑地震作用引起的效应，往往并不是由力引起的“承载力”问题，而是结构适应强迫位移而表现出来的变形能力——“延性”。延性是结构在大变形(位移)下仍能消耗地震能量的能力，由于在强烈地震作用下结构将进入弹塑性状态，依靠构件弹塑性变形消耗地震的能量是抗震设计的特点，所以延性的重要性完全不亚于构件的承载力。

例如，一座厚重的砖砌水塔，其承载力较高，但变形能力很差。在强烈地震时，当结构变形超过其变形能力时就可能倒塌。而变形能力较好的钢筋混凝土架构支承的水塔，其承载力可能不如前者，但由于延性好，则完全能够经受强烈地震作用而不致倒塌。其原因是后者延性好，可以在大幅度的变形中吸收地震能量。

3. 减轻地震灾害的途径

地震的发生是人类无法控制的自然现象，对其规律的认识目前还处于定性阶段。到目前为止，地震还不能准确地预报。因此，为减少地震作用所造成的影响，最主要的是搞好工程结构的抗震设防。可以采取的途径有两种——“抗”和“消”。

前者属于“抗震”的范围。即将建筑物设计得比较坚韧，足以承担地震作用所引起的效应，使其不发生倾覆、倒塌、断裂等严重后果，以保护人民生命财产的安全。这是目前绝大多数规范、标准，如《建筑抗震设计规范》GB 50011 以及新规范第 11 章“混凝土结构构件抗震设计”所表达的主要内容。

后者则属于“消震”的范畴。即采用各种隔震装置(如橡胶支座等)或消能器具(如阻尼器等)用以改变结构自振周期，增加结构运动的阻尼，使最终作用于建筑结构的地震效应大为减少。随着材料科学和近代技术的发展，隔震消能的概念和做法在近年发展很快，得到了越来越多的工程应用，并已在抗震设计规范中得到反映。

新《混凝土结构设计规范》GB 50010—2002

※11.1.2 结构的抗震验算,应符合下列规定:

1 6度设防烈度时的建筑(建造于Ⅳ类场地上较高的高层建筑除外),应允许不进行截面抗震验算,但应符合有关的抗震措施要求;

2 6度设防烈度时建造于Ⅳ类场地上较高的高层建筑,7度和7度以上的建筑结构,应进行多遇地震作用下的截面抗震验算。

旧《混凝土结构设计规范》GBJ 10—89

旧《混凝土结构设计规范》GBJ 10—89中无此相应条文。

【新规范理解与说明】

本条内容为新增条文。

《建筑抗震设计规范》规定,对抗震设防烈度为6度的建筑结构,只需满足抗震措施要求,不需进行结构抗震验算。但对于6度设防烈度Ⅳ类场地上的较高的高层建筑,其地震影响系数有可能高于同一结构在7度设防烈度Ⅱ类场地条件下的地震影响系数,因此要求对这类条件下的建筑结构仍应进行结构抗震验算和构件的抗震承载力计算。为此,在新规范各类结构构件的抗震承载力计算规定中考虑了这种情况的需要。

新《混凝土结构设计规范》GB 50010—2002

11.1.3 现浇钢筋混凝土房屋适用的最大高度应符合表11.1.3的要求。对平面和竖向均不规则的结构或Ⅳ类场地上的结构,房屋适用的最大高度应适当降低。

表 11.1.3 现浇钢筋混凝土房屋适用的最大高度(m)

结构体系		设防烈度			
		6	7	8	9
框架结构		60	55	45	25
框架-剪力墙结构		130	120	100	50
剪力墙结构	全部落地剪力墙结构	140	120	100	60
	部分框支剪力墙结构	120	100	80	不应采用
筒体结构	框架-核心筒结构	150	130	100	70
	筒中筒结构	180	150	120	80

注:1 房屋高度指室外地面到主要屋面板板顶的高度(不考虑局部突出屋顶部分);

2 框架-核心筒结构指周边稀柱框架与核心筒组成的结构;

3 部分框支剪力墙结构指首层或底部两层为框架和落地剪力墙组成的框支剪力墙结构;

4 甲类建筑应按本地区的设防烈度提高一度确定房屋最大高度,9度设防烈度时应专门研究;乙、丙类建筑应按本地区的设防烈度确定房屋最大高度;

5 超过表内高度的房屋结构,应按有关标准进行设计,采取有效的加强措施。

旧《混凝土结构设计规范》GBJ 10—89

旧《混凝土结构设计规范》GBJ 10—89 无此相应条文。

【新规范理解与说明】

本条内容为新增条文，目的是为了方便使用。

新规范给出了不同抗震设防烈度下现浇钢筋混凝土房屋最大适用高度的规定。所规定的房屋高度限值是当该结构的抗震设计符合《建筑抗震设计规范》GB 50011 的有关规定，且结构构件承载力计算及构造措施符合本章要求时房屋允许达到的最大高度。当所设计的房屋高度超过本条规定时，其设计方法应符合有关标准的规定或经专门研究确定。

新《混凝土结构设计规范》GB 50010—2002

※11.1.4 混凝土结构构件的抗震设计，应根据设防烈度、结构类型、房屋高度，按表11.1.4 采用不同的抗震等级，并应符合相应的计算要求和抗震构造措施。

表 11.1.4　　混凝土结构的抗震等级

<table>
<tr><th colspan="3" rowspan="2">结构体系与类型</th><th colspan="7">设防烈度</th></tr>
<tr><th colspan="2">6</th><th colspan="2">7</th><th colspan="2">8</th><th>9</th></tr>
<tr><td rowspan="3">框架结构</td><td colspan="2">高度(m)</td><td>≤30</td><td>>30</td><td>≤30</td><td>>30</td><td>≤30</td><td>>30</td><td>≤25</td></tr>
<tr><td colspan="2">框架</td><td>四</td><td>三</td><td>三</td><td>二</td><td>二</td><td>一</td><td>一</td></tr>
<tr><td colspan="2">剧场、体育馆等
大跨度公共建筑</td><td colspan="2">三</td><td colspan="2">二</td><td colspan="2">一</td><td>一</td></tr>
<tr><td rowspan="3">框架－剪力墙结构</td><td colspan="2">高度(m)</td><td>≤60</td><td>>60</td><td>≤60</td><td>>60</td><td>≤60</td><td>>60</td><td>≤50</td></tr>
<tr><td colspan="2">框架</td><td>四</td><td>三</td><td>三</td><td>二</td><td>二</td><td>一</td><td>一</td></tr>
<tr><td colspan="2">剪力墙</td><td>三</td><td>三</td><td>二</td><td>二</td><td>一</td><td>一</td><td>一</td></tr>
<tr><td rowspan="2">剪力墙结构</td><td colspan="2">高度(m)</td><td>≤80</td><td>>80</td><td>≤80</td><td>>80</td><td>≤80</td><td>>80</td><td>≤60</td></tr>
<tr><td colspan="2">剪力墙</td><td>四</td><td>三</td><td>三</td><td>二</td><td>二</td><td>一</td><td>一</td></tr>
<tr><td rowspan="2">部分框支剪力墙结构</td><td colspan="2">框支层框架</td><td>二</td><td>二</td><td>二</td><td>一</td><td>一</td><td rowspan="2">不应采用</td><td rowspan="2">不应采用</td></tr>
<tr><td colspan="2">剪力墙</td><td>三</td><td>二</td><td>二</td><td>二</td><td>一</td></tr>
<tr><td rowspan="4">筒体结构</td><td rowspan="2">框架－核心筒结构</td><td>框架</td><td colspan="2">三</td><td colspan="2">二</td><td colspan="2">一</td><td>一</td></tr>
<tr><td>核心筒</td><td colspan="2">二</td><td colspan="2">二</td><td colspan="2">一</td><td>一</td></tr>
<tr><td rowspan="2">筒中筒结构</td><td>内筒</td><td colspan="2">三</td><td colspan="2">二</td><td colspan="2">一</td><td>一</td></tr>
<tr><td>外筒</td><td colspan="2">三</td><td colspan="2">二</td><td colspan="2">一</td><td>一</td></tr>
<tr><td>单层厂房结构</td><td colspan="2">铰接排架</td><td colspan="2">四</td><td colspan="2">三</td><td colspan="2">二</td><td>一</td></tr>
</table>

注：1　丙类建筑应按本地区的设防烈度直接由本表确定抗震等级；其他设防类别的建筑，应按现行国家标准《建筑抗震设计规范》GB 50011 的规定调整设防烈度后，再按本表确定抗震等级；

2　建筑场地为Ⅰ类时，除 6 度设防烈度外，应允许按本地区设防烈度降低一度所对应的抗震等级采取抗震构造措施，但相应的计算要求不应降低；

3　框架—剪力墙结构，当按基本振型计算地震作用时，若框架部分承受的地震倾覆力矩大于结构总地震倾覆力矩的 50%，框架部分应按表中框架结构相应的抗震等级设计；

4　部分框支剪力墙结构中，剪力墙加强部位以上的一般部位，应按剪力墙结构中的剪力墙确定其抗震等级。

旧《混凝土结构设计规范》GBJ 10—89

第 8.1.2 条 钢筋混凝土结构构件的抗震设计，应根据结构类型、房屋高度、设防烈度采用不同的抗震等级，并应符合相应的计算和构造措施要求。

结构抗震等级的划分宜符合表 8.1.2 的规定。

表 8.1.2 钢筋混凝土结构的抗震等级

结构类型		设防烈度								
		6		7		8			9	
框架结构	房屋高度(m)	≤25	>25	≤35	>35	≤35	>35		≤25	
	框架	四	三	三	二	二	一		一	
框架剪力墙结构	房屋高度(m)	≤50	>50	≤60	>60	<50	50~80	>80	≤25	>25
	框架	四	三	三	二	三	二	一	二	一
	剪力墙	三	三	二	二	二	一	一	一	一
剪力墙结构	房屋高度(m)	≤60	>60	≤80	>80	<35	35~80	>80	≤25	>25
	一般剪力墙	四	三	三	二	三	二	一	二	一
	框支落地剪力墙底部加强区	三	二	二	二	二	一	不宜采用	不应采用	
	框支层框架	三	二	二	一	二	一	不宜采用	不应采用	
单层厂房结构	铰接排架	四		三		二			一	

注：①设防烈度为 6 度的建筑（建造于Ⅳ类场地上较高的高层建筑除外）可不进行截面抗震验算，但应符合本章有关的抗震构造要求；

②框架剪力墙结构中，当剪力墙部分承受的地震倾覆力矩不大于结构总地震倾覆力矩的 50% 时，其框架部分应按框架结构的抗震等级采用；

③有框支层的剪力墙结构，除落地剪力墙底部加强区外，均可按一般剪力墙结构的抗震等级取用；

④房屋高度指室外地面至檐口的高度；

⑤设防烈度为 8 度的丙类建筑且房屋高度不超过 12m 的规则的一般民用框架结构（体育馆和影剧院等除外）和类似的工业框架结构，抗震等级可采用三级；

⑥对设防烈度为 6 度、7 度的地区，当采用有框支层的剪力墙结构时，其房屋高度分别不宜超过 120m、100m；

⑦本表所列结构，除铰接排架外，均为现浇钢筋混凝土结构，剪力墙即为现行国家标准《建筑抗震设计规范》中的现浇抗震墙。

【新规范理解与说明】

本条内容，新规范根据设防烈度、结构类型和房屋高度将各类抗震建筑结构划分为一级、二级、三级、四级四个抗震等级。根据抗震等级不同，对不同类型结构中的各类构件提出了相应的抗震性能要求，其中主要是延性要求，同时也考虑了耗能能力的要求。一级抗震等级的要求最严，四级抗震等级的要求最轻。各抗震等级所提要求的差异主要体现在"强柱弱梁"措施中柱和剪力墙弯矩增大系数的取值和确定方法的不同、"强剪弱弯"措施中梁、柱、墙及节点中剪力增大措施的不同以及保证各类结构构件延性和塑性耗能能力构造措施的不同。

不同抗震等级的具体要求是根据我国和国外历年来的地震灾害经验、研究成果和工程经验,并参考国外有关规范制定的。

新规范在现浇钢筋混凝土结构的抗震等级表中增加了筒体结构的抗震等级规定。

新《混凝土结构设计规范》GB 50010—2002

11.1.5 部分框支剪力墙结构的剪力墙,其底部加强部位的高度,可取框支层加框支层以上两层的高度和落地剪力墙总高度的 1/8 中的较大值,但不大于 15m;其他结构的剪力墙,其底部加强部位的高度,可取墙肢总高度的 1/8 和底部两层高度中的较大值,但不大于 15m。

旧《混凝土结构设计规范》GBJ 10—89

旧《混凝土结构设计规范》GBJ 10—89 中无此相应条文。

【新规范理解与说明】

本条内容为新增条文。

新规范对各种结构体系中的剪力墙,以及部分框支剪力墙结构中落地剪力墙底部加强部位的高度做出了规定。为简化规定,其中只考虑了高度因素。规范除规定底部加强部位的高度可取墙肢总高度的 1/8 外,考虑到层数较少的结构,其加强部位的高度不宜过小,因此,对各种结构体系中的剪力墙,还规定需不小于底部两层的高度。对部分框支剪力墙结构的落地剪力墙还需满足加强部位高度不小于框支层加框支层以上两层高度的要求。另外,考虑到高层建筑的特点,还增加了底部加强部位的高度不超过 15m 的规定。

新《混凝土结构设计规范》GB 50010—2002

11.1.6 考虑地震作用组合的混凝土结构构件,其截面承载力应除以承载力抗震调整系数 γ_{RE},承载力抗震调整系数 γ_{RE} 应按表 11.1.6 采用。

表 11.1.6 承载力抗震调整系数

结构构件类别	正截面承载力计算				斜截面承载力计算	局部受压承载力计算
	受弯构件	偏心受压柱	偏心受拉构件	剪力墙	各类构件及框架节点	
γ_{RE}	0.75	0.8	0.85	0.85	0.85	1.0

注:1. 轴压比小于 0.15 的偏心受压柱的承载力抗震调整系数应取 $\gamma_{RE}=0.75$。

2. 预埋件锚筋截面计算的承载力抗震调整系数应取 $\gamma_{RE}=1.0$。

当仅考虑竖向地震作用组合时,各类结构构件均应取 $\gamma_{RE}=1.0$。

旧《混凝土结构设计规范》GBJ 10—89

第 **8.1.3** 条 考虑地震作用组合的钢筋混凝土结构构件,其截面承载力应除以承载力抗震调整系数 γ_{RE},承载力抗震调整系数应按表 8.1.3 采用。

当仅考虑竖向地震作用组合时,各类结构构件的承载力抗震调整系数均取用1.0。

表 8.1.3　　　　　　　　承载力抗震调整系数

结构构件类别	正截面承载力计算					斜截面承载力计算	局部受压承载力计算
	梁	偏心受压柱	偏心受拉构件	剪力墙	牛腿	各类构件及框架节点	结构的局部受压部位
γ_{RE}	0.75	0.8	0.85	0.85	1.0	0.85	1.0

注:轴压比小于 0.15 的偏心受压柱,其承载力抗震调整系数按梁取用。

【新规范理解与说明】

本条内容,新旧规范基本相同。

考虑到地震作用和抗震设计的特点,与原规范一样,在抗震设计中引入了承载力抗震调整系数 γ_{RE},即结构构件的截面抗震验算按下式公式表达。

$$S \leqslant \frac{R}{\gamma_{RE}}$$

式中 S 为构件考虑地震作用时的内力组合的设计值,R 为构件承载力设计值,γ_{RE}为承载力抗震调整系数。

新规范表 11.1.6 中各类构件的承载力抗震调整系数是根据《建筑抗震设计规范》GB 50011 的规定给出的。表中各类构件的承载力抗震调整系数是在该规范采用的常遇地震下的地震作用取值和地震作用分项系数取值的前提下,使考虑常遇地震作用组合的各类构件承载力具有适宜的安全性水准而采取的对抗力项进行必要调整的措施。

新《混凝土结构设计规范》GB 50010—2002

11.1.7　有抗震设防要求的混凝土结构构件,其纵向受力钢筋的锚固和连接接头除应符合本规范第 9.3 节和第 9.4 节的有关规定外,尚应符合下列要求:

1　纵向受拉钢筋的抗震锚固长度 l_{aE}应按下列公式计算:

一、二级抗震等级

$$l_{aE} = 1.15 l_a \tag{11.1.7-1}$$

三级抗震等级

$$l_{aE} = 1.05 l_a \tag{11.1.7-2}$$

四级抗震等级

$$l_{aE} = l_a \tag{11.1.7-3}$$

式中　l_a——纵向受拉钢筋的锚固长度,按本规范第 9.3.1 条确定。

2　当采用搭接接头时,纵向受拉钢筋的抗震搭接长度 l_{lE}应按下列公式计算:

$$l_{lE} = \zeta l_{aE} \tag{11.7.7-4}$$

式中　ζ——纵向受拉钢筋搭接长度修正系数,按本规范第 9.4.3 条确定。

3　钢筋混凝土结构构件的纵向受力钢筋的连接可分为两类:绑扎搭接;机械连接或焊接。宜按不同情况选用合适的连接方式;

4　纵向受力钢筋连接接头的位置宜避开梁端、柱端箍筋加密区;当无法避开时,应采

用满足等强度要求的高质量机械连接接头，且钢筋接头面积百分率不应超过50%。

旧《混凝土结构设计规范》GBJ 10—89

第**8.1.4**条　考虑地震作用组合的钢筋混凝土结构构件，其配置的受力钢筋的锚固和接头除应符合本规范第六章第一节的要求外，尚应符合下列要求：

一、考虑抗震要求的纵向钢筋最小锚固长度 l_{aE} 应按下列公式计算：

$$l_{aE}=l_a+\Delta l_a \tag{8.1.4}$$

式中　l_a——纵向受拉钢筋的最小锚固长度，按表6.1.4的规定取用；

Δl_a——附加锚固长度：一、二级抗震等级，取 $5d$；三、四级抗震等级，可不考虑；

二、考虑抗震要求的受力钢筋宜优先采用焊接或机械连接的接头；当允许采用非焊接的搭接头时，其搭接长度不应小于下列规定：对一、二级抗震等级，取 $1.2l_a+5d$；对三、四级抗震等级，取 $1.2l_a$；

三、纵向钢筋的接头；对一、二级抗震等级，宜优先采用焊接或机械连接的接头；对三、四级抗震等级，当钢筋直径 $d\leqslant$22mm时，可采用非焊接的搭接接头；

对剪力墙中的分布钢筋，当其直径 $d\leqslant$mm时，可采用非焊接的搭接接头；

四、箍筋的末端应做成不小于135°弯钩，弯钩端头平直段长度不应小于 $10d$（d 为箍筋直径）。

注：①对三级抗震等级，框架底层柱、剪力墙加强部位纵向钢筋的接头，宜优先采用焊接或机械连接的接头；

②钢筋接头不宜设置在梁端、柱端的箍筋加密区范围内。

【新规范理解与说明】

本条内容，新旧规范改变较大。新规范对地震作用组合的钢筋混凝土结构构件钢筋的锚固和接头作了具体的规定。

在较强地震作用过程中，梁、柱端截面和剪力墙肢底部截面中的纵向受力钢筋可能处于交替拉、压的状态下。根据试验结果，这时钢筋与其周围混凝土的粘结锚固性能将比单调受拉时不利。因此，根据不同的抗震等级给出了增大钢筋受拉锚固长度的规定。受拉钢筋搭接长度也相应增大。

由于梁、柱端和剪力墙肢底部截面可能出现塑性铰的部位纵向受力钢筋在屈服后可能产生很大的塑性变形，且拉、压屈服可能交替出现，加之塑性铰区受力比较复杂，在强震下可能形成一定损伤，因此建议钢筋的各类连接接头应尽量避开构件端部的箍筋加密区。当出于工程原因不能避开时，仅允许采用机械连接接头，且应对该接头提出严格质量要求，同时规定在同一连接区段内有接头钢筋的截面面积不应大于全部钢筋截面面积的50%。

新《混凝土结构设计规范》GB 50010—2002

11.1.8　箍筋的末端应做成135°弯钩，弯钩端头平直段长度不应小于箍筋直径的10倍；在纵向受力钢筋搭接长度范围内的箍筋，其直径不应小于搭接钢筋较大直径的0.25倍，其间距不应大于搭接钢筋较小直径的5倍，且不应大于100mm。

旧《混凝土结构设计规范》GBJ 10—89

参见旧规范第8.1.4条相关内容。

【新规范理解与说明】

本条内容,新规范对箍筋末端弯构的构造要求,有利于保证箍筋对混凝土核心起到有效约束作用。

第三节 材 料

新《混凝土结构设计规范》GB 50010—2002

11.2.1 有抗震设防要求的混凝土结构的混凝土强度等级应符合下列要求:

1 设防烈度为 9 度时,混凝土强度等级不宜超过 C60;设防烈度为 8 度时,混凝土强度等级不宜超过 C70;

2 框支梁、框支柱以及一级抗震等级的框架梁、柱、节点,混凝土强度等级不应低于 C30;其他各类结构构件,混凝土强度等级不应低于 C20。

旧《混凝土结构设计规范》GBJ 10—89

第 **8.2.1** 条 对框架梁、柱、节点,当按一级抗震等级设计时,其混凝土强度等级不宜低于 C30,当按二、三级抗震等级设计时,其混凝土强度等级不应低于 C20。

对剪力墙,其混凝土强度等级不应低于 C20。

【新规范理解与说明】

本条内容,新规范对混凝土结构采用的混凝土强度作了详细的规定。

有抗震设防要求的混凝土结构,其混凝土强度等级不应太低,以满足承载力的起码要求。但是混凝土强度过高而引起的材料脆性将影响结构的延性和抗震性能。故在地震高烈度区,应对高强混凝土的应用有所限制。

新《混凝土结构设计规范》GB 50010—2002

11.2.2 结构构件中的普通纵向受力钢筋宜选用 HRB400、HRB335 级钢筋;箍筋宜选用 HRB335、HRB400、HPB235 级钢筋。在施工中,当需要以强度等级较高的钢筋代替原设计中的纵向受力钢筋时,应按钢筋受拉承载力设计值相等的原则进行代换,并应满足正常使用极限状态和抗震构造措施的要求。

旧《混凝土结构设计规范》GBJ 10—89

第 **8.2.2** 条 结构构件中纵向受力钢筋宜选用Ⅱ、Ⅲ级钢筋;箍筋宜选用Ⅰ、Ⅱ级钢筋。

注:在施工中,不宜以强度等级较高的钢筋代替原设计中的纵向受力钢筋。如必须代换时,应按钢筋受拉承载力计值相等的原则进行代换。

【新规范理解与说明】

本条内容,新规范对钢筋类型和钢筋代换作了具体的规定。

1. 受力钢筋的选择

出于抗震结构对钢筋强度和延性的要求,普通纵向受力钢筋宜选用 HRB400、HRB335 级热轧钢筋。不选用 HPB235 级光面钢筋是因为其强度太低,锚固性能差须在末端加弯钩，施工不便。不选用冷加工（冷拉、冷拔、冷轧、冷扭）钢筋的原因是其延性太差。

箍筋宜选用 HRB335、HRB400 及 HPB235 级热轧钢筋，理由同上。但作为箍筋更多地考虑是出于延性和易加工（弯折等）性能的要求。目前 HRB335 及 HRB400 级钢筋已有了直径小于 12mm 的细直径规格，适宜选作抗震箍筋。

2. 钢筋代换原则

在施工中，由于规格短缺可能涉及钢筋代换。当必须以高强钢筋代替原设计的纵向受力钢筋时，应按受拉承载力设计值相等的原则代换并满足抗震构造措施的要求。应注意以下几个问题：代换后的承载力设计值不宜超过原设计值太多。因为这可能会造成薄弱部位转移，并容易发生因超筋而引起的破坏形态变化——混凝土脆性破坏（压碎、剪坏等）。钢筋代换引起工作应力（强度）和直径的变化会影响正常使用阶段的挠度和裂缝宽度计算，以及最小配筋率及钢筋间距等构造问题，应进行复核计算。

新《混凝土结构设计规范》GB 50010—2002

11.2.3　按一、二级抗震等级设计的各类框架中的纵向受力钢筋，当采用普通钢筋时，其检验所得的强度实测值应符合下列要求：

1　钢筋的抗拉强度实测值与屈服强度实测值的比值不应小于 1.25；

2　钢筋的屈服强度实测值与强度标准值的比值不应大于 1.3。

旧《混凝土结构设计规范》GBJ 10—89

第 **8.2.3** 条　按一、二级抗震等级设计时，框架结构中纵向受力钢筋的选用，除应符合本规范第二章的要求外，其检验所得的强度实测值，尚应符合下列要求：

一、钢筋的抗拉强度实测值与屈服强度实测值的比值不应小于 1.25；

二、钢筋的屈服强度实测值与钢筋强度标准的比值：当按一级抗震等级设计时，不应大于 1.25；当按二级抗震等级设计时，不应大于 1.4。

注：钢筋的检验方法，应符合国家现行标准《混凝土结构工程施工及验收规范》的规定。

【新规范理解与说明】

本条内容，新规范对采用普通钢筋时，其检验所得的强度实测值应满足的要求。

对于抗震等级为一、二级的各类框架结构中的纵向受力钢筋，其实测强度应满足的延性要求，比原规范有了一些调整。抗拉强度实测值与屈服强度实测值的比值（强屈比）不应小于 1.25。这是为了满足抗震延性和强度的要求，使钢筋屈服后到拉断前仍有足够的变形和强度增长，以确保结构的耗能能力。屈服强度实测值与强度标准值的比值（超强比）不应大于 1.3。这是为了避免钢筋超强过多而延性不足，造成薄弱部位（如塑性铰）转移或破坏形态变化，由钢筋屈服的延性弯曲破坏转为混凝土碎裂的脆性破坏。

我国的热轧带肋钢筋（HRB400、HRB335 级）均能满足上述要求。只是应在施工前试验验证上述抗震性能的要求。实际上钢筋延性最重要的指标是最大力下的总伸长率（均匀伸长率）δ_{gt}。许多先进的国际标准已正式将其列入钢筋的性能指标，并作为应用的依据。欧洲共同体的抗震设计规范 ENV－8 中规定，用于抗震结构的钢筋应满足，$\delta_{gt} \geqslant$

9%。我国的热轧带肋钢筋 δ_{gt} 均远大于 12% 以上，是国际上延性最好的钢筋。这是因为我国热轧钢筋很少采用淬水和余热处理来提高强度的缘故。而冷加工钢筋的均匀伸长率极低。

第四节 框 架 梁

新《混凝土结构设计规范》GB 50010—2002

※11.3.1 考虑地震作用组合的框架梁，其正截面抗震受弯承载力应按本规范第 7.2 节的规定计算，但在受弯承载力计算公式右边应除以相应的承载力抗震调整系数 γ_{RE}。

在计算中，计入纵向受压钢筋的梁端混凝土受压区高度应符合下列要求：

一级抗震等级

$$x \leqslant 0.25h_0 \quad (11.3.1-1)$$

二、三级抗震等级

$$x \leqslant 0.35h_0 \quad (11.3.1-2)$$

且梁端纵向受拉钢筋的配筋率不应大于 2.5%。

旧《混凝土结构设计规范》GBJ 10—89

第 **8.3.1** 条 考虑地震作用组合的框架梁，其正截面受弯承载力应按本规范第 4.1.5 条和第 4.1.6 条的规定计算，但在受弯承载力计算公式右边应除以相应的承载力抗震调整系数。

在计算中，梁端混凝土受压高度应符合下列要求：

一级抗震等级 $x \leqslant 0.25h_0$ (8.3.1-1)

二、三级抗震等级 $x \leqslant 0.35h_0$ (8.3.1-2)

且纵向受拉钢筋的配筋率均不应大于 2.5%。

【新规范理解与说明】

本条内容，新旧规范基本相同。新规范对框架梁中混凝土的受压高度和受拉钢筋的配筋率作了规定。

试验资料表明低周反复荷载作用不致降低框架梁的受弯承载力，其正截面受弯承载力可按静力公式计算，但在其受弯计算公式右边应除以相应的承载力抗震调整系数。

设计框架时，控制梁端混凝土受压区高度的目的是控制塑性铰区纵向受拉钢筋的配筋率不要过大，以保证框架梁有足够的曲率延性。根据国内的试验结果和参考国外经验，确定了混凝土受压区高度限值。

在确定混凝土受压区高度时，可把截面内的受压钢筋计算在内。

新《混凝土结构设计规范》GB 50010—2002

11.3.2 考虑地震作用组合的框架梁端剪力设计值 V_b 应按下列规定计算：

1 9 度设防烈度的各类框架和一级抗震等级的框架结构

$$V_b = 1.1\frac{(M_{bua}^l + M_{bua}^r)}{l_n} + V_{Gb} \quad (11.3.2-1)$$

且不小于按公式(11.3.2-2)求得的 V_b 值。

2　其他情况

一级抗震等级

$$V_b = 1.3\frac{(M_b^l + M_b^r)}{l_n} + V_{Gb} \tag{11.3.2-2}$$

二级抗震等级

$$V_b = 1.2\frac{(M_b^l + M_b^r)}{l_n} + V_{Gb} \tag{11.3.2-3}$$

三级抗震等级

$$V_b = 1.1\frac{(M_b^l + M_b^r)}{l_n} + V_{Gb} \tag{11.3.2-4}$$

四级抗震等级,取地震作用组合下的剪力设计值。

式中　M_{bua}^l、M_{bua}^r——框架梁左、右端按实配钢筋截面面积、材料强度标准值,且考虑承载力抗震调整系数的正截面抗震受弯承载力所对应的弯矩值;

M_b^l、M_b^r——考虑地震作用组合的框架梁左、右端弯矩设计值;

V_{Gb}——考虑地震作用组合时的重力荷载代表值产生的剪力设计值,可按简支梁计算确定;

l_n——梁的净跨。

在公式(11.3.2-1)中,M_{bua}^l与 M_{bua}^r之和,应分别按顺时针和逆时针方向进行计算,并取其较大值。每端的 M_{bua} 值可按本规范第 7.2 节中有关公式计算,但在计算中应将材料强度设计值以强度标准值代替,并取实配的纵向钢筋截面面积,不等式改为等式,并在等式右边除以梁的正截面承载力抗震调整系数。

公式(11.3.2-2)至公式(11.3.2-4)中,M_b^l 与 M_b^r 之和,应分别按顺时针方向和逆时针方向进行计算,并取其较大值。对一级抗震等级,当两端弯矩均为负弯矩时,绝对值较小的弯矩值应取零。

旧《混凝土结构设计规范》GBJ 10—89

第 **8.3.2** 条　框架梁考虑抗震等级的剪力设计值 V,应按下列规定计算:

一级抗震等级

$$V_b = 1.05\frac{(M_{bua}^l + M_{bua}^r)}{l_n} + V_{Gb} \tag{8.3.2-1}$$

或

$$V_b = 1.05\lambda_b\frac{(M_b^l + M_b^r)}{l_n} + V_{Gb} \tag{8.3.2-2}$$

二级抗震等级

$$V_b = 1.05\,\frac{(M_b^l + M_b^r}{l_n}) + V_{Gb} \tag{8.3.2-3}$$

三级抗震等级

$$V_b = \frac{M_b^l + M_b^r}{l_n} + V_{Gb} \tag{8.3.2-4}$$

式中 M_{bua}^{l}、M_{bua}^{r}——框架梁左、右端按实配钢筋计算的正截面抗震受弯承载力所对应的弯矩值；

M_{b}^{l}、M_{b}^{r}——考虑地震作用组合的框架梁左、右端弯矩设计值；

V_{Gb}——考虑地震作用组合时的重力荷载代表值产生的剪力设计值，可按简支梁计算确定；

λ_{b}——梁的实配增大系数，可取梁的左右端纵向受拉钢筋的实际配筋面积之和与计算面积之和的比值是1.1倍，或经分析比较后确定；

l_0——梁的净跨。

在公式(8.3.2-1)中，M_{bua}^{l}与M_{bua}^{r}之和，应分别按顺时针和逆时针方向进行计算，并取得其较大值。每端M_{bua}可按本规范公式(4.1.9)计算，但在计算中应将纵向受拉钢筋的强度设计值以强度标准值代替，取实配的纵向钢筋截面面积，不等式改为等式，并在等式右边除以梁的正截面承载力抗震调整系数，M_{bua}取等于M。

在公式(8.3.2-2)、(8.3.2-3)、(8.3.2-4)中，M_{b}^{l}与M_{b}^{r}之和，应分别按顺时针和逆时针方向进行计算，并取其较大值。

【新规范理解与说明】

本条内容，新旧规范在形式上没有区别，只是对系数作了调整和添加了9度设裂度剪力设计值计算。

框架结构设计中，应力求做到在地震作用下的框架呈以梁端塑性铰为主的塑能机构，为减少梁端塑性铰区发生脆性剪切破坏的可能性，对框架梁提出了梁端的斜截面受剪承载力应高于正截面受弯承载力的要求，即“强剪弱弯”的设计概念。

为确保框架梁的受剪承载力，对一、二级抗震等级的剪力设计值的确定，应考虑弯矩的增大，以体现“强剪弱弯”的要求，对9度设防和一级抗震等级，还考虑了工程设计中梁端纵向受拉钢筋有超配的情况，要求梁左、右端取用正截面抗震受弯承载力所对应的弯矩值M_{bua}，它可按下列公式计算：

$$M_{bua}=\frac{M_{buk}}{\gamma_{RE}}\approx\frac{1}{\gamma_{RE}}f_{yk}A_{s}^{a}(h_0-a'_{s})$$

当采用梁端弯矩设计值和增大系数来确定剪力设计值时，一般可根据工程经验估计梁左右端顺时针或逆时针方向受拉钢筋的实际截面面积之和与计算截面面积之和的比值来确定。

在新规范中，考虑抗震等级的内力设计系按《建筑抗震设计规范》计算并考虑了相应的增大系数，或由考虑承载力抗震调整系数的正截面受弯承载力值直接确定；考虑地震作用组合的内力设计值系指未考虑增大系数或调整系数。

新《混凝土结构设计规范》GB 50010—2002

11.3.3 考虑地震作用组合的框架梁，当跨高比$l_0/h>2.5$时，其受剪截面应符合下列条件：

$$V_{b}\leqslant\frac{1}{\gamma_{RE}}(0.20\beta_{c}f_{c}bh_0) \tag{11.3.3}$$

式中 β_c——混凝土强度影响系数：当混凝土强度等级不超过 C50 时，取 $\beta_c = 1.0$；当混凝土强度等级为 C80 时，取 $\beta_c = 0.8$；其间按线性内插法确定。

旧《混凝土结构设计规范》GBJ 10—89

第 **8.3.3** 条 按一、二、三级抗震等级设计的矩形、T 形和 I 形截面的框架梁，其受剪截面应符合下列条件：

$$V_b \leqslant \frac{1}{\gamma_{RE}}(0.25 f_c b h_0) \tag{8.3.3}$$

【新规范理解与说明】

本条内容，新规范添加了相应的混凝土强度影响系数。

对于矩形、T 形和 I 形截面框架梁，其受剪要求的截面控制条件是在静力受剪要求的基础上，考虑反复荷载作用的不利影响确定的。在截面控制条件中还对较高强度的混凝土考虑了混凝土强度影响系数。

新《混凝土结构设计规范》GB 50010—2002

11.3.4 考虑地震作用组合的矩形、T 形和 I 形截面的框架梁，其斜截面受剪承载力应符合下列规定：

1 一般框架梁

$$V_b \leqslant \frac{1}{\gamma_{RE}}\left[0.42 f_t b h_0 + 1.25 f_{yv}\frac{A_{sv}}{s}h_0\right] \tag{11.3.4-1}$$

2 集中荷载作用下（包括有多种荷载，其中集中荷载对节点边缘产生的剪力值占总剪力值的 75% 以上的情况）的框架梁

$$V_b \leqslant \frac{1}{\gamma_{RE}}\left[\frac{1.05}{\lambda+1} f_t b h_0 + f_{yv}\frac{A_{sv}}{s}h_0\right] \tag{11.3.4-2}$$

式中 λ——计算截面的剪跨比，可取 $\lambda = a/h_0$，a 为集中荷载作用点至节点边缘的距离；当 $\lambda < 1.5$ 时，取 $\lambda = 1.5$；当 $\lambda > 3$ 时，取 $\lambda = 3$。

旧《混凝土结构设计规范》GBJ 10—89

第 **8.3.4** 条 矩形、T 形和 I 形截面的一般框架梁，其斜截面受剪承载力应按下列公式计算：

$$V_b \leqslant \frac{1}{\gamma_{RE}}\left(0.056 f_c b h_0 + 1.2 f_{yv}\frac{A_{sv}}{S}h_0\right) \tag{8.3.4-1}$$

对集中荷载作用下的框架梁（包括有多种荷载、且其中集中荷载对节点边缘产生的剪力值占总剪力值的 75% 以上的情况），其斜截面受剪承载力应按下列公式计算：

$$V_b \leqslant \frac{1}{\lambda_{RE}}\left(\frac{0.16}{\gamma+1.5} f_c b h_0 + f_{yv}\frac{A_{sv}}{S}h_0\right) \tag{8.3.4-2}$$

此处，计算截面的剪跨比取值，应符合本规范第 4.2.3 条的规定。

【新规范理解与说明】

本条内容，新旧规范形式基本相同，只是系数发生了一些变化。

国内外低周反复荷载作用下钢筋混凝土连续梁和悬臂梁受剪承载力试验表明，低周反复荷载作用使梁的斜截面受剪承载力降低，其主要原因是混凝土剪压区剪切强度降低，以及斜裂缝间混凝土咬合力及纵向钢筋暗销力的降低。箍筋项承载力降低不明显。为此，仍以截面总受剪承载力试验值的下包线作为计算公式的取值标准，其中将混凝土项取为非抗震情况下混凝土受剪承载力的60%，而箍筋项则不考虑反复荷载作用的降低。同时，为便于设计应用，对各抗震等级均取用相同的抗震受剪承载力计算公式。

新《混凝土结构设计规范》GB 50010—2002

11.3.5 框架梁截面尺寸宜符合下列要求：

1 截面宽度不宜小于200mm；

2 截面高度与宽度的比值不宜大于4；

3 净跨与截面高度的比值不宜小于4。

旧《混凝土结构设计规范》GBJ 10—89

第**8.3.5**条 框架梁的截面宽度不宜小于200mm；净跨不宜小于截面高度的4倍；截面高度和截面宽度的比值不宜大于4。

【新规范理解与说明】

本条内容，新旧规范完全相同，新规范对框架梁的截面尺寸作了具体的规定。

为了保证框架梁对框架节点的约束作用，框架梁的截面宽度不宜过小。为了减少在非线性反应时，框架梁发生侧向失稳的危险，对梁的截面高宽比作了限制。

考虑到净跨与梁高的比值小于4的梁，适应较大塑性变形的能力较差，因此，对框架梁的跨高比作了限制。

新《混凝土结构设计规范》GB 50010—2002

※11.3.6 框架梁的钢筋配置应符合下列规定：

1 纵向受拉钢筋的配筋率不应小于表11.3.6-1规定的数值；

表11.3.6-1 框架梁纵向受拉钢筋的最小配筋百分率(%)

抗震等级	梁中位置	
	支座	跨中
一级	0.4和$80f_t/f_y$中的较大值	0.3和$65f_t/f_y$中的较大值
二级	0.3和$65f_t/f_y$中的较大值	0.25和$55f_t/f_y$中的较大值
三、四级	0.25和$55f_t/f_y$中的较大值	0.2和$45f_t/f_y$中的较大值

2 框架梁梁端截面的底部和顶部纵向受力钢筋截面面积的比值，除按计算确定外，一级抗震等级不应小于0.5；二、三级抗震等级不应小于0.3；

3 梁端箍筋的加密区长度、箍筋最大间距和箍筋最小直径，应按表11.3.6-2采用；当梁端纵向受拉钢筋配筋率大于2%时，表中箍筋最小直径应增大2mm。

表 11.3.6－2　　框架梁梁端箍筋加密区的构造要求

抗震等级	加密区长度(mm)	箍筋最大间距(mm)	箍筋最小直径(mm)
一级	2*h* 和 500 中的较大值	纵向钢筋直径的 6 倍,梁高的 1/4 和 100 中的最小值	10
二级	1.5*h* 和 500 中的较大值	纵向钢筋直径的 8 倍,梁高的 1/4 和 100 中的最小值	8
三级		纵向钢筋直径的 8 倍,梁高的 1/4 和 150 中的最小值	8
四级		纵向钢筋直径的 8 倍,梁高的 1/4 和 150 中的最小值	6

注:表中 h 为截面高度。

旧《混凝土结构设计规范》GBJ 10—89

第 8.3.6 条　框架梁纵向钢筋的配置,应符合下列规定:

一、纵向受拉钢筋的配筋率,不应小于表 8.3.6 规定的数值;

表 8.3.6　　纵向受拉钢筋最小配筋百分率(%)

抗震等级	梁中位置	
	支座	跨中
一级	0.4	0.3
二级	0.3	0.25
三、四级	0.25	0.2

二、对一、二级抗震等级,贯通梁全长的上、下部纵向钢筋的截面面积不应小于梁的上、下部钢筋截面面积的四分之一;

三、梁的截面上部和下部至少应各配置两根贯通全长的纵向钢筋;对一、二级抗震等级,钢筋直径不应小于 14mm;对三、四级抗震等级,钢筋直径不应小于 12mm。

【新规范理解与说明】

新规范的规定,对非抗震设计的受弯构件提高了纵向受拉钢筋最小配筋率的取值,并引入了与混凝土抗拉强度设计值和钢筋抗拉强度设计值相关的特征值参数(f_t/f_y)。由此,抗震设计按纵向受拉钢筋在梁中的不同位置和不同抗震等级,给出了相对于非抗震设计留有不同裕度的纵向受拉钢筋最小配筋率的规定。

在梁端箍筋加密区内,下部纵向钢筋不宜过少,下部和上部钢筋的截面面应符合一定的比例。这是考虑由于地震作用的随机性,在较强地震下梁端可能出现较大的正弯矩,该正弯矩有可能明显大于考虑常遇地震作用的梁端组合正弯矩。若梁端下部纵向钢筋配置过少,将可能发生下部钢筋的过早屈服甚至拉断。提高梁端下部纵向钢筋的数量,也有助于改善梁端塑性铰区在负弯矩作用下的延性性能。本条规定的梁端下部钢筋的最小配置比例是根据我国试验结果及设计经验并参考国外规范规定确定的。

框架梁的抗震设计除应满足计算要求外，梁端塑性铰区箍筋的构造要求极其重要。本规范对梁端箍筋加密区长度、箍筋最大间距和箍筋最小直径的要求作了规定，其目的是从构造上对框架梁塑性铰区的受压混凝土提供约束，并约束纵向受压钢筋，防止它在保护层混凝土剥落后过早压屈，以保证梁端具有足够的塑性铰转动能力。

新《混凝土结构设计规范》GB 50010—2002

11.3.7 沿梁全长顶面和底面至少应各配置两根通长的纵向钢筋，对一、二级抗震等级，钢筋直径不应小于 14mm，且分别不应少于梁两端顶面和底面纵向受力钢筋中较大截面面积的 1/4；对三、四级抗震等级，钢筋直径不应小于 12mm。

旧《混凝土结构设计规范》GBJ 10—89

参见旧规范第 8.3.6 条相关内容。

【新规范理解与说明】

本条内容，新旧规范基本相同。贯通梁全长需配置一定数量的钢筋是考虑框架梁在地震作用和垂直荷载作用下反弯点位置可能发生变化。这里“通长”指的是保证梁各个部位的这部分钢筋都能发挥其受拉承载力。

新《混凝土结构设计规范》GB 50010—2002

11.3.8 梁箍筋加密区长度内的箍筋肢距：一级抗震等级，不宜大于 200mm 和 20 倍箍筋直径的较大值；二、三级抗震等级，不宜大于 250mm 和 20 倍箍筋直径的较大值；四级抗震等级，不宜大于 300mm。

旧《混凝土结构设计规范》GBJ 10—89

第 **8.3.9** 条　框架梁中箍筋的构造要求，应符合下列规定：

一、梁端箍筋的加密区长度、箍筋最大间距和箍筋最小直径，应按表 8.3.9 的规定取用；

表 **8.3.9**　梁端箍筋加密区的构造要求

抗震等级	箍筋加密区长度	箍筋最大间距	箍筋最小直径
一级	取 $2h$ 或 500mm 二者中的较大值	取纵向钢筋直径的 6 倍、梁高的 1/4 或 100mm 三者中的最小值	$\phi10$
二级	取 $1.5h$ 或 500mm 二者中的较大值	取纵向钢筋直径的 8 倍、梁高的 1/4 或 100mm 三者中的最小值	$\phi8$
三级		取纵向钢筋直径的 8 倍、梁高的 1/4 或 150mm 三者中的最小值	$\phi8$
四级		取纵向钢筋直径的 8 倍、梁高的 1/4 或 150mm 三者中的最小值	$\phi6$

注：①箍筋最小值除符合表中要求外，尚不应小于纵向钢筋直径的四分之一；

②当梁端纵向受拉钢筋配筋率大于 2%时，箍筋最小直径应增加 2mm。

二、第一个箍筋应设置在距构件节点边缘不大于50mm;

三、在箍筋加密区长度内的箍筋肢距:对一、二级抗震等级,不宜大于200mm;对三、四级抗震等级,不宜大于250mm;

四、承受地震作用为主的框架梁,沿梁全长箍筋的间距应符合本规范第7.2.7条的规定,其配筋率ρ_{sv}不应小于下列规定:

一级抗震等级 $0.035f_c/f_{yv}$

二级抗震等级 $0.030f_c/f_{yv}$

三、四级抗震等级 $0.025f_c/f_{yv}$

【新规范理解与说明】

本条内容,旧规范被拆分成多条文,在新规范中,本条对梁端箍筋加密区长度、箍筋直径作了规定,其目的是为了保证在地震作用下垂直荷载框架塑性铰区有足够的受剪承载力。同时,也增加了箍筋对混凝土的约束作用,以保证框架梁的梁铰机构出现。但考虑到箍筋过密,难于施工,新规范对箍筋肢距作了适当放松。

新《混凝土结构设计规范》GB 50010—2002

11.3.9 梁端设置的第一个箍筋应距框架节点边缘不大于50mm。非加密区的箍筋间距不宜大于加密区箍筋间距的2倍。沿梁全长箍筋的配筋率ρ_{sv}应符合下列规定:

一级抗震等级

$$\rho_{sv} \geqslant 0.30\frac{f_t}{f_{yv}} \tag{11.3.9-1}$$

二级抗震等级

$$\rho_{sv} \geqslant 0.28\frac{f_t}{f_{yv}} \tag{11.3.9-2}$$

三、四级抗震等级

$$\rho_{sv} \geqslant 0.26\frac{f_t}{f_{yv}} \tag{11.3.9-3}$$

旧《混凝土结构设计规范》GBJ 10—89

参见旧规范第8.3.9条相关内容。

【新规范理解与说明】

本条内容,新旧规范关于箍筋间距规定相同。但对于沿梁长箍筋的配筋率系数发生了改变,对于一、二级抗震等级的配筋率作了适当的降低,而对三、四级抗震等级则提高了。

【新规范应用计算实例】

【例11-1】 框架梁正截面受弯构件计算。

已知:8度区某框架梁,$b=250$mm,$h=550$mm,二级抗震等级,$a'_s=40$mm,考虑地震作用组合的梁端负弯矩设计值$M=300$KN·m;采用混凝土强度等级为C30,纵向受力钢筋为HRB335级。求:1.验算截面受压区高度。2.求纵向受力钢筋。

解

1.验算截面受压区高度。

按规范第11.1.6条规定,正截面受弯承载力抗震调整系数$\gamma_{RE}=0.75$。按规范第11.3.1条规定:

$$M \leqslant \frac{\alpha_1 f_c bx}{\gamma_{RE}}\left(h_0 - \frac{x}{2}\right) \quad h_0 = 550 - 40 = 510\text{mm}$$

$$x = h_0 - \sqrt{h_0^2 - \frac{2M\gamma_{RE}}{\alpha_1 f_c b}} = 510 - \sqrt{510^2 - \frac{2\times300\times10^6\times0.75}{1.0\times14.3\times250}}$$

$= 111\text{mm} < 0.35h_0 = 0.35\times510 = 178\text{mm}^2$（满足要求）

2. 求纵向受力钢筋

按规范公式(7.2.1－2)

$$A_s = \frac{\alpha_1 f_c bx}{f_y} = \frac{1.0\times14.3\times250\times143}{300} = 1704\text{mm}^2$$

验算配筋率：

$$M = \frac{A_s}{bh} = \frac{1704}{250\times550} = 1.24\% > 0.3\% > 65f_c/f_y = \frac{65\times1.43}{300} = 0.31\%$$

满足最小配筋率的要求。

【例 11－2】 框架梁斜截面受剪承载力计算。

已知：某框架梁，$b\times h = 250\times600\text{mm}$，$\alpha_s = 40\text{mm}$，梁的计算长度 $l_0 = 7\text{m}$，二级抗震等级，纵向受拉钢筋 3Φ22（一排），考虑抗震等级的梁端剪力设计值 $V_b = 260\text{kN}$，采用混凝土强度等级为 C20，箍筋为 HPB235 级。

求：1. 验算梁受剪截面；2. 梁端箍筋。

解

1. 验算梁受剪截面

$$l_0/h = \frac{7000}{600} = 11.7 > 2.5, h_0 = h - a_s = 600 - 40 = 560\text{mm}$$

$$V_b = \frac{1}{\gamma_{RE}}(0.20B_c f_c bh_0)$$

$$= \frac{1}{0.85}(0.20\times1.0\times9.6\times250\times560) = 316\times10^3\text{N} > 260\times10^3\text{N}$$

截面符合条件。

2. 梁端箍筋

由规范公式(11.3.4－1)

$$\frac{A_{sv}}{s} = \frac{V_b\gamma_{RE} - 0.42f_t bh_0}{1.25f_y vh_0} = \frac{260\times10^3\times0.85 - 0.42\times1.1\times250\times560}{1.25\times210\times560} = 1.06$$

箍筋间距取 $s = 120\text{mm} < 8d = 8\times22 = 176\text{mm}$ 可。

$A_{sv} = 1.06\times120 = 128\text{mm}^2$ 配 3 肢箍 $\phi8(A_s = 151\text{mm}^2)$。

第五节 框架柱及框支柱

新《混凝土结构设计规范》GB 50010—2002

11.4.1 考虑地震作用组合的框架柱和框支柱，其抗震正截面承载力应按本规范第 7 章的规定计算，但在承载力计算公式的右边，均应除以相应的正截面承载力抗震调整系数 γ_{RE}。

旧《混凝土结构设计规范》GBJ 10—89

第 **8.4.1** 条 考虑地震作用组合的框架柱，其正截面偏心受压、受拉承载力应按本规范第四章的规定计算，但在其所有的承载力的计算公式右边，均应除以相应的正截面载力抗震调整系数。

【新规范理解与说明】

本条内容，新规范添加了框支柱的规定，其他基本相同，只是表示方式不同。

考虑地震作用的框架柱，其正截面偏心受压、受拉承载力计算方法与不考虑地震作用的框架柱相同，但在计算公式右边均应除以承载力抗震调整系数。

新《混凝土结构设计规范》GB 50010—2002

11.4.2 考虑地震作用组合的框架柱，其节点上、下柱端和框支柱的中间层节点上、下柱端的截面内力设计值应按下列公式计算：

1 节点上、下端的弯矩设计值

1)9 度设防烈度的各类框架和一级抗震等级的框架结构

$$\sum M_c = 1.2\sum M_{bua} \tag{11.4.2-1}$$

且不应小于按公式(11.4.2-2)求得的$\sum M_c$值。

2)其他情况

一级抗震等级

$$\sum M_c = 1.4\sum M_b \tag{11.4.2-2}$$

二级抗震等级

$$\sum M_c = 1.2\sum M_b \tag{11.4.2-3}$$

三级抗震等级

$$\sum M_c = 1.1\sum M_b \tag{11.4.2-4}$$

四级抗震等级，柱端弯矩设计值取地震作用组合下的弯矩设计值。

式中 $\sum M_c$——考虑地震作用组合的节点上、下柱端的弯矩设计值之和；柱端弯矩设计值的确定，在一般情况下，可将公式(11.4.2-1)至公式(11.4.2-4)计算的弯矩之和，按上、下柱端弹性分析所得的考虑地震作用组合的弯矩比进行分配；

$\sum M_{bua}$——同一节点左、右梁端按顺时针和逆时针方向采用实配钢筋截面面积和材料强度标准值，且考虑承载力抗震调整系数计算的正截面抗震受弯承载力所对应的弯矩值之和的较大值；其中梁端的 M_{bua} 应按本规范第 11.3.2 条的有关规定计算；

$\sum M_b$——同一节点左、右梁端，按顺时针和逆时针方向计算的两端考虑地震作用组合的弯矩设计值之和的较大值；一级抗震等级，当两端弯矩均为负弯矩时，绝对值较小的弯矩值应取零。

当反弯点不在柱的层高范围内时，一、二、三级抗震等级的框架柱端弯矩设计值应按考虑地震作用组合的弯矩设计值分别直接乘以系数 1.4、1.2、1.1 确定；框架顶层柱、轴压比小于0.15的柱，柱端弯矩设计值可取地震作用组合下的弯矩设计值。

2　节点上、下柱端的轴向力设计值，应取地震作用组合下各自的轴向力设计值。

旧《混凝土结构设计规范》GBJ 10—89

第**8.4.2**条　框架柱在正截面受压承载力计算中，考虑抗震等级的节点上、下端的内力设计值应按下列规定取用：

一、节点上、下柱端的弯矩设计值

一级抗震等级

$$\sum M_c = 1.1\sum M_{bua} \tag{8.4.2-1}$$

或

$$\sum M_c = 1.1\lambda_j\sum M_b \tag{8.4.2-2}$$

二级抗震等级

$$\sum M_c = 1.1\sum M_b \tag{8.4.2-3}$$

对三级抗震等级，取地震作用组合下的弯矩设计值；

二、对一、二级抗震等级的节点上、下柱端的轴向压力设计值，取地震作用组合下各自的轴向压力设计值。

式中　$\sum M_c$——考虑抗震等级的节点上、下柱端的弯矩设计值之和；考虑抗震等级的节点上柱端和下柱端的弯矩设计值的确定，在一般情况下，可将公式(8.4.2-1)、(8.4.2-2)、(8.4.2-3)计算的弯矩值之和按上、下柱端弹性分析所得的弯矩比进行分配；

$\sum M_{bua}$——同一节点左、右梁端按逆时针或顺时针方向按实配钢筋计算的正截面抗震受弯承载力所对应的弯矩值之和，每端的M_{bua}值可按本规范第8.3.2条的规定计算；

$\sum M_b$——同一节点左、右梁端按逆时针或顺时针方向考虑地震作用组合的弯矩设计值之和；

λ_j——节点的实配增大系数，可取节点左右梁端纵向受拉钢筋的实际配筋面积之和与计算面积之和的比值的1.1倍，或经分析比较后确定。

注：①对一、二级抗震等级的顶层柱和轴压比小于0.15的框架柱的受压承载力计算中，可取三级抗震等级的内力设计值；

②当框架柱不符合公式(8.4.2-1)、(8.4.2-2)、(8.4.2-3)的规定时，可根据可靠的设计经验或专门的试验确定。

【新规范理解与说明】

本条内容，新旧规范有很大不同。

从新规范可以看出，新规范采用增大柱端弯矩设计值的办法，以达到使节点上、下柱端抗弯承载力之和大于左、右梁端抗弯承载力之和的目的。并且按照抗震等级的不同，柱端弯矩增大系数分别采用不同的数值：一级为1.4，二级为1.2，三级为1.2，四级抗震等级直接采用地震作用下柱端弯矩组合设计值，以便按所需延性水平的不同，分不同程度增大其正截面受弯承载力。

在实际工程中由于楼板配筋参加梁的抗弯工作，将使柱端弯矩大大增加，要避免柱端出现塑性铰,对柱端受弯承载力的要求将比规范的规定要大,因此,在框架柱的抗震设计中,按照“强柱弱梁”条件,采用上述增大柱端弯矩设计值的规定,实质上是为了降低框架柱屈服的可能性,赋予框架柱一个合理的防止过早屈服的能力。

新《混凝土结构设计规范》GB 50010—2002

11.4.3　考虑地震作用组合的框架结构底层柱下端截面和框支柱的顶层柱上端和底层柱下端截面的弯矩设计值,对一、二、三级抗震等级应按考虑地震作用组合的弯矩设计值分别乘以系数 1.5、1.25 和 1.15 确定。底层柱纵向钢筋宜按柱上、下端的不利情况配置。

注:底层指无地下室的基础以上或地下室以上的首层。

旧《混凝土结构设计规范》GBJ 10—89

第 **8.4.3** 条　按一、二级抗震等级设计的框架结构底层柱根和框支层结构中的框架柱两端截面的弯矩设计值,应分别乘以增大系数 1.5、1.25。

【新规范理解与说明】

本条内容,新规范有一定的修改,增加了第三级抗震的增大系数的规定。

为避免推迟框支层的框架柱上、下端和框架结构的底层柱根部出现塑性铰,因此,对此类结构,本条规定应提高其弯矩设计值,籍以加强柱根的实际受压承载力,减少柱根的破坏程度。

新《混凝土结构设计规范》GB 50010—2002

11.4.4　考虑地震作用组合的框架柱、框支柱的剪力设计值 V_c 应按下列公式计算:

1　9 度设防烈度的各类框架和一级抗震等级的框架结构

$$V_c = 1.2\frac{(M_{cua}^t + M_{tua}^b)}{H_n} \tag{11.4.4-1}$$

且不应小于按公式(11.4.4-2)求得的 V_c 值。

2　其他情况

一级抗震等级

$$V_c = 1.4\frac{(M_c^t + M_c^b)}{H_n} \tag{11.4.4-2}$$

二级抗震等级

$$V_c = 1.2\frac{(M_c^t + M_c^b)}{H_n} \tag{11.4.4-3}$$

三级抗震等级

$$V_c = 1.1\frac{(M_c^t + M_c^b)}{H_n} \tag{11.4.4-4}$$

四级抗震等级,取地震作用组合下的剪力设计值。

式中　M_{cua}^t、M_{cua}^b——框架柱上、下端按实配钢筋截面面积和材料强度标准值,且考虑承载力抗震调整系数计算的正截面抗震受弯承载力所对应的弯矩值;

M_c^t、M_c^b——考虑地震作用组合，且经调整后的框架柱上、下端弯矩设计值；

H_n——柱的净高。

在公式(11.4.4-1)中，M_{cua}^t与M_{cua}^b之和应分别按顺时针和逆时针方向进行计算，并取其较大值。M_{cua}^t和M_{cua}^b的值可按本规范11.4.1条的规定进行计算，但在计算中应将材料的强度设计值以强度标准值代替，并取实配的纵向钢筋截面面积，不等式改为等式，并在等式右边除以相应的承载力抗震调整系数；此时，N可取重力荷载代表值产生的轴向压力设计值。

在公式(11.4.4-2)至公式(11.4.4-4)中，M_c^t与M_c^b之和应分别按顺时针和逆时针方向进行计算，并取其较大值。M_c^t、M_c^b的取值应符合本规范第11.4.2条和第11.4.3条的规定。

旧《混凝土结构设计规范》GBJ 10—89

第**8.4.4**条　框架柱、框支层柱考虑抗震等级的剪力设计值V_c应按下列规定计算：

一级抗震等级

$$V_c = 1.1\frac{(M_{cua}^t + M_{cua}^b)}{H_n} \tag{8.4.4-1}$$

或

$$V_c = 1.1\lambda_c\frac{(M_c^t + M_c^b)}{H_n} \tag{8.4.4-2}$$

二级抗震等级

$$V_c = 1.1\frac{(M_c^t + M_c^b)}{H_n} \tag{8.4.4-3}$$

三级抗震等级

$$V_c = \frac{M_c^t + M_c^b}{H_n} \tag{8.4.4-4}$$

式中　M_{cua}^t、M_{cua}^b——偏压柱上、下端按实配钢筋计算的正截面抗震承载力所对应的弯矩值；

M_c^t、M_c^b——考虑抗震等级的框架柱、框支层柱柱上、下端弯矩设计值；

λ_c——柱的实配增大系数，可取偏压柱上、下端实配的正截面抗震承载力所对应的弯矩值之和与其弯矩设计值之和的比值，或经分析比较后确定；

H_n——柱的净高。

在公式(8.4.4-1)中，M_{cua}^t与M_{cua}^b之和，应分别按顺时针和逆时针方向进行计算，并取其较大值。每端的M_{cua}值可按本规范第8.4.1条的规定和第四章第一节的有关公式进行计算，但在计算中应将混凝土和纵向钢筋的强度设计值以强度标准值代替，并取实配的纵向钢筋截面面积计算确定。

在公式(8.4.4-2)、(8.4.4-3)、(8.4.4-4)中，M_c^t与M_c^b之和，应分别按顺时针和逆时针方向进行计算，并取其较大值。对M_c^t、M_c^b的取值，应符合本规范第8.4.2条和第8.4.3条的规定。

【新规范理解与说明】

本条内容,新规范增加了 9 度设防烈变的各类框架的规定,另外还对调整系数作了修改。

为了使框架结构呈梁铰型延性结构,框架柱的设计原则除了应满足"强柱弱梁"要求以外,还应满足"弱剪弱弯"的要求。

为确保框架柱、框支层柱的受剪承载力,对一、二级抗震等级的剪力设计值的确定,应考虑弯矩的增大,以体现"强剪弱弯"的要求;对一级抗震等级,还考虑了柱端纵向钢筋的实配情况,按第 8.4.1 条规定,取实配钢筋截面面积和材料强度标准值并按第四章的有关公式计算框架柱上、下端各自 M_{cua} 值,$M_{cua}=\frac{1}{\gamma_{RE}}\cdot M_{cuk}$。

当采用实配增大系数和柱端弯矩设计值确定剪力设计值时,可根据柱上、下端顺时针或逆时针方向,由实配钢筋截面面积、材料强度标准值及轴向压力设计值等确定的正截面抗震承载力所对应的弯矩之和与弯矩设计值之和的比值的可能变化范围,经综合分析后确定。

下面给出对称配筋矩形截面大偏心受压柱柱端的 M_{cua} 值的推导公式:

由 $\sum x=0$ 的条件,可写出

$$N=\frac{1}{\gamma_{RE}}f_{ck}bx$$

由 $\sum M=0$ 的条件,可写出

$$\begin{aligned}Ne&=N[\eta e_i+0.5(h_0-a'_s)]\\&=\frac{1}{\gamma_{RE}}[f_{ck}bx(h_0-0.5x)+f'_{yk}A_s^{a'}(h_0-a'_s)]\end{aligned}$$

以上两式消去 x,并取 $h=h_0+a_s, a_s=a'_s$,就可得到:

$$M_{cua}=\frac{1}{\gamma_{RE}}\left[0.5\gamma_{RE}Nh\left(1-\frac{\gamma_{RE}N}{f_{ck}bh}\right)+f'_{yk}A_s^{a'}(h_0-a'_s)\right]$$

式中　N——考虑地震作用组合的柱轴向压力设计值;

f_{ck}——混凝土轴心抗压强度标准值;

f'_{yk}——普通钢筋强度标准值;

$A_s^{a'}$——实配钢筋的截面面积。

对其他配筋形式或截面形状的框架柱,其 M_{cua} 值可仿照上述方法确定。

新《混凝土结构设计规范》GB 50010—2002

11.4.5　框支柱中线宜与框支梁重合。当框支柱的数目多于 10 根时,框支柱承受的地震剪力之和不应小于该楼层地震剪力的 20%;当不多于 10 根时,每根柱承受的地震剪力不应小于该楼层地震剪力的 2%。

旧《混凝土结构设计规范》GBJ 10—89

旧《混凝土结构设计规范》GBJ 10—89 中无相应条文。

【新规范理解与说明】

本条内容为新增条文，新规范规定了框支柱和框支梁的关系，框支柱数目不同，地震剪力应该满足的起码条件。

新《混凝土结构设计规范》GB 50010—2002

11.4.6 一、二级抗震等级的框支柱，由地震作用引起的附加轴力应分别乘以增大系数 1.5、1.2；计算轴压比时，可不考虑增大系数。

旧《混凝土结构设计规范》GBJ 10—89

旧《混凝土结构设计规范》GBJ 10—89 中无相应条文。

【新规范理解与说明】

同样，本条为新增条文，新规范对一、二级抗震等级的框支柱，规定由地震作用引起的附加轴力应乘以增大系数，以保证框支柱的受压承载力。

新《混凝土结构设计规范》GB 50010—2002

11.4.7 一、二、三级抗震等级的框架角柱，其弯矩、剪力设计值应按本规范第 11.4.2 条至第 11.4.4 条经调整后的弯矩、剪力设计值乘以不小于 1.1 的增大系数。

旧《混凝土结构设计规范》GBJ 10—89

旧《混凝土结构设计规范》GBJ 10—89 中无相应条文。

【新规范理解与说明】

本条内容为新增条文，新规范规定对框架角柱，考虑到在历次强震中其震害相对较重，加之，角柱还受有扭转、双向剪切等不利影响，在设计中，其弯矩、剪力设计值应取经调整后的弯矩、剪力设计值乘以不小于 1.1 的增大系数。

新《混凝土结构设计规范》GB 50010—2002

11.4.8 考虑地震作用组合的框架柱和框支柱的受剪截面应符合下列条件：

剪跨比 $\lambda>2$ 的框架柱

$$V_c \leqslant \frac{1}{\gamma_{RE}}(0.2\beta_c f_c b h_0) \quad (11.4.8-1)$$

框支柱和剪跨比 $\lambda \leqslant 2$ 的框架柱

$$V_c \leqslant \frac{1}{\gamma_{RE}}(0.15\beta_c f_c b h_0) \quad (11.4.8-2)$$

旧《混凝土结构设计规范》GBJ 10—89

第 **8.4.5** 条 矩形截面框架柱的受剪截面应符合下列条件：

$$V_c \leqslant \frac{1}{\gamma_{RE}}(0.2 f_c b h_0) \quad (8.4.5)$$

【新规范理解与说明】

本条规定了框架柱的受剪承载力上限值，也就是从受剪的要求提出了截面尺寸的限制条件，它是在非抗震受剪要求基础上考虑反复荷载影响得出的。新规范增加了框支柱受剪截面的规定。

新《混凝土结构设计规范》GB 50010—2002

11.4.9 考虑地震作用组合的框架柱和框支柱的斜截面抗震受剪承载力应符合下列规定：

$$V_c \leqslant \frac{1}{\gamma_{RE}}\left[\frac{1.05}{\lambda+1}f_t b h_0 + f_{yv}\frac{A_{sv}}{s}h_0 + 0.056N\right] \tag{11.4.9}$$

式中　λ——框架柱和框支柱的计算剪跨比，取 $\lambda = M/(Vh_0)$；此处，M 宜取柱上、下端考虑地震作用组合的弯矩设计值的较大值，V 取与 M 对应的剪力设计值，h_0 为柱截面有效高度；当框架结构中的框架柱的反弯点在柱层高范围内时，可取 $\lambda = H_n/(2h_0)$，此处，H_n 为柱净高；当 $\lambda < 1.0$ 时，取 $\lambda = 1.0$；当 $\lambda > 3.0$ 时，取 $\lambda = 3.0$；

N——考虑地震作用组合的框架柱和框支柱轴向压力设计值，当 $N > 0.3f_cA$ 时，取 $N = 0.3f_cA$。

旧《混凝土结构设计规范》GBJ 10—89

第 **8.4.6** 条　框架柱的斜截面受剪承载力应按下列公式计算：

$$V_0 \leqslant \frac{1}{\gamma_{RE}}\left(\frac{0.16}{\lambda+1.5}f_c b h_0 + f_{yv}\frac{A_{sv}}{s}h_0 + 0.056N\right) \tag{8.4.6}$$

式中　λ——框架柱的计算剪跨比，取 $\lambda = H_n/2h_0$；当 $\lambda < 1$ 时，取 $\lambda = 1$，当 $\lambda > 3$ 时，取 $\lambda = 3$；

N——考虑地震作用组合的框架柱的轴向压力设计值；当 $N > 0.3f_cA$ 时，取 $N = 0.3f_cA$。

【新规范理解与说明】

本条内容，新规范和旧规范基本相同，只是对 λ 的说明更加清楚了。

国内有关反复荷载作用下偏压柱塑性铰区的受剪承载力试验表明，反复加载使构件的受剪承载力比单调加载降低约 10%～30%，这主要是由于混凝土受剪承载力降低所致。为此，按框架梁相同的处理原则，给出了混凝土项抗震受剪承载力相当于非抗震情况下混凝土受剪承载力的 60%，而箍筋项受剪承载力与非震情况相比不予降低的考虑地震作用组合的框架柱受剪承载力计算公式。

新《混凝土结构设计规范》GB 50010—2002

11.4.10 当考虑地震作用组合的框架柱和框支柱出现拉力时，其斜截面抗震受剪承载力应符合下列规定：

$$V_c \leqslant \frac{1}{\gamma_{RE}}\left[\frac{1.05}{\lambda+1}f_t b h_0 + f_{yv}\frac{A_{sv}}{s}h_0 - 0.2N\right] \tag{11.4.10}$$

当上式右边括号内的计算值小于 $f_{yv}\frac{A_{sv}}{s}h_0$ 时，取等于 $f_{yv}\frac{A_{sv}}{s}h_0$，且 $f_{yv}\frac{A_{sv}}{s}h_0$ 值不应小于 $0.36f_t bh_0$。

式中　N——考虑地震作用组合的框架柱轴向拉力设计值。

旧《混凝土结构设计规范》GBJ 10—89

第 **8.4.7** 条　当框架柱出现拉力时，其斜截面受剪承载力应按下列公式计算：

$$V_c \leqslant \frac{1}{\gamma_{RE}}\left(\frac{0.16}{\lambda+1.5}f_0 b h_0 + f_{yv}\frac{A_{sv}}{s}h_0 - 0.16N\right) \tag{8.4.7}$$

公式(8.4.7)右边括号内的计算值小于 $f_{yv}\frac{A_{sv}}{s}h_0$ 时，取等于 $f_{yv}\frac{A_{sv}}{s}h_0$。

式中　N——考虑地震作用组合的框架柱的轴向拉力设计值。

【新规范理解与说明】

本条内容，新规范增加了斜截面受剪承载力的最低要求。框架柱出现拉力时，斜截面承载力计算中，由于可能出现拉力，产生不良影响。

新《混凝土结构设计规范》GB 50010—2002

11.4.11　框架柱的截面尺寸宜符合下列要求：

1　柱的截面宽度和高度均不宜小于 300mm；圆柱的截面直径不宜小于 350mm；

2　柱的剪跨比宜大于 2；

3　柱截面高度与宽度的比值不宜大于 3。

旧《混凝土结构设计规范》GBJ 10—89

旧《混凝土结构设计规范》GBJ 10—89 中无相应条文。

【新规范理解与说明】

新规范从抗震性能考虑，给出了框架合理截面尺寸，为了使地震作用能从梁有效地传递到柱，柱的截面最小宽度和高度宜大于梁的截面宽度。柱的剪跨比宜大于 2，否则框架柱成为短柱。短柱易发生剪切破坏，对抗震不利。柱截面高度与宽度之比小于 3 时，在非线性地震反应中，框架柱有侧向失稳的危险。

新《混凝土结构设计规范》GB 50010—2002

※11.4.12　框架柱和框支柱的钢筋配置，应符合下列要求：

1　框架柱和框支柱中全部纵向受力钢筋的配筋百分率不应小于表 11.4.12-1 规定的数值，同时，每一侧的配筋百分率不应小于 0.2；对Ⅳ类场地上较高的高层建筑，最小配筋百分率应按表中数值增加 0.1 采用；

表 11.4.12-1 柱全部纵向受力钢筋最小配筋百分率(%)

柱类型	抗震等级			
	一级	二级	三级	四级
框架中柱、边柱	1.0	0.8	0.7	0.6
框架角柱、框支柱	1.2	1.0	0.9	0.8

注:柱全部纵向受力钢筋最小配筋百分率,当采用 HRB400 级钢筋时,应按表中数值减小 0.1;当混凝土强度等级为 C60 及以上时,应按表中数值增加 0.1。

2 框架柱和框支柱上、下两端箍筋应加密,加密区的箍筋最大间距和箍筋最小直径应符合表 11.4.12-2 的规定;

表 11.4.12-2 柱端箍筋加密区的构造要求

抗震等级	箍筋最大间距(mm)	箍筋最小直径(mm)
一级	纵向钢筋直径的 6 倍和 100 中的较小值	10
二级	纵向钢筋直径的 8 倍和 100 中的较小值	8
三级	纵向钢筋直径的 8 倍和 150(柱根 100)中的较小值	8
四级	纵向钢筋直径的 8 倍和 150(柱根 100)中的较小值	6(柱根 8)

注:底层柱的柱根系指地下室的顶面或无地下室情况的基础顶面;柱根加密区长度应取不小于该层柱净高的1/3;当有刚性地面时,除柱端箍筋加密区外尚应在刚性地面上、下各 500mm 的高度范围内加密箍筋。

3 框支柱和剪跨比 $\lambda \leqslant 2$ 的框架柱应在柱全高范围内加密箍筋,且箍筋间距不应大于 100mm;

4 二级抗震等级的框架柱,当箍筋直径不小于 10mm、肢距不大于 200mm 时,除柱根外,箍筋间距应允许采用 150mm;三级抗震等级框架柱的截面尺寸不大于 400mm 时,箍筋最小直径应允许采用 6mm;四级抗震等级框架柱剪跨比不大于 2 时,箍筋直径不应小于 8mm。

旧《混凝土结构设计规范》GBJ 10—89

第 **8.4.9** 条 框架柱中纵向受力钢筋的配置,应符合下列要求:

一、柱中全部纵向受力钢筋的配筋率不应小于表 8.4.9 规定的数据;

二、柱中全部纵向受力钢筋的配筋率,对Ⅱ、Ⅲ级钢筋不宜大于 4%;

三、按一级抗震等级设计且 H_n/h(或 H_n/d)=3～4 时,柱的纵向受拉钢筋配筋率不宜大于 1.2%,并应沿柱全长采用复合箍筋;

表 **8.4.9** 框架柱纵向钢筋最小配筋百分率(%)

柱类型	抗震等级			
	一级	二级	三级	四级
中柱、边柱	0.8	0.7	0.6	0.5
角柱	1.0	0.9	0.8	0.7

注:①对剪力墙结构的框架支层柱,按角柱的规定采用;

②对Ⅳ类场地上较高的高层建筑,按表中数值增加 0.1 取用。

四、截面尺寸大于 400mm 的柱,纵向钢筋的间距不宜大于 200mm;框架剪力墙结构中的框架柱,当有设计经验时,纵向钢筋的间距可适当放宽。

第 **8.4.10** 条 框架柱中箍筋的配置,应符合下列规定:

一、柱上、下两端箍筋应加密，加密区长度、箍筋最大间距和箍筋最小直径应按表8.4.10－1的规定取用；

表 8.4.10－1　　框架柱端箍筋加密区的构造要求

抗震等级	箍筋加密区长度	箍筋最大间距	箍筋最小直径
一级	取矩形截面长边尺寸(或圆形截面直径)、层间柱净高的 1/6 或 500mm 三者中的最大值	取纵向钢筋直径的 6 倍、100mm 二者中的较小值	$\phi10$
二级		取纵向钢筋直径的 8 倍、100mm 二者中的较小值	$\phi8$
三级		取纵向钢筋直径的 8 倍、150mm 二者中的较小值	
四级			$\phi6$

注：①柱在刚性地坪上、下各 500mm 范围内，应按表中规定配置箍筋；

②对二级抗震等级的框架柱，当箍筋最小直径为 $\phi10$ 时，其箍筋最大间距可取 150mm。

二、H_n/h(或 H_n/d)不大于 4 的框架柱及框支层柱和按一级抗震等级设计的角柱，应沿柱全长加密箍筋，箍筋间距均不应大于 100mm；

三、在箍筋加密区长度内配置普通箍筋或复合箍筋或螺旋箍筋时，其体积配筋率不宜小于表 8.4.10－2 中规定的数值；体积配筋率按本规范第 4.5.2 条的规定计算；对复合箍筋中箍筋相重叠的部分在计算中宜扣除，在公式(4.5.2－2)中的 A_{cor}，应取箍筋范围以内最大的混凝土核芯面积；

四、在箍筋加密区长度内箍筋的肢距；一级抗震等级不宜大于 200mm；二级抗震等级不宜大于 250mm；三、四级抗震等级不宜大于 300mm；且每隔一根纵向钢筋都宜有两个方向的约束，当与拉筋组成箍筋时，拉筋宜紧靠纵向钢筋并勾住封闭箍筋；

五、在箍筋加密区长度以外，箍筋配筋率不宜小于加密区配筋率的一半；箍筋间距应符合下列要求：对一、二级抗震等级，不应大于 $10d$；对三级抗震等级，不应大于 $15d$；d 为纵向钢筋直径；

表 8.4.10－2　　柱箍筋加密区的箍筋最小体积配筋百分率(%)

抗震等级	箍筋形式	轴压比		
		<0.4	0.4～0.6	>0.6
一级	普通箍筋、复合箍筋	0.8	1.2	1.6
	螺旋箍筋	0.8	1.0	1.2
二级	普通钢筋、复合钢筋	0.6～0.8	0.8～1.2	1.2～1.6
	螺旋箍筋	0.6	0.8～1.0	1.0～1.2
三级	普通箍筋、复合箍筋	0.4～0.6	0.6～0.8	0.8～1.2
	螺旋箍筋	0.4	0.6	0.8

注：①普通箍筋系指单个矩形箍筋；复合箍筋系指由矩形箍筋与菱形箍筋、或与多边形箍筋、圆形箍筋或与拉筋组成的箍筋；

②混凝土强度等级高于 C40、或需要提高柱变形能力、或Ⅳ类场地上较高的高层建筑，柱中箍筋的最小体积配筋百分率取表中相应项的较大值；对一、二级抗震等级且 $H_n/h(H_n/d)$ 不大于 4 的框架柱，其箍筋的体积配筋率不宜小于 1.0%；

③当采用Ⅱ级钢筋作箍筋、且混凝土强度等级不高于 C40 时，表中的数值可乘以折减系数 0.85，但不应小于 0.4；

④当采用井字复合箍筋且其肢距不大于 200mm、箍筋直径不小于 $\phi10$ 时，其最小体积配筋百分率可取用螺旋箍筋的对应数值。

六、当柱中全部纵向受力钢筋的配筋率超过3%时，箍筋应焊成封闭式。

【新规范理解与说明】

和旧规范相比，全部纵向受力钢筋的最小配筋百分率的规定有了提高，对不同抗震等级提高幅度不同，一级抗震等级，提高20%；二、三、四级抗震等级，提高0.1%，对Ⅳ类场地上较高的高层建筑，则提高0.1。同时，考虑到高强混凝土的脆性，规范对C60的则提高0.1%，但为了防止配筋过少，故要求每侧钢筋配筋率不小于0.2。

为了提高柱端塑性铰区的延性、对混凝土提供约束，防止纵向钢筋压屈和保证受剪承载力，对柱上、下端箍筋加密区的箍筋最大间距、箍筋最小直径做出了规定。

新《混凝土结构设计规范》GB 50010—2002

11.4.13　框架柱和框支柱中全部纵向受力钢筋配筋率不应大于5%。柱的纵向钢筋宜对称配置。截面尺寸大于400mm的柱，纵向钢筋的间距不宜大于200mm。当按一级抗震等级设计，且柱的剪跨比$\lambda \leqslant 2$时，柱每侧纵向钢筋的配筋率不宜大于1.2%。

旧《混凝土结构设计规范》GBJ 10—89

旧《混凝土结构设计规范》GBJ 10—89中无相应条文。

【新规范理解与说明】

本条为新增内容，新规范为防止纵筋配置过多，对框架柱的全部纵向受力钢筋的最大配筋率根据工程经验做出了规定。

柱净高与截面高度的比值为3～4的短柱试验表明，此类框架柱易发生粘结型剪切破坏和对角斜拉型剪切破坏。为减少这种脆性破坏，柱中纵向钢筋的配筋率不宜过大。因此，对一级抗震等级，且剪跨比不大于2的框架柱，规定其每侧的纵向受拉钢筋配筋率不大于1.2%。对其他抗震等级虽未作此规定，但也宜适当控制。

新《混凝土结构设计规范》GB 50010—2002

11.4.14　框架柱的箍筋加密区长度，应取柱截面长边尺寸（或圆形截面直径）、柱净高的1/6和500mm中的最大值。一、二级抗震等级的角柱应沿柱全高加密箍筋。

旧《混凝土结构设计规范》GBJ 10—89

旧《混凝土结构设计规范》GBJ 10—89中无相应条文。

【新规范理解与说明】

框架柱端箍筋加密区的长度，是根据试验及震害所获得的柱端塑性铰区的长度作了适当增大而确定的，在此范围内箍筋需加密。

新《混凝土结构设计规范》GB 50010—2002

11.4.15　柱箍筋加密区内的箍筋肢距：一级抗震等级不宜大于200mm；二、三级抗

震等级不宜大于 250mm 和 20 倍箍筋直径中的较大值；四级抗震等级不宜大于 300mm。此外，每隔一根纵向钢筋宜在两个方向有箍筋或拉筋约束；当采用拉筋时，拉筋宜紧靠纵向钢筋并勾住封闭箍筋。

旧《混凝土结构设计规范》GBJ 10—89

参见旧规范第 8.4.10 条相关内容。

【新规范理解与说明】

新规范对柱箍筋加密区内的箍筋肢距作了规定，以提高塑性铰区箍筋对混凝土的约束作用。

新《混凝土结构设计规范》GB 50010—2002

11.4.16 一、二、三级抗震等级的各类结构的框架柱和框支柱，其轴压比 $N/(f_cA)$ 不宜大于表 11.4.16 规定的限值。对Ⅳ类场地上较高的高层建筑，柱轴压比限值应适当减小。

表 11.4.16 框架柱轴压比限值

结构体系	抗震等级		
	一级	二级	三级
框架结构	0.7	0.8	0.9
框架－剪力墙结构、筒体结构	0.75	0.85	0.95
部分框支剪力墙结构	0.6	0.7	—

注：1 轴压比 $N/(f_cA)$ 指考虑地震作用组合的框架柱和框支柱轴向压力设计值 N 与柱全截面面积 A 和混凝土轴心抗压强度设计值 f_c 乘积之比值；对不进行地震作用计算的结构，取无地震作用组合的轴力设计值；

2 当混凝土强度等级为 C65～C70 时，轴压比限值宜按表中数值减小 0.05；混凝土强度等级为 C75～C80 时，轴压比限值宜按表中数值减小 0.10；

3 剪跨比 $\lambda\leqslant2$ 的柱，其轴压比限值应按表中数值减小 0.05；对剪跨比 $\lambda<1.5$ 的柱，轴压比限值应专门研究并采取特殊构造措施；

4 沿柱全高采用井字复合箍，且箍筋间距不大于 100mm、肢距不大于 200mm、直径不小于 12mm，或沿柱全高采用复合螺旋箍，且螺距不大于 100mm、肢距不大于 200mm、直径不小于 12mm，或沿柱全高采用连续复合矩形螺旋箍，且螺距不大于 80mm、肢距不大于 200mm、直径不小于 10mm 时，轴压比限值均可按表中数值增加 0.10；上述三种箍筋的配箍特征值 λ_v 均应按增大的轴压比由表 11.4.17 确定；

5 当柱截面中部设置由附加纵向钢筋形成的芯柱，且附加纵向钢筋的总面积不少于柱截面面积的 0.8% 时，其轴压比限值可按表中数值增加 0.05。此项措施与注 4 的措施同时采用时，轴压比限值可按表中数值增加 0.15，但箍筋的配箍特征值 λ_v 仍可按轴压比增加 0.10 的要求确定；

6 柱经采用上述加强措施后，其最终的轴压比限值不应大于 1.05。

旧《混凝土结构设计规范》GBJ 10—89

第 **8.4.8** 条 考虑地震作用组合的框架柱的轴压比 N/f_cA，不宜大于表 8.4.8 规定的限值。

表 8.4.8　框架柱的轴压比限值

抗震等级	一级	二级	三级
框架柱	0.7	0.8	0.9
框支层柱	0.6	0.7	0.8

注:①对 H_n/h(或 H_n/d)不大于 4 或变形要求高或Ⅳ类场地上的较高的高层建筑的框架柱,其轴压比限值应适当加严,此外,h、d 分别为柱截面的高度、直径;

②对框架剪力墙结构,当剪力墙部分承受的地震倾覆力矩大于本规范第 8.1.2 条注②的规定值较多时,其框架柱的轴压比限值可适当放宽,但不宜大于 0.9;

③对符合表 8.1.2 注①中可进行截面抗震验算的结构,取非抗震设计的轴向压力设计值计算,其可变荷载组合值系数应按现行国家标准《建筑抗震设计规范》GBJ 11—89 中表 4.1.8 采用。

【新规范理解与说明】

国内外的试验研究表明,受压构件的位移延性随轴压比增加而减小。为了满足不同结构类型的框架柱、框支柱在地震作用组合下位移延性的要求,本章规定了不同结构体系的柱轴压比限值要求。

在结构设计中,轴压比直接影响柱截面尺寸。本次修订以原规范的限值为依据,根据不同结构体系进行适当调整。考虑到框架－剪力墙结构、筒体结构,主要依靠剪力墙和内筒承受水平地震作用,因此,作为第二道防线的框架,反映延性要求的轴压比可适度放宽;而框支剪力墙结构中的框支柱则必须提高延性要求,其轴压比应加严。

近年来,国内外的试验研究表明,通过增加柱的配箍率、采用复合箍筋、螺旋箍筋、连续复合矩形螺旋箍筋以及在截面中设置矩形核心柱,都能增加柱的位移延性。这是因为配置复合箍筋、螺旋箍筋、连续复合矩形螺旋箍筋加强了箍筋对混凝土的约束作用,提高了柱核心混凝土的抗压强度,增大了其极限压应变,从而改善了柱的延性和耗能能力。而柱截面中设置矩形核心柱不仅增加了柱的受压承载力,也可提高柱的变形能力,且有利于在大变形情况下防止倒塌,在某种程度上类似于型钢筋混凝土结构中型钢的作用。为此,本次规范修订考虑了这些改善柱延性的有效措施,在原则上不降低柱的延性要求的基础上,对柱轴压比限值适当给予放宽。但其箍筋加密区的最小体积配筋率,应满足放宽后轴压比的箍筋配筋率要求。

对 6 度设防烈度的一般建筑,规范允许不进行截面抗震验算,其轴压比计算中的轴向力,可取无地震作用组合的轴力设计值;对于 6 度设防烈度,建造于Ⅳ类场地上较高的高层建筑,在进行柱的抗震设计时,轴压比计算则应采用考虑地震作用组合的轴向力设计值。

新《混凝土结构设计规范》GB 50010—2002

11.4.17　柱箍筋加密区箍筋的体积配筋率应符合下列规定:

1　柱箍筋加密区箍筋的体积配筋率,应符合下列规定:

$$\rho_v \geqslant \lambda_v \frac{f_c}{f_{yv}} \tag{11.4.17}$$

式中　ρ_v——柱箍筋加密区的体积配筋率,按本规范第 7.8.3 条的规定计算,计算中应扣除重叠部分的箍筋体积;

f_c——混凝土轴心抗压强度设计值;当强度等级低于 C35 时,按 C35 取值;

f_{yv}——箍筋及拉筋抗拉强度设计值;

λ_v——最小配箍特征值,按表 11.4.17 采用。

2 框支柱宜采用复合螺旋箍或井字复合箍,其最小配箍特征值应按表 11.4.17 中的数值增加 0.02 取用,且体积配筋率不应小于 1.5%;

3 当剪跨比 $\lambda \leqslant 2$ 时,一、二、三级抗震等级的柱宜采用复合螺旋箍或井字复合箍,其箍筋体积配筋率不应小于 1.2%;9 度设防烈度时,不应小于 1.5%。

表 11.4.17 柱箍筋加密区的箍筋最小配箍特征值 λ_v

抗震等级	箍筋型式	轴压比								
		≤0.3	0.4	0.5	0.6	0.7	0.8	0.9	1.0	1.05
一级	普通箍、复合箍	0.10	0.11	0.13	0.15	0.17	0.20	0.23	—	—
	螺旋箍、复合或连续复合矩形螺旋箍	0.08	0.09	0.11	0.13	0.15	0.18	0.21	—	—
二级	普通箍、复合箍	0.08	0.09	0.11	0.13	0.15	0.17	0.19	0.22	0.24
	螺旋箍、复合或连续复合矩形螺旋箍	0.06	0.07	0.09	0.11	0.13	0.15	0.17	0.20	0.22
三级	普通箍、复合箍	0.06	0.07	0.09	0.11	0.13	0.15	0.17	0.20	0.22
	螺旋箍、复合或连续复合矩形螺旋箍	0.05	0.06	0.07	0.09	0.11	0.13	0.15	0.18	0.20

注:1 普通箍指单个矩形箍筋或单个圆形箍筋;螺旋箍指单个螺旋箍筋;复合箍指由矩形、多边形、圆形箍筋或拉筋组成的箍筋;复合螺旋箍指由螺旋箍与矩形、多边形、圆形箍筋或拉筋组成的箍筋;连续复合矩形螺旋箍指全部螺旋箍为同一根钢筋加工成的箍筋;

2 在计算复合螺旋箍的体积配筋率时,其中非螺旋箍筋的体积应乘以换算系数 0.8;

3 对一、二、三、四级抗震等级的柱,其箍筋加密区的箍筋体积配筋率分别不应小于 0.8%、0.6%、0.4%和 0.4%;

4 混凝土强度等级高于 C60 时,箍筋宜采用复合箍、复合螺旋箍或连续复合矩形螺旋箍;当轴压比不大于 0.6 时,其加密区的最小配箍特征值宜按表中数值增加 0.02;当轴压比大于 0.6 时,宜按表中数值增加 0.03。

旧《混凝土结构设计规范》GBJ 10—89

参见旧规范第 8.4.10 条相关内容。

【新规范理解与说明】

增加约束箍筋对增加混凝土强度和延性是很显著的。但柱箍筋的约束作用,与柱轴压比,配箍量、箍筋形式、箍筋肢距以及混凝土强度与箍筋强度的比值等因素有关。为增加柱端加密区箍筋对混凝土的约束作用,规范对其最小体积配筋率给出了规定。

新规范对柱轴压比在 0.3～1.05 范围内的箍筋最小配筋率特征值再按下式,即 $\rho_v = \lambda_v f_c / f_{yv}$,计算箍筋的最小配筋率,以考虑不同强度等级的混凝土和不同等级钢筋的影响。

新《混凝土结构设计规范》GB 50010—2002

11.4.18 在柱箍筋加密区外,箍筋的体积配筋率不宜小于加密区配筋率的一半;对一、二级抗震等级,箍筋间距不应大于 $10d$;对三、四级抗震等级,箍筋间距不应大于 $15d$,此处,d 为纵向钢筋直径。

旧《混凝土结构设计规范》GBJ 10—89

参见旧规范第 8.4.10 条相关内容。

【新规范理解与说明】

新规范规定了框架柱箍筋非加密区的箍筋配置要求。

【新规范应用计算实例】

【例 11-3】　框架柱斜截面承载力计算

已知：8 变区某框架柱，柱截面 $b\times h=800\text{mm}\times 800\text{mm}$，柱净高 $H_n=4\text{m}$，$a_s=a'_s=45\text{mm}$，考虑地震作用组合，且经调整后的框架柱上、下端弯矩的计值 $M_c^t=2100\text{kN}\cdot\text{m}$，$M_c^b=1500\text{kN}\cdot\text{m}$，轴向压力设计值 $N=6000\text{kN}$，采用砼强度等级 C30，箍筋 HPB235 级。

求：1. 验算柱的受剪截面；2. 求柱箍筋。

解

1. 验算柱的受剪截面

按规范公式(11.4.4-3)

$$V_c=1.2\frac{(M_c^t+M_c^b)}{H_n}=1.2\frac{(2100+1500)}{4}=1080\text{kN}$$

按规范公式(11.4.8-1)，$h_0=800-45=755\text{mm}$

$$V_c=\frac{1}{\gamma_{RE}}(0.2\beta_c f_c bh_0)=\frac{1}{0.85}(0.2\times 1.0\times 14.3\times 800\times 755)=2032.3\times 10^3\text{N}>1080\times 10^3\text{N}$$

截面满足要求。

2. 求柱箍筋

按规范第 11.4.9 条

$$\lambda=\frac{M}{Vh_0}=\frac{2100\times 10^6}{1080\times 10^3\times 755}=2.58<3，取\ \lambda=2.58$$

按规范公式(11.4.9)

$$\frac{A_{sv}}{s}=\frac{V_c\gamma_{RE}-\frac{1.05}{\lambda+1}f_c bh_0-0.056\text{N}}{f_{yv}h_0}$$

$$=\frac{1080\times 10^3\times 0.85-\frac{1.05}{2.58+1}\times 1.43\times 800\times 755-0.056\times 6000\times 10^3}{210\times 755}=2.07$$

非加密区箍筋间距取 $s=160\text{m}$，$A_{sv}=2.07\times 160=331.2$

配双向六肢箍 $\phi 12(A_s=678\text{mm}^2)$

复合箍筋体积配筋率：

轴压比　$$\frac{N}{f_c bh}=\frac{6000\times 10^3}{14.3\times 800\times 800}=0.66$$

按规范公式(7.8.3-2)：

非加密区　$$\rho_v=\frac{n_1A_{s1}l_1+n_2A_{s2}l_2}{A_{cor}s}=\frac{8\times 113.1\times 722\times 2}{722\times 722\times 160}=1.57\%$$

按规范公式(11.4.17)

$$\rho_v \geqslant \lambda_v \frac{f_c}{f_{gv}} = 0.142 \times \frac{14.3}{210} = 0.97\%$$

满足要求。

第六节　铰接排架柱

新《混凝土结构设计规范》GB 50010—2002

11.5.1　铰接排架柱的纵向受力钢筋和箍筋，应按地震作用组合下的弯矩设计值及剪力设计值，并根据本规范第11.4节的规定计算确定，其构造应符合本规范第9章、第10章、第11.1节、第11.2节及本节的有关规定。

旧《混凝土结构设计规范》GBJ 10—89

第**8.4.11**条　考虑地震作用组合的铰接排架柱的纵向受力钢筋和箍筋，可按本规范第8.4.1条和第8.4.5条至第8.4.7条规定的方法计算确定，其一般构造应符合本规范第6章、第7章及本章第一节的有关要求。

【新规范理解与说明】

本条规定了考虑地震作用组合的铰接排架柱的纵向受力钢筋和箍筋应参照的规定，没有对旧规范进行改动。

新《混凝土结构设计规范》GB 50010—2002

11.5.2　有抗震设防要求的铰接排架柱，其箍筋加密区应符合下列规定：

1　箍筋加密区长度

1)对柱顶区段，取柱顶以下500mm，且不小于柱顶截面高度；

2)对吊车梁区段，取上柱根部至吊车梁顶面以上300mm；

3)对柱根区段，取基础顶面至室内地坪以上500mm；

4)对牛腿区段，取牛腿全高；

5)对柱间支撑与柱连接的节点和柱变位受约束的部位，取节点上、下各300mm。

2　箍筋加密区内的箍筋最大间距为100mm；箍筋的直径应符合表11.5.2的规定。

表11.5.2　铰接排架柱箍筋加密区的箍筋最小直径(mm)

加密区区段	抗震等级和场地类别					
	一级	二级	二级	三级	三级	四级
	各类场地	Ⅲ、Ⅳ类场地	Ⅰ、Ⅱ类场地	Ⅲ、Ⅳ类场地	Ⅰ、Ⅱ类场地	各类场地
一般柱顶、柱根区段	8(10)		8		6	
角柱柱顶	10		10		8	
吊车梁、牛腿区段 有支撑的柱根区段	10		8		8	
有支撑的柱顶区段 柱变位受约束的部位	10		10		8	

注：表中括号内数值用于柱根。

旧《混凝土结构设计规范》GBJ 10—89

第 **8.4.11** 条考虑地震作用组合的铰接排架柱应设置箍筋加密区,并应符合下列规定:

一、箍筋加密区长度

1. 对柱顶区段,取柱顶至柱顶以下 500mm,且不小于柱顶截面高度;

2. 对吊车梁区段,取上柱根部至吊车梁顶面以上 300mm;

3. 对柱根区段,取基础顶面(带杯口的基础可取杯口顶面)至室内地坪以上 500mm;

4. 对牛腿区段,取牛腿全高;

5. 对牛腿间支撑与柱连接的节点和柱变位受约束的部位,取上、下各 300mm;

二、箍筋加密区内的箍筋最大间距为 100mm;箍筋的直径不应小于表 8.4.11 规定的数值。

表 **8.4.11** 箍筋加密区的箍筋最小直径

加密区区段	抗震等级和场地类别					
	一级	二级Ⅲ、Ⅳ类场地	二级Ⅰ、Ⅱ类场地	三级Ⅲ、Ⅳ类场地	三级Ⅰ、Ⅱ类场地	四级
一般柱顶、柱根区段	$\phi8$		$\phi8$		$\phi6$	
吊车梁、牛腿区段 有支撑柱根区段	$\phi10$		$\phi8$		$\phi8$	
有支撑的柱顶区段 柱变位受约束的部位	$\phi10$		$\phi10$		$\phi8$	

【新规范理解与说明】

国内的地震震害调整表明,单层厂房屋架(屋面梁)与柱连接的柱顶和高低跨厂房交接柱肩梁处损坏较多,阶形柱上柱的震害往往发生在上下柱变截面处(上柱根部)和吊车梁上翼缘连接部位。为了避免排架柱在上述的区段内产生剪切破坏并使排架在形成塑性铰后有足够的延性,在这些区段内的箍筋应加密。

根据排架结构的受力特点,对排架结构柱不需要考虑“强柱弱梁”措施和“强剪弱弯”措施。对设有工作平台等特殊情况,剪跨比较小的铰接排架柱,斜截面受剪承载力可能起控制作用。此时,可按本规范公式(11.4.9)进行抗震受剪承载力计算。

新《混凝土结构设计规范》GB 50010—2002

11.5.3 当铰接排架侧向受约束且约束点至柱顶的长度 l 不大于柱截面在该方向边长的两倍(排架平面:$l \leqslant 2h$,垂直排架平面:$l \leqslant 2b$)时,柱顶预埋钢板和柱顶箍筋加密区的构造尚应符合下列要求:

1 柱顶预埋钢板沿排架平面方向的长度,宜取柱顶的截面高度 h,但在任何情况下不得小于 $h/2$ 及 300mm;

2 柱顶轴向力排架平面内的偏心距 e_0 在 $h/6 \sim h/4$ 范围内时,柱顶箍筋加密区的

箍筋体积配筋率:一级抗震等级不宜小于 1.2%;二级抗震等级不宜小于 1.0%;三、四级抗震等级不宜小于 0.8%。

旧《混凝土结构设计规范》GBJ 10—89

第 **8.4.12** 条　当铰接排架侧向受约束且约束点至柱顶的长度 l 不大于柱截面边长的两倍(排架平面:$l \leqslant 2h$,垂直排架平面:$l \leqslant 2b$)时,柱顶预埋钢板和柱顶箍筋加密区的构造尚应符合下列要求:

一、柱顶预埋钢板沿排架平面方向的长度,宜取柱顶的截面高度 h,但在任何情况下不得小于 $h/2$ 及 300mm;

二、柱顶轴向力在排架平面内的偏心距 e_0 在 $h/6 \sim h/4$ 范围内时,柱顶箍筋加密区的箍筋体积配筋率不宜小于下列规定:一级抗震等级为 1.2%;二级抗震等级为 1.0%;三、四级抗震等级为 0.8%。

【新规范理解与说明】

本条内容,新旧规范基本相同。

震害调整表明,排架柱头损坏最多的是侧向变形受到限制的柱,如靠近生活间或坡屋的柱、或有横隔墙的柱,在这种情况下改变了柱的侧移刚度,有时使柱头处于短柱的受力状态。由于该柱的侧移刚度大于相邻各柱,当受水平地震作用的屋盖发生整体侧移时,该柱实际上承受了比相邻各柱大得多的水平剪力,使柱顶产生剪切破坏。对屋架与柱顶连接节点进行的抗震性能的试验结果表明:不同的柱顶连接型式仅对结节点的延性产生影响,不影响柱头本身的受剪承载力,柱顶预埋钢板的大小和其在柱顶的位置对柱头的水平承载力较敏感,当预埋钢板长度与柱截面高相等时的水平受剪承载力大约是柱顶钢垫板为柱截面高度一半时的 1.65 倍,故在条文中规定了柱顶预埋钢板长度。

试验结果还表明,沿水平剪力方向的轴向力偏心距对受剪承载力亦有影响,要求不得大于 $h/4$。当 $h/6 \leqslant e_0 \leqslant h/4$ 时,一般要求柱头配置四肢箍,并按不同的抗震等级,规定不同的体积配箍率,以此来满足受剪要求。

新《混凝土结构设计规范》GB 50010—2002

11.5.4　在地震作用组合的竖向力和水平拉力作用下,支承不等高厂房低跨屋面梁、屋架等屋盖结构的柱牛腿,除应按本规范第 10 章的规定进行计算和配筋外,尚应符合下列要求:

1　承受水平拉力的锚筋:一级抗震等级不应少于 2 根直径为 16mm 的钢筋;二级抗震等级不应少于 2 根直径为 14mm 的钢筋;三、四级抗震等级不应少于 2 根直径为 12mm 的钢筋;

2　牛腿中的纵向受拉钢筋和锚筋的锚固措施及锚固长度应符合本规范第 10.8 节的规定,但其中的受拉钢筋锚固长度 l_a 应以 l_{aE} 代替。

3　牛腿水平箍筋最小直径为 8mm,最大间距为 100mm。

旧《混凝土结构设计规范》GBJ 10—89

第 **8.4.13** 条　在地震作用组合的竖向力和水平拉力作用下,支承不等高厂房低跨屋

面梁、屋架等屋盖结构的柱牛腿,除应按本规范第七章第七节的规定进行计算和配筋外,尚应符合下列要求:

一、承受水平拉力的锚筋不应少于下列规定:一级抗震等级为2ϕ16;二级抗震等级为2ϕ14;三、四级抗震等级为2ϕ12;

牛腿中的纵向受拉钢筋和锚筋的锚固长度应符合本规范第8.3.8条框架梁伸入端节点内的锚固要求;

二、牛腿水平箍筋的最小直径为8mm,最大间距为100mm。

【新规范理解与说明】

本条内容,新旧规范基本相同,只是表达方式不同。但新规范中关于受拉钢筋锚固长度必须作相应的替代。

由于不等高厂房支承低跨屋盖的柱牛腿(柱肩梁)亦是震害部位之一,最常见的是支承低跨的牛腿(肩梁)被拉裂。试验结果与工程实践均证明,为了改善牛腿和肩梁抵抗水平地震作用,可在其顶面钢垫板下设水平锚筋直接承受并传递水平力,这是一种比较好的构造措施。承受竖向力所需的纵向受拉钢筋和承受水平拉力的水平锚筋的截面面积,仍按公式10.8.2计算。

第七节 框架梁柱节点及预埋件

新《混凝土结构设计规范》GB 50010—2002

11.6.1 一、二级抗震等级的框架应进行节点核心区抗震受剪承载力计算。三、四级抗震等级的框架节点核心区可不进行计算,但应符合抗震构造措施的要求。框支层中间层节点的抗震受剪承载力计算方法及抗震构造措施与框架中间层节点相同。

旧《混凝土结构设计规范》GBJ 10—89

旧《混凝土结构设计规范》GBJ 10—89中无相应条文。

【新规范理解与说明】

本条内容为新增条文,新规范对框架的节点核心区是否需要计算,对框支层中间节点的抗震受剪承载力的计算方法及抗震构造措施作了相应的规定。

新《混凝土结构设计规范》GB 50010—2002

11.6.2 框架梁柱节点核心区考虑抗震等级的剪力设计值 V_j,应按下列规定计算:

1 9度设防烈度的各类框架和一级抗震等级的框架结构

1)顶层中间节点和端节点

$$V_j=1.15\frac{(M_{bua}^l+M_{bua}^r)}{h_{b0}-a'_s} \quad (11.6.2-1)$$

且不应小于按公式(11.6.2-3)求得的 V_j 值;

2)其他层中间节点和端节点

$$V_j = 1.15\frac{(M_{bua}^l + M_{bua}^r)}{h_{b0} - a'_s}\left(1 - \frac{h_{b0} - a'_s}{H_c - h_b}\right) \tag{11.6.2-2}$$

且不应小于按公式(11.6.2－4)求得的 V_j 值;

2　其他情况

1)一级抗震等级

顶层中间节点和端节点

$$V_j = 1.35\frac{(M_b^l + M_b^r)}{h_{b0} - a'_s} \tag{11.6.2-3}$$

其他层中间节点和端节点

$$V_j = 1.35\frac{(M_b^l + M_b^r)}{h_{b0} - a'_s}\left(1 - \frac{h_{b0} - a'_s}{H_c - h_b}\right) \tag{11.6.2-4}$$

2)二级抗震等级

顶层中间节点和端节点

$$V_j = 1.2\frac{(M_b^l + M_b^r)}{h_{b0} - a'_s} \tag{11.6.2-5}$$

其他层中间节点和端节点

$$V_j = 1.2\frac{(M_b^l + M_b^r)}{h_{b0} - a'_s}\left(1 - \frac{h_{b0} - a'_s}{H_c - h_b}\right) \tag{11.6.2-6}$$

式中　M_{bua}^l、M_{bua}^r——框架节点左、右两侧的梁端按实配钢筋截面面积、材料强度标准值,且考虑承载力抗震调整系数的正截面抗震受弯承载力所对应的弯矩值;

M_b^l、M_b^r——考虑地震作用组合的框架节点左、右两侧的梁端弯矩设计值;

h_{b0}、h_b——梁的截面有效高度、截面高度,当节点两侧梁高不相同时,取其平均值;

H_c——节点上柱和下柱反弯点之间的距离;

a'_s——梁纵向受压钢筋合力点至截面近边的距离。

公式(11.6.2－1)、公式(11.6.2－2)中的($M_{bua}^l + M_{bua}^r$),以及公式(11.6.2－3)至公式(11.6.2－6)中的($M_b^l + M_b^r$),均应按本规范第 11.3.2 条的规定采用。

旧《混凝土结构设计规范》GBJ 10—89

第 **8.5.1** 条　框架节点考虑抗震等级的剪力设计值 V_1,可按下列规定计算:

一、一级抗震等级

顶点中间节点

$$V_j = 1.05\frac{(M_{bua}^l + M_{bua}^r)}{h_{b0} - a'_s} \tag{8.5.1-1}$$

或

$$V_j = 1.05\lambda_j\frac{(M_b^l + M_b^r)}{h_{b0} - a'_s} \tag{8.5.1-2}$$

其它层的中间节点和端节点

$$V_j = 1.05\frac{(M_{bua}^l + M_{bua}^r)}{h_{b0} - a'_s}\left(1 - \frac{h_{b0} - a'_s}{H_c - h_b}\right) \tag{8.5.1-3}$$

或

$$V_j = 1.05\lambda_j\frac{(M_b^l + M_b^r)}{h_{b0} - a'_s}\left(1 - \frac{h_{b0} - a'_s}{H_c - h_b}\right) \tag{8.5.1-4}$$

二、二级抗震等级顶层中间节点

顶层中间节点

$$V_j = 1.05\frac{(M_b^l + M_b^r)}{h_{b0} - a'_s} \tag{8.5.1-5}$$

其他层的中间节点和端节点

$$V_j = 1.05\frac{(M_b^l + M_b^r)}{h_{b0} - a'_s}\left(1 - \frac{h_{b0} - a'_s}{H_c - h_b}\right) \tag{8.5.1-6}$$

三、对三级抗震等级的框架节点，可不进行计算。

式中　M_{bua}^l、M_{bua}^r——框架节点左、右两侧的梁端按实配钢筋计算的正截面抗震受弯承载力所对应的弯矩值；

M_b^l、M_b^r——考虑地震作用组合的框架节点左、右两侧的梁端弯矩设计值；

h_{b0}、h_b——分别为梁的截面有效高度、截面高度，当节点两侧梁高不相同时，取其平均值；

H_c——节点上柱和下柱反弯点之间的距离。

在公式(8.5.1－1)、(8.5.1－3)中 M_{bua}^l 与 M_{bua}^r 之和，以及在公式(8.5.1－2)、(8.5.1－4)、(8.5.1－5)、(8.5.1－6)中，M_b^l 与 M_b^r 之和，均应按本规范第 8.4.2 条的规定取用。

注：①顶层端节点的设计，应按专门规定或专门的试验确定；

②当框架不能符合本规范第 8.4.2 条的要求时，框架节点的设计应根据可靠时的工程经验或专门的试验确定。

【新规范理解与说明】

本条内容，新规范和旧规范有些不同，对一些系数作了相应的修改。

根据地震震害分析表明，不同烈度地震作用下，钢筋混凝土框架节点的破坏程度不同。在 7 度地震作用下，对未按抗震设计的多层框架结构较少破坏；在 8 度地震作用下，部分节点尤其是角柱节点发生程度不同的破坏；在 9 度以上地震作用下，多数框架节点产生严重的震害。因此，对其应有不同的承载力和延性要求。条文规定是基于下列原则：对一、二级抗震等级的框架节点必须进行受剪承载力计算，而三、四级抗震等级的框架节点，按照规定配置构造箍筋，不再进行受剪承载力计算，由此给出了相应的剪力设计值。

对于纵横向框架共同具有的节点，可以按各自方向分别进行计算。

地震作用对节点产生的剪力与框架的延性耗能程度有关，对于延性要求很严格的 9 度设防一级抗震等级框架，考虑产生梁铰耗能机构，即梁两端出现塑性铰。因此，节点的剪力完全由梁端实配钢筋的屈服弯矩所决定。

新《混凝土结构设计规范》GB 50010—2002

11.6.3 框架梁柱节点核心区受剪的水平截面应符合下列条件：

$$V_j \leqslant \frac{1}{\gamma_{RE}}(0.3\eta_j\beta_c f_c b_j h_j) \tag{11.6.3}$$

式中 h_j——框架节点核心区的截面高度，可取验算方向的柱截面高度，即 $h_j = h_c$；

b_j——框架节点核心区的截面有效验算宽度，当 $b_b \geqslant b_c/2$ 时，可取 $b_j = b_c$；当 $b_b < b_c/2$ 时，可取 $(b_b + 0.5h_c)$ 和 b_c 中的较小值。当梁与柱的中线不重合，且偏心距 $e_0 \leqslant b_c/4$ 时，可取 $(0.5b_b + 0.5b_c + 0.25h_c - e_0)$、$(b_b + 0.5h_c)$ 和 b_c 三者中的最小值；此处，b_b 为验算方向梁截面宽度，b_c 为该侧柱截面宽度。

η_j——正交梁对节点的约束影响系数：当楼板为现浇、梁柱中线重合、四侧各梁截面宽度不小于该侧柱截面宽度的 1/2，且正交方向梁高度不小于较高框架梁高度的 3/4 时，可取 $\eta_j = 1.5$，对 9 度设防烈度，宜取 $\eta_j = 1.25$；当不满足上述约束条件时，应取 $\eta_j = 1.0$。

旧《混凝土结构设计规范》GBJ 10—89

第 **8.5.2** 条 框架节点受剪的水平截面应符合下列条件：

$$V_j \leqslant \frac{1}{\gamma_{RE}}(0.30\eta_j f_c b_j h_j) \tag{8.5.2}$$

式中 b_j——框架节点水平截面的宽度；

h_j——框架节点水平截面的高度，可取 $h_j = h_c$，此处，h_c 为框架柱的截面高度；

η_j——梁结节点的约束影响系数：对两个正交方向有梁约束的中间节点，当梁的截面宽度均大于柱截面宽度的 1/2，且框架次梁的截面高度不小于主梁截面高度的 3/4 时，取 $\eta_j = 1.5$；其他情况的节点，取 $\eta_j = 1$。

在式(8.5.2)中框架节点水平截面的宽度 b_j，应按下列规定取用：

一、当 $b_b \geqslant b_c/2$ 时，可取 $b_j = b_c$；当 $b_b < b_c/2$ 时，可取 $b_j = b_b + 0.5h_c$ 和 $b_j = b_c$ 二者中的较小值；此处，b_b 为梁的截面宽度，b_c 为框架柱的截面宽度；

二、当梁柱轴线有偏心距 e_0 时，e_0 不宜大于柱截面宽度的 1/4，此时，节点宽度应取 $b_j = 0.5b_c + 0.5b_b + 0.25h_c - e_0$、$b_j = b_b + 0.5h_c$ 和 $b_j = b_c$ 三者中的最小值。

【新规范理解与说明】

本条内容，新旧规范基本相同，只是表示方法和方式不一样。

规定节点截面限制条件，是为了防止节点截面太小，核心区混凝土承受过大的斜压应力以致使节点混凝土先被压碎而破坏。

节点在两个正交方向有梁时，增加了对节点区混凝土的约束，因而提高了节点的受剪承载力。但若两个方向的梁截面较小，则其约束作用就不明显。因此，规定在两个正交方向有梁，且梁的宽度、高度都能满足一定要求时，才可考虑梁对节点的约束系数。对于梁截面较小或只有一个方向有梁的中节点以及边节点、角节点均不考虑梁对节点的约束影响。

新《混凝土结构设计规范》GB 50010—2002

11.6.4　框架梁柱节点的抗震受剪承载力，应符合下列规定：

1　9 度设防烈度

$$V_j \leqslant \frac{1}{\gamma_{RE}}\left(0.9\eta_j f_t b_j h_j + f_{yv}A_{svj}\frac{h_{b0}-a'_s}{s}\right) \quad (11.6.4-1)$$

2　其他情况

$$V_j \leqslant \frac{1}{\gamma_{RE}}\left[1.1\eta_j f_t b_j h_j + 0.05\eta_j N\frac{b_j}{b_c} + f_{yv}A_{svj}\frac{h_{b0}-a'_s}{s}\right] \quad (11.6.4-2)$$

式中　N——对应于考虑地震作用组合剪力设计值的节点上柱底部的轴向力设计值：当 N 为压力时，取轴向压力设计值的较小值，且当 $N>0.5f_cb_ch_c$ 时，取 $N=0.5f_cb_ch_c$；当 N 为拉力时，取 $N=0$；

A_{svj}——核心区有效验算宽度范围内同一截面验算方向箍筋各肢的全部截面面积；

h_{b0}——梁截面有效高度，节点两侧梁截面高度不等时取平均值。

旧《混凝土结构设计规范》GBJ 10—89

第 **8.5.3** 条　框架节点的受剪承载力，应按下列公式计算：

$$V_j \leqslant \frac{1}{\gamma_{RE}}\left[0.1\eta_j\left(1+\frac{N}{f_cb_ch_c}\right)f_cb_jh_j + \frac{f_{yv}A_{svj}}{s}(h_{b0}-a'_s)\right] \quad (8.5.3)$$

式中　N——考虑地震作用组合的节点上柱底部的轴向压力设计值；当 $N>0.5f_cb_ch_c$ 时，取 $N=0.5f_cbch_c$；

A_{svj}——配置在框架节点宽度 b_j 范围内同一截面箍筋各肢的全部截面面积。

【新规范理解与说明】

本条内容，新规范添加了 9 度设防烈度的受剪承载力的规定。

框架节点的受剪承载力由混凝土斜压杆和水平箍筋两部分受剪承载力组成。

根据试验，混凝土斜压杆截面面积，随柱端轴力的增加而增加，因此，计算混凝土受剪承载力应当考虑轴向力 N 的有利作用。

试验表明，当轴压比大到一定程度以后，节点受剪承载力不再随轴压比的增加而增加，甚至有所下降。因此规定计算中，轴向压力设计值 N 的取值不应大于 $0.5f_cb_ch_c$。

节点在两个正交方向有梁，增加了对核心区混凝土的约束，因而提高了节点的受剪承载力。但若两个方向的梁截面较小，则约束影响就不明显。因此，规定在两个正交方向有梁，梁的宽度、高度都能满足一定要求且有现浇板时，才能考虑与现浇板对节点的约束影响，并对节点的抗震受剪能力乘以大于 1.0 的约束系数。对于梁截面较小或只有一个方向有直交梁的中间节点及边节点，角节点均不考虑对节点的约束影响。

新《混凝土结构设计规范》GB 50010—2002

11.6.5　圆柱框架的梁柱节点，当梁中线与柱中线重合时，受剪的水平截面应符合下列条件：

$$V_j \leqslant \frac{1}{\gamma_{RE}}(0.3\eta_j\beta_c f_c A_j) \tag{11.6.5}$$

式中 A_j——节点核心区有效截面面积：当梁宽 $b_b \geqslant 0.5D$ 时，取 $A_j = 0.8D^2$；当 $0.4D \leqslant b_b < 0.5D$ 时，取 $A_j = 0.8D(b_b + 0.5D)$；

D——圆柱截面直径；

b_b——梁的截面宽度；

η_j——正交梁对节点的约束影响系数，按本规范第 11.6.3 条取用。

旧《混凝土结构设计规范》GBJ 10—89

旧《混凝土结构设计规范》GBJ 10—89 中无相应条文。

【新规范理解与说明】

本条内容为新增条文，新规范对圆柱框架的梁柱节点、受剪水平截面应满足的条件。具体说明可参见上条相关说明。

新《混凝土结构设计规范》GB 50010—2002

11.6.6 圆柱框架的梁柱节点，当梁中线与柱中线重合时，其抗震受剪承载力应符合下列规定：

1 9 度设防烈度

$$V_j \leqslant \frac{1}{\gamma_{RE}}\left(1.2\eta_j f_t A_j + 1.57 f_{yv} A_{sh}\frac{h_{b0} - a'_s}{s} + f_{yv} A_{svj}\frac{h_{b0} - a'_s}{s}\right) \tag{11.6.6-1}$$

2 其他情况

$$V_j \leqslant \frac{1}{\gamma_{RE}}\left(1.5\eta_j f_t A_j + 0.05\eta_j \frac{N}{D^2} A_j + 1.57 f_{yv} A_{sh}\frac{h_{b0} - a'_s}{s} + f_{yv} A_{svj}\frac{h_{b0} - a'_s}{s}\right) \tag{11.6.6-2}$$

式中 h_{b0}——梁截面有效高度；

A_{sh}——单根圆形箍筋的截面面积；

A_{svj}——同一截面验算方向的拉筋和非圆形箍筋各肢的全部截面面积。

旧《混凝土结构设计规范》GBJ 10—89

旧《混凝土结构设计规范》GBJ 10—89 中无相应条文。

【新规范理解与说明】

本条内容为新增条文，新规范规定了圆柱框架的梁柱节点，当梁中线与柱中线重合时，其抗震受剪承载力应满足的规定。具体可参见新规范第 11.6.4 条相关说明。

新《混凝土结构设计规范》GB 50010—2002

11.6.7 框架梁和框架柱的纵向受力钢筋在框架节点区的锚固和搭接应符合下列要求：

1　框架中间层的中间节点处，框架梁的上部纵向钢筋应贯穿中间节点；对一、二级抗震等级，梁的下部纵向钢筋伸入中间节点的锚固长度不应小于 l_{aE}，且伸过中心线不应小于 $5d$（图 11.6.7a）。梁内贯穿中柱的每根纵向钢筋直径，对一、二级抗震等级，不宜大于柱在该方向截面尺寸的 1/20；对圆柱截面，不宜大于纵向钢筋所在位置柱截面弦长的 1/20。

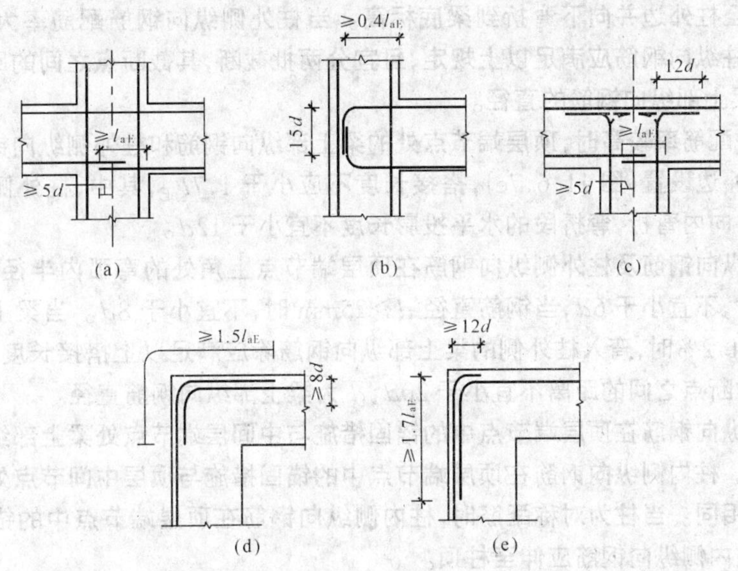

图 11.6.7　框架梁和框架柱的纵向受力钢筋在节点区的锚固和搭接
(a)中间层中间节点；(b)中间层端节点；(c)顶层中间节点；
(d)顶层端节点(一)；(e)顶层端节点(二)

2　框架中间层的端节点处，当框架梁上部纵向钢筋用直线锚固方式锚入端节点时，其锚固长度除不应小于 l_{aE}外，尚应伸过柱中心线不小于 $5d$，此处，d 为梁上部纵向钢筋的直径。当水平直线段锚固长度不足时，梁上部纵向钢筋应伸至柱外边并向下弯折。弯折前的水平投影长度不应小于 $0.4l_{aE}$，弯折后的竖直投影长度取 $15d$（图 11.6.7b）。梁下部纵向钢筋在中间层端节点中的锚固措施与梁上部纵向钢筋相同，但竖直段应向上弯入节点。

3　框架顶层中间节点处，柱纵向钢筋应伸至柱顶。当采用直线锚固方式时，其自梁底边算起的锚固长度应不小于 l_{aE}，当直线段锚固长度不足时，该纵向钢筋伸到柱顶后可向内弯折，弯折前的锚固段竖向投影长度不应小于 $0.5l_{aE}$，弯折后的水平投影长度取 $12d$；当楼盖为现浇混凝土，且板的混凝土强度不低于 C20、板厚不小于 80mm 时，也可向外弯折，弯折后的水平投影长度取 $12d$（图 11.6.7c）。对一、二级抗震等级，贯穿顶层中间节点的梁上部纵向钢筋的直径，不宜大于柱在该方向截面尺寸的 1/25。梁下部纵向钢筋在顶层中间节点中的锚固措施与梁下部纵向钢筋在中间层中间节点处的锚固措施相同。

4　框架顶层端节点处，柱外侧纵向钢筋可沿节点外边和梁上边与梁上部纵向钢筋搭接连接（图 11.6.7d），搭接长度不应小于 $1.5l_{aE}$，且伸入梁内的柱外侧纵向钢筋截面面积不宜少于柱外侧全部柱纵向钢筋截面面积的 65%，其中不能伸入梁内的外侧柱纵向钢筋，宜沿柱顶伸至柱内边；当该柱筋位于顶部第一层时，伸至柱内边后，宜向下弯折不小于 $8d$ 后截断；当该柱筋位于顶部第二层时，可伸至柱内边后截断；此处，d 为外侧柱纵向钢筋直径；当有现浇板时，且现浇板混凝土强度等级不低于 C20、板厚不小于 80mm 时，梁宽范围外的柱纵向钢筋可伸入板内，其伸入长度与伸入梁内的柱纵向钢筋相同。梁上部纵向钢筋应伸至柱外边并向下弯折到梁底标高。当柱外侧纵向钢筋配筋率大于 1.2% 时，伸入梁内的柱纵向钢筋应满足以上规定，且宜分两批截断，其截断点之间的距离不宜小于 $20d$。d 为梁上部纵向钢筋的直径。

当梁、柱配筋率较高时，顶层端节点处的梁上部纵向钢筋和柱外侧纵向钢筋的搭接连接也可沿柱外边设置（图 11.6.7e），搭接长度不应小于 $1.7l_{aE}$，其中，柱外侧纵向钢筋应伸至柱顶，并向内弯折，弯折段的水平投影长度不宜小于 $12d$。

梁上部纵向钢筋及柱外侧纵向钢筋在顶层端节点上角处的弯弧内半径，当钢筋直径 $d \leqslant 25$mm 时，不宜小于 $6d$；当钢筋直径 $d > 25$mm 时，不宜小于 $8d$。当梁上部纵向钢筋配筋率大于 1.2% 时，弯入柱外侧的梁上部纵向钢筋除应满足以上搭接长度外，且宜分两批截断，其截断点之间的距离不宜小于 $20d$，d 为梁上部纵向钢筋直径。

梁下部纵向钢筋在顶层端节点中的锚固措施与中间层端节点处梁上部纵向钢筋的锚固措施相同。柱内侧纵向钢筋在顶层端节点中的锚固措施与顶层中间节点处柱纵向钢筋的锚固措施相同。当柱为对称配筋时，柱内侧纵向钢筋在顶层端节点中的锚固要求可适当放宽，但柱内侧纵向钢筋应伸至柱顶。

5　柱纵向钢筋不应在中间各层节点内截断。

旧《混凝土结构设计规范》GBJ 10—89

第 **8.5.5** 条　装配整体式框架刚性节点，其承载力与延性不应低于现浇结构的节点。对重要结构的装配整体式框架节点的设计，应通过试验确定。装配整体式框架刚性节点的设计和构造应符合下列要求：

一、梁上部纵向受力钢筋伸入节点的要求，应符合本规范第 8.3.8 条的规定；上部纵向受力钢筋的接头应采用焊接接头，且不宜设置在按本规范第 8.3.9 条规定的箍筋加密区范围内；梁下部的纵向钢筋应采用可靠连接或锚入节点内；

二、框架梁与柱接头表面宜设槽齿，其接头的缝隙不宜小于 80mm；接头缝隙的后浇混凝土强度等级，应比预制构件混凝土强度等级提高两级；

三、节点中的钢筋可按本规范第 8.5.2 条至第 8.5.5 条的规定进行计算和配筋，此时取 $\eta_j = 1.0$；

四、采用明牛腿的刚性节点，梁端下部纵向受力钢筋的拉力，应通过梁底预埋钢板与柱牛腿顶面钢垫板上的焊缝及钢垫板下的锚筋传递；牛腿顶面钢垫板下的锚筋受拉承载力和焊缝的受剪承载力均应大于梁端下部纵向受力钢筋的受拉承载力。

【新规范理解与说明】

本条内容，新规范对抗震框架节点的配筋构造作了规定。

(1)近期国内足尺节点试验表明，当非弹性变形较大时，仍不能避免梁端的钢筋屈服区向节点内渗透，贯穿节点的梁筋粘结退化与滑移加剧，从而使框架刚度和耗能性能进一步退化。这一结论与国外试验结果相符。为此,要求贯穿节点的每根梁筋直径不宜大于柱截面高度的1/20。同时补充了圆柱节点纵筋直径与贯穿长度比值的限制条件。

(2)原规范对伸入框架中间层端节点的梁上部钢筋建议当水平锚固长度不足时,可以在90°弯弧内侧加设横向短粗钢筋。经近期国内试验证明,这种钢筋只能在水平锚固段发生较大粘结滑移时方能发挥部分作用,故取消。另经国内近期试验证实,水平锚固长度取为$0.4l_{aE}$能够满足对抗震锚固端的承载力和刚度要求,故将水平锚固长度由不小于$0.45l_{aE}$改为不小于$0.4l_{aE}$。

(3)在顶层中间节点处,塑性铰亦允许且极有可能出在柱端(因顶层中间柱上端轴压力小而弯矩相对较大)。故根据近期国内试验结果给出了柱筋在顶层中间节点处的锚固规定,要求柱纵向钢筋宜伸到柱顶,当采用直线锚固方式时,自梁底边算起,满足l_{aE}要求;当直线锚固长度不足时,要求柱纵向钢筋伸至柱顶,且满足$0.5l_{aE}$要求后可向内弯折$12d$;当楼板为现浇混凝土,且混凝土强度等级不低于C20,板厚不小于80mm时,可向外弯折$12d$。

经近期国内顶层中间节点试验证明,贯穿顶层中间节点的上部梁筋较之贯穿中间层中间节点的上部梁筋更易发生粘结退化和滑移,在地震引起的结构非弹性变形较大时,将明显降低节点区的耗能能力。为此采用比中间层中间节点更严的限制钢筋直径的办法。

(4)根据国内足尺顶层端节点抗震性能试验结果,给出了对顶层端节点的相应构造措施。当梁上部纵向钢筋与柱外侧纵向钢筋在节点处搭接时,提出两种做法供工程设计应用。一种做法是将梁上部钢筋伸到节点外边,向下弯折到梁下边缘,同时将不少于外侧柱筋的65%的柱筋伸到柱顶并水平伸入梁上边缘。从梁下边缘经节点外边到梁内的折线搭接长度不应小于$1.5l_{aE}$。此处为钢筋100%搭接,其搭接长度之所以较小,是因为梁柱搭接钢筋在搭接长度内均有90°弯折,这种弯折对搭接传力的有效性发挥了较重要作用。采用这种搭接做法时,节点处的负弯矩塑性铰将出在柱端。这种搭接做法梁筋不伸入柱内,有利于施工。另一种做法是将外侧柱筋伸到柱顶,并向内水平弯折不小于$12d$,梁上部纵筋伸到节点外边向下弯折,与柱外侧钢筋形成足够的直线搭接长度后截断。试验证明,此处直线搭接长度应取为不小于$1.7l_{aE}$。这一方案的优点是,柱顶水平纵向钢筋数量较少(只有梁筋),便于自上向下浇注混凝土。顶层端节点内侧柱筋和下部梁筋在节点中的锚固做法与顶层中间节点处相同。另外,需要强调的是,在顶层端节点处不能采用如同上部梁筋在中间层端节点处的锚固做法,因为这种做法不能满足顶层端节点处抗震受弯承载力的要求。

新《混凝土结构设计规范》GB 50010—2002

11.6.8　框架节点核心区箍筋的最大间距、最小直径宜按本规范表11.4.12-2采用。对一、二、三级抗震等级的框架节点核心区,配箍特征值λ_v分别不宜小于0.12、0.10和0.08,且其箍筋体积配筋率分别不宜小于0.6%、0.5%和0.4%。框架柱的剪跨比$\lambda \leqslant 2$的框架节点核心区配箍特征值不宜小于核心区上、下柱端配箍特征值中的较大值。

旧《混凝土结构设计规范》GBJ 10—89

第**8.5.4**条　框架节点的箍筋和纵向钢筋的配置,应符合下列要求:

一、框架节点中的箍筋最大间距、最小直径宜按表 8.4.10－1 取用；对一、二、三级抗震等级的框架节点，其箍筋的体积配筋率分别不宜小于 1.0%、0.8%、0.6%，但当轴压比小于 0.4 时，仍按表 8.4.10－2 的规定取用；

二、柱中的纵向受力钢筋，不宜在节点中切断。

【新规范理解与说明】

本条内容，新规范对框架节点核心区箍筋的最大间距和最小值以及节点箍筋的配箍特征值和最小配筋率作了规定，目的是从构造上保证在地震和竖向荷载作用下节点核心区剪压比偏低时为节点核心区提供必要的约束，以及在预计的不利情况使节点保持基本抗剪能力。

新《混凝土结构设计规范》GB 50010—2002

11.6.9 考虑地震作用组合的预埋件，直锚钢筋截面面积可按本规范第 10 章规定计算，但实配的锚筋截面面积应比计算值增大 25%，且应相应调整锚板厚度。锚筋的锚固长度应按本规范第 10 章的规定采用；当不能满足时，应采取有效措施。在靠近锚板处，宜设置一根直径不小于 10mm 的封闭箍筋。

铰接排架柱柱顶顶埋件直锚筋应符合下列要求：当为一级抗震等级时，取 4 根直径 16mm 的直锚筋；当为二级抗震等级时，取 4 根直径 14mm 的直锚筋。

旧《混凝土结构设计规范》GBJ 10—89

第 **8.5.6** 条　考虑地震作用组合预埋件，可按本规范第七章第八节规定计算，但实配的锚筋截面面积应比计算值增大 25%；相应调整锚板厚度；锚筋的锚固长度应按本规范第 7.8.6 条的规定取用，当不能满足时，应采取有效的锚固措施。在靠近锚板处宜设置一根直径不小于 10mm 的封闭箍筋。

铰接排架柱顶预埋钢板上的直锚筋宜符合下列构造要求：一级抗震等级，取 4ϕ16；二级抗震等级，取 4ϕ14。

注：柱间支撑端节点预埋件的斜向拉力设计值，可取用全截面达到屈服点强度计算的支撑斜杆轴向力的 1.05 倍。

【新规范理解与说明】

根据预埋件反复荷载作用试验表明，弯剪、拉剪、压剪情况下锚筋的受剪承载力降低的平均值在 20%左右。对预埋件，规定取 $\gamma_{RE}=1.0$，故考虑地震作用组合的预埋件的锚筋截面积应比本规范第七章的计算增加 25%。构造上要求靠近锚板的锚筋根部设置一根直径不小于 10mm 的封闭箍筋，以起到约束端部混凝土，提高受剪承载力的作用。

对预埋钢板上的直锚筋，按抗震等级作了不同的构造规定。柱间支撑端节点预埋件的锚筋，应将斜向拉力设计值转化为轴向拉力、弯矩、剪力设计值后，用新规范相关规定计算确定。

【新规范应用计算实例】

【例 11－4】　框架梁柱节点受剪承载力计算

已知：8 变区某框架，二级抗震等级，框架柱截面 $b_c=750$mm，$h_c=750$mm，梁截面 $b_b=350$mm，$h_b=750$mm，梁 $a_s=a'_s=40$mm，梁柱轴线偏心距 $e_0=100$mm，框架柱节点剪力

设计值，$V_j=2100\text{kN}$，对应于考虑地震作用组合剪力设计值的节点上柱底部的轴向力设计值 $N=2202\text{kN}$，采用砼强度等级 C30，箍筋为 HRB335 级，求：1．验算节点核心区水平截面

2．配置节点核心区箍筋

解

1．验算节点核心区水平截面

按规范第 11.6.3 条正交梁节点的约束影响系数 $\eta_j=1.0$；

节点核心区的截面有效验算宽度 b_j：

$e_0=100\text{mm}\leqslant\frac{b_c}{4}=\frac{750}{4}=187.5$，故 b_j 按下列三者中取最小值。

1) $b_j=0.5b_b+0.5b_c+0.25h_c-e_0$

$=0.5\times350+0.5\times750+0.25\times750-100=637.5\text{mm}$

2) $b_j=b_c+0.5h_c=350+0.5\times750=725\text{mm}$

3) $b_j=b_c=750\text{mm}$

取 $b_j=650\text{mm}$

框架节点核心区的截面高度 $h_j=h_c=750\text{mm}$

框架节点斜截面承载力调整系数 $\gamma_{RE}=0.85$；

按规范公式(11.6.3)：

$$V_j=\frac{1}{\gamma_{RE}}(0.3h_j\beta_c f_c b_j h_j)=\frac{1}{0.85}(10.3\times1.0\times1.0\times14.3\times650\times750)$$

$$=2460.4\times10^3\text{N}>2100\times10^3\text{N}$$

节点水平截面满足要求。

2．配置节点核心区箍筋

(1)按规范第 11.6.4 条

$$0.5f_c b_c h_c=0.5\times14.3\times750\times750=4021.9\times10^3\text{N}>2202\times10^3\text{N}$$

轴向力按 2202×10^3 计算，$h_{b0}=h_b-a_s=750-40=710\text{mm}$

$$\frac{A_{svj}}{s}=\frac{\gamma_{RE}V_j-1.1\eta_j f_t b_j h_j-0.05\eta_j N b_j/b_c}{f_{yv}(h_{b0}-a'_s)}$$

$$\frac{0.85\times2000\times10^3-1.1\times1.0\times1.43\times650\times750-0.05\times1.0\times2202\times10^3\times650/750}{300(710-40)}=4.17$$

箍筋竖向间距取 $s=100\text{mm}$，$A_{svj}=4.17\times100=42\text{mm}^2$

配 4 肢 $\Phi12$($A_s=452\text{mm}^2$)

(2)验算箍筋体积配筋率

$$\rho_v=\frac{n_1A_{s1}l_1+n_2A_{s2}l_2}{A_{cor}s}=\frac{4\times113.1\times672\times2}{672\times672\times100}=1.34\%>0.5\%。$$

满足箍筋体积配筋率要求。

由规范公式(11.4.17)

$$\lambda_\gamma=\frac{\rho_v f_{yv}}{f_c}=\frac{0.0134\times300}{14.3}=0.28>0.10$$

满足配筋特征值要求。

第八节　剪　力　墙

新《混凝土结构设计规范》GB 50010—2002

11.7.1　考虑地震作用组合的剪力墙，其正截面抗震承载力应按本规范第 7 章和第 10.5.3 条的规定计算，但在其正截面承载力计算公式的右边，应除以相应的承载力抗震调整系数 γ_{RE}。

旧《混凝土结构设计规范》GBJ 10—89

第 **8.6.1** 条　考虑地震作用组合的剪力墙，其正截面承载力和局部受压承载力应按本规范第四章和第 7.4.3 条的规定计算，但在其正截面承载力和局部受压承载力计算公式右边，均应除以相应的承载力抗震调整系数。

【新规范理解与说明】

本条内容，新旧规范不完全相同。新规范没有将局部受压承载力考虑进去。

根据国内有关单位进行剪力墙结构的试验表明；反复荷载作用下大偏心受压剪力墙的正截面受压承载力与单调荷载作用下的正截面受压承载力比较接近，反复荷载并未降低剪力墙的正截面受压承载力。

因此，考虑地震组合的剪力墙，其正截面承载力和局部受压承载力应按本规范第四章有关公式计算，但应除以相应的承载力抗震调整系数。

对于小偏压及偏心受拉剪力墙正截面承载力未进行试验，有待进一步研究。

新《混凝土结构设计规范》GB 50010—2002

11.7.2　剪力墙各墙肢截面考虑地震作用组合的弯矩设计值：对一级抗震等级剪力墙的底部加强部位及以上一层，应按墙肢底部截面考虑地震作用组合弯矩设计值采用，其他部位可采用考虑地震作用组合弯矩设计值乘以增大系数 1.2。

旧《混凝土结构设计规范》GBJ 10—89

第 **8.6.2** 条　开门窗洞而形成的双肢剪力墙，当其中一个墙肢为大偏心受拉时，则另一墙肢应按 1.25 倍的弯矩设计值和剪力设计值进行计算。

【新规范理解与说明】

本条内容，新规范规定，对一级抗震等级剪力墙墙肢组合设计值应进行调整，其目的是通过配筋迫使塑性铰区位于墙肢的底部。以往要求底部加强部位以上的剪力墙肢截面组合弯矩设计值按线性变化。这种做法对于较高的房屋会导致一部分剪力墙截面的弯矩值增加过多。为简化设计，本次修订规定，底部加强部位及以上一层的弯矩设计值均取墙底部截面的组合弯矩设计值，其他部位均采用墙肢截面组合弯矩设计值乘以增大系数 1.2。

新《混凝土结构设计规范》GB 50010—2002

11.7.3　考虑地震作用组合的剪力墙的剪力设计值 V_w 应按下列规定计算：

1 底部加强部位

1)9 度设防烈度

$$V_w = 1.1\frac{M_{wua}}{M}V \qquad (11.7.3-1)$$

且不应小于按公式(11.7.3-2)求得的剪力设计值 V_w

2)其他情况

一级抗震等级

$$V_w = 1.6V \qquad (11.7.3-2)$$

二级抗震等级

$$V_w = 1.4V \qquad (11.7.3-3)$$

三级抗震等级

$$V_w = 1.2V \qquad (11.7.3-4)$$

四级抗震等级取地震作用组合下的剪力设计值

2 其他部位

$$V_w = V \qquad (11.7.3-5)$$

式中 M_{wua}——剪力墙底部截面按实配钢筋截面面积、材料强度标准值且考虑承载力抗震调整系数计算的正截面抗震受弯承载力所对应的弯矩值;有翼墙时应计入墙两侧各一倍翼墙厚度范围内的纵向钢筋;

M——考虑地震作用组合的剪力墙底部截面的弯矩设计值;

V——考虑地震作用组合的剪力墙的剪力设计值。

公式(11.7.3-1)中,M_{wua}值可按本规范第 7.3.6 条的规定,采用本规范第 11.4.4 条有关计算框架柱端 M_{cua}值的相同方法确定,但其 γ_{RE}值应取剪力墙的正截面承载力抗震调整系数。

旧《混凝土结构设计规范》GBJ 10—89

第 **8.6.3** 条 剪力墙考虑抗震等级的剪力设计值 V_w 应按下列规定计算:

一、底部加强区范围内的剪力设计值

一级抗震等级

$$V_w = 1.1\frac{M_{wua}}{M}V \qquad (8.6.3-1)$$

或

$$V_w = 1.1\lambda_w V \qquad (8.6.3-2)$$

二级抗震等级

$$V_w = 1.1V \qquad (8.6.3-3)$$

三级抗震等级

$$V_w = V \qquad (8.6.3-4)$$

二、对其他部位的剪力设计值,均取 $V_w = V$。

式中 M_{wua}——剪力墙底部按实配钢筋计算的正截面抗震承载力所对应的弯矩值;

M——考虑地震作用组合的剪力墙底部的弯矩设计值;

V——考虑地震作用组合的剪力墙计算部位的剪力设计值；

λ_w——剪力墙的实配增大系数，可取剪力墙实配的正截面抗震承载力所对应的弯矩值与其弯矩设计值的比值，可经分析比较后确定。

在公式(8.6.3－1)中，M_{wua}值可参照本规范第4.1.17条的规定，用第8.4.4条框架柱端M_{cua}值的相同方法确定，但应改取剪力墙的正截面承载力抗震调整系数。

【新规范理解与说明】

为了保证剪力墙"强剪弱弯"的要求，在底部加强区($H/8$范围)内，对9度一级及二、三级抗震等级的剪力设计值的确定，应予以增大。其采用与框架结构相同的原则。

9度设防烈度，除考虑弯矩增大系数外，并取墙底部出现塑性铰时受弯承载力所对应的弯矩值M_{wua}与弯矩设计值的比值来增大剪力设计值。对不同抗震等级的非9度设防烈度的情况，底部加强部位的剪力设计值，取地震作用组合的剪力设计值V乘以不同的增大系数。

新《混凝土结构设计规范》GB 50010—2002

11.7.4　考虑地震作用组合的剪力墙的受剪截面应符合下列条件：

当剪跨比$\lambda>2.5$时

$$V_w \leqslant \frac{1}{\gamma_{RE}}(0.2\beta_c f_c b h_0) \tag{11.7.4-1}$$

当剪跨比$\lambda \leqslant 2.5$时

$$V_w \leqslant \frac{1}{\gamma_{RE}}(0.15\beta_c f_c b h_0) \tag{11.7.4-2}$$

旧《混凝土结构设计规范》GBJ 10—89

第**8.6.4**条　剪力墙的受剪截面应符合下列条件：

$$V_w \leqslant \frac{1}{\gamma_{RE}}(0.2 f_c b h) \tag{8.6.4}$$

【新规范理解与说明】

一般说来，剪力墙的受剪承载力应该有一个上限值，国内外剪力墙承载力相关试验证明，剪跨λ比大于2.5时，大部分墙的受剪承载力上限接近于$0.25f_cbh_0$，当剪跨比小于2.5时，其上限值为$0.15f_cbh_0$，考虑反复荷载下降低承载力20%，这个降低的百分率与美国规范相当。

新《混凝土结构设计规范》GB 50010—2002

11.7.5　考虑地震作用组合的剪力墙在偏心受压时的斜截面抗震受剪承载力，应符合下列规定：

$$V_w \leqslant \frac{1}{\gamma_{RE}}\left[\frac{1}{\lambda-0.5}\left(0.4f_t b h_0 + 0.1N\frac{A_w}{A}\right) + 0.8f_{yv}\frac{A_{sh}}{s}h_0\right] \tag{11.7.5}$$

式中　N——考虑地震作用组合的剪力墙轴向压力设计值中的较小值；当$N>0.2f_cbh$时，取$N=0.2f_cbh$；

λ——计算截面处的剪跨比 $\lambda = M/(Vh_0)$；当 $\lambda < 1.5$ 时，取 $\lambda = 1.5$；当 $\lambda > 2.2$ 时，取 $\lambda = 2.2$；此处，M 为与剪力设计值 V 对应的弯矩设计值；当计算截面与墙底之间的距离小于 $h_0/2$ 时，λ 应按距墙底 $h_0/2$ 处的弯矩设计值与剪力设计值计算。

旧《混凝土结构设计规范》GBJ 10—89

第 **8.6.5** 条　剪力墙在偏心受压时的斜截面受剪承载力，应按下列公式计算：

$$V_w \leqslant \frac{1}{\gamma_{RE}}\left[\frac{1}{\lambda - 0.5}\left(0.04 f_c b h_0 + 0.1 N \frac{A_w}{A}\right) + 0.8 f_{yv} \frac{A_{sh}}{S} h_0\right] \tag{8.6.5}$$

式中　N——考虑地震作用组合的剪力墙的轴向压力设计值：当 $N > 0.2 f_c bh$ 时，取 $N = 0.2 f_c bh$；

λ——计算截面处的剪跨比，$\lambda = \frac{M}{Vh_0}$；当 $\lambda < 1.5$ 时，取 $\lambda = 1.5$，当 $\lambda > 2.2$ 时，取 $\lambda = 2.2$，此处，M 为与剪力设计值 V 相应的弯矩设计值；当计算截面与墙底之间的距离小于 $h/2$ 时，λ 应按距墙底 $h/2$ 处的弯矩设计值与剪力设计值计算。

【新规范理解与说明】

本条内容，新旧规范基本相同，只是将 f_c 变为 f_t。

考虑地震作用组合的剪力墙在偏心受压(拉)时的斜截面受剪承载力计算公式具有与前面计算公式类似的形式，只是剪跨比 λ 影响的形式稍有变化。通过剪力墙的反复和单调加载受剪承载力对比试验表明，反复加载的受剪承载力比单调加载降低 15～20%。因此，将静力受剪承载力计算公式乘以降低系数 0.8 作为抗震设计中偏心受压时剪力墙的斜截面受剪承载力计算公式。基于对高轴压力作用下的受剪承载力缺乏试验研究，公式中对轴压力的有利作用给予必要的限制，即当 $N > 0.2 f_c bh$ 时，取 $N = 0.2 f_c bh$。

新《混凝土结构设计规范》GB 50010—2002

11.7.6　剪力墙在偏心受拉时的斜截面抗震受剪承载力，应符合下列规定：

$$V_w \leqslant \frac{1}{\gamma_{RE}}\left[\frac{1}{\lambda - 0.5}\left(0.4 f_t b h_0 - 0.1 N \frac{A_w}{A}\right) + 0.8 f_{yv} \frac{A_{sh}}{s} h_0\right] \tag{11.7.6}$$

当公式(11.7.6)右边方括号内的计算值小于 $0.8 f_{yv} \frac{A_{sh}}{s} h_0$ 时，则等于 $0.8 f_{yv} \frac{A_{sh}}{s} h_0$。

式中　N——考虑地震作用组合的剪力墙轴向拉力设计值中的较大值。

旧《混凝土结构设计规范》GBJ 10—89

第 **8.6.6** 条　剪力墙在偏心受拉时的斜截面受剪承载力，应按下列公式计算：

$$V_w \leqslant \frac{1}{\gamma_{RE}}\left[\frac{1}{\lambda - 0.5}\left(0.04 f_c b h_0 - 0.1 N \frac{A_w}{A}\right) + 0.8 f_{yv} \frac{A_{sh}}{S} h_0\right] \tag{8.6.6}$$

当公式(8.6.6)右边方括号内的计算值小于 $0.8 f_{yv} \frac{A_{sh}}{S} h_0$ 时，取等于 $0.8 f_{yv} \frac{A_{sh}}{S} h_0$。

式中 N——考虑地震作用组合的剪力墙的轴向拉力设计值；

λ——计算截面处的剪跨比，按本规范第 8.6.5 条规定取用。

【新规范理解与说明】

本条内容，新旧规范基本相同，只是将 f_c 改为 f_t。

由于偏心受拉剪力墙的受剪承载力未进行试验，根据受力特性，参照偏心受压剪力墙的受剪承载力计算公式，给出了偏心受拉剪力墙的受剪承载力计算公式。

新《混凝土结构设计规范》GB 50010—2002

11.7.7 一级抗震等级的剪力墙，其水平施工缝处的受剪承载力应符合下列规定：

当施工缝承受轴向压力时

$$V_w \leqslant \frac{1}{\gamma_{RE}}(0.6f_yA_s + 0.8N) \tag{11.7.7-1}$$

当施工缝承受轴向拉力时

$$V_w \leqslant \frac{1}{\gamma_{RE}}(0.6f_yA_s - 0.8N) \tag{11.7.7-2}$$

式中 N——考虑地震作用组合的水平施工缝处的轴向力设计值；

A_s——剪力墙水平施工缝处全部竖向钢筋截面面积，包括竖向分布钢筋、附加竖向插筋以及边缘构件（不包括两侧翼墙）纵向钢筋的总截面面积。

旧《混凝土结构设计规范》GBJ 10—89

第 **8.6.7** 条 按一级抗震等级设计的剪力墙，其水平施工缝处的受剪承载力应符合下列要求：

一、当施工缝承受轴向压力时

$$V_w \leqslant \frac{1}{\gamma_{RE}}(0.6f_yA_s + 0.8N) \tag{8.6.7-1}$$

二、当施工缝承受轴向拉力时

$$V_w \leqslant \frac{1}{\gamma_{RE}}(0.6f_yA_s - 0.8N) \tag{8.6.7-2}$$

式中 N——考虑地震作用组合的水平施工缝处的轴向力设计值；

A_s——剪力墙水平施工缝处全部竖向钢筋的截面面积（包括腹板内的竖向分布钢筋、附加竖向插筋以及端部暗柱或端柱或翼柱内竖向钢筋的截面面积）。

【新规范理解与说明】

本条内容，新旧规范基本相同，规定了按一级抗震等级设计的剪力墙，其水平施工缝处的受剪承载力应符合的要求。

关于水平施工缝处竖向钢筋配置需满足受剪要求问题，国外文献提出水平缝滑移机理相当于剪切摩擦的作用，国内对剪力墙施工缝滑移问题作过一定的试验探讨，但缺乏深入的研究，本条是参考国外有关规范的规定提出的。

新《混凝土结构设计规范》GB 50010—2002

11.7.8　剪力墙洞口连梁的承载力应符合下列规定：

1　连梁的正截面抗震受弯承载力应按本规范第 7.2 节的规定计算，但在公式的右边应除以相应的承载力抗震调整系数 γ_{RE}；

2　跨高比 $l_0/h>2.5$ 的连梁

1)连梁的受剪截面应符合下列条件：

$$V_{wb}\leqslant\frac{1}{\gamma_{RE}}(0.2f_c\beta_c bh_0) \tag{11.7.8-1}$$

2)剪力墙连梁的斜截面抗震受剪承载力应符合下列规定：

$$V_{wb}\leqslant\frac{1}{\gamma_{RE}}\left(0.42f_t bh_0+f_{yv}\frac{A_{sv}}{s}h_0\right) \tag{11.7.8-2}$$

式中　V_{wb}——连梁的剪力设计值，按本规范第 11.3.2 条对框架梁的规定计算。

注：对跨高比 $l_0/h\leqslant2.5$ 的连梁，其抗震受剪截面控制条件、斜截面抗震受剪承载力计算应按专门标准确定；

3　对一、二级抗震等级各类结构中的剪力墙连梁，当跨高比 $l_0/h\leqslant2.0$，且连梁截面宽度不小于 200mm 时，除普通箍筋外，宜另设斜向交叉构造钢筋；

4　对一、二级抗震等级筒体结构内筒及核心筒连梁，当其跨高比不大于 2 且截面宽度不小于 400mm 时，宜采用斜向交叉暗柱配筋，全部剪力均由暗柱纵向钢筋承担，并应按框架梁构造要求设置箍筋。

旧《混凝土结构设计规范》GBJ 10—89

第 **8.6.8** 条　剪力墙洞口处的连系梁，当跨高比大于 2.5 时，其承载力可按下列规定计算：

一、正截面受弯承载力可按本规范第 4.1.5 条或第 4.1.6 条的规定进行计算，但在其正截面受弯承载力计算公式右边，应除以相应的承载力抗震调整系数；

二、受剪斜截面应符合本规范第 8.3.3 条的规定；斜截面受剪承载力可按下列公式计算：

$$V_b\leqslant\frac{1}{\gamma_{RE}}(0.056f_c bh_0+0.8f_{yv}\frac{A_{sv}}{S}h_0) \tag{8.6.8}$$

式中　V_b——连系梁的剪力设计值，可参照本规范第 8.3.2 条的规定计算。

注：对跨高比不大于 2.5 的连系梁，其斜截面受剪承载力和配筋构造，应按专门规定采用。

【新规范理解与说明】

本条内容，新旧规范有较大的变化。

多肢剪力墙的承载力和延性与连系梁的承载力和延性有很大关系。为了避免连系梁产生受剪破坏后导致剪力墙延性降低，本条规定跨高比大于 2.5 的连系梁除应满足正截面承载力要求外，还必须满足受剪承载力的要求。对跨高比不大于 2.5 的连系梁，尚缺乏系统研究，本条未作规定。

试验表明，在剪力墙洞口连梁中配置斜向交叉钢筋对提高连梁的抗震性能效果较为明显。对一、二级抗震等级的筒体结构，当连梁跨高比不大于 2.0，而连梁截面宽度不小于 400mm 时，宜设置斜向交叉暗柱配筋，全部剪力由暗柱承担；而对一、二级抗震等级的一般剪力墙，当连梁跨高比不大于 2.0 时，也可配置斜向交叉构造钢筋，以改善连梁的抗剪性能(图 11－1)。

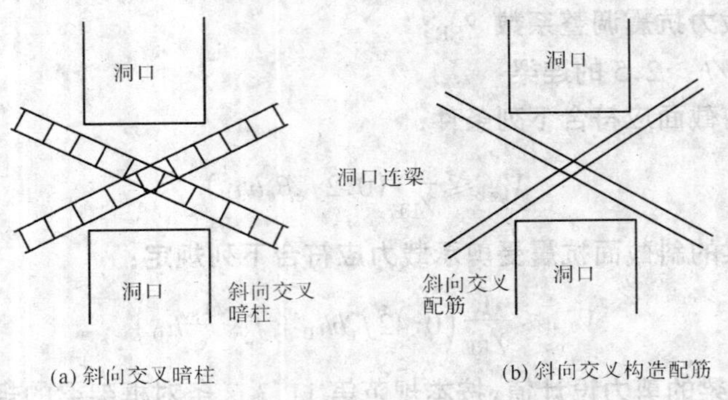

(a) 斜向交叉暗柱　(b) 斜向交叉构造配筋

图 11－1　剪力墙洞口连梁的斜向配筋

新《混凝土结构设计规范》GB 50010—2002

11.7.9　剪力墙的厚度应符合下列规定：

1　剪力墙结构

一、二级抗震等级的剪力墙厚度，不应小于 160mm，且不应小于层高的 1/20；底部加强部位的墙厚，不宜小于 200mm，且不宜小于层高的 1/16；当墙端无端柱或翼墙时，墙厚不宜小于层高的 1/12。对三、四级抗震等级，不应小于 140mm，且不应小于层高的 1/25。

2　框架－剪力墙结构及筒体结构

剪力墙的厚度不应小于 160mm，且不应小于层高的 1/20，其底部加强部位的墙厚，不应小于 200mm，且不应小于层高的 1/16。筒体底部加强部位及其以上一层不应改变墙体厚度。

旧《混凝土结构设计规范》GBJ 10—89

第 **8.6.9** 条　剪力墙的厚度应符合下列规定：

一、剪力墙

对一级抗震等级，不应小于 160mm，且不应小于楼层高度的 1/20；对二、三、四级抗震等级，不应小于 140mm，且不应小于楼层高度的 1/25；

二、框架剪力墙结构

剪力墙的厚度不应小于 160mm，且不应小于楼层高度的 1/20。

【新规范理解与说明】

本条内容，新规范规定了剪力墙的厚度应该符合的相应规定。

端部无端柱或翼墙的剪力墙相对于端部有端柱或翼墙的剪力墙在正截面受力性能、变形能力以及侧向稳定上减弱很多，试验表明，极限位移将减少一半，耗能能力降低 20%左右，因此，此次修订适当加大了一、二级抗震等级墙端无端柱或翼墙的剪力墙底部加强部位的墙厚，规定不小于高的1/12。

新《混凝土结构设计规范》GB 50010—2002

11.7.10　剪力墙厚度大于140mm时，其竖向和水平分布钢筋应采用双排钢筋；双排分布钢筋间拉筋的间距不应大于600mm，且直径不应小于6mm。在底部加强部位，边缘构件以外的墙体中，拉筋间距应适当加密。

旧《混凝土结构设计规范》GBJ 10—89

旧《混凝土结构设计规范》GBJ 10—89中无相应条文。

【新规范理解与说明】

本条内容为新增条文，新规范规定了在剪力墙厚度大于140mm时，应采用双排钢筋。

新《混凝土结构设计规范》GB 50010—2002

※11.7.11　剪力墙的水平和竖向分布钢筋的配置，应符合下列规定：

1　一、二、三级抗震等级的剪力墙的水平和竖向分布钢筋配筋率均不应小于0.25%；四级抗震等级剪力墙不应小于0.2%，分布钢筋间距不应大于300mm；其直径不应小于8mm；

2　部分框支剪力墙结构的剪力墙底部加强部位，水平和竖向分布钢筋配筋率不应小于0.3%，钢筋间距不应大于200mm。

旧《混凝土结构设计规范》GBJ 10—89

第**8.6.11**条　剪力墙的水平和竖向分布钢筋的配筋率，不应小于表8.6.11规定的数值；分布钢筋的间距不应大于300mm，直径不应小于8mm。

表**8.6.11**　剪力墙水平和竖向分布钢筋的最小配筋百分率(%)

抗震等级	墙体部位	
	一般部位	加强部位
一级	0.25	0.25
二级	0.20	0.25
三、四级	0.15	0.20

注：①剪力墙结构的加强部位应按本规范第7.4.10条的规定确定，当有框支层时，其底部加强区的高度尚不应小于到框支层以上一层的高度；

②对三级抗震等级、Ⅳ类场地上较高的高层建筑，其一般部位的最小配筋百分率按二级抗震等级的数值取用。

【新规范理解与说明】

本条内容，新规范规定了剪力墙的水平和竖向分布钢筋的配置应符合的规定。

国内外剪力墙试验表明，配筋率为0～0.075%的墙，斜裂缝出现，很快发生剪切破坏；配筋率为0.1～0.28%的墙，斜裂缝出现后不会立即发生剪切破坏，因此，根据试验资料，参考国外有关规范的规定，按不同的抗震等级规定了最小配筋率的限值，本次修订，适度增大了剪力墙分布钢筋的最小配筋率,对框架—剪力墙结构取0.25%。

新《混凝土结构设计规范》GB 50010—2002

11.7.12　剪力墙水平和竖向分布钢筋的直径不宜大于墙厚的1/10。

旧《混凝土结构设计规范》GBJ 10—89

旧《混凝土结构设计规范》GBJ 10—89中无相应条文。

【新规范理解与说明】

本条内容为新增条文,新规范规定了剪力墙水平和竖向分布钢筋的直径和墙厚应该满足的要求。

新《混凝土结构设计规范》GB 50010—2002

11.7.13　一、二级抗震等级的剪力墙底部加强部位在重力荷载代表值作用下,墙肢的轴压比 $N/(f_cA)$ 不宜超过表11.7.13的限值。

表11.7.13　墙肢轴压比限值

抗震等级(设防烈度)	一级(9度)	一级(8度)	二级
轴压比限值	0.4	0.5	0.6

注:剪力墙墙肢轴压比 $N/(f_cA)$ 中的 A 为墙肢截面面积。

旧《混凝土结构设计规范》GBJ 10—89

旧《混凝土结构设计规范》GBJ 10—89中无相应条文。

【新规范理解与说明】

本条内容,新规范对一、二级抗震等级的剪力墙中墙肢的轴压比的限值。

随着高层建筑层数增加以及设计中剪力墙短肢的出现,剪力墙的轴压比需要限制的问题突出了。试验表明,剪力墙在周期反复荷载作用下的塑性变形能力,与截面纵向钢筋的钢筋,端部边缘范围,端部边缘构件范围,端部边缘构件内纵向钢筋及箍筋的配置以及截面形状等因素有关,而墙肢的轴压比更是重要的影响因素。因此,当轴压比较小,即使在墙端部不设置边缘构件,剪力墙也具有较好的延性和耗能能力,而当轴压比超过一定值,则剪力墙的延性和耗能能力降低。

新《混凝土结构设计规范》GB 50010—2002

11.7.14　剪力墙两端及洞口两侧应设置边缘构件,并应符合下列要求:

1　一、二级抗震等级的剪力墙结构和框架-剪力墙结构中的剪力墙,在重力荷载代表值作用下,当墙肢底截面轴压比大于表11.7.14规定时,其底部加强部位及其以上一层墙肢应按本规范11.7.15条的规定设置约束边缘构件;当小于表11.7.14规定时,宜按本规范第11.7.16条的规定设置构造边缘构件。

表 11.7.14　　剪力墙设置构造边缘构件的最大轴压比

抗震等级(设防烈度)	一级(9度)	一级(8度)	二级
轴压比	0.1	0.2	0.3

2　部分框支剪力墙结构中,一、二级抗震等级落地剪力墙的底部加强部位及以上一层的墙肢,剪力墙的两端应按本规范第 11.7.15 条的规定设置符合约束边缘构件要求的翼墙或端柱,且洞口两侧应设置约束边缘构件;不落地的剪力墙,应在底部加强部位及以上一层剪力墙的墙肢两端设置约束边缘构件;

3　一、二级抗震等级的剪力墙结构和框架－剪力墙结构中的一般部位剪力墙以及三、四级抗震等级剪力墙结构和框架－剪力墙结构中的剪力墙,应按本规范 11.7.16 条设置构造边缘构件;

4　框架－核心筒结构的核心筒、筒中筒结构的内筒,除应符合本条第 1 款和第 3 款的要求外,一、二级抗震等级筒体角部的边缘构件应按下列要求加强:底部加强部位,约束边缘构件沿墙肢的长度应取墙肢截面高度的 1/4,且约束边缘构件范围内应全部采用箍筋;底部加强部位以上的全高范围内宜按本规范图 11.7.15 的转角墙设置约束边缘构件,约束边缘构件沿墙肢的长度仍取墙肢截面高度的 1/4。

旧《混凝土结构设计规范》GBJ 10—89

旧《混凝土结构设计规范》GBJ 10—89 中无相应条文。

【新规范理解与说明】

本条内容为新增条文,新规范规定剪力墙在墙肢在地震作用下的破坏是墙肢底部钢筋屈服,出现塑性铰转动,混凝土压碎。为此,规范规定对一、二级抗震等级的墙肢底部加强部位及其以上一层,其剪力墙两端以及洞口两端设置边缘构件,促使处于可能出现塑性铰的部位具有较好的延性和耗能能力。

新《混凝土结构设计规范》GB 50010—2002

11.7.15　剪力墙端部设置的约束边缘构件(暗柱、端柱、翼墙和转角墙)应符合下列要求(图 11.7.15):

1　约束边缘构件沿墙肢的长度 l_c 及配箍特征值 λ_v 宜满足表 11.7.15 的要求,箍筋的配置范围及相应的配箍特征值 λ_v 和 $\lambda_v/2$ 的区域如图 11.7.15 所示,其体积配筋率 ρ_v 应按下式计算:

$$\rho_v = \lambda_v \frac{f_c}{f_{yv}} \tag{11.7.15}$$

式中　λ_v——配箍特征值,对图 11.7.15 中 $\lambda_v/2$ 的区域,可计入拉筋。

2　一、二级抗震等级剪力墙约束边缘构件的纵向钢筋的截面面积,对暗柱,分别不应小于约束边缘构件沿墙肢长度 l_c 和墙厚 b_w 乘积的 1.2%、1.0%;对墙柱、翼墙和转角墙分别不应小于图 11.7.15 中阴影部分面积的 1.2%、1.0%；

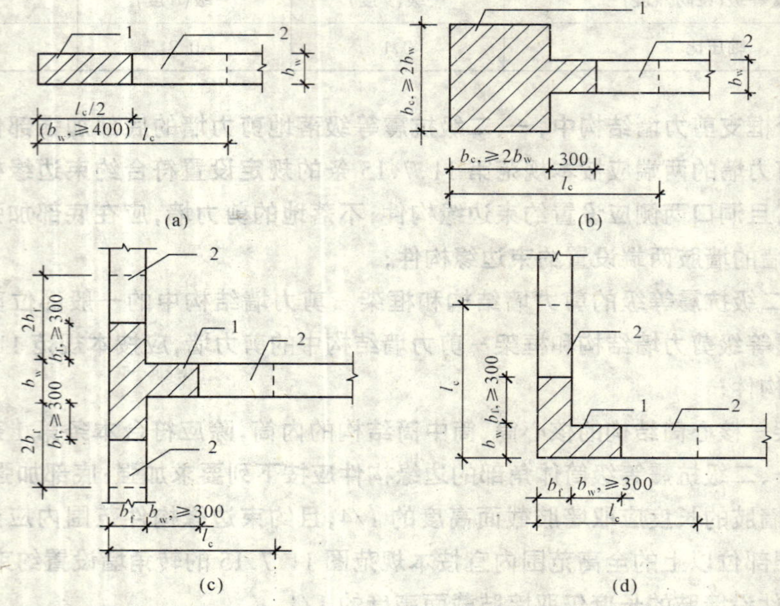

图 11.7.15　剪力墙的约束边缘构件

注：图中尺寸单位为 mm。

(a)暗柱；(b)端柱；(c)翼墙；(d)转角墙

1—配箍特征值为 λ_v 的区域；2—配箍特征值为 $\lambda_v/2$ 的区域

表 11.7.15　　约束边缘构件沿墙肢的长度 l_c 及其配箍特征值 λ_v

抗震等级(设防烈度)		一级(9度)	一级(8度)	二级
λ_v		0.2	0.2	0.2
l_c (mm)	暗柱	$0.25h_w$、$1.5b_w$、450 中的最大值	$0.2h_w$、$1.5b_w$、450 中的最大值	$0.2h_w$、$1.5b_w$、450 中的最大值
	端柱、翼墙或转角墙	$0.2h_w$、$1.5b_w$、450 中的最大值	$0.15h_w$、$1.5b_w$、450 中的最大值	$0.15h_w$、$1.5b_w$、450 中的最大值

注：1　翼墙长度小于其厚度 3 倍时，视为无翼墙剪力墙；端柱截面边长小于墙厚 2 倍时，视为无端柱剪力墙；

2　约束边缘构件沿墙肢长度 l_c 除满足表 11.7.15 的要求外，当有端柱、翼墙或转角墙时，尚不应小于翼墙厚度或端柱沿墙肢方向截面高度加 300mm；

3　约束边缘构件的箍筋或拉筋沿竖向的间距，对一级抗震等级不宜大于 100mm，对二级抗震等级不宜大于 150mm；

4　h_w 为剪力墙墙肢的长度。

旧《混凝土结构设计规范》GBJ 10—89

第 **8.6.13** 条　对一、二级抗震等级的剪力墙和三级抗震等级剪力墙结构加强部位的剪力墙，其端部应设置暗柱、端柱或翼柱（图 8.6.13）。

暗柱的截面面积宜取墙端 $1.5b \sim 2b$ 范围内的截面面积，b 为墙的厚度；对带翼缘剪力墙，其翼柱截面面积宜取暗柱及其翼缘两侧各不超过 $2h_f$ 范围内的截面面积，h_f 为翼缘厚度。

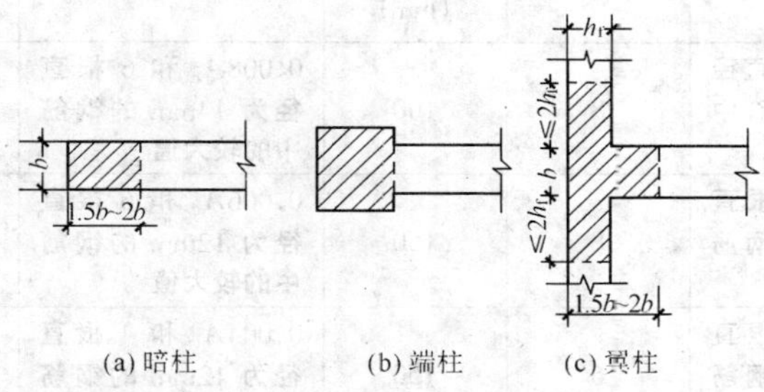

图 8.6.13　剪力墙端部暗柱、端柱、翼柱的截面面积

【新规范理解与说明】

本条内容，新旧规范有较大的变化。

试验表明，剪力墙端部设置暗柱、端柱、翼墙或转角墙，对提高剪力墙的延性和承载力具有明显的效果。为了保证剪力墙肢底部塑性区的延性性能以及耗能能力，规定了一、二级抗震等级下，当剪力墙底部可能出现塑性铰的区域或轴压比较大时，应通过约束边缘构件为墙肢两端的混凝土提供足够的约束。而墙肢的其他部位及三、四级抗震等级的剪力墙肢，则可通过构造边缘构件对墙肢两端混凝土提供适度约束。

新《混凝土结构设计规范》GB 50010—2002

11.7.16　剪力墙端部设置的构造边缘构件（暗柱、端柱、翼墙和转角墙）的范围，应按图 11.7.16 采用，构造边缘构件的纵向钢筋除应满足计算要求外，尚应符合表 11.7.16 的要求。

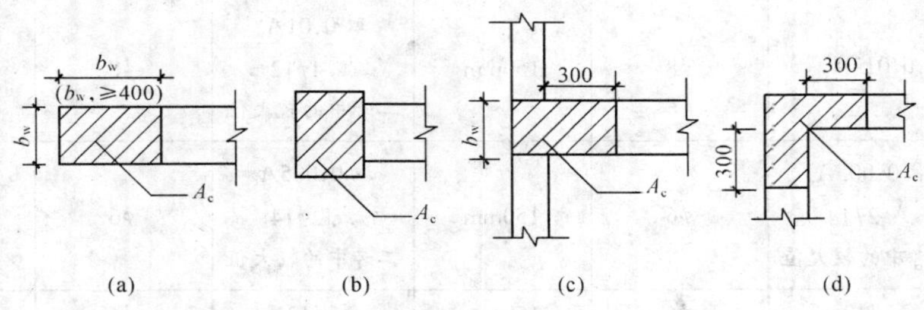

图 11.7.16　剪力墙的构造边缘构件

(a)暗柱；(b)端柱；(c)翼墙；(d)转角墙

注：图中尺寸单位为 mm

表 11.7.16 构造边缘构件的构造配筋要求

抗震等级	底部加强部位			其他部位		
	纵向钢筋最小配筋量	箍筋、拉筋		纵向钢筋最小配筋量	箍筋、拉筋	
		最小直径(mm)	沿竖向最大间距(mm)		最小直径(mm)	沿竖向最大间距(mm)
一	$0.01A_c$和6根直径为16mm的钢筋中的较大值	8	100	$0.008A_c$和6根直径为14mm的钢筋中的较大值	8	150
二	$0.008A_c$和6根直径为14mm的钢筋中的较大值	8	150	$0.006A_c$和6根直径为12mm的钢筋中的较大值	8	200
三	$0.005A_c$和4根直径为12mm的钢筋中的较大值	6	150	$0.004A_c$和4根直径为12mm的钢筋中的较大值	6	200
四	$0.005A_c$和4根直径为12mm的钢筋中的较大值	6	200	$0.004A_c$和4根直径为12mm的钢筋中的较大值	6	250

注:1 A_c为图 11.7.16 中所示的阴影面积;

2 对其他部位,拉筋的水平间距不应大于纵向钢筋间距的 2 倍,转角处宜设置箍筋;

3 当端柱承受集中荷载时,应满足框架柱配筋要求。

旧《混凝土结构设计规范》GBJ 10—89

第 **8.6.14** 条 剪力墙端部设置的暗柱、端柱或翼柱的构造配筋不应小于表 8.6.14 规定的数值。

表 **8.6.14** 剪力墙端部暗柱、端柱、翼柱构造配筋要求

抗震等级	底部加强部位			其他部位		
	纵向钢筋	箍筋、拉筋		纵向钢筋	箍筋、拉筋	
		最小直径	最大间距		最小直径	最大间距
一	$0.015A_c$	$\phi8$	100mm	$0.012A_c$	$\phi8$	150mm
二	$0.012A_c$	$\phi8$	150mm	取$0.01A_c$或$4\phi12$二者中的较大值	$\phi8$	200mm
三	取$0.005A_c$或$2\phi14$二者中的较大值	$\phi6$	150mm	取$0.005A_c$或$2\phi14$二者中的较大值	$\phi6$	200mm
四	$2\phi12$	$\phi6$	150mm	$2\phi12$	$\phi6$	200mm

注:A_c为暗柱、端柱的截面面积,翼柱的A_c取其暗柱的截面面积。

【新规范理解与说明】

本条内容,新规范对剪力墙端部设置的构造边缘构件的构造配筋要求。

新《混凝土结构设计规范》GB 50010—2002

11.7.17　框架－剪力墙结构中的剪力墙应符合下列构造要求：

1　剪力墙周边应设置端柱和梁作为边框，端柱截面尺寸宜与同层框架柱相同，且应满足框架柱的要求；当墙周边仅有柱而无梁时，应设置暗梁，其高度可取2倍墙厚；

2　剪力墙开洞时，应在洞口两侧配置边缘构件，且洞口上、下边缘宜配置构造纵向钢筋。

旧《混凝土结构设计规范》GBJ 10—89

第**8.6.16**条　框架剪力墙结构中的现浇剪力墙应符合下列构造要求：

一、剪力墙周边宜有柱和梁作为边框，周边梁和柱截面尺寸宜符合下列规定：梁的截面宽度不小于$2b$（b为剪力墙厚度），梁的截面高度不小于$3b$，柱的截面宽度不小于$2.5b$，柱的截面高度不小于柱的宽度：墙的厚度不应小于160mm，且不应小于墙净高的1/20；如剪力墙周边仅有柱而无梁时，则应设置暗梁；

二、剪力墙需要开洞时，应在洞口周边按表8.6.14中的要求配置构造钢筋；

三、剪力墙水平和竖向分布钢筋的配筋率均不应小于0.25%，并应配置双排钢筋，钢筋间距不应大于300mm；直径不应小于8mm；拉筋直径不应小于6mm，间距不应大于600mm；

四、剪力墙边框梁中的纵向钢筋配筋率应符合本规范第6.1.15条的要求；剪力墙边框柱中的纵向钢筋的配筋率应符合本规范第8.6.14条的要求；

五、剪力墙中端柱的箍筋设置，应符合表8.6.14中对底部加强部位的要求；当剪力墙在门洞边形成独立端柱时，端柱全高范围的箍筋宜符合本规范第8.4.10条对框架柱箍筋加密区的构造要求。

【新规范理解与说明】

本条内容，新规范和旧规范有一些不同。

框架剪力墙结构中的现浇剪力墙是结构中主要抗侧力结构，它承受着绝大部分的地震作用，因此为保证其延性和承载力，在构造上作了比一般剪力更加严的规定。由于门洞边独立端柱的轴压比大，且受力性能复杂，适当增加箍筋构造要求而不作轴压比验算。

第九节　预应力混凝土结构构件

新《混凝土结构设计规范》GB 50010—2002

11.8.1　预应力混凝土结构可用于抗震设防烈度6度、7度、8度区，当9度区需采用预应力混凝土结构时，应有充分依据，并采取可靠措施。

旧《混凝土结构设计规范》GBJ 10—89

旧《混凝土结构设计规范》GBJ 10—89中无相应条文。

【新规范理解与说明】

随着预应力混凝土结构在我国的大范围推广使用，在设计[illegible]预应混凝土结构抗震设计的条款。

近年来对预应力结构抗震性能的研究，以及对震害的调查证明，预应力混凝土结构只要设计得当，仍可获得较好的抗震性能。采用部分预应力混凝土；选择合理的预应力强度比和构造；重视概念设计；有保证延性的措施；精心施工，预应力混凝土结构就可以在地震区使用。因此，此次修订增加了抗震预应力结构构件的设计内容，规定预应力混凝土结构可用于设防烈度为 6 度、7 度、8 度地区。考虑到 9 度设防烈度地区，地震反应强烈，对预应力结构使用应慎重对待。故当 9 度地震区需要采用预应力混凝土结构时，应专门研究，采取保证结构具有必要延性的有效措施。

抗震设计时，框架的后张预应力构件宜采用有粘结预应力筋。无粘结预应力混凝土结构的抗震设计，尚应符合专门的规定。

新《混凝土结构设计规范》GB 50010—2002

11.8.2 框架梁宜采用后张有粘结预应力钢筋和非预应力钢筋的混合配置方式。

旧《混凝土结构设计规范》GBJ 10—89

旧《混凝土结构设计规范》GBJ 10—89 中无相应条文。

【新规范理解与说明】

本条内容，新规范规定了框架梁宜采用的钢筋配置方式。

框架梁是框架结构的主要承重构件，应保证其必要的承载力和延性。同时，试验表明，在预应力混凝土框架梁中采用配置一定数量非预应力钢筋的混合配筋方式，对改善裂缝分布，提高承载力和延性的作用是明显的。为此规定地震区的框架梁，宜采用后张有粘结预应力，且应配置一定数量的非预应力钢筋。

新《混凝土结构设计规范》GB 50010—2002

11.8.3 对后张有粘结预应力混凝土框架梁，其考虑受压钢筋的梁端受压区高度应符合下列要求：

一级抗震等级

$$x \leqslant 0.25h_0 \tag{11.8.3-1}$$

二、三级抗震等级

$$x \leqslant 0.35h_0 \tag{11.8.3-2}$$

且纵向受拉钢筋按非预应力钢筋抗拉强度设计值折算的配筋率不应大于 2.5%(HRB400 级钢筋)或 3.0%(HRB335 级钢筋)。

旧《混凝土结构设计规范》GBJ 10—89

旧《混凝土结构设计规范》GBJ 10—89 中无相应条文。

【新规范理解与说明】

为了保证预应力混凝土框架在抗震设计中的延性要求，国外规范及国内的设计经验对梁的混凝土截面相对受压区高度作了一定的限制。

当配置受压钢筋时，框架梁截面中有一部分受拉钢筋可以不包括在受弯承载力压区高度的计算中。但是如果受拉钢筋面积过多，将使受压钢筋不能达到抗压设计强度，就有可能引起梁截面发生脆性破坏。为了保证在地震作用下，在较大的曲率范围内弯矩一直保持接近最大值，梁具有良好的延性性能，故对受拉钢筋按非预应力钢筋抗拉钢筋设计值换算的最大配筋率不宜大于2.5%的限值。

新《混凝土结构设计规范》GB 50010—2002

11.8.4　对后张有粘结预应力混凝土框架梁，其梁端的配筋强度比宜符合下列要求：
一级抗震等级

$$\frac{f_{py}A_p}{f_{py}A_p+f_yA_s}\leqslant 0.55 \tag{11.8.4-1}$$

二、三级抗震等级

$$\frac{f_{py}A_p}{f_{py}A_p+f_yA_s}\leqslant 0.75 \tag{11.8.4-2}$$

旧《混凝土结构设计规范》GBJ 10—89

旧《混凝土结构设计规范》GBJ 10—89中无相应条文。

【新规范理解与说明】

预应力强度比对框架梁的抗震性能有重要影响，对其选择要结合工程具体条件，全面考虑使用阶段和抗震性能两方面要求。从使用阶段看，该比值大一些好；从抗震角度，其值不宜过大。研究表明：采用中等预应力强度比(0.5～0.7)，梁的抗震性能与使用性能较为协调。因此，建议对一级抗震等级，该比值不大于0.55，二、三级抗震等级不大于0.75。本条要求是在相对受压区高度、配箍率、非预应力筋面积A_s、A'_s等得到满足的情况下得出的。

新《混凝土结构设计规范》GB 50010—2002

11.8.5　在后张有粘结预应力混凝土框架梁的端截面中，底面和顶面纵向非预应力钢筋截面面积的比值，除按计算确定外，对一、二、三级抗震等级均不应小于1.0；且纵向受压非预应力钢筋的配筋率不应小于0.2%。

旧《混凝土结构设计规范》GBJ 10—89

旧《混凝土结构设计规范》GBJ 10—89中无相应条文。

【新规范理解与说明】

本条内容，新规范对在后张有粘结预应力混凝土框架的端截面中，底部和顶面纵向非预应力钢筋截面面积的比值作了规定。

梁端箍筋加密区内，梁端下部纵向非预应钢筋和上部非预应力钢筋的截面面积应符合一定的比例，其理由同非预应力抗震框架。规范对预应力混凝土框架梁端下部非预应力钢筋和上部非预应力钢筋的面积比限值的规定，是参考了已有的试验研究和本规范有关钢筋混凝土框架梁的规定，经综合分析后确定的。

参 考 文 献

[1] 王心田主编.建筑结构概念与设计.天津:天津大学出版社,2004
[2] 宋玉普,王清湘编著.钢筋混凝土结构.北京:机械工业出版社,2004
[3] 袁锦根,余志武主编.混凝土结构设计基本原理.北京:中国铁道出版社,2003
[4] 曾昭豪主编.新编混凝土结构设计手册.北京:中国建材工业出版社,2003
[5] 徐有邻,周氏编著.混凝土结构设计规范理解与应用.北京:中国建筑工业出版社,2002
[6] 蓝宗建主编.混凝土结构设计原理.南京:东南大学出版社,2002
[7] 王铁成等编著.混凝土结构基本构件设计原理.北京:中国建材工业出版社,2002
[8] 国家标准.建筑结构荷载规范(GB 50009—2001).北京:中国建筑工业出版社,2002
[9] 国家标准.建筑抗震设计规范(GB 50011—2001).北京:中国建筑工业出版社,2001
[10] 国家标准.建筑结构可靠度设计统一标准(GB 50068—2001).北京:中国建筑工业出版社,2001
[11] 叶列平编著.混凝土结构(上册).北京:中国建筑工业出版社,2001
[12] 徐金声,薛立红主编.现代预应力混凝土楼盖结构.北京:中国建筑工业出版社,1998
[13] 曾昭豪主编.房屋基础结构设计手册.北京:中国建材工业出版社,1997
[14] 杨福源等编.结构设计原理计算示例.北京:人民交通出版社,1996
[15] 王平,王清湘等编著.混凝土结构与砌体结构.大连:大连理工大学出版社,1995
[16] 罗福午编.建筑结构学习指南与题集.北京:清华大学出版社,1995
[17] 曾昭豪编.简明钢筋混凝土房屋结构设计手册.北京:中国建筑工业出版社,1994
[18] 朱伯龙主编.混凝土结构设计原理.上海:同济大学出版社,1992
[19] 北京钢铁设计研究院主编.混凝土结构计算手册.北京:中国建筑工业出版社,1991
[20] 国家标准.混凝土结构设计规范(GBJ 10—89).北京:中国建筑工业出版社,1989
[21] 袁锦根编.钢筋混凝土构件计算实例.武汉:华中理工大学出版社,1989
[22] 赵西安,李国胜等.高层建筑结构设计与施工问答.上海:同济大学出版社,1983